AF330219

TRAITÉ ANATOMIQUE

DE LA
CHENILLE,

QUI RONGE LE
BOIS DE SAULE.

PAR
PIERRE LYONET,

Avocat par devant les Cours de Justice, Interprête,
Maître des Patentes, et Dechiffreur
de Leurs Hautes Puissances,

Membre de la Societé Royale de Londres, de la Societé des Sciences de Hollande, & de l'Academie Royale de Rouën.

Aux depends de l'Auteur.

A LA HAYE.

SE VEND

Chez { PIERRE DE HONDT, *à la Haye,*
MARC MICHEL REY, *à Amsterdam.*
TH. BECKET & P. A. DE HONDT, *dans le Strand, à Londres.*

M. DCC. LX.

PREFACE.

OICI un Ouvrage, peut-être auſſi ſingulier par ſon motif, qu'il l'eſt dans ſon eſpèce. L'Etude des Inſectes a bien été, depuis longtems, un de mes Amuſemens favoris; Mais, dans l'habitude où j'étois, à leur égard, d'errer d'objets en objets, & d'en raſſembler de tout genre, pour en faire un Recueil hiſtorique, que je me propoſois de publier un jour, je n'euſſe jamais cru qu'un ſeul de ces Animaux eut pu m'arrêter tout court, & me faire abandonner cette entrepriſe, déja très avancée, & cela, pour donner dans un genre d'Etude, qui m'étoit des plus nouveaux, & pour lequel je n'avois même jamais eu aucun panchant: Moins encore me ſerois-je imaginé qu'un mouvement auſſi ignoble que celui du dépit, eut pu produire cette eſpèce de revolution, & me faire entreprendre, & finir un Ouvrage auſſi penible que celui-ci. C'eſt pourtant ce qui eſt arrivé, & voici comment.

EN travaillant à mon Recueil hiſtorique, on conçoit, qu'il n'étoit guères poſſible que l'attention, que je donnois à chaque objet, dans un genre d'Etude ſi peu approfondi, ne me fit faire des découvertes. J'en fis, & pluſieurs m'en parurent auſſi nouvelles que ſingulières. Malheureuſement pour moi, d'autres cour-

* 2

rant

rant la même carrière , virent plûfieurs des chofes que j'avois
vuës , & s'étant fait un Plan moins étendu, m'enlevèrent, en
publiant leurs Obfervations, une efpèce d'honneur que je
croiois avoir également merité. Picqué de ce que cela ne m'é-
toit arrivé déja que trop fouvent, je me degoutai infenfiblement de ma première entreprife, & enfin l'abandonnant tout
à fait, je me déterminai pour une autre , dont les difficultés
me parurent propres à me laiffer le champ libre. Après quelques effais fur différens Infeétes , je m'arrêtai à la Chenille,
qui fait le fujet de cet Ouvrage, & j'en entrepris l'Anatomie,
fans craindre qu'on ne m'y devançât ou ne m'y prevint; mais
encore s'en fallut - il peu que je ne me fuffe mécompté ; & fi
Mr. de Geer, Chambellan du Roi de Suède, & Emule de feu
l'illuftre Mr. de Reaumur, avoit eu, pour travailler, les mêmes A-
vantages que moi, l'Anatomie, que, dans le premier de fes Mémoires, il a effayé de donner des Chenilles , & en particulier
de celle qui m'a fervi de fujet, auroit pu rendre inutile toute ma
nouvelle entreprife. Heureufement pour moi, nos Yeux ne fe
font pas trouvé faits de même: les fiens ne lui ont reprefenté
les objets que comme très fimples & fans détail; les miens me
les ont fait voir comme très compofés, & dans un détail im-
menfe ; ce qui a rendu nos Figures & nos Defcriptions fi dif-
femblables , que je ne doute pas que leur confrontation ne
fourniffe, à nos Génies créateurs modernes, une heureufe occafion de bâtir de nouveaux Syftèmes, & de démontrer, car ils
démontrent tout, que la ftruéture intérieure dés Infeétes, n'ayant

rien

rien de fixe, il en refulte inconteftablement, c'eft le ton de
ces grands hommes, que les Infectes doivent leur exiftence à
un Concours fortuit de Monades, d'Atomes, on de Molecules
organiques différemment affemblés; & que, fi l'on trouve ces
petits Animaux plus compofés en Hollande qu'en Suède, c'eft
parce que les Principes, dont la rencontre les a produits, ont
eu moins d'activité & de panchant à s'unir dans un Climat
froid, que fous un Ciel plus tempèré. Mais, fans entrer plus
avant dans des fpeculations, dont la fublimité paffe ma fphère,
& laiffant ces hautes difcuffions à des Génies nés pour génè-
ralifer toutes chofes (*), & compofer ce que de miferables Ef-
prits géomètres ôfent appeller des Romans, des Rèves, ou
des Délires Philofophiques, la vuë des Effais de Mr. de Geer
m'ayant raffuré, & fait comprendre, que mon travail pourroit
encore avoir un air nouveau, je le continuai, & il auroit été
fini il y a plus de fix ans, fi des objets plus intéreffans ne
me l'euffent entièrement fait difcontinuer, dans un tems, où il
ne me reftoit qu'à graver mes Planches, pour avoir tout achevé.
Mais les Emplois que j'occupe m'ayant fait entrevoir dans les
Affaires, un vuide, qu'il me parût utile de remplir, cette dé-

cou-

(*) Je me rappelle-ici qu'un des Auteurs de la *Bibliotheque raifonnée*, dans une dif-
pute, où il s'étoit échauffé, contre moi, à foutenir l'Hypothèfe des Animalcules, ne fachant
plus que répondre, s'avifa de changer tout à coup de Batterie, de me prêter, de fa pure
grace, l'hypothèfe des developemens, & de la combattre comme fi c'étoit mon opinion;
mais il s'eft fort trompé, s'il l'a cru férieufement. J'ai toûjours eu fi peu de goût pour
tout ce qu'on apelle Syftêmes, ou plutôt Hypothèfes, que j'ai mille fois fouhaitté qu'on
les bannit de toutes les Sciences, & même de la Théologie, tant à caufe de leur incer-
titude, qu'à caufe du peu de fruit qu'on en retire, & du mauvais ufage que l'on en fait.

* 3

couverte me fit auffi-tôt quitter les Infectes, &, fans prendre avis, ni en être requis de perfonne, j'entrai dans une Lice, où je me trouvai tout auffi neuf, que je l'avois été en Anatomie, & j'eus le bonheur d'y réuffir affez, pour m'apercevoir qu'on ceffe quelquefois d'être agréable, lors qu'on commence à devenir néceffaire. Cela ne me rebuta pourtant pas. Je continuai encore pendant cinq ans le même travail. Enfin, S. A. R., Madame la Princeffe Gouvernante, fenfible à mon procedé, m'en ayant fait témoigner fa fatisfaction, s'offrit de me recompenfer, en me laiffant le choix des Emplois qui viendroient à vaquer. Content de ma fortune, je ne jugeai pas à propos de profiter de cette offre, & je me bornai à quelque marque publique de diftinction, qu'elle m'eût fait donner, fans des obftacles, dont ce n'eft pas ici le lieu d'inftruire le Public. Quoiqu'il en foit, ce qui fe paffa alors, me fit reffouvenir de mes Infectes, & fi je ne me repentis pas d'avoir, pendant fix ans, ufé mes facultés à fervir ma Patrie, je regrettai du moins d'avoir abandonné fi longtems un Ouvrage que je defirois d'achever. Je pris le Burin, dont j'avois prefque oublié le maniement ; & au bout environ de deux ans & demi de travail, fouvent interrompu, je parvins à finir mes dix-huit Planches, dont je gravai, pour plus de précifion, moi-même toutes les Lettres & l'Ecriture. C'eft ainfi, comme l'on voit, que cet Ouvrage eft plutôt le fruit de quelques boutades de mauvaife humeur, que d'un gout decidé pour l'Anatomie.

Qu'on ne croye cependant pas, pour cela, que j'aye traité

mon

mon sujet négligemment : j'y ai donné autant d'attention que
si j'y avois trouvé un extrême plaisir, & j'ai poussé l'exactitude à un tel point, que quand il y seroit allé du repos de l'E-
tat, ou du bien de l'Europe, je ne crois pas que j'eusse pu la
porter au-delà de ce que j'ai fait: Aussi peut-on compter, que
quand je m'énonce affirmativement, & je le fais presque par-
tout, ce n'est qu'après avoir reconnu, par un examen attentif
& reïtéré, que la chose, dans mon sujet, s'est trouvée telle que
je le dis. Dès que l'extrême delicatesse des parties, leur enla-
cement, ou quelque dérangement, causé par la dissection, ne
m'ont pas permis de parvenir à ce degré de certitude, ce qui
n'est arrivé que rarement, je quitte le ton positif, & je me
contente de dire, *j'ai cru voir* ; *il m'a semblé* ; *il m'a paru*,
que la chose étoit ainsi.

UN point, qui m'a d'abord embarrassé, étoit, comment m'é-
noncer d'une façon claire, & en même tems concise, dans un
sujet aussi composé & aussi neuf que cette Anatomie. De donner, à chaque partie, un nom particulier, comme l'on a fait à
celles du Corps humain, où chaque Os, chaque Muscle, chaque Nerf, chaque Veine, a son Nom propre, c'eut été folie.
Dix mille Noms n'y auroient pas suffi ; il eut fallu un Diction-
naire pour les trouver, & être bien desœuvré, pour vouloir s'en
charger la Mémoire. De désigner chaque fois ces parties par
des Circonlocutions, eut rendu ce Traité d'une longueur &
d'un ennui insupportables. Il m'a paru le mieux, de ne donner des Noms particuliers qu'à un petit nombre de parties d'un

usa-

uſage très fréquent dans ce ſujet, & de ne deſigner les autres parties que par des Lettres, des Marques, ou des Nombres, qui leur fuſſent toûjours affectés, & qui leur puſſent tenir lieu de Noms. Et comme il auroit été encore ſouvent très difficile de trouver ces differens Caractères dans des Figures, où il y en a tant, j'ai eu recours à des Lignes idéales, indiquées preſque toutes par la Nature, & expliquées dans le Chap. II.; au moyen deſquelles, quand on ſe les ſera rendu tant ſoit peu familières, l'on pourra trouver à l'inſtant le point dont il s'agit. Ce n'eſt pas tout; pour rendre plus réconnoiſſables, au premier coup d'œuil, les principaux objets que mes Planches repréſentent, j'ai tâché d'y caractériſer ces objets, par la façon dont ils y ont été gravés.

C'EST ainſi que j'y ai employé un pointillage preſque imperceptible, pour nuancer la graiſſe; parce que les petits lobes, qui en compoſent les anfractuoſités, ſont unis, & d'une ſubſtance qui n'offre rien d'organiſé.

J'AI bien auſſi nuancé de même les ganglions, les parties membraneuſes, & la peau, dans les endroits où ſa couleur eſt claire; mais cela ne ſauroit les faire confondre avec la graiſſe, parce qu'elles n'ont point d'anfractuoſités.

J'AI tracé les muſcles de hachures longitudinales toutes parallèles, parceque les fibres des muſcles ſont ainſi diſpoſées.

J'AI arrondi les bronches par des traits courbes tranſverſaux; parce que le fil roide, tourné en hélice, qui concourt à former leur tunique intérieure, les fait paroître, à la Loupe, ainſi tracés.

Seu-

Seulement me fuis-je épargné cette peine dans les 6 premières
Figures des *Pl. X. & XI.*, à caufe que repréfentant féparément
le fyftème des Bronches, elle y auroit été fuperflue.

ENFIN j'ai diftingué, par des hachures qui fe croifent, les
écailles & la peau, aux endroits où leur couleur eft foncée;
Mais quand les écailles tiennent de l'arête, comme il y en a
trois au bas de *Fig. 3. Pl. II.*, elles ont été gravées par de
fines hachures longitudinales, beaucoup plus ferrées que celles
des Mufcles.

POUR ce qui eft du Plan de l'Ouvrage, il eft tout fimple.
Après avoir fait l'hiftoire en abregé de l'Animal, dont je me
propofe d'expliquer la ftructure, j'indique toutes les parties extérieures, qu'on y apperçoit à la vuë fimple. Je traite après
cela plus au long de chacune de ces parties, en les faifant connoître telles qu'elles paroiffent, examinées à la Loupe, ou au
Microfcope. J'ouvre enfuite la Chenille, & je donne une idée
génèrale de la ftructure intérieure de fon Corps; d'où je paffe
à examiner féparément & l'une après l'autre les parties qu'il
renferme, & je finis par une expofition fuivie de tout ce qui
compofe l'intérieur de fa tête.

QUOIQUE ceux qui exercent l'Anatomie, fachent, qu'après
la netteté & l'exactitude des Figures, la précifion des détails
fait le grand mérite de ces fortes d'Ouvrages, je ne faurois pourtant diffimuler, que parmi les Chapitres qui traitent en particulier de chacune des parties intérieures, il y en a un ou deux,
dont j'euffe fouhaitté pouvoir fupprimer le détail. Ces Chapitres font celui des Nerfs, & fur tout celui des Bronches; Mais

le premier étoit de nature à ne pouvoir être négligé, à caufe que les Nerfs, ces grands Organes des fens, du mouvement & de la vie, étant d'un arrangement affez conftant & uniforme, un Traité Anatomique n'eut pu paffer que pour très defectueux dans une de fes parties les plus effentielles, fi fon Auteur avoit gliffé fur ce point.

Il n'en étoit pas tout à fait de même des Bronches; elles entrent à la vérité pour beaucoup dans les mouvemens de cet Infecte, puifque l'obftruction des Bronches rend paralytiques, auffi longtems qu'elle dure, les Mufcles dans lefquels leurs extrêmités fe répandent; cependant, comme leur diftribution n'eft guères uniforme, & que fouvent celle d'un des côtés de la même Chenille eft très différente de celle de l'autre, on trouvera, peut-être, que j'aurois pu m'épargner la peine d'en fuivre exactement toutes les Branches; mais fi je ne l'avois pas fait, ce Traité n'auroit-il point été defectueux dans fa partie la plus étendue? vu que le nombre des Bronches égale peut-être celui de toutes les autres parties de l'Infecte prifes enfemble. Comme donc je m'étois propofé de donner un Syftême Anatomique dans les formes, & non de fimples effais, ou de foibles ébauches, telles que l'on en a déja affez vu paroître, j'ai cru ne devoir rien omettre de tout ce que j'ai pu developper. Ceux qui ne voudront pas lire ce Chapitre, qui eft affurément très fatigant, pourront s'en épargner la peine, & fe contenter d'examiner avec attention les Figures qu'il explique. Chaque Vaiffeau y a été tracé d'après nature, & aucun n'y a été reprèfenté au hafard. Ce n'eft, pour le dire en paffant, qu'après

des

des Figures pareilles, qu'on peut fe former une jufte idée des chofes. Dès qu'un Deffinateur fe contente de n'exprimer qu'en gros ce qu'il voit, le faux s'y mêle avec le vrai, & défigure le tout; auffi me fuis-je conftamment interdit cette licence, & il n'y a pas jufqu'au plus petit lobe de graiffe, dont je n'aye eu foin de reprèfenter exactement d'après nature les moindres plis & replis. C'eft ce qui peut feul donner, à des Figures, ce caractère de vérité, cette netteté, cette précifion, que j'efpère que les Connoiffeurs reconnoîtront dans mes Planches.

On fera peut-être furpris qu'en parlant, il n'y a qu'un moment, de l'ufage des Bronches, je ne leur aye point attribué celui de fervir à la refpiration; mais on verra dans cet Ouvrage que je n'ai rien découvert jufques ici qui me détermine à croire que la Chenille ait une refpiration proprement dite, & femblable à la nôtre. Il eft vrai que l'on ne peut douter que l'air ne foit très néceffaire à cet Infecte, & même encore pour d'autres ufages que pour celui du mouvement, puifque les Bronches ne le repandent pas feulement dans les Mufcles, mais dans toute l'habitude du Corps de l'Animal, par un nombre prodigieux de conduits qui s'y diftribuent à perte de vuë, jufques dans les parties les moins capables de fe mouvoir, comme la graiffe, &c. Avec tout céla ce befoin d'air n'eft pourtant pas fi abfolu, qu'une Chenille ne puiffe très longtems s'en paffer fans en paroître aucunement incommodée ; Auffi n'ai-je jamais pu appercevoir, aux Chenilles, quelqué attention que j'y aye donnée, ce mouvement alternatif & régulier d'infpiration & d'expiration, qui caracterife la refpiration proprement dite. On fait

* * 2

d'ail-

d'ailleurs, que les Chryſalides ſont des Chénilles ſous une autre
forme. J'avois ci-devant mis en doute ſi elles reſpiroient. Mr.
de Geer, a combattu ces doutes. Et maintenant il paroit bien
démontré, qu'elles ne reſpirent point du tout; à moins qu'on
ne veuille nier la vérité d'un très grand nombre d'experien-
ces, que Mr. Martinet a fait pour éclaircir ce point, & dont
il a publié le détail dans une Diſſertation Latine de la Reſpiration des Chryſalides, imprimée à Leide en 1753., & ſi cet
Inſecte en ſon état de Chryſalide ne reſpire pas, on haſarderoit
certainement beaucoup d'affirmer ſur une Analogie, ſouvent
trompeuſe, qu'il reſpire dans ſon état de Chenille, quoi qu'elle
ſoit privée du principal organe de la reſpiration, je veux dire
les poumons.

UN autre doute, qui m'eſt reſté ſur un point du moins auſſi
important, eſt de ſavoir ſi la nutrition ſe fait, dans les Chenilles, d'une façon ſemblable à la nôtre, & ſi ce que l'on a toûjours appellé le Cœur de cet Inſecte, n'eſt pas un Viſcère deſtiné à un uſage très différent. On verra dans ce Traité, peut-
être avec ſurpriſe, que quoique ce Vaiſſeau, qui eſt des plus
grands, ſoit rempli d'une liqueur aſſez propre en apparence à
pouvoir faire l'office de Sang, & que cette liqueur y ſoit conſtamment agitée par des ſyſtoles & diaſtoles regulières, je n'ai
pourtant trouvé, à ce Viſcère, aucun indice d'Aorte, de Veine
cave, ni même d'aucune Veine ni Artère que ce ſoit, par où
la liqueur pût ſe répandre dans toutes les parties du Corps, &
retourner au Cœur. Je n'ai même trouvé en aucun autre endroit de l'Animal la moindre trace quelconque de Veine ni d'Ar-

tère,

tère, & il eſt aſſez apparent, que s'il y en eut eu d'analogues
à celles des grands Animaux, elles ne m'euſſent point échappé, puiſque j'ai bien pu ſuivre ſes Nerfs, qui dans nôtre Corps
ont génèralement moins d'épaiſſeur que les Veines, & que j'ai
même ſuivi dans un très grand détail ſes Bronches, qui par
leur quantité ſont encore plus difficiles à ſuivre en ce ſujet,
que ne le ſont les Nerfs.

Tout cela donne bien lieu de douter, que ce qu'on appelle le Cœur de la Chenille, le ſoit effectivement, & que la nutrition dans ces Animaux ſe faſſe d'une façon ſemblable à la
nôtre. Peut-être parviendra-t-on tôt ou tard à faire voir, que
cette quantité ſurprenante de graiſſe repanduë dans tout le
Corps de la Chenille, & avec laquelle les autres parties communiquent par nombre de fibrilles, ſupplée au defaut de circulation de ſang, & qu'elle eſt comme une eſpèce de terroir pre-
paré par la Nature, d'où chaque partie, par le moyen de ces
fibrilles, tire pour ſa nutrition le ſuc qui lui convient, comme
chaque Plante le tire de la terre par ſes racines. L'Analogie
peut avoir ſes uſages; mais elle ſeule, je le repête, eſt un mauvais guide en Hiſtoire Naturelle; ſouvent elle nous trompe dans
les cas où on le ſoupçonneroit le moins; ainſi, de ce que le
Corps des grands Animaux eſt nourri par le ſang qui circule
dans leurs Veines, il ne s'enſuit pas néceſſairement que la nutrition ſe faſſe auſſi de même dans toutes ſortes d'Inſectes.

Comme je ne me ſuis propoſé de publier qu'un ſimple Traité d'Anatomie, l'on ne doit pas s'attendre à trouver ici de
grands détails Phyſiologiques; cette partie, ſi pleine d'incerti-

* * 3

tudes,

tudes, pour être expofée comme il faut, auroit exigé nombre d'expériences, que la répugnance que j'ai à faire fouffrir les Animaux, ne m'a pas permis de tenter; répugnance, qui eft même allé fi loin, que j'ai ufé de la plus grande épargne par rapport à mes fujets, & que je ne crois point que tout ce Traité ait couté la vie à plus de huit ou neuf Chenilles. Encore ai-je eu toûjours foin de les noyer dans de l'eau, avant que de les ouvrir.

Je ne doute pas, au refte, que ceux qui ramènent tout à leur utilité directe, ne trouvent que j'ai bien mal employé mon tems de l'avoir donné à l'Anatomie d'un Vermiffeau. Combien de fois ne m'a-t-on pas reproché d'avoir appliqué le peu de talens que l'on me prête, à des fujets de cette nature, au lieu d'en faire ufage pour des objets plus utiles & plus rélèvés, ou de n'avoir pas du moins travaillé fur le Corps humain, fi je voulois diffequer; mais ces gens femblent ignorer qu'il ne depend aucunement de nous, de nous appliquer avec fuccès à ce que bon nous femble. Pour réuffir dans une Chofe, il faut tout au moins qu'on la faffe fans répugnance, & je m'en fuis toûjours fenti à fouiller dans les Cadavres. L'Anatomie d'un Infecte n'a rien de dégoutant. On ne le manie qu'avec des Aiguilles & des Pincettes. Submergés de vin de grain, ces petits Animaux n'affligent guères l'odorat, & l'on peut y travailler par reprifes, prefque auffi longtems qu'on le trouve à propos. Il n'en eft pas de même de l'Anatomie de l'homme, & tant d'habiles gens y ont déja travaillé, qu'il eft contre toute apparence, que j'euffe jamais pu aller au-delà de ce qu'ils

ont

ont fait. D'ailleurs, pour avoir mérité quelque reproche, il faudroit que cet Ouvrage m'eut fait négliger des devoirs plus effentiels, & c'eft ce que je ne crains point qu'on puiffe dire a-
vec fujet.

Mais en quoi, de plus, un Infecte eft-il donc un Objet fi
vil, fi méprifable? Si c'eft la grandeur qui fait le mérite des
Chofes, nous fommes, par rapport à la Terre que nous habitons,
incomparablement moins que ce qu'eft une Mite par rapport à
nous; Et cette Terre même n'eft encore qu'un grain de pouf-
fière par rapport à un nombre prodigieux de Corps céleftes,
à l'égard defquels la différence qu'il y a entre nous & une Mite s'évanouït. Non, ce qui fait le mérite d'un Ouvrage n'eft
pas la quantité de matière brute qui y entre; c'eft la façon
dont elle a été mife en œuvre, & le plus abject des êtres animés eft fans comparaifon plus digne de nôtre admiration,
que les plus grands Rochers, & que tous les Sables de la Ly-
bie. Ces lourdes Maffes, ces grands Amas, ne m'annoncent
que foiblement la Gloire du Dieu fort: Une Caufe aveugle auroit pu les avoir raffemblés: Je n'y découvre bien fouvent ni
ordre, ni deffein. Dans le moindre des objets animés, plus
je l'examine, plus j'y trouve d'arrangement & d'intelligence.
Tout y concourt à un but marqué. C'eft une machine compofée de diverfes fubftances, formées par des fucs différemment
preparés, cuits, diftilés, élabourés dans fon intérieur pour cet
effet; une machine, où tout eft en mouvement, qui fe tranf-
porte d'un endroit à un autre; qui veille à fa propre confer-
vation; qui fait trouver ce qui lui convient, éviter ce qui lui
nuit;

nuit; qui tant qu'elle subsiste, s'entretient, se monte, & se repa-
re elle même par son propre mechanisme, & dont l'espèce se con-
serve malgré la courte existence de ses individus, par une reproduc-
tion aussi incomprehensible, qu'admirable.   Tout ceci suppose un
dessein manifeste, & un appareil pour l'executer, où tout est dis-
posé de façon, que le jeu différent du nombre prodigieux de
ressorts nécessaires pour operer tant de divers effets, quoique
presque sans cesse en mouvement, agisse sans se croiser ni s'en-
tre-détruire, bien qu'ils soyent d'une délicatesse extrême, & renfermés souvent dans l'espace d'un point presque imperceptible.
Je ne puis réfléchir sur tout cela, sans me dire, ceci ne s'est
point ainsi fait par hasard.   Il doit absolument avoir été composé par un Etre qui possède, dans le degré le plus sublime, les
secrèts les plus cachés de l'Hydraulique, de la Chymie, & des
Mechaniques; par un Etre, en qui une intelligence sans bornes se réunit à un pouvoir absolu sur la Matière, & chez qui
les espaces les plus resserrés ne sçauroient porter obstacle à l'exécution des Plans les plus vastes; en un mot, par un Etre qui
a sçu prévoir tout, & pourvoir à tout.   C'est ainsi que le moindre Ciron, quand on y réflèchit, peut devenir, par sa petitesse même, un objet, d'autant plus digne de nôtre admiration, que cette petitesse contribuë à relèver la grandeur im-
mense de celui qui l'a formé; mais ce n'est pas tout, si ces
petits êtres vivans méritent nôtre admiration à de si justes ti-
tres, que ne doit-on pas dire de ces diverses Classes d'entr'eux, qui, à tant de merveilles, ajoutent encore celle de changer totalement de forme ? Ce changement ne suppose-t-il pas

un

un Méchanifme intérieur bien plus compofé que celui des autres Animaux? Et que dira-t-on par conféquent, fi j'ajoute,
que ces transformations ne fe bornent point à la fimple figure extérieure, mais que toute la ftructure intérieure change
tellement de forme en même tems, qu'à peine refte-t-il des
traces de ce qu'elle étoit auparavant? Combien cela ne pa-
roîtra-t-il pas encore plus furprenant, après que l'Anatomie
nous aura donné une connoiffance un peu detaillée du nombre prodigieux de parties qui entrent dans la compofition d'un
pareil Animal, & qui fe diffolvent prefque toutes, pour en re-
produire d'autres fi différentes?

Ofera-t-on encore dire, après cela, que celui qui auroit tâché, par une Anatomie bien developpée, de nous faire un
Crayon de ces changemens admirables, en nous traçant d'une
main fûre les détails des parties intérieures d'un Infecte, avant
& après fa transformation, & en le fuivant dans fon état de
paffage d'une forme à l'autre, & qui auroit par là mis à la
portée de nos fens une merveille prefque ignorée, fi propre à
relèver les hautes idées que nous devons avoir de l'Etre fuprê-
me; ôfera-t-on, dis-je, encore avancer, après cela, que celui
qui auroit executé un tel plan, eut dû mieux employer fon
loifir? Pour moi, je ne le crois pas, & il s'en faut de beaucoup que j'eftime que plufieurs de ceux qui ont confacré leur
Plume, foit à nous décrire les Actions des Hommes, foit à nous
détailler leurs Ouvrages, ayent fait un meilleur ufage de leurs talens? Je conviens qu'un Hiftorien, qui fçait mettre un jufte
prix aux chofes, & placer les évènemens fous un point de vûë

* * *

pro-

propre à infpirer aux Sujets, l'amour de la Vertu & du Bien-public; aux Souverains, celui de la Juftice & de la Paix, l'a-verfion pour l'efprit de defpotifme & de conquête, fource des maux du Genre-humain, je conviens, dis-je, qu'un tel Hifto-rien mérite une très haute eftime; mais que font ordinaire-ment la plûpart des faits memorables que nombre d'entr'eux fe font plus à transmettre à la Pofterité, & à nous propofer pour exemple? Ce font des actions feroces, des guerres, des carna-ges, des maffacres, des perfecutions, des incendies, des ufur-pations, des parjures, des vengeances, des perfidies. Bien des fois les fuccès des principaux Acteurs de ces affreufes fcènes, s'y trouvent exaltés & célèbrés avec une prevarication & une lâcheté infupportables. Que d'autres fe plaifent à remplir leur efprit ou leur papier de faits éclatans de cet ordre, & à les admirer; les belles Couleurs que l'on y donne ne m'empêche-ront pas d'y demêler fouvent, avec horreur, un Roi barbare, un Miniftre fcelerat, des Peuples malheureux, & le refultat de toute cette lecture fe reduira, à me faire perdre une grande partie de la bonne opinion que je me plaifois à avoir de mes femblables, & à me faire déplorer le malheur du Genre-humain, incapable de fe gouverner lui même, & fi fouvent expofé à être gouverné par ce qu'il y a de plus méchant dans la Natu-re. Qu'eft-ce auffi, d'un autre côté, que les Ouvrages des Hom-mes, pour mériter beaucoup qu'on s'y arrête? Toûjours fuperfi-ciels, ils fe montrent par leur beau côté; mais ils perdent à être approfondis, & le fond n'en eft qu'imperfection, néant, ou peu de chofe. Les Ouvrages de la Nature, au contraire, fe mon-

trent

trent par le côté qui frappe le moins; mais leur beauté se de-
veloppe à mesure qu'on les examine ; plus on les approfondit
plus on les admire, & jamais on ne parvient à les épuiser.
Leur Etude est donc certainement preferable à celle des Ouvrages des Hommes, &, pour tout autre qu'un Politique, à celle de
leurs Actions, & mérite bien par conséquent qu'on y employe
une partie de son loisir.

Qu'on ne se flatte pourtant pas d'y faire des progrès en
les étudiant dans les Auteurs Anciens; Ils ont avancé trop de
faits à la légère; moins encore en les étudiant dans ces Auteurs
ineptes, qui, sans rien approfondir, veulent tout expliquer, &
forment, de cet Univers, si admirable dans son tout & dans chacune de ses parties, un Cahos d'extravagances, dont la source
est l'orgueil & la corruption, & dont le terme est l'Athéïs-
me. On prendroit volontiers ces sortes d'Ecrivains pour autant de Don Quichottes Restaurateurs de la Philosophie errante,
qui, quoiqu'assis, les Yeux bandés, sur des Chevillards immo-
biles, croyent, seduits par du vent & un feu trompeur, prendre l'essor, & s'élever au dessus de la sphère commune des mor-
tels, lorsqu'après s'être annoncés comme Génies du premier ordre, & avoir traité de prejugés, de faussetés & de chimères
tout ce qu'il y a de plus respectable, de plus vrai, & de plus
demontré, ils y substituent, d'un ton imposant & de maître, des
imaginations plus creuses & plus dissonantes que les visions de
la Caverne de Montésinos. Non, ce n'est pas à eux que l'on
doit s'addresser, si l'on cherche plutôt à s'instruire qu'à perdre
le tems, & que l'on prefère le vrai au faux, le solide au bril-

*** 2

lant,

lant, & la conviction au beau ftyle. Le feur moyen de réuffir, eft, de confulter foi-même le Livre de la Nature, ouvert
à tout le monde; de n'y point faire de lecture vague; mais
d'en étudier quelque chapitre particulier; de le fuivre, de l'approfondir de tout fon pouvoir; de ne rien admettre, que fur
de bonnes preuves; & de ne confulter que des Auteurs qui y
ont procèdé de cette façon, ainfi que l'ont fait, pour ce qui regarde les Infectes, l'habile Swammerdam, le celèbre Mr. de
Reaumur & d'autres qui les ont imités, & que je ne nommerai point, de peur de bleffer leur modeftie. C'eft à eux feuls,
malgré ce qu'en peuvent dire de vains Raifonneurs, que l'on eft
redevable de quelques progrès qu'a fait de nos jours l'Hiftoire
Naturelle. Le refte des Ecrivains en ce Genre, mêlant fans
ceffe le faux avec le vrai, & faifant paffer l'un à la faveur de
l'autre, n'y ont repandu que de la confufion & du defordre,
& ne méritent pas d'être lus. En y procedant ainfi, les progrès que l'on fera ne feront à la vérité que très lents; mais du
moins feront-ils feurs, & il eft impoffible d'en faire d'une autre
façon. Mais, dira-t-on, eft-ce avancer que de fuivre l'exemple que vous donnez en cet Ouvrage, & ne feroit-ce pas plutôt le moyen de n'avoir jamais fini? Je l'avoüe, fi l'on vou-
loit en ufer, par rapport à chaque efpèce, comme j'ai fait par
rapport à celle-ci. Heureufement il n'en eft pas befoin. Il fuf-
fit d'avoir l'exemple de l'Anatomie d'une feule efpèce de Chenilles avec fa Chryfalide & fon Papillon, pour toute la Claffe
des Chenilles, l'exemple de l'Anatomie d'un Scarabée avec fon
Ver & fa Nymphe, pour toute la Claffe des Scarabées, & ainfi

du

du reſte. Fort bien, repliquera-t-on, peut-être; mais qui nous garantira, que vous n'êtes pas vous même du nombre des Auteurs que vous frondez, & que vous ne meritiez pas à vôtre tour d'être envoyé à la Caverne de Monteſinos, pour avoir forgé un Roman Anatomique, plus mauvais que ceux que vous blâmez, en ce qu'il eſt moins amuſant: les apparences ſont contre vous: Malpighi, & d'autres Auteurs renommés, qui ont anatomiſé des Inſectes, nous ont donné des Figures extrêmement ſimples, & la plûpart informes; les vôtres fourmillent d'objets, & ne leur reſſemblent point du tout?

Ce qui me feroit preſque apprehender une pareille objection, c'eſt qu'il m'eſt arrivé, plus d'une fois, que des Perſonnes éclairées, qui n'ont jamais eu lieu de douter de ma bonne foi, en voyant mes Deſſeins Anatomiques, n'ont pu s'empêcher de me marquer de la ſurpriſe, & du panchant à croire que je ne me fuſſe faït illuſion. Je me rappelle entr'autres, qu'un jour Mr. le Comte de Bentink, & Mrs les Profeſſeurs Alamand, de Leide, & Albinus, d'Utrecht, étant venu voir mon Ouvrage, je ne pûs jamais les tirer de leurs doutes, qu'en leur montrant les objets mêmes, qu'ils comparèrent au Microſcope avec les Deſſeins que j'en avois faits. Convaincus par leurs propres Yeux, ils me repréſentèrent, que pour être mieux cru, il feroit bon, que je rendiſſe témoins de mes procedés Anatomiques des Perſonnes éclairées & connuës, que je peuſſe réclamer: & comme les deux premiers en ont été ſpectateurs plus d'une fois, ils me permirent de les nommer; ce que je fais,

*** 3

&

& d'autant plus volontiers, que je n'euſſe jamais pu choiſir de témoins, dont l'autorité fût, à tous égards, plus reſpectable.

Que d'ailleurs les Perſonnes, qui pourroient avoir du panchant à me ſoupçonner d'artifice, réflechiſſent, qu'en faiſant tort à ma probité, elles feroient à mon eſprit plus d'honneur qu'il ne mérite. Il faudroit avoir un Génie bien plus créateur que ne l'ont ceux qui s'arrogent ſi hardiment ce faſtueux titre, pour pouvoir imaginer un Syſtême Anatomique nouveau, auſſi étendu & detaillé que celui que je donne, & dont toutes les parties euſſent une liaiſon auſſi étroite les unes avec les autres.

Mais ce qui doit faire diſparoître, à cet égard, toute ombre de ſoupçon, c'eſt, que j'ai ôſé fournir, à la Société Hollandoiſe des Sciences, un Mémoire imprimé dans le 3e Vol. de ſes Actes pag. 378., qui contient la deſcription du Microſcope & des Inſtrumens dont je me ſers pour anatomiſer les Inſectes: J'y décris la façon dont on s'en doit ſervir, & je l'ai fait à deſſein de mettre quiconque le voudra, à portée de me ſuivre pas à pas dans mes procedés, & de me confondre s'il trouve que j'aye cherché d'en impoſer. Si j'avois eu cette intention, croit-on que j'euſſe été aſſez inconſidéré pour faire une pareille démarche?

Au reſte, ſi le Public reçoit favorablement ce Traité, cela me ſervira d'encouragement pour en finir un autre, déja très avancé, qui ſera une ſuite de celui-ci, & qui contiendra l'Anatomie de la Chryſalide & de la Phalène, dans leſquelles la Chenille du Bois de Saule ſe transforme.

TA-

TABLE

DES

CHAPITRES.

CHA-

TABLE DES CHAPITRES.

Fin de la Table des Chapitres.

DES-

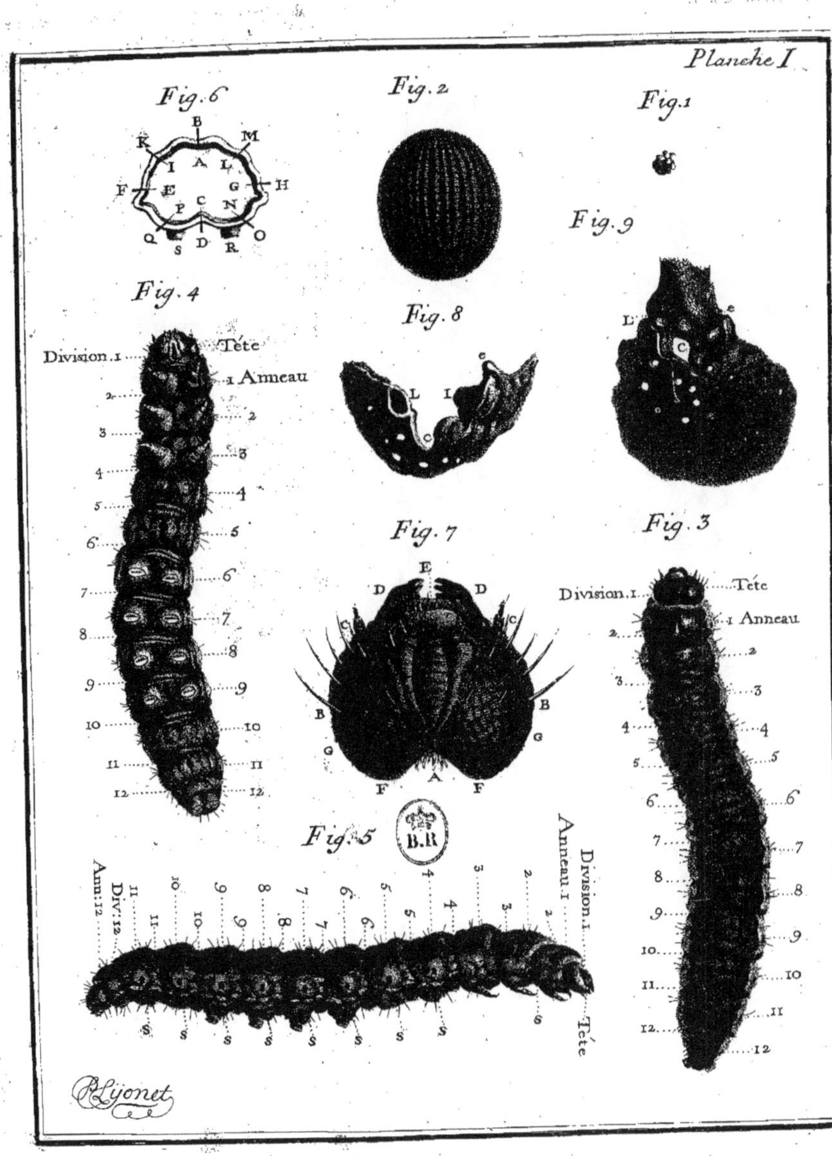

Planche I
Fig. 6
B
K M
I A L
F E G H
P C N
Q S D R O
Fig. 2
Fig. 1
Fig. 9
L e
c
Fig. 4
Division.1 Tête
1 Anneau
2 2
3 3
4 4
5 5
6 6
7 7
8 8
9 9
10 10
11 11
12 12
Fig. 8
e
L I
c
Fig. 7
E
D D
C C
B B
G G
F A F
Fig. 3
Division.1 Tête
1 Anneau
2 2
3 3
4 4
5 5
6 6
7 7
8 8
9 9
10 10
11 11
12 12
Fig. 5
B.R
Division.1
Anneau.1
Ann.12
Div.12
11 11 10 10 9 9 8 8 7 7 6 6 5 5 4 4 3 3 2 2
S S S S S S S
Tête
P. Lyonet

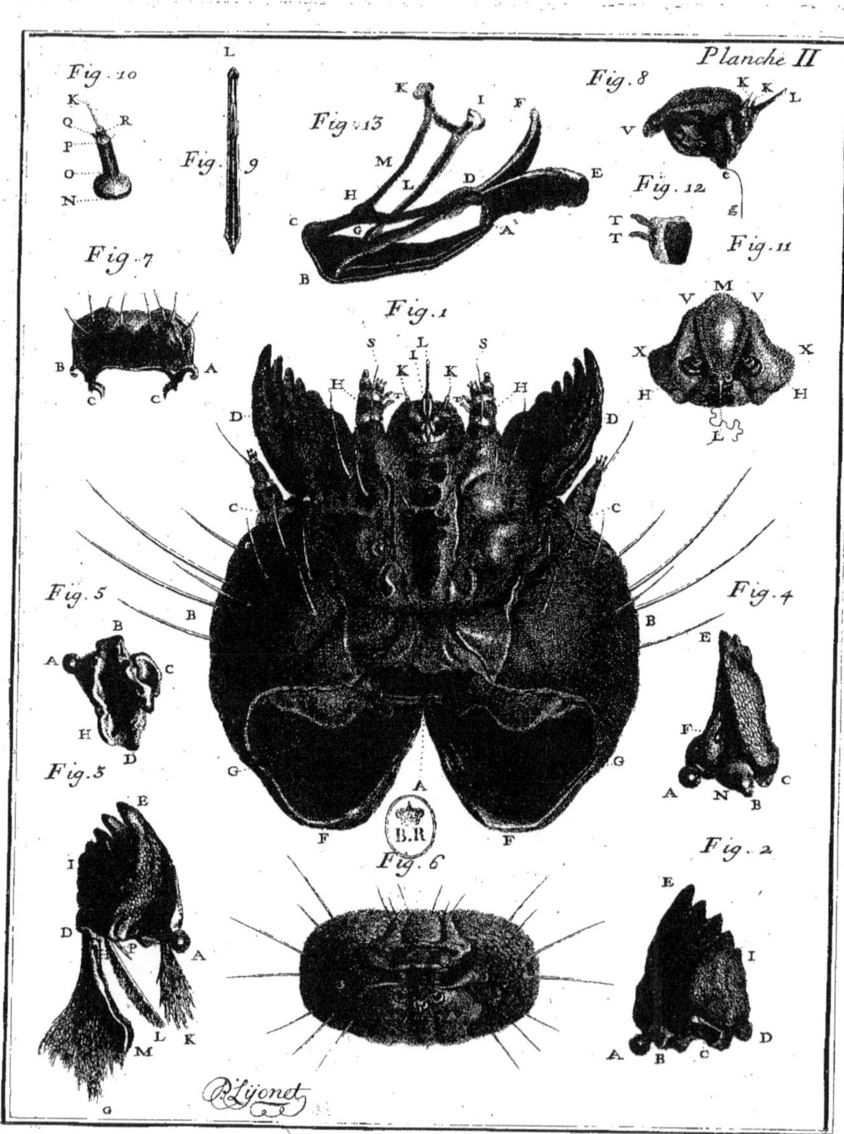

Planche II
Fig. 10
Fig. 9
Fig. 13
Fig. 8
Fig. 12
Fig. 11
Fig. 7
Fig. 1
Fig. 5
Fig. 4
Fig. 3
Fig. 6
Fig. 2
B.R
P. Lyonet

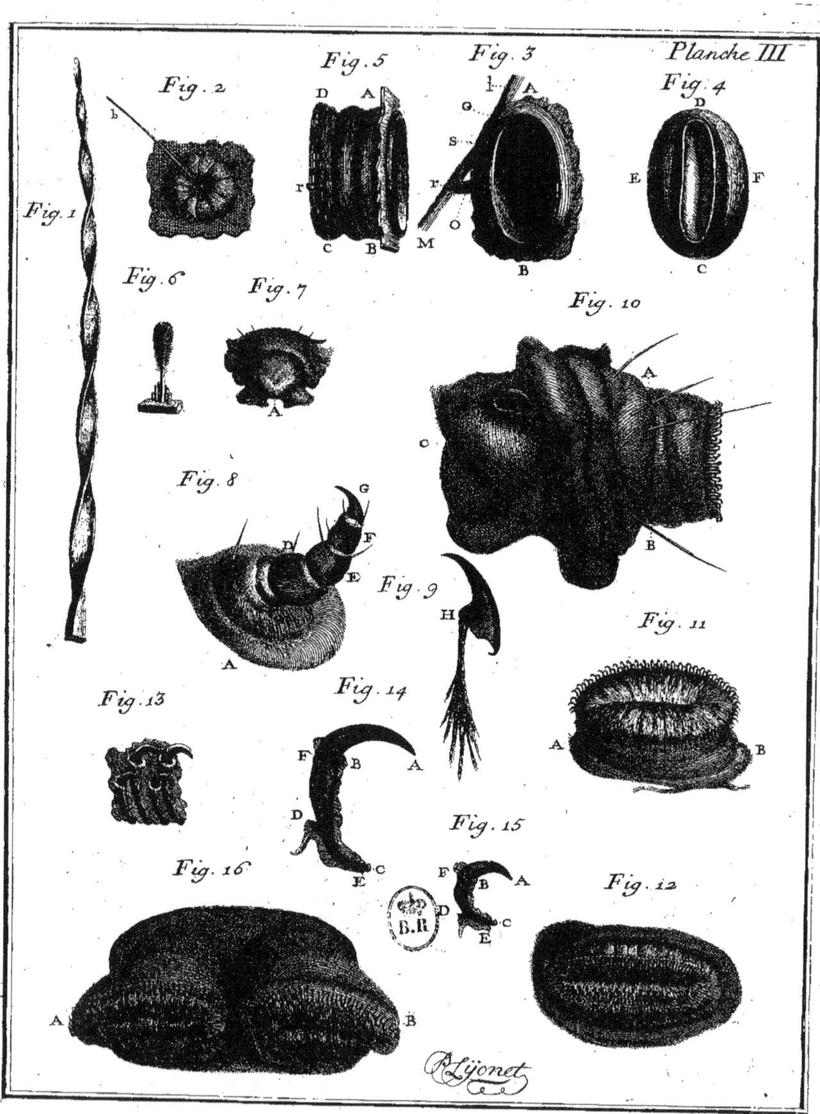

Planche III
Fig. 1
Fig. 2
Fig. 3
Fig. 4
Fig. 5
Fig. 6
Fig. 7
Fig. 8
Fig. 9
Fig. 10
Fig. 11
Fig. 12
Fig. 13
Fig. 14
Fig. 15
Fig. 16
P. Lyonet

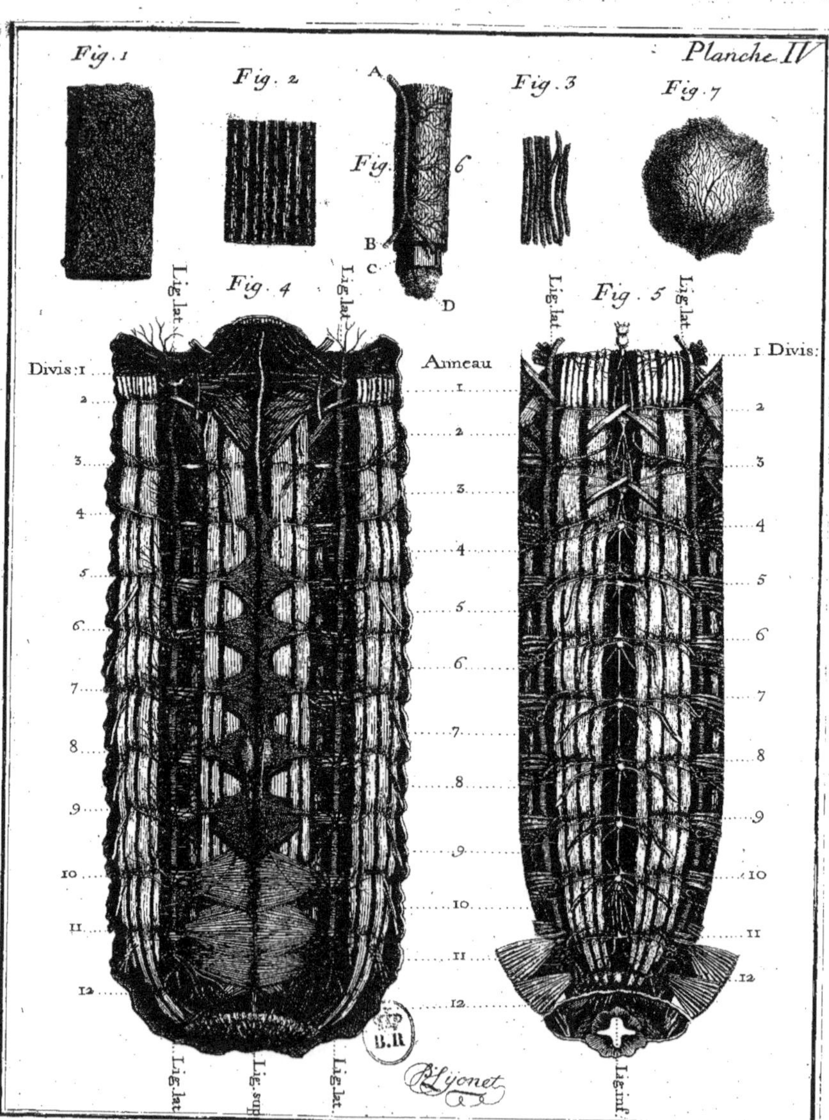

Fig. 1
Fig. 2
A
Fig. 3
Fig. 7
Fig. 6
B
C
D
Planche IV
Fig. 4
Fig. 5
Lig. lat.
Lig. lat.
Lig. lat.
Lig. lat.
Anneau
Divis: I
I Divis:
Lig. lat.
Lig. sup.
Lig. lat.
Lig. inf.
P. Lyonet
B.R

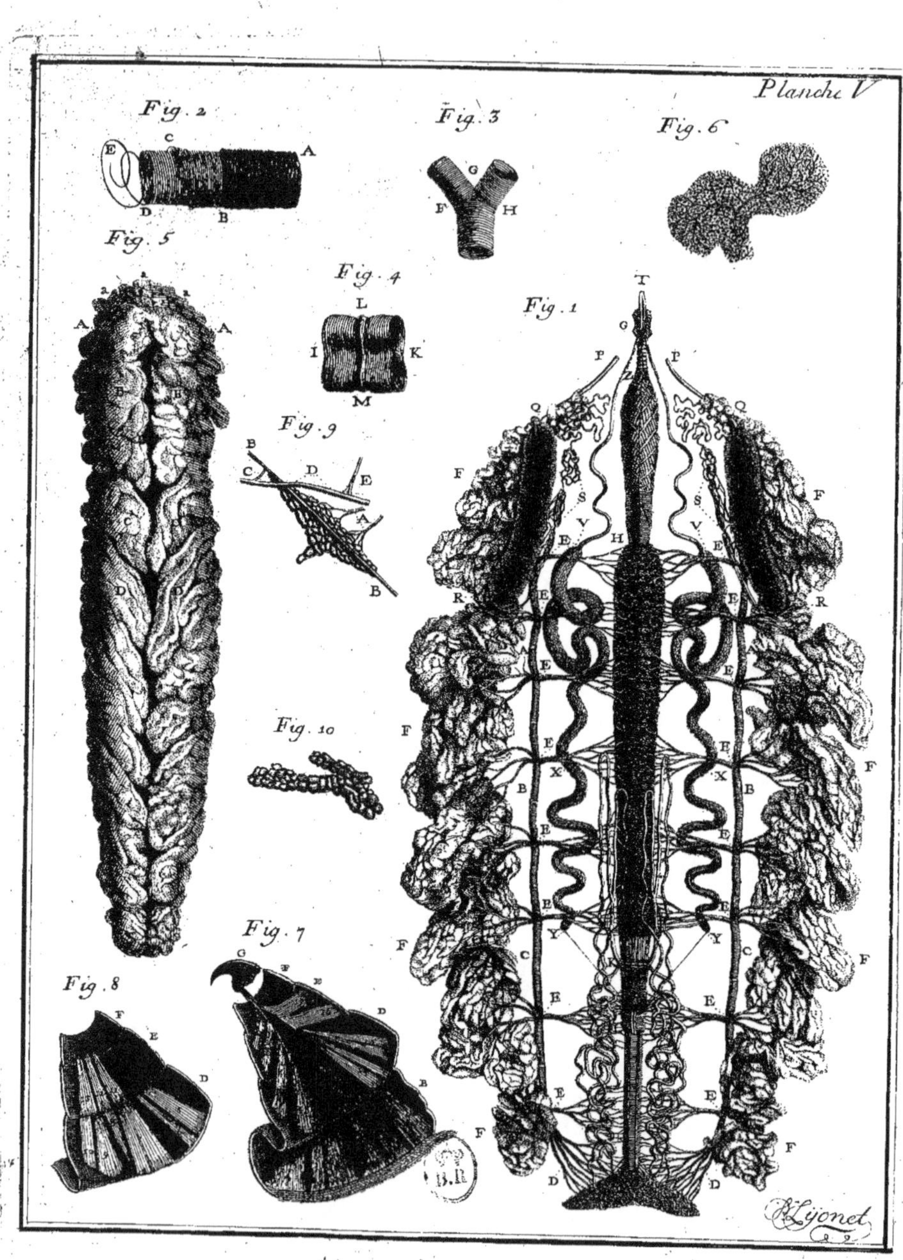

Planche V
Fig. 2
Fig. 3
Fig. 6
Fig. 5
Fig. 4
Fig. 9
Fig. 1
Fig. 10
Fig. 7
Fig. 8
P. Lyonet

Planche VI
Chenille ouverte par le ventre
Chenille ouverte par le ventre
Fig. 1
Fig. 2
Fig. 4
Fig. 3
Division.1
Anneaux
1 Division
P. Lyonet

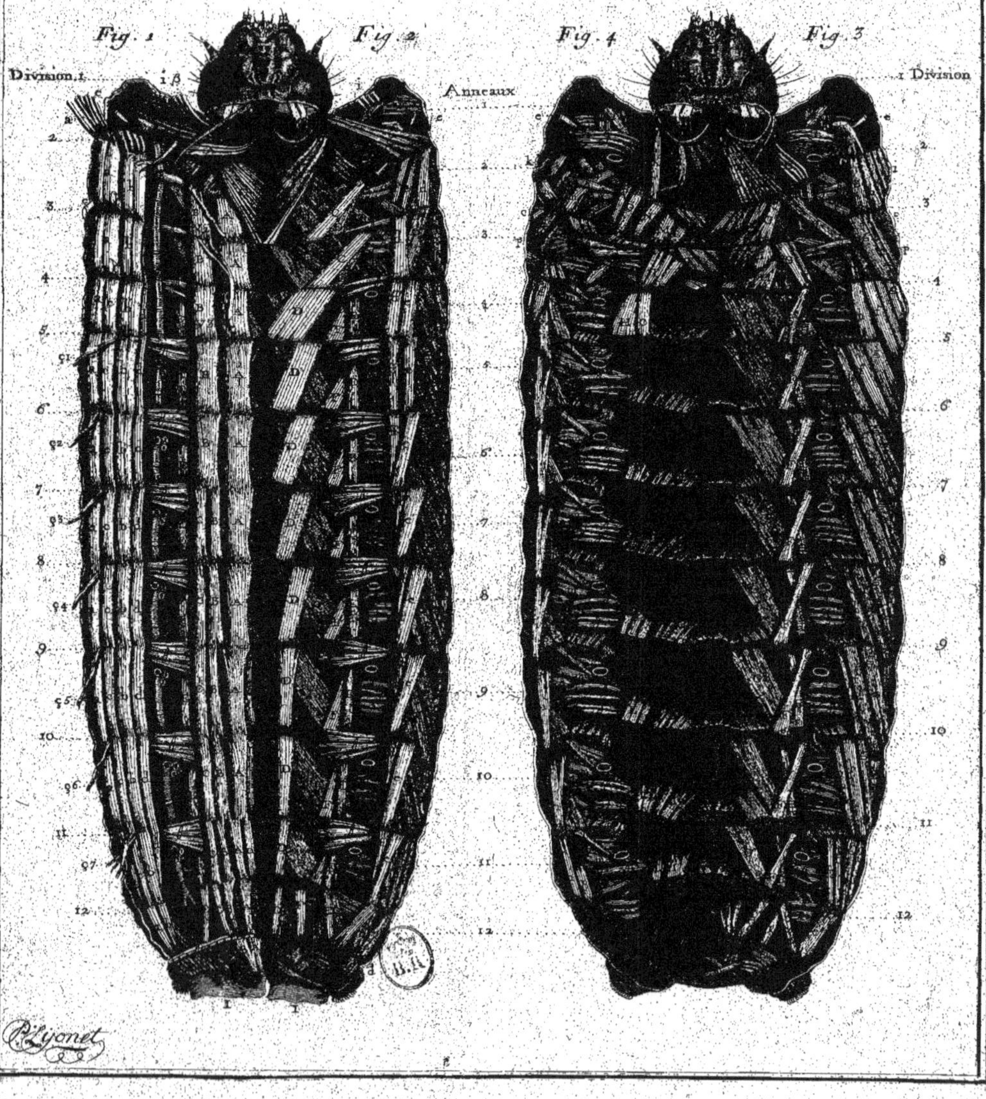

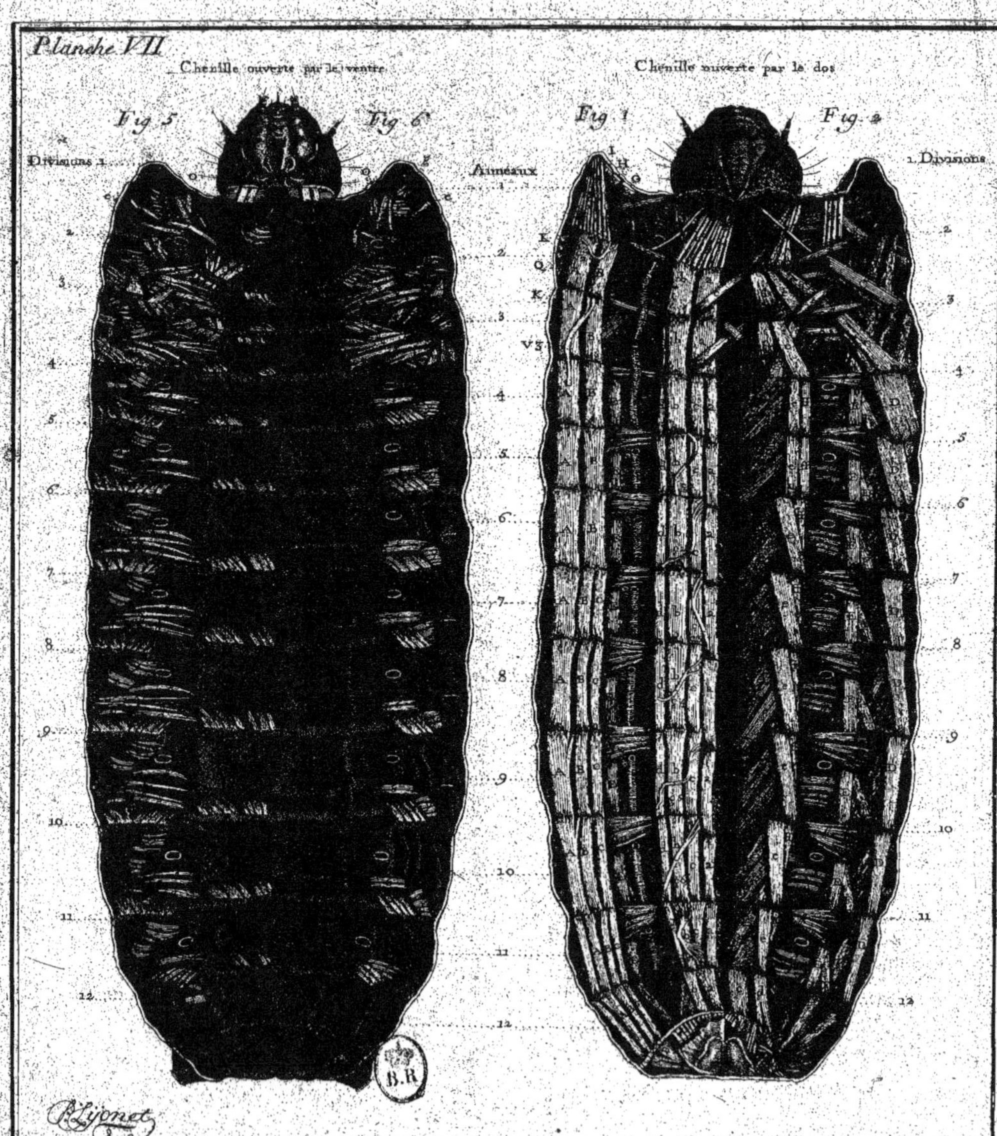

Planche VII
Chenille ouverte par le ventre
Chenille ouverte par le dos
Fig 5
Fig 6
Fig 1
Fig 2
Divisions 1
Anneaux
1. Divisions
P. Lijonet
B.R

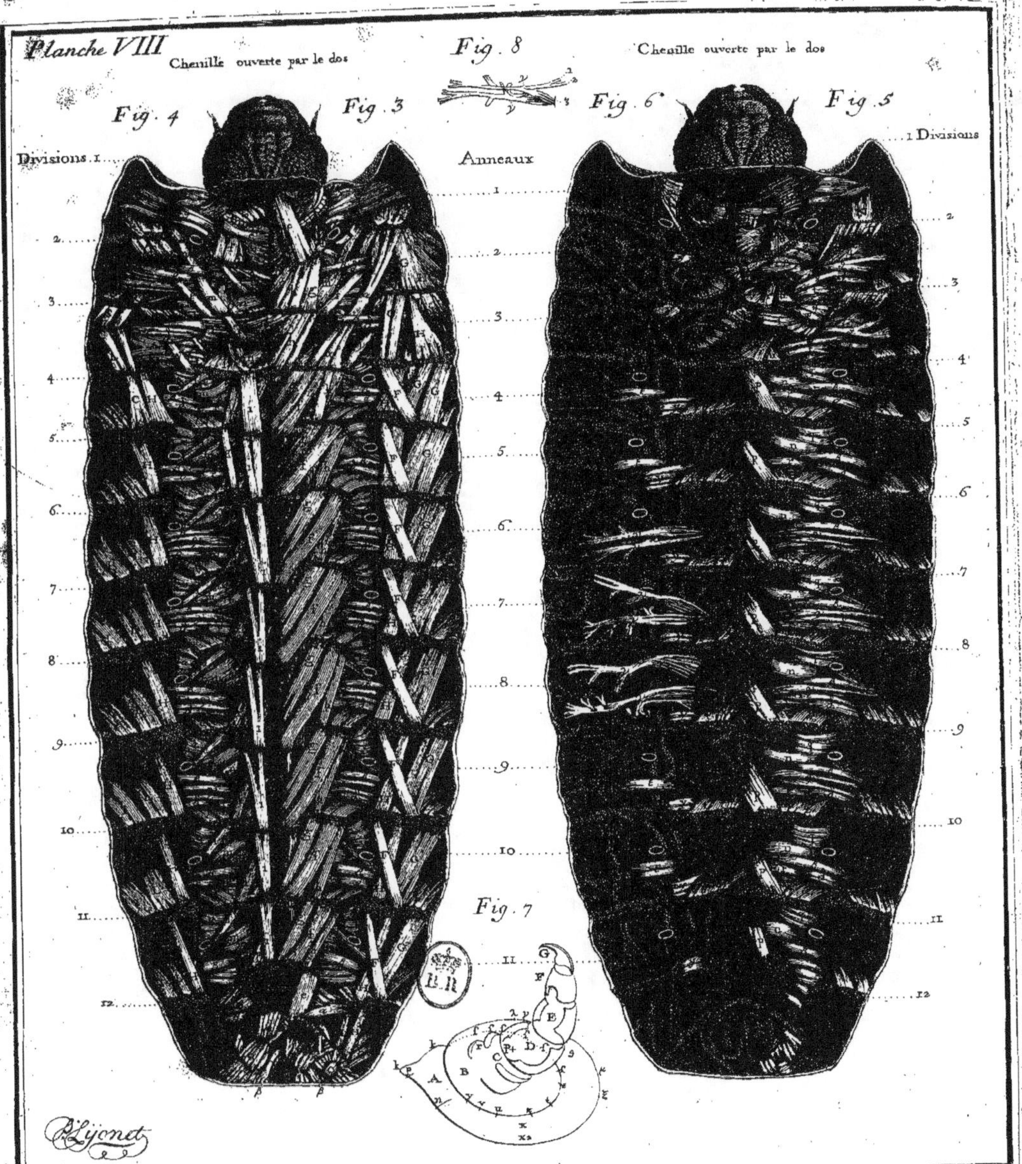

Planche VIII
Chenille ouverte par le dos
Fig. 8
Chenille ouverte par le dos
Fig. 4
Fig. 3
Fig. 6
Fig. 5
Divisions. 1
Anneaux
1 Divisions
Fig. 7
B.R
Lyonet

DESCRIPTION
ANATOMIQUE
DE LA
CHENILLE
DU
BOIS DE SAULE.

CHAPITRE I.

Hiſtoire abrégée de la Chenille du Bois de Saule.

DE toutes les Chenilles de ce Païs, il n'en eſt peut-être point d'auſſi nuiſibles aux Arbres, qui les nourriſſent, que l'eſpèce dont il s'agit dans cet Ouvrage. La Campagne nous offre, dans preſque tous les chemins, des marques de ſes dégâts; mais peu de gens en connoiſſent la cau-

Où on trouve cette Chenille, & ce dont elle vit.

A.

ſe.

fe. On eſt ſi accoutumé à ne voir vivre les Chenilles que d'her-
bes & de feuilles, que quand on trouve des Arbres criblés de
trous, qu'on les voit ſécher ſur pied, & même rompus & ren-
verſés par terre, on ne s'aviſe guères de penſer que ce ſoit là
l'ouvrage de Chenilles ; cependant un petit nombre de celles,
dont je vais traiter, ſuffit pour cauſer ce dommage. Par bonheur pour nous, elles ne le cauſent ordinairement qu'à une eſpèce d'Arbres peu eſtimée, qui d'ailleurs croît ſi vîte, & multi-
plie ſi aiſément, qu'on n'en regrette pas fort la perte. On comprend bien que c'eſt du Saule dont je veux parler ; cet Arbre eſt le plus ſujet à être endommagé par ces Inſectes ; Ils s'y
creuſent mille trous, ſouvent aſſez larges pour y paſſer le
doigt, & même le pouce ; ce qui, bien des fois, intercepte le ſuc
nourricier, ou affoiblit le tronc à un point, que l'Arbre en
meurt, ou qu'il tombe au moindre vent.

J'ai bien trouvé de ces Chenilles dans des troncs d'Ormes,
mais plus rarement : &, dans le Bois de la Haye, j'ai même
vû des Chènes qui en avoient été endommagés ; ce qui prouve
qu'elles s'attaquent auſſi quelquefois à cet Arbre, qui, par ſa
dureté, ſembleroit devoir être à l'épreuve de leurs dents.

Quoiqu'il en ſoit, le Bois de Saule eſt leur nourriture la
plus commune, & l'on ne trouve guères, en nos Quartiers, de
rangée de Saules, un peu vieux, dont les troncs n'ayent, la plûpart, été entamés par cet Inſecte, que j'ai nommé, pour cette
raiſon, la *Chenille du Bois de Saule*.

Comme mon but, dans cet Ouvrage, n'a pas été de faire
l'His-

l'Hiftoire de cette Chenille, mais fimplement d'en déveloper la ftructure intérieure, je ne me fuis point appliqué à fuivre cet Animal dans tous fes procedés cachés & difficiles à
découvrir, avec tout le foin & toute l'affiduité que requiérent
de pareilles recherches; ainfi je ne fuis pas en état de donner, à cet égard, tout l'éclairciffement que l'on pourroit défi-
rer; cependant j'efpère que ce que j'en vais dire fuffira,
pour fatisfaire la jufte curiofité de ceux qui voudroient connoitre, avec quelque détail, les opérations & les procedés
d'un Infecte, dont le mécanifme va devenir l'objet de leur attention.

CET Infecte, comme toute autre Chenille, doit fa naiffance
à un Oeuf. La Phalène, qui le pond, a foin de le dépofer contre le tronc d'un Saule, & quelquefois d'un autre Arbre, auquel il refte attaché par une humeur vifqueufe, qui le couvre
en ce moment, & qui, peu après, fe durcit à l'air de manière,
qu'aucune pluye ne fauroit la diffoudre.

L'OEUF eft très-petit; il n'a pas la groffeur d'un grain de
Millet *: il a la forme d'un Sphéroïde oblong: examiné avec
une forte Loupe, on voit que de larges fillons ondoyans &
inégaux parcourent fa longueur *, & que ces fillons font eux-
mêmes traverfés par des ftriûres très ferrées, qui les croifent;
ce qui donne, à cet Oeuf, quelque air d'un tiffu d'ofier. Ces
Oeufs font d'un blanc de lait dans l'ovaire; pondus, ils deviennent grifâtres, & de larges rayes, d'un brun rougeâtre très
foncé, effet de la liqueur vifqueufe dont la Phalène les teint,

A 2

lors-

Elle naît d'un
Oeuf.

Defcription
de cet Oeuf.
* Pl. I. Fig. 1.

* Pl. I. Fig. 2.

lorsqu'ils paffent par le tronc de l'ovaire pour être pondus, colorent le dedans de la plûpart des fillons , & font paroître ces Oeufs, à la fimple vûë, d'un brun rouge, rayé de noir.

Quand il
éclot.

Je ne puis rien déterminer fur le tems qu'il faut aux Oeufs pour éclorre. J'ai plufieurs fois renfermé, dans de grandes Boîtes, des Phalènes mâles & femelles enfemble; comme elles manquent de trompe, & ne prennent aucune nourriture, je me flattois que les femelles, ainfi renfermées avec des mâles, en apparence très actifs, m'auroient pondu des Oeufs fécondés; mais, de tous ceux qu'elles firent en grand nombre, il ne m'eft né aucune Chenille.

Il eft pourtant très probable, que ces Oeufs éclofent communément au Mois d'Août, puisqu'en différentes Années, j'ai trouvé, au commencement de Septembre, des Chenilles, qui n'avoient encore qu'une ligne & demi de longueur; car comme les Chenilles font ordinairement pliées en rond dans leurs Oeufs, qu'elles en rempliffent, à-peu-près, toute la capacité, & que chaque Oeuf, de l'efpèce dont il s'agit, a environ une demi ligne de longueur, les Chenilles, en naiffant, doivent avoir une ligne & davantage; ainfi les petites Chenilles, que j'avois trouvé, au commencement de Septembre, n'étoient nées que depuis peu de jours, vû qu'elles n'avoient encore cru, tout au plus, qu'une demi. ligne.

Marque pour
trouver les
petits.

Lorsque ces Chenilles font petites, on les trouve immédiatement fous l'écorce de l'Arbre, contre lequel leurs Oeufs ont été pondus, &, une marque d'humidité, qui fuinte des ouvertu-

res

res qu'elles se sont faites, dans l'écorce, pour pénétrer jusqu'au bois, sert à les y découvrir ; quoique cette marque soit aussi souvent l'effet des dents d'autres sortes d'Insectes, qui rongent le tronc du même Arbre.

Ces petites Chenilles ne se trouvent pas rassemblées en fort grand nombre en un même endroit, & ces endroits ne sont pas fréquens à un même tronc. Le plus de ces Insectes, que j'aye jamais trouvé ensemble, n'alloit pas au-delà de quinze. La Phalène, quoique des plus fécondes, a apparemment soin de ne pondre que peu d'Oeufs contre chaque Arbre, & de ne les y placer que par petits tas ; précaution nécessaire, parce-qu'aucun Saule, quelque gros qu'il soit, ne sauroit suffire à nourrir seulement la dixième partie des Chenilles, que peut pro-duire une seule de ces Phalènes, qui pondent plusieurs centai-nes d'Oeufs, & que, si un nombre assez considérable de Chenil-les se trouvoit rassemblé à un même endroit de l'Arbre, de-venuës un peu grandes, elles en auroient bien-tôt miné le tronc de manière à l'abbatre.

Précaution de la Phalène en pondant.

Plusieurs sortes de Chenilles ont, quand elles sont gran-des, peu de raport avec ce qu'elles étoient, plus petites ; on en voit qui, de vertes, deviennent brunes ; qui, de presque ra-ses, deviennent très veluës ; enfin, qui, d'une forme, en ac-quiérent une autre ; mais les Chenilles en question, m'ont, en gros, toûjours paru à-peu-près les mêmes, & la simple vuë n'y découvre d'autre différence, sinon, que la couleur des petites est, sur le dos, d'un rouge moins foncé, & que leurs poils, qui

Ces Chenilles changent peu de couleur.

A 3   font

font toûjours très clair-femés, partent chacun d'une élévation affez fenfible, qui n'eft point apparente, ou du moins qui l'eft très peu dans les grandes.

Elles filent.

CES Chenilles, comme grand nombre d'autres, filent apparemment dès leur naiffance; du moins les plus petites, que j'aye vû, filoient déja.

Muent très fouvent.

AVANT de parvenir à leur derniére grandeur, elles changent diverfes fois de peau, & j'en ai eu, de toutes les tailles, qui ont mué chez moi; mais, comme il n'y a guères moyen d'élever ces Infectes fous des verres, & qu'il eft prefque impoffible de les fuivre dans le tronc des Arbres, je ne puis déterminer combien de fois elles quittent leur dépouille; à en juger pourtant par la différence prodigieufe qu'il y a, de la taille d'une Chenille naiffante, à celle d'une qui eft prête à changer en Chryfalide, &, à comparer les augmentations de groffeur qu'acquiérent leurs têtes à chaque mue, il faut qu'elles muent plus fouvent que le commun des Chenilles, c'eft-à-dire plus de 4, 5, ou 6 fois; & comme j'en connois, qui changent jufqu'à neuf fois de peau, je ne doute pas que celles-ci ne le faffent autant, pour le moins, & davantage. J'avois crû qu'il y auroit eu moyen de s'affurer combien de fois elles muent, en raffemblant les crânes, que les Chenilles, de différente grandeur, quittent en muant, & en comptant de combien de fortes de grandeur on en trouve. C'eft un moyen que j'ai effayé; mais, ayant remarqué, parmi celles qui changent en Chryfalides, une différence fi confidérable, que les unes deviennent quelque-

fois,

fois, à tous égards, plus du tiers plus grandes que les autres,
j'ai compris qu'on ne pouvoit rien déterminer par là.

Des mues fi fréquentes doivent paroître d'autant plus singu-
liéres, que lorsqu'une Chenille mue, elle ne change pas fimplement de peau, mais qu'elle quitte une dépouille toute com-
plette, dans laquelle fe trouvent fon crâne, fes machoires, la
cornée de fes yeux, toutes les parties extérieures, écailleufes
& membraneufes, qui compofent fes lèvres fupérieure & inférieure, fes barbillons, fa filière, fes antennes, même les piéces
écailleufes, qui font renfermées au dedans de fa tête, & qui
fervent de point fixe à nombre de mufcles; qu'on trouve encore, dans cette dépouille, fes ftygmates, les ongles & les écailles
de fes jambes antérieures, les crochets de fes autres jambes, fes
poils, fon anus; en un mot, tout ce qui étoit vifible de la Chenille; que, lorsqu'elle fe difpofe à cette opération, elle eft quelques jours fans prendre de nourriture; qu'alors les chairs & les
autres parties intérieures de la tête, qui ne font point écailleufes, fe détachent du vieux crâne & fe retirent dans le cou;
qu'elles fe revêtent de nouvelles parties, femblables à celles qu'elles ont abandonnées, mais plus grandes, & d'abord molles;
que lorsque la nouvelle peau & toutes les autres parties, que
la Chenille doit revêtir, font formées, la vieille peau doit s'ouvrir, & la Chenille en retirer tous fes membres, par une opération d'autant plus difficile pour elle, qu'elle eft alors dans
un état de foibleffe, caufée par la molleffe des nouvelles parties qui la couvrent, & qui ne lui permettent pas d'agir avec

vigueur, ni de prendre aucune nourriture encore de quelques jours.

Elles changent par là de proportions.

La Chenille, ainsi vêtue tout de neuf, est autrement proportionnée qu'elle ne l'étoit avant sa mue; sa tête, ses jambes, &, en général, tout ce qu'elle a d'écailleux, est sensiblement plus grand, à proportion du reste; aussi ces parties solides ne croissent-elles plus dans la suite: c'est le corps seul, & les parties molles de l'Animal, qui croissent & s'étendent, au moyen des alimens, jusqu'à ce que, devenues trop grandes pour les parties solides, la Nature y supplée par une nouvelle mue, où, déposant toutes ces parties, la Chenille en revêt d'autres plus convenables à sa taille.

Nôtre Chenille vit quelques années.

Il seroit plus facile de s'instruire combien de tems ces Chenilles vivent, avant de se disposer à se changer en Chrysalides, que de savoir combien de fois elles muent; on n'auroit qu'à introduire quelques Chenilles très petites derrière l'écorce d'un Saule fort écarté des autres, & qui n'a point encore été endommagé par aucun Insecte, & attendre le tems qu'elles font un trou à l'écorce de cet Arbre; car c'est alors, comme on le verra bientôt, qu'elles se préparent à changer de forme. J'ai diverses fois éprouvé ce moyen; mais, quoique des accidens, qu'il seroit inutile de détailler, en ayent toûjours fait manquer l'entière réussite, le résultat de mes divers essais combinés m'a fait voir, qu'elles passent certainement deux hyvers, & très probablement trois, avant que de se changer en Chrysalides: ce qui est un fait d'autant plus remarquable, que je ne sache pas que l'on connoisse au-

cune

cune autre efpèce de Chenille, qui paffe plus d'un hyver avant
de fe transformer.

COMME nôtre Chenille paffe l'hyver fans manger, elle le paf- *Se renferme en hyver dans une coque.*
fe auffi fans agir. A l'approche de cette rigoureufe faifon, elle
fe fait une coque affez legère, tapiffée de foye en dedans, &
couverte, en dehors, de très petits éclats de bois, qu'elle a ame-
nuifé pour cet ufage: renfermée dans ce réduit, elle attend la
belle faifon pour en fortir.

TOUTES les Chenilles du Bois de Saule, que j'ai trouvé en
hyver, petites ou grandes, occupoient chacune une coque pareil-
le, parmi lesquelles il y en avoit d'extrêmement lâches : Les *Ne file point alors.*
Chenilles, que j'en ai tirées, ne filoient point, bien qu'en été
elles filent presque toûjours, quand on les met à découvert;
elles ne montroient, dans leurs mouvemens, ni force ni vigueur: quand il gèloit médiocrement, elles marchoient enco- *Eft foible.*
re, mais avec peine, & quand il gèloit très fort, elles per- *Engourdie dans le grand froid.*
doient abfolument tout mouvement, fans pourtant devenir
roides, ni fans que ce froid fit mourir aucune de celles que *N'en meurt point.*
j'avois.

LA grandeur, à laquelle ces Chenilles parviennent, avant de *Sa grandeur.*
fe filer des coques, pour fe changer en Chryfalides, n'eft pas toûjours la même, comme je l'ai déja dit. Les plus grandes, de
celles que j'ai vû fe difpofer à changer d'état, avoient trois pouces & demi de longueur.*, & les plus petites n'avoient guères *Pl. I. Fig. 3. 4. & 5.*
plus de deux pouces. Le manque de bonne nourriture eft fou-
vent caufe de ces différences, dans les Chenilles, & celles qui

produifent des Papillons mâles font ordinairement plus petites que les autres.

QUAND on compare une Chenille naiffante, qui n'a qu'environ une ligne de longueur, à une autre, qui a tout fon crû, & qui eft longue de trois pouces & demi, cette augmentation de volume, dans un même Animal, doit paroître bien confidérable, quoiqu'elle foit peu de chofe, en comparaifon de celle qu'on peut obferver dans les Poiffons. Pour une Chenille, elle eft réellement étonnante, & je n'en connois point, qui, d'un Oeuf auffi petit, parvienne à cette taille.

J'AI été curieux de favoir combien cet Infecte, devenu grand, pefoit plus que fon Oeuf, & qu'un petit nouveau né. Pour cet effet, j'ai d'abord pefé la Chenille devenuë grande, & j'ai trouvé qu'elle pefoit environ ⅛ d'once, poids de la Haye: j'ai enfuite pefé un certain nombre de ces Oeufs, & j'ai vû que 50 Oeufs pefoient un demi grain, qu'ainfi 1800 Oeufs pefoient la ½ partie d'une once, & qu'il falloit, par conféquent, 36000 Oeufs pour faire le poids d'une Chenille.

COMME ces Oeufs ont des coques très épaiffes, par raport à leur volume, & que, d'ailleurs, outre la fubftance de la Chenille, qu'ils renferment, ils font encore chargés de beaucoup de limphe, qui s'évapore, tandis que les parties de la Chenille, de liquides, qu'elles étoient d'abord, acquiérent de la folidité, il faut certainement une quantité bien plus confidérable de Chenilles naiffantes, que d'Oeufs, pour faire le même poids; Je ne faurois précifément déterminer cette quantité, parceque je n'ai

point

point eu le nombre de Chenilles, nouvellement éclofes, qu'il m'eût fallu, pour former aucun poids fenfible, que j'euffe pû comparer avec celui d'une grande Chenille; mais, fuppofé que la coque, & la limphe évaporée de l'Oeuf, pefent, enfemble, autant que la Chenille naiffante, il faudra deux Chenilles pareilles pour faire le poids d'un Oeuf, &, par conféquent, 72000 petites Chenilles pour faire celui d'une grande : Et ce qui fait voir que cette fuppofition n'eft pas fi gratuite, qu'elle pourroit d'abord le paroître, c'eft qu'elle s'accorde affez avec la proportion de grandeur qu'il y a entre ces deux Chenilles comparées; car, en pofant, comme il a été dit, qu'une Chenille naiffante aît une ligne de longueur, il en faudra quarante-deux pour faire celle d'une Chenille de trois pouces & demi; on n'a donc qu'à élever ce nombre de 42 à la troifiéme puiffance, pour avoir, dans fon produit, la proportion de grandeur qu'il y a d'une de ces Chenilles à l'autre, qui fe trouve être d'un à 74088, nombre qui excède encore de plus d'un trente-fixiéme celui d'un à 72000, qui, fuivant nôtre fuppofition, s'eft trouvé entre le poids de ces deux Chenilles. On peut donc conclure de ceci, fans crainte d'exagerer, que nos petites Chenilles grandiffent jufqu'au point d'augmenter, pour le moins, foixante & douze mille fois de poids & de volume; ce qui eft prodigieux, à le comparer à la cruë des grands Animaux terreftres.

NôTRE Chenille, quelque bien cachée qu'elle paroiffe dans le tronc des Arbres, ne l'eft pourtant pas tellement, que des Mouches Ichneumons, de plus d'une efpèce, ne trouvent encore

Première forte d'ennemis de la Chenille.

moyen

moyen de la troubler dans fa retraite. J'ai vû fouvent roder de ces Mouches, de la plus grande forte, fur le tronc des Saules, & introduire leur longue tarriére fucceffivément dans toutes les crevaffes de cet Arbre; & malheur alors à la Chenille qu'elles atteignoient par cet inftrument; non que la picquûre, par elle-même, en foit fi dangereufe; elle ne fait peut-être pas grand mal à la Chenille; mais c'eft qu'au moyen de cette picquûre, l'Ichneumon introduit, dans le corps de nôtre Infecte, un Oeuf, d'où naît enfuite un Ver, qui, s'il refte en vie, devient toûjours fatal à fon hôte, deftiné à le nourrir de fa propre fubftance. Plus ce Ver croit, plus il confume la Chenille; qui, enfin, ne fe fentant plus en état de continuer fes fonctions, fe conftruit une coque, ou plutôt un tombeau, dans lequel elle finit fa vie, devorée, jufqu'à la peau, par l'ennemi qu'elle nourrit. Le Ver, ayant confumé tout ce qui n'eft pas à l'épreuve de fa dent, fort de la peau de l'Animal devoré, fe file lui-même une coque très folide, & fouvent de plus d'une envelope, dans la coque que la Chenille s'étoit faite; il s'y change en Nymphe, &, après que les membres de la Mouche, qui en doit naître, ont pris, fous cette forme, la confiftance néceffaire, la Mouche fe dégage de la membrane qui les affujettiffoit, elle entame & ouvre, avec fes dents, les coques, dans lefquelles elle fe trouvoit renfermée, elle en fort, & paroît au jour fous la forme d'une Mouche de l'efpèce de celle qui l'a produite.

Seconde forte.

UNE autre forte de Mouches Ichneumons, incomparablement plus petites que la précédente, n'eft pas moins dangereufe pour

nô-

nôtre Chenille : elle y introduit un fi grand nombre d'Oeufs, que j'ai vû, plus d'une fois, fortir au‑delà de cent cinquante petits Vers Ichneumons, d'une feule Chryfalide, dont tout l'intérieur avoit été fi bien confumé, qu'il n'y étoit plus refté aucune trace de Chenille ni de Phalène.

LES ennemis les moins à craindre, pour la Chenille du Bois de Saule, font une forte de Poux, auxquels elle eft fouvent fujette. Cette Vermine, qui n'a qu'un bon quart de ligne de longueur, & dont la defcription, de même que celle des Ichneumons, doit faire partie d'un autre Ouvrage, renferme, dans fon corps, deux efpèces de bras articulés, affez longs, qu'on peut faire fortir en la preffant : ils fe terminent chacun par une pince dentée, femblable à celle des Ecreviffes. C'eft apparemment par ces bras, introduits dans les pores de la Chenille, que le Pou en tire fa nourriture; cependant, quelque nuifible, qu'il femble devoir être, par là, à nôtre Infecte, je n'ai jamais remarqué qu'il l'aît été au point, de l'empêcher de fubir fes transformations.

C'EST ordinairement en May que nôtre Chenille s'y difpofe; fon premier foin alors eft de chercher fi l'Arbre n'a pas quelque ouverture, pour donner iffuë à la Phalène, qu'elle doit mettre au jour : fi elle n'en trouve point, elle fait, à l'Arbre, une ouverture ronde tout exprès, &, ce que j'ai fouvent admiré, elle la compaffe fi jufte, qu'elle eft prefque toûjours égale à la groffeur qu'aura fa Chryfalide, & qu'elle n'eft jamais moindre; fi la Chenille trouve l'Arbre percé de quelque ouverture fuffifan-

B 3

te,

te, elle s'épargne la peine d'en faire une, &, près de l'ouverture, trouvée ou faite, elle commence à conftruire fa coque,
ce qu'elle fait, en coupant, de l'Arbre, des éclats de bois fort
menus, qu'elle réünit les uns aux autres avec de la foye: de
cette maniére elle bâtit, autour de fon corps, une loge ellyp-
foïde affez réguliére *, dont tout le dehors n'eft qu'un affemblage de buches, réünies en tout fens, & elle ne manque pas
d'avoir foin de diriger l'ouvrage de façon, que l'une des extrêmités de la coque eft pointée vers l'ouverture de l'Arbre. A-
près s'être ainfi renfermée dans ce réduit de charpente, elle travaille à s'en faire un logement commode, & qui la mette à l'a-
bri de toute infulte d'Infectes. Elle en tapiffe, pour cet effet,
tout le dedans, d'une tenture de foye grifâtre, très unie, & par-
tout très épaiffe & très ferrée, à la referve de l'extrêmité, qui fait
face au trou de l'Arbre, où elle a foin d'en rendre le tiffu moins
lié, afin qu'elle puiffe plus aifément fe faire jour au travers,
quand il en fera tems. Tout l'ouvrage étant achevé, fon dernier foin eft de fe placer dans la coque de façon, qu'elle aît la
tête tournée vers l'ouverture de l'Arbre; attention, qui ne lui
eft pas indifférente, puisque, fi elle fe plaçoit autrement, ne
pouvant fe retourner, après être devenue Chryfalide, tant par
manque de foupleffe, en cet état, qu'à caufe du peu de largeur
de la coque, elle feroit obligée d'en fortir par ce même côté,
ce qui ne lui réüffiroit que très difficilement, à caufe de la confiftance de la coque en cet endroit, & la conduiroit toûjours
vers l'intérieur de l'Arbre, où, bien fouvent, elle ne trouveroit
aucune iffuë pour en fortir. DANS

* Pl. XVIII.
Fig. 7.

DANS la situation, que la Chenille s'eſt ainſi choiſie, elle demeure en repos, durant quelques jours; d'abord ſon rouge s'efface, & devient pâle, ſon corps commence enſuite à être picotté de points bruns, ces points deviennent des taches, ces taches grandiſſent, & preſque toute ſa peau paroît enfin d'un brun foncé, qui annonce ſon changement prochain. Pendant que ces ſymptômes extérieurs ſe manifeſtent, les parties intérieures de la tête ſe détachent du crâne; celles des jambes ſe retirent vers le corps; il ſe raccourcit en diminuant vers la partie poſtérieure & ſe renflant de plus en plus vers l'antérieure, ce qui, enfin, y fait crever la peau, dont l'Animal ſe dégage, en la faiſant gliſſer, par divers mouvemens, vers le bout de ſa queue, après quoi, il ſe montre ſous une forme toute nouvelle, qui a reçu le nom de Chryſalide, & ſur laquelle on trouve plus de traces de la Phalène, qui en doit naître, que de la Chenille qui l'a produite.

L'ENVELOPE de cette Chryſalide eſt d'abord molle, humide & blanche, avec une teinte de rouge ſur le dos; mais, peu après, elle devient dure, ſèche, & de couleur de marron. Sa partie antérieure, où l'on aperçoit les linéamens de la tête, des jambes, & des aîles de la Phalène, ramenées ſur le devant, eſt, par elle-même, immobile; mais les diverſes articulations mobiles, dont ſa partie poſtérieure eſt pourvuë, peuvent l'agiter de diverſes façons. Cette Chryſalide, qui eſt du genre des coniques, eſt remarquable en ce que ſa partie antérieure eſt garnie de deux pointes, placées l'une au deſſus, & l'autre au deſſous des

yeux,

yeux, & qu'elle a encore, fur le dos, depuis le corcelet jufqu'à l'extrêmité du corps, plufieurs rangées de pointes les unes au des-fous des autres, dirigées de maniére vers la queue, qu'elles font un angle aigu avec le corps. Toutes ces diverfes pointes, quelque inutiles qu'elles paroiffent, ne font pourtant rien moins que des ornemens fuperflus: Sans elles la Phalène ne fauroit naître. Lorf-que la Chryfalide a paffé quelques femaines dans fa coque, & que le Papillon, qui s'y eft formé, fe fent en état de pouvoir rompre fes liens & de paroître au jour, la Chryfalide commen-ce à s'agiter dans fa coque, & s'y fait entendre par des ratif-femens reïterés. C'eft alors que ces pointes lui font d'ufage: celles de fon dos, par leur direction, lui fervent d'apuy, pour fe porter, avec force, vers le devant de fa coque, fans gliffer en arrière, & celles de fa tête lui fervent d'outils pour l'enta-mer à cet endroit, qui eft le plus foible. Au bout d'un quart d'heure de travail, ou environ, on aperçoit le devant de la Chry-falide, qui, ayant fait une ouverture à la coque, travaille, par des efforts redoublés, à l'aggrandir de plus en plus, &, à force de preffer, elle fe fait enfin jour tout à travers, & continuë à en fortir, par divers mouvemens, en fe portant toûjours en avant, jufqu'à ce que, parvenuë au trou, que, dans fon état de Che-nille, elle avoit fait à l'Arbre pour en fortir, elle aît paffé pref-que toute fa partie antérieure par ce trou. Avancée jufques là, elle s'arrête tout court, & cette attention lui fauve la vie; car, pour peu qu'elle continuât encore à fe porter en avant, per-dant l'équilibre, fon poids la feroit tomber, du haut du trou,

à

Ses procedés finguliers pour favori-fer l'iffue de la Phalène.

à terre, par une chute d'autant plus rude & plus dangereuse pour elle, qu'elle est encore, dans ce moment, toute gonflée d'humeurs, & hors d'état de faire usage d'aucun de ses membres.

Lorsque la Chenille s'est construit une coque, auprès de quelque ouverture de l'Arbre, plus grande que celle qu'elle se feroit faite, s'il n'y en avoit pas eu, elle n'a garde de s'avancer trop vers cette ouverture, où elle ne pourroit se soutenir, mais elle se contente de ne sortir qu'à moitié de sa coque, qui lui sert alors de soutien.

Dans l'un & dans l'autre de ces deux cas, la Chrysalide, ayant cessé d'avancer, se repose ordinairement quelque tems; après quoi la Phalène, pour l'ouvrir & s'en dégager, fait des efforts très violens, qui durent jusqu'à ce qu'enfin les liens, qui tenoient ses membres assujettis, se détachent; aussi-tôt la Chrysalide s'ouvre, & la Phalène s'en dégage & en sort, le plus souvent, avec facilité.

Dès qu'elle en est sortie, elle se fixe contre le tronc de l'Arbre, la tête enhaut, & y reste quelques heures sans changer de place. C'est alors que s'achève ce qui manquoit encore à son dévelopement. Il s'en faut de beaucoup qu'au sortir de la Chrysalide ses aîles n'ayent l'étendue nécessaire; ce ne sont que de petits chiffons mous & épais, qui n'ont pas la sixième partie de la grandeur où elles parviennent en peu de minutes, au grand étonnement de ceux qui observent, pour la première fois, cette espèce de Phénomène commun à tout genre de Papi-

pil-

pillons. Ici tout ſe fait à vuë d'œuil; on remarque, dès que l'aîle s'allonge, qu'elle ſe recoquille en même tems, & prend ſucceſſivement des figures ſi difformes, qu'on a de la peine à ſe perſuader qu'il en puiſſe réſulter quelque choſe de bon; ce-pendant, lors que le Papillon eſt ſain & bien campé, en peu de momens toutes ces difformités s'éffacent, & l'aîle, entière-ment dépliëe, paroît enfin ſous la forme la plus régulière. Je dis lors que le Papillon eſt ſain; car s'il eſt malingre, & qu'il lui manque d'humide radical, ſes aîles ne s'étendent que très imparfaitement, & elles lui deviennent pour toûjours inutiles; il en eſt de même lors qu'il eſt mal campé, c'eſt-à-dire, lors qu'il n'a pas eu occaſion de ſe placer de manière, que ſes aîles, remplies alors de ſuc, par leur propre poids, puiſſent contri-buer à s'étendre ſans rencontrer quelque obſtacle; car, à la moindre réſiſtance, l'aîle, encore très tendre, cède & ſe replie, &, ſi l'obſtacle n'eſt pas d'abord levé, ou évité, elle ne peut plus ſe redreſſer.

APRÈS que les aîles ſe ſont entièrement dépliées & éten-dues, elles ne ſont point encore d'abord en état de ſervir; il faut premièrement qu'elles ſe ſèchent, & qu'elles acquièrent par là de la fermeté & de la roideur, qui ne leur vient qu'au bout de quelques heures: La Phalène attend cet heureux mo-ment avec tranquillité & avec patience; lors qu'il eſt arrivé, elle s'allège par de grandes évacuations, &, peu après, elle prend l'eſſor & s'envole.

DANS cet état, qui eſt ſon dernier degré de perfection, &

le

le terme de ſes métamorphoſes, nôtre Phalène n'a plus beſoin de nourriture ; tous ſes ſoins ne tendent uniquement qu'à la propagation de ſon eſpèce ; les deux ſexes ſe cherchent avec empreſſement, & ſavent ſe trouver; le mâle, plus leger & plus vif, y marque plus d'ardeur que la femelle; l'accouplement ſuit bientôt leur rencontre; le mâle s'épuiſe; la femelle va pondre ſes Oeufs aux endroits convenables, & l'un & l'autre, ayant ainſi achevé la derniére & la plus importante de leurs fonctions, finiſſent leur vie peu de jours après.

TELLE eſt, en gros, l'Hiſtoire de l'Inſecte, dont la ſtructure & le mécaniſme doit faire l'objet de cet Ouvrage. Pour en rendre la connoiſſance plus aiſée, je commencerai d'abord par la deſcription des parties extérieures de la Chenille, telles qu'elles s'offrent à la vuë ſimple, &, après en avoir donné une idée génerale, j'entrerai dans un plus grand détail, en les faiſant connoître telles qu'elles ſe découvrent, au moyen des Verres qui groſſiſſent; enſuite je paſſerai à l'examen de ſes parties intérieures; mais il eſt néceſſaire, avant tout, que le Lecteur ſoit informé des moyens, dont j'ai cru devoir me ſervir, pour lui faciliter l'intelligence des Figures, & lui en faire trouver, ſans peine, tous les points, où il eſt beſoin qu'il fixe ſes regards, & c'eſt à quoi eſt deſtiné le Chapitre ſuivant.

Elles s'accouplent.

La femelle pond.

Toutes deux meurent peu après.

Inſtructions qui doivent préceder les opérations anatomiques de cet Inſecte.

C H A P I T R E   I I.

Divifion de la Chenille par le moyen de Lignes idéales.

POUR donner une idée exacte de quelque objet très compofé, ce n'eft pas affez de le repréfenter fidèlement par des
Figures deffinées, peintes, ou gravées avec art; il faut encore
accompagner ces Figures d'une explication convenable. Cette
explication ne fauroit paroître bien claire, au Lecteur, à moins
qu'il ne foit fûr de voir précifément, dans la Figure, les endroits que l'on décrit. Dans bien des occafions, des Lettres,
ou des Chiffres, placés en ces endroits, fuffifent, furtout lors
que la Figure n'eft tracée que par de fimples contours, & qu'elle eft peu chargée: mais lors qu'elle eft très compliquée, qu'elle eft repréfentée en relief, & que les différentes nuances de
couleur y font exprimées, comme cela fe rencontre dans la plûpart des Figures de cet Ouvrage, cette méthode a auffi fes in-
conveniens: fouvent les Lettres gâtent la Figure; celles qui font
placées dans des endroits ombrés s'apperçoivent difficilement, &,
quand leur nombre eft grand, le Lecteur eft toûjours ennuyé
du tems qu'il perd à chercher celles qu'il lui faut. Dans ces circonftances on conçoit qu'il feroit bon de pouvoir le fecourir,
en lui fourniffant un moyen fûr de trouver d'abord ces Lettres,
quand on en fait ufage, & lors qu'on juge plus à propos de ne
s'en point fervir, de pouvoir, fans leur fecours, lui faire trouver, avec la même facilité, les endroits dont il s'agit.

RIEN

RIEN ne m'a paru plus propre, à cet effet, que d'avoir recours à des Lignes idéales, & j'ai crû à plus jufte titre pouvoir
m'en fervir, pour l'explication de mes Figures, qu'il femble que
la Nature elle même ait pris foin de les fournir, & de les fixer, dans toutes fortes de Chenilles, par des marques ordinairement très faciles à reconnoître.

TOUTES les Chenilles ont, en géneral, le Corps divifé en douze Anneaux, dont le dernier, celui qui termine la partie poftérieure, paroît, à la vèrité, fouvent, comme ici, compofé de deux ;
mais, pour conferver l'uniformité, il convient de ne le confi-
dérer alors que comme un feul Anneau fubdivifé. Ceci donnera
donc d'abord une divifion transverfale du Corps de la Chenille en
douze parties, que je nommerai toûjours *Anneaux*, & que je
diftinguerai par *premier*, *fecond*, *troifième*, &c., en commençant
depuis la tête, laquelle jointe à ces Anneaux, fournit une divifion de la Chenille en treize parties.　Ces parties font diftinctement marquées dans les *Fig.* 3, 4, & 5, de la *I.ᵉ Planche*,
qui repréfentent la Chenille, dont il s'agit, dans fa grandeur
naturelle, vuë en deffus *Fig.* 3, en deffous *Fig.* 4, & de côté *Fig.* 5.

CHACUN de ces Anneaux eft diftingué de celui qui le précède, & de celui qui le fuit, par un étranglement plus ou moins
fenfible felon les efpèces.　Au milieu de chaque étranglement,
je conçois une Ligne, où les Anneaux contigus fe rencontrent,
& qui leur fert de borne.　Je donnerai, à ces Lignes, le nom
de *Divifions*, &, comme il y a douze étranglemens à la Chenil-

Divifion
transverfale
de la Chenille
en 12 An-
neaux.

Terminés par
12 Divifions.

C 3

le,

le, ceci me fournira douze divisions pour la partager en travers; Je désignerai ces divisions par *première*, *seconde*, *troisième*, &c., en commençant par celle qui sépare la tête du premier Anneau, & qui marque son cou, & finissant par celle qui sépare le penultième Anneau du dernier, qui sera, par conséquent, la 12ᵉ division. Pour les reconnoître, sur l'Animal, on n'a qu'à jetter encore les yeux sur les *Fig.* 3, 4, & 5, de la Iʳᵉ *Planche*, où elles sont marquées & nombrées par ordre.

La plûpart des Chenilles ont, outre celà, depuis la tête jusqu'à l'extrêmité opposée, tout le long du dessus du dos, une trace, ou raye, distinguée par quelque couleur particulière, qui divise le dessus de la Chenille en deux parties égales, mais qui n'est point visible dans la Chenille en question: Je nommerai la Ligne idéale, qui parcourt le dos de la Chenille, à l'endroit où cette raye est ordinairement placée, *Ligne supérieure*, parcequ'en effet elle marque la partie la plus élevée du dos de la Chenille.

Par la même raison, j'appellerai *Ligne inférieure*, une Ligne, que j'imagine partager le dessous du Corps de la Chenille, depuis la tête jusqu'à la queue, en deux parties égales, & être directement à l'opposite de la Ligne supérieure. Cette Ligne est aussi souvent marquée par quelque raye, ou par des taches dans les Chenilles, & la Chenille en question y a des taches rouges, depuis le quatrième Anneau jusqu'au penultième. Ce sont ces marques plus foncées, qu'on voit le long du ventre de la Chenille, *Fig.* 4.

Dans

DANS toutes les Chenilles on apperçoit, à droit & à gauche de chaque Anneau, excepté du second, du troisième & du dernier, un petit organe, en forme de tache elliptique, auquel on a donné le nom de *Stigmate* * : ces taches, placées à distances égales, ou à-peu-près, des Lignes supérieure & inférieure, forment une file le long de chaque côté de la Chenille. Je nommerai *Lignes latérales*, deux Lignes, que je conçois passer, par ces files, l'une à droit & l'autre à gauche de la Chenille, dans toute sa longueur.

CES quatre Lignes idéales, par lesquelles on peut concevoir la Chenille comme longitudinalement divisée en quatre parties égales, ont cela de remarquable, que chacune marque précisément le lieu qu'occupe un viscère considérable sous la peau ; & l'on verra, dans la suite, que le *Coeur*, ou, si l'on veut, *la file de Coeurs*, rampe le long de la Ligne supérieure, que la *Moëlle épinière* rampe le long de la Ligne inférieure, & que les deux *Trachées Artères* suivent les Lignes latérales.

ENFIN, à distances égales, entre la Ligne supérieure & les deux Lignes latérales, & entre les deux Lignes latérales & la Ligne inférieure, je conçois quatre Lignes intermédiaires, dont je nommerai les deux, qui sont entre la Ligne supérieure & les Lignes latérales, *Lignes intermédiaires supérieures* ; & *Lignes intermédiaires inférieures* les deux autres, qui sont placées à leur opposite, entre les Lignes latérales & la Ligne inférieure.

CES quatre Lignes intermédiaires, & les deux Lignes late-

ra-

rales peuvent encore, au befoin, être diftinguées en *Droites* &
en *Gauches*, felon la place qu'elles occupent.

ON fe formera une idée plus précife de la fituation de ces
huit Lignes, qui divifent la Chenille en huit pans, fuivant fa
longueur, fi l'on jette les yeux fur la *Fig. 6.* de la *Planche* Ire,
qui repréfente une coupe transverfale de la peau de cette Chenille,
prife du 6e Anneau, ou d'un des trois fuivans. Les huit Lignes
y font marquées par des traces : AB, eft la *Ligne fupérieure*:
CD, eft la *Ligne inférieure*: EF, GH, font les deux *Lignes
latérales*: IK, LM, les deux *Lignes intermédiaires fupérieu-
res:* NO, PQ, les deux *Lignes intermédiaires inférieures.*

AU refte, comme ces Lignes marquent des endroits précis du
Corps de la Chenille, on doit concevoir qu'elles fuivent toûjours
ces endroits, dans quelque fituation que l'Animal fe trouve. La
Ligne fupérieure, par exemple, qui eft la plus élevée, lors que
la Chenille rampe fur le ventre, reftera toûjours Ligne fupérieure, quoique, dans une Chenille, couchée à la renverfe,
cette Ligne foit placée le plus bas, par raport à nôtre œuil; ainfi
encore, fi l'on repréfente une Chenille comme toute ouverte,
pour mettre en vuë fes parties intérieures, bien qu'alors la peau,
qui formoit auparavant une efpèce de Cylindre, foit étendue &
couchée de niveau, & que, par conféquent, on n'y diftingue plus
le même deffus, ni les mêmes côtés, cependant les endroits de
la peau, par où paffoient ces Lignes, feront toûjours défignés
par le nom des Lignes qui leur ont été affignées, de quelque
manière que ces endroits foient placés : deforte que fi la Chenille

nille avoit été repréfentée comme ouverte le long du milieu
du dos, la *Ligne fupérieure* borderoit les deux côtés de la Figure, & la *Ligne inférieure* la partageroit par le milieu; & fi,
au contraire, la Chenille avoit été ouverte le long du ventre,
la *Ligne fupérieure* partageroit la Figure par le milieu, & la
Ligne inférieure borderoit fes deux côtés.

Les huit Lignes longitudinales, dont il vient d'être parlé,
avec les douze transverfales, que j'ai nommé *Divifions*, partagent la Chenille, y compris la Tête, en 104 parties, & fourniffent, comme on conçoit, un moyen aifé de défigner les endroits, dont on veut parler, & de les faire trouver fans le fecours d'aucune Lettre. Par exemple, fi je veux marquer la place du *Cœur*, je n'ai qu'à dire qu'il eft placé *fous la peau le long
de la Ligne fupérieure.* Si je veux défigner l'endroit des deux
Trachée-Artères, je dirai qu'elles rampent *fous la peau le long
des deux Lignes latérales.* Si je veux faire trouver un *Stigmate*, par exemple, le troifième, il fuffira de dire qu'il eft *à la Ligne latérale du 6e. Anneau*, ou bien, qu'il eft placé *fur cette
Ligne entre la 5e. &⁹ la 6e. Divifion.*

Quand on fe fera un peu fait à ces Lignes idéales, qui peuvent fervir, ou d'autres pareilles, dans les defcriptions tant extérieures qu'anatomiques de tout genre d'Infectes, on en fen-
tira mieux l'utilité. Pour en rendre l'ufage plus facile, j'aurai
foin de les tracer à côté de toutes les Figures qui pourront en
avoir befoin.

D

C H A P I T R E III.

Des Parties extérieures de la Chenille, telles qu'elles paroif-
fent à la vue fimple.

POUR commencer l'explication des parties extérieures de la
Chenille, par celles qu'on découvre à la vue fimple, &
fans le fecours d'aucun Verre, on en diftingue d'abord deux
principales; la Tête, & le Corps.

On diftingue à fon Corps;

LA première chofe qui frappe, quand on regarde le Corps,
c'eft la couleur de fa peau. Elle eft, en deffus, d'un rouge
foncé & couleur de fang, qui tire quelquefois fur le marron.

La couleur.

Cette couleur forme, fur le dos de la Chenille, une large raye,
qui fe termine de part & d'autre entre la Ligne latérale & l'intermédiaire fupérieure, & qui fe falit aux trois premiers Anneaux, & au bout du dernier, où elle devient couleur de parchemin roufli. Depuis cette raye, la peau eft, aux côtés &
fous le ventre, d'une couleur de chair, qui tire, tantôt plus, tantôt moins, fur le jaune, à la referve des endroits de la Ligne
inférieure, où elle a, comme j'ai déja dit, des taches rouges.

La forme.

POUR ce qui eft de la forme même du Corps, outre fes douze Anneaux, féparés par autant d'étranglemens qui s'y diftin-
guent d'abord, on remarque aifément qu'il eft convexe en deffus, un peu applatti en deffous, & plus large qu'il n'eft é-
pais. La *Figure* 6., qui eft un peu groffie, en trace affez naturellement la coupe transverfale, faite à l'endroit des jambes

in-

termédiaires, qui y font repréſentées en R & en S. Son épaiſſeur eſt à-peu-près la même, depuis le ſecond Anneau juſqu'au
neuvième. Ce Corps eſt un peu moins gros au premier; il diminue depuis le neuvième, &, à l'extrêmité du dernier Anneau,
il ſe termine par un onglet aſſez petit. Son extérieur n'eſt rien
moins qu'uni; il n'offre par-tout qu'éminences, que plis, qu'enfoncemens très ſinguliers *, mais dont l'arrangement pourtant
a quelque choſe de ſymmétrique, parcequ'ils ſont l'effet des attaches d'un grand nombre de Muſcles, placés en ſymmetrie, qui
tiennent à la peau, & qui, par leur tenſion naturelle, forment
ces inégalités, lesquelles augmentent quand ils agiſſent, & s'ef-
facent, pour la plûpart, quand on les rend paralytiques. Comme ces Muſcles ſont rangés à-peu-près dans le même ordre,
depuis le 4ᵉ Anneau juſqu'au 11ᵉ incluſivément, toutes les inégalités extérieures ſont à-peu-près pareilles en chacun de ces
huit Anneaux; mais elles ſont différentes aux trois premiers,
& au dernier; parceque les Muſcles y ſont auſſi tout différens,
& autrement rangés, ainſi qu'on le verra dans la ſuite.

Les plis les plus grands & les plus profonds, qui ſe rencontrent parmi ces inégalités, ſont les étranglemens ou inciſions
qui ſéparent les Anneaux *; & les éminences les plus ſaillantes,
ſont celles qui forment, aux deux côtés de la Chenille, un peu
au deſſous de la Ligne latérale, depuis le 4ᵉ juſqu'au 11ᵉ Anneau, une eſpèce de cordon ondoyant, ou plutôt une file de
cordons, qui, à chacun de ces Anneaux, deſcendent obliquement vers le ſuivant, & commencent tous à la même hauteur*.

D 2   Cet-

Les Poils.

CETTE Chenille, au premier coup d'œuil, semble être parfaitement rase : Regardée avec attention, on y apperçoit, à la Tête & à tous les Anneaux du Corps, des Poils jaunâtres ; mais si rares & si clair-semés, qu'ils ne peuvent contribuer en rien à la couvrir, & doivent ainsi avoir un autre usage, qui sera examiné ci-après.

Les Ecailles sur les trois premiers Anneaux.

** Pl. I. Fig. 3.*

ON voit, sur le dessus de son premier Anneau, une grande * Ecaille noire, assez polie, fendue & entr'ouverte à la Ligne supérieure du côté de la seconde Division. Une autre Ecaille * moins grande, d'un rouge sale & tirant sur le vieux parchemin, paroît sur le dessus de son second Anneau ; & deux plus rouges, * & beaucoup plus petites, se distinguent au troisième Anneau, de part & d'autre de la Ligne supérieure.

Les 18 Stigmates.

** Pl. I. Fig. 5. S. S. S. . . . . .*

SES dix-huit *Stigmates* ne paroissent, à ses côtés, le long de la Ligne latérale, que comme autant de petites taches brunes ellyptiques ; * mais, regardées de plus près, on voit que ce sont de petites cavités assez profondes, dont les bords sont entourés d'un trait brun, & au fond desquelles on découvre une raye de la même couleur.

CES Stigmates sont les organes, par où l'air entre dans les Trachée-Artères, & en sort au dehors. Ils devroient, par conséquent, être appellés les organes de la respiration, si l'on pouvoit assurer que les Chenilles respirent. On en compte neuf à chaque côté ; un à chaque Anneau, excepté au second, au troisième, & au dernier, où il n'y en a point, comme il a été dit au Chapitre précedent.

LORS

Lors qu'on examine la Chenille dans une situation renversée, on trouve qu'elle est de la Classe très nombreuse de celles
à seize Jambes; * c'est-à-dire qu'elle a *trois paires de Jambes
antérieures*, * qui se terminent chacune par un *Ongle* crochu,
& qui sont placées aux trois premiers Anneaux; qu'elle a *quatre paires de Jambes intermédiaires*, * placées aux Anneaux
6. 7. 8. & 9e. , & *deux Jambes postérieures*, * placées au dernier.

En considèrant ces Jambes, on voit que les *antérieures* sont
brunes au côté extérieur, & couleur de parchemin, rehauffé de
traits bruns * au côté oppofé, & qu'elles ont diverfes articulations, * par le moyen desquelles elles se meuvent sans changer de figure; que les Jambes *intermédiaires*, & *poftérieures*
sont de la même couleur que le deffous du corps, & qu'elles n'ont
point d'articulation; * mais que quand elles se meuvent elles
prennent fucceffivément bien des figures différentes, dont les
principales sont de s'allonger, de se raccourcir, & d'ouvrir & fermer leur extrêmité, qui ne se termine pas en pointe recourbée
par un ongle crochu, comme celle des antérieures; mais par un
applattiffement ovalaire *; que cet applattiffement, que je nommerai la *Plante du pied*, paroît bordé d'une raye noire, affez
large, * qui en fait tout le tour aux Jambes intermédiaires,
& qui ne borde que le demi tour antérieur des Jambes poft é-
rieures; mais que quand on examine cette raye, avec plus d'attention, on entrevoit qu'elle n'eft formée que par l'affemblage
d'un grand nombre de petits *Crochets*, placés tout près, & à
côté les uns des autres.

D 3

On

ON peut encore obferver, que les Jambes *antérieures* & *inter-médiaires* de cette Chenille font toutes naturellement écartées, les *intermédiaires* à diftances à-peu-près égales, * les *antérieu-res* de façon, que celles qui font les plus près de la tête, s'écartent le moins; * mais que les *poftérieures* font fi raprochées, qu'elles fe touchent, ou peu s'en faut *.

C'EST immédiatement au deffus de ces dernières que fe trouve l'*Anus*, qui ne paroît que dans les évacuations, & qui, autrement, eft toûjours caché.

QUANT à la Tête, on y remarque d'abord deux caractères, qui lui font particuliers; l'un, qu'à proportion de fa largeur elle eft plus platte * que celles du commun des Chenilles de fon genre; & l'autre, qui l'en diftingue encore davantage, eft, que, tandis que le gros des Chenilles ont ordinairement la tête jointe au cou, de façon que la bouche eft très inclinée vers le plan de pofition, & fouvent même perpendiculaire à la longueur du corps, pour pouvoir plus aifément faifir, des dents, les feuilles qu'elles tiennent de leurs jambes antérieures, quand elles mangent, cette Chenille, au contraire, a la tête jointe au cou, de manière, qu'elle porte naturellement le mufeau au vent *; attitude qui ne lui eft pas moins néceffaire que la précedente l'eft aux autres, pour pouvoir, avec aifance, ronger, devant elle, le bois qu'elle mange, en s'y creufant des galleries.

LORS qu'on examine la Tête en deffus, avec attention, on y diftingue huit pièces différentes;

UNE Ecaille noire triangulaire, * qui en occupe le milieu,

&

& dont la bafe fe termine au mufeau, & le fommet près du cou de la Chenille. Je nommerai cette Ecaille l'*Ecaille frontale*.

UNE Lame écailleufe, d'un gris fale *, traverfée d'une raye inégale, d'un brun rougeâtre, attachée à la bafe de l'Ecaille frontale, & qui concourt à former le mufeau. C'eft la *Lèvre fupérieure* de la Chenille.

La Lèvre fupérieure.
* *Pl. I. Fig. 3. & 5.*

DEUX Ecailles * noires, plus grandes que l'Ecaille frontale, qui en bordent les côtés, & qui terminent le contour de la tête, de côté & par derrière. Je les appellerai les *Ecailles parietales*. Ces deux Ecailles, jointes à l'Ecaille frontale, forment, par leur réunion, ce qu'on appelle le *Crâne de la Chenille*.

Les 2 Ecailles parietales;
* *Fig. 3. & 5.*

Qui, avec l'Ecaille frontale, forment le Crâne.

AUX côtés de la tête, à la hauteur de la bafe de l'Ecaille frontale, deux petits corps *, gris à leur origine, bruns à leur extrêmité, qui paroiffent coniques, & fortir des Ecailles parietales. Ce font les *Antennes*.

Les deux Antennes.
* *Fig. 3. & 4.*

A la même hauteur, entre les Antennes & la Lèvre fupérieure, deux pièces noires, écailleufes, épaiffes & mobiles *, qui tiennent à l'extrêmité antérieure des Ecailles parietales. Ce font les *Machoires*.

Les deux Machoires.
* *Fig. 3. & 5.*

QUAND on regarde la Tête en deffous *, on peut y remarquer fept parties, dont fix, favoir les deux Machoires, les deux Antennes, & les deux Ecailles parietales, font les mêmes dont on vient de parler, mais vues dans un fens oppofé.

On voit au deffous de la Tête;
* *Fig. 4.*
Outre 6 des pièces fusmentionnées,

CES Ecailles parietales, qui occupent les côtés de la tête en deffus, en occupent auffi une partie en deffous; mais de

façon,

La Lèvre in-
férieure.

* *Fig.* 4.

Sa Bafe.
* *Fig.* 4.

Sa Filière.

* *Fig.* 4.

Ses gros Bar-
billons.
* *Fig.* 4.

façon, qu'elles laiffent, entre elles, un grand vuide, qui eft antérieurement rempli par une maffe mobile, grifâtre, un peu
rebondiè, nuancée d'un brun de marron clair, foutenue, du
côté du cou, par une partie immobile, moins grande, moins
renflée que l'autre, & des mêmes couleurs. Je laifferai, à la
maffe mobile feule, le nom de *Lèvre inférieure* *, qu'on a
donné à ce tout, & j'appellerai *Bafe de la Lèvre inférieure* *,
la partie immobile qui lui fert de foutien.

On apperçoit que le devant de cette Lèvre fe termine par
trois petites éminences mobiles. Celle du milieu eft l'inftrument qui a été donné aux Chenilles pour filer, & qui, par cette
raifon, porte le nom de *Filière* *. Celles des côtés font deux
Barbillons, qui peuvent fervir à plus d'un ufage, & que je
nommerai les *gros Barbillons* *, pour les diftinguer de deux
Barbillons beaucoup plus petits, placés tout près de la Filière,
& qu'on n'apperçoit que difficilement fans Loupe.

Voila, à-peu-près, tout ce qu'on découvre à cette Chenille, quand on n'en examine les parties extérieures qu'en gros,
& fans le fecours d'aucun Verre: Elle n'offre d'abord, comme
on voit, rien qui fe faffe admirer, & c'eft ce qu'elle a de commun avec un très grand nombre d'Infectes; mais ce défaut n'eft
pas de leur côté; il eft du nôtre; nos organes, proportionnés
à nos befoins, font trop groffiers pour diftinguer la forme des
parties qui compofent un tout fi petit; quoique très finies chacune, & arrangées avec beaucoup d'ordre & de fymmetrie,
leur petiteffe les fait paroître, à nos yeux, comme réunies en
maf-

maſſes confuſes, où nous nous perſuadons aiſément qu'il n'y a rien à diſtinguer; & c'eſt principalement de là que vient le mépris qu'on a ordinairement pour ces ſortes d'Animaux; mépris qui ceſſera bientôt, par raport à nôtre Inſecte, lors que, faiſant uſage des Verres, qui mettent en état de remarquer ces parties, on en découvrira mieux l'arrangement & la beauté; ainſi qu'on va le voir par les deux Chapitres ſuivans, deſtinés proprement à déveloper, plus en détail, le premier, les parties extérieures de la Tête, & l'autre, celles du Corps, en les faiſant voir telles qu'on les diſtingue, au moyen de la Loupe & du Microſcope; mais, comme les parties ſolides, que la Tête & le Corps renferment, ont une étroite liaiſon avec les parties ſolides extérieures de l'une & de l'autre, & y ſont même adhérentes, & qu'elles ſont auſſi en trop petit nombre, ſur tout celles du Corps, pour en faire le ſujet de Chapitres ſéparés, nous traiterons des unes & des autres en même tems dans ces deux Chapitres.

CHAPI-

❋⋅(❀)⋅❋⋅(❀)⋅❋⋅(❀)⋅❋⋅(❀)⋅❋❧❧❦❦(❀)⋅❋⋅(❀)⋅❋⋅(❀)⋅❋⋅(❀)⋅❋

CHAPITRE IV.

Des Parties extérieures de la Tête de la Chenille, vues à
la Loupe & au Microscope, & de quelques
Parties solides que la Tête renferme.

ON a vû, dans le Chapitre précedent, que la forme extérieure de la Tête de nôtre Insecte résulte de l'assemblage de neuf pièces principales, dont les deux premières, savoir, l'*Ecaille frontale* & la *Lèvre supérieure*, ne paroissent que quand on regarde la Tête en dessus ; dont les six suivantes, savoir, les deux *Ecailles parietales* ; les deux *Antennes*, & les deux *Machoires*, font toûjours visibles, mais en différent sens, soit que l'on considère la Tête en dessus, soit qu'on la regarde en dessous ; & dont la dernière, savoir, la *Lèvre inférieure*, avec sa *Base*, sa *Filière*, & ses *Barbillons*, n'est visible, que lors qu'on regarde la Tête dans une situation renversée.

L'Ecaille frontale.

POUR suivre l'examen de toutes ces parties, dans le même ordre, je commencerai par celles qu'on n'apperçoit que lors qu'on regarde la Tête en dessus. La première, & la plus apparente, en est, l'*Ecaille frontale* A d e *; Elle est percée de quelques poils d'un blond ardent, comme le font les autres parties de la Tête. Sa figure aproche de celle d'un Triangle isoscele curviligne, dont les deux angles, à la Base d e, auroient été tronqués & arrondis, & dont l'angle, au sommet A, auroit

PI. I. Fig. 7.   été

été un peu émouffé. Ses deux côtés fe terminent par deux lignes circonflexes fymmetriques, & fa bafe par un trait ondoyant pareil. Cette Ecaille a quelque convexité, & eft gravée de deux fillons ondoyans, affez profonds, qui vont depuis fa bafe jufqu'à fon fommet, & forment, fur l'Ecaille, la figure d'une Languette. La moindre Loupe, & même de bons yeux feuls fuffifent pour la faire trouver très raboteufe ; mais, ce qu'on n'apperçoit qu'au moyen du Microfcope, c'eft que toute fa furface eft de plus chagrinée de grains ronds inégaux, extrêmement fins.

ELLE eft étroitement unie, par les côtés, aux Ecailles parietales, par le fommet, à la peau du cou, qui paroît tenir un peu de l'écaille, à l'endroit de leur jonction, & par la bafe, à la Lèvre fupérieure.

CETTE Lèvre *, la feconde des deux pièces, qui appartiennent uniquement au deffus de la Tête, eft compofée de deux parties principales, l'une *antérieure*, qui eft écailleufe en deffus, l'autre *poftérieure*, qui eft toute membraneufe.

CETTE dernière tient à la bafe de l'Ecaille frontale, & eft un peu plus large que cette bafe ; fa couleur eft grifâtre ; fon bord antérieur eft replié en dedans fur lui même, & le pli en eft adhérent, par fon extrêmité, au bord poftérieur de l'Ecaille, qui forme le deffus de la *partie antérieure* de la Lèvre, ce qui fait rentrer ce bord fous la *partie poftérieure*, de manière, que, dans l'état naturel, on ne le voit jamais, & qu'il faut faire violence à la Lèvre, en la tirant, pour déplier ce bord, & le faire paroître à découvert.

La Lèvre fupérieure.
* *Fig.* 7. E d e.

Sa partie poftérieure.

E 2　　　　CET-

CETTE ſtructure fournit, à la *partie antérieure* de la Lèvre, un moyen aiſé, en gliſſant ſous la *poſtérieure*, de ſe porter, non ſeulement à droit & à gauche, mais encore en avant,
juſqu'à un certain point, & de ſe retirer, lors qu'il le faut,
toute entière, ſous la *partie poſtérieure*; & comme, en ce cas,
cette dernière doit ſe replier ſur elle même, & ſuivre, en ſe
doublant, la *partie antérieure*, à laquelle elle eſt adhérente,
la Chenille ne ſauroit retirer *l'antérieure* ſous l'Ecaille frontale, ſans que l'autre, en même tems, ne ſe raccourciſſe, ce qui
fait que lorſque la *partie antérieure* diſparoît entièrement, on
n'apperçoit, de l'autre, que l'extrêmité par où elle tient à cette
Ecaille, & alors il ſemble que la Chenille n'a point de Lèvre
ſupérieure.

Sa partie an-
térieure.
　　QUANT à la *partie antérieure* de cette Lèvre, elle eſt un
peu convexe en deſſus; ſa figure eſt élegante, ſymmetrique, &
telle qu'on la voit repréſentée au Microſcope, *Planche II. Fig.* 7.
Elle eſt moins large que la *partie poſtérieure*; ſon Ecaille eſt
teinte, en deſſus, d'un brun de marron peu foncé, aux endroits où je lui ai donné des couleurs plus ſombres, & il m'a
paru que ces endroits étoient en relief. A leur extrêmité antérieure, j'ai compté huit poils, ou plutôt huit petites épines,
placées régulièrement, & dont la direction eſt telle que le montre la Figure. Les deux Apophyſes C, C, qui y paroiſſent au
bas, ſont écailleuſes, noires, recourbées, & tournées en dedans.
Des Muſcles, qui ſervent à fléchir la partie antérieure de la Lèvre à droit & à gauche, & à la faire rentrer ſous l'autre, y ont
leur inſertion, comme on le verra en ſon lieu.　　　　　Tou-

Toute cette Lèvre eſt revêtue, en deſſous, d'une peau blanchâtre, unie, qui n'a point le pli qu'on voit au côté oppoſé, à l'endroit où les parties *antérieures* & *poſtérieures* de cette Lèvre ſe réuniſſent.

Les deux *Ecailles parietales* *, qui ſont les premières en rang de celles qu'on voit à la tête, ſoit qu'on la regarde en deſſus, ſoit en deſſous, ſont auſſi les plus grandes de toutes ces parties. Elles forment, par leur réunion avec l'*Ecaille frontale*, une eſpèce de caſque, qui s'appelle, comme il a été dit, le *Crâne de la Chenille*, & qui embraſſe tout le deſſus de la tête, & une partie du deſſous *.

Elles ſont noires, luiſantes, & munies de quelques poils, ou épines jaunâtres, de différente longueur, dont les racines percent l'Ecaille, & y laiſſent tout autant de trous lors qu'on les arrache.

On s'apperçoit, même ſans le ſecours d'aucun Verre, que ces Ecailles ſont raboteuſes ; au Microſcope, on remarque de plus qu'elles ſont chagrinées de mêmes grains que l'Ecaille frontale.

On peut diſtinguer, à chaque Ecaille parietale, une *Partie ſupérieure*, une *inférieure*, une *antérieure*, une *poſtérieure*, une *latérale*.

La *Partie ſupérieure* eſt celle qui paroît en vue dans la *Pl. I. Fig. 7.*, & qui ſe termine à droit & à gauche au contour C B G F A ; elle eſt d'une convexité un peu ovalaire.

La *Partie inférieure* eſt celle qui paroît en vue dans la

Les Ecailles parietales.
* *Pl. I. Fig. 7.*
C B G F A,
A F G B C.

* *Pl. II.*
Fig. I.
C B G Y Z a,
b Z Y G B C.

Partie ſupérieure.

Partie inférieure.

Pl. II. Fig. 1., & qui se termine au contour C B G Y Z a, ou
C B G Y Z b. Elle est plus étroite que la supérieure, parce
que la Lèvre inférieure & sa base, dont elle borde les côtés,
occupent plus d'espace que l'Ecaille frontale n'en occupe à l'opposite ; elle est plus courte, parceque la tête est plus courte en
dessous qu'en dessus ; elle ne s'étend que de C jusqu'à G, &
l'autre va depuis C jusqu'à F. A l'endroit Z a, ou Z b, de sa
coarticulation avec la *base de la Lèvre inférieure*, elle est bor-
dée, en dedans, d'une crête, que l'on ne découvre que par la
dissection.

Partie anté-
rieure.
Pl. I. Fig. 7.
& *Pl. II. Fig.*
1. C, C, D D.

L a *Partie antérieure* est celle qui soutient les *Antennes* * &
les *Machoires* *. On la voit à plomb dans la *Pl. I. Fig.* 8.
Elle est ouverte depuis la racine des Antennes C, & forme un
bord ondoyant recourbé, dont l'un des côtés, e C, termine la
partie supérieure de l'*Ecaille parietale*, & rencontre, en e, la
base de l'*Ecaille frontale*, & l'autre, C L, termine sa partie inférieure, & rencontre, en L, le côté de la Lèvre inférieure.
L'Antenne se trouve placée en C, où ce bord se recourbe &
est échancré tout exprès. La *Machoire* est articulée sur ce bord,
d'un côté en I, & de l'autre en L.

L'A u t e u r de la Nature a, pour cet effet, ménagé une Apophyse polie & courbée en arc, en I, qui est reçue dans une cavité arquée de même au bas de la Machoire, & en L une cavité cotyloïde polie, qui reçoit une tête, qui tient à l'autre côté du bas de cette même Machoire ; c'est sur ces deux seuls ap-
puis que la Machoire exécute ses mouvemens ; & comme les efforts

forts en font fouvent très confidérables, la partie antérieure de l'*Ecaille parietale* eft auffi, en dedans, d'une épaiffeur toute propre à pouvoir en foutenir la violence.

La *Partie poftérieure*, dont les deux forment l'*Occiput*, eft celle qui, dans la *Fig.* 7. *Pl. I.*, & dans la *Fig.* 1. *Pl. II.*, occupe l'efpace G F A.; fon extrêmité, qui n'eft proprement vifible que dans cette *Fig.* 1., eft relevée par un rebord, qui, fe terminant perpendiculairement au deffous du fommet de l'*Ecaille frontale*, y rencontre deux branches écailleufes réunies, qui font renfermées dans la Tête, & dont il fera parlé à la fin de ce Chapitre. Un peu au deffus de ce rebord, l'*Ecaille parietale* rencontre le côté du fommet de l'*Ecaille frontale*, deforte qu'à cet endroit il y a une double coarticulation, l'une, du rebord de la *partie poftérieure* de l'*Ecaille parietale*, avec deux branches écailleufes de l'intérieur de la Tête, & l'autre, de la partie poftérieure même avec le fommet de l'*Ecaille frontale*. Comme cette *partie poftérieure* diminue, de part & d'autre, de largeur, à mefure qu'elle aproche de fon extrêmité F, & que le contour en eft arrondi, il en refulte, que l'*Occiput* de la Chenille fe termine en forme de Cœur.

La *Partie latérale* eft celle qui occupe le côté de la Tête, depuis l'Antenne * C, jufqu'à l'endroit G, où la partie fupérieure & l'inférieure fe rencontrent. Elle eft remarquable, en ce que c'eft fur elle, tout près de la bafe des Antennes, C, que font placés les *Yeux* de la Chenille.

Ces Yeux font petits, convexes, polis, d'inégale grandeur,

Partie poftérieure.
Occiput.

Partie latérale.
* Pl. II.
Fig. 1 &
Pl. I. Fig. 7.

Les Yeux.

&

& d'un contour qui ne m'a pas paru parfaitement circulaire; On a de la peine à les diftinguer, même avec une Loupe, parmi les molecules ou inégalités du crâne, & la tranfparence de leur cornée fait que quand on les cherche dans un crâne, dont on a ôté toutes les parties intérieures, on les confond aifément avec les trous des épines ou poils du crâne: deforte qu'il n'eft pas bien facile d'en déterminer le nombre. Il m'a paru qu'il n'y en avoit que fix à chaque côté de la Tête. On voit la ma-nière dont ils font rangés dans la *Fig. 9.* *, qui repréfente le cô-té antérieur de la *partie latérale* de l'*Ecaille pariétale.* e L eft le bas de la Machoire, vû par derrière, & dans fa fituation na-turelle; le côté e eft celui du deffus de la Tête, & L celui du deffous. C, eft l'ouverture dans laquelle l'Antenne étoit pla-cée. Un peu au deffous de C, on voit huit ouvertures, rangées obliquement autour d'un poil; fix de ces ouvertures font les yeux. Les deux autres, qui ont un petit cercle au milieu, pour les diftinguer, font des trous de poils arrachés. On reconnoît ces trous, en ce qu'ils ne font point couverts, en deffus, d'une cornée, mais qu'ils ont une petite membrane circulaire, percée à l'endroit où le poil a paffé, & qu'en dedans du crâne ils ont un bord relevé, qui n'environne pas les yeux.

LES Antennes * font placées dans la courbure échancrée du bord de la partie antérieure des *Ecailles pariétales* †, un peu devant les Yeux & derrière les Machoires. Sur cette échan-crure s'élève une tuberofité membraneufe, tirant fur le gris, du milieu de laquelle fort un cylindre écailleux, d'un brun de mar-

ron

* *Planche I.*

Les Antennes.
* C C *Pl. II.*
Fig. 1.
† *Pl. I. Fig.*
8 & 9. C.

ron clair, dont l'extrêmité eſt membraneuſe & griſâtre; cette
extrêmité donne paſſage à un tuyau écailleux, plus brun &
beaucoup moins gros, qui va en diminuant, & dont le bout
eſt pareillement membraneux & griſâtre, duquel ſort un troiſième tuyau, encore beaucoup plus petit & plus mince, & de
même nature que les précèdens. Il porte deux éminences cylindriques, extrêmement petites, & arrondies par le bout: Une
troiſième éminence pareille part du côté antérieur de ſa baſe;
& un poil, auſſi long environ que toute l'Antenne, ſort du côté poſtérieur de ſa partie membraneuſe, & avance beaucoup
au-delà de l'Antenne même.

En faiſant rentrer ces tuyaux les uns dans les autres, & le
plus gros dans la tête, la Chenille a la faculté de pouvoir raccourcir ſes Antennes jusqu'au point de les faire diſparoître entièrement.

On ne peut avancer que des conjectures ſur l'uſage de ces
Antennes: placées tout près des yeux, dans tout genre d'Inſectes, peut-être ſervent-elles à avertir les yeux de l'approche
des corps, qui pourroient leur nuire, & en parer les coups.
Les Inſectes, n'ayant point de paupières pour fermer les yeux,
au beſoin, de ſimples poils, pour avertir de l'approche des corps
nuiſibles, comme on en voit aux grands Animaux, y ſeroient de
peu de ſecours; mais des Antennes, qui peuvent en même tems
avertir de l'aproche de ces corps, & réſiſter à leur rencontre, paroiſſent pouvoir être d'uſage, d'autant plus qu'étant toûjours
mobiles, elles ſont, par-là, en état de détourner les corps

F

legers,

legers, & de se replier sur les yeux, pour les garantir des corps,
qui font plus de résistance. Cet usage des Antennes peut encore être accompagné d'un second, dans les Insectes, qui, comme nôtre Chenille, en ont, qui font formées de manière,
qu'elles peuvent s'allonger & se raccourcir, savoir celui de reconnoître & discerner, par le sentiment, des objets trop près
des yeux, pour pouvoir être bien apperçus. Peut-être encore
les Antennes font-elles l'organe de l'odorat; peut-être aussi
celui de quelque sens, que nous n'avons pas; on ne peut rien
déterminer sur des parties, qui ne paroissent point avoir d'analogie avec celles de nôtre Corps.

Les Machoi-
res.
*. Pl. II.
Fig. 1. D.D.

LES *deux Machoires* *, que quelques Naturalistes appellent
les *Dents de la Chenille*, font placées fur les bords antérieurs
des *Ecailles parietales*, entre la *Lèvre supérieure* & l'inférieure.

ELLES font pareilles, noires, écailleuses, & beaucoup plus
dures que les autres parties écailleuses de la Chenille. Leur
superficie n'a ni le poli de certaines écailles, ni les inégalités
irrégulières d'autres écailles; mais, quand on l'examine avec
une forte Loupe, elle paroît couverte de petites élévations
oblongues, arrondies, qui se touchent, qui font rangées affez
régulièrement, & qui font, fur les Machoires, un effet approchant de celui des écailles fur les Poissons. Ces petites élevations, examinées avec un bon Microscope, paroissent elles-
mêmes chagrinées de grains extrêmement petits & uniformes.
Il n'y a presque que les *Dents*, par où l'extrêmité antérieure
                                                               de

de la Machoire se termine, qui sont unies & sans de pareilles élevations.

On peut distinguer, dans les Machoires, un *Côté extérieur*, un *Côté intérieur*, un *Dos*, un *Tranchant*, & une *Base*.

Le *Côté extérieur* est celui qui fait face en dehors, & qui paroît en vue, mais un peu de côté, dans la *Pl. I. Fig.* 7. DD; il est irrégulièrement convexe; on le voit représenté plus à plein, *Pl. II. Fig.* 2.; sa convexité augmente à mesure qu'elle approche de C, & en C elle est presque angulaire.

Le *Côté intérieur* est celui que la Chenille cache lors qu'elle serre les dents, & qui paroît en vue, mais un peu de biais, dans la *Pl. II. Fig.* 1. DD. Il est irrégulièrement concave; on le voit en entier dans la *Fig.* 3., & l'on y peut remarquer deux concavités irrégulières, l'une dans l'espace A E H, & l'autre dans l'espace H E I D, qui sont séparées par la crête E H.

Son *Dos* BEA, *Pl. II. Fig.* 4., est large par embas, & se termine en pointe émoussée vers son sommet E; sa partie large a un sillon oblong, &, dans ce sillon, la dent est percée en F, pour donner passage à un poil.

J'appelle le côté opposé D I E *, son *Tranchant*, parceque c'est là que la Machoire a le moins d'épaisseur, & que c'est par le bord E I, que la Chenille coupe & ronge le bois; ce bord est armé, pour cet effet, de quatre, ou, si l'on veut, de cinq éminences, que j'appellerai les *Dents de la Chenille*, dont la première E, celle qui fait la pointe du sommet du dos de la Ma-

F 2   choire,

Côté extérieur.

Côté intérieur.

Dos.

Tranchant.
* *Pl. II. Fig.* 2. & 3.

Dents de la Chenille.

choire, eſt la plus grande, & les ſuivantes diminuent graduel-
lement de manière, que la cinquième eſt preſque entièrement
effacée. Leur extrêmité eſt arrondie en pointe émouſſée. Elles
ne ſont pas enchaſſées dans des Alveoles, comme les dents des
grands Animaux; mais elles, ſont partie de la Machoire même,
qui eſt dentée à cet endroit.

Baſe.　LA *Baſe de la Machoire*, placée à l'oppoſite des dents, &
repréſentée *Fig.* 5., eſt la partie par où la Machoire tient à
l'*Ecaille parietale*, & y eſt articulée. On voit, par la Figure,
combien cette baſe eſt large, & combien ſes bords ſont épais
& raboteux. La cavité, qu'on y apperçoit au milieu, eſt le
creux de la Machoire. B A répond à ſon *Dos*, D C B à ſon
Côté extérieur, D H A à ſon *Côté intérieur*. D eſt l'endroit
où commence ſon tranchant. C, B, A, ſont trois Apophyſes,
marquées des mêmes Lettres, & vues en différens ſens dans les
Fig. 2. & 4. L'Apophyſe B, eſt faite en bec de corbin, comme il paroît par la *Fig.* 4. Dans ſa ſituation naturelle, elle ſe trouve placée tout près de l'Antenne, & ne poſe ſur rien. Pour
ce qui eſt de l'Apophyſe A., qui eſt ſphérique, comme la tête du Femur dans l'Homme, & d'un poli ſi parfait, qu'il ne
perd rien de ſon luſtre au Microſcope, elle s'emboîte dans la
cavité cotyloïde, qui eſt au bord antérieur de l'*Ecaille parie-*
ſ Pl. I.
Fig. 8. L.　*tale* *. Et quant à l'Apophyſe C, qui eſt concave, & auſſi parfaitement polie en deſſous, ſa cavité s'ajuſte à l'Apophyſe con-
ſ Pl. I.
Fig. 8.　vexe I, * qui eſt à l'autre côté du même bord, & d'un poli
égal aux précèdens.

C'EST

C'EST sur cette double articulation que la Machoire exécute ses mouvemens, qui ne sont pas parfaitement angulaires ; mais tiennent un peu de la rotation, parceque, lorsque la Machoire agit, sa cavité glenoïde C* glisse sur l'Apohyse convexe I † de l'*Ecaille pariétale*, & est ainsi alternativement portée en avant & en arrière, pendant que la tète A § tourne simplement dans le cotyle L ‡, sans changer de place ; Mécanisme d'autant plus admirable, que, de la manière que les Machoires sont faites & placées, il fournit, aux dents, non seulement le moyen de serrer mieux, mais encore celui de couper, en se rapprochant, & de se rencontrer, quand les Machoires sont entièrement fermées, toutes de part & d'autre en une même ligne ; circonstances, qui ne contribuent pas peu à l'efficace de leur action.

DE la façon dont on vient de voir que les Machoires de nôtre Chenille sont construites & articulées, on remarque bien qu'elles ont peu de raport avec celles des grands Animaux ; puis qu'il n'y a que la Machoire d'embas, de ceux-ci, qui soit mobile, & que sa forme diffère extrêmement de celle d'enhaut : au-lieu qu'ici, comme dans toute autre espèce de Chenilles, les deux Machoires sont pareilles, qu'elles agissent toutes deux, & qu'il n'y a point de Machoire d'embas ni d'enhaut ; mais que toutes deux sont latérales, & agissent de droit à gauche, & de gauche à droit, pour s'écarter, ou pour se rapprocher l'une de l'autre.

ON se formera une idée précise de leur position, en jettant

* *Pl. II.*
Fig. 2 & 5.
† *Pl. I.*
Fig. 8.
§ *Pl. II.*
Fig. 2. 3. 4. 5.
‡ *Pl. I.*
Fig. 8.

les

les yeux fur la *Fig.* 6. de la *Planche II*, qui eft celle d'une tête de Chenille, dont le muſeau ſe voit à plomb. On y remarquera qu'elles ſont placées entre la *Lèvre ſupérieure* & la *Lèvre inférieure*, que la *Lèvre ſupérieure* cache la plus grande partie de leur *Tranchant*, qu'il n'y a que les plus grandes *Dents*, qui paroiſſent à découvert, & que celles-ci ſont placées du côté de la *Lèvre inférieure*; que les dents d'une Machoire font face à celles de l'autre, & que la courbure de ces Machoires eft telle, que, lorſque la Chenille les ſerre, ſes dents ſe rencontrent ſous un angle fort obtus; ce qui ne paroît pas s'accorder avec ce que Mr. de Reaumur remarque dans ſes *Mémoires ſur les Inſectes*, *Tom. I. pag.* 133; que comme ces Chenilles ont à percer le bois, leurs dents ſont plus aiguës que celles des Chenilles ordinaires, & ſe rencontrent l'une l'autre ſous un angle plus aigu; mais il y aura peut-être moyen de concilier ceci, en remarquant, que Mr. de Reaumur appelle *Dents*, ce que je nomme *Machoires*, & que, comme les Machoires de nôtre Chenille ſont, à proportion, plus grandes & plus longues que celles du commun de ces Inſectes, elles ſont, à les conſidèrer depuis leur *Baſe*, un angle plus aigu lors qu'elles ſe rencontrent, que ne font, en ce même cas, celles des autres Chenilles; parceque les Machoires de celles-ci, étant plus courtes, elles doivent s'incliner davantage l'une vers l'autre pour ſe rencontrer, & en ce ſens cet illuſtre Auteur peut avoir raiſon; mais celà n'empêche pas, d'un autre côté, que, pour ce qui eſt des *Dents*, proprement dites, de nôtre

Che-

Chenille, elles ne fe rencontrent nullement fous un angle aigu, mais dans un angle fi ouvert, qu'il approche de la ligne droite, quand elles fe touchent, ou du moins, comme j'ai dit, fous un angle fort obtus, par un effet de la courbure des Machoires, fur lesquelles elles font placées, ainfi qu'on peut le voir dans les *Fig.* 7 de la *Planche I*, & 6 de la *Planche II*, que j'ai gravé, l'une & l'autre, d'après Nature, avec la même exactitude que je tâche d'avoir dans toutes mes Figures. Cette courbure des Machoires de nôtre Chenille n'y doit pas être regardée comme une circonftance indifférente; elle fert à leur donner plus de force, & contribue encore à en rendre, en même tems, l'effort plus efficace, en les faifant agir avec moins d'obliquité, & de manière que leurs parties s'entre-foutiennent davantage. Auffi voit-on que les Animaux, qui ont reçu des griffes, ou des ferres, pour fe défendre, en ont généralement les ongles très crochus; & que la plûpart des Oifeaux de proye, & ceux qui caffent des fruits durs, ont le Bec fort recourbé.

On peut juger de la force, que nos Chenilles ont dans leurs Machoires, par les trous qu'elles creufent dans les Arbres, & même dans les Chênes les plus durs, comme il a déja été dit. Auffi ai-je vû, qu'en Hyver, dans un tems où ces Chenilles font extrêmement foibles, à caufe du froid, & où les miennes avoient déja jeuné plus de quatre mois, elles mordoient encore fi fort, à des aiguilles que je leur préfentai, que non feulement elles y demeuroient fufpenduës; mais qu'encore elles fe caffoient les *Dents* à force de les ferrer. CECI

Ceci furprendra moins, lors qu'on verra, dans la fuite, le nombre confidèrable de Mufcles qui concourrent à faire agir leurs Machoires; & fur-tout, fi l'on fait attention aux diffè-rentes difpofitions néceffaires, pour donner de l'avantage à l'action de ces Mufcles.

Comme ils font en trop grand nombre pour pouvoir trouver place autour de la bafe de la Machoire, & que, d'ailleurs, s'ils avoient eu leurs attaches autour de cette bafe, la force, avec laquelle chacun auroit pû contribuer à la faire agir, auroit diminué en raifon directe de la proximité de fon attache, des points d'appui fur lesquels la Machoire fe meut, il y a été fuppléé de manière, que, non feulement un beaucoup plus grand nombre de Mufcles peuvent agir enfemble, que ceux que la bafe feule auroit pû recevoir; mais qu'encore ils le peuvent tous, avec une efficace à-peu-près pareille à celle qu'ils auroient eue, s'ils avoient tous pû être attachés à l'endroit de la Machoire le plus éloigné de fes points d'appui, qui eft l'endroit où leur action pouvoit la rendre capable du plus grand effort.

Le moyen employé, pour produire un effet fi fingulier, eft des plus fimples: Il ne confifte qu'en quelques Lames folides & fortes, dont les deux extrêmités de la bafe de la Machoire, oppofées aux points d'appui fur lesquels elle agit, ont été pourvuës au dedans de la tête. Les Mufcles, qui concourrent à faire ouvrir la Machoire, font attachés, d'un côté des points d'appui, à une de ces Lames, & ceux, qui concourrent

à

à la faire fermer, font attachés, de l'autre, aux autres Lames, ce qui produit le même effet, ou peu s'en faut, que s'ils avoient tous eu leur infertion aux deux extrêmités de la bafe de la Machoire, où ces Lames fe trouvent attachées.

POUR ce qui eft de ces Lames mêmes, elles font de la couleur des arrêtes de Poiffon, & femblent plutôt tenir de leur nature que de celle de l'écaille; elles font dentées; leur origine a quelque épaiffeur; leur autre extrêmité eft fort mince.

IL y en a trois principales. Elles font repréfentées à la bafe de la Machoire *Pl. II. Fig.* 3.

AK eft celle qui reçoit l'attache des Mufcles qui ouvrent la Machoire. Je la nommerai, pour cette raifon, la *Lame abductrice.* Sa forme approche de celle d'une Palette. Elle tient à l'*Apophyfe en bec de Corbin* B *, de la bafe de la Machoire, à l'endroit marqué N, *Fig.* 4.

Lame abduc-
trice de la
Machoire.

* *Fig.* 2. 4.
& 5.

DG & HL font celles qui reçoivent les Mufcles, qui coopèrent à fermer la Machoire. Comme ceux - ci font en beaucoup plus grand nombre, parceque c'eft en fe fermant que les Machoires doivent pouvoir faire leurs plus grands efforts; auffi voit-on que la Lame DG eft, en tout fens, beaucoup plus grande que la Lame AK; &, ne fuffifant pas encore, il lui en a été ajoûté une feconde HL, de direction oblique, dont la figure approche de celle d'une Lame de couteau, & deux ou trois autres, très courtes, dont on en voit une en P. Ces Lames, que j'appellerai *Adductrices de la Machoire*, parcequ'elles la ferment, ont toutes leur attache à HD, *Fig.* 5.

Lames adduc-
trices de la
Machoire.

G

LA

La Lame DG eſt, outre ſa grandeur, encore remarquable par ſon bord HM, qui eſt large, & creuſé en goutière. Ce bord eſt naturellement couvert d'une membrane, qui n'eſt point dans la Figure, & au moyen de laquelle il forme un conduit, qui donne paſſage à la liqueur d'un grand vaiſſeau du corps, pour entrer dans la bouche, ainſi qu'on le verra dans la ſuite.

Outre le grand nombre de muſcles, qui concourrent à rendre l'action des *Lames adductrices* ſi efficace, d'autres circonſtances paroiſſent encore y contribuer.

D'abord la ſituation des points d'appui de la Machoire en eſt une. Ils ſont ſans comparaiſon plus éloignés des *Lames adductrices*, que de la *Lame abductrice*, ce qui, par les Loix de la Mécanique, rend, comme il a été inſinué, l'action des muſcles, attachés aux *Lames adductrices*, d'autant plus capable de faire ſerrer la Machoire avec force.

Une autre circonſtance, moins notable, à la vérité, mais qui paroît pourtant être ici de quelque effet, c'eſt l'obliquité que l'on remarque à la *Lame adductrice* HL, & à la petite Lame P. Cette obliquité, qui diminue à meſuré que la Machoire ſe ferme, ſemble leur avoir été donnée pour corriger une obliquité contraire, que prend la Lame DG dans le même moment, & par là l'action de la Machoire paroît devoir regagner, d'un côté, ce qu'elle perd de l'autre, & conſerver, dans tous les points de ſon mouvement, des forces à-peu-près égales.

A ces deux circonſtances il faut encore en ajoûter une troiſième

fième qui mérite attention; c'eſt que quand les muſcles adducteurs agiſſent, ils ſe trouvent dans un état de tenſion, qui
augmente leur force naturelle.

Pour comprendre ceci, il faut ſavoir que les Machoires de
nôtre Chenille, dans leur état naturel & de repos, ſont toûjours fermées, d'où il reſulte qu'alors les muſcles, deſtinés à les
faire agir, ſont auſſi dans un repos pareil.

Lors donc que la Chenille veut mordre, il faut qu'elle ouvre les Machoires, &, pour cet effet, elle doit retirer les *Mus-*
cles abducteurs, qui, abaiſſant l'Apophyſe en bec de Corbin,
font relever l'autre extrêmité de la Machoire, où tiennent les
Lames adductrices, ce qui ne peut ſe faire ſans que les muscles, qui y ont leurs attaches, ne prêtent & ne s'allongent,
en ſouffrant une tenſion d'autant plus grande, que la Machoire s'ouvre davantage.

Quand donc, après cela, la Chenille veut la refermer
pour mordre, le reſſort de ces muſcles tendus, qui les porte
à retourner dans leur état naturel, ſe joint à l'action, dont ils
ſont par eux-mêmes capables, & ces deux forces réunies concourrent enſemble à faire ſerrer la Machoire, & à en rendre
l'action d'autant plus efficace.

Voila bien des circonſtances raſſemblées pour un même
but, dans un objet auſſi petit que l'eſt une Machoire de Chenille, & je ne doute pas que pluſieurs ne me ſoient encore
échapées.

La dernière des Parties extérieures de la Tête, qui reſte encore

La Lèvre
inférieure.

core à examiner, celle qui ne paroît que lors qu'on la regarde
par deſſous, eſt la *Lèvre inférieure* avec ce qui en dépend;
elle eſt la plus compoſée de toutes celles qui forment l'extérieur de la tête, & la plus grande après les Ecailles parietales.
On y diſtingue cinq parties principales, toûjours viſibles, ſavoir la *Baſe de la Lèvre inférieure*, la *Lèvre même*, les *gros
Barbillons*, & la *Filière*; & une ſixième, qui n'eſt viſible que
lors que la Chenille écarte les Machoires, & que je nommerai
la *Langue*.

La Bafe de
cette Lèvre.
* Pl. II.
Fig. 1.

LA *Baſe de la Lèvre inférieure*, Z a b Z*, occupe, au deſſous de la tête, l'eſpace qui ſe trouve de part & d'autre de la
Ligne inférieure entre les *Ecailles parietales*. Sa figure tient
du quarré large, ſa couleur eſt griſâtre, ſon dehors eſt un peu
vouté, elle eſt immobile. A diſtances égales de la Ligne inférieure on la voit longitudinalement traverſée de deux traits
bruns, ſemblables, obliques, circonflexes, larges à leur origine, ſe terminant en pointe à l'angle poſtérieur Z, de la partie
inférieure de l'Ecaille parietale, & placées en ſymmetrie. Ces
traits ſont deux pièces écailleuſes, munies en dedans d'une
crête, à laquelle, comme on le verra dans la ſuite, pluſieurs
Muſcles, moteurs de la tête, ont leurs attaches; ce qui paroît, entre ces traits bruns, eſt preſque tout membraneux, &
ce que l'on voit, entre chacun de ces traits & l'Ecaille parietale, eſt écailleux.

La Lèvre in-
férieure pro-
prement dite.
* Pl. II.
Fig. 1.

Sur la *Baſe*, qui vient d'être décrite, s'élève, en formant
un pli ſaillant, la *Lèvre inférieure* a b d e f a*, qui tient, poſ-
térieu-

térieurement à cette bafe , latéralement jufqu'à fon milieu , aux Ecailles parietales , & qui eft antérieurement libre. Elle eft rebondie , membraneufe , & de couleur grifâtre. Plufieurs Lames & Pièces écailleufes , d'un brun de marron clair de diverfe teinte , les unes fymmetriques , les autres placées avec fymmetrie , dont l'arrangement paroît dans la Figure , entrent dans fa conftruction , & forment , avec ce qu'il y a de membraneux , un tout agréable à la vue , fur lequel font régulièrement difpofés en demi cercle fix poils ou épines coniques , très unies , & creufes jufques près de leur extrêmité , ou peut-être d'un bout à l'autre , ce que la fineffe de leur pointe ne permet pas de diftinguer.

L'USAGE des *Lames écailleufes* me paroît être , de donner , aux endroits de la peau qu'elles occupent , une fermeté qui rend ces endroits capables de fuivre les mouvemens de la Lèvre , fans fe plier.

Ses Lames
écailleufes.

LES *Pièces écailleufes* , que je diftingue des *Lames* de cette Lèvre , reçoivent , comme on le verra en fon lieu , l'attache de divers Mufcles , qui la rendent fufceptible de bien des mouvemens , dont les plus ordinaires font , de fe porter en avant & en arrière.

Ses Pièces
écailleufes.

CES *Pièces* font au nombre de quatre; mais elles ne paroiffent que deux dans la Figure , parceque les plus courtes , qui font larges & recourbées , touchent l'extrêmité poftérieure des plus longues , qui font étroites & prefque droites. Elles partagent longitudinalement la Lèvre en trois parties relevées , en

G 3 for-

formant deux fillons, l'un à droit & l'autre à gauche de la *Ligne inférieure.*

COMME les plus longues (g) de ces *Pièces* font munies, au dedans de la Lèvre, d'une grande crête, je les nommerai les *Ecailles crêtées,* & j'appellerai *Appendices des Ecailles crêtées,* les plus courtes (h), qui y paroiffent adhérentes.

LES trois parties, dans lesquelles la Lèvre inférieure eft partagée, au moyen de ces quatre Ecailles, portent chacune, à leur extrêmité antérieure, un corps de ftructure très compofée dH, eL, & fH *. Celui du milieu eL eft la *Filière,* & les deux autres dH, fH, font ce que j'ai nommé les *gros Barbillons,* pour les diftinguer de deux petits Barbillons K, K, que la *Filière* porte, & que j'appellerai *Barbillons de la Filière.* Je donnerai, aux deux parties de la Lèvre, qui foutiennent les gros Barbillons, le nom de *Bafes des gros Barbillons,* & à l'autre partie, celui de *Bafe de la Filière.*

LA *Bafe de la Filière* eft la plus courte des trois; La Filière, qu'elle foutient, a, du côté vifible dans la *Planche II.* *Fig.* 1., la forme d'un vafe large & arrondi. On y remarque plufieurs Ecailles brunes, entremêlées de parties membraneufes grifâtres, qui forment enfemble un tout fymmetrique qui plaît. Cette Filière eft une Machine très compofée, qui fe meut en tout fens fur fa Bafe. Elle eft naturellement panchée vers le plan de pofition de la Chenille, & fait, avec la Bafe qui la foutient, un angle plus ou moins obtus. De l'autre côté, elle eft adhérente à une des parties qui forment l'intérieur de la

Bouche,

Ecailles crêtées.
Appendices des Ecailles crêtées.

* *Pl. II.* *Fig.* 1.

Bafes des gros Barbillons.

Bafe de la Filière.

La Filière.

Bouche, ce qui fait que, quand la Filière se remue, cette partie en suit les mouvemens.

LA *Fig. 8*, qui représente la *Filière* * vue de côté, peut donner une idée de son inclinaison †, & de la manière dont cette partie § de la Bouche y est jointe. \
    * e b L \
    † g e L \
    § K V

OUTRE les divers mouvemens, dont la Filière est capable, elle a encore la facilité de pouvoir se retirer presque entièrement sous sa Base, &, quand elle le fait, elle s'incline en même tems de plus en plus, jusqu'à faire un angle presque droit avec cette Base, lorsqu'elle y est à-peu-près toute cachée.

ON apperçoit, à l'extrêmité antérieure de la *Filière*, trois élevations, dont les deux latérales portent les *Barbillons de la Filière* *, & l'intermédiaire, qui est la plus grande, porte un Tuyau flexible & élastique, que je nommerai le *Tuyau soyeux*, parceque c'est par lui que passe la soye que la Chenille file. \
    * *Pl. II.* \
    Fig. 1. K, K, \
    Tuyau \
    soyeux.

Ce Tuyau se remue en tout sens sur la Filière, de même que la Filière le fait sur sa Base ; ce qui rend ce Tuyau d'une agilité surprenante. Quand on l'examine au Microscope, on trouve son extrêmité percée d'une ouverture oblique, taillée en deux coupes, comme une plume à écrire, mais avec moins d'obliquité, & sans pointe, ainsi qu'on le voit en L *Fig 9.* * Cette ouverture est du côté de la Ligne inférieure, ce qui fait que, dans la situation inclinée où se trouve naturellement la Filière, son orifice est tourné vers les corps, sur lesquels la Chenille est posée, & peut aisément s'y appliquer ; d'où il résulte, que quand la Chenille a fait monter la matière soyeuse jusqu'à cet orifice, \
    Pl. II.

elle

elle n'a qu'à appliquer fa Filière fur ces corps, pour y coller cette matière, & être en état de tirer un fil : ce qui feroit plus difficile fi l'ouverture étoit perpendiculaire au Tuyau foyeux, ou tournée vers quelque autre côté que vers la Ligne inférieure ; parce qu'alors l'épaiffeur du bord du Tuyau, qui fe trouveroit entre ces corps & la matière foyeufe, s'oppoferoit à l'application immédiate de la matière foyeufe fur ces corps.

Le Tuyau foyeux m'a paru être en partie écailleux, & en partie membraneux : du moins y ai-je obfervé de longues rayes, d'un brun prefque noir, féparées par des intervalles grifâtres, dont la difpofition, du côté de la Ligne inférieure, étoit telle qu'on peut le voir dans la *Fig. 9.*

Si ces intervalles font de véritables membranes, comme leur couleur femble l'indiquer, elles pourront fournir, à la Chenille, un moyen de dilater & de retrécir le Tuyau foyeux, ce qui pourra contribuer à rendre le fil plus ou moins gros, quoique la différence, qui fe trouve entre l'épaiffeur des fils, que la Chenille file dans un même tems, ne provienne pas vraifemblablement de cette feule caufe, ainfi qu'on aura occafion de le remarquer dans la fuite ; mais nous nous contenterons feulement d'obferver ici en paffant, que la différence d'épaiffeur de ces fils eft fi confidérable, qu'il y en a qui font fept ou huit fois plus gros les uns que les autres ; qu'ils ne font pas tous cylindriques ; qu'il s'en trouve qui font plats, & que, parmi ceux-ci, on en voit, dont les bords font plus épais que le milieu. Dailleurs, le même fil n'a pas toûjours, par-tout, la même épaiffeur.

J'en

J'en ai vû, qui, par intervalles, étoient fort renflés à des endroits, & fort menus à d'autres, & qui avoient, par-ci par-là, des grosseurs ou des nodosités telles qu'on en voit dans le fil de lin mal filé.

Les *Barbillons de la Filière* *, comme je l'ai déja dit, sont extrêmement petits.   Ils n'ont qu'environ l'épaisseur d'un poil médiocre de Chenille.   Ils sont placés chacun sur une élevation arrondie, membraneuse & grisâtre *, à côté d'une autre plus grande & plus allongée, qui porte le Tuyau soyeux : Leur direction est moins inclinée que celle de ce Tuyau, & fait, avec lui, un angle d'au moins 30 degrés *.   Quand on les observe au Microscope, on voit qu'ils ont la figure d'une Phiole, c'est-à-dire que leur corps * est cylindrique ; que près de son extrémité il s'arrondit & se retrécit considèrablement, & que sur cet endroit s'élève un petit cou, en forme de goulot assez large *.

Le corps du Barbillon paroît composé de deux Ecailles, l'une d'un brun moins foncé que l'autre, & réunies par les côtés ; l'endroit, où il se retrécit, est grisâtre, & paroît membraneux ; un petit corps brun * en sort par le côté, &, du goulot même, un filet longuet, tant soit peu courbe, & d'un brun clair *, que je crois être un tuyau, parcequ'en le mouillant, il m'a paru qu'il y montoit de l'eau, à laquelle j'ai cru voir succèder de l'air lors qu'il se sèchoit.

L'usage de ces petits Barbillons m'est inconnu ; Ils sont si courts, que je ne crois pas qu'ils puissent être d'aucun secours

H   à

à la Chenille quand elle file. Leur direction vers la bouche,
dont ils font tout près, & le Tuyau, par où ils se terminent,
feroient plutôt présumer qu'ils font les organes de l'Odorat;
mais c'est ce qu'il ne nous appartient pas de décider.

Les gros Bar-
billons.
* Pl. II.
Fig. 1. H H

† ahf, bhd
§ ie

Les deux *gros Barbillons* * font placés à droit & à gauche
de la *Filière*, chacun fur fa propre *Base*. Ils avancent plus vers
le devant de la Tête que le corps de la Filière, parceque leurs
Bases † font plus longues que celle de la Filière §. Ils ne font
point inclinés vers le plan de pofition, mais plutôt du côté oppofé, en panchant un peu l'un vers l'autre, comme il paroît
par la *Fig. 6.*, & par la *Fig.* 11., où H, H, font ces Barbillons. Dans la *Fig.* 1. H, H, que l'on doit avoir fous les
yeux en lifant cette explication, je les ai un peu plus écartés
que naturellement ils ne le font, pour les faire paroître plus
diftinctement.

* Fig. 1.
ahf, bhd

Leur Fuft eft compofé de deux Tuyaux courts, dont le fecond
rentre dans le premier, & le premier dans la Base *. Tous deux
ont leur partie antérieure membraneufe & grifâtre; l'autre eft
écailleufe & d'un brun de marron, du côté qui paroît ici;
mais ces écailles ne font environ que les deux tiers du tour
du Tuyau; & le refte, du côté oppofé, eft membraneux.

Du premier Tuyau s'élève une Epine conique S, qui, vue
au Microfcope, paroît creufe, & femblable à celles de la *Lèvre inférieure*.

On voit, au côté membraneux du fecond Tuyau, deux Lames écailleufes T T *Fig.* 1., qui chacune ont la forme d'une
Lame

Lame de couteau différemment façonnée, & telle que la *Fig.* 12.
T T les repréſente plus en grand. Chacune eſt implantée dans
un anneau écailleux.

Sur ce ſecond Tuyau s'élèvent deux autres Tuyaux plus
courts, membraneux par le haut, écailleux par le bas, & placés à côté l'un de l'autre. Celui des deux, qui eſt le plus é-
loigné de la Ligne inférieure, porte un Tuyau encore plus dé-
lié, qui m'a paru terminé par une membrane arrondie : l'autre porte une Aigrette de trois cones écailleux, extrêmement
petits.

Les différens Tuyaux, dont chaque Barbillon eſt compoſé, forment non ſeulement autant d'articulations mobiles en
tout ſens, mais fourniſſent encore, à la Chenille, le moyen de
raccourcir ſes Barbillons, autant que bon lui ſemble, jusqu'au
point de les pouvoir faire entièrement diſparoître, en faiſant
rentrer tous ces Tuyaux les uns dans les autres, & le dernier
dans la Baſe du Barbillon.

La Chenille paroît ſe ſervir de ces Barbillons comme de
mains, quand elle mange, & quand elle file : dans l'un & dans
l'autre de ces cas, on les voit continuellement en action, & l'on
conçoit que, placés, comme ils ſont, à l'ouverture de la Bouche, & en même tems tout près de la Filière, ils peuvent être
très propres, d'un côté, à retenir & à porter, ſous la dent,
les morceaux qu'elle mâche ; &, de l'autre, à placer & arran-
ger les petites buches, dont elle compoſe le dehors de ſa coque, à y conduire le fil de ſa Filière pour les fixer, à tapper

& à ranger ce fil, à fentir les endroits où il en manque, à trouver les endroits les plus propres à le faire tenir, & à remplir d'autres fonctions de cette nature.

La Bouche de la Chenille.

D e l'affemblage des deux Machoires & des deux Lèvres de la Chenille refulte un tout, dont les côtés extérieurs & intérieurs forment la *Bouche externe & interne de la Chenille.*

L a figure de la *Bouche externe* fe reconnoît dans la *Pl. II. Fig. 6.,* où le mufeau de la Chenille paroît à plomb, avec la Bouche un peu ouverte: &, comme tout ce qui compofe fon dehors a déja été décrit, en parlant des Machoires & des Lèvres, je me difpenferai d'en faire ici un fecond détail.

P o u r ce qui eft de la *Bouche interne*, laquelle, quoiqu'invifible, quand les Machoires font rapprochées, me paroît pourtant devoir être mife au rang des parties extérieures de la Tête, parcequ'elle fe découvre auffi-tôt que l'Infecte écarte fes dents, & fans qu'il foit néceffaire d'avoir recours à la diffection, elle eft compofée des mêmes parties que la Bouche externe; mais vues dans un fens oppofé, lequel ayant déja pareillement été décrit, pour ce qui regarde les Dents & la Lèvre fupérieure, il ne refte plus qu'à parler de cette partie de la Lèvre inférieure, qui concourt, avec les trois autres, à former le dedans de la Bouche, au bas de laquelle elle eft placée.

E l l e n'eft que le deffus de cette Lèvre, du côté de la Ligne fupérieure. Il n'en paroît prefque rien dans la *Pl. II. Fig. I.;* mais on la voit *Fig. 6. 8, & 11.* affez diftinctement.

DANS

DANS la *Fig.* 6., elle ne fe montre pas toute entière ; c'eft cette partie, figurée en forme de langue, qu'on entrevoit dans la Bouche, depuis la Lèvre fupérieure jusqu'au Tuyau foyeux entre les Dents & les gros Barbillons.

BIEN qu'au premier coup d'œuil on prendroit cette partie pour une langue, tant elle en a la forme, ce n'eft pourtant que le deffus de là Lèvre inférieure, qui eft fi épaiffe, à cet endroit, qu'elle s'élève dans la Bouche jusques près de la Lèvre oppofée. La Nature n'a point donné de langue à la Chenille ; mais cette partie a une mobilité fi grande, que, dans la manducation, elle fupplée à ce défaut ; c'eft ce qui m'a déterminé à lui donner le nom de *Langue*, d'autant plus que fa figure en rappelle fi bien l'idée.

LA *Fig.* 8., qui repréfente de côté la Filière e b L, offre, en même tems, de côté, la Langue V K, & montre fous quel angle elle fe rencontre avec la Filière & fa Bafe, dont lès directions font marquées g e L. On y voit que la Langue eft entourrée d'un rebord tout hériffé d'épines. Mais la manière, dont ce côté de la Bouche, & les parties de la Lèvre inférieure qui l'environnent, font façonnées, fe diftingue beaucoup mieux dans la *Fig.* 11., qui offre ce côté à plein, & dans le même fens que la *Fig.* 6., mais plus en grand, entièrement à découvert, & tel qu'il paroît lorsqu'on a écarté les Machoires & la Lèvre fupérieure. M, y marque l'endroit où la racine de la Langue, & la Lèvre fupérieure fe touchent, ou peu s'en faut, à l'entrée de l'oefophage, & V X, celui où

H 3.   le

le côté intérieur des Machoires s'applique contre la Lèvre inférieure.   On voit que la Langue eſt plus étroite du côté de
la Filière que du côté oppoſé , que ſa figure eſt ſymmetrique,
qu'elle eſt renflée & arrondie en deſſus, & que ſon rebord épi-
neux en fait le tour.

Ce rebord paroît propre , non ſeulement à retenir les alimens ſur la Langue , & empêcher , pendant qu'elle ſe meut,
qu'ils ne tombent à droit & à gauche , entre les Machoires;
mais encore , quand ils y ſont tombés , à les ramener ſur la
Langue ou entre les Dents ; car il faut ſavoir que , quoique
les côtés V X de la Lèvre inférieure ſoient courbés, de manière que, lorſque les Machoires ſont fermées , ils s'ajuſtent parfaitement avec les cavités que j'ai fait obſerver au côté intérieur de ces Machoires, elles ne s'ouvrent pas plutôt, qu'elles ne
laiſſent un vuide entre elles & ces côtés V X , où de petits
brins de bois venant à tomber , quand la Chenille mange, ne
pourroient que lui être très incommodes , ſi elle n'avoit pas la
facilité de les en pouvoir d'abord faire ſortir , & c'eſt à quoi
les épines , qui environnent le bord de la Langue, & dont la
direction, qui les porte en montant vers le côté concave de la
Machoire , joint à la mobilité en tout ſens de la Langue même, paroiſſent fournir un moyen des plus aiſés.

Telles ſont les Parties extérieures de la Tête ; quelques
unes en ſont , comme on a vu, compoſées d'écailles & de
membranes ; mais le grand nombre en eſt écailleux & ſolide , & leur aſſemblage forme un tout vouté & convexe en

tout

tout fens, très propre à pouvoir faire & foutenir de grands efforts.

Après avoir décrit ces diverfes Parties, l'ordre exigeroit que je paffaffe tout de fuite à la defcription des Parties extérieures du Corps, fi, faute d'un lieu plus convenable, comme il a été dit, le petit nombre des Parties folides, qui reftent encore à examiner dans la Tête, & leur étroite liaifon avec fes Parties folides extérieures, ne demandoient que j'en traitaffe ici.

Les premières de ces Parties folides font les deux *Ecailles* pareilles YZ, ZY*, que je nommerai *Zygomatiques*, à caufe de quelque foible raport qu'elles ont avec le zygoma de nôtre tête.

Les Ecailles zygomatiques. * *Pl. II. Fig.* 1.

Elles font blanches, fortes, inégales, applatties, & tiennent au bord poftérieur de la partie inférieure des *Ecailles parietales*, & à la partie écailleufe de la *Bafe de la Lèvre inférieure*. Elles ne paroiffent, en vue, qu'après qu'on a levé, le long de la partie inférieure de l'Ecaille parietale & de la Bafe de la Lèvre inférieure, la peau du cou, & plufieurs mufcles qui les couvrent. On voit à chacune, en Z, une Apophyfe, qui s'avance obliquement vers la Ligne inférieure & vers le cou. Je les appellerai les *Apophyfes zygomatiques*. Elles fervent d'appui à d'autres pièces écailleufes, dont il va être parlé dans l'Article fuivant.

Les Apophyfes zygomatiques.

En faifant mention de l'*Ecaille frontale*, on n'a décrit que fa face extérieure. Sa face intérieure eft remarquable par les pièces

ces

ces écailleuses qui y tiennent. On les voit repréfentées dans la *Fig.* 13. *, où la face intérieure de l'Ecaille frontale, avec les pièces, qui y font adhérentes, paroiffent obliquement de côté pour pouvoir être mieux diftinguées. ABC eft cette *E-caille frontale.* Des deux angles de fa Bafe B & C s'élèvent, fous des angles très aigus, deux Branches, ou Lames écailleu-fes BD, CD, qui fe réuniffent en D, & forment entr'elles, & avec le rebord occipital élevé ED, FD de l'*Ecaille parie-tale*, une coarticulation parfaitement immobile; comme elles en forment une autre en B, & en C, par leur réunion avec l'E-caille *frontale.*

LE double angle BDC, DBA, ou DCA, que chacune de ces deux Lames fait, l'un par leur réunion mutuelle en D, & l'autre par leur réunion avec l'*Ecaille frontale* en B & en C, me fera appeller ces deux Lames les *Ecailles bisangulaires.*

L'ESPACE triangulaire DBA & DCA, qu'il y a, entre ces Ecailles & l'*Ecaille frontale*, eft naturellement rempli par une membrane très forte, qui tient, d'un côté, au bord des *Ecail-les bisangulaires*, & de l'autre à l'*Ecaille frontale*, le long d'une crête écailleufe, qui s'élève fur cette Ecaille, directement au deffous de chaque *Ecaille bisangulaire*, & qui eft tracée dans la *Fig.* depuis A jufqu'à B.

LES portions des *rebords élevés* ED, FD, de la partie pos-térieure des *Ecailles parietales*, qui font ici repréfentées avec un morceau EA & FA de cette Ecaille, qui y tient, font voir non feulement comment les *Ecailles bisangulaires* font fou-

te-

tenues, en AD, par les *Ecailles parietales*; mais encore comment ces dernières rencontrent, en A, le fommet de l'*Ecaille frontale*, &, en D, par leur rebord, les *Ecailles bisangulaires*, ce qui pourra fervir à donner une idée plus nette de ce qui en a été dit, en parlant de la partie poftérieure de l'*Ecaille parietale*.

Sur les *Ecailles bisangulaires* DB, DC, s'élève obliquement en G & en H, un affemblage écailleux GIKH, qui eft la dernière des Parties folides du dedans de la Tête, qu'il me refte à examiner : il eft compofé de trois pièces réunies, qui, par leur difpofition, forment groffièrement une figure de porte. Je la nommerai *la Porte*, tant pour cette raifon, que par- La Porte. cequ'elle donne entrée, dans la tête, à plufieurs parties du Corps. Je nommerai fes deux pièces latérales GI, HK, par la même raifon, les *Montans de la Porte*, & la pièce IK, fa Ses Montans. *Traverfe*. Sa Traverfe.

Les *Montans de la Porte* font des Lames écailleufes, noires dans prefque toute leur longueur; leurs côtés larges font face l'un à l'autre, & chacun eft foiblement coudé en L, & en M. Leurs extrêmités G & H, font obliquement coarticulées avec les *Ecailles bisangulaires*, & font, avec elles, du côté de l'*Occiput*, un angle aigu d'environ 20 degrés ; & leurs deux autres extrêmités font coarticulées avec la *Traverfe* IK. Cette Traverfe, qu'on voit en deffus, entre ZZ *Fig.* 1., & qui, à la réferve de fes Apophyfes I & K, y paroît prefque toute entière, eft arquée, & fa courbure eft tournée vers l'occiput.

I   Dans

Dans l'état naturel, ſes deux Apophyſes I & K, qui ont la forme de têtes d'os, ſont appuyées contre le deſſous des deux *Apophyſes zygomatiques* ZZ *Fig.* 1., & y ſont adhérentes.

L ES deux *Montans* & la *Traverſe* de la *Porte* ſervent, comme on le fera voir en ſon lieu, de points fixes à pluſieurs Muſcles, qui tiennent au côté concave de la courbure de la *Traverſe* & des *Montans*, qui ne paroiſſent avoir ces différentes courbures que pour pouvoir d'autant mieux ſoutenir l'action des Muſcles ſans céder.

CHAPI-

C H A P I T R E V.

Des Parties extérieures du Corps de la Chenille , vues à la Loupe & au Microscope , & de quelques Parties solides , que le Corps renferme.

OUTRE les éminences, les plis, les rides, & les enfonce- La Peau. mens, placés en symmetrie, que la simple vue découvre à la Peau de la Chenille, la Loupe nous fait voir qu'elle est encore toute gravée de sillons, qui, la parcourrant en tout sens, forment sur elle un lacis reticulaire, semblable à celui que l'on remarque sur le dessus de nos mains, quand on les regarde de bien près ; mais incomparablement plus fin & plus serré. Et, dans une Chenille vivante, exposée à un jour favorable, on observe aussi, dans sa peau, le long de la Ligne supérieure, & par-tout où cet Insecte n'est pas d'un rouge foncé, un tissu irrégulier de vaisseaux, ou de filamens très blancs, qui la parcourrent en tout sens, & qui, à la Loupe même, ne paroissent pas plus gros que des fils de toile d'araignée.

Au Microscope on trouve encore la peau, outre celà, toute chagrinée de grains inégaux, si petits, qu'ils échappent même à la Loupe.

CETTE peau, au reste, a la consistance & l'épaisseur à- Composée de deux Tuniques. peu-près du parchemin vierge ; elle a quelque transparence ; quoiqu'elle paroisse simple, elle est, en effet, double, &, avec

des

des inſtrumens, on parvient à ſéparer les deux Tuniques, dont elle eſt compoſée, & qui ſont auſſi intimement adhérentes que nôtre Epiderme l'eſt à nôtre peau.

L'extérieure chagrinée.

O n ſe tromperoit pourtant ſi l'on conſidèroit la *Tunique extérieure* comme l'Epiderme de la Chenille; Elle n'en a nullement les caractères; les grains, dont elle eſt chagrinée, lui ſont propres, & ne ſont point l'effet de mammelons cutanés de la *Tunique intérieure:* cette dernière n'en a point de perceptibles, &, dans une peau macerée, il n'eſt pas difficile de détacher, de la *Tunique extérieure,* ces grains, que l'on trouve être d'une ſubſtance dure & ſolide. La *Tunique extérieure* eſt dailleurs tout auſſi épaiſſe, & a beaucoup moins de transparence que l'autre. Au lieu des grains, dont celle-là eſt chagrinée, on apperçoit, par le Microſcope, à celle-ci, grand nombre de nerfs & de filets, de différente épaiſſeur, qui y rampent en tout ſens, & qui ont l'apparence de vaiſſeaux.

L'intérieure vaſculeuſe.

Les Poils.

L e s Poils, qui paroiſſent à la peau de cette Chenille, ſont en petit nombre. Il y en a environ une vingtaine à chaque Anneau, &, de plus, une douzaine à chaque Jambe antérieure; Ils ſont d'un blond un peu ardent. Les plus grands ont environ deux lignes de longueur; On remarque aiſément qu'ils ſont creux, depuis leur racine juſqu'aſſez près de leur extrêmité; mais je n'ai pu m'aſſurer s'ils le ſont d'un bout à l'autre.

Couleur.

Figure.

L'e x t r ê m i t é de pluſieurs eſt applattie, & torſe de la manière qu'on le voit dans la *Pl. III. Fig.* i., qui repréſente une pareille extrêmité de la longueur d'un tiers de ligne,

gros-

groſſie environ deux millons ſept cens quarante-quatre mille fois.

Ces Poils ſont enchaſſés dans un anneau ou cylindre très court, écailleux, & brun *, qui s'élève un peu au-deſſus de la peau, & en perce les deux Membranes ou Tuniques; Le Poil † paſſe par cet anneau, & m'a paru communiquer, par la racine, avec un tegument molaſſe, qui tapiſſe la peau en dedans, & ſur le-quel les nerfs forment un tiſſu reticulaire. J'ai cru même voir, plus d'une fois, de petits nerfs de ce tiſſu s'introduire dans la racine d'un Poil.

Quand on examine, avec une forte Loupe, ſur une Che-nille vivante, la peau qui environne l'anneau, où le Poil eſt implanté, on trouve, qu'autour de cet anneau elle fait tan-tôt une élevation *, & tantôt une cavité circulaire un peu pliſſée de façon, que les plis ſont dirigés vers cet anneau comme vers un centre commun; que la peau, qui forme cet-te élevation ou cette cavité, ſuivant que la Chenille pouſſe l'anneau du Poil en dehors, ou le retire, eſt beaucoup plus délicate & plus flexible là qu'ailleurs; & que, ſur le deſſus du dos de l'Inſecte, la couleur de cet endroit eſt un peu moins foncée que celle de la peau qui l'environne *.

La rareté de ces Poils, qui, par raport à la Chenille, ſont plutôt des eſpèces d'épines, nous apprend ſuffiſamment qu'ils ne lui ont pas été donnés pour la couvrir, & qu'ainſi ils doi-vent avoir quelque autre uſage; mais quel? c'eſt ce qui n'eſt pas ſi décidé. Il me paroît aſſez probable que ce ſont des

I 3   or-

organes du Tact. La peau de la Chenille, dure & grenée, comme elle eft, ne femble guères fufceptible d'un fentiment fort délicat, qui ne pourroit être que très incommode pour un Animal deftiné à vivre dans des cavités, fouvent fi étroites, que ce n'eft que par bien du travail & des efforts, qu'il fe tranf-porte d'un endroit à un autre ; cependant, comme, en bien des circonftances, un fentiment délicat pouvoit lui être néces-faire, il eft très probable qu'il en jouït, malgré la dureté de fa peau & de fes écailles, au moyen des Poils qui les percent ; car fi ces Poils communiquent avec le fecond tegument, com-me il m'a paru, ce tegument, tendre & nerveux tel qu'il eft, doit recevoir toutes les impreffions que les corps étrangers font fur ces Poils, & les faire reffentir à la Chenille, quelque foibles qu'elles puiffent être, par la raifon que la peau, tout près des Poils, implantés dans la peau, & la petite membra-ne qui environne les Poils, implantés dans les écailles, étant très flexibles, laiffent, au Poil, la liberté de cèder à la ren-contre du moindre objet, & que ces Poils font chacun comme autant de petits Leviers affez roides, dont le point d'appui eft au corps de l'Animal, & qui, venant à être preffés jufqu'à un certain degré, font, fur le fecond tegument, un effort d'autant plus grand, que la diftance, de l'endroit de la preffion au point d'appui du Poil, excède celle qu'il y a de ce point, au fecond tegumeut. Je dis jufqu'à un certain degré, parce-que fi la preffion eft forte, le Poil fe courbe & ne fait alors l'office de Levier qu'autant qu'il a de roideur. Et ce qui rend

encore

encore plus probable que les Poils font des organes du Tact, c’eft qu’il eft très certain que les Chenilles fentent par là, & que, pour peu qu’on touche à leurs Poils, elles font des mouvemens qui donnent a connoître qu’elles s’en apperçoivent.

Quant aux *Stigmates* *, nous avons dit, qu’à la vue fimple, ils paroiffoient comme autant de petites cavités affez profondes, bordées d’un trait brun ellyptique, & qu’au fond de ces cavités on découvroit une raye de même couleur. C’eft en effet tout ce qu’on peut y remarquer fans Verres, lors qu’on les regarde fur le Corps de la Chenille; mais ce n’eft point alors tout le ftigmate que l’on a vu; on n’en a vu que le deffus; le refte en eft caché par la peau, au travers de laquelle il pénètre dans le Corps de la Chenille. Il faut donc l’en détacher pour le bien reconnoître, & c’eft ainfi que nous allons l’examiner, avec une Loupe, dans les *Fig.* 3, 4, & 5, de la *Pl. II.*, où la *Fig.* 3. eft celle d’un ftigmate vu dans fa pofition naturelle. La *Fig.* 4., celle d’un ftigmate vu dans le fens oppofé, & la *Fig.* 5., celle d’un ftigmate qui fe préfente de côté. Aux *Fig.* 3 & 5, j’ai laiffé quelques reftes de la peau de l’Animal, afin qu’on pût diftinguer la portion du ftigmate qui paroît au deffus de la peau, de celle qui fe trouve au deffous; mais, comme tout ce qui paroît à la *Fig.* 4. eft fous la peau, la peau même n’y a point été repréfentée. Je dois encore avertir que ces Figures font celles des huit dernières paires de ftigmates, en tout femblables à ceux de la première paire, qui font tant foit peu plus grands, & ont fur la peau un contour

tour

Les Stigmates.
* Pl. I.
Fig. 5.
S. S. S. ......

tour moins ellyptique , & plus approchant d'un quarré long;
cette petite différence ne m'a pas paru valoir la peine d'en
donner de Figures féparées.

Lèvres du
ftigmate.

ON voit, à la *Fig.* 3., que les ftigmates au dehors font environnés d'une efpèce de bourrelet plus large qu'élevé, qui fe
termine à l'entrée de leur cavité par un bord écailleux, lequel
fait ce trait ellyptique qui paroît brun à la vue fimple; mais,
vu à la Loupe, on trouve qu'il eft rouge. La cavité même
eft d'un jaune citron. Ce qui y paroiffoit, au fond, comme
une raye brune, font deux manière de Lèvres de cette couleur,
un peu relevées , fort larges , & à-peu-près de toute la longueur du dedans du ftigmate; elles bordent une fente un peu
circonflexe, qui n'eft guères moins longue. Dans une Chenille vivante , ces lèvres s'entr'ouvrent quelquefois ; mais cette
action paroît abfolument arbitraire , & n'a rien de périodique
ni de règlé. Quand on les fépare , on trouve que leur fente
n'eft pas perpendiculaire au ftigmate, mais oblique, & qu'une
des lèvres gliffe tant foit peu au deffus de l'autre. Cette fente
fe voit plus diftinctement, & dans un fens oppofé, en C B
Fig. 4. Ses parois font membraneufes & blanchâtres. Lors
qu'on ouvre un ftigmate par le milieu, on voit que fa fente a
de la profondeur, & le brun de fes lèvres quelque épaiffeur.

Tiges bar-
bues, dont
elles font he-
riffées.

Ce brun, touché d'une fine aiguille, paroît pulpeux & friable,
& l'on n'y découvre rien de plus, auffi longtems qu'on le laiffe attaché au ftigmate; mais, quand on l'en fépare, & qu'après
l'avoir épluché, avec de petits inftrumens, on l'examine avec un

bon

bon Microſcope, on eſt ſurpris de trouver que cette pulpe aparente eſt une forêt très touffue d'un grand nombre de petites tiges, preſque contiguës, d'environ une dix-ſeptième partie de ligne de longueur, repréſentant chacune, en petit, l'extrêmité d'une branche de ſapin. Ces petites tiges paroiſſent de ſubſtance écailleuſe; elles ſont tranſparentes, & n'ont point de filets ou de feuilles du côté de leurs racines; mais, un peu plus haut, elles commencent d'en avoir, &, en aprochant de leur extrêmité, elles deviennent toûjours de plus en plus barbues, tellement que leur bout forme un bouton opaque, au travers duquel la tige même n'eſt pas viſible. C'eſt l'amas de tous ces boutons, preſſés les uns contre les autres, qui compoſe cette large raye brune, que j'ai nommé la *Lèvre du ſtigmate*. La *Fig.* 6. fait voir, au naturel, une de ces tiges, implantée dans un morceau de la peau de la fente du ſtigmate, avec quelques bouts d'autres tiges rompues. Cette tige y eſt 110 fois plus longue qu'en nature, &, par conſéquent, elle eſt groſſie un million trois cens trente & un mille fois.

On ne ſauroit guères douter que cet amas de tiges barbues, preſſées les unes contre les autres, ne ſerve à empêcher que les corpuſcules, dont l'air eſt chargé, n'entrent avec lui dans le Corps de la Chenille. On ſent bien que l'air, avant de s'y introduire, venant à paſſer au travers de toutes ces barbes, comme par un filtre, y doit néceſſairement dépoſer tous les corps étrangers, tant ſoit peu capables de cauſer des obſtructions; & c'eſt vraiſemblablement auſſi pour cette raiſon, que les bar-

Uſage de ces tiges.

K

bes

bes de ces tiges ont la pointe dirigée, en tout fens, vers l'o-
rifice extérieur du ftigmate ; cette direction étant la plus propre à empêcher l'entrée des corps étrangers , & à en faciliter l'expulfion : peut-être eft-ce encore pour la même raifon
que la fente, par laquelle le ftigmate s'ouvre dans le canal qui
s'y abouche, & que je nommerai la *Trachée-Artère*, eft oblique ;
cette obliquité donnant naturellement, au cours de l'air, une
direction inclinée , beaucoup plus propre à le faire paffer au
travers des tiges barbues , que s'il entroit perpendiculairement
dans la fente.

Profondeur du ftigmate.

UNE autre confidération, qu'on peut encore faire fur les ftigmates de cette efpèce de Chenilles, c'eft que , pendant que ceux
du commun des Chenilles n'ont que peu ou point de profondeur , les ftigmates de celles-ci ont leur fente placée dans
une profonde cavité : ce qui étoit néceffaire pour garantir les
tiges barbues qui en forment les lèvres, du frottement nuifible où elles auroient autrement été fans ceffe expofées, par
les efforts, que la Chenille eft fouvent obligée de faire, pour fe
trainer par les conduits étroits qu'elle fe pratique dans les
troncs des Arbres.

*Son mécha-
nifme.*
* *Pl. III.*
A C *Fig.* 5.

* *Fig.* 5.

† E, F *Fig.* 4.

LES Parois de la cavité du ftigmate * m'ont paru être d'u-
ne écaille très mince & très fouple, qui, par fon reffort naturel, tend toûjours à tenir les lèvres fermées. Ces parois ont,
entre * B & C, deux rétreciffemens, dont le premier eft peu
profond ; mais le fecond l'eft beaucoup par les côtés † ; & c'eft
là que fe trouve la fente du ftigmate. L'endroit CD *Fig.* 5,
qui

qui eſt celui par où il s'ouvre dans la Trachée-Artère, ne m'a paru ſimplement que membraneux, mais épais & fort. On en voit le contour près de la fente du ſtigmate, dans la *Fig.* 4. DECF.

Ce qui paroît noir en (r) *Fig.* 3 & 5., eſt un crochet écailleux, qui s'élève preſque perpendiculairement ſur le milieu de celui des côtés du ſtigmate, qui eſt tourné vers l'extrêmité poſtérieure de la Chenille : ce crochet fait partie d'une Lame écailleuſe, groſſièrement courbée en Ellypſe allongée CH *, qui * *Fig.* 5, occupe la moitié inférieure du côté du ſtigmate, & y tient, dans toute ſa longueur, tout près, mais tant ſoit peu au delà de ſa fente. Ce crochet eſt engagé dans une branche O *Fig.* 3., d'un Muſcle M, qui tient en S, & par cette branche en O, au côté du ſtigmate; Ce Muſcle, qui ne ſe termine point en M, mais qui eſt beaucoup plus long, a ſon autre inſertion à la peau de la Chenille, environ au milieu de l'Anneau, entre la Ligne latérale & l'intermédiaire ſupérieure.

On voit encore, au même côté, près du ſommet du ſtigmate, un autre Muſcle tronqué (1), qui tient au ſtigmate en G, & par ſon autre extrêmité à la peau de l'Animal, près de l'intermédiaire inférieure, & de la Diviſion qui précède cet órgane.

C'est par le moyen des deux Muſcles (1) & M *, que l'In- * *Fig.* 3. ſecte a la faculté de pouvoir ouvrir & fermer le ſtigmate, & donner ou empêcher, à volonté, l'entrée ou la ſortie de l'air. On conçoit, que lorſque la Chenille contraˆte le muſcle M, ce

K 2   muſcle

muscle, ne pouvant tirer à soi le stigmate, qui tient à la peau,
& à la trachée-artère, & qui est encore retenu par le muscle (1),
le côté de ce stigmate, où le muscle M est attaché par S &
par O, doit céder, & la fente par là s'ouvrir: ce qui ne s'opè-
reroit que difficilement, si le muscle ne tenoit qu'en S, tant à
cause de l'obliquité de son action, que parceque son insertion
est près de l'extrêmité de la fente, qui ne peut guères prêter
à cet endroit; mais ce muscle tenant pareillement en O, &
embrassant le crochet écailleux (r), qui ne peut être fléchi, parcequ'il forme un même tout avec l'Ellypse écailleuse allongée
HC, *Fig.* 5., sur laquelle il s'élève, il faut bien qu'aussi-tôt que
le bout de ce crochet est tiré d'(r) en M.*, la membrane coriace, à laquelle l'Ellypse écailleuse HC † est adhérente dans
toute sa longueur, cède, sur-tout en H, & attire à soi celle des
parois de la fente qui y tient, laquelle, s'écartant ainsi de l'autre, ouvre le stigmate.

L'on conçoit encore, qu'outre l'usage, qu'on vient d'assigner
au muscle (1), quand il agit avec M, il a encore, vraisemblable-
ment, lorsqu'il agit seul, celui de coöpérer avec le ressort des
parois du stigmate, pour le tenir fermé dans les circonstances où
la pression de l'air pourroit être, sans cela, capable de l'ouvrir mal-à-propos.

QUAND on fait réflexion au nombre de stigmates, dont la
Chenille est pourvue, & à la quantité prodigieuse de vaisseaux,
auxquels on verra, dans la suite, qu'ils distribuent l'air, rien ne
paroît plus naturel que d'en conclure, que ces Insectes respirent.

* *Fig.* 3.
† *Fig.* 5.

Question si
nos Chenilles
respirent.

rent comme nous, & que la respiration leur doit même être
d'autant plus nécessaire qu'à nous, qu'ils ont plus d'ouvertures
pour donner entrée à l'air, & plus de vaisseaux pour le recevoir. Cependant, avec tout cela, je n'oserois seulement affirmer qu'ils respirent, bien qu'il me soit plus d'une fois arrivé
de remarquer, à quelques endroits de leur corps, en les considèrant avec une forte Loupe, de petits mouvemens alternatifs, qui sembloient indiquer une véritable respiration.

LES raisons, qui me tiennent encore dans le doute, à cet
égard, sont, en premier lieu, que ces petits mouvemens alternatifs ne peuvent rien décider, parcequ'ils ne paroissent que
rarement, &, que, quand ils seroient constans, ils pourroient
très bien être l'effet du battement de cœur, qui est réël dans
toutes les Chenilles, & très visible au travers de la peau,
à toutes celles dont la peau du dos a quelque transparence.

EN second lieu, j'ai tenu une de nos Chenilles pendant plus
de deux heures de suite sous un Recipient vuide d'air, comme
je m'en suis assuré par l'indice Mercuriel, sans que l'Insecte parût aucunement incommodé, & sans que cela l'ait ensuite empêché de changer en Phalène : Et l'on ne doit pas trouver
étrange, posé que la Chenille ne respire point, que la Machine Pneumatique ne lui ait causé aucun accident, parcequ'ayant
la faculté d'ouvrir ses stigmates, quand bon lui semble, elle
peut, à chaque coup de piston, à mesure que l'air se dilatte
dans ses vaisseaux, en laisser sortir, par ces issues, autant qu'il
en faut pour empêcher qu'ils ne souffrent aucune extension ;

K 3

aussi

auſſi ne voit-on pas que cette opèration faſſe enfler, en quoi que ce ſoit, la Chenille; preuve évidente, que les conduits aë, riens ſe vuident, & que, s'il y a encore de l'air renfermé dans ſon Corps, hors de ces conduits, la poroſité des parties de la Chenille & de ſa peau, permet, à cet air, d'en ſortir avec fa, cilité.

ENFIN, la troiſième raiſon, qui me fait douter de la reſpira-tion des Chenilles, c'eſt que quand on les tient plongées dans l'eau, on ne voit pas que la petite bulle d'air, qui remplit or-dinairement alors la cavité des ſtigmates, groſſiſſe & diminue al-ternativement, comme il ſembleroit devoir arriver ſi la Che-nille reſpiroit; De plus, nôtre Chenille réſiſte, à cette ſubmer-ſion, un tems beaucoup plus conſidèrable que tout Animal, qui reſpire, ne paroît, dans les mêmes circonſtances, y pouvoir ré-ſiſter; car j'ai tenu des Chenilles du Bois de Saule, pendant l'Eté, juſqu'à 18 jours entièrement ſubmergées dans des tubes remplis d'eau. Après avoir été eſſuiées, & laiſſées dans un lieu tempèré, elles ont repris, en moins de deux heures, leur mou-vement, qu'elles avoient perdu dès la première heure de leur ſubmerſion: or, je ne crois pas qu'on aît vu, juſqu'ici, aucun Animal reſpirant, qui réſiſte, en Eté, à une ſubmerſion auſſi longue.

MAIS, dira-t-on, ſi les Chenilles ne reſpirent point, à quoi leur ſert la quantité prodigieuſe de vaiſſeaux aëriens, que l'on ſait qu'elles ont? On pourroit répondre à cette queſtion par une autre, & demander, ſi les Chenilles reſpirent, pourquoi

n'ontn'ont-elles pas des poumons? car l'un & l'autre femblent également néceffaires à la refpiration, & c'eft un fait averé, depuis long-tems, qu'elles n'en ont point ; ce qu'il y a de certain, c'eft que les vaiffeaux aëriens leur font néceffaires, puifqu'elles en ont ; & qu'ils leur font même très néceffaires, puifque leur nombre eft prodigieux ; mais à quoi leur fervent-ils? c'eft ce qu'on ne fauroit déterminer avec certitude ; on peut pourtant avancer, avec affez de vraifemblance, qu'un de leurs ufages doit être de concourrir, avec les nerfs, à la contraction des mufcles, pour opèrer les mouvemens ; vû que j'ai expérimenté plus d'une fois, à nôtre Chenille, que lors que je couvrois d'huile, à quelques reprifes, les ftigmates de trois ou quatre Anneaux qui fe fuivent, ces Anneaux devenoient gonflés & paralytiques, & le reftoient pendant plufieurs jours, après quoi, ils fe desenfloient & reprenoient leur premier état d'activité; apparemment parceque l'huile s'étant enfin diffipée, les vais-feaux s'étoient r'ouverts.

ON a vu, dans le Chapitre troifième, que nôtre Chenille Les Jambes; avoit 8 paires de Jambes, diftinguées en *antérieures*, *intermédiaires* & *poftérieures* ; que les fix antérieures étoient articulées, & fe terminoient par un *Ongle crochu* ; que les huit intermédiaires, & les deux poftérieures n'avoient point d'articulations, & fe terminoient par une *Plante de pied* ovalaire; & que la plante des intermédiaires étoit entièrement environnée de *Crochets*, pendant que celle des poftérieures n'en avoit fimplement que par devant.

LES

Antérieures,   Les Verres qui groffiffent nous mettent en état de porter ce détail plus loin, & nous aprennent, que les fix antérieures, qui

Compofées de 5. Pièces: font pareilles, font compofées chacune de cinq Pièces mobiles, armées de quelques épines, & articulées les unes fur les autres; mais bien différemment des grands Animaux ; puisque les articulations mobiles de ceux-ci font un effet de l'affemblage de leurs os, dont les extrêmités s'apuyent & gliffent de différente façon les unes fur les autres, ou les unes dans les autres; au-lieu que les articulations des Jambes antérieures de toute efpèce de Chenilles, font un effet de la foupleffe de la peau, qui en réunit, bout à bout, les différentes pièces, lesquelles étant couvertes ailleurs d'une envelope beaucoup plus dure, ne cèdent, à l'action des mufcles, qu'aux endroits où cette peau flexible les affemble.

1. Pièce.

** Pl. III.*
Fig. 8. B.   La première Pièce B *, des Jambes antérieures de nôtre Chenille, celle par où elles tiennent au Corps, eft precèdée & entourrée d'un large rebord, irrégulièrement circulaire A, que fait la peau à cet endroit; elle y eft articulée par le pli d'une membrane flexible, qui laiffe, à la Jambe, la liberté de fe mouvoir, en tout fens, fur ce rebord, autant que l'étendue de la membrane peut le permettre. Dans tout le côté vifible de la *Fig.* 8., qui repréfente une Jambe gauche, au même point de vue où on les voit *Pl. I. Fig.* 4., cette première pièce tient, pour la dureté, un peu de l'écaille; au côté oppofé elle eft membraneufe & flexible; ce qui a été ainfi ménagé, pour laiffer, à la Jambe, la faculté de fe renverfer de côté contre le Corps; attitude qui lui eft fort naturelle.   En-

ENTRE la première & la seconde pièce, il y a un double pli C, muni, de part & d'autre de cette lettre, d'une lame écailleuse, qui n'est guères plus longue que ce qui en paroît. Il fait face vers la Ligne inférieure, & ne fait pas le tour de la jambe. Son usage est de faciliter les mouvemens de la seconde pièce sur la première.

LA seconde Pièce D, qui est beaucoup moins grosse que la première, & qui est la plus longue des cinq, est presque toute membraneuse au côté visible dans la Figure, ce qui lui permet de pouvoir se replier en avant sur celle qui la précède. Le côté opposé en est brun & écailleux ; il est échancré par embas, pour laisser, à la jambe, la liberté de se renverser plus aisément, & de prendre l'attitude que nous avons dit lui être naturelle.

LA troisième Pièce E, plus courte & moins grosse que la seconde, est, par derrière, toute écailleuse & sans échancrure. A l'opposite elle a un intervalle membraneux, qui paroît dans la Figure, &, à ce côté, l'écaille est entaillée, en dessus & en dessous, de manière, qu'elle permet, à la pièce E, de se courber sur la précèdente jusqu'au point, de pouvoir presque faire un angle droit avec elle, & à la quatrième pièce F, de se replier, quoiqu'un peu moins, sur la troisième.

CETTE quatrième Pièce, qui a encore moins de volume en tout sens que la troisième, est toute écailleuse, à la reserve de l'échancrure, qu'on y voit dans la Figure, & qui y a été ménagée pour laisser, à cette pièce, le moyen de s'incliner plus aisément sur celle qui précède.

2. Pièce.

3. Pièce.

4. Pièce.

L   LA

5. Pièce, qui eſt l'ongle.

La cinquième & dernière Pièce eſt l'Ongle **G.** Il eſt articulé par une membrane, ſur la quatrième, ſur laquelle il peut un peu ſe mouvoir en différent ſens. Il n'a pas une demi ligne de longueur. Il eſt très dur, écailleux, noir, crochu, & terminé en pointe. La *Fig.* 9. le repréſente plus en grand: on y voit que ſon dos eſt renforcé par une crête écailleuſe, & que ſa baſe s'élargit en pince d'Ecreviſſe. Il y eſt

Son double appendice.

creux, &, de l'extrêmité H de cette baſe, part un double appendice très fort, qui prête tant ſoit peu quand on le tire, & qui, pour la conſiſtance, ſemble tenir le milieu entre l'arrête, dont il a la couleur, & la membrane. Cet appendice eſt plus épais & plus ſolide vers ſon origine H qu'à l'oppoſite: à meſure qu'il deſcend, il s'épanouit & s'éfile. C'eſt à cet appendice, qui entre dans l'intérieur de la jambe, que tiennent divers muſcles, qui concourrent à la flèchir, & qui font diverſément courber l'ongle, comme on le verra ci-après.

Attitude.

L'attitude ordinaire des jambes antérieures eſt d'être un peu recourbées en dedans, de la manière exprimée dans la *Fig.* 8. On ne ſauroit même, ſans effort, les redreſſer entièrement, parceque les membranes ſouples, qui forment leurs articulations, ne s'étendent & ne prêtent pas naturellement jusques là; à plus forte raiſon la Chenille ne ſauroit-elle courber ſes jambes antérieures en arrière.

Les Jambes intermédiaires.

Pour ce qui eſt des quatre paires de Jambes intermédiaires, leur forme n'a aucun raport avec celle des précèdentes: elles ſont incomparablement plus groſſes que ces dernières; elles

font

font plus courtes; elles n'ont aucune articulation diftincte; elles ne fe terminent pas en pointe, & elles n'ont rien d'écailleux finon les crochets, qui forment une couronne autour de la plante du pied.

La figure, dont elles approchent le plus lorfqu'elles ont le pied ouvert, comme elles l'ont dans les *Fig.* 10 & 11, eft celle d'un cone irrégulier, allongé, froncé, & tronqué à une petite diftance de fa bafe, & dont le contour de la bafe formeroit une fauffe Ellipfe, ou ovale, qui feroit plus large par un bout que par l'autre. Ce contour fe remarque diftinctement à la plante des pieds de cette Chenille, quand elle eft couchée à la renverfe, comme il paroît par la *Fig.* 4. de la *Pl. I.* & l'on y voit que le bout le moins large de cet ovale eft directement tourné vers la Ligne inférieure. Figure.

Les jambes intermédiaires de cette efpèce de Chenilles font plus courtes, à proportion, que ne font celles de la plûpart des autres efpèces; ce n'eft proprement qu'en A B *Fig.* 10 & 11.* qu'elles commencent, & dans la *Fig.* 10, la partie A C B n'appartient point à la jambe, mais au corps de la Chenille. Les differens plis, que l'on voit autour de la jambe, fervent, en rentrant les uns dans les autres, non feulement à la raccourcir, mais encore à la flèchir diverfément à droit, à gauche, en avant, & en arrière. * *Pl. III.*

La partie la plus remarquable de cette jambe eft l'inférieure, celle que j'ai appellé la *Plante.* La Chenille peut l'ouvrir & fermer comme elle le trouve à propos. Quand cette plante eft Plante.

L 2

ouver-

ouverte, comme elle l'eft dans la *Fig.* 11., & qu'on l'obferve avec une forte Loupe, on voit que fa peau, fe dirigeant par plis, de tous les endroits de la circonference de la plante vers fon long diamétre, forme, fur ce diamétre, un enfoncement de la longueur environ des deux tiers de la plante ; mais, ce qu'on ne peut voir dans la Figure, c'eft qu'au bas de cet enfoncement la peau de la plante fe réunit en double, & fait, au dedans de la jambe, un rebord en forme de *Crête*, épais & ferme, auquel font attachés, comme on le verra dans la fuite, les mufcles, qui fervent à fermer la plante, en tirant à eux cette crête, & en faifant ainfi rentrer la peau qui y tient. La *Fig.* 12. * eft celle d'une *plante* ainfi fermée.

Quand la plante eft ouverte, les *Crochets*, dont elle eft environnée, paroiffent à diftances égales les uns des autres, & forment une couronne très proprement allignée tout à l'entour du pied ; ils font alors dreffés, & toutes leurs pointes recourbées font tournées en dehors, & en fituation de pouvoir s'accrocher & fe tenir aux corps qui les environnent.

Si la Chenille, après s'être ainfi cramponée, veut lâcher prife, & fixer fa jambe ailleurs, elle commence par faire rentrer la peau de la manière qu'il a été dit : à mefure que cette peau rentre, les crochets, qui y font attachés, fe renverfent vers le long diamétre de la plante, & fe décrochent ainfi ; enfuite, après avoir tranfporté la jambe ailleurs, elle ouvre la plante, &, par le mouvement que les crochets font, en fe redreffant, ils s'arrêtent de nouveau aux corps qu'ils rencontrent.

C'est

Sa Crête.

* *Pl. III.*
Ses Crochets.

Comment ils faififfent & lâchent prife.

C'est apparemment pour faifir plus furement ces corps, que *Ils font de deux grandeurs.* la couronne de chaque jambe eft compofée de deux ordres de crochets de grandeur différente, rangés alternativement de façon, qu'après un grand crochet fuit un petit, & après un petit, fuit un grand : ce qui n'eft pourtant pas fi conftant, qu'il n'arrive, par-ci par-là, que deux grands crochets ou deux petits ne fe fuivent ; comme auffi chaque rang de crochets n'eft pas compofé de crochets fi précifément de la même grandeur, qu'on n'y remarque, à des endroits, du plus & du moins ; Mais, ce qu'il y a d'affez conftant, c'eft que, vers les extrêmités du long diamétre de la plante, les deux rangs font compofés de crochets plus petits que par-tout ailleurs : cela paroiffoit néceffaire pour que la plante pût fe fermer plus aifément, & fans que les crochets, qui fe trouvent alors aux extrêmités du long diamétre, s'embarraffaffent les uns dans les autres ; ce qui pourroit arriver, fi les crochets y étoient plus longs qu'ils ne le font.

La figure de ces crochets, & la manière dont ils font ar- *Leur figure.* rêtés dans la peau, font remarquables. De la façon dont ils paroiffent dans *Malpighi, de Bombyce, Pl. 2. Fig. 5.*, & dans *Mr. de Reaumur, Tom. I. Pl. 3. Fig. 5.*, on ne les prendroit que pour de fimples filets crochus à l'un de leurs bouts, & droits à l'autre : Cependant, ni ceux du *Ver-à-foye*, dont traite *Malpighi*, ni ceux de la Chenille, dont parle M. de *Reaumur*, & qu'il nomme *la Chenille à Oreilles du Chêne & de l'Orme*, ni ceux d'aucune autre efpèce de Chenille que j'ai examiné, n'ont eu une figure ſi ſimple ; je les ai conſtamment toûjours trouvé crochus par les deux bouts : quelquefois même l'extrêmité poſtérieure étoit beaucoup plus recourbée que l'antérieure , & c'eſt ce que l'on voit à la *Chenille à Oreilles de l'Orme* , dont les crochets ont , de plus , ceci de particulier, que chacun eſt pourvu d'un ardillon dans ſa courbure antérieure.

** Pl. III.*

P O U R ce qui eſt des crochets de la *Chenille du Bois de Saule* , qui ſont des plus ſimples , ils ſont faits comme les repréſentent les *Fig.* 14. & 15. * , où ils ſont groſſis environ 125000 fois. La *Fig.* 14. eſt celle d'un des plus grands crochets , & la *Fig.* 15. celle d'un des plus petits de la même jambe. A B eſt leur partie antérieure ; elle a , en petit , la forme & la courbure d'une corne de Bœuf. Leur partie poſtérieure eſt auſſi recourbée ; elle n'avance pas tant que l'antérieure , & ſon extrêmité eſt émouſſée. Leur dos F D E , paroît tranchant ; aſſez ſouvent on voit, en D , ſur ce tranchant, une petite éminence; ils ſont plus larges par les côtés que par devant: leur couleur eſt noirâtre: ils ſe rompent difficilement , & ils tiennent ſi fort à la jambe, qu'ils ſe rompent encore bien plutôt qu'on ne les

Comment ils ſont arrêtés.

en arrache : Cependant, à examiner ces crochets, même avec une forte Loupe , lors qu'ils ſont rangés autour de la plante, on diroit qu'ils n'y ſont ſimplement que collés par le dos , & que tout le reſte en eſt détaché, comme on le voit dans les *Fig.* 10. 11. 12. & 16; mais ceci n'eſt qu'une fauſſe apparence, &, quand on ſépare, de la jambe, quelques crochets avec

les

les parties qui les environnent, & qu'on les obferve au Microfcope, on voit qu'ils font réëllement environnés & couverts,
par devant, d'une membrane tranfparente, mais très forte,
qui, depuis B jufqu'en E, *Fig.* 14. & 15., embraffe toute la
moitié antérieure de leur largeur, y eft adhérente, & permet,
par fa foupleffe, aux crochets, de s'écarter & de fe raprocher
les uns des autres; on voit encore, que non feulement la partie antérieure AB du crochet, perce cette membrane & paroît
en dehors ; mais qu'auffi fon extrêmité oppofée CE la perce
pareillement, & fe montre à découvert depuis E jufqu'à C;
ce qui fait que, pour arracher le crochet, il faudroit en même
tems déchirer cette membrane. Ce n'eft pas tout; ces crochets
tiennent encore, par derrière, à la peau même de la jambe, depuis F jufqu'en E, & l'éminence D, s'arrêtant de plus
dans cette peau, femble porter un troifième obftacle aux efforts que l'on feroit pour arracher le crochet. On conçoit
que, de cette façon, les crochets font arrêtés, autour de la plante, par une force fupérieure à leur propre dureté, & qu'il doit
être plus facile de les rompre, que de les arracher ; auffi voit-
on des Chenilles, qu'on met plutôt en pièces que de leur faire
lâcher ce qu'elles ont faifi de leurs crochets.

L**a** *Fig.* 13, qui repréfente quatre crochets avec un morceau
de la membrane tranfparente, qui les couvre par devant, pourra éclaircir ce qu'on vient de lire fur la manière dont ils font
rangés & arrêtés dans la peau de la jambe.

Q**uant** au nombre des crochets, dont les jambes intermé- Leur nombre.
diaires

diaires de nôtre Chenille font munies, il eft confidèrable; mais fans avoir rien de fixe. Il n'eft pas même égal dans les deux jambes d'une même paire de la même Chenille; les jambes de différentes paires ne s'accordent pas mieux fur ce point; il n'y a aucun ordre pour le plus & le moins entre les jambes; & différentes Chenilles, parvenues à leur dernière grandeur, varient entre elles à cet égard. C'eft ce qu'on peut voir par les exemples ci-deffous, pris de quatre grandes Chenilles, dont j'ai exactement compté le nombre des crochets de chaque jambe intermédiaire, à la referve de celles qui ne font pas marquées, parceque des accidens m'ont mis hors d'état d'en pouvoir compter les crochets.

Ire CHENILLE.

Jambes *Gauches.* *Droites.*
interméd.

1ᵉ Paire —	96 —	92
2ᵉ Paire —	90 —	91
3ᵉ Paire —	84 —	87
4ᵉ Paire —	86 —	..

IIe CHENILLE.

Jambes *Gauches.* *Droites.*
interméd.

1ᵉ Paire —	82 —	85
2ᵉ Paire —	92 —	87
3ᵉ Paire —	84 —	88
4ᵉ Paire —	.. —	83

IIIe CHENILLE.

Jambes *Gauches.* *Droites.*
interméd.

1ᵉ Paire —	.. —	75
2ᵉ Paire —	77 —	80
3ᵉ Paire —	77 —	71
4ᵉ Paire —	72 —	73

IVe CHENILLE.

Jambes *Gauches.* *Droites.*
interméd.

1ᵉ Paire —	76 —	80
2ᵉ Paire —	78 —	80
3ᵉ Paire —	73 —	76
4ᵉ Paire —	71 —	70

Cᴇ

Ce n'eſt pas tout: la même Chenille n'a pas à tout âge le même nombre de crochets. Quand elles ſont devenues grandes, elles en ont beaucoup davantage que quand elles ſont encore petites. J'ai vu, de ces dernières, n'en avoir que 36 à celle des jambes intermédiaires où il y en avoit le plus, & 33 à celles où il y en avoit le moins; encore étoient-ce des Chenilles, qui paroiſſoient avoir déja mué deux fois ou davantage, & qui, vraiſemblablement, en avoient eu moins à leur première mue.

Les jambes poſtérieures ont tant de raport avec les intermédiaires, que ce qui a été dit de celles-ci leur étant en grande partie applicable, il ſuffira, pour les faire connoître, de marquer ce en quoi elles diffèrent des intermédiaires.

Les jambes poſtérieures.

Cette différence conſiſte principalement en ce que les jambes poſtérieures ſont beaucoup plus près l'une de l'autre que les antérieures, & même ſi près, que ſouvent elles ſe touchent; qu'elles ſont plus larges vers la plante qu'à leur origine; qu'elles n'ont qu'une demi couronne de crochets, & que les crochets en ſont plus grands que ceux des jambes intermédiaires.

La demi couronne en eſt placée ſur le bord antérieur de la plante. Les crochets en ſont alternativement grands & petits comme ceux des intermédiaires. Ils diminuent tous enſemble de volume, à meſure qu'ils ſont plus près des deux extrêmités de la demi couronne, & ils agiſſent par un mécaniſme ſemblable à celui des huit jambes qui les précèdent.

Leurs crochets.

La *Fig.* 16. * ſuffit pour donner une idée de la forme & de la diſpoſition des deux jambes poſtérieures. Elles y ſont repré-

** Pl. III.*

M

ſentées

sentées chacune dans une action différente. Dans la jambe A, les crochets sont dressés pour accrocher, & dans la jambe B, ils sont renversés pour lâcher prise.

Nombre des crochets.

Le nombre des crochets des jambes postérieures n'est pas fixe; mais, comme ils ne font qu'un demi tour, il est beaucoup inférieur à celui des jambes intermédiaires; j'en ai compté 34 à chacune des postérieures de la première des quatre Chenilles, dont nous avons marqué le nombre des crochets des jambes intermédiaires: j'en ai trouvé 27 à la jambe gauche, & 30 à la jambe droite de la seconde de ces Chenilles: 29 à la gauche, & 28 à la droite de la troisième; 35 à chacune des jambes postérieures de la quatrième: Et la petite Chenille, dont j'ai fait mention, n'en avoit que 14 à chacune de ces jambes.

L'Anus.

Immediatement au dessus des jambes postérieures se trouve l'*Anus*, qui, bien qu'il soit la plus grande des ouvertures, dont la peau de la Chenille est percée, ne paroît point du tout en dehors, sinon lors que cet Insecte vuide ses excrémens.

Sa Valvule.

Dans tout autre tems, il est couvert d'une *Valvule* triangulaire, qui termine l'extrêmité du dernier Anneau, & avance un peu par delà la dernière paire de jambes. Cette valvule est

* *Pl. III.*

marquée A, dans la *Fig.* 7. *, qui représente le bout du corps de la Chenille, un peu grossi & vu à plomb, avec ses deux jambes postérieures. Elle est de la même consistance que le reste de la peau de l'Insecte, moins rouge que le dessus de son corps, & plus rouge que le dessous.

Quand la Chenille se vuide, la valvule s'élève, & l'on voit

pa-

paroître l'Anus, qui, quand il eſt tout ouvert, a bien cinq quarts
de ligne de diamétre.   En toute autre circonſtance, il eſt entièrement caché, &, dans une Chenille vivante, on a beau ſoule-
ver la valvule qui le couvre, on ne le découvre pas plus que
s'il n'y en avoit point.

La connoiſſance, que l'on aura acquiſe, de toutes les parties
extérieures de la Chenille, par ce qui vient d'en être raporté,
doit naturellement faire naître le deſir de connoître l'organi-
ſation qui fait ſubſiſter, agir, croitre & changer de forme, un
Etre, dont le dehors eſt ſi compoſé; mais comme ce dehors
même forme une eſpèce d'étui, qui cache à nos yeux les différentes pièces qui entrent dans ſon mécaniſme, nous allons ouvrir cet étui, & commencer par examiner en gros les principales parties qu'il renferme.

✳•(❁)•✳•(❁)•✳•(❁)•✳•(❁)•✳•)✳(•✳•(❁)•✳•(❁)•✳•(❁)•✳

C H A P I T R E VI.

Idée générale des Parties intérieures de la Chenille du Bois de Saule.

LA liaison, que les parties, qui composent l'intérieur de ce Insecte, ont les unes avec les autres, & qui fait qu'on ne sauroit traiter d'aucune de ces parties en particulier sans faire mention de plusieurs de celles qui les environnent, ou qui y sont adhérentes, demande que l'on aît une idée générale des principales parties qui entrent dans la structure intérieure de la Chenille, avant qu'on puisse, avec succès, les examiner toutes dans le détail qu'il faut pour s'en faire une juste idée.

Principales des parties intérieures.

CES principales parties peuvent se reduire aux neuf suivantes. 1. Les *Muscles*; 2. La *Moëlle épinière*, ses *Ganglions*, & ses *Nerfs*; 3. Les *deux Trachée-Artères*, & leurs *Bronches*; 4. Le *Cœur*; 5. Les *deux Corps reniformes*; 6. Le *Corps graisseux*; 7. Les *Conduits* qui forment l'*Oesophage*, le *Ventricule*, & les *Intestins*; 8. Les *deux Vaisseaux soyeux*; 9. Les *deux Vaisseaux dissolvans*.

Des Muscles en général.

LES *Muscles* des Chenilles, ces Organes, par la contraction & le relâchement desquels, elles exécutent tous leurs mouvemens volontaires & involontaires, n'ont ni la forme extérieure, ni la couleur des muscles des grands Animaux. Dans leur état naturel, ils sont mous, ils prêtent extrêmement, ils

ont

ont la tranfparence d'une gelée, ils font d'un gris bleuâtre, &
les bronches argentées, ou vaiffeaux aëriens, qu'on voit alors
diftinctement ramper par deffus, & pénètrer dans toute leur
fubftance, offrent, à la Loupe, un fpectacle qu'on ne fe laffe
point d'admirer. J'ai tâché d'en donner quelque idée par la
Fig. 4. de la *Pl. IV.*; mais ici l'Art n'a pu exprimer les beau-
tés de la Nature. Quand la Chenille a trempé quelque tems
dans de l'Eau de vie de grain, ou dans de l'Efprit de vin, ils
perdent leur élafticité, ils deviennent fermes, opaques, & très
blancs, & les bronches n'y paroiffent prefque plus. Au premier coup d'œuil on ne les prendroit alors que pour de fimples
tendons. Ils en ont la blancheur & à-peu-près le luftre.
Très peu de ces mufcles ont du ventre; ils font prefque tous
applattis; la plûpart font, d'un bout à l'autre, de la même é-
paiffeur & de la même largeur, & ceux, qui ne font pas par-
tout également larges, ne font prefque jamais élargis vers le
milieu; mais ordinairement vers l'une de leurs extrêmités, &
quelquefois vers les deux.

Leur milieu & leurs extrêmités ne paroiffent point différer
en couleur ni en fubftance. C'eft par ces extrêmités feules,
que, prefque tous, font attachés, foit à la peau, foit aux endroits écailleux ou membraneux des parties qu'ils font mouvoir;
le refte du mufcle eft ordinairement libre & flottant. Plufieurs
de ces mufcles fe fourchent, & fe partagent en différentes parties, dont les féparations vont quelquefois fi avant, qu'on ne
fait s'il faut les prendre pour des mufclés féparés, qui fe

M 3

com-

communiquent, ou bien pour les parties d'un seul muscle qui se divise. Ils font médiocrement forts. En examinant ceux qui ont trempé dans de l'Eau de vie de grain, je les ai trouvé revêtus d'une membrane, que j'en ai souvent séparée. On découvre alors, de plus, à la Loupe, qu'ils sont composés de plusieurs bandes toutes paralleles, & dirigées suivant la longueur du muscle *; Lorsqu'on sépare ces bandes, avec de fines aiguilles, le Microscope fait voir qu'elles font autant de faisceaux de fibres, qui suivent la même direction; ces fibres paroissent adhérentes les unes aux autres, & les faisceaux qu'elles composent semblent encore être envelopés de membranes particulières. Les fibres mêmes, examinées par un fort Microscope, à un jour favorable, paroissent torses *, comme celles de nos muscles, & ont l'air de petites cordes. J'ai observé, à des Araignées, dont les fibres musculeuses étoient plus grosses que celles de nos Chenilles, qu'elles étoient composées de deux substances, l'une molle & l'autre dure, & que cette dernière forme une espèce de fil roide, tourné en helice, qui donne, à ces fibres, l'apparence de corde qu'elles ont; car quand j'en ai laissé sécher sur un morceau de verre, les chairs de celles qui, s'y trouvant collées, n'avoient pu se raccourcir, se contractèrent de façon, qu'au lieu d'un cordon tourné, on ne voyoit plus qu'un fil beaucoup plus mince, tourné dans le même sens, & qui avoit conservé sa situation; apparemment parceque sa roideur ne lui avoit pas permis de s'affaisser, avec les parties charnues ou membraneuses qui l'environ-

* Pl. IV.
Fig. 2.

* Fig. 3.

viron-

ronnoient, & qui laiſſoient alors un vuide entre chacun
de ſes tours.

QUAND on éffile ces muſcles, avec de fines aiguilles, dans
quelque goûte de liqueur, on voit que leur tiſſu n'eſt pas compoſé ſeulement de fibres, de membranes, & de bronches; mais
on y découvre encore des nerfs, & il eſt aiſé de reconnoître,
par les petites goutes d'huile, qu'on voit monter ſur la liqueur,
à meſure qu'on rompt le muſcle, qu'il contient, de plus, des
parties graiſſeuſes ou huileuſes.

LE nombre des muſcles de la Chenille eſt très conſidérable,
& ſurpaſſe de beaucoup celui des muſcles du Corps humain. Ils
occupent la plus grande partie de l'intérieur de la tête; on en
voit une quantité étonnante à l'oeſophage, au ventricule, &
aux gros inteſtins; la peau du corps en eſt intérieurement toute tapiſſée, par differentes couches placées les unes au-deſſous
des autres, dans un arrangement très ſymmetrique.

LA première de ces couches, celle qui s'offre à la vue lorsqu'après avoir vuidé la Chenille on en a étendu la peau, ſans
rien déranger, comme on l'a fait *Pl. IV. Fig.* 4. & 5., ſe découvre aſſez diſtinctement dans ces deux Figures. Ce ſont les
bandes blanches paralleles, qui, traverſées plus ou moins par
d'autres parties, qui paſſent deſſus, y parcourent la plûpart à-
peu-près toute la longueur de la Chenille, & en occupent la
plus grande partie. Leur direction me les fera appeller *Muſ-*
cles droits.

DANS la *Fig.* 4., la Chenille a été ouverte le long de la
Ligne

Muſcles
droits.

Ligne inférieure, ou par le ventre, deforte que la Ligne fupérieure partage longitudinalement la Chenille par le milieu ; &
dans la *Fig.* 5., la Chenille a été ouverte par le côté oppofé,
de manière que c'eft ici la Ligne inférieure qui partage la Figure par le milieu fuivant fa longueur. La *Fig.* 4. repréfente
toute la face intérieure du corps de la Chenille vuidée ; mais
la *Fig.* 5. n'en fait voir que le côté du ventre jufques un peu
au delà des Lignes intermédiaires.

Moëlle épi-
nière.

La *Moëlle épinière* & le cerveau, fi l'on peut dire que les
Chenilles en ont un, ont peu de raport avec la moëlle épinière & le cerveau de l'Homme ; dans ce dernier, le cerveau eft
renfermé, de toute part, dans une cavité offeufe ; il remplit la
plus grande partie de la tête ; il eft anfractueux, & partagé
en différens lobes. Dans la Chenille rien de pareil. On trouve, à la vérité, dans la tête de celle, dont il s'agit ici, une
partie, qui paroît faire la fonction de cerveau, en ce que plufieurs nerfs, répandus dans la tête, en dérivent ; mais cette partie y eft à découvert ; elle eft fi petite, qu'elle ne fait pas la
cinquantième partie de la tête ; fa fuperficie eft très unie, fans
lobes, ni anfractuofités, &, s'il faut lui donner le nom de cerveau, on ne peut guères s'empêcher de donner le même nom
à douze autres parties, placées à la file les unes des autres
dans le corps de la Chenille ; vû que chacune de ces parties eft
prefque auffi grande que celle de la tête, qu'elles paroiffent de
la même fubftance, & qu'elles fourniffent des nerfs à tout le
corps, & alors la Chenille aura treize cerveaux diftincts ; ce

qui,

qui, pour paroître très étrange, n'en eſt peut-être pas moins réel. Cependant, ſans vouloir rien décider là-deſſus, & pour ne pas effaroucher ceux, à qui l'idée de treize cerveaux pourroit déplaire, j'appellerai ces parties, qui paroiſſent en faire l'office, des *Ganglions*, & je les diſtinguerai par *premier*, *ſecond*, *troiſième*, &c., en commençant par celui de la tête.

Ganglions.

La Moëlle épinière de la Chenille diffère ſenſiblement auſſi de celle de l'Homme; dans l'Homme, elle deſcend le long du dos, elle eſt renfermée dans un Canal oſſeux, ménagé dans les Vertèbres, elle eſt groſſe par raport à ſa longueur, elle ne ſe partage nulle part en deux branches, elle diminue d'épaiſſeur à meſure qu'elle s'éloigne du cerveau, & n'a aucun renflement ſenſible. Dans la Chenille, cette moëlle deſcend, au contraire, le long du ventre, elle n'eſt renfermée dans aucun canal ſolide, elle eſt deliée, elle ſe fourche par intervalles, ſon épaiſſeur eſt par-tout à-peu-près la même, ſi ce n'eſt qu'elle s'élargit, de diſtance en diſtance, pour former ces maſſes, que j'ai nommé des *Ganglions*.

On ſe fera une idée de la ſituation de la Moëlle épinière & de l'arrangement de ſes Ganglions, en jettant les yeux ſur la *Fig. 5.* de la *Pl. IV.*, où la *Moëlle épinière* occupe longitudinalement le milieu de la Figure, entre les *Muſcles droits* des deux côtés du ventre, depuis la 1ʳᵉ Diviſion juſqu'au deſſous de la 10ᵉ, où elle ſemble ſe terminer en queue de Cheval. Le premier Ganglion n'y eſt pas repréſenté, parcequ'il appartient à la tête, qui manque à la Figure; mais les douze au-

N .   tres

tres y font vifibles ; le fecond & le troifième , qui fe voyent ici immédiatement au-deffus de la première Divifion, font réunis & fe touchent , comme font fouvent auffi les deux derniers , qui avancent un peu au-delà de la 10e. J'ai quelquefois trouvé ces derniers feparés l'un de l'autre jufqu'à la diftance de plus d'un ganglion. Les autres, à la referve du cinquième , font ordinairement placés à diftances à-peu-près égales, chacun un peu au-deffous d'une Divifion; mais le 5e. ganglion defcend plus bas que fa Divifion, & il eft fort raproché du 6e. , qui lui-même remonte quelquefois jufqu'au-delà de la Divifion par où commence fon Anneau.

Conduits de
la Moëlle
épinière. Ces ganglions fe communiquent par une file de Conduits, que je nommerai les *Conduits de la Moëlle épinière*, parcequ'ils la renferment. Ceux des trois premiers Anneaux font doubles , ou du moins partagés en deux, à-peu-près dans toute leur longueur; les autres fe terminent fimplement par une bifurcation.

Brides épinières. On voit que, de l'extrêmité poftérieure des ganglions, dont les *Conduits* font doubles, & du commencement de chaque féparation de ceux, dont les Conduits ne font fimplement que fourchus, defcend un Nerf, dont l'extrêmité s'élargit un peu au-deffus du ganglion fuivant, &, s'étendant à droit & à gauche , forme une efpèce de bride , qui paffe en travers fur les mufcles droits du ventre. Je lui donnerai le nom de *Bride épinière*.

Chaque ganglion produit quatre Nerfs, à la referve du 1r. &

du

du 2ᵈ, qui en produifent davantage. Ces Nerfs, par leurs ramifications, fe repandent dans toutes les parties intérieures de
l'Infecte.

Les conduits de la Moëlle épinière, & les Nerfs de la Chenille, font très forts, à proportion de leur peu d'épaiffeur;
ils prêtent extrêmement, & retournent à leur premier état
auffi-tôt qu'on ceffe de les étendre. Ils font naturellement
d'un gris bleuâtre, & ont quelque tranfparence ; mais, quand
ils ont trempé dans de l'Efprit de grain, ils deviennent très
blancs & opaques.

Lorsque le fujet eft encore frais, on apperçoit, au
moyen d'un bon Microfcope, fur le deffus, tant des ganglions
que des gros nerfs, & des conduits de la moëlle épinière, un
lacis de vaiffeaux extrêmement délicats, qui fe ramifient à perte de vue, & dérivent des vaiffeaux aëriens, que les Trachée-
Artères repandent dans tout le Corps. Il n'y a pourtant que
les groffes branches du lacis, qui rampent fur la tunique extérieure de ces parties; les autres branches la percent, & en ta-
piffent le côté oppofé, comme je m'en fuis apperçu en enlevant des parties de cette tunique, & en en ratiffant les deux
côtés avec une fine aiguille.

La *Fig.* 6, de la *Pl. IV*, peut donner quelque idée de la manière dont ce lacis de vaiffeaux eft formé. C'eft un morceau
d'une des deux branches, dans lesquelles le conduit de la moëlle
épinière fe fourche près des ganglions. Quoique ce morceau
foit groffi 500 mille fois, encore n'exprime-t-il que les vais-

N 2

feaux

feaux les plus apparens. A B eſt la tige qui y produit ce lacis; elle rampe ſur le deſſus du conduit de la moëlle épinière.
On voit qu'elle pouſſe, de part & d'autre, des branches ramifiées ; ces branches percent la tunique extérieure, & en tapiſ-
ſent le deſſous , ſans que pour cela elles diſparoiſſent, à cauſe
que la tranſparence de la tunique permet de les entrevoir.

Sous cette tunique, qui pourroit être conſidérée comme la
dure Mère, on en trouve une ſeconde C, plus délicate, que
l'on peut enviſager comme la pie Mère. Elle renferme D, ce qui
tient lieu, à l'Inſecte, de Cerveau & de Moëlle épinière.

En examinant celle d'un ſujet, qui avoit trempé dans de l'Eſprit
de grain, j'ai cru y diſtinguer deux ſubſtances, l'une corticale
& extérieure, l'autre medullaire & intérieure, qui paroiſſoit
être plus délicate & plus transparente que la première.

La ſubſtance des Ganglions & de la Moëlle épinière n'eſt
pas une matière auſſi tendre & auſſi aiſée à ſeparer que celle
du cerveau de l'Homme. Elle a de la tenacité, & ne ſe rompt
qu'après avoir ſouffert une tenſion aſſez conſidérable. Celle
des Ganglions diffère de celle qui conſtitue la Moëlle épinière,
en ce qu'on ne découvre aucun vaiſſeau dans celle-ci, & que
l'autre eſt toute remplie de vaiſſeaux très délicats, qui m'ont
paru aëriens. Ils ſe réuniſſent en des troncs communs, & ſe
ramifient de la façon qu'on le voit repréſenté *Fig. 7.*, dans
une partie de cette ſubſtance, de la groſſeur d'un grain de ſa-
ble, gravée au Microſcope.

Elle eſt, au reſte, pâteuſe & mollaſſe. Au moyen d'un
                                                              bon

bon Microſcope on y découvre nombre de petits grains opaques, &, quand on la laiſſe ſècher ſur le verre, on voit qu'elle contient beaucoup d'huile, qui ne ſe ſèche point avec le reſte.

Les *Trachée-Artères* * ſont, comme il a déja été inſinué, deux grands Vaiſſeaux aëriens, qui rampent ſous la peau, à la hauteur des ſtigmates, l'un à droit, l'autre à gauche de l'Inſecte, & qui communiquent avec l'air extérieur, chacun par le moyen de neuf de ces ſtigmates qui s'y ouvrent. Preſque auſſi longues que tout le corps de l'Animal, elles commencent au premier ſtigmate & finiſſent au-delà du dernier. Leur capacité eſt à-peu près d'une demi ligne de diamétre, & ne diminue preſque point juſques vers le dernier ſtigmate; mais, paſſé ce ſtigmate, elles ſe retreciſſent conſidèrablement, & ſe terminent enfin par quelques branches *, qui s'étendent juſqu'à l'extrêmité du corps.

Aux environs de chaque ſtigmate, les Trachée-Artères pouſſent un grand nombre de branches, * qui repandent une quantité prodigieuſe de rameaux, de ramifications & de filets, dans toute l'habitude du corps de la Chenille. Ces branches, ces rameaux, ces ramifications & ces filets, portent le nom génèral de *Bronches*, que l'on donne quelquefois, par abus, à la Trachée-Artère; mais qu'il convient mieux de deſigner par le nom qui lui eſt propre. J'appellerai celles qui, depuis la Trachée-Artère juſqu'à la Ligne ſupérieure, ſe repandent le long des côtés & du dos, *Bronches dorſales;* Celles qui, pénètrant dans la cavité du corps, en arroſent tous les viſcères & le corps

Les Trachée-
Artères.
* *Pl. IV.*
Fig. 4 & 5.
Lig. latér.
Pl. V.
Fig. 1. A B C,
A B C

* *Pl. V.*
Fig. 1. D D

* *Pl. V.*
Fig. 1.
E E E E....

Leurs Bronches.

graiffeux, qui les enveloppe, *Bronches viscerales*; & je nommerai *Bronches gaftriques*, celles qui, depuis la Trachée-Artère jusqu'à la Ligne inférieure, en parcourent les côtés & le ventre.

Divifées en dorfales, vifcerales & gaftriques.

L E s *Trachée-Artères* & les *Bronches* font des vaiffeaux toûjours ouverts; ils ont une élafticité, qui leur permet de fe prêter à une grande tenfion, & de retourner à leur longueur ordinaire, auffi-tôt que la tenfion ceffe. Ils font naturellement
d'une couleur argentée, qui paroît, à la Loupe, d'un éclat & d'un
luftre admirable; mais, lors que la Chenille a été morte deux ou
trois jours, quoique confervée dans des liqueurs fpiritueufes,
ces Trachées, tous les troncs des Bronches qui y aboutiffent,
& leurs plus gros rameaux, perdent ce luftre, & deviennent
bruns: pendant que les Bronches délicates y confervent ordinairement, plufieurs femaines, leur belle couleur argentée.

Leurs Tuniques.

L E s Trachée-Artères & leurs principales Bronches font compofées de trois Tuniques, que j'ai très fouvent feparé les unes
des autres, & qui fe trouvent apparemment auffi dans les bronches les plus deliées; mais leur petiteffe ne permet pas de les y
fuivre.

* Pl. V.
Fig. 2. A B

C E u x d'entre les vaiffeaux, que j'ai pû dépouiller de leurs
Tuniques, m'ont fait voir que la * première, celle qui forme
l'enveloppe extérieure, eft une membrane affez épaiffe, munie
d'un grand nombre de fibres ou de vaiffeaux, qui décrivent, tout
autour, quantité de cercles irréguliers, très ferrés, & qui s'entre-communiquent par de fréquentes bifurcations.

A P R È s avoir enlevé la première tunique, ce qui n'eft pas

bien

bien difficile, on parvient, mais avec plus de peine, à en fe-
parer la feconde *, qui eft une membrane beaucoup plus mince * B C
& plus tranfparente, à laquelle on n'aperçoit aucun vaiffeau
particulier. Cette operation met à découvert une troifième &
dernière tunique, * remarquable, en ce qu'elle eft compofée *CD
de filets écailleux *, tournés ordinairement en helice, & fi près, Leur filet écailleux.
qu'à peine y a-t-il l'épaiffeur d'un filet d'intervalle d'un tour à * D E.
l'autre. J'ai dit que ces filets font ordinairement tournés en
helice, parcequ'ils ne le font, ni ne peuvent l'être par-tout,
& qu'il y a des endroits, où ils font fi courts, qu'ils ne forment
que des portions de cercles de différente grandeur, interceptées
par d'autres filets, comme cela arrive là où un tronc fe partage en deux * ou en plufieurs branches. * Fig. 3.
F, G, H

CES filets mêmes font très deliés, & le font beaucoup davantage que les fibres ou les vaiffeaux qui rampent, prefque en
même fens, fur la tunique extérieure de la bronche. Leur forme
aproche de la cylindrique ; mais elle a des irrégularités, qui
n'empêchent pourtant pas que les filets d'un même endroit ne
foyent, ou peu s'en faut, de la même épaiffeur. Leurs tours
font tous affujettis à diftances égales les uns des autres, par des
membranes, qui en occupent les intervalles ; & ces membranes,
réunies avec les filets, forment enfemble un canal continu, que
le reffort des filets tient toûjours ouvert, quelque inflexion que
la bronche reçoive, afin que l'air y aît fans ceffe un libre
cours.

CE font ces filets, qui m'ont déterminé à caractèrifer les bronches

ches, qui fe trouvent mêlées avec d'autres parties, dans les Planches de cet Ouvrage, par des hachures courbes transverfales, qui les font à-peu-près paroître telles qu'elles s'offrent à ceux qui les confidèrent avec une forte Loupe, & c'eft à cette marque qu'il fera aifé de les diftinguer de tout autre vaiffeau qui y reffemble.

LA forme des Bronches eft cylindrique, ou plutôt foiblement conique, puis qu'elles diminuent infenfiblement de volume, à mefure qu'elles s'éloignent de leurs troncs.

Forme de la Trachée-Artère.
* *Pl. V.*
Fig. 4.
† I K

IL n'en eft pas de même des Trachée-Artères. Elles font l'une & l'autre un peu applatties *, & plus ou moins rentrantes fur le milieu de leur largeur †. Quand on examine leurs filets écailleux, on y remarque un pli, comme s'ils avoient été froiffés.

Ses Cordons charnus.
* L M

LA Trachée-Artère eft pourvue, à chaque Anneau, à la referve du premier & des deux derniers, d'un Cordon charnu *, quatre ou cinq fois plus épais que fes filets écailleux, & l'on y remarque un petit étranglement. Sous ce cordon, on la trouve intérieurement heriffée d'un grand nombre de poils ou de pointes extrêmement délicates; Il y a toute apparence que ce cordon charnu eft un fphinéter, dont la contraétion ferme la Trachée à ces endroits, lors qu'il s'agit d'arrêter le paffage de l'air, pour le contraindre à enfiler d'autres chemins, fuivant les befoins que l'Infeéte en peut avoir.

Le Cœur.

* *Pl IV.*
Fig 4. Ligne fupérieure.

LA partie *, à laquelle les Naturaliftes ont donné le nom de *Cœur*, quoiqu'on ne foit guères affuré qu'elle en faffe les fonétions, a une forme très différente du Cœur des grands Animaux.

maux. Elle est presque aussi longue que toute la Chenille. C'est un canal qui, placé immédiatement sous la peau du dos de cet Insecte, parcourt toute la Ligne supérieure, depuis la douzième Division jusqu'au-delà de la première, où, entrant dans la tête, il se termine assez près de la bouche ; large & spacieux, vers les derniers Anneaux du corps, il diminue à mesure qu'il approche de la tête ; de manière qu'il n'y entre que sous la forme d'un vaisseau delié.

Depuis la 4ᵉ, jusqu'à la 12ᵉ Division, il a, de part & d'autre, à chaque Division, un appendice qui couvre en partie les muscles droits du dos, & qui, se retrecissant tous, à mesure qu'ils approchent de la Ligne latérale, forment, deux à deux, des espèces de lozanges irrégulières, dont les pointes s'avancent, la plûpart, jusqu'au-delà de l'intermédiaire supérieure, comme on le voit dans la Figure. J'appellerai ces appendices les *Ailes du Cœur* ; La première paire de ces ailes est la plus petite, & les deux avant-dernières paires en sont les plus larges.

Pl. IV. Fig. 4. Lig. supér.

Ses ailes.

Les seuls indices, auxquels on a cru reconnoître que ce long canal musculeux étoit le Cœur de la Chenille, font, qu'il est ordinairement rempli d'une limphe, qu'on a jugé devoir faire les fonctions de sang dans cet Insecte, & que, dans toute Chenille en vie, dont la peau est un peu transparente, on observe, à cette partie, le long de la Ligne supérieure, des dilatations alternatives, continuelles, & régulières, qui commencent par le 11ᵉ Anneau, & passent ensuite d'Anneau en Anneau jusqu'au 4ᵉ, où ils finissent ; ce qui a fait que plusieurs Natura-

O

listes

liftes ont confidèré ce Canal comme une file de Cœurs placés bout à bout, &, dans ce fens, nôtre Chenille en auroit au moins huit, puis qu'il s'y fait huit battemens fenfibles à la file les uns des autres.

Du refte, ce Vifcère n'a guères de raport avec le Cœur des grands Animaux ; on ne remarque pas qu'il s'y ouvre aucun vaiffeau, qui faffe l'office d'Aorte, de Veine cave, d'Artère, de Veines pulmonaires, ni de rien d'aprochant, &, comme jusqu'ici on n'a point fçu trouver de Veines ni d'Artères aux Chenilles, on eft encore fort incertain s'il s'y fait une véritable circulation de fang, & comment le Cœur y peut contribuer.

Les Corps reniformes. Sur le Cœur, tout joignant fon canal, on voit, à la 8ᵉ Divifion, deux maffes blanches oblongues. Elles fe terminent chacune par un vaiffeau long & delié, qui defcend vers le 10ᵉ Anneau, & s'y introduit fous les mufcles droits du dos. J'appellerai ces mufcles les *Corps reniformes*, à caufe de quelque raport groffier qu'ils ont, pour la figure, avec des roignons; & *Leur Queue.* je donnerai le nom de *Queues des Corps reniformes*, aux vaiffeaux qui en dérivent.

Le Corps graiffeux. *Pl. V. Fig. 1. FFFF.... & Pl. V. Fig. 5.* Le *Corps graiffeux* * eft, de toutes les parties intérieures de la Chenille, la plus confidèrable par fon volume. C'eft la première, & en quelque forte la feule, qui frappe la vue, quand on ouvre cet Infecte. On voit alors que ce corps forme d'abord comme une efpèce de fourreau, que je nomme *Etui graiffeux.* rai l'*Etui graiffeux*, qui fert à envelopper & couvrir prefque toutes les entrailles. On.

ON s'apperçoit de plus, en le fuivant, qu'il s'introduit dans la
tête, & entre tous les mufcles du corps, & qu'il remplit la
plûpart des vuides que les autres parties de la Chenille laiffent
entre elles.   Sa couleur eft d'un très beau blanc de lait.   Sa
configuration tient un peu de celle de nôtre cerveau.   C'eft un
compofé de différentes maffes irrégulières, plus ou moins applatties, qui communiquent les unes avec les autres, & qui laiffent
entr'elles des fillons très profonds & très variés.   Sa fubftance
eft mollaffe & facile à rompre.   J'ai fait inutilement des effais
pour en découvrir la contexture.   Lors qu'on en examine une
parcelle, avec un bon Microfcope, fur un morceau de verre, elle
paroît être un amas confus de veficules amoncelées.   Quand
cette parcelle eft très platte & mince, elle fe montre d'abord
comme une couche de petites molecules irrégulières, féparées,
de grandeur peu diffemblable, placées très près les unes des autres, entre deux fines membranes, & l'on n'y voit que quelques
bronches clair-femées.   Lors qu'après l'avoir pofée fur un morceau de verre, on en laiffe évaporer l'humidité; comme il arrive alors que le bord de ces membranes s'attache le premier au
verre, en fe féchant, & empêche les membranes de fe raccourcir, elles fe preffent l'une fur l'autre, écrafent les molecules,
& en font fortir l'huile.   Alors cette lamelle de corps graiffeux
ne paroît que comme une double membrane, entre laquelle on
voit, au lieu de molecules, diverfes petites goutes d'huile, trans-
parentes, répandues çà & là, & des bronches, qui fe ramifient
à perte de vûe fur ces membranes, & jufqu'à un tel point de

O 2

finef-

fineffe, que de très bons Microfcopes ne fuffifent pas pour en découvrir les extrêmités.

La *Fig. 6. Pl. V.*, offre une de ces lamelles du Corps graiffeux, groffie au moyen du Microfcope. Les molecules s'y voyent ainfi qu'elles paroiffent avant l'évaporation, & les bronches, comme elles fe montrent après cette évaporation; mais je ne les ai pu repréfenter avec affez de délicateffe.

Si l'on bat cette graiffe avec un pinceau, ou qu'on la preffe avec une aiguille, on en fait fortir une grande quantité d'huile très limpide, accompagnée d'un peu de matière nebuleufe, &, ce qui refte, ne paroît être que des fragmens de membranes fort tranfparentes, nombre de bronches & quelques nerfs; deforte que la plus grande partie du Corps graiffeux n'eft que de l'huile amoncelée par très petites goutes, telles à-peu-près qu'on en voit, plus en grand, dans les vaiffeaux de la membrane cellulaire du Corps humain; & c'eft apparemment l'affemblage de ces goutes, extrêmement petites, joint à l'air, qui fe trouve entre leurs interftices, qui fait paroître le Corps graiffeux tout blanc & opaque, comme le paroît l'eau de favon, quand on la convertit en écume. Il fe pourroit même que le peu de matière plus épaiffe, qu'on fait fortir avec l'huile, ne fût qu'un amas de ces goutes, encore plus petites, qui ne fe font point mêlées enfemble. Quoiqu'il en foit, il eft certain que la plus grande partie de ce qu'on appelle le *Corps graiffeux*, n'eft que de l'huile toute pure.

Dès qu'on a feparé les différentes maffes du Corps graiffeux, qui, *Pl. V. Fig. 5.*, enveloppe encore les entrailles, & qu'on a

ren-

renverſé ces maſſes ſur les côtés de l'Animal, comme dans la
Fig. 1. FFFF....., la partie la plus conſidèrable, que l'on découvre alors, eſt un conduit fort ſpacieux & varié, qui s'é-
tend en droite ligne depuis la bouche jusqu'à l'anus. Il eſt
compoſé de trois viſcères très différens, ſavoir l'Oeſophage
G H, le Ventricule H I, & les gros Inteſtins I K, K L,
L M.

L'Oesophage deſcend depuis le fond de la bouche jus- L'Oeſophage.
qu'aſſez près de la 4ᵉ. Diviſion. Sa partie antérieure G Z, qui
eſt dans la tête, eſt charnue, étroite, & attachée, par divers
muſcles aux écailles, que j'ai appellé la *traverſe* * & les *mon-* * *Pl. II.*
tans † de la *Porte.* Sa partie poſtérieure Z H, s'élargit en *Fig.* 13. IK
entrant dans le corps, & forme une manière de ſac membra- † GLI, HMK.
neux, ſur lequel rampent, en tout ſens, une grande quantité
de petits muſcles. Près de l'eſtomac H, il ſe reſſerre, & eſt entouré d'un large ſphincter, capable d'intercepter ſa communication avec le ventricule.

L'Oesophage eſt comme bridé, dans toute ſa longueur, par Sa bride.
un grand nerf, qui y tient par intervalles, & qui ſe partage en
trois ſur ce ſphincter; Je nommerai ce nerf *la bride de l'oeſo-*
phage; on la voit ici dans la Figure, ſur le milieu de ce vaiſſeau.

Le Ventricule * commence un peu au-deſſus de la 4ᵉ. Divi- Le Ventricu-
ſion, à l'endroit H, où l'oeſophage finit, & ſe termine en I, à le.
la 10ᵉ. Diviſion. Il eſt pour le moins ſept fois plus long qu'il * H I.
n'eſt large, & ſa capacité ſurpaſſe celle de l'oeſophage & des

O 3

gros

gros inteſtins. Sa partie antérieure, qui eſt la plus large, eſt ordinairement pliée en courcaillet, & les pliſſures en diminuent avec ſon volume, à meſure qu'il aproche des inteſtins. Quantité de muſcles longitudinaux & transverſaux, qui n'ont point ici été repréſentés, rampent ſur ſa ſurface, & il eſt parſemé d'un très grand nombre de bronches circulaires, que l'on voit dans la Figure, & de pluſieurs nerfs qui n'y paroiſſent pas.

1. Gros Inteſtin.
* I K

Il s'ouvre dans un large conduit *, qui à peine a un tiers d'Anneau de longueur, & que je nommerai le *premier gros Inteſtin*. La partie antérieure de cet inteſtin eſt preſque auſſi large que l'extrêmité du ventricule, mais la poſtérieure eſt ſenſi-

* K

blement plus étroite; elle eſt terminée par un ſphincter *, capable d'intercepter, au beſoin, la communication de cet inteſtin avec celui qui le ſuit.

2. Gros Inteſtin.
* K L
* L

Depuis ce ſphincter, on voit continuer, en droite ligne, un vaiſſeau *, qui n'eſt guères moins gros & moins court que le précèdent, & qui ſe termine par une enveloppe charnue *, de forme ſingulière. J'appellerai ce vaiſſeau le *ſecond gros Inteſtin*.

3. Gros Inteſtin.
* L M

Il eſt ſuivi d'un canal *, de moitié plus étroit, qui a bien un Anneau & demi de long, & qui ſe termine près de l'Anus. Je lui donnerai le nom de *troiſième gros Inteſtin*.

Ces Inteſtins ont chacun une ſtructure qui leur eſt particulière, & des caractères, qui autoriſent à les diſtinguer les uns des autres; mais, quoique ce ne ſoit pas ici le lieu de détailler ces marques diſtinctives, l'ordre veut que je ne paſſe pas ſous ſilen-
ce

ce un point, qui caractérise extrêmement le second des gros Inteſtins; c'eſt qu'il produit, de part & d'autre, une ſuite de vaiſſeaux, qui ſerpentent autour du ventricule, & ſur-tout autour des gros inteſtins; vaiſſeaux, auxquels je donnerai le nom d'*Inteſtins grêles*, parcequ'ils me paroiſſent faire les fonctions d'inteſtins, & qu'ils ſont incomparablement plus menus que ceux dont on vient de parler. — *Inteſtins grêles.*

La Nature ayant donné à la plûpart des Chenilles la faculté de filer, les a pourvu, pour cet effet, de deux Vaiſſeaux *, où ſe prépare la matière, qui, étendue à l'air, ſe fige & ſe convertit en fil. Ces deux Vaiſſeaux ſe nomment les *Vaiſſeaux ſoyeux*. Ils ont ſouvent, dans nôtre Chenille, plus de trois pouces de longueur. On y peut diſtinguer une *Partie antérieure*, une *Partie intermédiaire*, & une *Partie poſtérieure*. — *Les 2 Vaiſſeaux ſoyeux. * Pl. V. Fig. I. T V X Y*

La *Partie antérieure* * eſt un canal, qui n'a environ que l'épaiſſeur d'un crin, & depuis 8 juſqu'à 10 lignes de longueur. Il commence à la *Filière*, où il ſe trouve réuni en T, avec ſon pareil. Après s'être ſeparés pendant une diſtance de la longueur environ de cette Filière, ils ſe joignent en G, & on les trouve comme ſoudés enſemble; puis ils ſe ſeparent encore une fois, & reſtent ſeparés. L'un ſe dirigeant à droit, & l'autre à gauche, entre enſuite de la Tête dans le Corps, & chacun va s'ouvrir au 3e Anneau, dans la *Partie intermédiaire* * qu'il précède. — *Leur Partie antérieure. * T V ... * V X*

Cette *Partie intermédiaire* eſt, à ſon origine, bien 7 ou 8 fois plus épaiſſe que l'antérieure; elle a plus de 18 lignes de — *Leur Partie intermédiaire.*

lon-

longueur; elle eft naturellement entortillée, comme on le voit dans la Figure, & fon épaiffeur diminue infenfiblement jufqu'à fon autre extrêmité.

Leur Partie
poftérieure.
* X Y

La *Partie poftérieure* *, qui a une origine beaucoup plus mince que la précèdente, fe diftingue, à certains fujets, par une marque de feparation, qui n'eft guères fenfible à d'autres. Elle va auffi en diminuant, & communique, à fon extrêmité, par un filet affez fenfible, à un plexus de fibres, qui fe repandent fur le premier gros inteftin, fur les inteftins grêles, & dans le corps graiffeux.

Quoique les Vaiffeaux foyeux foient fouvent plus longs que toute la Chenille, puifque j'en ai vu, dont les parties intermédiaire & poftérieure avoient enfemble 4 pouces & 1½ ligne de longueur, ils ne defcendent pas au-delà de la 10ᵉ Divifion, à caufe des differentes inflexions tortueufes qu'ils ont prefque d'un bout à l'autre, & fur-tout à la partie intermédiaire.

Les 2 Vais-
feaux diffol-
vans.
* Pl. V.
Fig. 1.
P Q R S

Les deux *Vaiffeaux*, que j'ai nommé *diffolvans* *, à caufe que je crois qu'ils fervent à préparer & contenir un fuc, deftiné à diffoudre le bois, dont cet Infecte fe nourrit, font placés dans la région antérieure de la Chenille. On y diftingue trois parties; un *Cou*, un *Refervoir*, & une *Queue*.

Leur Cou.
* P Q

Leur *Cou* * eft un canal affez large, qui, par l'une de fes extrêmités, s'ouvre dans la bouche de l'Animal, &, par l'autre, au premier Anneau, dans un vaiffeau fpacieux, que j'appellerai le *Refervoir du Vaiffeau diffolvant*.

Ce

CE *Refervoir* * commence un peu au-deffous de la premiè-re Divifion, & fe termine ordinairement à la cinquième, ou un peu au-delà; il n'a pas mal la figure d'un boudin, & contient une liqueur huileufe, jaunâtre, qui a une forte odeur.

DE fon bout poftérieur, on voit fortir un vaiffeau blanc, très long & très delié *, qui, après avoir fait quelques zic-zac, en remontant, pénètre entre les lobes de l'Etui graiffeux, & y fait quantité de tours & de retours en tout fens, après quoi il fe fourche quelquefois, & fe termine ainfi par une, ou par deux extrêmités toûjours aveugles. Je nommerai ce long vaiffeau, la *Queue du Vaiffeau diffolvant*.

APRÈS l'idée génèrale, que ce Chapitre vient de donner, des parties intérieures les plus apparentes de la Chenille du Bois de Saule, du moins autant qu'il étoit néceffaire pour l'intelligence des détails où nous allons entrer, je paffe à l'expofition particulière de chacune de ces parties, dont je traiterai dans le même ordre qu'il en a été ici parlé; ainfi je commencerai par les Mufcles du Corps, qui feront le fujet des deux Chapitres fuivans, dans lesquels je me bornerai fimplement à donner l'explication des deux différens ordres de Tables anatomiques, où ces Mufcles fe trouvent repréfentés; & je fuivrai cette même methode par raport aux Nerfs & aux Bronches, parcequ'elle me paroît la plus propre à détailler, avec clarté & précifion, des fujets auffi compliqués que ceux-ci.

Leur Refer-voir.
* Q R

Leur Queue.
* S

P

CHAPI-

✳✳✳✳✳✳✳✳✳✳✳✳✳✳✳✳✳✳✳✳✳✳✳✳✳✳✳✳✳✳✳✳✳✳✳✳✳✳

CHAPITRE VII.

*Des Muscles du Corps, tels qu'ils paroissent successivement
lorsqu'on anatomise une Chenille ouverte par le Ventre.*

Avertissemens
préliminaires.

DE toutes les parties intérieures de la Chenille, il n'en
est point qui, par leur arrangement symmétrique, offrent un spectacle plus beau & plus digne d'admiration que les
Muscles, sur-tout quand, en les enlevant par couches égales,
de part & d'autre, on voit comment les Muscles pareils de
chaque côté correspondent par leur forme & par leur situation.

C'est de cette manière que je m'étois d'abord proposé de
les représenter ; mais, comme cela m'auroit obligé à doubler
les Figures sans grande nécessité, j'ai cru qu'il suffisoit de les
représenter à chaque fois d'un côté seulement ; de-sorte que chaque Figure de Chenille entière, préparée pour les Muscles,
dans les *Pl. VI, VII, & VIII*, tiendra lieu de deux Figures, dont la suivante fera toûjours voir des Muscles, qui ne
paroissoient que peu ou point dans la précédente, parcequ'ils
étoient cachés en tout, ou en partie, sous les Muscles de celle-ci.

Mais une double représentation des mêmes Muscles, que je
n'ai pas cru devoir ménager, c'est celle qui, dans le Chapitre
suivant, les fera voir tels qu'ils paroissent lorsqu'on a ouvert
la Chenille par le dos, après que, dans celui-ci, on les aura

mon-

montré tels qu'ils s'offrent dans une Chenille ouverte par le ventre. Les Mufcles voifins de la ligne, par où les Cifeaux ont paffé, fouffrent un fi grand dérangement, & une fi forte extenfion, fur-tout vers la tête, quand on ramène à droit & à gauche la peau de la Chenille, afin de la coucher de niveau, qu'on ne pourroit, fans cette feconde repréfentation, s'en former une jufte idée. Dans l'un & dans l'autre de ces cas, on fuppofe que la Chenille a été tellement vuidée, qu'il ne lui refte, de tout fon intérieur, que les Mufcles, & que la Tra-chée-Artère à la *Fig.* 1. des *Pl. VI.* & *VII.*

Au premier cas, après que la Chenille a été ouverte par le ventre jufqu'à la tête, on a feparé, de la tête, la peau du cou, depuis la bafe de la Lèvre inférieure jufqu'à la Ligne la-térale, & on a abaiffé, à la partie poftérieure du dernier An-neau, la membrane I *, qui étoit attachée à la fubdivifion de cet Anneau, & couvroit tous les mufcles, qui fe voyent à pré-fent à cette partie poftérieure; & dans l'autre cas, la Chenille ayant été ouverte par le dos jufqu'à la tête, on en a feparé la peau tout le long de l'occiput, jufqu'à la même Ligne la-térale.

* *Pl. VI.*
Fig. 1. & 2.

DANS quelque fens que la Chenille aît été ouverte, on y peut diftinguer trois ordres de Mufcles.

Divifion gé-
nérale des
Mufcles; en

LE 1. comprend ceux qui fe trouvent au dos de l'Infecte, & qui ont leurs infertions entre la Ligne fupérieure & les Lignes latérales; Je les nommerai *Mufcles dorfaux.*

Dorfaux,

LE 2. eft de ceux qui font placés au ventre, & qui ont

P 2

leurs

leurs infertions entre la Ligne inférieure & les Lignes latérales; Je les nommerai *Mufcles gaftriques.*

LE 3. eſt compofé dè ceux qui croiſent la Ligne latérale, ayant l'une de leurs infertions d'un côté de cette Ligne, & l'autre de l'autre côté ; Je les nommerai, en général, *Mufcles latéraux,* fans avoir égard aux endroits de leurs attaches.

JE marquerai conftamment les *Mufcles dorfaux* par des *Lettres Capitales*; les *Mufcles gaftriques* par des *Lettres Romaines,* & les *Mufcles latéraux* par des *Lettres Grecques.* Le même Mufcle fera toûjours defigné par la même Lettre, dans tout cet Ouvrage, &, comme le nombre des mufcles eſt très grand, chaque Anneau aura fes trois Alphabets particuliers, dont les Lettres tiendront lieu de nom aux mufcles qu'elles defignent, lorsque je n'aurai pas cru néceffaire de leur donner des noms particuliers.

POUR éviter toute repétition inutile, je ne parlerai de chaque mufcle qu'à mefure qu'il s'offrira affez à découvert, dans la Figure, pour en faire bien reconnoître la fituation, &, après en avoir parlé, je le ferai difparoître dans la Figure fuivante.

JE ne ferai pas non plus mention des *Mufcles gaftriques,* lorsque je traiterai de la Chenille ouverte par le ventre, ni des *Mufcles dorfaux & latéraux,* lorsqu'il s'agira de la Chenille ouverte dans le fens oppofé, tant pour éviter les redites, qu'à caufe du dérangement que les *Mufcles gaftriques* ont fouffert dans le premier cas, & les *Mufcles dorfaux* dans le fecond, & je me contenterai de les marquer fimplement par leurs Lettres.

COMME,

COMME, dans chacun de ces cas, les muscles latéraux s'offrent sous un aspect bien différent, il sera bon, pour s'en former une plus juste idée, de consulter, quand on en lira l'exposition, les deux divers genres de Tables, où ils ont été représentés.

ET d'autant que les trois premiers Anneaux & le dernier ont chacun, sous les muscles droits, un arrangement de muscles, qui leur est particulier, après avoir parlé des muscles droits, je traiterai toûjours de chacun de ces Anneaux separément; mais je traiterai des huit autres Anneaux tout à la fois, parceque la plûpart de leurs muscles sont pareils, me contentant d'indiquer, quand il le faudra, les diversités qui s'y rencontrent; & toute cette Miologie ne sera, comme j'ai dit, qu'une simple explication des Tables anatomiques qui représentent les Muscles.

E X P L I C A T I O N
De la Figure 1. des Muscles de la Chenille, ouverte par le Ventre.

Planche VI. Fig. 1.

P R É P A R A T I O N.

ON a vuidé la Chenille, & debarrassé ses Muscles, des masses de graisse, des bronches, & des nerfs, qui s'y trouvent par-tout mêlés, & qui en offusquent la vue.

EXPLICATION.

Premier Anneau.

Muscles dor-
saux.
* 2 A

Le Muscle A* est double. L'antérieur des deux est épais; en dessus, on lui trouve des divisions, qu'on prendroit pour autant de muscles, mais qui disparoissent en dessous. L'une de leurs insertions est vers la tête, à la peau du cou, tout près du bord intérieur de la partie postérieure de l'Ecaille parietale. L'autre insertion du premier Muscle A, est un peu au-dessus, & celle du second un peu au-dessous du premier stigmate, en deça duquel ils tiennent à la peau.

Muscles laté-
raux.
α

α est long, & delié; il tient, par son extrêmité antérieure, sous les muscles gastriques (a) & (b) du premier Anneau, au bout postérieur de l'écaille circonflexe de la base de la lèvre inférieure. Après avoir passé entre quelques bronches, il s'introduit sous le Muscle θ, & y communique avec le Muscle C du second Anneau.

1, 2, ou 3 β

β est tantôt simple, tantôt double, & quelquefois même triple; Il s'est trouvé rompu ou coupé chaque fois que j'ai ouvert la Chenille par le ventre. Son attache antérieure est au bord postérieur de la partie latérale de l'Ecaille parietale, un peu au-dessous de l'endroit où se termine l'Ecaille zygomatique; son attache postérieure est au milieu de l'Anneau, tout près de la Ligne inférieure.

3 γ

Les Muscles γ sont trois en nombre. Le premier tient, d'un côté, au bord postérieur de la partie supérieure de l'Ecaille

pa-

parietale; de l'autre il se partage en 4 ou 5 queues, qui, sous les Muscles β, s'attachent à la peau de la Chenille. Le second a son insertion antérieure tout près de celle du premier, & le troisième l'a sous les Muscles A, à la peau du cou, un peu au-dessous des deux autres. Ces deux derniers, passant au-dessus de la cavité de la première paire de jambes, s'attachent, par plusieurs queues, au bord opposé de cette cavité.

Il y a ici deux Muscles δ, & quelquefois il n'y en a qu'un; ils tiennent antérieurement au bord postérieur de la partie latérale de l'Ecaille parietale, entre l'Ecaille zygomatique & l'attache du Muscle β. Leur autre extrêmité s'infère au premier pli que fait la peau du cou, du côté du ventre, où ils sont attachés, entre la Ligne inférieure & son intermédiaire.

On verra β & δ dans un état plus naturel, *Pl. VIII. Fig. 3.*, où ils se trouvent entiers, & sans avoir souffert, comme ici, une extension forcée.

Second Anneau & suivans jusqu'au dernier.

Les Muscles dorsaux, qui paroissent à découvert au second Anneau & aux quatre suivans, ne sont, à chaque Anneau, que deux en nombre, mais fort larges, A & B; Il y en a trois A, B, C, au 7, 8, 9, & 10ᵉ Anneau; Il y en a quatre A, B, C, D, au 11ᵉ, & cinq A, B, C, D, & E, à la partie antérieure du 12ᵉ Anneau.

Toutes ces files de Muscles A, B, C, & E, de même que celles des Muscles gastriques a, b, c, d, dont il sera parlé

dans

dans la suite, lorsqu'on expliquera la 1. *Fig.* des Mufcles de la
Chenille, ouverte par le dos, ne paroiffent, au premier coup
d'œil, chacune, qu'un feul mufcle, qui parcourt à-peu-près
la longueur du corps de la Chenille ; mais, quand on les dé-
tache de l'Animal, on voit clairement que ce font autant de
mufcles particuliers, qui n'ont chacun qu'un Anneau de longueur, & dont les extrêmités ont leurs infertions aux Divifions de chaque Anneau, à la referve des Mufcles (a), qui,
aux 6, 7, 8, & 9. Anneaux, ont leur attache par-delà ; &
l'on s'apperçoit que ce qui fait paroître chaque file comme un
feul mufcle, eft, que les mufcles d'une même file s'entre-communiquent en deffus, par une partie de leurs fibres, qui paffent
d'un Anneau à l'autre. J'appellerai les mufcles A, B, C, E,
à caufe de leur place & de leur direction, les *Mufcles droits
du dos*, &, par la même raifon, je nommerai les *Mufcles droits
du ventre*, les Mufcles ab c & d.

Mufcles
droits du dos
& du ventre.

On voit, que depuis le 3ᵉ Anneau, les Mufcles droits A,
qui font au nombre de 12, diminuent toûjours en largeur jufqu'à la partie poftérieure du dernier Anneau : qu'à la 8ᵉ Divifion & aux trois fuivantes, ils communiquent avec les Mufcles B, & à la 1ʳᵉ, avec D. On voit, enfin, qu'à la partie
poftérieure du dernier Anneau, A eft par devant fort large,
en comparaifon de l'A de l'Anneau qui précède, qu'il fe retrecit vers fon autre extrêmité, qu'il communique avec B du même endroit, & qu'il a fon infertion poftérieure à la membrane
abaiffée I, qui eft la peau extérieure du *Sac fœcal*, que l'on fera
connoître dans la fuite.   Jɛ

Je dois, au reste, avertir, que les muscles A & B, de la partie postérieure du dernier Anneau, ne s'offrent à la vue que lorsqu'on a enlevé un large muscle à plusieurs divisions, qui tient, d'un côté, à la subdivision de cet Anneau, &, de l'autre, à la peau du sac fœcal. Les attaches de ce muscle coupé sont marquées θ dans la *Fig.* Elles bordent la subdivision de l'Anneau.

Les Muscles droits B, sont pareillement 12 en nombre. Ils commencent au second Anneau, & paroissent s'élargir depuis cet Anneau jusqu'au 7e ; Depuis le 7e jusqu'à la subdivision du 12e, ils sont de moitié plus étroits, & les 6 muscles C, qui les accompagnent au 7e Anneau & aux suivans, jusqu'à la subdivision du 12e, suppléent à cette diminution. Ces muscles B & C s'entre-communiquent latéralement à la 8, 11, & 12e Division. A la subdivision du 12e Anneau, C manque, & B, qui y est plus large, supplée à ce défaut.

Pour finir l'exposition des muscles dorsaux de cette première *Fig.*, il ne reste qu'à parler de trois muscles flottans V, dont le premier a son origine au 1er Anneau, entre l'intermédiaire supérieure de la latérale, d'où on le voit sortir d'entre les bronches, qui se portent à la tête ; en suivant ce muscle, jusqu'à l'endroit par où il tient à la peau, on voit qu'il s'introduit sous N, *Pl. VII. Fig. 5.*, & que c'est là qu'il a son attache ; En s'avançant dans la cavité du corps, il se partage en deux branches, qui communiquent, par des filets, avec l'Etui graisseux, & qui, se subdivisant chacune en 5 ou 6 rameaux,

Q

s'in-

12 B

6 O

Tige muscu-
leuse de la 1.
paire du dos.

V 1.

s'inſerent, par ces rameaux, l'une dans les muſcles de l'œſophage, au-deſſus du ſphincter de l'eſtomac, & l'autre dans les muſcles qui compoſent ce ſphincter, & dans la queue du vaiſſeau
diſſolvant.

Tige muſcu-
leuſe de la 2.
paire du dos.
V 2.

LE ſecond V eſt à la 2ᵉ Diviſion; il y tient à l'extrêmité
antérieure du muſcle B du ſecond Anneau; de-là il ſe dirige
vers l'eſtomac, &, après avoir communiqué avec l'Etui-graiſ-
ſeux, il ſe diviſe, & repand, ſur le ventricule, huit muſcles
droits, qui en parcourrent toute la longueur.

Tige muſcu-
leuſe de la 3.
paire du dos.
V 3.

LE troiſième V eſt à la 3ᵉ Diviſion. Il a ſon origine partie à la rencontre des muſcles B, du 2. & du 3ᵉ Anneau, &
partie à la peau, un peu plus près de la Ligne ſupérieure. Ce
muſcle ſe dirige obliquement vers le ventricule; il le rencontre à la hauteur du 3ᵉ ſtigmate, &, ſe ramifiant, il forme les
muſcles obliques de ce Viſcère.

COMME les 3 V du dos, & tous les muſcles flottans (ç)
du ventre, dont il ſera parlé en ſon lieu, ſont rangés par paires, & qu'ils forment autant de troncs ou de tiges, qui, ſe
ramifiant, repandent des muſcles ſur les Viſcères, je leur donnerai le nom de *Tiges muſculeuſes*, & je les diſtinguerai, au
beſoin, en *Tiges muſculeuſes de la première*, *de la ſeconde*, *de
la troiſième paire* du dos, ou du ventre, ſuivant l'ordre ou les
endroits de leurs attaches.

AYANT examiné quelques unes de ces tiges, au Microſcope, leurs fibres muſculeuſes m'ont paru plus fines que celles des
muſcles qui meuvent le corps; du reſte, elles avoient des en-

ve-

veloppes membraneuses comme les autres muscles , & j'y ai trouvé des vaisseaux, tantôt vuides, tantôt pleins, qui n'étoient point des bronches , & dont quelques uns s'ouvroient dans le Corps graisseux.

Pour finir l'explication de cette Figure, il ne reste qu'à faire encore remarquer le muscle latéral mince & long θ, qui est à la subdivision du dernier Anneau. Il y borde & couvre l'attache antérieure du large muscle (a), par où l'Anneau se termine. Il est sans paire ; &, commençant par l'extrêmité de l'un des muscles C, de la partie antérieure de l'Anneau , il fait, le long de la subdivision , le tour du ventre de la Chenille, & finit à l'extrêmité du muscle C pareil, qui est à l'autre côté.

Planche VI. Fig. 2.

P R É P A R A T I O N.

On a enlevé tous les muscles dorsaux, au nombre de 35 , & tous les latéraux, au nombre de 7 , qui ont été décrits dans l'explication de la *Fig.* précèdente, & dont les Lettres se trouvent à la marge de cette explication.

On a emporté tous les muscles droits du ventre , ses tiges musculeuses (ç) , & les bouts des gastriques (c), qui sont à la 3e & à la 4e Division.

On a de plus retranché , à la seconde Division, la partie moyenne du muscle θ , dont on n'a laissé que les deux extrêmités pour en faire connoître les attaches.

On a aussi fait disparoître la Trachée-Artère.

Q 2

Ex-

Premier Anneau.

ON y voit entièrement à découvert les muscles C *, ζ, &
(i), qui ne se montroient qu'en partie dans la *Fig.* précédente; & les gastriques (g.), qui n'y paroissent point du tout.

Muscles dor-
saux.
10 C *

LES Muscles C * ont cela de particulier, qu'ils occupent deux
Anneaux. Il est difficile de déterminer leur nombre précis;
Vers leur bout antérieur, on en compte une dixaine, qui, ras-
semblés en un faisceau, s'insèrent au côté du bord de la partie supérieure de l'Ecaille pariétale, immédiatement au-dessous des
muscles ζ. Vers leur côté postérieur, ces muscles C * s'écartent
en éventail, & l'on en compte quelques uns de plus. Ils communiquent latéralement les uns avec les autres, par des bifurcations reciproques, qui rendent incertain s'il faut les considèrer comme autant de muscles qui s'entre-communiquent, ou
bien comme un seul muscle à plusieurs têtes & à plusieurs queües.
Quoiqu'il en soit, ces differentes queües, ou, si l'on veut, ces
extrêmités postérieures de muscles, se distingüent encore en ce
qu'à la reserve des deux dernières, les autres croisent, à la Ligne supérieure du second Anneau, les queües des muscles pareils du côté opposé, après quoi, elles vont s'insérer à la peau,
au-delà de cette Ligne.

Muscles laté-
raux.
5 ou 6 ζ

LES Muscles ζ sont cinq, & quelquefois six en nombre. Ils
ont leur attache antérieure au côté de la tête, tout joignant
l'endroit où se termine l'extrêmité latérale de l'Ecaille zygomatique. Leur partie postérieure s'élargit, & à son insertion

tout

tout près, & le long de la seconde Division, depuis la Ligne inférieure jusqu'à son intermédiaire. Ils sont ici fort allongés, & dans une situation forcée ; on peut les voir plus au naturel *Pl. VII. Fig. 2.*

LE muscle θ du 1^r. Anneau, ainsi que les muscles pareils des 9 autres Anneaux, se montrent ici plus à plein que *Fig.* 1. Leurs insertions tiennent à la peau, aux endroits où l'on voit qu'ils se terminent. Comme ils sont placés sur les Divisions, je les nommerai *Muscles diviseurs.* Celui de la 2e Division a été separé par le milieu, pour mettre à découvert les muscles qui étoient dessous ; il est simple, comme celui de la 3e Division ; celui de la quatrième est double ; Ils paroissent plus nombreux aux Divisions suivantes ; quoiqu'au fond ils ne soient aussi que doubles, & rarement triples ; mais beaucoup plus épais. Ce sont les queues, dans lesquelles ils se divisent, du côté de la Ligne supérieure, qui les font paroître plus nombreux. Ceux de la 3e. & 4e. Division sont remarquables en ce qu'ils passent sous la Trachée-Artère *, tandis que tous les autres passent dessus. On en trouve à toutes les Divisions, excepté à la première & à la dernière.

Muscles diviseurs de tous les Anneaux.
19 θ

* *Voyez Fig.* 1.

Second Anneau.

LES dorsaux C, D, E, F, paroissent suffisamment ici pour s'en faire une idée.

C, est le seul qui se voit tout à découvert. Son attache postérieure tient à la 3e Division, sur la Ligne intermédiaire supérieure, d'où, s'avançant obliquement vers la Ligne latérale,

Muscles dorsaux.
C

il se fourche près de son autre extrêmité, & l'une de ses branches, qu'on voit ici coupée, passant sous le *Muscle diviseur*, après s'être attachée à la peau de la 2.e Division, forme, par sa continuation, le muscle long & delié *a* du 1.^r Anneau *, ainsi qu'il a déja été remarqué. L'autre branche a son attache vers la Ligne latérale, à la peau, sous le muscle γ du second Anneau.

QUAND on a enlèvé ce muscle C, & quelques uns des C *, on voit tout le muscle D, dont la direction est contraire à celle de C.

APRÈS avoir ôté D, on découvre tout le muscle E, qui est incliné du même côté que C, mais avec moins d'obliquité, & le retranchement d' E fait voir tout le muscle F, qui est parallèle à D. Ces trois derniers muscles ont leurs attaches aux Divisions qui terminent leur Anneau.

LES latéraux α, β, γ, δ, ε, ne paroissent point ici assez pour pouvoir être décrits.

Troisième Anneau.

CET Anneau offre, comme le second, 4 muscles dorsaux, C, D, E, F, à décrire.

C, a la première de ses insertions à la 3.e Division, sous les muscles θ & α, où il communique, par quelques fibres, avec le muscle (f) du 2.^d Anneau ; de-là il se porte obliquement vers l'intermédiaire supérieure, & a son attache à la quatrième Division.

DÈS qu'on a retranché C, on voit paroître tout le muscle

D.

D. Il s'élargit depuis son extrêmité antérieure. Sa direction
eſt contraire à celle de C. Elle indique les endroits des attaches de D à la 3.ᵉ & à la 4.ᵉ Diviſion.

La direction d' E eſt pareille à celle de C, mais moins oblique. Son attache poſtérieure ſe voit à la 4.ᵉ Diviſion ; l'autre
eſt à la 3.ᵉ Diviſion, immédiatement ſous C, & il y communique, comme C, avec le muſcle (f) du ſecond Anneau.   E

F, eſt à-peu-près parallèle à D , qui le joint. La première   F
de ſes inſertions ſe voit ; l'autre eſt à la 4.ᵉ Diviſion, ſous les
muſcles E & G.

Cet Anneau n'offre point encore de muſcle latéral à décrire.

Les huit Anneaux ſuivans.

Il n'y a ici que deux dorſaux D, E, & point de latéraux   Muſcles dor-
à décrire.   ſaux.

De ces deux muſcles, D eſt le ſeul qu'on voit ici tout à fait ;   8 D
Il eſt fort large & fort oblique au 4.ᵉ Anneau. Sa largeur &
ſon obliquité diminuent d'Anneau en Anneau juſqu'au dernier.
Sa partie antérieure eſt un peu plus large que l'autre. Il ſe
fourche en quelques endroits. Il n'a pas tout à fait aſſez de
longueur pour parvenir aux Diviſions de l'Anneau qu'il occupe.
Sa direction l'approche , par ſa queue, de la Ligne ſupérieure.

E, eſt un des *Muſcles droits du dos* ; Il s'inſère, aux Diviſions   8 E
de ſon Anneau, ſous les *Muſcles diviſeurs* θ, qui couvrent ſes
extrêmités.

Dou-

Douzième Anneau. Partie antérieure.

CETTE partie n'offre ici que 3 muscles dorsaux, D, E, F, à considèrer.

D.

D., est pareil à D de l'Anneau précèdent, si ce n'est qu'il se termine à la subdivision de son Anneau, & n'a, par conséquent, qu'environ la moitié de cet Anneau de longueur.

E

E, qui est de longueur pareille, diffère encore des muscles droits E des Anneaux précèdens, par sa direction, qui le porte en descendant vers la Ligne latérale.

F

LA direction d'F est parallèle à celle d'E ; mais il est plus court, & n'atteint point, par son extrêmité antérieure, à la 12e Division.

Partie postérieure.

C

IL ne reste plus ici qu'un seul dorsal C. Ce muscle tient, par quelques têtes, ou muscles courts, à la subdivision du dernier Anneau. Il passe en travers sur les muscles α, & y est attaché: de-sorte que son usage ne paroît être que de fortifier l'action de ces muscles, & d'en varier la direction.

Muscles latéraux.
10 α

α, est un muscle très singulier, ou plutôt c'est un faisceau de plusieurs muscles liés & réunis sous C. On voit où ce faisceau a son attache antérieure. Son autre attache est à la plante du pied de la jambe postérieure, à l'endroit où les jambes intermédiaires ont une crête; Ainsi ce faisceau de muscles sert, en se contractant, à faire rentrer la plante, & à faire lâcher prise aux crochets qui la bordent par devant, en les couchant à la renverse.

DANS

DANS ce fujet-ci le faifceau α étoit compofé de dix mufcles; à celui d'après lequel la *Planche VIII.* a été faite, j'en ai compté 14; ainfi leur nombre n'eft pas toûjours le même.

LA partie antérieure de β a 3 ou 4 têtes, qui croifent obliquement la Ligne fupérieure, & s'attachent à la peau, un peu au-delà de cette Ligne. Son autre extrêmité borde le bas de la membrane abattue I, du *Sac fœcal*, & tient, à cette membrane, depuis environ la moitié de la longueur du mufcle.

Planche *VI.* Fig. 3.

PRÉPARATION.

ON a retranché tous les mufcles dorfaux, au nombre de 38, & les latéraux, au nombre de 35, décrits dans l'explication de la *Fig.* précèdente, & dont les Lettres s'y trouvent à la marge.

ON en a fait de même des mufcles gaftriques, dont les Lettres ne fe voyent plus ici.

EXPLICATION.

Premier Anneau.

LES Mufcles D, qui fe montrent ici à découvert, forment un gros paquet, où j'en ai compté 16. Ils font réunis en faifceau, par leur attache antérieure, qui tient à la peau du cou, près de la pointe de l'Ecaille frontale; de-là ils fe repandent au large, en defcendant, & ils ont leur autre attache, partie audeffus, partie à côté les uns des autres, tout près de la feconde Divifion, depuis la Ligne fupérieure jufqu'au-delà de fon intermédiaire, à l'endroit où le 1ʳ. Anneau eft muni, en-deffus, d'une grande écaille fendue *, dont ils occupent le bord.

Mufcles dorfaux.
16 D

* *Pl. I.*
Fig. 3.

R   ON

3 E   ON voit presque entièrement les Muscles dorsaux E , qui
paroissent être quatre , parceque celui du milieu se fourche;
mais il n'y en a pourtant que trois.   L'une de leurs insertions
est à la peau du cou, tout près du côté extérieur de la partie
supérieure de l'Ecaille pariétale , un peu au - dessous d'F: l'autre est à la seconde Division , près de la Ligne latérale.

F   F ne paroît qu'en partie.   Il tient à la peau du cou , tout
près d'E ; de - là il s'avance sous D, vers la Ligne supérieure;
&, à une petite distance de cette Ligne, il s'attache à l'Ecaille, qui couvre le dessus du premier Anneau.

Muscle laté-   LE Muscle latéral θ est large & assez court ; il tient , d'un
ral.
θ   côté , par deux ou trois têtes, au bord antérieur du premier
stigmate ; & , de l'autre, à un pli que fait la peau tout près
de - là.

Second Anneau.

Muscles dor-   LE Muscle G est celui d'entre les dorsaux qui paroît ici le
saux.
G   plus distinctement.   Il croise obliquement l'intermédiaire supérieure.   Il a ses attaches aux Divisions de son Anneau; L'antérieure de ces attaches est la moins écartée de la Ligne latérale;
La partie postérieure de G est plus large que l'autre , & elle
se divise en quatre queues.

H   H est immédiatement au - dessous de G , qui le couvre en
grande partie ; son attache antérieure est près de la 2e Division, à la peau, sous ce muscle.   Comme il a plus d'obliquité
que G, l'on voit une partie de son autre attache.

I   AU premier coup d'œil on ne prendroit I & K que pour

un

un feul mufcle; mais, après avoir ôté G & H, on s'affure fans
peine que ce font deux mufcles differens ; car bien que leurs
attaches antérieures foient fur une même Ligne à la 2ᵉ Divifion, il n'en eft pas de même de leur autre attache, vû qu'I
eft plus long que K, & avance plus vers la 3ᵉ Divifion.

LE feul Mufcle latéral, que l'on puiffe ici bien diftinguer,
eft le mufcle α. Il occupe deux Anneaux. La première de
fes infertions eft à la feconde Divifion, entre les Lignes intermédiaire fupérieure, & latérale, un peu au-deffus du mufcle
G, dont il couvre un coin de l'extrêmité antérieure. Il fe
fourche à cet endroit, paffe obliquement fur la 3ᵉ Divifion, à
laquelle il eft fortement attaché, &, s'introduifant fous le mufcle β du 3ᵉ Anneau, il s'élargit, prend une direction moins
oblique, fe fourche de nouveau, & s'infere à la 4ᵉ Divifion,
près de la Ligne intermédiaire inférieure, où il eft en partie
couvert par le mufcle (g).

Mufcle laté-
ral.

α

Troifième Anneau.

LES Mufcles G font deux; le premier paroît ici tout à fait;
fa partie antérieure eft la plus large; fes infertions font à la
3ᵉ & 4ᵉ Divifion; fa direction eft oblique, en s'écartant de la
Ligne fupérieure. Il couvre latéralement la moitié de l'autre
G, qui lui eft parallèle, & fon extrêmité poftérieure communique avec F de l'Anneau fuivant, pendant que celle du fecond
fe termine tout à fait un peu avant la 4ᵉ Divifion.

Mufcles dor-
faux.

2 G

H eft étroit par devant, mais moins qu'il ne paroît l'être
dans la Figure, parceque G le couvre un peu à cet en-

H

R 2   droit.

endroit. Il eft fort large par derrière, & divifé en plufieurs queues. Sa direction tend obliquement vers la Ligne fupérieure : il a fon infertion antérieure à la troifième Divifion, fous G, & la poftérieure à la 4e. Divifion, à l'endroit qu'indique la Figure.

I est, au contraire, large par devant, mais étroit par derrière ; fa figure eft telle, ou peu s'en faut, qu'elle eft ici repréfentée ; car H n'en couvre prefque rien. Sa direction eft moins oblique que celle d'H. La première de fes attaches eft à la 3e. Divifion. Il ne parcourt environ que les deux tiers de fon Anneau, & c'eft-là qu'il a fon autre attache à la peau.

Comme aucun des aboutiffans des Mufcles latéraux ne paroît encore ici, on en renvoye la defcription pour la *Fig.* 4.

Les huit Anneaux fuivans.

La partie poftérieure des mufcles F eft plus large que l'antérieure. Celle-ci tient à la peau, près de la Divifion & de la Ligne latérale ; ils tendent obliquement vers l'intermédiaire fupérieure ; & c'eft fur cette Ligne que leur partie poftérieure a fon attache, près de l'autre Divifion, chacune de fon Anneau. F du 4e. Anneau a de particulier, comme il a été dit, qu'il communique avec l'un des mufcles G de l'Anneau précèdent.

Les mufcles G font des plus larges de la Chenille ; Ils fe fourchent, par les extrêmités, à plus d'un endroit. Ils tiennent, par la tête, près de la Ligne fupérieure ; de la première Divifion de leurs Anneaux, leur direction tend obliquement vers l'intermédiaire fupérieure ; & c'eft fur cette Ligne qu'ils tiennent,

nent, par la queue, à la peau, tout près de l'autre Divifion, fous le bout poftérieur d'F.

Le 4e Anneau fe diftingue en ce qu'il a deux **G**, qui font parallèles, & placés à côté l'un de l'autre; le fecond eft environ de moitié moins large que le premier.

H eft plus large à fon extrêmité poftérieure qu'à l'autre; fa direction eft tant foit peu oblique vers la latérale, entre laquelle & la Ligne intermédiaire fupérieure il eft placé; Plus court que fon Anneau, il n'atteint point aux Divifions. Ces mufcles **H**, de même que les mufcles F & G, diminuent infenfiblement de largeur, à mefure qu'ils approchent du 11e Anneau.

On ne voit point encore ici les aboutiffans d'aucun mufcle latéral.

Douzième Anneau; Partie antérieure.

Les trois derniers mufcles dorfaux font **G**, **H**, **I**. Ils ont leur attache poftérieure fur une même ligne, tout près de la fubdivifion de leur Anneau.

G eft le plus court des trois, & le plus près de la Ligne fupérieure, à laquelle il eft prefque parallèle. Sa fituation eft entre cette Ligne & fon intermédiaire. Il fe partage antérieurement en trois têtes, d'inégale longueur, qui s'écartent. La plus courte eft la plus près de la Ligne fupérieure, & n'a pas la moitié de la longueur de la partie antérieure de l'Anneau.

H eft plus long & plus étroit que G. Il croife l'intermédiaire

8 H

Mufcles dor-
faux.

G

H

R 3   diaire

diaire supérieure, & sa direction l'écarte obliquement de la latérale.

I lui est à-peu-près parallèle. Son attache antérieure est tout près de la latérale, immédiatement au-dessous de celle d'α. Il est tant soit peu moins long qu'H, & environ de la même largeur.

Muscle latéral.
α

LE muscle latéral α, a un peu plus de longueur que les deux précèdens. Sa direction l'approche obliquement de l'intermédiaire inférieure. Ses attaches sont l'une près de la Division antérieure, & l'autre près de la subdivision de cet Anneau, où il couvre tant soit peu le muscle (e).

Partie postérieure.

Muscle dorsal.
E

E est le seul Muscle dorsal qui reste ici. Il est court, il a quelques divisions; il est placé entre la supérieure & son intermédiaire; on le voit à découvert *Pl. VIII. Fig.* 5.

Muscles latéraux.
γ

LES derniers des muscles latéraux sont γ, δ & ε.

COMME l'attache antérieure de γ s'est trouvée rompue, je ne saurois bien déterminer si γ est latéral ou non. Sa queue croise la Ligne supérieure, & s'insère un peu au-delà de cette Ligne, près de l'extrêmité de la Valvule de l'Anus.

δ

δ, passant sous γ, le croise, de même que la Ligne supérieure. Son insertion antérieure est très peu au-delà de cette Ligne, environ au milieu de la partie postérieure de l'Anneau. Son autre attache est au bord de la cavité de la jambe. Sa direction est très oblique en s'écartant de la supérieure.

ε

LES petits muscles ε, qui avoient été cachés, en grande

partie,

partie, par les muscles *a*, dans la *Fig.* précédente, se voient
ici pleinement. Leur nombre n'est pas fixe. Dans ce sujet,
je n'en ai trouvé que 6; dans celui de la *Pl. VIII.*, il y en
avoit 9 ou 10, placés les uns à côté des autres; ils bordent
la cavité de la jambe postérieure, & de-là, se dirigeant, les
trois premiers avec plus d'obliquité que les trois suivans, vers
l'intermédiaire supérieure, ils ont leur autre attache près de
cette Ligne.

Planche VI. Fig. 4.

P R É P A R A T I O N.

ON a retranché tous les muscles dorsaux, au nombre de 56,
les latéraux, au nombre de 11, décrits dans l'explication de la
Fig. précédente, & dont les Lettres se voyent à la marge
de leur description; & des muscles gastriques, tous ceux dont
les Lettres ne paroissent plus dans la *Fig.* 4.

E X P L I C A T I O N.

Premier Anneau.

G, H, I, sont trois larges muscles, qui tiennent antérieurement les uns à côté des autres, à la peau du cou, le long
du bord postérieur de la partie supérieure de l'Ecaille parietale.
H & I n'ont qu'environ un demi Anneau de longueur. G est
encore plus court. Tous trois s'insèrent, par leur autre extrêmité, à l'écaille qui couvre le dessus du 1er. Anneau. Ils se terminent par quelques queues. I a ses attaches à la Ligne intermédiaire supérieure, à laquelle il est à-peu-près parallèle. Il
est presque aussi large qu' H & G, pris ensemble. H approche

plus

Muscles dor-
saux.

G
H
I

plus qu'I de la Ligne fupérieure, où fa direction le porte obliquement, & G, qui en eft le plus près, y tend avec encore
moins d'obliquité.

K a fon origine à la peau du cou, tout joignant le côté de
l'Ecaille pariétale; de-là il fe porte directement vers la feconde Divifion, près de laquelle fon autre extrêmité finit à la
Ligne intermédiaire fupérieure.

Mufcles laté-
raux.
3 9

LE retranchement des mufcles (c) & E, a mis pleinement
à découvert les trois mufcles 9, dont l'antérieur fe partage,
du côté de la Ligne fupérieure, en trois têtes; les deux fuivans font moins gros que le premier; celui du milieu m'a femblé un peu ventru. Ils ont tous trois l'une de leurs attaches
à l'entrée de la jambe, & contribuent apparemment à la mouvoir. Les deux premiers tiennent, par leur autre extrêmité,
à l'écaille qui couvre le deffus du premier Anneau, & le troifième à la peau tout près du ftigmate. Ce dernier mufcle eft le
plus court des trois, & le premier en eft le plus long; leur
direction eft, ou peu s'en faut, perpendiculaire à la Ligne fupérieure.

Second Anneau.

Mufcles dor-
faux.

ON y découvre les 6 mufcles dorfaux K, L, M, N,
O, P.

K

K n'a qu'un demi Anneau de long. Il eft large & divifé.
Sa direction le porte vers la Ligne fupérieure, qu'il croife obliquement par fon côté le plus proche de cette Ligne, & il
s'infère à la peau fous le mufcle pareil du côté oppofé.

LES

LES Muſcles L, M, N, O, P, ont une direction oblique, qui les écarte les uns plus, les autres moins, de la Ligne ſupérieure. N, O, P, ont la première de leurs attaches au bord du pli que fait la peau à la 2e. Diviſion. Celle d'L & M eſt cachée ſous K, & tient à un autre pli, que fait la peau, tout joignant ce premier pli, & qui ſe voit diſtinctement *Pl. VII. Fig. 5 & 6.*

L'ATTACHE poſtérieure de ces cinq muſcles borde le pli de la Diviſion ſuivante. Les Muſcles L, M, N, P, ont la tête plus large que l'autre extrêmité ; la tête d'L & M ſe diviſe en une ou deux fourches.

LA direction de β eſt à-peu-près perpendiculaire à la Ligne ſupérieure ; l'une de ſes attaches eſt à la peau ſous (1), l'autre eſt au ſecond pli de la peau, près de la 2e. Diviſion, ſous N, tout joignant ſon attache antérieure.

ON voit que γ a ſon inſertion antérieure dans une même Ligne avec le 1^r. ſtigmate, au pli de la ſeconde Diviſion : il ſe dirige obliquement vers l'intermédiaire ſupérieure. Il eſt court; ſon autre inſertion eſt à la peau ſous β.

Troiſième Anneau.

LE Muſcle K eſt, pour ſa place & ſa direction, ſemblable à K de l'Anneau précèdent, mais il en diffère non ſeulement en ce qu'il eſt bien d'un quart plus long; mais encore en ce qu'il n'y a qu'une de ſes Diviſions qui s'introduiſe ſous K de *Fig.* 3, pendant qu'au ſecond Anneau K s'y introduit preſque par toute ſon extrêmité poſtérieure.

S

L'EN-

L   L'ENLÈVEMENT d'H, I, *Fig.* 3., a fait paroître L, qu'auparavant on n'apperçevoit que peu. On voit qu'il eſt large, & diviſé en plus d'un endroit, que ſa direction l'éloigne obliquement de la Ligne ſupérieure ; que la première de ſes attaches eſt au pli de la 3e Diviſion, où il s'introduit par un côté ſous K, & que ſon autre attache eſt au pli de la Diviſion ſuivante.

β   LA direction du latéral β eſt preſque perpendiculaire à la Ligne ſupérieure. L'une de ſes attaches eſt à l'intermédiaire inférieure ; l'autre, qui ſe termine en pointe, eſt entre l'intermédiaire ſupérieure & la latérale.

δ   LA direction de δ ne diffère que peu de celle de β, joignant lequel il eſt placé ; ſon attache ſupérieure eſt par quatre queues, dont l'une eſt couverte par les trois autres, à-peu-près au même endroit où eſt celle de β ; mais comme δ eſt plus court que β, ſon extrêmité oppoſée ſe termine entre l'intermédiaire inférieure & la latérale.

γ   γ a la tête plus large que la queue. Sa direction l'écarte obliquement de la Ligne ſupérieure ; la première de ſes attaches eſt à la peau ſous δ ; l'autre eſt au pli de la 4e Diviſion.

Les huit Anneaux ſuivans.

Muſcles dorſaux.   LE quatrième Anneau a le muſcle C de plus que les ſept

C   Anneaux ſuivans. Ce muſcle lui eſt perpendiculaire. Il ſe termine aux plis de ſes diviſions, entre la latérale & l'intermédiaire ſupérieure, tout près de cette dernière.

ON a laiſſé, à cet Anneau, le muſcle H, de la *Fig.* précèdente,

dente, pour en faire connoître la forme. On voit qu'il est plus large de beaucoup que les H des Anneaux suivans. Un côté de sa partie antérieure passe sous C.

I & L occupent la partie postérieure de leurs Anneaux, & y bordent le pli de la Division : de-là ils se dirigent oblique-ment vers la Ligne supérieure, & se partageant tous, à la re-serve du muscle L du 11e Anneau, en quelques branches, dont le nombre n'a rien de fixe, ils s'insèrent à la peau, environ au milieu chacun de son Anneau. I, qui est le plus large des deux, est un des plus larges de la Chenille ; il est situé entre la Ligne supérieure & son intermédiaire, de façon qu'il croise celle - ci par un de ses côtés. L, est entre cette intermédiaire & la la-térale, à côté d'I, & il n'y a qu'un petit espace entre les deux.

Le petit muscle M tient, au côté postérieur du stigmate, par trois queues d'inégale longueur, & par une 4e à son crochet, d'où tendant obliquement vers l'intermédiaire supé-rieure, il a son autre attache entre cette Ligne & la latérale sous ß, avec lequel il se réunit le plus souvent avant de s'in-sérer à la peau. Ce muscle M, est celui qui ouvre le stigma-te pour donner entrée à l'air dans la Trachée-Artère. Com-me son action a été expliquée au Chap. V., à l'Article qui parle du mechanisme du stigmate, on y renvoye le Lecteur.

Les Muscles α sont au nombre de deux, & quelquefois davantage, à chaque Anneau. Ils sont courts, gros, & forts. Ils sont placés à la Ligne latérale au-dessus du stigmate. Leur direction est obliquement recourbée vers la Ligne inférieure.

Ils

Ils rapprochent, à l'endroit qu'ils occupent, la peau de l'Animal, & lui font faire un pli affez profond, que l'on voit diftinctement dans la *Fig.* 5.

Douzième Anneau.

Mufcles latéraux.
3 β

LES trois β font les feuls mufcles qui reftent ici. Placés parallèlement les uns au-deffous des autres, près de la 11ᵉ Divifion, ils contribuent à faire, à la peau, un pli fpacieux & profond, qui fe termine à la fubdivifion du dernier Anneau.

Planche VII. Fig. 5.

PRÉPARATION.

ON a enlèvé tous les Mufcles dorfaux, au nombre de 37, & tous les latéraux, au nombre de 27, qui ont été décrits dans l'explication de la *Fig.* précèdente, & dont les Lettres font placées à la marge des endroits où il en eft parlé.

ON a fait difparoître ceux des Mufcles gaftriques, dont on ne voit plus les Lettres dans cette Figure.

ET l'on a de plus retranché le Mufcle H du 4ᵉ Anneau, dont la Lettre n'a point été mife à la marge, parcequ'il a déja été compris parmi les 8 H de la *Fig.* 3., & qu'on a voulu par-là éviter de le compter deux fois.

EXPLICATION.

Premier Anneau.

Mufcles dorfaux.
20 L

L, eft un mufcle très épais, ou plutôt c'eft un faifceau d'une vingtaine de mufcles feparés, dont l'une des attaches eft à la peau, qui borde l'extrêmité poftérieure de la partie fupérieure

ré de l'Ecaille pariétale, d'où se dirigeant vers la Ligne supérieure, ils tiennent, par leur autre bout, tout près de cette Ligne,
à l'écaille qui couvre le dessus du premier Anneau.

M, est un muscle fendu. Il suit à l'intermédiaire supérieure,   M
près de la seconde Division, le bord de l'écaille qui couvre
le 1.^r Anneau. De-là il monte obliquement vers la supérieure,
&, après avoir traversé environ le tiers de l'Anneau, il s'insère
par son autre extrêmité à la même écaille.

     Le muscle N est plus large & de même longueur qu' M. Il   N
a trois têtes. Sa place est à côté d'M, également près de la
seconde Division, entre la latérale & l'intermédiaire supérieure,
auxquelles il est, ou peu s'en faut, parallèle.

, est un muscle oblique, qui croise la latérale au-dessous du   Muscles laté-
1.^r stigmate; il n'a tout au plus qu'un demi Anneau de long.   raux.
Sa tête est du côté de l'intermédiaire inférieure, & sa queue,
du côté opposé, a son attache sous χ

     Ce χ est assez long. Sa direction est parallèle à l'Anneau,
au milieu duquel il a ses attaches, l'une à l'écaille, qui couvre
l'Anneau, l'autre au bord de la cavité de la jambe.

     λ, a une direction à-peu-près pareille. Il est placé immé-
diatement au-dessus du 1.^r stigmate, près de l'extrêmité supérieure duquel il a l'une de ses attaches; l'autre est au milieu du
bord postérieur de la cavité de la jambe.

Second Anneau.

     Les Muscles Q & R, sont courts, & placés dans la région   Muscles dor-
postérieure de l'Anneau. Ils se terminent aux bords d'un pli   saux.
                                                                    Q
                                                                    R

concave, que fait la peau, le long de la 3e. Diviſion. Leur attache poſtérieure eſt plus raprochée de la Ligne ſupérieure, que n'eſt l'autre. Q, eſt compoſé de trois branches, & R, l'eſt de deux; le premier touche la ſupérieure, & le ſecond eſt couché ſur l'intermédiaire de cette Ligne.

S, eſt un court muſcle à trois ou quatre branches, placé ſous K, dans la région antérieure de d'Anneau. Il tient au pli de la 2e. Diviſion, & ſe dirigeant de-là obliquement vers la ſupérieure, il y atteint par ſon autre extrêmité, qui l'attache au ſecond pli que forme la peau, tout près du premier.

Muſcles latéraux.

On voit ici tout le muſcle δ. Il eſt dans la partie antérieure de ſon Anneau. Sa direction eſt preſque parallèle aux Diviſions. L'une de ſes extrêmités tient à la peau entre l'intermédiaire inférieure & la latérale. L'autre, partagée en quelques branches, s'y attache à l'intermédiaire ſupérieure. L'attache antérieure d'ε eſt à la peau ſous δ; de-là ſe dirigeant obliquement vers l'intermédiaire inférieure, il ſe termine, par ſon autre extrêmité, au pli de la 3e. Diviſion.

ζ eſt à-peu-près parallèle à δ, qui le précède; Caché en partie par ε, l'une de ſes inſertions eſt entre la latérale & l'intermédiaire ſupérieure, tout près de cette dernière; L'autre eſt par trois branches au bord de la cavité de la jambe.

η ſont deux muſcles, dont l'un couvre une partie de l'autre; ils ſont placés dans le devant de leur Anneau, au pli de la ſeconde Diviſion, entre la latérale & l'intermédiaire inférieure,

d'où

d'où s'avançant obliquement vers la latérale, ils ont leur attache postérieure un peu au-delà de cette Ligne.

Troisième Anneau.

LES muscles Q & R, de cet Anneau, ne diffèrent de ceux
de l'Anneau précèdent, qu'en ce qu'au second Anneau, Q avoit
trois Divisions, & R deux, & qu'au troisième, Q a deux Divisions, & R quatre.

CET Anneau a encore quatre muscles dorsaux, savoir l'S &
les 3 T, qui sont tous quatre fort courts. S, comme à l'Anneau précèdent, a trois ou quatre branches. Il tient au
pli de la 3e Division, & se porte obliquement vers la Ligne
supérieure, qu'il touche par son autre extrêmité. Les 3 T
ont une direction contraire à S. Ils ont leur attache antérieure au pli de la 3e Division, sur l'intermédiaire supérieure. Par leur autre attache, cachée dans la *Fig.*, sous ϑ, ils se
terminent à la peau, entre la latérale & l'intermédiaire inférieure.

ε est un muscle à 3 branches, placé au milieu de son Anneau, & parallèle aux Divisions. L'une de ses attaches est
près de l'intermédiaire supérieure, & l'autre près de l'intermédiaire inférieure.

η est double, & pareil à celui qui est marqué de la même
Lettre à l'Anneau précèdent.

ϖ est particulier au 3e Anneau; ce petit muscle a l'une de
ses attaches sous les deux η, & l'autre à la Trachée-Artère, aparemment pour fixer ce vaisseau, qui, sans cela, seroit flottant

de-

depuis le 1ᵉ Anneau jufqu'au 4ᵉ, n'y tenant point à la peau par un ftigmate, comme aux huit Anneaux qu'il précède.

Les huit Anneaux fuivans.

Mufcles dor-
faux.
9
11
LEs Mufcles Q & R, les feuls dorfaux qui reftent, ont une fituation pareille à celle des Q & R des deux Anneaux précèdens.

8 Q

Q, dans ce fujet, étoit fans Divifion au 4ᵉ Anneau. Il en avoit deux au 5ᵉ & au 11ᵉ, & trois aux autres.

8 R

DANS ce même fujet R avoit deux Divifions au 3ᵉ Anneau, trois au 4ᵉ, quatre au 5ᵉ, & encore davantage aux autres. Il étoit généralement plus large que Q, à la referve du fecond Anneau, où il étoit plus étroit, & du 11ᵉ, où il étoit de largeur égale.

Mufcles laté-
raux.
8 β
LE latéral β, qui fe montre ici à decouvert, eft quelquefois divifé à fes extrêmités, quelquefois il ne l'eft pas. Il eft parallèle aux Divifions, & placé vers le milieu de l'Anneau. L'une de fes attaches eft au pli que fait la peau vers l'intermédiaire fupérieure, & là il communique avec M. L'autre eft à l'intermédiaire inférieure derrière (n).

8 γ
LES Mufcles γ font doubles; ce font les moteurs de la plante des jambes intermédiaires; ainfi il ne s'en trouve qu'aux 6, 7, 8, & 9ᵉ Anneaux. Leur ftructure eft fingulière; mais, comme elle ne paroît pas affez diftinctement ici, elle ne fera expliquée que lors qu'on fera la defcription des Mufcles de la Chenille ouverte par le dos.

7 δ
δ eft prefque parallèle à fon Anneau. Il en occupe la région

pofpoſtérieure. Il a d'un côté ſon inſertion à la peau par deux branches, l'une ſous R, & l'autre au bord de ce muſcle. Son autre attache eſt à l'endroit où commence le gaſtrique (u), avec lequel il communique. Ce muſcle δ manque au 11e. Anneau.

Douzième Anneau.

Il ne reſte plus de muſcles au dernier Anneau qu'à ſa partie antérieure les deux latéraux γ & δ, qui, dans la *Fig.* précèdente, étoient couverts des muſcles β.

γ eſt petit. Il tient antérieurement ſous ζ de l'Anneau précèdent, au pli de la 11e. Diviſion; de-là croiſant obliquement la latérale, il a ſon autre attache un peu au-delà de cette Ligne, au bord du pli longitudinal que fait la peau à cet endroit.

δ eſt un petit muſcle, qui contribue, avec β, *Fig.* précèdente, à former ce pli longitudinal, au bord duquel il a ſes attaches. Sa direction eſt parallèle, ou peu s'en faut, à ſon Anneau.

Planche VII. Fig. 6.

P R É P A R A T I O N.

On a enlevé tous les muſcles dorſaux, au nombre de 47, & les latéraux, au nombre de 37, qui ont été décrits dans l'explication de la *Fig.* 5, & dont les Lettres ſont placées à la marge des endroits où il en eſt parlé. On a auſſi fait diſparoître tous les muſcles gaſtriques, dont les Lettres ne ſe voyent plus dans la *Fig.* 6.

T

Ex-

EXPLICATION.

Premier Anneau.

Mufcles dorfaux.

O

LES feuls dorfaux qui reftent font O & P.

O a deux têtes écartées, & fa queue fe termine en pointe. Il eft à-peu-près parallèle à la Ligne latérale, vers laquelle il eft placé, entre la 1re Divifion & le ftigmate.

P

P eft celui qui ouvre le 1r. ftigmate. Il fait la même fonction que les mufcles M des autres Anneaux; mais, ce qu'il a de particulier, c'eft qu'il eft placé au deffus du ftigmate, au lieu que les autres font placés au-deffous; la raifon en eft, que le premier ftigmate a le crochet écailleux, qui fert à l'ouvrir, au côté antérieur; au-lieu que les autres ftigmates l'ont à l'oppofite. Du refte, ce mufcle s'infère auffi à l'extrêmité du ftigmate, & embraffe, par une de fes queues, le crochet qu'il attire pour donner paffage à l'air. C'eft apparemment le petit mufcle gaftrique (d) † qui lui fert d'antagonifte.

† Pl. VIII.
Fig. 3.
Mufcles latéraux.

μ

LE latéral μ eft environ de la même longueur qu'O, à côté duquel il fe trouve. Sa direction l'incline un peu vers la Ligne fupérieure, ce qui fait que, croifant l'intermédiaire, il eft du nombre des latéraux. Je n'ai point trouvé ce mufcle dans quelques fujets, & alors le mufcle (h) étoit plus large qu'ici, & avoit deux têtes. La peau a naturellement, près de la première Divifion, un pli auquel les mufcles i g† & h & O* ont leur attache antérieure.

† Pl. VI.
Fig. 2.
* Pl. VII.
Fig. 5.

ν

ν eft large & partagé en quelques branches du côté de la Ligne inférieure. Il y a l'une de fes attaches, un peu au-delà

de

de l'intermédiaire inférieure, à distance à-peu-près égale de la première & de la seconde Division. Ses branches se réunissent en un seul muscle, sous (h, μ, ν, O, sous lesquels il passe, & se fléchissant autour du pli relevé, qui porte le 1ᵉ stigmate, il a son autre insertion à la hauteur du stigmate, entre la latérale & l'intermédiaire supérieure, à l'endroit où ce pli commence à s'élever.

ξ est un muscle à quelques branches, par lesquelles il tient, d'un côté, à la peau, entre l'inférieure & son intermédiaire, & entre γ & la 1ʳᵉ Division : de-là s'introduisant sous (h, μ, ν, O, il a son attache opposée sous la seconde branche d'O.

π est un petit muscle, qui, dans la *Fig.* précédente, avoit été couvert en partie par λ. Il frise obliquement le bord antérieur du stigmate. Sa première insertion est près de l'extrêmité postérieure de ξ; son autre l'est entre la latérale & l'intermédiaire inférieure.

VOYEZ *Pl. VIII. Fig.* 4., l'exposition des deux latéraux ς, qui n'ont pu être représentés ici à cause du desordre que la dissection y a causé.

Second & troisième Anneau.

IL ne reste de muscles dorsaux qu'au 2ᵈ Anneau le double muscle T, qui est court, & tient entre la latérale & l'intermédiaire supérieure, au pli de la seconde Division, d'où se dirigeant obliquement vers la latérale, il a son autre attache tout près de cette Ligne.

LES muscles ϑ, $\varkappa$, λ, μ, ν, ξ, de cet Anneau & de l'Anneau suivant, concourent tous, avec plusieurs gastriques, au

mou-

mouvement des jambes, à l'entour desquelles ils sont attachés.

2 ϑ   ϑ est parallèle aux Divisions, & placé au milieu de son Anneau; l'une de ses attaches est au pli longitudinal qui traverse
l'Anneau entre la latérale & l'intermédiaire supérieure. Il tient
à ce pli par trois branches, dont la postérieure est la plus courte, & la troisième est placée sous les deux autres. Son autre
attache est par trois ou quatre branches très courtes, entre la
latérale & l'intermédiaire inférieure, au rebord de la peau qui
précède la 1.e pièce de la jambe, à l'endroit marqué ϑ *Pl. VIII.
Fig.* 7., où une de ces jambes est tracée fort en grand.

2 ϰ   ϰ au dessous du précèdent, a une direction aprochante; l'u-
ne de ses attaches est près de la postérieure des 3 branches
dans lesquelles ϑ se partage du côté du dos de l'Animal.
L'autre est à l'entrée de la jambe, à l'endroit marqué ϰ *Pl.
VIII. Fig.* 7.

2 ϑ
6 λ   Les trois muscles λ sont de différente longueur. Ils tiennent
par l'une de leurs extrêmités à côté des T, au pli de la Division antérieure de leur Anneau, entre la latérale & l'intermédiaire supérieure, d'où se dirigeant vers la latérale, le 1.er des
3 λ a l'autre de ses attaches tant soit peu devant γ, à l'endroit
marqué λ *Pl. VIII. Fig.* 7.; le second, à distances à-peu-près
égales entre μ & ν, au bord du même pli, & le troisième, qui
est le plus court & le plus large, n'a point son attache à ce
pli, mais sur la Ligne latérale.

2 μ   μ suit, ou peu s'en faut, la direction du T, à l'extrêmité
du-

duquel il a ſa tête. Il paſſe ſur *ν* & ſous *ϑ* ; ſon autre attache
eſt un peu au-delà de la latérale, au pli de la peau qui précède la cavité de la jambe, à l'endroit marqué *μ Pl. VIII.
Fig.* 7.

ν eſt un muſcle aſſez large, qui a l'une de ſes attaches tout
près de l'extrêmité poſtérieure de *λ*. Elle eſt marquée *ν Pl.
VIII. Fig.* 7. Ce muſcle tient, par ſon autre attache, qui eſt
la plus large, à la peau, ſous *μ* & *ϑ*.

ξ eſt placé dans la region poſtérieure de ſon Anneau. Ce
muſcle a l'une de ſes attaches entre l'intermédiaire ſupérieure &
la latérale, d'où ſe dirigeant avec quelque obliquité vers la latérale, il la traverſe, & tient, par ſon autre attache, ſous *ϰ*, à
l'extrêmité du rebord de la peau qui précède la première pièce de la jambe, à l'endroit marqué *ξ Pl. VIII. Fig.* 7.

APRÈS avoir enlèvé, au ſecond Anneau & au troiſième,
tous les muſcles qui ont des Lettres, j'en ai encore compté douze petits au ſecond, & huit à l'autre, enſuite de quoi il n'y en
eſt plus reſté que dans les jambes.

Les huit Anneaux ſuivans.

IL ne reſte, à ces Anneaux, de muſcles latéraux qu'*ε* & *ζ*,
encore *ε* manque-t-il au 11e Anneau.

CE dernier muſcle, tantôt fourchu, tantôt double, eſt parallèle aux Diviſions, & placé dans la partie poſtérieure de ſon
Anneau; l'une de ſes attaches eſt entre l'intermédiaire ſupérieure & la latérale; l'autre entre la latérale & l'intermédiaire
inférieure.

T 3

8 ζ   ζ eſt un muſcle très large, à trois ou quatre Diviſions, placé dans la partie poſtérieure de ſon Anneau; ſon attache antérieure eſt à la latérale, ſous ι, d'où ſe dirigeant obliquement vers l'intermédiaire inférieure, il a ſon autre attache au pli de la Diviſion.

TEL eſt l'arrangement des muſcles dans une Chenille ouverte par le ventre.

SI à préſent on fait l'énumeration des muſcles dorſaux, & latéraux, qui ſont les ſeuls qui y ont été décrits, on trouvera que, dans la

1ͤ *Fig.* les dorſaux montoient à 35	les latéraux à	7
2ᵉ *Fig.* —— —— —— —— 38	—— —— ——	35
3ᵉ *Fig.* —— —— —— —— 56.	—— —— ——	11
4ᵉ *Fig.* —— —— —— —— 37	—— —— ——	27
5ᵉ *Fig.* —— —— —— —— 47	—— —— ——	37
6ᵉ *Fig.* —— —— —— —— 4	—— —— ——	37

En tout, dorſaux —— 217.   latéraux - 154.

QUOIQUE dans les *6 Fig.* des *Pl. VI. & VII.*, dont ce Chapitre eſt une explication, on aît eu ſoin de marquer les muſcles gaſtriques par leurs Lettres, on n'a point encore jugé à propos d'en traiter juſqu'ici, parcequ'on ne l'auroit pu faire que très-imparfaitement, à cauſe du dérangement que pluſieurs d'entr'eux ſubiſſent quand on ouvre la Chenille par le ventre; mais on les a réſervé pour le Chapitre ſuivant, qui, traitant de ces muſcles dans la Chenille ouverte par le dos, nous les fera voir dans un arrangement plus diſtinct & plus naturel.

CHAPI-

C H A P I T R E VIII.

Des Muscles du Corps, tels qu'ils paroissent successivement, lors qu'on anatomise une Chenille ouverte par le dos.

Planche *VII.* Fig. 1.

P R É P A R A T I O N.

APRÈS avoir vuidé la Chenille de même qu'on l'a fait pour la *Fig.* 1. du Chapitre précèdent, on a debarrassé les Muscles, des nerfs, des bronches, & de la graisse qui en offusquoient la vue, sans y laisser rien d'étranger au sujet que la Tête & la seule Trachée-Artère. On a de plus ôté, au premier Anneau, les Muscles dorsaux A & C, & les latéraux α, γ, δ; A la Tête, on a retranché la partie postérieure des Ecailles parietales jusqu'à la pointe de l'Ecaille frontale, pour mettre mieux à découvert les gastriques (a) & (b) du premier Anneau; Et, à la partie postérieure du dernier Anneau, on a coupé une pièce du sac fœcal, pour faire paroître les Muscles (a), après quoi la première couche des muscles s'est montrée à la vue, de la manière qu'on la voit ici représentée.

E X P L I C A T I O N.

Premier Anneau.

LES Muscles gastriques (a) sont cinq en nombre; trois ont leur insertion antérieure à la crête de l'Ecaille circonflexe de

Muscles gas-
triques.
5 a

la

la bafe de la lèvre inférieure, & deux l'ont au-deffous de l'apophyfe zygomatique. Leur autre attache eft à la feconde Divifion, entre la fupérieure & fon intermédiaire, à l'endroit, où le mufcle (a) du fecond Anneau commence, & ils y occupent à-peu-près la même largeur. A les examiner à cet endroit, on croiroit qu'il y en a huit, dont trois font couverts par les cinq autres; mais, en les confidèrant à leur côté antérieur, on trouve qu'ils ne font que cinq, dont trois fe terminent par deux queues.

8 b   Les Mufcles (b) font au nombre de 8, dont on n'en voit ici que quatre, qui couvrent les quatre autres. Ils font parallèles aux 5 (a). Les deux les plus près de la latérale ont l'antérieure de leurs attaches au bord de l'Ecaille zygomatique. Les autres l'ont à la crête de l'écaille circonflexe de la bafe de la lèvre d'en-bas. Tous ont leur autre attache à la feconde Divifion fur l'intermédiaire inférieure, où ils occupent la même largeur environ que le mufcle (b) de l'Anneau fuivant, dont ils paroiffent être une continuation divifée.

Les dorfaux D, E, G, H, I, n'ont ici une fituation fi différente de celle qu'ils ont dans les Figures de la Chenille ouverte par le ventre, qu'à caufe que les uns, tenant naturellement à la peau du cou, près de l'occiput, & les autres à l'occiput même, ils ont fuivi la peau du cou qui en a été féparée & écartée; ce qui a auffi donné, à F, une direction toute oppofée à celle qu'il avoit dans la *Pl. VI. Fig.* 3.

Second

viſées, aux muſcles du ventricule, tout près du 1ᵉ. gros inteſtin.

LA cinquième Tige (ç 5), ſe repand ſur le bas du ventricule, ſur le 1ᵉ. gros inteſtin, & elle communique avec l'extrêmité du Vaiſſeau ſoyeux, de la manière qu'on le fera voir en traitant de ce Vaiſſeau en particulier.

LA ſixième (ç 6), ſe ramifie par trois branches ſur les inteſtins grêles.

LA ſeptième & dernière de ces Tiges (ç 7), a ſon origine par quatre ou cinq têtes à la 11ᵉ. Diviſion, partie ſur (c) & (b), partie entre ces muſcles. Ces têtes ſe réuniſſent en une ſeule tige, qui enſuite ſe partage en 4 ou 5 queues, par leſquelles elle tient au 3ᵉ. gros inteſtin, de la manière qu'il ſera expliqué dans la ſuite. Je n'ai pas remarqué que cette tige répandit quelque branche dans l'Etui graiſſeux.

A la 12ᵉ. Diviſion, il n'y a point de tige muſculeuſe pareille aux précèdentes; mais, à l'attache antérieure du muſcle (a) du dernier Anneau, il y en a depuis 4 juſqu'à 8 plus petites & plus minces, dont deux ou trois ſe fourchent à leur origine, & tiennent, par leur autre bout, au bas du 3ᵉ. gros inteſtin.

15 Tiges muſ-
culeuſes plus
petites.

A la ſubdiviſion du dernier Anneau, il y a depuis 5 juſqu'à 8 tiges pareilles à ces dernières, du côté de la Ligne ſupérieure, & autant à l'oppoſite, qui s'inſèrent au même inteſtin. Et enfin, j'ai trouvé encore 4 ou 5 petites tiges à la ſubdiviſion du dernier Anneau, entre la Ligne ſupérieure & ſon intermédiaire, qui tiennent, par leur autre extrêmité, à l'endroit où le 3ᵉ. gros inteſtin s'ouvre dans le ſac fœcal.

V 3

Planche

Planche VII. Fig. 2.

P R É P A R A T I O N.

On a enlèvé la Trachée-Artère ; tous les muscles droits gastriques ; toutes les tiges musculeuses gastriques, grandes & petites, le muscle (c) du second & du troisième Anneau, le muscle (a) de la subdivision du dernier ; faisant, y compris les tiges musculeuses gastriques, en tout 76 muscles ; & des muscles dorsaux ceux dont on ne voit plus les Lettres.

E X P L I C A T I O N.

Premier Anneau.

Il n'offre encore qu'un seul muscle gastrique (c), trop couvert par les latéraux ζ pour pouvoir être suivi. Ces derniers, au reste, paroissent ici dans leur situation naturelle. Il a fallu trop les étendre dans la *Pl. VI. Fig. 2.*, où ils ont été décrits.

Second Anneau.

Les muscles (d, e, f), tiennent aux plis des Divisions qui terminent leur Anneau ; leurs attaches antérieures font à côté les unes des autres ; celle de (d) est entre la Ligne inférieure & son intermédiaire ; celle d'(f) sur cette intermédiaire, & celle d'(e) entre ces deux. Leur direction est diversement oblique en s'écartant de la Ligne inférieure, de manière que (d) a le moins d'obliquité, & qu'(f) en a le plus. L'attache postérieure de (d) est entre la Ligne inférieure & son intermédiaire, où elle est en partie cachée par (g). Celle d'(e) est entre l'intermédiaire inférieure & la latérale, sous ε ; Et celle d'(f) est à la latérale, sous θ & α. ε passe sur (f). Ce dernier muscle est le moins large des

trois,

Second Anneau.

On voit ici trois mufcles gaftriques (a, b, c), dont les deux a
premiers font droits, fort larges, placés l'un à côté de l'au- b
tre, ayant leurs attaches antérieures aux mêmes endroits, où (a)
& (b) dupremier Anneau fe terminent, & les autres à la troifième Divifion.

(c) eft oblique; il n'a qu'un bon tiers de la largeur des muf- c
cles (a) & (b) du même Anneau. Il croife, à la Ligne inférieure,
fon mufcle pareil du côté oppofé, mais qui n'a point été repréfenté. Son attache antérieure eft par de-là cette Ligne à
la feconde Divifion, à l'endroit où commence le mufcle (a); de-
là defcendant obliquement, il paffe par deffus le mufcle (a) *Fig.*
1ᵉ, & s'attache à la 3ᵉ Divifion, fous le mufcle (b) de fon
Anneau.

Troifième Anneau.

(a, b & c), y font en tout pareils à ceux de l'Anneau précèdent, à la referve que le mufcle (c), qui croifoit, à la Ligne inférieure, fon mufcle pareil & oppofé, en eft ici croifé lui-
même.

A côté de (b), vers la latérale, on voit paroître le bord d'un d.
troifième mufcle droit gaftrique (d). Il eft environ d'un tiers
moins large que le mufcle (b), qui en couvre la plus grande partie. Il fe montre à plein *Pl. VI. Fig.* 2, Anneau 3ᵉ, où on l'a
laiffé tout exprès.

V

Les

Les huit Anneaux suivans.

Mufcles gaf-
triques.

Ils ont chacun quatre mufcles droits gaftriques, (a, b, c, d), dont (a) & (c) n'occupent enfemble guères plus que la largeur du mufcle (a) du 2^d & du 3e. Anneau.

8 a

(a) eft remarquable, en ce que, pendant que les autres mufcles droits fe terminent aux Divifions de leurs Anneaux, fon extrêmité poftérieure paffe au 4, 5, 6, 7, 8, & 9 Anneaux, cette Divifion, & s'infère affez avant dans l'Anneau qui fuit; ce qui vraifemblablement a été ainfi ménagé pour faciliter l'ondoyement que fait le corps de la Chenille quand elle marche, & qui en rend le mouvement progreffif plus aifé que s'il étoit vermiculaire; d'un côté, par la raifon qu'il faut un plus grand effort, & un concours de plus de mufcles pour contraĉter un Anneau que pour le courber; & de l'autre, que quand la Chenille porte fes jambes intermédiaires en avant pour faire un pas, fon mouvement ondoyant, en les foulèvant, prévient qu'ils ne s'accrochent mal à propos; ce qui les empêcheroit de pouvoir s'avancer.

8 c

(c) fe termine comme (b) & (d) aux Divifions de fon Anneau; à la 11e. il communique avec (a) de l'Anneau précèdent.

8 b

(b) eft bien d'un tiers plus large que (c). Au 4e. Anneau il communique par fes deux extrêmités, & au 5e. par fon extrêmité poftérieure, avec le mufcle (d).

8 d

(d) au 4, 5, & 6 Anneau, fe montre fucceffivement davantage; mais jufqu'au 11e. Anneau il refte toûjours en partie couvert par (b), & même à cet Anneau, prenant un peu d'obliquité,

quité, il paſſe preſque toute ſon extrêmité poſtérieure ſous ce muſcle.

Douzième Anneau. Partie antérieure.

LE (c) des 8 Anneaux précèdens ne ſe trouve point ici, & (a), qui y tient la place d'(a) & de (c), a preſque la largeur de ces deux muſcles.

(b) ſemblable pour la largeur à celui de l'Anneau précèdent, ſe termine à la ſubdiviſion du dernier Anneau.

Partie poſtérieure.

LES muſcles (a), ou plutôt le muſcle (a), que l'on voit ici, occupe tout le côté de la Chenille, depuis la Ligne inférieure juſqu'à la ſupérieure, deſorte qu'il eſt tout à la fois dorſal, latéral & gaſtrique. Si l'on prend tout ce qu'on y voit de Diviſions pour autant de muſcles, leur nombre ſera grand & difficile à determiner; mais, comme ces Diviſions tiennent preſque toutes latéralement les unes aux autres, nous les conſidèrerons plutôt comme un très large muſcle demi circulaire fort diviſé. Son attache antérieure eſt à la ſubdiviſion de ſon Anneau; l'autre eſt à la peau du ſac fœcal. Sa longueur eſt fort inégale. Il eſt très court entre l'inférieure & ſon intermédiaire, & il devient ſucceſſivement plus long à meſure qu'il aproche de la ſupérieure. Je l'ai coupé tout près de la ſubdiviſion, depuis la latérale juſqu'à la ſupérieure, pour faire paroître les dorſaux A & B, qui en étoient couverts.

LES ſept muſcles (ç), que l'on voit flotter ici ſur les muſcles

Muſcles gaſtriques.
a

b

a

7 Tiges muſculeuſes (ç).

V 2

droits

droits du ventre, font du nombre de ceux qui ont été nom-
més, dans le Chapitre précèdent, des *Tiges musculeuses*.

La première (ç 1), part à la 5e Division d'entre (c) & (b); les
cinq autres partent d'entre (a) & (c) des cinq Anneaux
suivans, les unes à la Division antérieure de leur Anneau,
les autres un peu plus bas, & ordinairement elles font fourchues à leur origine. Les six premières Tiges, après s'être épanouïes, se ramifient toutes, d'un côté dans l'Etui graisseux; de l'autre, la première de ces Tiges (ç 1), se divise en trois ou quatre
branches, qui se repandent sur la partie intermédiaire du Vaisseau
soyeux, à six lignes environ de distance de sa partie antérieure.

La seconde Tige (ç 2), s'insère à la partie postérieure du même
Vaisseau, à 5 ou 6 lignes de son origine, au bout le plus avancé des intestins grêles, & au ventricule.

La troisième (ç 3), après s'être divisée en deux branches, &
l'une de ces branches en trois rameaux, s'attache, par l'un de ces
rameaux, à l'intestin grêle, & par les deux autres, au ventricule, à la hauteur du 8e Anneau; l'autre branche communique avec
la partie postérieure du Vaisseau soyeux, 7 ou 8 lignes plus bas
que ne fait la Tige précèdente.

La quatrième Tige (ç 4), tient encore, par une branche fourchue, d'un des côtés de son épanouïssement, à l'extrêmité de la
partie postérieure du Vaisseau soyeux, & à l'extrêmité du ventricule; par une branche, de l'autre côté de cet épanouïssement,
au Vaisseau soyeux, environ à 5 lignes de distance de son bout
postérieur, & de plus par quatre ou cinq autres branches subdi-

viſées, aux muſcles du ventricule, tout près du 1ᵉ gros inteſtin.

La cinquième Tige (ç 5), ſe repand ſur le bas du ventricule, ſur le 1ᵉ gros inteſtin , & elle communique avec l'extrêmité du Vaiſſeau ſoyeux, de la manière qu'on le fera voir en traitant de ce Vaiſſeau en particulier.

La ſixième (ç 6), ſe ramifie par trois branches ſur les inteſtins grêles.

La ſeptième & dernière de ces Tiges (ç 7), a ſon origine par quatre ou cinq têtes à la 11ᵉ Diviſion ,partie ſur (c) & (b), partie entre ces muſcles. Ces têtes ſe réuniſſent en une ſeule tige, qui enſuite ſe partage en 4 ou 5 queues, par leſquelles elle tient au 3ᵉ gros inteſtin, de la manière qu'il ſera expliqué dans la ſuite. Je n'ai pas remarqué que cette tige répandit quelque branche dans l'Etui graiſſeux.

A la 12ᵉ Diviſion, il n'y a point de tige muſculeuſe pareille aux précèdentes; mais, à l'attache antérieure du muſcle (a) du dernier Anneau , il y en a depuis 4 juſqu'à 8 plus petites & plus minces, dont deux ou trois ſe fourchent à leur origine, & tiennent, par leur autre bout, au bas du 3ᵉ gros inteſtin.

15 Tiges muſculeuſes plus petites.

A la ſubdiviſion du dernier Anneau, il y a depuis 5 juſqu'à 8 tiges pareilles à ces dernières, du côté de la Ligne ſupérieure, & autant à l'oppoſite, qui s'inſèrent au même inteſtin. Et enfin, j'ai trouvé encore 4 ou 5 petites tiges à la ſubdiviſion du dernier Anneau, entre la Ligne ſupérieure & ſon intermédiaire, qui tiennent, par leur autre extrêmité, à l'endroit où le 3ᵉ gros inteſtin s'ouvre dans le ſac fœcal.

V 3

Planche

Planche *VII. Fig.* 2.

P R É P A R A T I O N.

On a enlèvé la Trachée - Artère ; tous les muscles droits gastriques ; toutes les tiges musculeuses gastriques, grandes & petites, le muscle (c) du second & du troisième Anneau, le muscle (a) de la subdivision du dernier ; faisant, y compris les tiges musculeuses gastriques, en tout 76 muscles ; & des muscles dorsaux ceux dont on ne voit plus les Lettres.

E X P L I C A T I O N.

Premier *Anneau.*

Il n'offre encore qu'un seul muscle gastrique (c), trop couvert par les latéraux ζ pour pouvoir être suivi. Ces derniers, au reste, paroissent ici dans leur situation naturelle. Il a fallu trop les étendre dans la *Pl. VI. Fig.* 2., où ils ont été décrits.

Second *Anneau.*

Les muscles (d, e, f), tiennent aux plis des Divisions qui terminent leur Anneau ; leurs attaches antérieures sont à côté les unes des autres ; celle de (d) est entre la Ligne inférieure & son intermédiaire ; celle d' (f) sur cette intermédiaire, & celle d' (e) entre ces deux. Leur direction est diversement oblique en s'écartant de la Ligne inférieure, de manière que (d) a le moins d'obliquité, & qu' (f) en a le plus. L'attache postérieure de (d) est entre la Ligne inférieure & son intermédiaire, où elle est en partie cachée par (g). Celle d' (e) est entre l'intermédiaire inférieure & la latérale, sous ε ; Et celle d' (f) est à la latérale, sous θ & α. ε passe sur (f). Ce dernier muscle est le moins large des

trois,

trois, & (d) en eſt le plus large. Tous trois ont ici plus de largeur que dans la *Pl. VI. Fig.* 2, ce qui peut provenir de ce
que ces deux Planches ont été gravées d'après différens ſujets,
dont les muſcles n'ont pas toûjours entre eux la même proportion; mais qui provient auſſi, de ce que, dans la *Pl. VI.*, ces
muſcles ont été plus tendus ; ce qui les retrecit toûjours davantage.

Troiſième Anneau.

TROIS muſcles gaſtriques (e, f, g), paroiſſent ici, dont (e) eſt
le ſeul qui s'offre à découvert. Leurs attaches ſont aux plis
des Diviſions de leur Anneau.

(e) tient, par la tête, à l'intermédiaire inférieure, d'où tendant
avec obliquité vers la latérale, ſa queue s'inſère plus près de
cette Ligne.

CE muſcle, qui répond au muſcle (e) de l'Anneau précèdent, eſt
de moitié plus large. Il croiſe (g), qui ne l'eſt pas tout à fait
autant, & dont l'attache antérieure eſt un peu au-delà de l'intermédiaire inférieure, entre cette Ligne & la latérale, d'où
ſe dirigeant obliquement vers l'inférieure, il ſe termine, par ſon
autre extrêmité, entre cette Ligne & ſon intermédiaire.

(f), dont une partie de l'extrêmité poſtérieure eſt couverte
par (g), a ſes attaches plus près de l'inférieure, à laquelle il eſt
preſque parallèle. Il répond au muſcle (d) de l'Anneau précèdent, & eſt, comme lui, moins large à ſon extrêmité antérieure qu'à l'autre.

Les

Les huit Anneaux suivans.

8 e

(e) paroît ici par tout à découvert; Il fe termine aux plis des Divifions de fon Anneau. Il eft droit au 4 & 5ᵉ Anneaux, & plus étroit qu'aux fuivans, où il eft oblique, en s'aprochant de la latérale. Les deux droits font près de l'intermédiaire inférieure, entre cette intermédiaire & la latérale; les autres, plus larges à la tête qu'ailleurs, en ont l'attache plus vers l'inférieure, dont ils croifent obliquement l'intermédiaire; & cette obliquité, de même que leur largeur, diminue, d'Anneau en Anneau, de manière, que ce mufcle redevient à-peu-près droit au onzième.

8 ff

(ff) eft environ d'un tiers moins large qu' (e). Il eft droit, ou peu s'en faut; on ne le voit tout-à-fait qu'au 4ᵉ & 5ᵉ Anneau, où il fe trouve à côté d' (e), entre l'intermédiaire inférieure & la latérale; aux autres Anneaux, il ne paroît que vers fa partie antérieure; le refte en eft couvert par (e).

Douzième Anneau. Partie antérieure.

Mufcles gaf-
triques.

CETTE partie n'offre ici que deux mufcles gaftriques (c) & (d).

c

(c) eft très large; l'une de fes extrêmités tient à la douzième Divifion, tout contre la Ligne inférieure, d'où tirant un peu vers la latérale, il a fon autre attache à la fubdivifion de l'Anneau, au bord du fac fœcal.

d

(d) a deux queues; il eft parallèle au précèdent, mais moins large & plus long; fa première attache tient à la 12ᵉ Divifion, fur l'intermédiaire inférieure. L'une de fes queues, qui eft la plus courte, eft à la fubdivifion de l'Anneau, entre cette intermédiaire & la latérale; l'autre tient fur cette dernière, au côté du

fac

ſac fœcal. Les muſcles (a) & (b) de la partie poſtérieure de cet Anneau s'y attachent à cet endroit, &, pour le faire remarquer, j'en ai laiſſé des reſtes au côté de cette queue.

Partie poſtérieure.

LE muſcle (b) n'eſt pas repréſenté tout entier ; il eſt placé ſous (a). Comme (a), il a grand nombre de Diviſions, qui latéralement s'entre-communiquent toutes, ou du moins la plûpart. Il s'étend en largeur depuis la Ligne inférieure juſqu'à la latérale. Son attache antérieure eſt à la ſubdiviſion de l'Anneau ; l'autre tient à divers endroits de la tunique extérieure du ſac fœcal.

ON voit au-deſſous de l'extrêmité poſtérieure du muſcle H de la partie antérieure de cet Anneau, deux muſcles, trop petits pour être marqués de Lettres. Ils ont enſemble l'une de leurs attaches à H, d'où l'un de ces muſcles, ſe dirigeant vers l'extrêmité de la Ligne inférieure, tient, par ſon autre bout tout joignant l'anus, au ſac fœcal. L'autre muſcle, qui lui eſt preſque perpendiculaire, aſſujettit, par ſon extrêmité oppoſée, qui eſt ici flottante, ce même ſac, auquel tiennent encore deux muſcles plus petits, qui, ſe réuniſſant, fixent enſemble leur autre bout contre le deſſous de ce dernier,

Planche *VIII*. Fig. 3.

PRÉPARATION.

ON a retranché tous les muſcles gaſtriques au nombre de 29, dont on a traité dans l'explication de la *Fig.* précèdente, & les muſcles dorſaux & latéraux, dont les Lettres ont diſparu dans cette Figure.   X   EXPLI-

E X P L I C A T I O N.

Premier Anneau.

On ne voit ici, entièrement à découvert, que les deux muſcles gaſtriques (c) & (d).

(c) eſt large, & à trois ou quatre queues; Il a ſa 1ʳᵉ attache à la baſe de la lèvre inférieure, tout joignant la Ligne, qui la partage en deux. De-là il deſcend avec quelque obliquité juſques près de la ſeconde Diviſion, & il y a ſon autre attache entre la Ligne inférieure & la latérale.

Le petit muſcle (d) tient d'un côté au 1ʳ. ſtigmate, & de l'autre un peu plus bas, entre l'intermédiaire inférieure & la latérale ; il m'a paru être l'antagoniſte de P, qui ouvre ce ſtigmate.

Les muſcles latéraux β & δ ſe voyent ici dans un état plus naturel que *Pl. VI. Fig.* 1., où a été ſeparé de ſon attache poſtérieure, & δ a été fort tendu. Ce dernier, qui, dans l'autre ſujet, étoit double, s'eſt trouvé ſimple dans celui-ci. Son attache poſtérieure eſt ſous le muſcle (c), près de la peau du cou. Celle de β ſe remarque un peu à l'autre côté de (c), au milieu de l'Anneau, à la Ligne inférieure. β étoit triple dans ce ſujet.

Second Anneau.

Les trois gaſtriques (g, h, i,) qui paroiſſent à cet Anneau, avoient été couverts par (d, e, f,) dans la *Fig.* précèdente. (g) & (h) s'inſèrent, de part & d'autre, aux plis qui terminent leur Anneau, & (i) n'y a que ſon attache antérieure.

(g)

(g) eſt à la Ligne intermédiaire inférieure; ſa direction l'apro- *5*
che un peu de l'inférieure même.

(h) placé à côté de (g), & plus près de l'inférieure, eſt triple, *3 h*
& un peu plus incliné vers cette Ligne; celui des trois (h), qui
en eſt le plus voiſin, a deux queues, dont l'une eſt cachée
par l'autre.

(i) qui aproche encore plus de l'inférieure, y a ſon autre at- *i*
tache, un peu au delà du milieu de l'Anneau.

A cet endroit, ſon muſcle pareil, qui eſt au côté oppoſé, ſe
fourche pour recevoir l'extrêmité de celui-ci, deſorte qu'ils ſe
croiſent un peu à cet endroit ſur la Ligne inférieure.

Troiſième Anneau.

COMME le muſcle (g) de cet Anneau s'eſt montré aſſez diſtinctement dans la *Fig.* 2., pour pouvoir y être décrit, on l'a
fait diſparoitre ici.

(h) qui étoit triple à l'Anneau précèdent, eſt ici double. Celui *2 h*
des deux, qui eſt le plus près de la Ligne inférieure, eſt le plus
large. Il a trois queues, dont on n'en voit que deux, la troiſième étant cachée ſous les deux autres. Ils occupent, dans cet
Anneau, la même place que les trois (h) occupent dans l'Anneau
précèdent.

IL en eſt de même du muſcle (i), qui, en tout ſemblable à *i*
celui du ſecond Anneau, eſt auſſi croiſé par ſon muſcle pareil,
qui eſt à l'autre côté de l'Inſecte.

Les huit Anneaux ſuivans.

LE muſcle (f), dans tous ces Anneaux, eſt large & fort. Il *f*

X 2

tient

tient par devant vers l'intermédiaire inférieure, au pli de la première Divifion de fon Anneau ; fon autre attache eft à l'inférieure même, avec cette différence, par rapport au 10 & 11e Anneau, que cette attache y eft au dernier pli, & qu'aux autres le mufcle paffe par deffus ce pli, & s'infère à la peau de l'Anneau fuivant.

Dans tous ces Anneaux, (g) tient, par fa première extrêmité, au pli qui fepare fon Anneau du précèdent ; il eft parallèle à (f), & placé à côté de lui, plus près de l'inférieure.

Les fix premiers (g) font fourchus, & celui du 4e Anneau l'eft tellement, que fes deux queues ne fe réuniffent que tout près de fon attache antérieure; la queue, qui eft du côté d'(f), eft la plus longue. Elle enjambe fur l'Anneau fuivant ; mais pas tout-à-fait fi avant que le fait (f), & elle s'infère à la Ligne inférieure. L'autre s'y infère bien auffi; mais, beaucoup plus courte que la précèdente, elle ne parvient pas à la Divifion poftérieure de fon Anneau.

Les deux derniers (g) n'ont point de fourche; ils fe terminent aux Divifions, fans atteindre à l'Anneau fuivant.

Il eft à remarquer, que, pendant que cette particularité d'enjamber par-delà fon Anneau, n'a été donnée qu'aux dorfaux C*, moteurs de la tête, & au feul latéral α du fecond & troifième Anneau, les gaftriques (a, f, & g) *Fig.* 1 & 2., de même que les gaftriques (i) de la *Fig.* fuivante, enjambent tous par deffus leur Anneau, depuis le 4e jufqu'au 10e, ce qui confirme encore la conjecture, qui a déja été avancée à l'occafion

du

du mufcle (a), que cette difpofition de mufcles n'a été ainfi ménagée, au ventre, que pour faciliter le mouvement progreffif de la Chenille, en donnant, au deffous de fon corps, quand elle marche, ce mouvement ondoyant qu'on lui voit, fur-tout depuis le 4.e Anneau jufqu'au 10e., & au moyen duquel elle foulève fes jambes intermédiaires, & les porte en avant, fans les faire gliffer fur le plan de pofition, ce qui ne pourroit arriver fans que leurs crochets ne les arrêtaffent à tout moment.

On peut encore ajouter à cela que les mufcles (f), & l'une des queues des mufcles (g), ayant ainfi beaucoup plus de longueur que s'ils fe terminoient à leurs Anneaux, deviennent par-là capables d'une plus grande contraction, & mettent, par conféquent, la Chenille en état de faire de plus grands pas qu'elle ne le pourroit autrement.

Le mufcle (h), placé à côté d'(f), & ayant une direction aprochante, croife l'intermédiaire inférieure, & fe termine aux plis des Divifions de fon Anneau.

J'ai trouvé, par deux fois, ce qui eft affez fingulier, qu'au 4.e Anneau il y avoit, d'un côté, deux (h), qui fe croifoient de la manière qu'on le voit repréfenté, pendant qu'à l'autre côté de la Chenille, il n'y avoit, au même Anneau, qu'un feul mufcle (h), ainfi qu'aux Anneaux fuivans.

Douzième Anneau. Partie antérieure.

Le large mufcle (e) eft le feul gaftrique qui refte ici; il eft placé fur l'intermédiaire inférieure; fa direction l'écarte de la

X 3

la-

latérale.   Ses attaches font aux plis de la Divifion antérieure,
& de la fubdivifion de cet Anneau.

Partie poftérieure.

e   (c) eft un large mufcle à plufieurs Divifions, placé fous (b)
de la *Fig.* précèdente.   Il borde la fubdivifion de fon Anneau,
depuis la latérale jufqu'à une petite diftance de l'inférieure, &
fon autre extrêmité tient au fac fœcal, plus bas que le mufcle (b), ce qui le rend auffi un peu plus long.

1 fans Lettre.   LE petit mufcle fans Lettre, qui paroît à la fubdivifion fur
(c), n'eft point un refte du mufcle enlèvé (b); c'eft un muf-
cle particulier, dont la direction eft telle qu'on la voit repréfentée.   Il tient, par l'une de fes extrêmités, à (c), & par
l'autre au fac fœcal.

Planche VIII. Fig. 4.

P R É P A R A T I O N.

ON a fait difparoitre tous les mufcles gaftriques, au nombre
de 37, qui ont été décrits en expliquant la *Fig.* précèdente,
& tous les mufcles dorfaux & latéraux, dont les Lettres ne fe
trouvent plus dans la *Fig.* 4.

E X P L I C A T I O N.

Premier Anneau.

LES gaftriques, qui fe voyent le mieux ici, font (e, f, g)
e   (e) eft étroit & long; il paffe fur (f) & le croife; l'une de
fes attaches eft à l'inférieure, où il s'élargit tant foit peu, &
y tient à la hauteur du ftigmate.   L'autre eft à la latérale, entre le ftigmate & le cou, fous le mufcle *1.*

(f)

(f) eſt court, fort large, preſque droit, & placé le long de
l'intermédiaire, entre cette Ligne & la latérale. Son attache
antérieure, paſſant ſous (e), tient, un peu au-delà de ce muſcle, à un pli de la peau qui va d'une jambe à l'autre. La poſtérieure de ſes attaches eſt tout près de la ſeconde Diviſion. Il
n'a point été repréſenté parmi les muſcles de la Chenille ouverte par le ventre, parcequ'il s'y eſt trouvé emporté.

LES muſcles (g) ſont tantôt trois, & tantôt quatre en
nombre. Quand il n'y en a que trois, celui du milieu eſt une
fois plus large que les autres. Leur attache poſtérieure eſt environ au milieu de l'Anneau, où le plus court de ces muſcles
borde l'inférieure; les autres, à meſure qu'ils s'en écartent, deviennent plus longs & plus obliques. Leurs attaches antérieures ſont à un pli que fait la peau vers le cou; pli auquel les
muſcles ι & (h) tiennent pareillement.

CE muſcle (h) * au reſte, dont on n'aperçoit ici qu'une
partie de l'extrêmité poſtérieure, parceque le muſcle ι paſſe
par deſſus, ſe voit davantage *Pl. VII. Fig. 6.* L'une de ſes
extrêmités s'inſère au pli de la peau, au même endroit que ι,
& l'autre eſt ſous le muſcle π, † près du ſtigmate.

ON aperçoit ici, immédiatement au-deſſus du bout antérieur
d'(f), un paquet muſculeux g, formé par les Diviſions de
deux muſcles latéraux flottans, qui ſe montrent auſſi dans
les trois Figures précèdentes, & qui n'ont point été repréſentés dans la Chenille ouverte par le ventre, à cauſe que le dérangement, que les ciſeaux, dans la diſſection, ont cauſé à cet

en-

f

3 g

h
* Voyez *Pl.*
VII. Fig. 6.

† *Pl. VII.*
Fig. 6.

endroit, avoit rendu ces mufcles méconnoiffables. Ici même il n'y a pas eu moyen d'en laiffer les attaches antérieures, parcequ'elles tenoient au bord des écailles parietales, qu'il a fallu couper, pour rendre vifibles les mufcles gaftriques de cet Anneau. Les attaches poftérieures de ces mufcles fe partagent en deux fuites, dont l'une s'infère fous le premier, & l'autre au fecond des deux plis que fait la peau entre la jambe & le cou.

Second Anneau.

Six mufcles gaftriques paroiffent affez diftinctement, à cet Anneau, pour pouvoir être décrits, favoir (k, l, m, n, o, & p).

k　　(k) eft un mufcle large, oblique, à 3 ou 4. Divifions, placé à la partie antérieure de fon Anneau. Sa tête tient entre l'inférieure & l'intermédiaire de cette Ligne, au pli de la 2e Divifion, d'où ce mufcle, tendant vers l'inférieure, la croife, & y croife en même tems fon mufcle pareil, venant du côté oppofé, & il fe termine à droit & à gauche de cette Ligne.

l　　(1) eft un mufcle affez étroit, dont la tête s'attache au pli de la 2e Divifion, près de l'intermédiaire inférieure; il tient, par fa queue, fous (n), dans la cavité de la jambe, à la peau qui en fait le bord.

2 m　　(m) font deux mufcles, d'obliquité pareille, placés l'un fur l'autre, dont les têtes s'infèrent dans la peau, fous le mufcle β, & communiquent, par une couche de fibres, avec la queue du mufcle γ, dont, au premier coup d'œuil, on les prendroit pour la continuation. Leur autre extrêmité rencontre l'intermédiaire inférieure, au pli de la 3e Divifion.　　　　　(n)

(n) eſt large & court; il couvre le bord poſtérieur de la cavité de la jambe, & l'extrêmité de la queue d'(1). La première de ſes attaches eſt à la peau, tout près de l'inférieure, à l'endroit marqué (n) *Fig.* 7., d'où ſe dirigeant preſque perpendiculairement vers (m), il s'introduit ſous (o) & (m), & en raſe les extrêmités par ſon autre attache.

(o) eſt étroit & arqué; il couvre un peu le bord de la cavité de la jambe, du côté de l'intermédiaire inférieure, & s'y termine par l'une de ſes extrêmités; l'autre eſt à côté de celle d'(m) à la troiſième Diviſion.

(p) eſt pareillement arqué; il borde le côté antérieur de la cavité de la jambe, & rencontre, par l'une de ſes extrêmités, la tête d'(o), de façon qu'à la première vue on prendroit ces deux muſcles pour un ſeul. Son autre extrêmité ſe termine tout près de l'inférieure, à un pli relèvé qu'y fait la peau.

Du côté de la latérale, (o) eſt bordé d'un muſcle triangulaire pareil à (q) de l'Anneau ſuivant, où il en ſera fait mention; ici il eſt entièrement caché ſous (m) & ε.

Troiſième Anneau.

Cet Anneau n'a point de muſcle pareil à (m) de l'Anneau précèdent.

Son muſcle (k) ne diffère du muſcle (k) du ſecond Anneau qu'en ce que celui du côté oppoſé le croiſe, au lieu qu'au ſecond Anneau il le croiſoit.

Comme les muſcles (l, n, o, p), au 2.^d & au 3.e An-

Y

neau,

neau, font à tous égards femblables, ce qui a été dit des premiers peut fervir d'explication pour ceux-ci.

q   (q) eft un mufcle triangulaire, qui tient, par fa bafe, au dernier pli de fon Anneau. Du côté de l'inférieure, il borde le mufcle (o) & y eft attaché; fon fommet l'eft en même tems à la peau, qui borde la cavité de la jambe; fon autre côté a l'épaiffeur d'un mufcle ordinaire de Chenille; mais par-tout ailleurs il eft fort mince.

Le fecond Anneau a auffi, comme j'ai dit, fon mufcle (q); mais on ne l'y voit point, parcequ'(m) & ε l'y couvrent entièrement; je ne l'ai trouvé différent de celui du 3e Anneau, qu'en ce qu'il étoit plus étroit, qu'il avoit par-tout la même épaiffeur, & qu'il n'étoit point adhèrent au mufcle (o), qu'il borde pareillement.

Les huit Anneaux fuivans.

On y découvre affez diftinctement les mufcles gaftriques (i, k, l, m).

i   Le mufcle (i) eft prefque droit, & fitué à une petite diftance de la Ligne inférieure, entre cette Ligne & fon intermédiaire. Il eft large au 4e Anneau, & fa largeur diminue fucceffivement jufqu'au 11e. Au 4e il eft continu; aux autres il a deux têtes qui s'écartent. Les fix premiers enjambent fur l'Anneau fuivant, & ont leur attache poftérieure à-peu-près au même endroit où (a) & (f) ont la leur; celle des deux autres fe termine au pli de leur Anneau. L'attache antérieure du premier & du dernier eft au pli par où leur Anneau commen-

men-

mence; celle des six autres est plus bas, & un peu au-dessous des endroits où finissent les muscles (i), qui les précèdent.

(k) est un muscle oblique, dont l'attache antérieure s'insère à la peau près de la Ligne inférieure sous (i). Son autre attache est à l'intermédiaire inférieure, au pli qui separe son Anneau du suivant. Il est plus large vers son côté antérieur qu'à l'opposite, & il manque au 11e Anneau.   7 k

(l) est le muscle qui coöpère avec M pour ouvrir & fermer le stigmate de la manière qu'il a été expliqué Chap. V. L'une de ses attaches est près de l'intermédiaire inférieure, au pli qui commence son Anneau, d'où tendant vers le stigmate, il y tient en dessous, & y communique avec M, qui ouvre le stigmate.   8 l

(m) est un gros muscle très oblique, recourbé, souvent fourchu, qui a sa tête à l'intermédiaire inférieure, à la hauteur à-peu-près de celle d' (i). Sa queue se termine tout près du stigmate, & un peu plus bas.   8 m

J'AI trouvé, au 5e Anneau, sous (f), un muscle assez mince (ff), que je n'ai pas vu aux Anneaux suivans; il a ses attaches aux deux plis qui terminent son Anneau; la première est à l'intermédiaire inférieure; l'autre est un peu plus près de l'inférieure même.   ff

Douzième Anneau.

IL ne reste, à cet Anneau, de muscles gastriques qu'à sa partie postérieure les (d), qui forment un faisceau de 6, 7, ou 8 muscles, dont la première attache est à la subdivision de   7 d

Y 2

l'Anl'Anneau, près de l'inférieure, qu'un ou deux de ces mufcles croifent, en croifant, en même tems, les mufcles pareils du côté oppofé; leur autre attache eft à la plante de la jambe, & leur fonction eft de concourrir avec α à faire rentrer cette plante, & faire ainfi lâcher prife aux crochets qui la bordent.

On voit ici comment les mufcles α, qui ont auffi l'une de leurs attaches à la plante, au même endroit où les (d) y ont la leur, fe réuniffent près de l'intermédiaire fupérieure, ce qui ne fe voit point dans la *Fig.* 2. de la Chenille ouverte par le ventre, parceque C y couvre l'endroit de cette réunion, qui ne continue qu'un petit efpace, après quoi, fe feparant de nouveau, ils vont s'attacher, par leur autre extrêmité, près de la fubdivifion de l'Anneau, entre la fupérieure & fon intermédiaire. L'enfoncement, à l'endroit de leur réunion, n'indique point une attache de ces mufcles à la peau à cet endroit; c'eft un effet de l'impreffion du mufcle C.

β paroît ici dans fon état naturel. Il a fouffert une trop grande tenfion dans la *Fig.* 2. de la Chenille ouverte par le ventre.

Le bord de mufcle, qu'on voit ici fous β, me paroît être le mufcle δ, *Fig.* 3. de la Chenille ouverte dans l'autre fens.

Je n'ai point vu, dans ce fujet, le mufcle γ †, foit que je l'aye arraché en ouvrant la Chenille, foit qu'effectivement il n'y fut point; auffi ne l'y ai-je pas repréfenté.

† *Pl. VI.*
Fig. 1, 2, 3.

Planche VIII. Fig. 5.

P R É P A R A T I O N.

LES mufcles gaftriques, au nombre de 59, qui ont été expliqués dans la *Fig.* précèdente, ont été enlevés, de même que les latéraux & dorfaux, dont on ne voit plus les Lettres ici.

E X P L I C A T I O N.

Premier Anneau.

ON y découvre les gaftriques (i, 1, m,) & (p, q, r, v, u). 5 I

(i) eft un paquet de 5 ou 6 petits mufcles très deliés, placés fur l'intermédiaire inférieure, près de la 1e Divifion. Les deux extérieurs font les plus longs ; Ils atteignent prefque à l'inférieure, par une direction peu oblique. 7 I

(1) eft un mufcle large & divifé, ou plutôt c'eft une fuite de 7 ou de 8 mufcles étroits, parallèles aux Divifions ; ils fe terminent au-deffus du ftigmate, entre la latérale & l'intermédiaire inférieure. Vers la latérale ils communiquent avec x, dont on les prendroit aifément pour une continuation.

(m) font quatre petits mufcles très courts, placés près de 4 m
l'inférieure, au milieu de l'Anneau, entre (p) & (v); leur extrêmité detachée a tenu au mufcle (e) †. † *Fig.* précéd.

LES mufcles (p, q, r, v, u), ainfi que ceux qui font marqués des mêmes Lettres, aux deux Anneaux fuivans, font moteurs des jambes antérieures.

(p) borde le deffus de la cavité de la jambe, & la couvre P

un

peu. L'une de fes attaches eft au milieu de l'Anneau, près de l'inférieure; l'autre s'avance fous la peau de la jambe, un peu au-delà de l'endroit où on le voit difparoître , & là elle s'infère au bord de l'écaille, qui couvre le côté extérieur de la feconde pièce D de la jambe, *Pl. VIII. Fig.* 7., à l'endroit qui y eft marqué par (p †).

    (q) eft un mufcle tronqué & ramené de côté, pour permettre de voir (u), qu'il couvre naturellement. Il eft environ de moitié moins large qu'(f) *Fig.* 4., fous lequel il eft placé dans la même direction. Il a fon attache antérieure à l'élévation qu'on voit *Fig. 6.* dans la cavité de la jambe; l'autre eft près du pli de la feconde Divifion.

    (r) eft étroit & long. Il tient , par fon extrêmité poftérieure, à côté de (q), au pli de la feconde Divifion, près de l'intermédiaire inférieure, entre l'inférieure & cette Ligne; fon autre attache penètre dans la jambe , & tient à l'écaille C, *Pl. VIII. Fig.* 7., à l'endroit marqué (r) de la 1ᵉ pièce B de la jambe.

    L'ATTACHE poftérieure d'(v), eft dentée & un peu épanouie. Elle borde la Ligne inférieure , près du pli de la feconde Divifion; de-là ce mufcle tend vers la jambe, & tient, par fon autre extrêmité, à l'intermédiaire inférieure fous (r), où elle fe termine le long du pli de la peau, par lequel la première pièce B de la jambe, *Pl. VIII. Fig.* 7., eft articulée avec le rebord A, à l'endroit marqué (v v).

    (u) eft un peu couvert par (r). Son attache poftérieure bor-

de

de la feconde Divifion à l'intermédiaire inférieure. Son autre attache eft à la jambe, au même pli que celle d'(v), à l'endroit marqué (u) *Pl. VIII. Fig.* 7.

Second & troifième Anneau.

A ces deux Anneaux les mufcles (r, f, t, v, u, w, x), qui y reftent à expliquer, font femblables.

Les mufcles (k) font pareils & oppofés à ceux qui ont été décrits *Pl. VIII. Fig.* 4. , & par lefquels ils s'y trouvoient couverts.

(r, v, u), moteurs des jambes, font femblables à ceux qui ont été defignés par les mêmes Lettres à l'Anneau précèdent. Ils tiennent, à la jambe, aux mêmes endroits, & la plus grande différence qui s'y trouve, c'eft que les mufcles (v) du 2.d & du 3.e Anneau n'ont pas l'extrêmité poftérieure dentée, ni fi large que celle d'(v) du 1.er Anneau.

2 u
2 v
2 r

(f) font une dixaine de mufcles d'inégale longueur, placés au-deffus, & à côté les uns des autres, qui croifent l'intermédiaire inférieure, & tiennent, d'un côté, à l'endroit où commence le rebord de la peau fur lequel la jambe eft articulée, & , de l'autre, au pli par où la première pièce de la jambe tient à ce rebord, aux endroits marqués (f f f f f) *Pl. VIII. Fig.* 7.

20 f

(t) eft dans la partie poftérieure de fon Anneau, aux Divifions duquel il eft à-peu-près parallèle ; il tient, d'un côté, par deux têtes, à la latérale, & , de l'autre, au pli par où la

2 t

première·pièce B * de la jambe eſt articulée ſur le rebord A, à l'endroit marqué (t).

(w) ſe trouve dans la région antérieure de ſon Anneau, entre la latérale & l'intermédiaire inférieure ; la première de ſes attaches eſt au pli qui ſepare ſon Anneau du précèdent ; l'autre eſt un peu plus bas près de la latérale.

(x) ſont deux muſcles aſſez larges, & à quelques Diviſions, qui ne paroiſſent point ici, parceque ces muſcles ne s'y voient que de côté. Ils joignent le pli qui ſepare leur Anneau du ſuivant. L'antérieur, qui eſt le plus long des deux, a l'une de ſes attaches à la latérale, & l'autre au milieu du rebord ſur lequel la jambe eſt articulée à l'endroit marqué (x), *Pl. VIII. Fig. 7.*

Le poſtérieur y tenant à l'endroit marqué (x 2), ſe termine, par ſon autre bout, à une petite diſtance de la latérale.

Les huit Anneaux ſuivans.

Ces Anneaux nous offrent ici quatre muſcles (n, p, q, r), à décrire.

(n) eſt à-peu-près auſſi épais & auſſi fort qu'(m) †, immédiatement au-deſſous duquel il eſt placé dans la région antérieure de l'Anneau. Sa direction eſt preſque parallèle aux Diviſions. Il a l'une de ſes attaches entre l'inférieure & ſon intermédiaire, d'où ſe portant vers la latérale, il tient par l'autre à la peau, un peu plus bas que la première, entre la latérale & l'intermédiaire inférieure, & entre les muſcles (q) & a †.

(p) eſt double aux Anneaux où ſont les jambes intermédiaires,

res, & simple aux 4 autres. Il eſt ſitué entre l'inférieure &
ſon intermédiaire, à la région poſtérieure de l'Anneau. Sa
première attache eſt par pluſieurs branches le long de l'inférieure, ce qui rend, vu ſon obliquité, ſon côté le plus près de
cette Ligne plus court que l'autre, & aux Anneaux où ce muſcle eſt double, le muſcle le plus voiſin de cette Ligne beaucoup plus court que celui qui en eſt le plus éloigné. De cette Ligne il ſe dirige vers le pli, qui ſepare ſon Anneau du ſuivant, & y a ſon attache à quelque diſtance de l'inférieure.

(q) eſt un muſcle double, dont ſouvent l'un, & quelquefois
les deux, ſont ſi fourchus, qu'on les prendroit aiſément pour
trois, ou pour quatre muſcles, & même il arrive qu'ils le ſont
en effet. Ils ſont parallèles aux Diviſions, & placés dans la
partie antérieure de leur Annéau, entre la latérale & l'intermédiaire inférieure. L'une de leurs attaches eſt à cette intermédiaire ; l'autre eſt près de la latérale, à un pli qui porte le
ſtigmate.

(r) ſe trouve dans la région poſtérieure de ſon Anneau,
bout à bout du muſcle δ, contre l'extrêmité duquel il tient.
Sa direction l'incline tant ſoit peu de-là vers la Diviſion qui
ſepare ſon Anneau d'avec le ſuivant. Après avoir traverſé l'intermédiaire inférieure, il a ſon autre attache entre cette Ligne
& l'inférieure, ſous le muſcle (p).

Douzième Anneau.

CET Anneau n'a plus de muſcles gaſtriques.

Z

Plan-

Planche *VIII*. *Fig.* 6.

P R É P A R A T I O N.

On a fait disparoître tous les muscles gastriques, décrits dans la *Fig.* précèdente, au nombre de 99, tous les muscles dorsaux, & ceux des latéraux de la *Fig.* 5., dont on ne voit plus ici les Lettres.

E X P L I C A T I O N.

On renvoye l'explication des muscles, qui occupent la cavité des jambes antérieures, & dont on en voit ici quelques uns à l'entrée de cette cavité, pour la fin de ce Chapitre, parcequ'il faut des Figures particulières & plus grosses pour les faire connoître.

Premier *Anneau*.

n　Il n'y reste plus que les (n), qui font cinq ou six muscles étroits, où, si l'on veut, un muscle fort large à autant de Divisions, qui tiennent, d'un côté, à la latérale, au-dessus du stigmate, sur le pli qui le porte, &, de l'autre, à un second pli parallèle au premier, que la peau fait tout près de-là, entre la latérale & l'intermédiaire inférieure.

Second *&* troisième *Anneau*.

Il ne reste, à ces Anneaux, que les petits muscles (y) & (z).

4 y　(y) est double. Dans la *Fig.* précèdente, il a été caché sous λ & (w). L'une de ses attaches est entre la latérale & l'intermédiaire inférieure, au pli qui sepaqe son Anneau du précèdent, d'où se portant obliquement vers la latérale, il se

ter-

termine, avant d'y parvenir, à un pli, que fait la peau tout
près de-là.

(z), placé vers l'inférieure, tient par la tête au pli qui fepa- 2 z
re fon Anneau du précèdent. Au fecond Anneau il eft croifé
par fon mufcle pareil venant de l'autre côté, & il le croife au
troifième. Son attache poftérieure fe termine à la pointe du
rebord de la peau fur lequel la jambe oppofée eft articulée.

Tous les Anneaux fuivans.

Les feuls mufcles gaftriques, qui reftent à ces Anneaux, font
(t, x, y,) & les mufcles cachés (z), encore les deux premiers
manquent-ils au 11e Anneau, & il n'y en a plus au dernier.

(t) & (x) font tantôt continus, tantôt différemment divifés, & 7 t
tous deux attachés, par leur extrêmité poftérieure, au pli qui 7 x
fepare leur Anneau du fuivant, (t) à l'intermédiaire inférieure,
& (x) à côté de (t), entre l'inférieure & cette Ligne. (x)
n'a qu'un quart d'Anneau de long; (t) eft un peu plus court;
tous deux font inclinés vers l'inférieure, à laquelle (x) atteint
par l'un de fes bouts.

(y) eft un triple mufcle, fitué au pli qui fepare fon Anneau 24 y
du fuivant, & fa direction lui eft parallèle. Le dernier des
trois eft fouvent caché derrière ce pli, de manière qu'on n'en
voit que deux; l'une de leurs attaches tient vers la latérale, au
pli qui porte le ftigmate; l'autre eft fous le mufcle (t), à un
pli parallèle à-peu-près à celui du ftigmate, & placé à l'intermédiaire inférieure.

Quand on a enlèvé les (y), on voit qu'ils couvrent en-

                    tiè-

24 z.　tièrement deux ou trois autres mufcles ; un peu plus courts, & qui leur font parallèles. Ces mufcles, qu'on peut defigner par la Lettre (z), quoiqu'ils ne fe trouvent repréfentés dans aucune des Figures, ont pareillement l'une de leurs attaches au pli qui porte le ftigmate ; mais comme ils font plus courts que les (y), leur autre attache ne parvient qu'au pli que fait la peau tout près de-là, entre l'intermédiaire inférieure & la latérale.

TEL eft l'arrangement des mufcles gaftriques dans cette Chenille. Si l'on en veut faire la fupputation, on trouvera que, dans la　1.ᵉ *Fig.* de la *Pl. VII.*, on en a indiqué　76

———————— 2.ᵉ *Fig.* —— —— —— —— —— —— ——　29

———————— 3.ᵉ *Fig.* —— *Pl. VIII.* —— —— ——　37

———————— 4.ᵉ *Fig.* —— —— —— —— —— ——　59

———————— 5.ᵉ *Fig.* —— —— —— —— —— ——　99

———————— 6.ᵉ *Fig.* —— —— —— —— —— ——　69

———

En tout —— —— —— —— —— —— gaftriques 369

Mufcles moteurs de la plante des jambes intermédiaires.

POUR finir entièrement l'expofition de cette *Fig.* 6., il ne refte qu'à parler des mufcles moteurs du pied des jambes intermédiaires. Ces mufcles n'ayant pu être décrits dans le Chapitre précèdent, à caufe que les Figures n'y étoient pas propres, on s'eft fimplement contenté de les y repréfenter avec leur Lettre, & d'en renvoyer l'explication jufqu'à ce lieu, où les trouvant gravés en différentes fituations, au 6, 7, & 8.ᵉ Anneau, il fera plus facile de s'en faire une idée.

CES mufcles font les deux latéraux γ, que nous diftinguerons

rons en antérieur & poſtérieur, prenant pour l'antérieur celui qui eſt le moins éloigné de la tête. Leur ſtructure eſt ſingulière & remarquable. L'une de leurs attaches eſt par pluſieurs queues à la crête, dont la plante du pied eſt intérieurement traverſée, & qui ſe voit ici aux plantes marquées 3 & 4, au 8 & 9ᵉ Anneau.

Au 6ᵉ Anneau, ces muſcles ſe montrent dans leur poſition naturelle, tenant à la Chenille par leurs différentes attaches, & degagés des muſcles qui les ont environnés. On y voit, que l'antérieur couvre une partie de l'autre vers le pied ; A la latérale ils communiquent enſemble par des fibrilles, qui n'ont point été repréſentées. L'antérieur tient, entre la latérale & la ſupérieure, à la peau par quatre têtes, &, ce qui eſt très ſingulier, deux de ces têtes ne ſont point des fourches du muſcle, mais comme autant de muſcles particuliers, qui y ſont latéralement inferés. La direction de ces deux têtes eſt du muſcle vers la région antérieure de l'Anneau, avec quelque inclinaiſon du côté de la ſupérieure. La première de ces têtes, celle qui eſt le plus près de la latérale, eſt auſſi large que le muſcle même ; l'autre, qui eſt près de l'intermédiaire ſupérieure, a moins de largeur, & eſt plus courte. Les deux dernières têtes, qui ſont celles par où ce muſcle ſe termine, ne ſont qu'une bifurcation de ſon extrêmité antérieure.

Quant au γ poſtérieur, on ne lui voit, dans ſa ſituation naturelle, qu'une des queues par où il tient à la plante du pied, & le commencement d'une autre. Le reſte en eſt cou-

Z 3

vert

vert par le γ antérieur. Trois de ses têtes paroissent ici, dont les deux, par où le muscle commence, peuvent être confidérées comme une bifurcation de l'extrêmité antérieure du muscle; mais non l'autre, qui est plutôt un muscle particulier, qui s'insère, à l'un de ses côtés, entre la latérale & l'intermédiaire supérieure. Sa direction est du muscle γ vers la partie postérieure de la Chenille, avec quelque inclinaison vers la supérieure. Au lieu de cette tête, on en voit souvent deux plus minces, lesquelles sont tantôt fort raprochées, comme ici au 7ᵉ Anneau, & tantôt un peu écartées. Souvent encore on voit, du même côté, entre cette tête & celles par où le muscle commence, une quatrième tête très deliée, quelquefois fourchue, quelquefois non, qui a été représentée au 7. & au 8ᵉ Anneau.

LE même muscle a encore, de l'autre côté, vers la latérale, deux têtes, qui ne paroissent guères lorsque les deux γ sont dans leur situation naturelle, comme au 6ᵉ Anneau, parcéque le γ antérieur les couvre; mais on les distingue au 7ᵉ Anneau, où le γ antérieur a été renversé & écarté de l'autre, ne tenant plus à rien que par ses queues. On y peut observer que ces deux têtes du γ postérieur, qui se joignent avant de parvenir au muscle, se dirigent vers le stigmate, passent sur ε, en s'écartant l'une de l'autre, & qu'ensuite, se recourbant, elles disparoissent sous ce muscle, où, après avoir rebroussé assez avant, l'une va s'attacher au pli relèvé qui porte le stigmate, & l'autre se fixe dans l'enfoncement qui le suit du côté de l'inférieure. On peut encore remarquer, en comparant ce 7ᵉ Anneau avec

le

le précèdent, que les têtes, qui terminent le γ poftérieur, font fujettes à des varietés ; & l'on voit, au 7e Anneau, que les queues des deux γ forment, le long de la crête de la plante du pied, deux fuites, attachées l'une à droit & l'autre à gauche de cette crête, ce qui ne peut être aperçu quand les deux γ font en place.

Au 8e Anneau, qui eft celui de la 3e paire de jambes intermédiaires, les deux γ, après avoir été entièrement feparés de toutes leurs attaches, ont été deplacés, & couchés à la renverfe. On y a un peu plus éparpillé leurs queues qu'elles ne le font naturellement. J'en ai compté depuis 4 jufqu'à 7 au γ antérieur, & depuis 3 jufqu'à 5 à l'autre γ. Ces queues font encore fouvent elles mêmes fourchues, fur-tout quand il y en a le moins.

Les deux têtes recourbées, qu'on voit au côté du γ poftérieur, à diftances à-peu-près égales de fes extrêmités, font celles que j'ai dit qui s'introduifent fous le mufcle ε. Vues dans ce fens & dans l'autre, une des queues de γ en paroît être comme une continuation ; ainfi, fi l'on veut, on peut confidèrer cette tête & cette queue réunies, comme faifant enfemble un mufcle feparé, qui communique latéralement avec le γ poftérieur.

L'usage de ces deux mufcles, ainfi qu'il a déja été dit au Chap. V, eft, en attirant la crête de la plante, d'en faire rentrer la peau, &, par ce moyen, de coucher à la renverfe les crochets qui la bordent, afin de leur faire lâcher prife. Leurs ufages.

Ce-

CELUI des têtes latérales de ces muscles, paroît être, d'augmenter, à cet effet, leur action, en les recourbant, & en ajoutant ainsi la courbure à la contraction pour pouvoir attirer la crête encore davantage.

ET celui des différentes queues, dont ils font pourvus à la crête, paroît être, de donner, à volonté, différentes inflexions à la plante, foit vers l'inférieure, foit vers la latérale, fuivant les befoins que la Chenille peut avoir de ces différentes pofitions de pied pour fe cramponner.

LE hazard ayant voulu que, parmi les Chenilles de cette efpèce, qui font tombées entre mes mains, il y en ait eu une, à laquelle il manquoit, par defaut de nature, une des jambes de la quatrième paire des intermédiaires, j'ai été curieux de voir fi le corps, à cet endroit, n'offriroit rien de monftrueux, & j'ai trouvé que, quant à l'extérieur, la peau & fes plis y étoient fi femblables à ceux de l'Anneau qui précède, qu'à moins que de faire attention au nombre des jambes, on n'y auroit foupçonné aucune defectuofité.

QUANT à l'intérieur, il n'y manquoit aucun mufcle, & tous étoient formés & placés comme ils devoient l'être, à la referve des deux γ moteurs de la plante, qui n'étoient pas naturels, & qui avoient une dureté & une roideur, que les autres γ n'avoient pas. D'ailleurs l'antérieur, à l'endroit où fes pareils fe partagent en diverfe queues, fe fourchoit, & fa branche la plus voifine de l'Anneau précèdent fe feparant de l'autre, s'inferoit par *deux queues* * plus longues que le refte, près de

Pl. VIII.

* Fig. 3.
N. 1. 2.

l'in-

l'inférieure, plus vers le milieu de l'Anneau. L'autre branche * se
partageoit en 3 queues collées ensemble, & avoit son insertion
à l'endroit de la peau où se trouve la crête de la plante dans
d'autres Chenilles.

   LE γ postérieur se terminoit ici par sept queues, dont six,
qui s'entre-communiquoient, formoient un paquet de queues
réunies, & comme collées ensemble, qui, se joignant aux trois
de la dernière branche du γ antérieur, s'attachoient en un même endroit à la peau; l'autre de ces sept queues, savoir la première, se séparant des 6, & changeant de direction, alloit se
joindre sous le γ antérieur, à sa branche antérieure *, de manière que les deux, ne formoient ensemble qu'une seule &
même branche.

   POUR ce qui est des têtes de ce dernier γ, la seconde de
ses têtes latérales lui manquoit, & à l'autre γ sa troisième tête
latérale, celle qui est la plus voisine de son extrêmité. Quant
au reste, ces deux muscles m'ont paru assez semblables aux γ
naturels.

   POUR finir ce Chapitre des muscles, il n'y a plus qu'à
dire un mot de ceux des jambes antérieures, lesquels n'ont pu
entrer dans l'explication que l'on vient de lire des *Pl. VI, VII
& VIII*, parceque, renfermés dans la cavité même des jambes, ils n'étoient pas visibles, pour la plûpart, dans ces Figures.

   J'AI compté jusqu'à 21 muscles pareils dans une des jambes
antérieures, que j'ai disséqué tout exprès, ce qui fait 63 muscles

A a

pour

* Fig. 1.
N. 3.

* N. 1. 2.

pour les trois jambes d'un même côté. Cette jambe eſt repréſentée ouverte & fort groſſie, *Pl. V. Fig.* 7. & 8. On y peut
diſtinguer de deux ſortes de muſcles, les uns moteurs des articulations de la jambe, les autres moteurs de l'ongle qui la
termine.

Les moteurs de la jambe ſont au nombre de 11, preſque
tous plus larges du côté du corps que du côté de l'ongle. Il
y en a quatre à la première pièce B de la jambe, marqués 1,
2, 3, 4, dans la *Fig.* 7. Ils ſont les plus grands de tous,
& s'étendent depuis l'entrée de la jambe juſqu'à la ſeconde
pièce. Ce ſont ceux qu'on voit paroître aux trois premiers
Anneaux *Pl. VIII. Fig.* 6.

La ſeconde pièce D en a ſix, marqués 5, 6, 7, 8, 9 & 10.
Ils ont l'une de leurs attaches au bord poſtérieur de la troiſième pièce E, d'où 5, 6, 7 & 8 s'étendent juſqu'au bord
qui termine la ſeconde; mais 9 & 10 ſont plus courts, & n'y
atteignent pas. Leur direction les fait tendre à-peu-près dans
un même ſens, vers le bout de la jambe, à la reſerve du muſcle 8, qui eſt oblique, & dont l'extrêmité poſtérieure eſt cachée ſous le muſcle 7.

Il n'y a que trois muſcles 11, 12 & 13, à la troiſième pièce E de la jambe. Ils ont l'une de leurs attaches au bord par
où cette pièce s'articule avec la ſeconde, & l'autre, s'avançant
un peu au-delà du bord par où la troiſième pièce s'articule
avec la quatrième F, s'attache, à une petite diſtance de-là, à
cette dernière.

Q u a n t

QUANT aux huit mufcles moteurs de l'ongle crochu G, dont l'extrêmité de cette jambe eft armée, ils tiennent par la queue aux deux appendices * qui font au bord de l'endroit où cet ongle s'élargit en pince d'écriviffe. Quatre s'attachent à l'un de ces appendices, & quatre autres à l'autre, dont deux à chacun, favoir 14, 15, & 18, 19, * ont leur tête à la. feconde pièce de la jambe, & deux autres à chacun, favoir 16, 17, & 20, 21, l'ont à la troifième *, aux endroits qu'indique la Figure.

Pl. III.
Fig. 9. H M

Pl. V.
Fig. 7. D

* E

ON conçoit, par la difpofition de ces huit derniers mufcles, qu'outre l'ufage qu'ils ont fans doute de flèchir en avant l'ongle de la jambe, ils doivent encore avoir celui d'en flèchir en même fens la troifième & la quatrième pièce, lors qu'ils agiffent avec plus d'effort.

CE qui a été dit jufqu'ici fuffira, je m'affure, pour donner une connoiffance affez detaillée des mufcles, qui exécutent les mouvemens extérieurs & volontaires du Corps de la Chenille; Je dis du Corps de la Chenille, parcequ'il n'a point encore été parlé de ceux de la Tête, dont on referve l'expofition pour un autre endroit; & je dis des mouvemens extérieurs & volontaires, parcequ'il n'a point encore auffi été fait mention d'un très grand nombre d'autres mufcles, repandus fur les parties intérieures, qui exécutent les mouvemens involontaires & naturels de cet Infecte, & qui feront auffi décrits en leur lieu.

ON n'exigera pas, j'efpère, de moi, qu'ayant fait connoître

tant

tant de muſcles , j'aille encore expliquer au long les mouvemens variés à l'infini qui peuvent reſulter de la diverſité de
leurs directions & de leurs efforts, ſuivant le nombre plus ou
moins grand de ceux qui agiſſent tous à la fois, ou ſucceſſivement. Il ſuffit d'avoir la plus legère teinture des règles du
mouvement compoſé, pour s'en faire une idée , & ce ſeroit
ſortir des bornes d'un Traité anatomique que d'entrer dans ce
détail.

Mais ce qu'aparemment on ſouhaitera plutôt de ſavoir,
c'eſt à quoi monte le nombre de ces muſcles, & c'eſt ſur quoi
il eſt aiſé de ſe ſatisfaire. Nous avons vu que le nombre des
muſcles Dorſaux, qui ont été demontrés, alloit à ——— 217
   Celui des Latéraux à ——— ——— ——— ——— 154
   Celui des Gaſtriques à ——— ——— ——— ——— 369
   Et celui des Jambes antérieures d'un côté à — —— 63

Ce qui fait, pour les muſcles d'un côté de la Chenille,
qui ont été décrits, ——— ——— ——— ——— ——— 803

A quoi, ſi l'on ajoute encore les douze petits muſcles du ſecond Anneau, & les huit autres du troiſième, qui n'ont point
été décrits, & dont il a été ſimplement fait mention au Chapitre précèdent, on aura, pour tous les muſcles d'un côté de
la Chenille, 823. Or comme il doit y avoir ce même nombre
de muſcles , ou environ , à l'autre côté de nôtre Inſecte, en
doublant 823, on aura 1646, qui, avec le ſolitaire θ, de la
ſubdiviſion du dernier Anneau, font 1647 muſcles pour les
deux

deux côtés de la Chenille; nombre, qui, sans compter ceux qui, comme j'ai dit, sont encore repandus dans les parties intérieures, & dans la Tête, est déja si considèrable, qu'il ne pourra qu'étonner ceux qui savent qu'on ne fait ordinairement monter tous les muscles de l'Homme qu'à 529, & qu'il y en a même qui les fixent à beaucoup moins.

Je dois avertir, en finissant, par raport aux *Planches VI, VII* & *VIII.*, où ces muscles ont été représentés, que tous les plis, dont on y voit la peau de la Chenille froncée, aux endroits où l'on a enlèvé les muscles, & sur-tout aux *Fig.* 6. des *Planches VII* & *VIII.*, sont, comme il a déja été noté ailleurs, les effets des attaches des muscles, qui y ayant tenù aux parties rélevées de ces plis, les ont attiré par leurs fréquentes contractions, & ont causé, entre deux, les enfoncemens qu'on y remarque, & qui, dans l'état naturel, sont presque par-tout comblés de masses de graisse; & que si ces plis paroissent plus marqués, plus minces, & plus travaillés, à la *Fig.* 6. de la *Pl. VIII.*, qu'à celle de la *Pl. VII.*, c'est parcequ'on a laissé à cette dernière, l'épaisse tunique qui tapisse le côté intérieur de la peau, & qu'on l'a enlèvé à l'autre.

                 CHA-

***

CHAPITRE IX.

Des Nerfs de la Chenille.

IL a déja été dit, dans le Chap. VI., que tous les Nerfs de la Chenille tirent leur origine de la Moëlle épinière, & surtout des Ganglions, qui tiennent lieu de Cerveau à cet Insecte.

13 Ganglions.
Leur situation.

ON y a remarqué que ces Ganglions font au nombre de treize, que le premier est dans la tête, que le second & le troisième, réunis l'un à l'autre, font placés immédiatement au-dessous de la première Division, que les deux derniers, souvent réunis de même, & d'autres fois très separés, font placés un peu au-dessous de la dixième ; & que, du reste, chaque Anneau, depuis le premier jusqu'au dixième, a son Ganglion ; Enfin, on a encore vu, que tous ces Ganglions font situés chacun un peu au-dessous de la Division antérieure de l'Anneau qu'il occupe, à la reserve du cinquième Ganglion, qui descend plus bas, & qui est fort raproché du sixième, lequel remonte lui même quelquefois plus haut que le quatrième Anneau, auquel ses Nerfs se distribuent.

Leur forme.

AJOUTEZ, quant aux Ganglions, qu'ils n'ont pas tous la même forme.

* Pl. IX & X.

CELUI de la Tête * est plus large qu'il n'est long. Sa face supérieure, celle qui paroît dans les *Pl. IX. & X.*, est composée

poſée de deux élevations preſque hemiſpherifques, réunies, auxquelles le nom de *Nates* conviendroit plutôt qu'à la partie de
nôtre Cerveau, qu'on a ainſi nommée, ſi une grande reſſem-
blance pouvoit autoriſer à donner des noms pareils. La face
inférieure de ce Ganglion eſt autrement formée, & rapelle
la figure du deſſous d'une ſelle à Chevaux. On la peut voir
dans la *Pl. XVIII. Fig.* 1. *Lettre* a.

LE ſecond * & le troiſième Ganglion réunis, forment en-   * *Pl. IX & X.*
ſemble un corps oblong, qui a un double renflement, & dont
l'endroit retréci diſtingue le Ganglion antérieur de celui qui le
ſuit. Ils ſont plus rebondis en-deſſous qu'en-deſſus. Les conduits de la Moëlle épinière, par où l'antérieur communique a-
vec celui de la Tête, ſemblent ſe continuer en relief ſur les
deux Ganglions, & en ſe rétréciſſant & ſe raprochant ſur le
dernier, former la Bride épinière qui en derive; ce qui ne ſe
remarque pourtant pas dans tous les ſujets.

LE quatrième * & le cinquième Ganglion ont, en gros, la   * *Pl. IX & X.*
formé extérieure d'un vafe applatti.

LE ſixième * & les ſix ſuivans rapellent la figure d'un Couſ-   * *Pl. IX & X,*
ſinet Rhomboïde.

LE dernier * tient du Spheroïde plat. L'étranglement, qui   * *Pl. IX & X.*
le ſepare du précèdent, eſt plus ſenſible que celui qui ſepare le
ſecond du troiſième.

ON remarque aſſez aiſément, à tous ces Ganglions, que la
ſubſtance, qu'ils renferment, eſt longitudinalement ſeparée en
deux Lobes. En certains ſujets cela ſe voit même ſans aucune
dif-

diſſection, au travers des Tuniques, qui enveloppent cette partie, & un ſillon, qui les traverſe, en indique par dehors la ſé-
paration.

Nombre des Nerfs qu'ils produiſent.

Tous ces Ganglions ne produiſent pas un nombre égal de
Nerfs. Sans compter les conduits de la Moëlle épinière, par
où ils communiquent enſemble, & qu'on ne doit pas conſidèrer comme des Nerfs;

18 Nerfs.

Le premier Ganglion donne huit paires de Nerfs & deux
Nerfs ſolitaires.

8 Nerfs.

Le ſecond pouſſe quatre paires de Nerfs.

44 Nerfs.

Le troiſième, & les dix ſuivans, en fourniſſent chacun deux
paires;

Ce qui joint aux dix Brides épinières, qui peuvent être con-

22 Nerfs.

ſidérées comme autant de paires de Nerfs, & à la paire de
Nerfs qui communiquent enſemble, comme on le verra, ſur le

En tout 92 Nerfs.

troiſième Ganglion, font, en tout, quarante-cinq paires de
Nerfs, & deux Nerfs ſans paire, donnés à cette Chenille,
pour ſe mouvoir & pour ſentir; C'eſt à dire qu'elle a douze
ou quatorze Nerfs de plus qu'il n'y en a au Corps humain,
auquel on n'en compte que ſoixante & dix-huit, ou quatre-vingt.

Comme ces quatre-vingt-douze Nerfs de la Chenille ne
font, à parler juſte, que les Troncs, d'où derivent tous les
autres Nerfs, qui, ſe ramifiant par degrés, ſe repandent dans
les diverſes parties de l'Inſecte, j'ai cru que, pour conduire
plus ſurement le Lecteur dans ces différentes diviſions & ſubdiviſions, il étoit bon de les deſigner chacune par des termes
qui

qui leur fuſſent affectés; & ainſi je me ſuis determiné, à l'e-
xemple de quelques Anatomiſtes, à donner conſtamment le nom
de *Nerfs* à ceux qui ſortent immédiatement des Ganglions ;
celui de *Branches*, aux Nerfs qui partent directement de ceux-
ci; celui de *Rameaux*, à ceux qui ſont produits par les *Bran-*
ches ; & celui de *Ramifications*, à ceux que pouſſent les *Ra-*
meaux; & quand un *Nerf*, ou quelqu'une de ſes *Branches* ou de
ſes *Rameaux*, fournira quelque jet trop peu conſidèrable pour
mériter le nom de *Branche*, de *Rameau*, ou de *Ramification*, je
me contenterai de lui donner ſimplement celui de *Filet*, & je
donnerai ce même nom aux petits Nerfs, que les Ramifications
elles mêmes produiſent, & qui pourront encore, au beſoin,
fournir des diviſions & des ſubdiviſions.

PO U R faire connoître l'arrangement de tous ces Nerfs, &
la manière dont ils ſe diſtribuent aux diverſes parties du Corps,
ſur tout aux Muſcles, qui en reçoivent ſans comparaiſon davantage que toutes les autres parties enſemble, nous avons
ébauché ces muſcles dans les *Planches IX & X. Fig.* 1, 2,
3, 4, 5 & 6, dans le même ordre où ils ſe trouvent rangés
Pl. VII & VIII. Fig. 1, 2, 3, 4, 5 & 6; mais ſans les
marquer toûjours de leurs Lettres, de peur d'embarraſſer trop les
Figures, & nous y avons repréſenté tous les Nerfs qui s'y decouvrent, de la façon qu'ils s'offrent à la vue, à chaque fois
que les muſcles, qui en couvroient une partie, en ont été enlevés: ayant eu ſoin pourtant, quand il le falloit, de tronquer
celles de leurs branches, qui, déja vues tout à fait dans une Fi-

Avertiſſement
préalable.

B b   gure

gure précedente, auroient cauſé de la confuſion en ſe mêlant avec d'autres, ſi elles avoient encore été repréſentées dans les Figures qui ſuivent, & nous avons crû devoir deſigner ces branches & leurs rameaux par des Chiffres, au lieu de Lettres, afin qu'on ne les confondît pas avec les muſcles.

Il ne ſera point ici parlé des vingt Nerfs du premier Ganglion, ni des ſix du ſecond, qui tous apartiennent à la Tête. Il faudroit des Figures beaucoup plus grandes que celles-ci pour les repréſenter avec quelque netteté, & d'ailleurs, comme il ſera traité de la Tête dans un Chap. particulier, l'expoſition des Nerfs de cette partie y trouvera convenablement ſa place.

On commencera donc par les Nerfs du 1ᵉ. Anneau; on les ſuivra tous, les uns après les autres, depuis leur origine jusqu'à leurs inſertions. Comme les Nerfs, qui ſe repandent dans l'un des côtés de la Chenille, ſont pareils à ceux qui ſe repandent dans l'autre côté, ce qui ſera dit de l'un des Nerfs d'une même paire, devra être cenſé avoir été dit de l'autre Nerf.

Et quand on lira qu'un Nerf ſe ramifie dans la peau, il ne faudra entendre, par-là, ſinon, qu'il ſe ramifie dans la tunique intérieure des deux dont la peau eſt compoſée; car c'eſt proprement ſur cette tunique, & non ſur l'autre, qu'on voit ramper des Nerfs, ce qu'il auroit été ennuyeux de ſpecifier chaque fois.

Nerf de la
dernière paire
du ſecond
Ganglion.

Premier Anneau. Second Ganglion.

Le premier des Nerfs, qui fourniſſent au 1ᵉ. Anneau, eſt ce-

lui

lui de la 4.ᵉ & dernière paire du fecond Ganglion *. Partant   * *Pl. IX.*
de fon côté, il fe dirige vers l'endroit où la Ligne fupérieure
rencontre la feconde Divifion. Parvenu très peu au - delà de
(b), il pouffe une *première Branche*, qui tend obliquement   Première
vers la Tête de l'Animal. Cette branche fe fourche affez près   Branche.
de fon origine, & *l'un de fes deux Rameaux* * s'introduit fous   * *Fig.* I & 2.
le bord poftérieur de l'Ecaille parietale, &, fe partageant en   N. I.
trois ramifications * entre les mufcles de l'occiput, va fe re-   * *Fig.* I. N. I.
pandre dans le Tegument, qui tapiffe le côté intérieur de cet-
te Ecaille, où j'ai fuivi un de fes filets, que j'ai vu tenir à la
racine d'une des épines, dont l'Ecaille y eft pourvue.

L'autre Rameau * fe dirige vers le fommet de l'Ecaille fron-   * N. 2.
tale, près duquel il s'infère à la peau du cou.

LE Nerf même, un peu plus avant, pouffe, à l'oppofite de   Seconde
cette première Branche, une *feconde* * qui, tout près de fon   Branche.
origine, fe divife en deux rameaux prefque diamétralement op-   * *Fig.* I & 2.
pofés, dont l'un rebrouffe, & montant à la tête, donne, che-   N. 3.
min faifant, aux mufcles g †.   † *Pl. VIII.*
   Fig. 4.

L'AUTRE, prenant une route contraire, fe réunit, par une
ramification *, avec la plus grande des deux branches, par les-   * *Fig.* 2. N. 2.
quelles on verra que le Nerf de la 1.ᵉ paire du Ganglion fui-
vant finit; & il fe repand dans un petit corps chargé de grains,
qui environne, en grande partie, le tronc des bronches vifcèrales du 1.ʳ ftigmate, & qui fera appellé le *Corps grenu*, quand
il en fera fait mention dans la fuite.

CE Nerf, pourfuivant fa route, envoye encore une Bran-

Bb 2

che

che à ce *Corps grenu*, traverse après celà la Ligne latérale, passe par-deffus la plus grande des deux Branches, par où il vient d'être dit que le Nerf de la 1ᵉ paire du troifième Ganglion fe termine, & après s'être un peu épanouï, il finit, en fe partageant dans les quatre Branches, qu'on voit flotter fur É *Fig.* 2, & dont celle * qui eft la plus près du ftigmate, fournit à F, & les trois autres * à G, H & I, *Pl. VI. Fig.* 4.

N. 4.

* N. 6, 7, 8.

Premier Anneau.   *Troifième Ganglion.*

Nerfs qui bri-
dent le troi-
fième Gan-
glion.
* *Pl. IX.*
Fig. 1 & 2.
Ligne infé-
rieure N. 1.

* *Fig.* 1. N. 2.

On voit paffer, fur le 3ᵉ Ganglion, un Nerf *, qui n'y tient nulle part, & qui communique, au-deffus de ce Ganglion, par deux filets, avec l'Oefophage. Ce Nerf, qui n'eft guères plus long que le Ganglion n'eft large, eft uni, par chaque extrêmité, à un autre Nerf de même épaiffeur *, qui tient antérieurement à l'Ecaille zygomatique de la tête, un peu au-deffous de fon apophyfe, & qui, defcendant obliquement de-là vers la Ligne inférieure, après avoir pouffé, au-deffous du 3ᵉ Ganglion, du côté de la latérale, une courte branche ramifiée, dont je n'ai point vu les attaches, paffe derrière (a) & (c), en diminuant fenfiblement d'épaiffeur, s'intro-

* *Fig.* 4. N. 5.

duit fous (f) * & fe réunit avec le 1ʳ Rameau des deux, dans lefquels, comme on le verra, la feconde branche du Nerf de la 2ᵉ paire du 3ᵉ Ganglion fe fourche fous ce mufcle.

* *Fig.* 1. N. 6.

Tout près de l'endroit où le Nerf, dont il s'agit, s'attache à l'Ecaille zygomatique, il reçoit les extrêmités * de quatre ou cinq filets, dans lefquels, parmi quelques autres qui fe répandent dans les mufcles R, R, de la Tête, fe termine un

Nerf,

Nerf, * qui, defcendant de-là vers le *Vaiffeau grenu*, s'y in-troduit, & m'a paru deriver d'une Branche du Nerf de la der-nière paire du fecond Ganglion.　　*N. 5.*

J'ai, au-refte, mis les trois pièces de la partie, qui vient d'être décrite, au nombre des Nerfs, parcequ'elles en ont toute l'apparence extérieure; cependant, comme je ne leur ai vu aucune communication directe avec les Ganglions, ni avec la Moëlle épinière, je n'oferois garantir que c'en fuffent en effet.

Le Nerf de la 1e paire du 3e Ganglion part du milieu de fon côté: Il fe dirige vers le devant du 1r. ftigmate. Paffant fur les (b), il pouffe *une branche* extrêmement courte *, qui fe partage d'abord en deux rameaux, de direction oppofée, les-quels s'introduifant par leurs ramifications repréfentées dans la *Fig*. 2., entre les (a) & (b), s'y diftribuent de même qu'à (c).　　Nerf de la première paire du troifième Ganglion. Première branche. *Fig. 1 & 2.* N. 1. Seconde branche.

Ce Nerf donne enfuite une très petite branche * au mufcle long & delié *a Pl. VI. Fig.* 1.　　*Fig. 2. N. 4.*

Un peu au-delà des (b) il fe partage en deux, & près de la latérale *fa plus grande branche* reçoit, comme il a déja été dit, la ramification * d'un des deux rameaux dans lesquels la feconde branche du Nerf de la dernière paire du Ganglion précèdent fe divife; après quoi, paffant par-deffus les mufcles A, *Pl. VI. Fig.* 1., elle leur donne *un Rameau* *.　　Troifième branche. *Fig. 2. N. 2.* *Fig. 1. N. 1.*

Tout près de ce Rameau, la même branche en produit, à l'oppofite, un *fecond* beaucoup plus confidèrable, par les ra-mifications duquel * elle fe repand dans les D.　　* N. 2, 2, 2.

Bb 3　　　　　　　　　　　　A

A quelque diſtance de-là, elle en pouſſe, de l'autre côté, un *troiſième* *, à-peu-près de même grandeur, qui ſe partage encore aux D.

* N. 3.

ENSUITE de quoi elle va plus avant ſe ramifier & finir dans les * C *, par les Ramifications marquées N. 4, 4, 4, qu'on a ici entièrement ſeparées de leurs attaches, de même que celles marquées 3, pour les faire voir plus diſtinctement.

* *Pl. VI.*
Fig. I.

L'AUTRE des deux branches, par leſquelles ce Nerf ſe termine, communique d'abord avec la première des 3 branches, dans leſquelles on verra bientôt que le Nerf de la deuxième paire ſe partage *. Parvenue à la latérale, elle envoye, vers la 1ᵉ Diviſion, *un Rameau* *, qui va s'inſerer dans la peau du cou.

Quatrième
branche.

**Fig.* 4 N. 8.

* *Fig.* 2 & 3.
N. 5.

IMMÉDIATEMENT après, elle produit *deux Rameaux*, dont, *Fig.* 3. on n'aperçoit encore que le commencement de l'un, parcequ'ils y ſont couverts de muſcles; mais ils ſe montrent à plein *Fig.* 4. Celui qui eſt le plus près de la ſeconde Diviſion * ſe donne à ϑ, P, κ, λ, & l'autre † fournit encore aux κ, & à l'antérieur des ϑ.

**Fig.* 4 N. 6.
† N. 7.

UN peu au-delà de la latérale, on lui voit, du côté de la 1ᵉ Diviſion, un *quatrième Rameau* *, qui, ſe gliſſant ſous les muſcles, ſe perd dans la peau entre la Ligne latérale & la ſupérieure, enſuite de quoi cette branche s'élargit en patte d'oye * & diſtribue des Rameaux à E, K, M, N, au court muſcle ſans Lettre, qui rencontre bout à bout le γ * du ſecond Anneau, & elle en repand au long & au large dans la peau, aux environs d'M & d'N.   LE

**Fig.* 3. N. 8.

* N. 9.

* *Pl. VIII.*
Fig. 3.

·LE *Nerf de la seconde Paire* de ce même Ganglion part du deſſous de ſa partie inférieure. Il ſe dirige d'abord vers la ſeconde Diviſion, &, ſe recourbant enſuite vers la latérale, il s'introduit ſous (a) & (c), ce qui fait qu'on n'en voit que ·très peu *Fig. 1, 2, & 3.* On commence, *Fig. 4.*, à pouvoir le ſuivre : On y remarque que ſous (c) il s'eſt *partagé en trois branches*, dont la 1e, qui eſt la plus élevée, & qui, *Fig. 3.*, ſe voit déja en partie à l'autre côté de (c), envoye, en ſe courbant vers la 2e Diviſion, *un Rameau* * ſous (e) & (f), à l'endroit où ils ſe croiſent, & ce Rameau, paſſant encore ſous (r) *Fig. 5.*, après avoir communiqué avec la ſeconde branche, s'introduit dans la jambe.

UN peu plus haut, la branche, dont il s'agit, jette, vers le cou, un *ſecond Rameau* *, qui s'y repand dans la peau; mais avant d'y être parvenu, il s'inſère, par une ramification fourchue *, dans cette peau d'un côté, & dans les (i) *Pl. VIII. Fig. 5.* de l'autre.

A l'endroit le plus élevé de ſa courbure, elle pouſſe, du même côté, un 3e *Rameau* *, qui ſe donne à β & à δ. *Pl. VIII. Fig. 3.*

SE flèchiſſant enſuite vers le ſtigmate, elle produit, à l'oppoſite, un 4e *Rameau* *, qui eſt tronqué *Fig. 4.*, qui ſe voit en partie *Fig. 3*, & qui ſe montre encore davantage *Fig. 5*, quoique deux de ſes ramifications, déja repréſentées *Fig. 3.*, s'y trouvent coupées. Ce Rameau porte *, tout près de ſon origine, une ramification, qui ſe fourche peu après, & la plus

min-

Nerf de la ſeconde paire du troiſième Ganglion.

* *Fig.* 4 & 5. N. I.

* *Fig.* 3, 4 & 5. N. 2.

* *Fig.* 6. N. 2. 2.

* *Fig.* 3 & 4. N. 3.

* *Fig* 3, 4 & 5. N. 4.

* *Fig.* 5.

mince des deux divisions de cette fourche fournit, d'un côté, à la partie inférieure de ♂ & à (i), &, de l'autre, aux (l). Ensuite le Rameau même pousse diverses autres ramifications, dont une donne à ζ & ϛ, une autre par deux ou trois filets au bas d'(h), une troisième par 3 ou 4 filets à ι, une quatrième par quelques filets à μ & O, une cinquième aux (g), une sixième aux (n), & une dernière à λ.

A P R È S avoir fourni les quatre Rameaux mentionnés, la première branche de ce Nerf va, comme il a été dit, s'attacher près de la latérale, au Nerf de la 1ᵉ paire du même Ganglion *, dont on n'a laissé, *Fig.* 5 & 6, qu'un morceau, pour faire voir l'endroit de cette attache, &, peu après, se separant de ce Nerf, elle se partage en quelques autres Rameaux *, dont un communique avec l'extrêmité d'un Rameau de la seconde branche du même Nerf, un autre se plonge dans λ, un troisième se réunit avec une ramification du 4ᵉ Rameau de la même branche, & un dernier s'introduit sous λ, où il m'est échappé.

L A *seconde des trois branches* *, dans lesquelles le Nerf en question est divisé, après s'être portée un peu en avant, & avoir passé sur (e), & s'être introduite sous (f) * & (q), qui en reçoivent des filets, se separe en *deux Rameaux*, dont l'un * se fléchissant vers la seconde Division, passe derrière (r) *, & après avoir jetté quelques ramifications à (r) & à (u), & avoir communiqué, comme il a été dit, avec l'un des Nerfs qui brident le 3ᵉ Ganglion, entre dans la jambe. Son *autre Rameau* *

s'é-

Fig. 4, 5 &
6. N. 8.

Fig. 5. N. 9.

* *Fig.* 5 & 6.
N. 5.

* *Fig.* 4. N. 5.

* *Fig.* 5 & 6.
N. 6.

* *Fig.* 5. N. 6.

* *Fig.* 5 & 6.
N. 10.

s'étendant vers le ſtigmate, y tient par des filets à 𝜋, & s'introduit enſuite ſous *ı*, où il m'eſt échappé.

La *troiſième Branche*, celle qui eſt la plus baſſe *, paſſant   * *Fig.* 5. 6.
ſous (e) & (f) à l'endroit où ils ſe croiſent, donne à (e),   N. 7.
puis ſe coulant entre (r) & (v) * s'y diſtribue, & introduit   * *Fig.* 5.
quelques filets dans les muſcles qui ſont à la 1ᵉ articulation de
la jambe; enſuite de quoi elle y entre elle même.

Les dix Brides épinières.

Le Conduit de la Moëlle épinière ſe fourche au-deſſous du   Les 10 Brides
3ᵉ Ganglion & des huit ſuivans. Au 3, 4 & 5ᵉ, cette ſepa-   épinières.
ration ſe fait tout près du Ganglion; aux autres, la bifurcation en eſt ſucceſſivement plus écartée *. Du milieu de cette   * Voyez Li-
fourche deſcend, en groſſiſſant, un Nerf, d'abord très delié, qui   gne inférieu-
n'a, tout au plus, à ſon autre extrêmité, que le tiers de l'é-   re, *Fig.* 3 &
paiſſeur de chacune des branches du Conduit *. Il finit en ſe   4, 5 & 6.
partageant en deux courtes branches, qui n'ont pas moins d'é-   * Voyez Li-
paiſſeur que leur tronc, & qui forment enſemble un angle,   gne inférieu-
tantôt aigu, tantôt obtus, dont, à la 2ᵉ. Diviſion, j'ai quelquefois   re, *Fig.* 1
trouvé l'interſtice rempli par une membrane, aux 8 ſuivantes toû-   & 2.
jours, & à la 11ᵉ. jamais. A la Diviſion antérieure de l'Anneau
vers lequel ce Nerf ſe dirige, ces deux Branches ſont unies à un autre Nerf, * qui, paſſant ſur les conduits de la Moëlle épinière,   * Ligne infé-
& ſur les muſcles droits gaſtriques, ſe porte, de part & d'au-   rieure, *Fig.*
tre, vers les latérales. C'eſt ce Nerf que j'ai nommé la *Bride*   1 & 2, N. 1,
épinière. Il y en a dix à nôtre Chenille, dont la 1ᵉ eſt à la   1, ...
ſeconde Diviſion, & les autres chacune à une Diviſion ſuivan-

C c

te

te jusqu'à la 11e inclusivément. Je les distinguerai par *première*, *seconde*, *troisième*, &c. Elles ont un si grand raport entre elles, que, pour en faire mieux sentir les différences, & éviter les redites, où il faudroit tomber, en traitant de chacune séparément après son Ganglion, il conviendra plutôt d'en parler tout de suite, & de renfermer leur description dans un seul article.

Toutes ces *Brides*, à la reserve de la dernière, en passant sur (a), communiquent * avec le Nerf de la 1e paire du Ganglion voisin, & la 2e & 3e Bride fournissent, de plus, au même endroit, un petit Nerf, qui, conjointement avec celui par où se fait cette communication, va se repandre dans le (c), qui est propre au second & au troisième Anneau. En traversant les muscles droits gastriques, elles y tiennent ordinairement par des ligamens membraneux, & produisent, entre ces muscles, de petits Nerfs qui se ramifient dans la peau, près des Divisions. Parvenues jusqu'à (b), elles y rencontrent une Bronche, que la Trachée-Artère envoye sur ce muscle; elles s'y attachent, &, se coulant le long de cette bronche, elles vont rencontrer le bord inférieur du muscle diviseur voisin θ, & là, devenues très deliées, & passant par-dessus la Trachée-Artère, elles communiquent encore *, de part & d'autre de ce Vaisseau, avec le Nerf de la 1e paire du Ganglion suivant, après quoi, la 1e *Bride*, celle de la seconde Division, monte vers le premier stigmate, près duquel elle finit, en s'attachant à une de ses branches, après avoir fourni au Vaisseau grenu.

LA

La *seconde Bride* se termine différemment de la première &
des autres. Parvenue à la Trachée-Artère, elle se fourche, &
la plus deliée de ses deux branches passe seule sur la Trachée-
Artère; De l'autre côté de ce Vaisseau, elle communique * avec
le Nerf de la 1e paire du Ganglion voisin; puis se coulant sous
une Bronche deliée, qu'une Tige de l'Artère envoye de-là
sur A & B, elle se colle à cette Bronche, & se perd avec elle
par-delà l'extrêmité d'A, dans le canal du Cœur, après avoir
donné un filet à l'attache de B, un autre à la tige musculeuse
V 3, un troisième à l'attache antérieure d'A, un quatrième
aux C † communs au 1^r. & 2^d Anneau, & un dernier à D du 3e. Sa
branche la plus épaisse * ayant communiqué, en deça de l'Ar-
tère, avec le même Nerf, s'attache à quelques petites Bronches, tout près de l'Artère, ensuite elle se partage en deux,
& l'un de ses rameaux se distribue, par 3 ou 4 ramifications,
au muscle diviseur θ, & par une au muscle α. L'autre rameau
va fournir à un muscle sans Lettre, de l'Anneau précèdent, qui
est placé sous le gastrique (x).

Les *six Brides suivantes* ne m'ont pas paru différer sensiblement entre elles. Après avoir communiqué près de la latérale, de part & d'autre de la Trachée, avec le Nerf de la
1e paire du Ganglion voisin, elles passent, en se courbant vers
la Division antérieure de l'Anneau, sur les troncs des bronches
dorsales; elles se collent ensuite à une de ces bronches, &, se
transportant avec elle, par-dessus les muscles dorsaux, elles disparoissent, chacune dans l'aîle du Cœur la plus voisine.

La *neuvième Bride épinière* ne diffère dès six précèdentes qu'en ce qu'après sa double communication vers la latérale avec le Nerf voisin, elle va s'attacher à la queue du *Corps renifor-me*. La queue * de ce Corps, paffant derrière le tronc des Bronches viscèrales du penultième stigmate, reçoit le bout de la 9ᵉ Bride, qui, remontant le long de cette queue, finit en se plongeant dans l'aîle du Cœur.

La *dixième & dernière Bride* ne tire pas, comme les autres, fon origine du conduit de la Moëlle épinière, mais de l'ex-trêmité du penultième Ganglion, d'où, paffant par-deffus le dernier Ganglion, le Nerf, qui tient à cette Bride, la produit vers la 11ᵉ Divifion. Elle n'a, du refte, rien de particulier, fi ce n'eft peut-être que s'attachant au gaftrique (c) du penul-tième Anneau, elle fournit à la tige mufculeufe (ç) de cet en-droit, ce que je n'ai pas obfervé que fiffent les autres brides.

2ᵈ & 3ᵉ *Anneau. Quatrième & cinquième Ganglion.*

Comme le raport qu'ont le 4ᵉ & 5ᵉ Ganglion, pour la for-me, s'y trouve auffi en grande partie pour la diftribution de leurs Nerfs, on pourra traiter ici des Nerfs de l'un & de l'au-tre en même tems.

Le Nerf de la 1ᵉ paire pouffe, dès fon origine, une *Bran-che* confidèrable *, qui, paffant fur (a), lui donne un petit Rameau, & communique, comme il a été dit, par un autre Rameau †, avec la Bride épinière qui précède, & au 5ᵉ Gan-glion le Rameau, par où cette communication fe fait, fournit, conjointement avec une branche de la Bride épinière du 4ᵉ Gan-glion, à (c) de l'Anneau précèdent.　CET-

CETTE Branche, après cela, s'introduifant fous (b), s'y par- * *Fig. 2 & 3.*
tage en deux Rameaux, dont l'antérieur * fe plonge dans le   N. 2.
deffous de (b), dans le deffus d'(e), & au 3e Anneau, encore dans celui de (d). Le poftérieur *, après avoir porté une   * N. 3.
ramification * en deffous au mufcle (a), s'introduit, au fecond   * N. 4.
Anneau, entre (e, g, d) *, & au 3e., entre (e, g, f) †, & va   * † *Fig. 2.*
fe repandre, au fecond Anneau, dans (d, e, f, g, h, i, 1),
& au 3e., dans (e, f, g, h, i, 1).

LE Nerf même, dès fon origine, paffe d'abord fous les muf-
cles droits gaftriques *, au-deffous desquels il s'introduit enco-   * *Fig. 1.*
re, au fecond Anneau, fous (d, e, f, g, h, i) *, & au troi-   * † *Fig 2 & 3.*
fième fous (e, f, g, h, i) †, & perce quelquefois le mufcle
(1), comme ici au 3e. Anneau *Fig. 4.*, fous lequel il fe coule
d'autres fois, comme au 2e. Anneau de la même *Fig.*, & ce n'eft
qu'après avoir enlèvé tous ces mufcles, qu'on le voit à découvert jufqu'à la latérale, & on reconnoît alors diftinctement,
que c'eft celui qui paroît, dès la première *Fig.* *, avec la Bri-   * *Fig. 1. N. 6.*
de épinière, fur la Trachée-Artère, entre les mufcles droits du
ventre & du dos.

PRÈS d'(1) ce Nerf pouffe quelquefois une *feconde Branche**,   * † Troifième
qui, fe portant vers (w) & η, leur diftribue fes Rameaux †;   Anneau, *Fig.*
& un peu plus au-delà d'(1), il donne un filet * au Nerf   5. N. 2.
de la feconde paire. Quand cette feconde Branche manque, ce   * *Fig* 4 N. 2.
qui arrive le plus fouvent, la feconde Branche du Nerf en question eft celle par où il communique, en deça de la Trachée-
Artère, avec la Bride épinière, & alors cette Branche, avant

ſa communication, fournit deux petits Rameaux, qui ſuppléant au defaut de la Branche qui manque , ſe repandent le 1ʳ. dans (w) & le ſuivant dans η. Après ſa communication avec la Bride épinière, la branche *, dont il s'agit, ſe porte, au ſecond Anneau, vers le premier, paſſe ſous θ de la ſeconde Diviſion, lui donne , & va ſe diſtribuer à (d) & P, qui ſont les moteurs du 1ʳ. ſtigmate. Au 3ᵉ. Anneau, cette Branche fournit ſucceſſivement un Rameau à (w), un à la Trachée-Artère, communique, au même endroit, avec la Bride épinière, ſe partage en deux Rameaux, dont l'un paſſe ſous θ de la 3ᵉ. Diviſion, lui envoye une ramification, & va finir dans les (x) du ſecond Anneau. L'autre Rameau, s'introduiſant ſous α, au 3ᵉ. Anneau, ſe repand dans η.

APRÈS cette communication, le Nerf paſſe ſur la Trachée-Artère, & pouſſe, de l'autre côté, une Branche, qui eſt ordinairement *la troiſième*, & qui communique encore avec la même bride, avec laquelle étant réunie, elle fournit, dans le 2ᵈ Anneau, à γ *, à E du premier Anneau, au Vaiſſeau grenu, & à la peau. Cette Branche, à ſa communication avec la Bride, introduit, ſous C, un Rameau, à l'endroit où il croiſe β; ce Rameau s'y partage en deux ramifications, par leſquelles il ſe repand dans la peau. Un peu plus avant, elle ſe fourche, & l'un de ſes Rameaux paſſe ſous les λ, l'autre *, en ſe courbant, tend vers l'intermédiaire ſupérieure, en deça de laquelle il ſe réunit à la Branche ſuivante.

CETTE *Branche*, qui eſt ordinairement *la quatrième du Nerf*,

&

& qui est la seconde qu'il produit au-delà de la Trachée-Artère, est très considérable; Elle disparoit d'abord sous E; On n'en voit encore que le commencement *Fig.* 3. * Elle paroît   * N. 1.
bien à découvert *Fig.* 4., mais mêlée avec d'autres Branches du Nerf, qui empêchent d'en pouvoir distinguer les Rameaux; & ce n'est que *Fig.* 5., où l'on n'a laissé, de ce Nerf, que le tronc, qu'on est en état de pouvoir suivre cette Branche. On y voit, qu'avant de parvenir jusqu'aux T, elle communique, comme il a été dit, par un Rameau *, avec la Branche qui pré-   * N. 4.
cède : que, parvenue à l'extrêmité de ces muscles, elle finit par un élargissement * bridé par un Nerf, dont les extrêmités † tien-   * N. 3.
nent aux plis qui terminent l'Anneau : & que l'extrêmité an-   † N. 1, 2.
térieure de cet élargissement reçoit un Nerf *, qui est, com-   * N. 5.
me on le verra, le 4e Rameau du Nerf de la seconde paire. Ce même élargissement fournit aussi, en cet endroit, deux Rameaux peu apparens, qui vont se repandre dans la peau, & qui n'ont pu être représentés. Un peu avant son élargisse-ment, la Branche, dont il s'agit, pousse obliquement, vers la Division postérieure de l'Anneau, un Rameau assez grand *;   * N. 6.
ce Rameau se fourche tout près de la bride qui termine l'élar-gissement, dont il vient d'être parlé, & l'une de ses ramifica-tions *, se donnant à la peau, s'y subdivise au long & au lar-   * N. 7.
ge, entre la supérieure & son intermédiaire. L'autre *, sans   * N. 8.
se partager, se termine par une bride qui lui est perpendiculai-re, & qui tient à la peau, aux deux endroits où on la voit finir *Fig.* 5., & cette Bride m'a paru donner à ξ. Tout joi-

gnant

gnant le Rameau, que l'on vient d'examiner, la Branche en question poufle, à l'opposite, un autre Rameau moins grand *, qui fournit d'abord à ζ, & enfuite va fe repandre dans la peau, entre la latérale & l'intermédiaire fupérieure.

Après avoir produit cette grande Branche, le Nerf même pafle fur C & E; &, depuis cet endroit, il ne m'a plus paru ramifié de même dans les deux Anneaux dont il s'agit *.

Au fecond, j'ai trouvé qu'à la rencontre de C, il fournifloit une Branche * au mufcle α; qu'un peu plus avant il en donnoit une feconde † à C & à E; qu'après celà, paffant fous B & A, il envoyoit, à l'oppofite, une troifième * à B, & formoit, depuis ce mufcle, un plexus très compliqué de Nerfs élargis, & tels, en gros, qu'on les voit *Fig.* 3 & 4, dont les branches, trop nombreufes & trop embarraflées pour pouvoir toutes être repréfentées, dans des Figures auffi petites que celles de ces Planches, fe diftribuoient à A, C, D, E, F, G, H, I, K, L, M, N, O, P, Q & R.

Au troifième Anneau j'ai trouvé, qu'à la rencontre de C, le même Nerf produifoit un faifceau de 2 ou 3 Branches *, qui, fe gliffant fous C, entroient dans C, E & G; qu'enfuite, paffant fur C, il lui jettoit deux autres Branches *, &, difparoiffant fous B & A, s'y épanouiffoit entre C, G, F, * en ne formant qu'un petit élargiffement troué; qu'immédiatement après, il fe portoit vers la région poftérieure de l'Anneau; qu'il y formoit un coude *, qui le dirigeoit vers la Ligne fupérieure, près de laquelle il alloit finir; que depuis fon épanouiffement,

ment,

ment, il fournissoit, par 3 ou 4 Branches, à B, par deux, au muscle A, par deux, à C, par plusieurs, aux deux G, par deux, à F, par plusieurs, à D, par deux à H, & par quelques autres, à I, K, L, & sous L, à Q, & R, & après que tous ces muscles en furent ôtés jusqu'à K, il parut en gros tel que le montre la *Fig.* 4.

Le *Nerf de la seconde Paire* sort de dessous le côté de son Ganglion, & pousse, près de-là, vers la Ligne inférieure, un petit jet *, qui s'attache & se termine à une bronche, laquelle s'abouche, sous le Ganglion, avec la bronche pareille du côté opposé, & qui est marquée Δ *Pl. XI. Fig.* 4. Passant ensuite sous (r) *, & par conséquent sous tous les autres muscles, dont (r) est couvert, il se partage, vers l'autre côté de ce muscle, en *deux Branches* *, qui se ramifient d'abord après, & s'engagent dans une grosse masse de graisse qui couvre la jambe, & y cause une confusion, dont il est très difficile de les debarrasser.

La *supérieure* de ces deux branches a, tout près de son origine, un 1.ᵉ *Rameau*, qui se dirigeant vers la région postérieure de l'Anneau, se fourche à quelque distance de-là, & la *Ramification antérieure* de cette fourche, qui est à-peu-près perpendiculaire au rameau qui l'a produit, rencontrant le muscle (o), jette au second Anneau quelques *filets* * par dessus, qui s'y engagent de même que dans (q) & (m), & au 3.ᵉ Anneau elle ne passe par dessus qu'un seul *filet*, qui se repand dans (o), α, & (q): ensuite de quoi cette Ramification antérieure s'introduit dans la cavité de la jambe *, après avoir donné à (p) à l'endroit où ce muscle y entre pareillement.   D d   *L'autre*

*N. 4.

L'autre Ramification * defcend jufqu'au bord poftérieur de la cavité de la jambe, puis fe flèchiffant vers la latérale, elle paffe au fecond Anneau fous (o) & (q) auxquels elle fournit, & au troifième fous (o, q) & γ fans s'y inférer; enfuite fortant de deffous ces mufcles, elle donne à l'extrêmité de ζ & ϑ, ϰ, (t) & (x) du fecond Anneau, & au 3.e paffant en partie fous ϰ, & en partie fur ce mufcle, elle fe partage à ι, ϑ, ϰ, ν, ξ; (t, x); &, dans l'un & l'autre de ces Anneaux, el-

*†*Fig.* 6.

le va communiquer, par fa fubdivifion N. 5. *, avec le Rameau N. 9. † de la même branche.

*N. 6.

TANT foit peu au-delà du 1.^r Rameau, cette branche en pouffe, à l'oppofite, un *fecond*, beaucoup moins confidèrable *, qui, paffant par deffus les (f), fe repand dans la peau, le long du bord antérieur de l'Anneau, entre (k) & (w).

*N. 7.

TOUT près de-là, & du même côté, elle en produit un *troifième* *, de grandeur femblable au précèdent, qui, au 2.^d Anneau, s'infère dans les (k), qui ont la 1.e de leurs attaches en deça de l'inférieure, & au 3.e, dans les (k), qui l'ont en de-là de cette Ligne.

*†N. 8.

UN peu plus avant, il fort, de cette branche, un gros jet très court *, d'où dérive un 4.e *Rameau* † fort grand, qui fe porte d'un côté de ce jet, vers la Ligne inférieure, en defcendant en même tems vers la cavité de la jambe, & de l'autre vers la latérale. Ce rameau, près de fon origine, a plufieurs petites ramifications difficiles à demêler, qui, au fecond Anneau, vont s'introduire dans (f, m, p), & au 3.e, dans (f) & α. Le côté de ce Rameau, qui tend

vers

vers la cavité de la jambe, communique, chemin faifant, par
une petite *ramification*, avec la feconde branche du même Nerf; il
en repánd *une autre* dans la peau de la jambe du côté de l'inférieure; un peu plus bas, *une troifième* & *une quatrième* vont
en remontant fe mêler & fe réunir avec celles qu'on a dit que
ce Rameau fournit près de fon origine; Enfuite il communique, par un jet gros & court, avec la branche inférieure du
Nerf de la même paire, & puis il entre dans la jambe; mais
toutes ces ramifications font ramaffées dans un fi petit efpace,
qu'elles n'ont pu être repréfentées dans la *Fig.* 6., qui eft la
feule où leur rameau paroît diftinctement.

LE côté de ce Rameau qui tend vers la latérale *, y fuit la   * N. 8.
branche dont il dérive. Au fecond Anneau il communique, un
peu au-delà de cette Ligne, par deux jets affez courts *, avec   * † N. 11.
cette branche, & au 3e Anneau il le fait feulement par un jet †,
entre la latérale & l'intermédiaire inférieure. Après cette communication, le rameau, dont il s'agit, va au fecond Anneau
fe diftribuer à ♂ & *v*, & à la peau, entre l'intermédiaire fupérieure & la latérale, & au 3e, paffant fur *α*, il lui donne une
Ramification entre la 3e Divifion & *β*, fe partage enfuite à *β*,
ε, *δ*, *λ*, & l'un & l'autre vont finir en fe réuniffant à l'épanouïffement de la 2de branche *, qu'on a vu que le Nerf de la   * † N. 12.
1re paire pouffe au-delà de la Trachée-Artère, & dont on n'a
laiffé, *Fig.* 6. †, que l'épanouïffement avec la bride qui l'arrête, pour faire voir cette réunion.

LA branche même, avant de parvenir à la latérale, produit

Dd 2

un

*Fig. 6. N. 9.

un 5.e *Rameau* *, qui, au second Anneau, s'introduit entre (m) & ɛ, sous lesquels il va se repandre dans δ, ɛ, ϑ, μ & ξ, & au 3.e s'introduit sous γ, à l'endroit où δ passe dessus, & fournit à γ, ɛ & μ; & dans l'un & l'autre Anneau, il communique avec la subdivision *Fig. 6. N. 5.* de la ramification postérieure du 1.^r rameau qui nait de cette même branche.

A P R È S ce 5.e Rameau, elle passe la latérale, & donne ensuite, dans le 2.^d Anneau * à β; δ, ɛ, λ, ν, T, & dans le suivant à β, δ, λ, ν, TS † & se termine dans la peau.

* † N. 13.

* N. 14.

L'I N F É R I E U R E * des deux Branches, dans lesquelles le Nerf de la seconde paire se divise, descend tout droit vers la cavité de la jambe. Chemin faisant elle jette d'abord un *petit Rameau*, qui descendant obliquement vers l'inférieure, s'insère, par 3 ou 4 Ramifications, de ce côté, dans la peau de l'entrée de la jambe: de l'autre côté elle communique, comme il a déja été observé, avec le 4.e rameau de la branche supérieure du même Nerf, à l'endroit où ce Rameau s'introduit dans la jambe.

* N. 10.
† N. 15.

T O U T près-de-là, elle envoye un 3.e *Rameau* * à (n, r, v), & un peu plus bas un 4.e à (u) †, après quoi, ayant encore repandu quelques petits rameaux dans la peau de la 1.e articulation de la jambe, elle y entre & disparoît.

Quatrième Anneau. Sixième Ganglion.

Nerf de la première paire.

L E Nerf de la 1.e paire du 6.e Ganglion ne pousse pas, dès son origine, une branche considèrable, comme celui des deux Ganglions précèdens; mais il passe tout entier sur (a) & (c),

*Fig. 1. N. 1.

sur lesquels il communique d'abord, par *une petite branche* *,

avec

avec la Bride épinière, & cette branche, conjointement avec une pareille de la Bride, va finir dans le (c) de l'Anneau précèdent.

Un peu plus avant, ce Nerf envoye une *autre petite* branche * au même (c); après quoi il s'introduit fous (b) & (d), ** N. 2.* & y portant, dès fon entrée, une *troifième branche* plus confidèrable, cette branche, près de fon origine, fe partage en deux Rameaux, dont l'un, tendant vers la latérale, fe repand fûr les bronches qui paffent entre (b, d) & (e, ff), donne des ramifications * en deffous, à (b) & (d), & en introduit ** Fig. 2, 3. N. 1.* une fous (e) †, qui m'a paru fournir à (e) & (f), & qui fe *† Fig. 2 & 3. N. 3.* termine en (ff). L'autre rameau, fe portant obliquement vers l'inférieure, jette deux ramifications * dans (c) & dans (a), ** N. 2, 2.* & en introduit une troifième † entre (f) & (g), qui fe dif *† N. 4.* tribue, en deffous, à l'un & à l'autre de ces mufcles, de même qu'à (h) & à (i), & communique fous (f) avec la feconde branche du Nerf de la feconde paire.

Un peu avant de parvenir à la Trachée-Artère, ce Nerf produit une *quatrième branche*, qui, tout près de ce Vaiffeau, communique, par un rameau, avec la Bride épinière, enfuite de quoi elle fe partage *en quatre rameaux*, dont trois * repan ** Fig. 6. N. 8, 8, 8.* dent diverfes ramifications dans les mufcles α (l, m, n, q), M, parmi lesquelles il y en a une qui finit par une bride très oblique *, dont l'attache antérieure eft à la peau, près de la ** N. 9, 9.* 4ᵉ Divifion, entre la latérale & l'intermédiaire inférieure, & l'autre un peu au-delà de la latérale, fous ε. Le quatrième Ra meau, après avoir donné, chemin faifant, diverfes ramifications à θ, traverfe la Divifion antérieure de fon Anneau, & va fe terminer * dans un mufcle fans Lettre de l'Anneau précèdent, qui y eft placé fous (x), & lui eft parallèle.

Fig. 4. N. 4.

Le même Nerf, tant foit peu au-delà de la Trachée, communique encore avec la Bride épinière, par le rameau d'une 5e *Branche*, qui s'enfonce derrière le ftigmate, & fe diftribue à la peau des environs. Il paffe enfuite fur le mufcle E, & en même tems fous une bronche dorfale * qu'il y rencontre, & là il pouffe fa 6e *Branche*. Cette Branche fe partage, affez près de fon origine, en deux rameaux, dont l'un fournit des ramifications * en deffus à E & F, & l'autre †, paffant par deffus ces mufcles, introduit, fous eux, une ramification qui va fe repandre dans C & H, & une autre vers la région antérieure de l'Anneau, qui va s'y inferer dans la peau entre la fupérieure & fon intermédiaire *.

Fig. 1 & 2.

Fig. 2 & 3. N. 1, 1. †N. 2.

Fig. 5. N. 3.

Il s'introduit après celà fous B, & donne encore une 7e *Branche* affez petite, à la peau, tout près de l'attache antérieure d'R, & pouffe enfin une 8e * beaucoup plus grande †, qui fe portant d'abord vers la Divifion antérieure de l'Anneau, & fe fléchiffant enfuite vers la Ligne fupérieure, fe diftribue au long & au large à la peau, entre cette Ligne & fon intermédiaire.

† N. 4, 4, 4, 4.

Au même endroit ce Nerf finit par un épanouiffement, qui jette diverfes Branches, dont les unes donnent dans le deffous de B, d'autres difparoiffent entre F & D *, d'autres, rencontrant

Fig. 2.

trant

trant le côté d'A, s'y attachent & s'y repandent; mais la plus considérable de toutes s'introduit sous D *, auquel elle partage plusieurs rameaux, & après avoir fourni aux deux G *, en passant par dessus, elle finit, en s'introduisant derrière le postérieur de ces muscles, où elle va se repandre dans les I, L, & sous ceux-ci dans Q, R *.   ** Fig. 2.   * Fig. 3.   * Fig. 5. N. 5.*

LE *Nerf de la seconde paire* disparoit presque dès son origine. Il se coule sous (i) *, & les autres gastriques qui le précèdent. Après les avoir enlevé jusqu'à (i) inclusivement, on voit qu'en passant sur (p) *, il produit une *première branche* assez grande *, dont les attaches m'ont échappé, & à laquelle je n'ai point trouvé de ramification.   *Nerf de la seconde paire du sixième Ganglion.   * Fig. 4.   * Fig. 5.   * N. 7.*

ENSUITE il s'avance en serpentant jusqu'assez près de l'intermédiaire inférieure, & là en se recourbant il pousse une *seconde branche* * qui tend vers la latérale. Cette branche jette, du côté de la 1e. Division de son Anneau, un rameau qui se fourche, & dont les deux ramifications, prenant une direction presque opposée, entrent l'une & l'autre dans la peau. La branche même ensuite communique avec le Nerf de la première paire, par une ramification de l'inférieur des deux rameaux *, dans lesquels sa troisième branche se partage, puis elle s'enfonce au chiffre 2, entre β & δ, & va près de là s'étendre par plusieurs ramifications dans la peau.   ** N. 2. †   * N. 2.*

LE Nerf ensuite se courbe & rebrousse vers l'inférieure; chemin faisant, il produit une *troisième* *, *quatrième* †, *cinquième* ‡, *sixième* ☿ & *septième* § branches assez petites, dont la 1e. &   ** N. 3.   † N. 4.   ‡ N. 5.   ☿ N. 6.   § N. 7.*

1ᵉ & la 3ᵉ m'ont paru se repandre dans le dessous d'(f, g) & (i), dont la 4ᵉ fournit à (h), & dont la dernière s'introduit sous (k), & s'y distribue de même qu'à (t). Ce Nerf

*Fig. 5.

ensuite repasse sur (p)*, &, se fourchant de l'autre côté de ce muscle, il se coule dessous, & finit en donnant deux rameaux à (p), deux à (x), & le reste à la peau en cet endroit.

Cinquième Anneau. Septième Ganglion.

Nerf de la première paire.
*Fig. 1. N. 1.

LE Nerf de la 1ᵉ paire du 7ᵉ Ganglion, après avoir communiqué tout près de son origine, par *une petite Branche**, avec la Bride épinière, passe sur (a), & pousse deux Branches à la rencontre de (c), sous lequel il s'introduit d'abord après

* N. 2.

avec elles *. De ces deux branches l'une descend vers la Division postérieure de l'Anneau ; l'autre s'étend du côté de la latérale.

*Fig. 2 & 3. N. 1.
* † Fig. 2 & 3. N. 2, 2.

CELLE ci porte d'abord un rameau * dans le dessous de (b), & un peu plus avant elle se ramifie dans le dessous de (d)*, & le dessus d'(e) & d'(ff) †.

* N. 3.

L'AUTRE, ayant fourni un rameau au muscle (a)*, & un

* N. 4.

à (c)*, s'introduit entre (f) & (g) sous (f), auquel il donne quelques rameaux, de même qu'à (h), à (g), & à (i). On le voit tout entier *Fig.* 4.

LE Nerf même passe ensuite sous (c, b, d, e, ff), &, à

*Fig. 4, 5 & 6. N. 4.

l'endroit où (ff) le couvre, il jette *une petite branche**, qui, se coulant sous (l), s'y attache à une bride oblique, pareille à celle qui est au même endroit à l'Anneau précèdent.

* N. 5.

UN peu plus avant il donne *une 5ᵉ branche** à (q) & à (m).

APRÈS

Aprés quoi, sa 6ᵉ *branche*, qui est plus considérable, est celle par un rameau de laquelle il communique, en deça de la Trachée, avec la Bride épinière. Un autre rameau * de cette Branche descend le long du stigmate, & va se distribuer d'un côté à M, & de l'autre à (1). Un peu au-delà du rameau de communication, elle fournit 3 ou 4 rameaux aux deux θ, & un au muscle α, après quoi elle entre dans l'Anneau précèdent, & s'y repand par la ramification N. 1. *, dans δ, par celle N. 2. *, dans β, par le rameau N. 3. *, dans (t, y) & (z), le rameau N. 4. *, dans les ζ, & le rameau N. 5. *, dans (r).

Au-dela de la Trachée-Artère, il communique encore avec la Bride épinière par le rameau d'une 7ᵉ *branche* *, qui s'enfonce derrière le stigmate, & s'éparpille dans la peau à cet endroit.

Il passe ensuite sur E, & sous une Bronche des dorsales, qu'il y rencontre, &, poussant à cet endroit une 8ᵉ *branche* *, qui se fourche peu après, il fait entrer les ramifications de l'un des deux rameaux de cette fourche dans le dessus d' E & d' F. L'autre rameau passe par-dessus ces muscles, & s'introduit derrière F, où il s'insère dans H, & pousse un filet, qui communique, par une bride pareille, si je ne me trompe, à celle de N. 9. *Fig*. 6. de l'Anneau précèdent, avec la 6ᵉ branche tout joignant la peau.

Le Nerf même s'introduit de-là sous B, commence à s'élargir, & fournit, en même tems, une 9ᵉ *branche* assez petite *, qui se donne à la peau, tout près de l'attache antérieure de B.

* *Fig*. 5 & 6.
N. 1. +

* *Fig*. 6.

* *Fig*. 5. N. 7.

* *Fig*. 3 & 4.
N. 8.

* *Fig*. 3, 4, 5.
N. 9.

E e   E T

ET enfin il en produit une 10e *affez grande* *, qui, après s'être avancée dans la région antérieure de l'Anneau, fe flé-chit vers la fupérieure, & va fe repandre au long & au large dans la peau, entre la fupérieure & fon intermédiaire.

CE Nerf, finiffant un peu plus avant par un élargiffement en patte d'oye, fixé par une bride, comme à l'Anneau précèdent, pouffe auffi, de cet élargiffement, diverfes branches, dont il y en a qui entrent dans le deffous de B & d'A, d'autres four-niffent à D, d'autres à G, & la plus grande de toutes *, fe portant vers la région poftérieure de l'Anneau, fe termine en donnant à L & I, & fous ces mufcles à Q & R.

LE Nerf de la feconde paire difparoit dès fon origine, & ne fe montre bien qu'après que l'on a enlevé les mufcles gaftriques depuis (a) jufqu'à (i) * inclufivement, fous lequel il paffe enco-re, de même que fous (ff), qui ne fe trouve qu'à cet Anneau.

A une petite diftance de fon origine, ce Nerf jette, du cô-té de la Ligne inférieure, une *première branche* * très petite, qui s'attache au conduit de la Moëlle épinière.

PLUS avant, il pouffe, à l'oppofite, une *feconde branche*, prefque parallèle aux Divifions, d'où fort un rameau * qui fe fourche, & l'une de fes ramifications, fe dirigeant du côté de l'inférieure, s'engage dans la peau, entre les attaches antérieu-res d'(m) & de (p). L'autre, fe tournant vers la latérale, fe repand dans la peau au deffus d'(n). Au même endroit, cet-te Branche produit un autre rameau *, qui rebrouffant s'intro-duit fous (p), lui fournit, de même qu'à la peau au deffus d'(x),

&

& envoye une ramification à (n), près de son attache inférieure. Ensuite de quoi cette même branche, un peu au-delà
de l'intermédiaire inférieure, s'enfonce entre (n) & (r), & s'y
ramifie dans la peau.

Un peu plus loin, & à l'opposite, le Nerf a une 3.e *Branche*
qui rebrousse, & donne cinq Rameaux, dont le 1.^r * sert à (k);   * N. 5.
le 2.^d * passe à l'Anneau suivant, & s'y attache à la Bride é-   * N. 6.
pinière; le 3.e * se distribue à (p); le 4.e † à (x); & le der-   * N. 7.
                                                                         † *Fig.* 6.
nier § à (t).   N. 8.
                                                                         § N. 9.
Le Nerf même, tendant ensuite vers la latérale, s'attache à
une bronche * entre la latérale & l'intermédiaire inférieure, &   * *Fig.* 5 & 6.
                                                                   N. 13.
tient, par deux endroits †, à la branche que le Nerf de la   † *Fig.* 6.
1.e paire du Ganglion suivant, avant d'atteindre à la latérale,   N. 14.
envoye à plusieurs muscles de l'Anneau qui le précède: Et il finit en partageant une *quatrième Branche* * à β, une *cinquiè-*   * *Fig.* 5 & 6.
                                                                   N. 10.
me † à δ, & une *dernière* § à ε.   † N. 11.
                                                                   § N. 12.

6, 7, 8 & 9.e *Anneau.* 8, 9, 10 & 11.e *Ganglion.*

Comme les Nerfs de ces quatre Anneaux ont entre eux le
même raport qu'ont leurs muscles, on les comprendra ici dans
un même Article.

Le Nerf de la 1.e paire du 8, 9, 10 & 11.e Ganglion, a-   Nerf de la
près avoir *communiqué* par une *première Branche* assez petite *,   première pai-
                                                                    re.
sur (a), avec la Bride épinière, pousse 2 *Branches* à la rencon-   * *Fig.* 1. N. 2.
tre de (c), avec lesquelles il s'introduit sous ce muscle.

De ces deux branches l'une descend, comme à l'Anneau pré-

E e 2

cè-

cèdent, vers la Division postérieure de l'Anneau, & l'autre s'étend du côté de la latérale.

CETTE *dernière*, qui est la moins grande, donne d'abord par un rameau * dans le dessous de (b), & un peu plus avant elle se ramifie † dans le dessous de (d), & dans le dessus d'(e) & d'(ff).

L'*autre* repand d'un côté un rameau * dans le dessous d'(a), & de l'autre un * dans le dessous de (c) & le dessus d'(f). Ensuite elle s'introduit sous (f), & lui laisse un rameau, de même qu'à (h). De-là elle se courbe vers (g) *, s'introduit entre ses deux queues †, lui fournit aussi, & va sous ce muscle s'insérer dans (i) *.

LE Nerf même, passant encore sous (b, d, e, ff, f) & (h), après avoir jetté, à l'opposite des deux premières branches, un filet *, qui m'a paru se perdre dans le Corps graisseux, produit, de ce même côté, entre l'intermédiaire inférieure & la latérale, une 4.ᵉ *branche*, qui sous (1) va s'attacher à une bride * qui tient à la peau, tout joignant l'extrêmité inférieure des muscles (q), & qui faisant un angle aigu avec cette branche, se dirige obliquement de-là vers β, & avant d'y atteindre s'engage dans une graisse tenace & grenée, qui se trouve à cet endroit, & dont il est difficile de la debarasser. Cette bride, parvenue vers la latérale jusqu'à β, passe dessous, de même que sous γ & ε, & s'attache à la peau tout joignant la latérale sous δ.

LA *cinquième branche* de ce Nerf est celle par où il communique, en deça de la latérale, avec la Bride épinière. Avant

cette

cette communication, il en fort trois rameaux, dont le poſtérieur * entre dans (1), celui qui le précède † du même côté ſe
ramifie dans les muſcles (q), & communique avec le Nerf même
entre la 3ᵉ branche & la quatrième, & l'autre, qui eſt à l'oppoſite, & n'a pu être repréſenté, ſe flèchiſſant vers la région
poſtérieure de l'Anneau, paſſe ſous β & γ, & va s'attacher à
la peau, à l'endroit où δ & (r) ſe rencontrent.

PRÈS du poſtérieur de ces 3 Rameaux, leur branche com-
münique avec la Bride épinière à l'origine de la bronche, le
long de laquelle, comme il a été dit, cette bride ſe porte vers
le ſtigmate. Après cette communication, qui ſe fait par un
court rameau, la même branche jette un cinquième rameau *,
qui, deſcendant vers M, s'y inſère, de même que dans le γ
antérieur. Elle en fournit au moins deux * aſſez conſidèrables
aux θ, trois * aux α, après quoi, traverſant la Diviſion antérieure de ſon Anneau, elle entre dans l'Anneau qui précède;
mais, dès lors, elle ſe ramifie autrement au 5ᵉ Anneau qu'aux
quatre ſuivans, car au 5ᵉ Anneau le premier rameau qu'elle pouſſe en y entrant * s'introduit ſous les ζ, & s'inſère dans les
(y); enſuite elle s'attache à la branche d'une bronche, que la
Trachée-Artère produit près du cordon charnu, &, parvenue
ainſi juſqu'à cette bronche, elle s'y colle, & paſſe, en ſe flèchiſſant vers l'intermédiaire inférieure, ſur ζ, lui donne ſucceſſivement trois rameaux *, & y va finir, après avoir communiqué, par deux autres *, avec le Nerf de la 2ᵉ paire du Ganglion précèdent.

Ee 3   A U

*Fig. 5. N. 1.
† N. 2.

* N. 3.

* Fig. 6. N 4.

* N. 5.

* Fig 6. N. 6.

* N. 7.
* N. 14.

Au 6e Anneau & les trois suivans, la même branche, après
être entrée dans l’Anneau qui précède , fournit d’abord , du
côté de la supérieure , un rameau *, & à l’opposite , un peu
plus avant , deux autres * à ζ. Ensuite elle envoye encore , du
côté de la supérieure , un rameau * assez long au postérieur
des deux γ, à l’endroit où ce muscle tient , par sa tête fourchue , à la peau , entre la latérale & l’intermédiaire supérieure. Plus avant , du même côté , elle jette un rameau *, qui ,
réuni avec un autre †, que la même branche pousse un peu plus
haut du même côté , donnent ensemble 3 ou 4 ramifications
au muscle δ, & s’enfonçant entre les muscles latéraux , vont se
repandre dans ε.

Entre ces deux rameaux , la branche , dont il s’agit , reçoit
une Bronche qui part de la Trachée-Artère , un peu au-dessous
du cordon charnu. Cette bronche se colle intimement au
Nerf , & s’y partageant , monte d’un côté le long du Nerf
jusqu’à celui de la seconde paire du Ganglion précèdent , auquel elle s’attache à l’endroit , où , comme on le fera voir , ce
Nerf finit par quatre branches ; une autre branche de cette
Bronche s’attache au rameau N. 11 ; une troisième au rameau
N. 10., & une autre descend le long de la branche même ,
vers son origine : ce qui produit un mêlange de nerfs & de
bronches , qui rend cet endroit très difficile à debrouiller , &
donne à ces nerfs , une aparence de grosseur qu’ils n’ont pas
réellement , comme on le voit au 7e Anneau Fig. 5., où les
bronches ont été laissées.

Du

Du même côté, mais un peu plus avant, la Branche, dont il s'agit, pousse un rameau *, qui fournit d'abord, vers la latérale, une ramification au postérieur des *y*, après quoi il passe dessous, & se divisant près de l'antérieur, il donne d'un côté à ce muscle, & de l'autre à celle de ses têtes par où il a son attache près du stigmate, un peu au-delà de la latérale.   * N. 10.

A l'opposite, elle envoye un rameau fourchu * aux (y), qui se distribue encore aux (z) qui font dessous : & plus haut, tout joignant celui-ci, un dernier *, qui s'insère dans (r) ; après quoi cette branche finit, en se réunissant, entre la latérale & l'intermédiaire inférieure, presqu'au milieu de l'Anneau, au Nerf de la seconde paire du Ganglion précèdent.   * N. 11.
* N. 12.

De l'autre côté de la Trachée-Artère, le même Nerf communique encore avec la Bride épinière, par une *sixième* branche qui s'y termine, fournit, tant soit peu au-delà, du même côté, une *septième* branche *, qui se partage d'abord après en deux rameaux, dont l'un se repand sur le tronc par où les bronches dorsales s'ouvrent dans la Trachée-Artère, & l'autre, s'enfonçant sous ces bronches, va, d'un côté, s'étendre à l'entour du canal par où cette Trachée communique avec le stigmate, &, de l'autre, s'insérer dans la peau des environs. Après avoir passé derrière la postérieure des bronches dorsales, le Nerf porte, à l'opposite, sur E, sa *huitième branche* *, qui d'abord se ramifie dans E & dans F, & coule un rameau entre G & F, à l'endroit où ils se croisent *, lequel va finir, par deux ramifications dans L, & par une dans H.   *Fig. 3, 4, 5. N. 7.
*Fig. 2, 3, 4, 5. N. 8.
* Fig. 2 & 3.

En-

ENSUITE le Nerf s'introduit fous B, au 4, 5 & 6e Anneau, & fous C, aux Anneaux fuivans, & forme, en même tems, un épanouïffement fixé par une bride, comme aux 4 Anneaux qui précèdent : Mais à l'endroit où l'épanouïffement commence, il pouffe une *neuvième* branche affez mince *, qui, d'un côté †, fe repand fur la peau dans la région antérieure de fon Anneau, entre la latérale & l'intermédiaire fupérieure, & de l'autre, après s'être portée dans la région poftérieure, entre la fupérieure & fon intermédiaire, va fe ramifier dans la peau, près de l'attache antérieure d'R.

LE même Nerf, tout près de cette branche, produit encore, en deça de la bride, une *dernière* branche * beaucoup plus confidèrable, qui fe portant d'abord vers le côté antérieur de l'Anneau, & fe flèchiffant enfuite vers la fupérieure, paffe fous la bride, & va fe repandre au long & au large dans la peau, entre la fupérieure & fon intermédiaire, de la manière qu'on le voit repréfenté dans la *Fig.* 5. N. 10.

L'ÉPANOUÏSSEMENT même, par où le Nerf fe termine, envoye d'abord deux Branches * au B du fixième Anneau, & aux C & B des trois fuivans, une troifième † à G, & il en produit une quatrième bien plus grande §, qui s'incline & fe recourbe vers la région poftérieure de fon Anneau, en même tems qu'elle avance vers la Ligne fupérieure. Cette branche, dès fon origine, fournit un 1^r. rameau à G, un 2^d, 3e & 4e à A, un 5e à D, & un 6e encore à A, après quoi elle finit en fe ramifiant dans I, Q & R.

LE

LE Nerf de la feconde paire, ayant une origine & une direction pareilles à celles du Nerf de la même paire de l'Anneau
qui précède, difparoit auffi, affez près de fon commencement,
& ne fe montre bien, qu'après qu'on a enlevé les mufcles gaftriques jufqu'à (i)* incluſivement, fous lequel il paffe encore.
Parvenu un peu au-delà de l'attache antérieure de (p), il introduit fa première branche, qui n'eſt pas confidèrable *, entre ce mufcle & (k), où s'enfonçant, elle va fe repandre, de
ce côté, dans la peau qui borde la jambe *.

UN peu plus avant, il pouffe, à l'oppofite, une feconde branche *, tant foit peu panchée vers la latérale, qui, à quelque
diftance de fon origine, fe partage en deux rameaux, de contraire direction, dont l'un fe porte du côté du Ganglion qui
l'a produit, & fe termine près de-là dans la peau; mais, chemin faifant, il jette une ramification affez grande, & qui lui
eft perpendiculaire, vers la Divifion antérieure de l'Anneau;
cette ramification, paffant fous le Nerf de la 1e paire, fe fourche à l'autre côté de ce Nerf, & les deux divifions de cette
fourche, prenant une direction oppofée, vont fe perdre dans la
peau le long du pli qui fepare l'Anneau de celui qui le précède.

SON autre Rameau s'enfonce fous (m), & fe diftribue à la
peau en cet endroit.

FORT peu au-delà de la feconde branche, il en donne, à
l'oppofite, une 3e.* très courte & affez groffe, qui ne fe ramifie pas toûjours de la même manière; mais affez fouvent dès

F f

fon

Nerf de la fe-
conde paire.

* Fig. 4.

* Fig. 5. N. 1.

* Fig. 6. N. 1.

* Fig. 5 & 6.
N. 2.

* Fig. 5 & 6.
N. 3.

fon origine elle produit, du côté de l'inférieure, un rameau,
qui, paffant par deffus (p)*, lui fournit une ramification, &
une autre à (x). Enfuite elle fe partage en quatre rameaux,
dont celui, qui eft le plus près de l'inférieure, donne encore à
(p), le fuivant à (k), le troifième à (x), & le dernier pouffe un filet, affez long pour atteindre à la Divifion poftérieure
de l'Anneau; mais ce filet s'eft trouvé feparé de fon attache;
enfuite le rameau va fe plonger dans (t).

Le Nerf, après celà, fe porte vers la latérale, & ayant paffé
un peu au-delà de la diftance moyenne entre cette Ligne &
l'intermédiaire inférieure, fans fournir aucune branche, il reçoit la communication de la 5ᵉ branche du Nerf de la 1ᵉ paire du Ganglion fuivant, avec laquelle il ne paroît faire qu'un
même nerf, & d'abord après il fe termine par quatre branches,
dont la 1ᵉ *, montant obliquement vers le ftigmate, donne
deux rameaux à β, & un à la graiffe grenue & jaunâtre qui
couvre β, γ & δ, entre la latérale & l'intermédiaire inférieure. La 2ᵈᵉ *, qui a fon origine fous la 1ᵉ, va fe repandre dans
les queues du γ antérieur, & tient par un filet à l'autre γ.
La 3ᵉ, * réunie avec un rameau de la 4ᵉ, va encore s'attacher
au même mufcle, mais plus près de la latérale; & la 4ᵉ * introduit deux rameaux dans le γ poftérieur; ce qui pourtant
ne fe voit que très confufément, à moins que d'enlèver, comme j'ai dit, la Bronche, qui, accompagnant la 5ᵉ branche du
nerf de la 1ᵉ paire du Ganglion fuivant, mêle fes rameaux a-
vec ces Nerfs.

*Fig. 5.

*Fig. 6. N. 4.

* N. 5.

* N. 6.

* N. 7.

*Dixiè-

Dixième Anneau. Douzième Ganglion.

LES *quatre premières Branches* du Nerf de la 1ᵉ paire du 12ᵉ Ganglion m'ont paru ſi ſemblables aux branches pareilles des mêmes Nerfs des quatre Ganglions précèdens, qu'il ſeroit inutile d'en faire encore ici la deſcription.

SA 5ᵉ *Branche*, qui eſt celle par où il communique, un peu en deça de la latérale, avec la Bride épinière, pouſſe, tout près de ſon origine, un 1ʳ. Rameau *, qui ſe diviſe d'abord après en 5 Ramiſications, dont la première s'engage dans le muſcle (q); la ſeconde s'attache à une bronche; la troiſième & la quatrième ſe partagent à (m); & la 5ᵉ., ſe fourchant, ſe perd dans la peau ſous β, & ſous (m).   Un peu plus avant, la même branche communique, par un ſecond rameau *, avec le Nerf même qui l'a produit; par un troiſième †, avec la Bride épinière; par un quatrième, cinquième & ſixième *, elle donne aux θ, ſous leſquels elle paſſe, & jette trois ou quatre rameaux *, chemin faiſant, aux α; puis entrant dans l'Anneau qui précède, elle y fait, par des rameaux ſemblables à ceux de la branche pareille des trois Anneaux précèdens, un office qui n'en diffère point auſſi, & le reſte de tout ce Nerf ne m'a pas paru non plus aſſez différer de ce qui a été dit, à ce ſujet, du Nerf de la 1ᵉ. paire des 4 Anneaux antérieurs, pour exiger qu'on s'y arrête davantage.

LE Nerf de la ſeconde paire de ce Ganglion paſſe, comme ceux des ſix Ganglions précèdens, ſous (i) *, & ſous tous les autres gaſtriques qui le précèdent.   Sous (a), il pouſſe oblique-

F f 2

ment

Nerf de la première paire.

*Fig. 3. N. 4.

* Fig. 5 & 6. N. 2.
† N. 3.
* N. 4.
* N. 5.

Nerf de la ſeconde paire du douzième Ganglion.
* Fig. 4.

* *Fig.* 5 & 6.
N. 1.

ment vers l'inférieure une *petite branche* *; que j'ai trouvé féparée de fon attache dans ce fujet, & qui manquoit tout à fait à un autre, où je l'ai inutilement cherchée. Un peu plus avant, & du même côté, il envoye une *feconde bran-*

* N. 2.

che * fous le (p), qui va fe repandre à cet endroit dans la peau.

A l'oppofite, il produit, prefque au même endroit, une

* N. 3.

3ᵉ *branche* * plus confidèrable, qui fe ramifie de même façon que celle qu'on voit au même endroit aux Anneaux précèdens; à la referve que le long rameau, qu'elle envoye vers la latérale, n'y entre pas dans la peau, mais dans M & β.

A quelque diftance de la 3ᵉ branche, il en fournit, de l'au-

* N. 4.

tre côté, une *quatrième* * affez grande, qui, s'introduifant fous

* *Fig.* 5.
† *Fig.* 6. N. 4.

(p) *, fe diftribue par fes rameaux † à (p, k, t, x).

* N. 5.

ENSUITE le Nerf s'avance du côté de la latérale, & parvenu à β, il y plonge les rameaux d'une 5ᵉ *branche* *, & au même endroit fe fait la réunion de ce Nerf avec le rameau, que la branche extérieure du Nerf de la 1ᵉ paire du dernier Ganglion produit, un peu en deça de la latérale, comme on va le voir dans l'Article fuivant.

Dixième Anneau.   *Treizième & dernier Ganglion.*

LA direction des deux paires de Nerfs du dernier Ganglion, très différente de celle des Ganglions précèdens, les porte vers la partie poftérieure de la Chenille, pour fervir aux deux derniers Anneaux.

Nerf de la
première pai-
re.

LA première paire de ces Nerfs fe partage, tout près de fon

ori-

origine, en deux branches confidèrables, dont j'appellerai *exté-*
rieure, celle qui s'écarte le plus de la Ligne inférieure, & *in-*
térieure, celle qui s'en écarte le moins.

LA *Branche extérieure* fe dirige avec quelque courbure vers Sa branche
extérieure.
le ftigmate de l'Anneau fuivant, & parvenue à cet Anneau,
elle y paffe fur (c), & s'introduit entre (c) & (b)*.   * *Fig.* 1.

SOUS (b) elle pouffe un 1ᵉ *Rameau*, qui fe divife d'abord
après en deux ramifications, dont l'une * donne à (b,d,e,ff),   * *Fig.* 2 & 3.
N. 1.
& s'attache, du côté de la latérale, à des bronches gaftriques du
dernier ftigmate; & l'autre * fe repand dans (a, c, g, f)   * N. 2.
& (i).

TOUT en même tems, cette branche fe plonge fous (e, ff)
& (f), & y envoye un *fecond Rameau* * fort petit à (f), &,   * *Fig.* 4. N. 3.
fi je ne me trompe, à (h); d'autres fois ce fecond rameau manque, & alors le premier y fupplée, & fournit à (f); & à (h).

SOUS (h), elle en produit un *troifième* *, qui fe partageant,   * *Fig.* 5 & 6.
N. 3.
près de fon origine, en deux ramifications, de direction pref-
que oppofée, s'engage, d'un côté, dans la graiffe grenue, qui
eft à cet endroit, & de l'autre, dans la peau vers l'attache antérieure d' (l).

PRÈS du dernier ftigmate elle a, en deça de la Trachée-
Artère, fon *quatrième Rameau* *, qui fe repand, par diverfes   * *Fig.* 5 & 6.
N. 4.
ramifications, dans θ, α, β, (l, m, q), M, à-peu-près, à ce
qu'il m'a femblé, de la même manière qu'on l'a vu, par raport au Nerf placé au même endroit à l'Anneau précèdent,
& entre enfuite dans cet Anneau, où il donne trois ou qua-

F f 3

tre

*Anneau pré-
cèdent.
N. 1, 1, 1.

tre ramifications * à ζ. A l'oppofite de la dernière, il reçoit, comme aux Anneaux qui précèdent, la bronche que pouſſe la Trachée-Artère près du cordon charnu.

*N. 2.

Un peu plus haut il pouſſe, du côté de la latérale, une ramification *, qui ſe fourche peu après, & ſa diviſion antérieure, ſe partageant encore en deux, près de ſon origine, introduit une de ſes ſubdiviſions dans (r) & δ, & l'autre, dans ε & δ. La diviſion poftérieure de cette ramification s'attache à la bronche, dont il vient d'être parlé.

*N. 3.

A l'oppofite, il fournit une dernière ramification *, qui ſe perd dans (r) & (y), après quoi il va ſe réunir avec le Nerf de la ſeconde paire du Ganglion précèdent, de façon qu'ils ne paroiſſent faire enſemble qu'un même Nerf.

*N. 5.

De l'autre côté de ce rameau, la même branche, avant de parvenir au dernier ſtigmate, produit un *cinquième Rameau* *, qui s'inſinue, d'un côté, entre (m) & β, & s'y plonge dans la peau, &, de l'autre, s'inſère dans α & (n).

Cette branche, après cela, au lieu de paſſer ſur la Trachée-Artère, paſſe deſſous, & jette d'abord de l'autre côté un petit rameau, qui s'enfonce derrière le ſtigmate, & va ſe repandre, d'une part, ſur l'orifice par où la Trachée-Artère tient au ſtigmate, &, de l'autre, dans la peau tout près de-là. Enſuite de

*Fig. 5. N. 6.

quoi elle paſſe ſur E, & y produit un aſſez grand rameau *, qui ſe donne, par un côté, à E, & par l'autre, à F & à H.

Parvenue ſous C, elle s'élargit en patte d'oye, & y tient, en même tems, par deux petits rameaux, à C.

Du

Du bord poſtérieur de cet élargiſſement part, en ſe portant vers la ſupérieure & en même tems vers la région poſtérieure de l'Anneau, *un Rameau* très grand *, qui diſtribue deux rami-fications à B, trois à A, deux à D, une à G, deux à L, deux à I, & va enſuite finir en s'engageant dans Q, & dans R. *[* N. 7.]*

Du milieu de l'élargiſſement part un *ſecond* grand Rameau *, qui ſe dirige vers la peau, & s'y éparpille au long & au large, entre la ſupérieure & ſon intermédiaire, dans la région moyen-ne de l'Anneau. *[* N. 8.]*

Et du bord antérieur du même élargiſſement, ſort un *troi-ſième* grand Rameau *, qui tend vers le bord antérieur de l'Anneau, près duquel il ſe ramifie à droit & à gauche dans la peau. *[* N. 9.]*

La *Branche intérieure* du Nerf de la premiere paire, deſcend juſqu'au milieu du penultième Anneau, en s'aprochant un peu de la Ligne inférieure, puis, changeant de direction, elle tend du côté de la latérale, en s'inclinant vers le bord poſtérieur de cet Anneau. Au même endroit, elle fournit deux rameaux, le *premier* * à la peau, près de (p), & *l'autre* † à ce muſcle. *[Sa branche intérieure.]* *[* Fig. 5 & 6. N. 1.]* *[† N. 2.]*

Tant ſoit peu plus avant elle pouſſe, à l'oppoſite, un *troi-ſième* Rameau *, qui, ſé fourchant vers ſon origine, va ſe termi-ner à la peau, d'un côté, tout près de l'attache antérieure de (c), &, de l'autre, un peu au deſſous de l'endroit où β a ſon attache inférieure. *[* N. 3.]*

Ensuite elle traverſe l'intermédiaire inférieure, & envoye un *quatrième Rameau* * à β, un *cinquième* †, & un *ſixième* ✕ à ζ, *[* Fig. 1, 2, 3 & 4. N. 4.]* *[† ✕ N. 5. & 6.]*

* † N. 7 & 8. ζ, un *feptième* *, & un *huitième* † aux (y), & elle entre dans la partie antérieure du dernier Anneau, où, après y avoir fer-vi à (d), ε, α, β, δ, & η, elle finit, fans que je lui aye trouvé aucune communication avec la branche du Nerf de la feconde paire, qui fe partage aux mufcles de la première partie de cet Anneau.

Nerf de la
feconde pai-
re. Le Nerf de la feconde paire defcend, en s'écartant tant foit peu de l'inférieure, depuis fon Ganglion jufqu'au dernier An-neau, fans y avoir aucune branche. Parvenu au dernier Anneau, il en produit *deux*, à peu de diftance l'une de l'autre, qui forment enfemble un plexus, d'où partent trois * *Fig.* I. N. I. rameaux, dont le premier *, remontant le long du côté du troifième gros inteftin, y tient par intervales, & s'avance ainfi jufqu'au-delà du fphincter, qui fepare le 1ᵉ. gros inteftin du fecond, & il s'attache contre le côté du premier, où l'on cef-fe de pouvoir le fuivre.

* N. 2 & 3. Les deux autres rameaux * de ce plexus repandent leurs ra-mifications fur l'extrêmité poftérieure du troifième gros intef-tin, & s'y mêlant avec les mufcles & les bronches de ce vifcè-re, elles forment enfemble un lacis, où l'on ne demêle rien.

* *Fig.* 2, 3.
N. 3. A pèu près au même endroit, ce Nerf pouffe une troifième branche *, qui, fe portant vers l'inférieure, fe fourche fur (a), derrière lequel elle s'introduit, & va donner dans la peau aux environs de l'inférieure.

* *Fig.* I. N. 4. A l'oppofite, il envoye obliquement vers la fupérieure, une branche confidèrable *, qui s'introduit d'abord fous (b), &

poufpouſſe, en même tems, un rameau *, qui après s'être réuni avec une petite branche que le Nerf même fournit un peu plus bas, va ſe repandre dans (a, b, c), & (e). Parvenue enſuite à (d), cette branche introduit ſous ce muſcle un *ſecond rameau* * qui paſſe auſſi ſous α, & ſe diſtribue à la peau par deux ramifications, dont l'une tend vers la latérale & l'autre vers la ſupérieure. Sur (d), elle partage un *troiſième rameau* * à ce muſcle & à α. Vers la latérale, elle en pouſſe un *quatrième* *, qui m'a paru ſe perdre dans la peau. Tout près de là elle en repand un *cinquième* * dans le deſſous d'I; Après quoi, s'introduiſant ſous E, elle s'y épanouit, & envoye en même tems un *ſixième rameau* *, aſſez long, à la peau, dans la région antérieure de l'Anneau, du côté de la Ligne ſupérieure. Enſuite cette branche ſe fixe par une bride ſemblable à celle des Anneaux précèdens, & ſon élargiſſement partage trois rameaux * à E. De ſon milieu elle produit d'abord deux petits rameaux †, qui ſe plongent dans C, un autre aſſez conſidèrable §, qui, dans la région poſtérieure de cette 1.ᵉ partie de l'Anneau, ſe diſtribue à la peau entre la ſupérieure & ſon intermédiaire, & un quatrième encore plus gros que ce dernier, qui tendant vers la ſupérieure, s'élargit pareillement à quelque diſtance de ſon origine, jette d'un côté deux ramifications * dans B, & de l'autre en pouſſe une, qui ſe gliſſant ſous H, ſe repand dans ce muſcle & dans G; puis paſſant ſur H, & ſous A, il laiſſe une ramification à chacun de ces muſcles de même qu'à F, & finit en pénètrant dans le deſſous de D.

* *Fig.* 2, 3 & 4. N. 1.

* N. 2.

* N. 3.

* N. 4.

* N. 5.

* N. 6.

* *Fig.* 2, 3 & 4. N. 7, 8, 9.
† *Fig.* 5. N. 10, 11.
§ N. 12.

* N. 13.

G g

QUANT

Quant au Nerf même, à quelque diſtance plus bas que la quatrième branche, qui vient d'être ſuivie, il en fournit, au même endroit, deux autres, dont l'une tend vers la partie poſtérieure du dernier Anneau, en s'écartant, & l'autre en aprochant de l'inférieure; Cette dernière * deſcend ſur le ſac fœcal, dans la région antérieure duquel elle ſe ramifie. L'autre * deſcend plus bas ſur le côté de ce ſac, &, parvenue à la hauteur de l'endroit où le troiſième gros inteſtin s'y ouvre, elle donne deux rameaux, dont le plus conſidèrable * ſe porte en ſe fourchant vers cet inteſtin, & s'y répand; l'autre † ſe dirige vers le bord par où le ſac tient à la ſubdiviſion de l'Anneau, & s'y inſère dans les (a) *, après quoi cette branche va ſe terminer † ſur la partie latérale & poſtérieure du même ſac.

Le Nerf enſuite deſcend, & va rencontrer le bord du ſac fœcal à la ſubdiviſion de l'Anneau, & l'on diroit d'abord qu'il y finit; mais, quand on l'examine avec attention, on voit qu'il ne fait ſeulement que s'y coller au ſac, ſous la première tunique duquel il introduit une ſeptième branche *, qui s'étend ſur la ſeconde tunique; après, il en diſtribue une ou deux petites * à (b) & (c), & preſque au même endroit il en produit encore un paquet *, qui ſe plongeant entre les diviſions de (b) * & (c) † ſe diſtribue à (d) & β, & ſe perd dans la peau de la cavité de la jambe poſtérieure.

Plus bas que ce paquet, le Nerf ſe termine par *trois branches*, dont celle qui eſt la plus près de l'inférieure * paſſe ſur (b), & lui laiſſe encore deux rameaux, puis s'introduit ſous la

tu-

tunique du fac fœcal, à l'endroit où (b) y tient *, & quand on a enlèvé ce mufcle & la tunique, comme on l'a fait *Pl. VIII. & IX. Fig. 3.*, on voit que fur (c), & fous la tunique, cette branche produit, avec la branche pareille de l'autre Nerf de la même paire, une façon de bride circulaire *, qui fait le tour du fac fœcal; Cette bride, du côté de la fupérieure, donne d'abord une ramification * à ce fac, paffe enfuite fur β, & en fournit une feconde †, du côté de la fubdivifion, à une bronche, & plus avant, du même côté, encore une ou deux autres très petites, dont j'ai négligé de fuivre les attaches. Vers l'inférieure, je n'ai point remarqué que cette bride en produifit aucune.

** Pl. VII. Fig. 2.*

** Fig. 3, 4. N. 11, 11, 11.*

** Fig. 3. N. 12.*

† N. 13.

Au-dela de la Bride circulaire, la branche, dont il s'agit, pouffe fucceffivement deux rameaux *, & finit par un troifième †, qui fe repandent fur le fac fœcal.

** † Fig. 3. N. 14, 14, 14.*

L'autre des trois branches, par où le Nerf fe termine *, celle qui eft tournée du côté de la fubdivifion de l'Anneau, fe recourbe, & pouffe d'abord un ou deux petits rameaux *, qui remontant vont s'inférer au Nerf même d'où leur branche derîve; enfuite elle va fe ramifier dans les mufcles qui rampent fur la région poftérieure du fac fœcal.

** N. 15.*

** N. 16.*

La troifième branche, celle du milieu, perce le mufcle (b) & s'introduit fous (c) *, à l'endroit où l'on voit, à (c), vers la latérale, une fenfible feparation; mais en paffant fous ce mufcle, elle lui donne un rameau * qui fe ramifie fur fon deffus. Après, elle paffe encore derrière β †, & fournit un fecond ra-

** Pl. VIII. Fig. 3.*

** Pl. IX. Fig. 3 & 4. N. 17.*

† Fig. 4.

Gg 2

meau

meau *, qui repand des ramifications dans le deſſus & le deſſous de β, & paſſant lui-même ſur ce muſcle va finir dans le
muſcle γ.

Un peu après s'être introduit ſous β, cette branche plonge,
entre les δ, un troiſième * rameau qui s'y diſtribue. Et paſſant enfin ſous A & B, elle s'y partage en trois rameaux fort
écartés les uns des autres, dont celui qui eſt tourné vers

l'inférieure * eſt le plus épais; ce dernier, tout près de ſon origine, repand dans la peau *une petite* ramification, qui ſe réunit
auſſi à une bronche, & communique par un filet avec le rameau voiſin. Enſuite il diſtribue *quatre* ramifications aux δ,

après quoi il communique par une *ſixième* * ramification avec
le rameau qui ſuit; & enfin il va ſe terminer dans A, B & C.

Le rameau ſuivant *, qui eſt l'intermédiaire, après avoir
reçu la communication, dont il vient d'être parlé, ſe plonge
dans C, & dans la peau qui eſt deſſous.

Et le troiſième * ſe partage aux δ antérieurs, & ainſi finit ce
Nerf, qui eſt le dernier qui reſtoit à ſuivre au Corps de la
Chenille.

❋❋❋❋❋❋❋❋❋❋❋❋❋❋❋

C H A P I T R E X.

Des Trachée-Artères & de leurs Bronches.

AYANT déja donné une idée de la ſtructure des deux Trachée-Artères & de leurs Bronches dans le Chapitre VI.,
je paſſe dans celui-ci à detailler la manière dont ces Trachées
repandent leurs Bronches dans toute l'habitude du Corps de la
Chenille : Je dis, dans toute l'habitude de ſon Corps, parce
qu'il n'en eſt pas, à cet égard, des Chenilles comme des grands
Animaux, qui n'ont de Bronches que dans les Poumons. Les
Chenilles en ont par-tout, & le nombre en eſt incomparablement plus grand. Auſſi ne doit-on pas s'attendre, que ce ſujet puiſſe être traité à fond. Les Bronches ſe ramifient la
plûpart en une quantité ſi prodigieuſe de Vaiſſeaux aëriens
exceſſivement petits, qu'il n'eſt pas moins impoſſible de les ſuivre juſqu'à leurs extrêmités, & de les detailler, qu'il le ſeroit
de ſuivre & detailler les Vaiſſeaux capillaires dans leſquels nos
Artères & nos Veines ſe diſtribuent ; & quand bien la choſe
ſe pourroit, l'exécution en ſeroit fort inutile, par la raiſon
qu'il n'y a rien de conſtant dans la façon dont les Bronches
ſe ſubdiviſent, de ſorte qu'on remarque, non ſeulement des dif-
fèrences notables, ſur ce point, d'une Chenille à l'autre ; mais
encore entre les Vaiſſeaux correſpondans des deux côtés d'une
même Chenille ; ce qui ne paroîtra pas fort étrange à ceux

Des Bron-
ches en géné-
ral & de leurs
ramifications.

Gg 3　　　　　　qui

qui favent, combien nos Vaiſſeaux ſanguins ſont ſujets aux mêmes variations.

JE me contenterai donc, pour ces raiſons, de ne faire ſimplement connoitre que les Troncs, les Tiges, les Branches,
les Rameaux & les Ramifications, auxquelles toutes les Bronches de la Chenille doivent leur origine, & encore eſt-il bon
d'avertir, que, non ſeulement ces Ramifications & ces Rameaux,
mais même les Branches & les Tiges dont ils derivent, ne
ſont pas toûjours pareils en nombre & en figure.

AFIN de ne donner pourtant rien, s'il ſe peut, qui ne ſoit
exactement vrai, je n'ai pas laiſſé de copier ſcrupuleuſement,
d'après nature, ſur un même ſujet, les Bronches que je mets ſous
les yeux du Lecteur; & ſi dans cette deſcription je fais quelquefois mention de Bronches, à la vérité peu conſidèrables,
qui ne paroiſſent point dans les Figures, c'eſt qu'elles n'ont pu
y être repréſentées, ſoit parceque d'autres parties les couvroient, ſoit parcequ'elles auroient repandu trop de confuſion
ſur le reſte, ſi j'euſſe voulu leur y donner place.

Leur origine. POUR traiter ce ſujet avec ordre, il faut d'abord ſe rappel-
ler, que les Bronches derivent toutes, ſans exception, des deux
Trachée-Artères, & qu'ainſi, c'eſt ſur ces Vaiſſeaux, qu'on doit
chercher leur origine.

QUANT aux Trachées mêmes, j'ai déja remarqué, Chapitre
VI., que c'étoient deux grands Vaiſſeaux aëriens, placés le long
des Lignes latérales de la Chenille, qui, par le moyen des 18
ſtigmates, communiquoient avec l'air extérieur, & qu'elles a-

voient

voient à-peu-près toute la longueur du Corps de l'Animal. J'ajoute ici, que quand on a ouvert, vuidé, & étendu une Chenille, ces Trachées s'offrent presqu'entiérement à decouvert *, & qu'il n'y a que les *Muscles diviseurs* θ, à la reserve encore de ceux de la 3e & 4e Division, qui, passant dessus, en cachent par intervalles quelque partie. Elles sont du reste detachées, & ne tiennent qu'à la peau par le moyen des stigmates & par les petits muscles (1) & M, qui sont tout près. Elles commencent au 1r stigmate, & sont par-tout à-peu-près d'égale capacité jusqu'au dernier, au-delà duquel elles diminuent de volume. Parvenues jusques près de la dernière Division, elles se fourchent d'une façon souvent assez differente, & leur principale branche continuant à descendre, s'introduit sous le *Sac fœcal*, où on la perd de vuë.

Pour peu qu'on examine ces Trachées, on y distingue aisément, sur-tout aux environs de chaque stigmate, trois suites de Bronches separées, qui sont communes à tous les stigmates, & de plus une quatrième suite, qui est particulière au premier.

Cette dernière se dirige vers la tête, elle y penètre, & se distribue à ses differentes parties. Je donnerai, en général, aux Bronches qui la composent, le nom de *Bronches Cephaliques*.

L'une des trois suites, communes à tous les stigmates, se repand sur les Viscères, & sur l'Etui graisseux qui les enveloppe. J'en ai appellé les Bronches, *Bronches Viscèrales*.

L'autre de ces suites monte & rampe le long du Dos de la Chenille. J'en ai nommé les Bronches, *Bronches Dorsales*.

La

Et Gaftri-
ques.

LA troifième defcend & rampe le long du Ventre. Je les ai defigné par le nom de *Bronches Gaftriques.*

DANS la repréfentation de ces divers ordres de Bronches, je fuivrai une methode pareille à celle qui a fervi pour les Nerfs, favoir de les placer fur les contours des mufcles ; mais , avec cette différence, que pendant que les Nerfs ont été tracés, fur les mufcles , tels qu'ils paroiffoient dans une Chenille ouverte par le dos, les Bronches s'offriront ici fur les mufcles, tels qu'on les voit dans une Chenille ouverte en fens contraire: deforte que ce feront ici les ébauches des *Fig.* 1, 2, 3, 4, 5 & 6. des *Planches VI.* & *VII.* , qui ferviront à faire voir les Bronches telles qu'on les decouvre fucceffivement à mefure que les mufcles , qui les couvroient dans une Figure précèdente, en auront été ôtés; au lieu que c'étoient celles des *Fig.* 1, 2, 3, 4, 5 & 6. , des *Planches VII.* & *VIII.* , qui ont fervi au même ufage pour les Nerfs; ce changement ayant été néceffaire pour faire connoître l'arrangement des *Bronches Cephaliques,* & de deux *Dorfales* très confidèrables du 1^r. Anneau, lesquelles, fans cela, auroient été tout-à-fait dérangées.

ET vu que les Figures , qui fervent pour les Bronches, ne font déja que trop chargées par la quantité de ces vaiffeaux, qu'il y a fallu placer; pour éviter la confufion, je n'y marquerai point les mufcles de leurs Lettres, ainfi que je l'ai fait aux Planches qui ont fervi pour les Nerfs; deforte qu'il fera néceffaire, pour l'intelligence de ce Chapitre , d'avoir en le lifant, fucceffivement fous les yeux les fix premières *Figures* des

Plan-

Planches VI. & VII., où ces muscles se voyent dans le même ordre & avec leurs Lettres.

Je dois encore avertir, que comme la plûpart des Bronches derivent des Trachée-Artères par de longs jets, que produit un Vaisseau court & spacieux qui s'ouvre dans ces Trachées, j'ai cru devoir designer ces deux sortes de Vaisseaux par des noms qui leur fussent propres, & donner toûjours le nom de *Troncs*, à ces Vaisseaux larges & courts lors qu'ils produisent de longs jets, & celui de *Tiges* à ces longs jets, soit qu'ils partent des Troncs, soit qu'ils derivent immédiatement de la Trachée-Artère; mais quant aux jets qui derivent immédiatement de ce dernier Vaisseau, leur grandeur seule, indépendamment de leur longueur, me déterminera souvent à leur donner le nom de *Tiges*; & lors qu'ils ne me paroîtront pas assez grands, pour meriter ce nom, je leur donnerai celui de *Bronches detachées.* *(note: En Troncs, Tiges, Branches, Rameaux, Ramifications & Filets.)* *(note: Bronches detachées.)*

Du reste, en parlant des divisions & subdivisions que ces Tiges & ces Bronches detachées subissent, je ferai usage des termes de *Branches, Rameaux, Ramifications, & Filets*, dans le même sens où ils ont été employés en traitant des Nerfs.

Et comme il sera nécessaire, pour plus de clarté, de distinguer les Tiges, par des Lettres qui leur soient affectées, & qu'il pourroit y avoir de l'inconvenient à leur donner des Lettres qui servent déja à caractériser les muscles, je ferai usage de Lettres Hebraïques, & de Lettres Capitales Grecques pour les Bronches, employant les premières pour les Tiges *Cephaliques & Viscèrales*, & les autres pour les *Dorsales & Gastriques.* *(note: Lettres Hebraïques pour les Bronches Cephaliques & Viscérales.)* *(note: Lettres Capitales Grecques pour les Dorsales & Gastriques.)*

H h En-

Enfin, il fera encore bon de remarquer, que comme les ftigmates ne produifent proprement aucune Bronche, il faut, quand on lira que telle ou telle bronche derive d'un ftigmate, ne point prendre cette expreffion à la lettre ; mais comme une façon de parler abrègée, qui fignifie fimplement, que cette Bronche dérive de la Trachée-Artère à l'endroit où elle s'a-bouche avec le ftigmate : ce qu'il feroit fort ennuyeux de repeter auffi fouvent que le grand nombre de bronches de cet or-dre pourroit le demander.

Bronches du premier Stigmate.

Toutes les Bronches de la Tête & du 1ᵉ. Anneau viennent des Tiges que la Trachée-Artère fournit à l'endroit où le 1ᵉ. ftigmate s'y ouvre.

Ces Tiges font au nombre de 14, en y comptant une Dorfale & une Gaftrique, qui fe diftribuent au fecond Anneau. Il y en a 4 *Cephaliques* א, ב, ג, ד. Il n'y en a point de Vifcè-rales ; mais les Bronches vifcèrales du 1ᵉ. Anneau doivent leur origine à une Tige gaftrique Δ. Il y en a 4 *Dorfales*, Θ, Λ, Ξ, Π, & fix *Gaftriques*, Δ, Σ, Υ, Φ, Ψ, Ω.

Pour commencer l'explication de ces Bronches par les Bron-ches cephaliques, qui font, comme il a été dit, particulières au 1ᵉ. ftigmate ; elles derivent conftamment de quatre Tiges dont on n'en voit que trois א, ב, & ג, *Fig.* 1., la quatrième ד, fe trouvant cachée par la première א & par les mufcles Λ & γ. Je defignerai ces Tiges par *première*, *feconde*, *troifième*, & *quatrième Cephaliques*.

La

Premier ftig-mate a 14. Tiges.

4. Cephali-ques.

* *Fig.* 2.

La *première Cephalique* א *, celle qui, *Fig.* 1., eft le plus près de la Tête, fe prendroit d'abord pour une continuation de la Trachée-Artère; elle en a prefque la capacité, & ce n'eft qu'a-près l'avoir coupée près du ftigmate, qu'on decouvre qu'elle n'eft qu'une des Tiges dans lesquelles la Trachée-Artère fe partage à fon extrêmité.

en marge: * *Fig.* 1. א.

Cette Tige fournit, près de fon origine, une petite branche, qui fe repand dans les γ.

en marge: Première branche.

Tant foit peu plus avant, elle en pouffe une feconde, guè-res plus grande, qui communique avec la branche du Nerf de la 1e paire du 3e Ganglion, laquelle s'attache au Vaiffeau gre-nu, après quoi, fe partageant en trois rameaux, elle en don-ne le premier aux γ, le fecond à β, & le dernier aux deux R de la Tête.

en marge: Seconde Branche.

Ces deux Branches n'ont pu être repréfentées.

La Tige enfuite fe divife en deux branches très fortes, qui entrent dans la Tête, l'antérieure fans fe fourcher, l'autre a-près s'être partagée en trois rameaux.

en marge: Troifième & quatrième Branches.

La *feconde Cephalique* ב * derive, avec les deux fuivantes & les Tiges Dorfales ∧ † & צ §, d'un tronc commun, fort large, qui part du 1^r. ftigmate, du côté de la Ligne fupé-rieure.

en marge: Premier Anneau. Seconde Cepha-lique. ב. * *Fig.* 1. † *Fig.* 1. 3, 4. § *Fig.* 3, 4. Trois Bran-ches du Tronc.

Ce Tronc, avant de produire aucune Tige, pouffe trois pe-tites branches, qui n'ont pu trouver place dans la *Figure*; la plus groffe fournit aux A; & les deux autres s'attachant aux nerfs qui s'infèrent dans A & dans C, vont toutes deux fe diftribuer aux C, l'une toute entière, & l'autre après avoir laiſſé un rameau au Vaiſſeau grenu.

ENSUITE le tronc ſe partage dans les trois tiges qui vienent d'être deſignées, dont l'antérieure eſt la ſeconde Cephalique ⊃.

Première Branche. **⁎*Fig.* 3. N. 1.**

Seconde Branche. **⁎ N. 2.**

DÈS ſon origine elle pouſſe deux Branches: L'une ⁎, paſſant par deſſus les C+, après leur avoir jetté un rameau, va ſe repandre ſous ces muſcles dans F, & l'autre ⁎ ſe ramifie dans le deſſus des mêmes C+, près de l'occiput.

Troiſième Branche.

ELLE donne enſuite une petite branche, partagée en trois ou quatre rameaux, aux γ, près de l'extrêmité poſtérieure de *l'Ecaille parietale.*

Quatrième & cinquième Branches.

UN peu plus avant, elle diſtribue les rameaux d'une quatrième & cinquième petite branche à ces mêmes muſcles.

Sixième Branche.

PUIS elle introduit une ſixième pareille dans les muſcles RR de la tête ; après quoi elle y entre elle même, accompagnée de trois ou quatre branches plus conſidèrables qu'elle forme, chemin faiſant.

Septième, huitième, neuvième & dixième Branches.

Premier Anneau. Troiſième Cephalique. **⊃.** **⁎*Fig.* 1.**

CES huit dernières branches n'ont pu être placées dans les *Figures.*

LA *troiſième Cephalique* ⊃⁎, n'entre pas elle même dans la tête, comme font les deux précèdentes ; mais elle s'y repand par quatre branches très épaiſſes, pendant que ſe portant directement vers la Ligne ſupérieure, elle y va rencontrer la branche pareille du ſtigmate oppoſé, avec laquelle elle s'abouche de façon, qu'elle ne paroît faire, avec cette branche, qu'un ſeul & même canal, qui va d'un ſtigmate à l'autre. TOUT

TOUT près du Tronc qui la produit, elle pousse en dessous une petite branche dorsale, qui partage ses rameaux aux A, & aux rameaux que le Nerf de la 1ᵉ paire du 3ᵉ Ganglion y repand. *(Première Branche.)*

- PLUS avant, il en part encore de son dessous, une pareille, mais plus grande, qui donne aussi aux A, près de la Ligne supérieure, & envoye un rameau aux γ. *(Seconde Branche.)*

A la même hauteur on lui voit latéralement sa 1ᵉ Cephalique *, qui, se dirigeant avec obliquité vers la tête, disparoît sous les branches qui suivent. Cette Branche se réunit quelquefois en un tronc commun avec la précèdente. D'autres fois elle en est separée. Elle se repand dans les muscles occipitaux. *(Troisième Branche. * Fig. 1. N. 1ᵗ.)*

PLUS près de la supérieure, elle est suivie de la seconde *, & de la troisième † Cephalique, qui, serrées l'une contre l'autre, se réunissent souvent aussi en un même tronc vers leur tige. Elles sont de capacité pareille à celle de la branche précèdente, & se partagent chacune en deux, avant d'entrer dans la tête. *(Quatrième & cinquième Branches. * N. † 2. † N. † 3.)*

TOUT joignant la troisième branche Cephalique on voit paroître la quatrième * & dernière de ces branches, qui, plus grosse que les précèdentes, passe sous elles en se portant vers la tête. Dès son origine, elle jette un rameau dorsal entre les deux Ecailles parietales sous les D; après quoi elle se divise près de la tête en quatre rameaux, qui tous s'y introduisent. *(Sixème Branche. * N. 4*.)*

QUAND on a enlèvé la 1ᵉ Cephalique א, on voit paroître

le commencement de la 4.ᵉ ⊓*, qui se montre alors depuis le stigmate jusqu'aux γ, sous lesquels elle passe. Ce n'est qu'après avoir retranché ces muscles, comme on l'a fait *Fig.* 2., qu'on la voit jusqu'à la tête.

Premier Anneau. Quatrième Cephalique. ⊓. * *Fig.* 2.

DÈS son origine elle fait passer, entre γ & A, sur les C✝, *une* grande branche dorsale *, qui va se ramifier dans I.

Première Branche. **Fig.* 2. N. 1.

TOUT près de cette Branche, elle en produit *deux* autres plus petites, qui n'ont pu être représentées. Elles s'introduisent sous γ. L'une s'attache à un nerf, qui sortant du Vaisseau grenu, passe aussi sous ce muscle, puis toutes deux vont se perdre dans les muscles C, près de l'occiput.

Seconde & troisième Branches.

A la même hauteur elle envoye, de son dessus, une *quatrième* branche * assez petite dans le Vaisseau grenu.

Quatrième Branche. * N. 2.

TANT soit peu plus avant, une *cinquième* branche *, de même grandeur, sortant de son dessus, se fourche en deux rameaux, dont l'un fournit au postérieur des γ, & l'autre à l'intermédiaire.

Cinquième Branche. * N. 3.

CELLE-CI est suivie d'une *sixième* * pareille, qui, passant sous ces deux γ, va se plonger dans l'antérieur des trois.

Sixième Branche. * N. 4.

QUAND on coupe la Tige à peu de distance du stigmate, comme on l'a fait *Fig.* 3., on voit sortir, de son dessous, trois autres branches, dont *l'une* * entre dans les ζ près de leur attache antérieure.

Septième Branche. **Fig.* 3. N. 5.

L'autre * dans l'extrêmité antérieure des C✝,

Huitième Branche. * N. 6. **Neuvième Branche.** * N. 7.

LA *troisième* *, placée entre les deux précèdentes, après avoir passé sous C, & s'être fourchée, va se repandre, par les

ra-

ramifications de l'un de ses rameaux, dans F, & par celles de l'autre, dans la peau du cou tout près de-là.

APRÈS avoir produit ces 9 branches, la Tige passe sous les γ, &, se divisant, près de la tête, en plusieurs branches, dont le nombre varie, mais dont il y en avoit douze à ce sujet, toutes y montent par l'espace qu'il y a entre le côté de la Tête, ses muscles R R, & l'écaille zygomatique.

SUIVANT l'ordre qu'on s'est proposé, il faudroit à présent traiter des Bronches viscèrales de cet Anneau ; mais elles derivent toutes, comme il a été dit, de la Tige Δ, qui est gastrique ; ainsi il sera plus à propos d'en renvoyer l'explication, jusqu'à l'endroit, où il s'agira de suivre cette Tige.

LES Tiges Dorsales sont quatre, Θ, Λ, Π, Ξ.

LA *première* Θ * paroit à decouvert sur les muscles. Elle est placée immédiatement après la 3ᵉ Cephalique Ↄ, & de même que cette dernière elle s'abouche avec la tige pareille du stigmate opposé * ; moins grosse que Ↄ & Ↄ, elle part, avec ces tiges, d'un tronc commun, & se porte vers la supérieure par une courbure un peu circonflexe.

D'ABORD il sort, de son dessous, trois branches, qui n'ont point été représentées *Fig.* 1., mais qui paroissent *Fig.* 2.

LA *première* * assez grosse se distribue aux C‡ près de l'endroit où les A passent dessus. On n'en decouvre ici qu'un morceau ; le reste est caché sous la tige.

LA *seconde*, plus petite que la première, passant sous A & γ, va encore se donner aux C‡. C'est celle qui, *Fig.* 2, se

voit

10. . . . . 21. Branches.

Premier Anneau. Premiè-re Dorsale. Θ. * *Fig.* 1, 2. 4.

* Voyez Θ. *Fig.* 1, 2.

Première Branche. * *Fig.* 2. N. 1.

Seconde Branche.

voit le plus près du ftigmate, fans être marquée d'un Chiffre.

Troifième Branche.

La *troifième*, cachée fous les deux premières, ne paroît point du tout. Elle eft peu confidèrable, & s'engage auffi dans les C†.

*Quatrième Branche. *Fig. 2. N. 2.*

Ces trois branches font fuivies, en deffous, d'une *quatriè-me* *, affez grande, qui paffe par deffus les C+, & leur fournit un rameau, dont une ramification entre dans F. Après, cette branche va finir, par 5 ou 6 rameaux, dans les D, en s'attachant aux nerfs qui s'y introduifent.

*Cinquième Branche. *Fig. 1. N. 3.*

De fon côté poftérieur, la tige porte d'abord une *cinquième* branche fort petite * à la graiffe.

*Sixième Branche. * N. 4.*

Du même endroit, il en part une *fixième* *, fort longue, à proportion de fon épaiffeur. Elle va fervir à la Bride de l'Oefophage. Dans la *Figure* elle n'a été ramenée fur le 2.d Anneau que pour la faire mieux remarquer.

*Septième & huitième Branches. * N. 5, 6.*

Plus avant, *deux autres* * plus groffes, fe touchent prefque, &, fe ramifiant près de leur origine, vont fe partager à la queue du Vaiffeau diffolvant.

*Neuvième & dixième Branches. * N. 7, 8.*

Elles font fuivies, au même côté, à peu de diftance de l'extrêmité de la tige d'une *neuvième* * & d'une *dixième*, peu confidèrables, qui fe jettent dans l'Etui graiffeux.

*Onzième Branche. *Fig. 2, 4. N. 9.*

Enfin, près de rencontrer la Tige oppofée, elle pouffe du côté de la tête une très grande branche, qui s'enfonce d'abord à la Ligne fupérieure, entre les D, D, & difparoît; mais quand on a enlevé ces mufcles, & ceux qui les couvrent, on la revoit.

** Fig. 4. N. 1, 1, 1.*

D'abord cette branche repand deux ou trois petits rameaux *, à diverfes diftances, dans les D.

Près

Près de son origine, elle en fournit, de son dessous, un plus grand à la peau. Il n'en paroît qu'une petite ramification N. 2. dans la *Figure*.

Après, elle en produit un * par le côté, qui donne une ramification, de son dessous, aux D, puis se partage en deux autres, dont l'une entre dans D & dans H, l'autre passe sur H, lui jette un filet, se fourre entre H & I, auxquels elle se distribue.   * N. 3.

Plus avant elle pousse, du même côté, un rameau assez fort *, qui passe entre G & H, & se partage aux L.   * N. 4.

De l'opposite elle en envoye un plus mince *, près de la pointe de l'Ecaille frontale, aux D.   * N. 5.

De l'autre côté elle introduit, plus avant, entre G & H, un rameau * assez épais, qui s'engage aussi dans les L.   * N. 6.

Puis elle fournit successivement un petit rameau à G, un à D, trois autres à G, deux à la peau, &, après avoir produit ces 15 rameaux, elle passe derrière les L, & s'y distribue.

La seconde dorsale A *, moins grosse que la première, dérive avec elle d'un Tronc commun. Vers la Trachée-Artère, elle se coule sous le diviseur θ, à l'autre côté duquel, se fléchissant vers la supérieure, elle passe sur B & A du second Anneau, remonte vers la 1e dorsale ⊙, & va s'y aboucher à la supérieure contre la Tige pareille du stigmate opposé.   Premier Anneau. Seconde Dorsale. A. *Fig. 1, 2, 3, 4.

Elle donne toutes ses branches, à la reserve de la seconde, au deuxième Anneau.

Près de son origine elle pousse, de son dessous, cinq branches à petites distances les unes des autres.

I i

La

Première Branche.

La *première* defcend obliquement vers la 3e Divifion, embraffe, par deux rameaux, le C du fecond Anneau, & s'y repand. On en voit l'extrêmité *Fig.* 2. N. 1.

Seconde Branche.
Fig. 1, 2. N. 2.

La *feconde* *, de direction oppofée à la première, paffant par deffus le θ de la 1e Divifion, fe partage en deux rameaux, dont l'un s'infère dans le deffous des C +, à l'endroit où ils croifent les A du 1^r. Anneau. L'autre va fous les C + entrer dans l'attache poftérieure du même Anneau, après avoir jetté, chemin faifant, quelques petites ramifications à la peau de la 2e Divifion.

Troifième Branche.
**Fig.* 2. N. 3.

La *troifième* *, fe ramifiant près de fa tige, difparoit entre θ, B & C, & fe repand dans *α*.

Quatrième Branche.
**Fig.* 1. N. 4.

La *quatrième* * s'introduit à l'oppofite fous B, lui fournit quelques petits rameaux, en infère dans le deffous de C, paffe fous A, lui laiffe deux rameaux, & finit dans O & P.

Cinquième Branche.

**Fig.* 1. N. 5.

La *cinquième*, qui eft courte, groffe, & cachée fous fa tige, fe partage, près de fon origine, en cinq rameaux, dont on ne voit d'abord que le poftérieur *.

**Fig.* 3. N. 3.

Le 1^r. * de ces Rameaux, après avoir introduit deux ramifications dans le deffous d'A, & une dans l'extrêmité du plus latéral des D du 1^r. Anneau, fe termine par deux ramifications, qui fe coulent, près de la 2e Divifion, entre F & *α*, & dont l'une va fe repandre fur G. L'autre, paffant fur G & fur I, porte un filet à chacun de ces mufcles, & difparoit dans K.

**Fig.* 3. N. 2.

Le fecond rameau couvre le troifième; il jette deux ou trois ramifications dans le deffous d'A, infère une ramification affez

con-

confidèrable dans le deſſous de G, & ſe termine dans celui de D.

LE troiſième * de ces rameaux, caché ſous le ſecond, après avoir donné trois ou quatre ramifications à I, m'a paru abou‑ tir aux K.

LE quatrième, naturellement tout couvert par la tige qui le produit, s'enfonce entre A & B, & ſous ces muſcles entre C, « & F. Près de ſon origine, il partage une groſſe ramifica‑ tion, ſortie de ſon deſſous, à N, à ♂, au nerf qui paſſe ſur ♂, à la graiſſe qui eſt deſſous, & à T. S'introduiſant enco‑ re ſous G, il y fait une fourche, & ſa ramification antérieu‑ re * ſe plonge dans le deſſous d'L & d'M. L'autre † ſe re‑ pand en grande partie dans G, ſous lequel le reſte ſe perd dans la graiſſe.

LE poſtérieur * des cinq rameaux, après avoir lâché une ou deux petites ramifications à B, s'introduit entre ce muſcle & A, repand une ramification dans le deſſous de ce dernier, & finit dans C & F.

ENTRE A & B, la tige A fournit ſa *ſixième* branche *. Elle eſt fort longue, & s'étend juſqu'à la Ligne ſupérieure. Au‑ delà d'A, elle envoye d'abord un rameau à la graiſſe, qui eſt entre les C+, puis 3 ou 4 autres à ces muſcles, & deux à l'A du ſecond Anneau, enſuite elle s'enfonce elle même, tout près de la ſupérieure, entre les C+, inſère encore 2 ou 3 ra‑ meaux dans le deſſous d'A, ſous lequel elle en diſtribue quelques autres à la graiſſe, ſert au nerf qui paſſe par‑là, donne un ra‑

I i 2

mea

*Fig. 4 N. 5.

* Fig. 3, 4.
N. 1.

*Fig. 4. N. 4.
† N. 3.

* Fig. 2 N. 5.

Sixième
Branche.
*Fig. 1. N. 6.

meau à I, encore un à la graiffe, & difparoit dans les mufcles Q, & dans la peau vers la 3ᵉ Divifion.

Septième, huitième & neuvième Branches.
*Fig. 1, 2. N. 7. †8. §9.

LES *septième* *, *huitième* †, & *neuvième* § branches de cette tige fe repandent fur la queue du vaiffeau diffolvant.

Dixième, onzième & douzième Branches.
*Fig. 2. N. 10.
† N. 11.
§ N. 12.

CELLES-CI font fuivies d'une *dixième* *, *onzième* †, & fouvent d'une *douzième* branche §, qui, paffant entre les feparations des C†, s'y diftribuent. Après quoi cette tige va s'ouvrir à la fupérieure, comme il a été dit, dans la tige pareille du ftigmate oppofé.

Premier Anneau Troifième Dorfale. Ƶ.
*Fig. 3, 4, 5.

QUAND on a emporté les Cephaliques Ɔ & ɹ, & tous les mufcles dorfaux jufqu'à *Pl. VI. Fig.* 3., on découvre, au 1ᵉ ftigmate, fous la tige Ɔ, la troifième dorfale Ƶ *.

* Fig. 4.

Cette tige fe partage en deux *, à peu de diftance du ftigmate. *L'une de fes branches*, la feule vifible *Fig.* 3., paffant

Première Branche.
* Fig. 3.
N. 1-, 2-.
†N. 3-, 4-.
§Fig. 4. N. 5-.
Seconde Branche.
* Fig. 4. N. 1.

fous les C, porte *deux rameaux* *, à ces mufcles, *deux autres* † à F, & *un dernier* § à E & K.

L'autre de fes branches s'introduit fous E & K, après y avoir paffé *un rameau* *, qui fe ramifie dans E, & dans la graiffe, entre K & le ftigmate.

A la hauteur de ce rameau elle en pouffe, de fon deffous, un *fecond*, qui, *Fig.* 5. N. 2, ne montre qu'une ramification; ce rameau fe repand dans le Ә antérieur, dans ϰ, dans P, dans γ, & dans la graiffe & la peau.

*Fig. 4. N. 3.

EN entrant fous E, la même branche diftribue un *troifième* rameau * à E, à K, & au Nerf qui fournit à ces deux mufcles.

SOUS

Sous E, elle en envoye un *quatrième* * plus considérable à I, à M, à N, & aux nerfs qui s'y insèrent. **Fig. 5. N. 4.*

Ce dernier est suivi, au même côté, d'un *cinquième* * &, à l'opposite, d'un *sixième* *, qui entrent dans la peau aux environs des L. ** N. 5.* ** N. 6.*

Ensuite la branche même passe derrière ces muscles, & s'y partage par plusieurs rameaux, qui fournissent en même tems à la peau du cou à cet endroit.

Après qu'on a retranché les Tiges cephaliques ℵ & ⁊, & les muscles jusqu'à la *Fig.* 4., on voit qu'ils couvroient une quatrième dorsale * Π, moins grande que les précèdentes, laquelle disparoit d'abord sous ϑ & ϰ *. *Premier Anneau Quatrième Dorsale. Π.* ** Fig. 4, 5, 6.* ** Fig. 4, 5.*

Avant de s'introduire sous ϰ, elle pousse *une* petite branche *, qui, se divisant en quatre rameaux, en donne un à l'antérieur des ϑ, un autre au postérieur, & les deux qui restent à ϰ même. *Première Branche.* ** Fig. 6. N. 1.*

Sous ϰ, elle jette, de l'opposite, une *seconde* branche * plus grande, au ϑ antérieur, suivie à l'autre côté d'une *troisième* *, fort petite, qui se repand aussi dans ϰ. *Seconde Branche.* ** Fig. 6. N. 2. Troisième Branche.* ** Fig. 6. N. 3.*

Tout joignant cette dernière, elle en produit une *quatrième* *, assez grosse, qui, passant avec sa tige sous ν, lâche un rameau à ce muscle, deux à la peau, & le reste aux ξ. *Quatrième Branche.* ** Fig. 6. N. 4.*

A l'autre côté de ν, elle lui porte une *cinquième* * branche. *Cinquième Branche.*

Ensuite de quoi elle va se terminer dans la graisse & dans la peau des environs. ** Fig. 6. N. 5.*

Les Tiges Gastriques du 1ᵉ Anneau font six, Δ, Σ, Υ, Φ, Ψ, *Premier Anneau. Première Gastrique. Δ.*

Fig. 1.

Première
Branche.
* *Fig.* 1, 2.
N. 1. †

Seconde
Branche.
Fig. 1. N. 1.

Troifième
Branche.
* N. 2.

Quatrième
Branche.
* N. 3.

Cinquième &
fixième
Branches.

Septième
Branche

Ψ, Ω. La 1ᵉ Δ * fe diſtingue de preſque toutes celles de la Chenille, en ce que, comme il a déja été inſinué, elle produit diverſes branchés viſcèrales, que l'on va faire connoître à meſure qu'elles paroîtront.

Dès ſon origine elle jette *une Branche gaſtrique* * très petite, aux (b) du 1ᵉ. Anneau, & tout près de-là une *feconde* plus conſidèrable * aux (b) & (a) du même Anneau.

Cette Branche eſt fuivie de la 1ᵉ *Viſcèrale* *, qui eſt très grande. Elle fe repand, par cinq ou fix rameaux, à diverſes diſtances, fur le reſervoir du Vaiſſeau diſſolvant, & ſon 1ᵉ. rameau fournit une ramification au cou de ce Vaiſſeau. Elle eſt marquée B, *Pl. XVIII. Fig.* 5. On peut y obſerver, qu'elle s'eſt trouvé, dans ce ſujet-là, tout autrement ramifiée qu'elle ne l'eſt dans celui dont il s'agit ici.

Un peu plus du côté de la ſupérieure, Δ produit une *feconde* viſcèrale, moins grande que la première. Cette feconde inſère deux ou trois rameaux dans la partie antérieure du même reſervoir, & un dans l'extrêmité poſtérieure de ſon cou.

Du même endroit ſortent encore une *troiſième* & une *quatrième* viſcèrales, fort petites, qui n'ont pu trouver place dans les *Figures*. La première, partagée en deux rameaux, diſtribue l'un au cou du Vaiſſeau diſſolvant, & l'autre à ſon reſervoir, tout joignant ce cou. L'autre branche fe partage auſſi à tous deux à l'endroit de leur réunion.

A même hauteur, la Tige Δ envoye une *troiſième gaſtrique*, aſſez petite, aux muſcles α, & à ceux des deux (b), qui ont

leur

leur attache antérieure fous l'apophyfe de l'écaille zygomatique; mais il n'y a pas eu de place pour la repréfenter.

ENCORE à cette hauteur, mais plus du côté de la tête, cette tige pouffe, vers la fupérieure, une *cinquième* vifcérale *, divifée en deux rameaux, dont l'un donne pareillement dans la partie antérieure du même refervoir, & l'autre fe partage en deux ramifications, qui laiffent leurs filets à la partie intermédiaire de l'œfophage.

Huitième Branche.
* N. 4.

PLUS encore vers la tête, elle introduit une *quatrième* * gaftrique dans les (b).

Neuvième Branche.
*Fig. 1. N. 5.

A quelque diftance de fon origine, elle pouffe fa *fixième* * vifcèrale, qui, tendant vers l'œfophage, fe fepare en deux rameaux, dont les différentes ramifications diftribuent leurs filets à la partie intermédiaire de l'œfophage.

Dixième Branche.
* N. 6.

APRÈS, il en fort une branche affez grande, que je regarde comme la *cinquième* * gaftrique, parcequ'à la referve d'une ou deux ramifications, qu'elle donne à l'Etui graiffeux, elle fe repand toute fur (a) & fur (e).

Onzième Branche.
* N. 7, 7.

A l'oppofite, & plus haut, fuit une *feptième* vifcèrale *, un peu moins grande que la branche précèdente. Elle fe partage toute entière au même Etui.

Douzième Branche.
* N. 8.

TOUT près de-là, il en dérive une branche, peu confidèrable *, qui eft autant vifcèrale que gaftrique, puifque l'un de fes deux rameaux fournit à l'Etui graiffeux, & l'autre aux (a).

Treizième Branche.
* N. 9.

ENFIN, elle envoye une *huitième* * & dernière vifcèrale, fort petite, encore au même Etui, &, parvenue à la jambe du

Quatorzième Branche.
* N. 10.

1^r Anneau, elle fe fourche, & y entre, ayant auparavant pourvu à (p).

Premier Anneau. Seconde Gaftrique. Σ.
* Fig. 2.

Après la Tige Δ, la feconde Σ * eft la plus confidérable des gaftriques du 1^r ftigmate. Placée fous Δ, mais un peu plus en avant, elle paffe le long du milieu de l'Anneau fous (b) & (a), & fur ζ, s'étend jufqu'à la Ligne inférieure, & s'y abbouche avec la tige pareille du ftigmate oppofé.

Première & feconde Branches.
* † Fig. 2.
N. 1, 2.

Tout près de fon origine, elle pouffe *une fort petite* branche, & enfuite une *feconde*, un peu plus grande †, qui vont s'inférer dans les ζ.

Troifième Branche.
* Fig 2. N. 3.

Parvenue à ces mufcles, elle a, du côté de la 1e Divifion, fa *troifième* branche *, qui, après avoir porté un rameau à ζ, & un autre à un nerf qui paffe deffous, fe partage en deux, & fournit, par un côté, aux A, &, par l'autre, à l'antérieur des γ.

Quatrième Branche.
* N. 4.

Un peu au-delà des ζ, elle paffe une *quatrième* branche *, affez groffe, du même côté, fous β, qui va fe repandre dans (g), ι, & β.

Cinquième Branche.
* N. 5.

Cette branche eft fuivie d'une *cinquième* *, qui donne à (e), fe fourche, & entre dans la jambe.

Sixième Branche.
* N. 6.

Plus avant, elle laiffe, du même côté, une *petite branche* à δ, vers fon attache inférieure.

Septième Branche.
* N. 7.

Ensuite, vers la Ligne inférieure, *une * plus grande* à la graiffe.

Huitième & neuvième Branches.
* N. 8.
† N. 9.

Et elle finit par deux autres très petites, dont *l'une* * s'eft trouvé feparée de fes attaches, & *l'autre* † a été coupée, en ouvrant la Chenille.

En-

Entre la gastrique Σ, & la cephalique ד, on voit une tige gastrique, moins grosse que la seconde, passer, *Fig.* 2., sous les ζ, & paroître à découvert *Fig.* 3. C'est la 3e. *Tige gastrique* Υ.

Premier Anneau. Troisième Gastrique. Υ.

Sous les ζ, elle lâche *une branche* * courte, mais assez épaisse, à ces muscles, & au nerf qui s'y repand.

Première Branche.

* *Fig.* 3 N. 1.

Ensuite de quoi elle se termine, plus avant, par un gros faisceau de branches, qui m'ont paru se repandre, au nombre au moins de 7 ou 8., dans les muscles β, δ, (i, l, n), ι, O, μ, (h) & η, ce que le derangement presque inévitable, qu'ont souffert, dans ce sujet, plusieurs de ces muscles, en ouvrant & étendant la Chenille, ne m'a pas permis de voir aussi distinctement que je l'eusse souhaitté.

2 . . . . . . 9. Branches.

Sous la Tige Σ, le 1r. stigmate produit une *quatrième gastrique* Φ *, laquelle passe d'abord sous (d), ensuite sous (f) & (r), & finit à l'entrée de la jambe.

Premier Anneau. Quatrième Gastrique. Φ.

* *Fig.* 4, 5, 6.

Tout joignant le stigmate, cette Tige pousse, vers le côté antérieur de l'Anneau, une branche assez considérable, qui n'a pu être représentée dans les *Figures*, & qui est si enfoncée, qu'on ne la trouve qu'avec peine. Elle fournit d'abord un premier rameau au ϑ antérieur. Puis elle se partage en deux autres rameaux, dont le plus écarté de la supérieure s'introduit sous λ, lui donne une ramification, & va se distribuer, sous ν, à la graisse & à la peau. L'autre rameau envoye d'abord une ramification à λ, s'avance vers ce muscle, se fourche, & introduit l'une de ses deux ramifications dans π,

Première Branche.

& dans la peau près du ftigmate. L'autre ramification, paſſant fur λ, va ſe repandre dans ce muſcle, près de ſon attache antérieure, & dans la graiſſe & la peau à cet endroit.

Seconde Branche.
Fig. 5. N. 1.

Tout près de ſon origine, cette Tige jette enſuite une fort *petite branche* *, dans la graiſſe qui environne le ſtigmate.

Troiſième Branche.
Fig. 6. N. 1.
† **N. 2.**
⚕ **N. 4.**
§ **N. 5.**

Elle en produit, de ſon deſſous, *deux autres* plus grandes, dont l'*antérieure* porte un *premier* * rameau à la graiſſe; un *ſecond* † au deſſous de λ, ſe ſepare en deux, & ſe ramifie d'un *côté* ⚕ dans π, & de l'*autre* § dans la peau.

Quatrième Branche.
* *Fig. 6.*
N. 6, 6.

La *poſtérieure* * de ces deux branches, paſſe ſous l'autre, laiſſe un rameau à λ, & va ſe terminer dans les (n), & dans la graiſſe qui eſt ſous ces muſcles.

Cinquième Branche.
* *Fig. 4. N. 1.*

Un peu plus avant, la Tige pouſſe, du côté de la ſeconde Diviſion, une *cinquième* branche * aſſez groſſe, laquelle ſe partageant en deux, & s'étendant juſqu'à l'inférieure, pourvoit à (u), à la partie antérieure du C, qui croiſe l'inférieure au ſecond Anneau, à ζ tout près de là, &, ſi je ne me trompe, au même endroit, à (b).

Sixième Branche.
* *Fig. 4. N. 2.*

A l'oppoſité, elle inſère une *ſixième* branche * plus petite dans le deſſous d'(f) & d'(r).

Septième Branche.

Cette branche eſt ſuivie, au même côté, d'une *ſeptième,* qui s'enfonce ſous (u) & s'y repand.

Huitième Branche.

Et tout près de celle-ci, d'une *huitième* très deliée, qui entre dans (r), & qui toutes deux ont été repréſentées *Fig. 4,* mais, faute de place, n'y ont pu être nombrées.

Neuvième Branche.
* *Fig. 4. N. 3.*

A l'oppoſite de celle-ci, elle jette une *neuvième* branche aſſez forte dans le deſſous des ζ.

PLUS

PLUS avant, & de l'autre côté, une *dixième* *, moins gran-de, dans (e), dans (u), & dans la graiffe, qui eft à l'entrée de la jambe.

APRÈS, une *onzième* *, encore plus petite, dans (r), fuivie d'une *dernière*, qui fe ramifie dans (v).

ENSUITE de quoi l'extrêmité de cette Tige finit dans (u).

SOUS la feconde Tige gaftrique Υ, le ftigmate pouffe, vers la région antérieure de l'Anneau, fa *cinquième gaftrique* Ψ *, laquelle s'introduit d'abord fous les Θ, & fe divife, à leur ren-contre, en *deux* branches.

CELLE de ces branches, qui eft du côté de l'inférieure *, fournit d'abord un petit rameau au poftérieur des Θ; enfuite elle fe fepare en deux rameaux, dont l'un * a trois ramifica-tions, qu'on voit fortir *Fig.* 4., de l'autre côté du 1ʳ. des Θ, & dont les deux les plus tournées vers l'inférieure fe font re-pandues dans (f), & l'autre dans (e); après quoi, ce rameau va fe terminer dans les deux Θ, & dans la peau derrière (h).

L'AUTRE rameau * fe diftribue à ξ, à un nerf qui entre dans la jambe, & à la peau des environs.

LA feconde des deux branches, dans lefquelles la Tige Ψ eft divifée, donne d'abord deux petits rameaux * au Θ antérieur, &, s'infinuant entre (h) & (i), elle fe fourche en deux ra-meaux, qui pourvoyent les mufcles O, μ, ι, (h) & ξ.*

QUAND on a enlevé les mufcles jufqu'à *Fig.* 5., & coupé la Trachée-Artère tout près du 1ʳ. ftigmate, on voit qu'à l'en-droit de leur jonction elle produit une *Tige gaftrique* fort con-

Kk 2 fi-

Fig. 5 & 6. fidèrable Ω*, qui fe dirige vers le fecond Anneau, y entre, paf-fe fous les λ, fous T, *v*, ϑ, & enfuite fous β & δ; après quoi, fe flèchiffant vers l'inférieure, elle fort d'entre ε & δ, fe porte vers la jambe de la feconde paire, & y entre.

Première Branche.
* *Fig.* 5. 6.
N. 1.

CETTE Tige jette, dès fon origine, du côté de la fupé-rieure, *une branche* affez petite *, qui fournit un rameau aux E du 1.ᵉ Anneau, près de leur attache poftérieure, & dont le refte fe repand dans γ du fecond Anneau.

Seconde Branche.

DU même endroit, elle envoye *une autre* branche, un peu plus grande, fous les λ, qui s'infère dans la peau. Cette bran-che n'a pu être marquée d'un nombre; mais elle fe voit *Fig.* 6. entre N. 1. & fa tige.

Troifième Branche.
* *Fig.* 5. 6.
N. 2.

PARVENUE aux λ, cette tige leur lâche une *troifième* * branche fort petite.

Quatrième Branche.

D'ABORD après, elle produit une *quatrième* branche très-forte, qui, tendant obliquement vers l'intermédiaire fupérieure, paffe fous les λ, & fous le 1.ᵉ des T, fous lequel elle fe four-

* *Fig.* 6. N. 3.

che, & fon rameau antérieur * porte d'abord une 1.ᵉ ramifica-tion à ε, laquelle fe diftribue en même tems à la peau, en-tre les feparations de T. Plus avant, ce même rameau repand

* N. 4.

une deuxième ramification * dans le fecond dès mufcles T: en-

* N. 5.

fuite il paffe fous μ, lui laiffe une troifième ramification * fort petite, puis, fe feparant en deux, il fe partage d'un côté à la graiffe, qui eft fous μ, & de l'autre il fe coule fous *v*, lui fournit, & finit dans une maffe d'un blanc fatiné, dont il y en a quatre à chaque Chenille, deux au fecond & deux au troi-

troifième Anneau. Ces maffes font pareilles à celle de *Fig. 7.*, qui, tirée d'un autre fujet, y a été repréfentée fort en grand. Il en fera parlé dans la fuite. Le rameau poftérieur de cette même branche paffe d'abord une ramification dans la peau, fous *v* & fous *µ*, & va, plus avant, fe terminer dans la graif-fe, entre *θ* & *κ*; après quoi ce même rameau, fans atteindre jufques là, ni avoir diminué fenfiblement de groffeur, fe plonge tout entier dans le corps blanc, dont il vient d'être parlé.

COMME les bronches, qui entrent dans ces maffes, exami-nées avec une loupe, ne paroiffent pas s'y ramifier, mais plu-tôt s'incorporer avec elles, j'ai fuivi cette réunion au Microfco-pe, & en depèçant ces maffes, j'ai effectivement trouvé que les bronches ne s'y diftribuoient pas par un ramage fin & delié, qui fe fubdivife à perte de vue, ainfi qu'elles le font dans les mufcles & ailleurs; mais que fe terminant par un hou-pillon de branches courtes pour leur groffeur, ces branches pouffoient latéralement, en tout fens, quantité de filets courts & pareillement gros pour leur peu de longueur, qui, fans fe divifer ni tenir de la forme ordinaire, finiffoient par des ex-trêmités obtufes & arrondies; & qu'en général les bronches ainfi obfervées rapelloient plutôt l'idée de racines plantées dans une terre, que de vaiffeaux qui fe repandoient dans quelque par-tie animale.

Singularité de quelques bronches du fecond & troifième An-neau.

TOUT près de la 4.ᵉ branche, la Tige en pouffe une *cin-quième **, qui, fe partageant en deux, s'infère, par l'un de fes rameaux, dans *ß*, & dans un nerf qui s'y repand auffi, &, par l'autre, dans le 1.ʳ des T.   Kk 3   PAR-

Cinquième Branche.
** Fig. 6. N. 7.*

Sixième Bran-
che.

PARVENUE près de l'attache poſtérieure des T, elle envoye une *ſixième* branche à δ, qui fournit auſſi à un nerf de cet endroit.

Septième
Branche.

UN peu plus avant, elle en donne une *ſeptième* plus petite, aux mêmes nerfs; mais ces deux dernières branches, ainſi que la ſuivante, quoiqu'elles ayent été repréſentées, *Fig. 6.*, n'ont pu, faute de place, y être indiquées par des nombres.

* *Fig.* 4, 5.
Huitième
Branche.

ENSUITE la Tige ſe montre à l'autre côté de δ *, porte une *huitième* branche dans le deſſous d'α, & s'avançant vers la jambe, elle reçoit, près de cette jambe, la Tige Π de la troiſième Diviſion, & s'abouche * avec elle.

* *Fig.* 5 , 6.
N. 8.
Neuvième
Branche.
* *Fig.* 6. N. 9.

UN peu plus avant, elle produit, du même côté, une *neuvième* branche *, qui, ſe flèchiſſant en arrière, va ſe ramifier dans le deſſous d' (m), dans le deſſus d' (o) & (q), & pourvoit au nerf qui entre dans la jambe, dans laquelle la tige elle-même enfin ſe plonge & diſparoit.

Bronches que la Trachée-Artère produit entre la
ſeconde & la troiſième Diviſion.

ENTRE la ſeconde & la troiſième Diviſion, la Trachée-Artère pouſſe 5 Tiges; ſavoir deux dorſales Λ, Ξ, trois gaſtriques Γ, Δ, Π, & quatre Bronches detachées.

ON ſuivra d'abord les Tiges, & puis les Bronches detachées, dans l'ordre où elles ſe préſentent à la Trachée-Artère; ce qui aura lieu non ſeulement pour cet Anneau, mais encore pour tous les ſuivans.

LA première Tige de la Trachée-Artère, au ſecond Anneau,

neau, eſt la *Tige gaſtrique* Γ *. Elle eſt placée immédiatement après le 1ͬ. muſcle diviſeur θ.   Cette Tige eſt peu conſidèrable. Elle communique avec le nerf de la 1ᵉ. paire du 4ᵉ. Ganglion, s'attache à la Bride épinière, qui parcourt la 3ᵉ. Diviſion, y paſſe ſur (b) & (a), donne, des deux côtés, à l'un & à l'autre, quelques petites branches, & finit ſur le dernier de ces muſcles.

A la rencontre de β, la Trachée produit la *ſeconde gaſtrique* Δ *, beaucoup plus grande que la première. Cette Tige diſparoît d'abord ſous (b) & (a), paſſe ſous (f, e, d†,) (g, h, i §), & après avoir enlevé tous ces muſcles, on voit qu'elle s'étend juſqu'à l'inférieure, où elle va s'aboucher avec la Tige pareille de l'autre Trachée-Artère.

Dès ſon origine, elle pouſſe, vers le côté antérieur de l'Anneau, une *première branche*, qui ſe fourche d'abord après, & dont l'un des deux rameaux * ſe repand dans (f) & (e), l'autre †, paſſant ſous ces deux muſcles, & ſous (g, h) & (i), s'y diſtribue, de même qu'à γ, & à l'extrêmité inférieure de β.

A l'oppoſite, il ſort, de cette Tige, ſous la Trachée-Artère, *deux branches* * médiocres, qu'on ne voit qu'après avoir retranché l'Artère à cet endroit, comme on l'a fait *Fig.* 3. & 4.

La plus latérale de ces branches *, après avoir paſſé par-deſſus β & δ, diſparoit entre ce dernier muſcle & ζ; mais elle fournit auparavant, de ſon origine, deux rameaux à (m), & ſucceſſivement encore un troiſième à β, γ & δ, un quatrième à ϑ, & un cinquième à δ; Puis diſparoiſſant, comme on

l'a

l'a dit, elle lâche un fixième rameau fort petit dans le deffous de ϑ, fous lequel s'infinuant, elle lui porte encore trois rameaux, en partage deux à ν, deux à μ, & un à un nerf à cet endroit, & après avoir jetté ces 14 rameaux, elle va aboutir à ϑ, à l'endroit où il fe fourche. Tous ces rameaux, & la branche même, depuis l'endroit où elle difparoît fous ♂, n'ont pu être repréfentés, faute de place.

Troifième Branche.
*Fig. 3. N. 3.

*N. 3.

*Fig. 3 N. 1.
† N. 2.
⚹ N. 3.
§ N. 4.

L'AUTRE de ces deux branches * fe fourche, dès fon commencement, & celui des deux rameaux de cette fourche, qu'on voit *Fig.* 2. N. 3., fe divife d'abord en trois ramifications, dont deux s'infèrent dans le deffous de (b), & le 3ᵉ fe repand dans (f). L'autre rameau de cette fourche, qui, dans la *Fig.* 2., eft caché fous l'Artère, & paroît *Fig.* 3. *, où le 1ᵉ a été tronqué, finit dans le deffous d'(f), à quelque diftance de fon extrêmité poftérieure, après avoir envoyé une 1ᵉ ramification * à (e), une feconde † à (f), une troifième ⚹ à (m), & une quatrième § encore à (f), près de fon attache poftérieure.

Quatrième Branche.
*Fig. 4. N. 4.

SOUS (b), la Tige Δ fournit, de l'autre côté, une *quatrième* branche *, qui s'avance jufqu'à la Ligne inférieure, & fe ramifie dans la peau.

Cinquième Branche.
*Fig. 4 N. 5.

A l'oppofite, & un peu plus avant, elle en produit tout de fuite une 5ᵉ, 6ᵉ, 7ᵉ, 8ᵉ, 9ᵉ & 10ᵉ, dont la *cinquième* * repand d'abord un rameau dans le deffous de (g), & fe fourchant, tout près de fon origine, s'enfonce deffous les deux (m), & s'y diftribue.

Sixième Branche.
* N 6.

LA *fixième* * plus petite, fe partage aux nerfs qui entrent dans la jambe, & aux (f).   LA

La *septième* *, affez groffe, donne, en deffous, à (g, a, d, h,) & aux Nerfs qui entrent dans la jambe. Septième Branche.
* N. 7.

La *huitième* & *neuvième*, toutes deux petites, & repréfentées *Fig.* 4., mais fans numero, & feulement en partie, s'engagent dans les mêmes Nerfs. Huitième & neuvième Branches.

La *dixième*, qui eft affez groffe, & cachée *Fig.* 4. fous (i), pourvoit à ce mufcle & à (k). Dixième Branche.

Après avoir eu ces dix branches, la Tige s'abouche à la Ligne inférieure avec la Tige pareille de l'Artère opofée, & pouffe, à l'endroit de cette réunion, vers le côté antérieur de l'Anneau, une *onzième* branche * peu confidèrable, qui s'eft trouvé coupée. Onzième Branche.

* *Fig.* 4.
N. II.

A la troifième Divifion, la Trachée-Artère porte, en deffous, un tronc affez gros, qui, paffant fous le divifeur θ, envoye d'abord une *tige dorfale* Λ *, du côté de la fupérieure, puis s'allongeant un peu, fe partage en deux autres tiges, l'une *dorfale* * Ⴝ, & l'autre *gaftrique* † II. * *Fig.* 1, 2, 3, 4, 5.

* † *Fig.* 4, 5, 6.

De ces Tiges, Λ eft celle qui fe montre la première. Elle fe dirige avec quelque courbure le long de la 3e Divifion, vers la Ligne fupérieure, &, parvenue fous B jufqu'à E, elle finit en fe ramifiant. Second Anneau. Première Dorfale. Λ.

Tout près de la Trachée, elle pouffe, de fon côté antérieur, *une branche* * affez grande, qui fe flèchiffant vers la fupérieure, fournit d'abord un 1r. rameau au mufcle α, un 2d à la branche du nerf de la 1e paire du 4e Ganglion, qui paffe à cet endroit fous α, & après avoir encore donné un 3e & un 4e rameau au même mufcle, elle s'introduit dans E, un peu de- Première Branche.
* *Fig.* 1, 2, 3.
N. I.

L l

vant

vant θ, en donnant en même tems un dernier rameau au muſcle α tout près de-là.

*Seconde Branche. * Fig. 1. 2. N. 2.*
DE ſon côté poſtérieur, à même hauteur, Λ lâche une *ſeconde* branche *, aſſez petite, au muſcle α.

*Troiſième Branche. * Fig. 2. N. 3.*
DE l'autre côté, & plus avant, elle en produit une *troiſiè-me* *, qui, partagée en deux, ſert d'un côté aux muſcles α & E, & de l'autre à B.

*Quatrième & cinquième Branches. * Fig. 2. N. 4. † N. 5.*
A l'oppoſite, elle laiſſe une *quatrième* branche * peu conſi-dérable à θ, & une *cinquième* † pareille à E, près de ſon at-tache poſtérieure.

*Sixième Bran-che. * Fig. 1. N. 6.*
PUIS elle paſſe une *ſixième* branche * ſur B & A, laquelle ſe réunit à la branche la plus deliée des deux qui terminent la ſeconde bride épinière, près de la Trachée; & après avoir re-pandu quelques petits rameaux dans B & A, & en avoir four-ni un à la Tige muſculeuſe V 3, elle va aboutir au canal du cœur avec ce nerf.

*Septième Branche. * Fig. 2. N. 7.*
ARRIVÉE enſuite ſous B, Λ y plonge une *ſeptième* bran-che * aſſez menue; & paſſant entre C & E, elle s'y diviſe en quatre branches, dont *l'antérieure* * envoye d'abord un rameau

*Huitième Branche. * Fig. 3. N. 8.*
à C, trois autres en deſſus à D, un cinquième à F, puis s'in-troduiſant entre F & D, elle ſe ramifie dans le deſſous de ce dernier muſcle.

*Neuvième Branche. * Fig. 5. N 9. † Fig. 2.*
LA *ſeconde* * de ces quatre branches donne, par un rameau, dans le deſſous de D, paſſe ſous C, entre F & D †, fournit à M, & va s'engager dans la graiſſe & dans la peau ſous ce muſcle.

LA

LA *troifième* *, plus courte que la feconde, s'introduit non feulement comme elle fous C, entre F & D, mais paffe encore fous G, M, L, &, fe fourchant, fe diftribue à ces trois mufcles, à R, & enfin à la graiffe & à la peau fous M & L.

*Dixième Branche. * Fig. 5. N. 10.*

LA *dernière* * & poftérieure de ces branches s'infère dans le deffous de B & de C, & jette un rameau entre F & D, à G.

*Douzième Branche. * Fig. 3. N. 11.*

QUANT à la Tige ⊒, qui eft la dernière des deux *dorfales*, que la Trachée-Artère produit dans le fecond Anneau, plus courte & plus mince que la précèdente, elle fe porte d'abord, avec la gaftrique Π, un peu obliquement vers le côté antérieur de l'Anneau, paffe par deffus α, & à l'autre côté de ce mufcle, fe flèchiffant par une courbure circonflexe vers la fupérieure, elle fe fepare de la Tige Π, s'enfonce fous α, fe gliffe obliquement, par plufieurs branches, fous ϰ, ξ & ϑ, & fe termine dans ζ.

Second Anneau. Deuxième Dorfale. Z.

A l'endroit où elle s'écarte de Π, elle produit fa *première* branche *, qui fe fourchant repand un de fes deux rameaux dans la graiffe; l'autre, après avoir paffé par deffus (t), s'introduit fous ce mufcle, & finit dans les deux branches du mufcle fourchu, fans Lettre, placé fous (t).

*Première Branche. * Fig. 6. N. 1.*

A la rencontre de ξ, elle pouffe fucceffivement, vers la partie antérieure de l'Anneau, trois branches parallèles, dont la *première* * entre dans le deffous de ϑ, & les *deux autres* † fe plongent dans la partie poftérieure de la maffe fatinée, *Pl. XI.*, *Fig.* 7. A, de la manière qu'on le voit dans cette Figure.

*Seconde Branche. *Fig. 6. N. 2. Troifième & quatrième Branches. † Fig. 6. N. 3, 4.*

EN-

Cinquième Branche.
*Fig. 6 N. 5.

Sixième Branche.
*Fig. 6. N. 6.

Septième & huitième Branches.
* Fig 6. N. 7 8.
Second Anneau. Troifième Gaftrique. Π
*Fig. 4, 5, 6.

* Fig. 6.

Première Branche.
*Fig. 6. N. 1.

Seconde Branche.

Troifième Branche.
*Fig. 6. N. 3.

Quatrième Branche.

ENSUITE Ξ donne, à l'oppofite, une *cinquième* branche * à ξ, qui s'introduit auffi dans la branche poftérieure de ϑ, & deux petites à la graiffe & à ϰ au même endroit.

CETTE branche eft fuivie d'une *fixième* *, partagée en trois rameaux, dont deux, paffant fous les queues de ϑ, leur fourniffent, & à la graiffe. Le troifième s'eft trouvé rompu.

ENFIN, remontant vers ζ, cette tige va y aboutir par *deux* branches *.

LA *Gaftrique* Π *, après avoir paffé, conjointement avec la dorfale Ξ, par deffus α, fe fepare de Ξ, & prenant une direction toute oppofée, fe flèchit vers la Ligne inférieure, difparoît fous (e) & (f), de même que fous ϰ & ξ, & fe porte, par une courbure circonflexe, vers la jambe, près de l'entrée de laquelle elle va s'abboucher avec la tige Ω * du premier ftigmate, à l'endroit marqué 8 fur cette Tige.

AVANT de paffer fous ϰ, la Tige Π pouffe, par fon côté antérieur, une *première* branche *, qui fe gliffe avec elle fous ce mufcle, & va fe repandre dans le deffous de ζ, de ϑ, dans la graiffe, dans un nerf à cet endroit, & dans le deffus de (t).

TOUT joignant cette branche, elle en produit, du même côté, une *feconde*, très mince, qui ne m'a paru fervir qu'à la graiffe.

EN entrant fous ϰ, elle diftribue, à l'oppofite, une *troifième* branche * à ϰ, à (t), au mufcle fans Lettre, que (t) couvre, à un nerf de cet endroit, & à la graiffe qui eft à l'entrée de la jambe.

A même hauteur, elle envoye, de fon deffus, une *quatrième* branche fort petite dans le deffous de ζ.   SOUS

Sous x, elle jette, vers la partie postérieure, une *cinquiè-me* branche * assez grosse, qui se partage par deux rameaux à x, par un autre à des nerfs qui passent à cet endroit, par un quatrième à ζ, près de son attache inférieure, par un cinquième à (t), & qui ensuite va finir dans la graisse qui couvre l'entrée de la jambe.

A l'opposite elle fournit une *sixième* branche * à ϑ & aux (ſ).

Après quoi elle s'ouvre, comme il a été dit, dans la Tige Ω * du Iʳ. stigmate.

Bronches detachées du second Anneau.

La *première* * & la plus considerable des bronches detachées, que la Trachée-Artère produit entre la 2ᵉ & la 3ᵉ Division, est gastrique; elle se trouve près de l'extrêmité du second Anneau, immédiatement devant le diviseur θ.

Vers son origine, elle est divisée en quatre branches *, qui s'introduisent sous (b), & dont deux entrent dans ce muscle. Les deux autres se ramifient l'une dans (g), & l'autre dans (e, d,) & (g).

A peu-près au même endroit, l'Artère pousse encore trois bronches detachées, que l'on ne voit que quand on coupe ce vaisseau, parce qu'étant petites, & partant de son dessous, il les couvre naturellement. *Deux* s'en repandent dans α, & la *troisième* dans le muscle ε, près de son attache postérieure.

Bronches que la Trachée-Artère produit entre la troisième & la quatrième Division.

Entre la 3ᵉ & la 4ᵉ Division, la Trachée-Artère porte

5 Tiges ; favoir 4 *Gaftriques* Γ, Δ, Θ, Ω, une *Dorfale* A, & cinq *Bronches détachées.*

Troisième Anneau. Première Tige Gaftrique. Γ. *Fig.* 1, 2, 3, 4.

LA première de ces Tiges eft la *gaftrique* Γ *. Elle dérive de la Trachée-Artère, un peu au-delà de la 3ᵉ Divifion, & elle peut être confidérée comme commune aux deux Anneaux, puis que non feulement elle partage fes branches à l'un & à l'autre ; mais que fe portant, dès fon origine, un peu vers le fecond Anneau, elle y paffe fur (a), derrière lequel elle fe fléchit vers la jambe de la feconde paire, dans la première articulation de laquelle elle fe termine.

Première Branche. *Fig.* 1, 2. N. 1.

SUR (b) elle lâche, vers la 4ᵉ Divifion, une 1ᵉ *branche* *, qui fe coule entre (b) & (a) du 3ᵉ Anneau, & s'y fourchant introduit l'un de fes deux rameaux dans le deffous d'(a), & l'autre dans le deffous de (b).

Seconde Branche. *Fig.* 1, 2, 3. N. 2.

Voyez Fig. 2.

UN peu plus avant, fur ce dernier mufcle, elle envoye, de l'oppofite, une *feconde* branche *, plus grande que la première, au fecond Anneau, laquelle s'y infinue entre (b) & (a). Cette branche, après avoir donné, par un 1ʳ rameau * affez petit, dans le deffus de (b), & par un 2ᵈ plus grand, dans le deffous d'(a) & le deffus de (d) & de (g), fe coule entre (d) & (e), & fournit fucceffivement un 3ᵉ rameau affez petit à (h), un 4ᵉ à (m), un 5ᵉ à (o). Puis parvenue au-delà d'(n) vers la jambe, elle en laiffe un 6ᵉ à (u), & à (r), & un 7ᵉ fort petit encore plus avant à (r) ; Après quoi, fe partageant en deux, elle entre dans la 1ᵉ articulation de la jambe, où elle pourvoit d'un côté à (r), & de l'autre à (u).

A

A l'oppofite de cette feconde branche, elle en lâché une *troi-*
fième * à la Bride épinière & au nerf de la 1e. paire du
5e. Ganglion, à l'endroit où ce nerf communique avec la
bride.

PARVENUE au mufcle (a), elle jette, du même côté, une
quatrième branche *, qui envoye un 1r. & un 2d rameau à ce
mufcle près de fon attache antérieure, puis, par deffus lui, un
3e., qui m'a paru fe repandre dans (i), dans lequel enfuite la
branche même, après avoir paffé fur (a), va finir.

ENSUITE Γ fait paffer, fous la tige, une *cinquième* branche *,
affez groffe, qui fe fourche d'abord, & fournit, d'un côté, par
trois ramifications, à la graiffe, à (h), & à (v), du 2d. Anneau, & s'y infère, de l'autre, dans le deffous d'(n).

PLUS avant, elle plonge, du même côté, une *fixième* branche * dans la graiffe qui eft à la Ligne inférieure.

CETTE branche eft fuivie d'une *feptième* *, qui s'engage
dans la même graiffe, & dans le deffous d'(a) du 2d. Anneau.

APRÈS celà la Tige difparoit derrière (a), & fous ce mufcle elle paffe derrière (d) & (h), y porte une *huitième* branche * à la graiffe qui entre dans la jambe; puis Γ va fe ramifier dans (r) & dans les mufcles de la jambe.

IMMÉDIATEMENT après θ, de la 3e. Divifion, la Trachée-
Artère pouffe, vers la fupérieure, une Tige dorfale affez petite Λ *, qui eft parallèle à ce mufcle, & finit avant d'être parvenue à B.

DÈS

Première
Branche.
* N. 1.

DÈS son origine, cette Tige communique, par une *petite branche* *, avec la seconde Bride épinière.

Secondé &
troisième
Branches.
*Fig. 3. N 2.
† N. 3.

ENSUITE elle paſſe une *seconde* branche * dans le deſſous de θ, & plus avant, vers l'attache ſupérieure de ce muſcle, elle lui en donne une *troiſième* †.

Quatrième
Branche.
*Fig. 1, 2, 3.
N. 4.

APRÈS quoi elle ſe termine près de B, par trois branches, dont l'*antérieure* * ſe repand ſur le deſſus & dans le côté de ce muſcle, diſtribue quelques filets à la ſeconde Bride épinière à cet endroit, & à la 3e Tige muſculeuſe dorſale V 3.

Cinquième
Branche.
* Fig. 2, 3.
N. 5.

L'*intermédiaire* * ſe perd dans le deſſous de B, & dans le deſſus des deux G, près de la 3e Diviſion.

Sixième Branche.
* N. 6.
Troiſième
Anneau.
Deuxième
Tige Gaſtrique. Δ.
*Fig. 2, 3, 4.
Première.
Branche.
*Fig. 2. N. 1.

ET la *poſtérieure* * ſe livre toute à C.

A la hauteur de β, la Trachée-Artère produit, au troiſième Anneau, la *ſeconde Tige Gaſtrique* Δ, qui a un grand raport avec la Tige marquée de la même Lettre au ſecond Anneau.

DÈS ſon origine, Δ envoye, du côté de l'inférieure & de la troiſième Diviſion, une *première branche* *, qui, après avoir partagé un rameau à (g), & à la peau entre (w) & λ, & un autre à la peau entre (w) & (i), va finir dans le deſſous antérieur de (d).

Seconde.
Branche.
*Fig 3, 4.
N. 2.

AU même endroit elle pouſſe une *ſeconde* branche * plus groſſe que la première. Cette branche donne d'abord, par un rameau, dans le deſſous des deux (f), qui aboutiſſent à β: puis ſe diviſant, ſous (d), en deux autres rameaux, elle ſe ramifie par l'un dans le deſſous de (g) & d'(h), & par l'autre dans la peau, aux environs de l'attache antérieure d'(l), & dans un nerf qui s'y inſère pareillement.

DE

DE son dessous, tout près de-là, Δ envoye, du côté de la jambe, une *troisième* branche * assez mince, qui passe par dessus *α*, donne, de l'autre côté de ce muscle, à la graisse, & s'introduit sous *α*, où j'ai négligé de le suivre.

Troisième Branche.
Fig. 4. N. 3.

UN peu plus avant, il sort, de son côté postérieur, une *quatrième* branche * assez petite, qui est reçue par les (d) & (e).

Quatrième Branche.
Fig. 3. N. 4.

SON dessous produit ensuite une *cinquième* branche *, un peu plus grosse, qui entre, par cinq ou six rameaux, dans les (f), & dans les nerfs qui sont à l'ouverture de la jambe.

Cinquième Branche.
Fig. 4. N. 5.

DU même côté, mais au-delà de (g), il en sort une *sixième* branche * assez considérable, qui s'engage dans (f, h, i,).

Sixième Branche.
Fig. 4. N. 6.

PUIS une *septième* & une *huitième* * plus petites, qui s'attachent aux nerfs qui entrent dans la jambe. De ces deux branches, représentées *Fig.* 4., il n'y a que la dernière qui aît pû être marquée d'un Chiffre.

Septième & huitième Branches.
Fig. 4. N. 8.

A la hauteur d'(i), on voit partir, du même côté, une *neuvième* branche *, plus grosse que les deux précèdentes, laquelle se recourbant vers la partie antérieure de l'Anneau, lâche un rameau à (d), & va se distribuer à ceux des (k), qui ont leur attache postérieure en deça de l'inférieure.

Neuvième Branche.
Fig. 4. N. 9.

ENFIN, elle pousse, à l'opposite, une *dernière* branche * fort deliée, que j'ai coupé en ouvrant la Chenille, & après ces dix branches, cette Tige s'abouche avec celle du côté opposé.

Dixième Branche.
Fig. 4. N. 10.

LA première *Tige gastrique*, qui paroit dans cet Anneau, après celles dont il vient d'être parlé, est la Tige ⊙ *.

Troisième Anneau.
Troisième Tige Gastrique. ⊙
Fig. 2.

CETTE Tige est peu considérable. La Trachée-Artère la

M m

pro-

produit près de la 4.e Divifion. Elle y a fon origine fous celle de la Tige Γ. De-là elle fe porte en avant en s'inclinant
vers l'inférieure.

ELLE introduit fa *première branche* * dans le deffus de (b).

SA *feconde* * fe repand dans le deffous de (b), & le deffus d'(e).

SA *troifième* * s'infère dans le deffus de (d).

SA *quatrième* dans le deffus de (g), près de fon attache
poftérieure.

ET après avoir encore fourni à (b), & être paffée fous ce
mufcle, elle va fe terminer dans le deffous d'(a).

QUAND on a depouillé le 3.e Anneau de fes mufcles, jufqu'à la *Fig.* 5. *, & qu'on a de plus coupé la Trachée-Artère, un peu au-deffous de la 3.e Divifion, on voit qu'elle produit, en deffous, à cet endroit, une *quatrième Tige gaftrique*
affez confidèrable. Ω *, qui fe coule d'abord fous les λ, reparoît à l'autre côté de ces mufcles, paffe fur ν & ϑ, fous β &
ϑ, fe courbe vers l'inférieure, reparoît à l'autre côté de ϑ *,
prend, par le milieu de l'Anneau, la route de la feconde paire
de jambes, & y entre.

PRÈS de fon origine, & avant de paffer fous λ, elle pouffe trois branches, dont la *première* *, affez petite, & dirigée vers
la fupérieure, fe ramifiant d'abord, s'introduit, près de fon
origine, fous le pli que fait la peau à cet endroit, & fe partage à la peau de la cavité de ce pli, & à la graiffe qui la
couvre.

LA

La *seconde* *, de direction contraire, & encore plus petite, va se répandre dans ♂ & α, tout près de-là.　　*Seconde Branche. *Fig. 5. N. 2.*

La *troisième* *, un peu plus grande, & du même côté, se distribue au second des λ, & à β & ♂.　　*Troisième Branche. *Fig. 5. N. 3.*

A la rencontre de λ, cette tige produit une *quatrième branche* *, très grosse, qui, dirigée du côté de l'inférieure, passe sous λ & T, & se partage, près de son origine, en deux gros rameaux, dont l'*antérieur* * va aboutir aux T, & à la peau & la graisse de cet endroit.　　*Quatrième Branche. *Fig. 6. N. 4.*　　**Fig. 6. N. 1.*

Le *postérieur de ces rameaux* * envoye, tout près de sa branche, vers la latérale, une petite ramification à la peau, & plus avant une autre au nerf, qui se plonge dans le dessous d'un corps pareil à celui qui se trouve au même endroit à l'Anneau précèdent, & contient, comme lui, une masse d'un blanc parfait & satiné. Après quoi ce rameau, sans se ramifier davantage, ni être beaucoup diminué en grosseur, va saisir le bout antérieur de cette masse, de la même manière qu'il a été dit en traitant de la tige Ω du second Anneau.　　**Fig. 6. N. 2.*

Sous les λ, la même tige jette, vers la Ligne supérieure, une *cinquième branche* * fort longue, mais beaucoup moins épaisse que la précédente. Cette branche fournit, par dessous, à λ, passe sur T, s'y distribue, & va se terminer dans S.　　*Cinquième Branche. *Fig. 5. N. 5.*

Sous ♂, il en sort une *sixième branche* *, assez petite, qui donne un rameau à ♂, & un autre au 1ʳ des λ.　　*Sixième Branche. *Fig. 5. N. 6.*

Un peu plus avant, & du même côté, une *septième* *, encore petite, qui se joignant à un Nerf, se repand avec lui dans γ.　　*Septième Branche. *Fig. 5. N. 7.*

Mm 2　　　　　　　　PAS-

Huitième
Branche.
*Fig. 5. N. 8.

PASSANT fur *α*, elle infère, une *huitième branche* * dans le deffus de ce mufcle, & d'un nerf qui lui fournit.

* Voyez
Fig. 6.

PARVENUE à l'autre côté d'(m), & près de la jambe, elle reçoit la branche intermédiaire de la tige Σ * du fecond ftigmate, qui s'y abouche avec elle.

Neuvième
Branche.
Fig. 5. N. 9.

INCONTINENT après, elle porte une *neuvième branche* * au nerf qui entre dans la jambe, & pourvoit, avec les ramifications de ce nerf, à (q) & à (o). Cette branche a été renverfée *Fig.* 5., pour la faire paroître plus diftinctement.

ENSUITE la Tige Ω s'enfonce dans la jambe, derrière les (f), & difparoit.

Bronches detachées du troifième Anneau.

Première
Bronche de-
tachée.

* *Fig.* 5. *

LA *première des bronches detachées*, que la Trachée-Artère produit entre la troifième & la quatrième Divifion, eft *gaftrique* *; cette bronche en dérive environ à même hauteur que la Tige Ω. Elle fe partage en trois branches, dont l'antérieure s'introduit fous θ, de la 3e Divifion, lui donne, & va fe repandre dans le poftérieur des deux (x) de l'Anneau précédent.

L'INTERMÉDIAIRE fert, par trois rameaux, à (w), & aux deux η.

ET la poftérieure, paffant fous la Trachée, va fe ramifier dans les deux η.

Seconde
Bronche de-
tachée,
* *Fig.* 3. *
Troifième
Bronche de-
tachée.

SOUS Δ, la Trachée-Artère envoye une *feconde bronche dorfale detachée* * dans *α*.

AU même endroit, fon deffous pouffe un faifceau d'onze branches réunies en un tronc commun ; deux de ces branches

s'ins'insèrent dans le deffus d'α, & deux s'attachent au nerf qui paffe à cet endroit; ces quatre fe voyent *Fig.* 3., deux autres fourniffent à δ, un feptième à β, quatre s'introduifent entre δ & β, s'avancent vers la partie antérieure de l'Anneau, & vont, à l'autre côté de β, fe repandre, un dans les deux λ, & les trois autres dans le deffous d'α. On ne voit que l'origine de ces quatre dernières branches *Fig.* 3., parceque β en couvre le refte.

ENFIN, quand on a retranché la Trachée-Artère jufqu'à la gaftrique Θ, on voit que cette Artère lâche, de fon deffous, au même endroit, deux bronches feparées, l'*une* * à (b), à (d), & à (e), près de leur attache poftérieure, & l'*autre* * à l'extrêmité poftérieure de (d) & d'α, & à la peau tout près de-là, fous γ.

Quatrième Bronche detachée.

* *Fig.* 3. ╫

Cinquième Bronche detachée.

* *Fig.* 3. ‡

*Bronches que la Trachée-Artère fournit entre
la quatrième & la cinquième Divifion.*

ENTRE la quatrième & la cinquième Divifion la Trachée-Artère produit 11 Tiges; favoir 2 Vifcérales א & ב, 3 Gaftriques Γ, Σ, & Δ, 6 Dorfales Θ, Ξ, Π, Υ, Ψ, Ω, & 11 Bronches detachées.

DE ces Tiges, fix fourniffent au 3e Anneau, favoir א, ב, Θ, Ξ, Π, Σ. La tige Γ eft commune aux 3e & 4e Anneaux, & les 4 autres fe livrent au quatrième.

LA première Tige, qui paroit au-delà de la 4e Divifion, eft la *Gaftrique* Γ. La Trachée la pouffe dès fon entrée dans le 4e Anneau, & elle eft commune à cet Anneau & au précédent, elle paffe fur (d) & (b) du 4e Anneau, & fur (a)

Quatrième Anneau. Première Gaftrique. Γ.

Mm 3

du

du troisième, & à l'autre côté de ce muscle, se fléchissant vers
la jambe de la seconde paire, elle y entre.

Première Branche.
*** Fig. 1. N. 1.**

A la rencontre de (d), elle repand, de son dessous, une *première* branche peu considérable *, dans le dessus de (b) du 4e Anneau, & sur la troisième Bride épinière.

Seconde Branche.
*** Fig. 1. N. 2.**

SUR le milieu de (b), elle jette, de son côté postérieur, une *seconde* * petite branche à (b) de cet Anneau.

Troisième Branche.
*** Fig. 1. N. 3.**

UN peu plus avant, & du même côté, une *troisième* *, guères plus grosse, à la Bride épinière, & au Nerf de la 1e paire du 5e Ganglion.

Quatrième Branche.
*** Fig. 1. N. 4.**

A l'opposite, une *quatrième* * plus grande, dès son origine, donne un rameau à (c), & finit par deux ou trois autres dans le dessus d'(a) du 3e Anneau.

Cinquième Branche.
*** Fig. 1. N. 5.**

DE l'autre côté, une *cinquième* * se ramifie sur (a) du 4e Anneau.

Sixième Branche.
*** Fig. 1. N. 6.**

UNE *sixième* * se distribue d'une part, à la graisse, près de la Ligne inférieure, & de l'autre à (f) du 3e Anneau.

Septième Branche.
*** Fig. 1. N. 7.**

ET une *septième* * se fourchant dès son origine, d'un côté, se fléchit derrière (a) du 3e Anneau, s'introduit sous ce muscle, & va s'engager dans le dessous d'(h), & de l'autre côté se plonger dans (i).

Huitième Branche.
*** Fig. 2. N. 8.**

ENSUITE la tige même passe derrière (a) & disparoit; portant une *huitième* * branche, divisée en deux dès son origine, d'un côté à (i) & à (k), & de l'autre à (v, n,) & (1), & après avoir laissé une *neuvième* branche à la graisse & à (v) &

Neuvième Branche.

Dixième & onzième Branches.

(r), elle entre dans la jambe, en jettant, en passant, encore deux petites branches à (p).   LES

L ES deux *viscérales* א, ב *, sont celles qui s'offrent les pre-   * *Fig.* 1.
mières. Elles tirent leur origine par un tronc commun, moitié
du deffous, moitié du côté de la Trachée-Artère, près du fecond ftigmate, d'où fe dirigeant obliquement vers l'inférieure,
elles paffent fous les θ de la 4ᵉ Divifion, & fe montrent dans
le 3ᵉ Anneau, à l'autre côté de ces mufcles, tout joignant la
Trachée.

LA Tige א, un peu au-delà de θ, fe partage en deux bran-   Troifième
ches. La *première*, celle qui, *Fig.* 1, eft la plus panchée vers   Anneau. Tige
                                                                           Vifcèrale.
la 4ᵉ Divifion, fe fourche en deux rameaux, dont le *poftérieur*,   א.
encore fubdivifé en deux ramifications, fe repand, par l'*une* *,   Première
                                                                           Branche.
dans la queue du vaiffeau diffolvant, & par l'*autre* *, dans   ° *Fig.* 1. N. 1.
la partie poftérieure de fon refervoir.   * *Fig* 1. N. 2

L'*autre* * des deux rameaux de cette branche pourvoit   * *Fig.* 1. N. 3.
auffi à la même queue.

LA *feconde* branche de la tige א, divifée pareillement en   Seconde
deux rameaux, laiffe encore l'*un* * à la queue du vaiffeau diffol-   Branche.
                                                                           * *Fig.* 1. N. 4.
vant; l'*autre* * fe plonge dans le fecond lobe de l'Etui graif-   * *Fig.* 1. N. 5.
feux.

LA Tige ב, pouffe fucceffivement quatre branches, dont la   Troifième
première * fe ramifie dans le même lobe de l'Etui graiffeux,   Anneau. Tige
                                                                           Vifcèrale.
& les *trois autres* * vont avec la tige † fe diftribuer à la partie   ב.
antérieure du ventricule, fur lequel leurs bronches, de même   Première
                                                                           Branche.
que celles des autres tiges vifcèrales, qui s'y repandent, for-   * *Fig.* 1. N. 1.
ment un beau lacis de vaiffeaux circulaires & circonflexes, fort   Seconde,
                                                                           troifième &
propre à permettre au ventricule de s'étendre en tout fens, fans   quatrième
                                                                           Branches.
                                                                           * *Fig.* 1.
                                                                           N. 2, 3, 4.
                                                                           † N. 5.
                                                                que

que ces bronches en fouffrent pour cela une trop grande tenfion.

QUAND on a enlevé les θ , qu'on a retranché la Trachée-
Artère jufqu'à ces deux Tiges vifcérales , & qu'on les a coupées , on voit que leur tronc eft entouré, par deffous, de quatre Tiges contigues, qui y font placées en demi cercle.

CELLE de ces Tiges, qui s'offre la première à la vue, quoique la poftérieure de toutes, eft la *Tige dorfale* ⊙ *. Elle fort
de deffous la Trachée, immédiatement derrière les divifeurs θ,
& fe dirigeant en même tems vers le troifième Anneau, & vers
la Ligne fupérieure, elle paffe fur ces mufcles, s'introduit fous
B & C, du 3e Anneau, & va fe terminer le long de la 3e Divifion , depuis la Ligne fupérieure jufqu'au-delà de fon intermédiaire.

SUR les θ, elle pouffe une *première branche* *, affez groffe, laquelle accompagnant fa tige fous B & C, donne, par un
premier rameau *, dans le deffous de C, & par un *fecond* †,
à l'attache poftérieure d'L. Enfuite elle paffe fous E, H, & L,
envoye un *troifième* , & un *quatrième* rameau dans le deffous
d'L, en fournit un *cinquième* & un *fixième* à R, & finit en fe
ramifiant fous L dans la graiffe.

PARVENUE à B, cette tige jette un filet à E, & produit u-
ne *feconde groffe branche* *, qui, paffant par deffus E, & fous
C, pouffe, près d'A, un *premier rameau*, qui fe fourche, s'é-
lève entre B & A, paroit à découvert, & va ramper fur le
deffus de ce dernier mufcle. ✳

A

Marginalia (left margin):

Première Ti-
ge Dorfale ⊙
du quatrième
Anneau.
* *Fig.* 1, 2,
3, 4.

Première
Branche.
* *Fig.* 2. N. 1.

* *Fig.* 3. N. 1.
†. N. 2.

Seconde
Branche.
* *Fig.* 2. N. 2.

* *Fig.* 1. N. 1.

A la rencontre d'A, cette branche lâche, du même côté, un *fecond* & un *troifième* rameau, dans le deffous d'A, du côté de la 4ᵉ Divifion, après quoi elle va près de la Ligne fupérieure pourvoir à la graiffe & en même tems à K. On la voit tronquée *Fig.* 3.

La Tige même s'infinue enfuite entre F & D, &, fe plongeant fous F, change de direction; mais elle pouffe en même tems une *troifième groffe branche* *, qui fuivant la direction précèdente de la tige, femble, au premier coup d'œuil, en être une continuation. Cette branche tend en droite ligne vers le point où la 3ᵉ Divifion & la Ligne fupérieure s'entrecoupent, & fe repand, chemin faifant, par un rameau, dans K, par deux ou trois autres, dans le deffous de D, par un, dans le deffous d'F, en introduit, entre B & A, un autre, qui, montant fur le deffus d'A, s'y ramifie, & après celà la branche va fe terminer dans le deffous de ce dernier mufcle, près de fon attache antérieure.

Tout joignant cette branche, la même tige en envoye une *quatrième* * plus petite dans le deffous de D. Elle en produit, fous celle-ci, une *cinquième*, qui s'enfonce fous L, vers la peau, & n'a pu être repréfentée. Près de fon origine, cette branche s'infère par un rameau, que l'on voit marqué 5, *Fig.* 4., dans le deffous d'H, & enfuite paffant fous L, elle lui donne en deffous un fecond rameau, puis elle va fe perdre dans la graiffe & dans la peau au même endroit.

La Tige ☉, après avoir changé de direction, & s'être flèchie

per-

Troifième
Branche.
Fig. 2 & 3.
N. 3.

Quatrième
Branche.
Fig. 3. N. 4.
Cinquième
Branche.

<table>
<tr><td>Sixième
Branche.</td><td>perpendiculairement vers la 3e Divifion, introduit, fous H, une</td></tr>
</table>

Sixième Branche.
** Fig. 3, 4. N. 6.*
**Fig. 4. N. 1.*

perpendiculairement vers la 3e Divifion, introduit, fous H, une *fixième branche* * fort confidèrable, qui fournit d'abord *un ra-meau* * dans le deffous de ce mufcle, enfuite elle s'avance du côté de la fupérieure, & pouffe, en paffant fur L, fucceffi-

**Fig. 4. N. 2.*
†Fig. 4. N. 3.
§ Fig. 4. N. 4.

vement un *fecond* *, un *troifième* † & un *quatrième* § rameau, du côté de la 3e Divifion, dont les deux premiers s'engagent dans la graiffe à cet endroit, & le dernier dans S, & dans la graiffe qui eft fous ce mufcle; après quoi cette branche paffe

**Fig. 4. N. 5.*
† N. 6†.

fous K, leur donne un *cinquième* * & un *fixième* † rameau, & va finir dans S, & dans la graiffe près de la Ligne fupé-rieure.

Septième Branche.
** Fig. 3, 4. N. 8.*
†§ Fig. 3. N. 7.

P E U après avoir produit cette fixième branche, la tige mê-me fe divife en deux branches, dont l'*une* * fe coule fous H, & l'*autre* † paffe fur ce mufcle. Cette dernière §, qui paroît à decouvert *Fig.* 3., & eft coupée *Fig.* 4., envoye d'abord un petit rameau à G, qui fe repand dans le deffus & le deffous de ce mufcle, & au même endroit un fecond dans le deffous du même mufcle, après quoi, paffant fur G, elle produit un

**Fig. 3. N. 3.*

troifième rameau plus grand *, qui s'infère dans le deffus & le deffous d'A, & donne à F. Enfuite cette branche s'élevant

**Fig. 3. N. 4.*

entre B & A, finit en flottant * fur A, où aparemment elle eft entrée dans quelque vifcère, ou dans le corps graiffeux qui les enveloppe; ce que j'ai négligé de rechercher.

Huitième Branche.
**Fig. 4. N. 1.*

L'A U T R E des deux branches, par lefquelles cette tige fe ter-mine, avant de s'introduire fous H, laiffe un *premier rameau* * à celui des G qui eft le moins près de la latérale. Sous H, el-

le

le en lâche un *fecond* *, au nerf qui fort à cet endroit de def- *Fig.4. N.2.*
fous G, & un *troifième* * en deffous à H, près de fon attache *Fig.4. N.3.*
poftérieure, & 'ce rameau fournit auffi à I, après quoi, fort
diminuée, elle fe partage en deux autres rameaux, dont l'*un* * *Fig.4. N.4.*
s'introduit fous les T, près de leur attache antérieure, & s'y
ramifie dans la peau, & l'*autre* *, fe flèchiffant du côté de la *Fig.4. N.5.*
fupérieure, s'enfonce & fe termine dans la graiffe fous L, près
de fon attache antérieure.

To u t joignant la Tige ⊙, le fecond ftigmate produit enco- Quatrième
re une *Tige Dorfale* ⊐ *, qui eft la feconde des quatre, qui, Anneau. Se-
placées autour du tronc des deux vifcèrales א, ⊐, vont fe re- conde Tige
pandre dans le troifième Anneau. dorfale. ⊐. *Fig.*3, 4, 5.

Cette tige, comme les deux fuivantes, eft courte. Elle
paffe fous les divifeurs θ, qui en cachent l'origine. A l'autre
côté de ces mufcles, elle fe partage en trois branches; mais a- Première
vant de fe divifer, elle fournit, de fon deffous, aux deux G, Branche.
près de leur attache poftérieure, une branche, qui n'a pu être
repréfentée, parce qu'elle eft cachée par la tige & par fes autres
branches.

La branche qui fe montre la première des trois par où cet- Seconde
te Tige finit, eft la poftérieure *, & la plus inclinée vers la Branche.
fupérieure & vers la quatrième Divifion. *Fig.* 3. N. 1.

Elle produit d'abord un *premier rameau*, qui après avoir
partagé *une ramification* * à B du 4.e Anneau, & à E du troi- *Fig.* 1. N. 2.
fième, vers fon attache poftérieure, paffe par deffus G de cet
Anneau, s'introduit derrière ce mufcle, & va fe terminer dans
la graiffe qui eft fous G, & fous H. N n 2 CET-

CETTE branche fe coule enfuite fous B du 3ᵉ Anneau, repand un *fecond rameau* dans le deffous de C, paffe fous E, lui
donne un *troifième rameau*, & de l'autre côté de ce mufcle fe
flèchit vers C, & va fe ramifier dans fon deffous, de même
que dans les nerfs qui font à cet endroit.

Troifième
Branche.

L'INTERMÉDIAIRE des trois branches de cette Tige fe
partage, à la rencontre de B du 3ᵉ Anneau, en deux rameaux,

Fig. 2. N. 2. dont le *poftérieur* * jette d'abord une *première ramification*
dans le deffus de C, en lâche une *feconde* au Nerf qui fe trouve près de-là, & ce rameau paffant, après cela, en partie fur
B, & en partie fous ce mufcle, lui fournit des deux côtés, &
fe termine dans le deffous de G.

Fig. 2. N. 1. L'AUTRE * de ces deux rameaux fe diftribue à C, & à E.

Quatrième
Branche.

L'ANTÉRIEURE des trois branches de la Tige Ξ, fe portant
vers le devant du 3ᵉ Anneau, s'introduit fous E, & fous δ,
à l'endroit où ces deux mufcles fe croifent, mais elle repand

Fig. 5. N. 1. auparavant un *premier rameau* * dans le deffus de celui des
deux G, qui eft le plus voifin de la latérale, & dans un Nerf
près de δ.

EN paffant fous δ, cette branche laiffe fucceffivement quatre
ou cinq petits rameaux à ce mufcle.

Fig. 5. N. 7. ENSUITE elle envoye *un rameau affez fort* *, dans le deffous d'ε, à l'endroit où il fe divife, & ce rameau s'engage
auffi dans la graiffe qui fe trouve entre μ, T & ϑ.

APRÈS avoir encore porté un autre rameau plus petit à la
graiffe, cette branche va fe terminer, enfin, par trois ou quatre
pe-

petits rameaux, dans les T & γ, & dans la graiffe & la peau tout près de-là.

A côté de la Tige Ξ, mais plus près de la latérale, le fe-cond ftigmate envoye, au 3ᵉ Anneau, une *troifième Tige dor-fale* Π *, moins inclinée vers la fupérieure que la précèdente. Cette Tige, parvenue jufqu'à ϰ, fe partage en cinq branches, qui s'introduifent toutes fous ce mufcle.

La première de ces branches, celle qui eft la plus près de la fupérieure, fe flèchiffant du côté de cette Ligne, paffe fous ξ, ϰ & ϑ, près de leur attache fupérieure; mais avant d'en-trer fous ξ, elle repand un *premier rameau* * dans le deffous de ce mufcle.

Arrivée fous ϰ, elle donne un *fecond rameau* * du même côté à ξ, & à l'oppofite un *troifième* † à ϰ.

Et fe coulant enfuite fous ϑ, elle finit, en fe ramifiant dans le deffous des branches de ce mufcle, & dans la graiffe au mê-me endroit.

La feconde branche de Π, fe portant vers la partie anté-rieure de l'Anneau avec moins d'obliquité que la précèdente, s'introduit pareillement fous ξ, ϰ, & ϑ. Sous ϰ, elle fe four-che en *deux rameaux*, dont le plus tourné vers la fupérieure paffant par deffus le bout poftérieur d'un corps femblable à ce-lui qui eft au même endroit de l'Anneau précèdent, & qui ren-ferme, comme lui, une maffe fatinée d'un blanc parfait, plon-ge auffi deux ramifications dans cette maffe; enfuite de quoi le rameau livre une *troifième* & une *quatrième* ramification à la

Quatrième
Anneau.
Troifième
Tige Dorfale.
Π.
* *Fig.* 5 & 6.

Première
Branche.

* *Fig.* 6. N. 1.

* *Fig.* 6. N. 2.

† *Fig.* 6. N. 3.

Seconde
Branche.

Nn 3   graif-

graiſſe qui eſt à l'autre côté de ce corps, envoye par deſſus
v, une *cinquième* ramification, qui ſe recourbant ſous ce muſcle,
ſe repand dans ſon deſſous, jette une *ſixième* dans le deſſus de
v, puis il va ſe terminer dans l'attache ſupérieure de *v*, & dans
la graiſſe qui eſt à cet endroit.

L'AUTRE des deux rameaux, dans leſquels cette branche ſe
pártage, va, ſans ſe ramifier, ſe plonger tout entier dáns le
bord poſtérieur de la maſſe blanche, dont il vient d'être parlé.

Troiſième
Branche.

LA troiſième branche de la Tige Π, ſe dirigeant, avec encore moins d'obliquité que la précèdente, vers la partie antérieure du 3ᵉ Anneau, s'introduit auſſi ſous ξ, ϰ, & ϑ, inſère,
chemin faiſant, un rameau dans le deſſous de ϰ, ſe repand dans
le deſſous de ϑ, & finit dans le deſſus de *v*.

Quatrième
Branche.
Fig. 6. N. 4.

SA quatrième branche, * après avoir paſſé un rameau entre
les diviſions de l'antérieur des deux (x), qui en reçoit deux
petites ramifications, va pourvoir à la peau du pli ſur lequel ce
muſcle ſe trouve placé.

Cinquième
Branche.
* N. 5.

LA dernière, & en même tems la plus petite branche de la
même tige, s'incline vers l'inférieure, rampe ſur (t), lui donne,
chemin faiſant, deux rameaux, & ſe termine, par trois ou
quatre autres petits rameaux, dans le deſſus de l'antérieur des
deux (x).

Quatrième
Anneau.
Seconde Tige
Gaſtrique.
Σ.
* *Fig.* 5 & 6.

LA *dernière des Tiges*, que le ſecond ſtigmate envoye au
troiſième Anneau, eſt la *gaſtrique* Σ *. Elle eſt la quatrième
de celles qui entourent par deſſous, comme il a été dit, le
tronc des Tiges viſcèrales de ce ſtigmate. Elle a ſon origine

tout

tout près de la latérale , & panchant vers l'intermédiaire inférieure, elle paſſe ſous les diviſeurs θ, ſous ν, & tout à la fois
ſous la Trachée-Artère , & ſe diviſe, à l'autre côté de γ, en
trois branches.

TOUT près de ſon origine, elle fournit une *première Bran-
che* * à ce muſcle, & près de ſon extrêmité une *ſeconde* † à (t).
Ces deux branches ſe voyent ſeparées de leurs attaches dans la
Fig. 5.

CELLE des trois branches finales de cette tige , qui ſe decouvre la première , eſt la plus tournée vers l'inférieure ; elle
paſſe ſous (q) & (o), ſe dirige vers la jambe, & finit à ſon
entrée.

AVANT de parvenir à (q), elle produit quatre *Rameaux*,
dont le *premier* *, ſortant de ſon côté antérieur, va ſe repandre dans le deſſus de (t); le *ſecond*, fort petit, ſort tout près
de-là du même côté, & s'inſère dans le deſſous de x. Il a été
repréſenté *Fig.* 5., mais il n'y a point eu de place pour l'indiquer par un Chiffre.

LE *troiſième* * ſort de l'oppoſite. Paſſant ſous (q), il m'a
paru s'introduire dans (x).

A la rencontre de (q), le *quatrième* *, plus fort, part de
l'autre côté de la branche. Il ſe fourche, dès ſon origine, en
deux ramifications, dont l'une entre dans le deſſous de x, &
le deſſus de (q), & l'autre dans x, dans le deſſous d'(u), &
dans la peau.

ENSUITE diſparoiſſant ſous (q), cette branche pouſſe d'a-
bord

Première
Branche.
* *Fig.* 5.
N. 1†.
Seconde
Branche.
* *Fig.* 5.
N. 2†.
Troiſième
Branche.

**Fig.* 5. N. 1.

**Fig.* 5. N. 3.

**Fig.* 5. N. 4.

Fig. 5. N. 5. bord un *cinquième* rameau *, qui entre fous (n), lui fournit par deux ramifications, & va fe perdre dans le deffous d'(u).

Un peu plus avant, elle donne, à (q), un filet repréfenté *Fig. 5.*, mais fans Chiffre.

Fig. 5. N. 6. Puis elle envoye, du même côté, un *fixième* rameau * dans le deffous d'(n).

Et après avoir jetté, vers l'entrée de la jambe, un *feptiè-* *Fig. 5. N. 7.* *me* rameau *, dans le deffous d'(n), elle finit dans (r), à l'endroit où il entre dans la jambe.

Quatrième Branche. L'INTERMÉDIAIRE de ces trois branches, de direction pa- reille, mais moins oblique que la précédente, eft celle par où les tiges Σ & Ω s'abouchent.

A peu de diftance de fon origine, cette branche produit un *Fig. 5. N. 1.* *premier rameau* *, qui, après s'être repandu dans *x*, & dans un nerf voifin, s'infère, avec ce nerf, dans le deffous d'*ε*, & le deffus de (t).

Passant enfuite fous *x*, & fous *ε*, elle pouffe un affez *gros* *Fig. 6. N. 2.* *rameau* *, partagé en deux ramifications, qui donne, par l'u- ne, d'un côté à *ε*, &, de l'autre, à la graiffe renfermée dans un pli de la peau que (t) couvre. L'autre ramification entre fous la branche que l'a produit, fe dirige vers la partie anté- rieure de l'Anneau; & va s'engager fous les (f), dans *ϑ*, vers fon attache inférieure, & dans la graiffe voifine.

A une petite diftance de fon anaftomofe avec la tige Ω, *Fig. 6. N. 3.* près de la jambe, elle a un *troifième rameau* *, qui, après a- voir fourni à la graiffe & aux nerfs de cet endroit, va fe ter-

terminer dans les mufcles de la première articulation de la jambe.

ET tout joignant l'anaftomofe, elle porte un *quatrième &* *dernier rameau* * peu confidèrable à (q).

LA *dernière* des trois branches, par où cette Tige finit, fe dirige prefque perpendiculairement vers le côté antérieur de l'Anneau, tout près de la Trachée-Artère. Paffant fous x & 9, elle fe divife, fous le premier de ces mufcles, en trois gros rameaux, qui fe voyent *Fig.* 6.

CELUI de ces *trois rameaux*, qui eft du côté de la fupérieure, laiffe, en deffous, une ramification à x, trois à ε, deux à 9, une à ξ, puis il fe perd dans μ.

LE *fecond des trois rameaux* difparoit dans la graiffe qui couvre ξ à cet endroit.

ET le *dernier rameau*, celui qui eft du côté de l'inférieure, fe dirigeant vers la jambe, va fe diftribuer, par trois ramifications, dans le deffous de 9, par une, dans celui d'ε, par deux encore, dans 9, près des (f); après quoi la branche finit dans l'attache inférieure de ce même mufcle; mais toutes ces differentes ramifications, dans lefquelles les trois rameaux de cette branche de la Tige Σ fe partagent, n'ont pu être repréfentées dans la *Figure* 6., faute de place.

OUTRE les tiges, que le fecond ftigmate fournit au troifième Anneau, on a dit qu'il en repand encore quatre autres dans le quatrième. De ces tiges il y en a trois dorfales Υ, Ψ, Ω, & une gaftrique Δ.

Oo   LES

Les trois dorsales de cet Anneau, comme celles des cinq Anneaux suivans, sont contigues vers leur origine : elles tendent du côté de la Ligne supérieure : celle du milieu, Ψ, assez perpendiculairement : l'antérieure, Υ, en aprochant de la Division antérieure de son Anneau : & la postérieure, Ω, en aprochant de la Division opposée.

<table>
<tr><td>

Quatrième
Anneau.
Première
Dorsale.   Υ.
* *Fig.* 2.
†*Fig.* 1. N. 1†.
Première
Branche.
Seconde
Branche.

</td><td>

La Tige Υ * est peu considèrable. Elle se partage entre le stigmate & B, en *quatre branches*, dont l'*antérieure* † s'attache à la Bride épinière, qui se trouve à la 4.e Division, donne à B & A, & se perd avec cette bride dans l'aile du cœur de la 1.e paire. La *seconde* branche, représentée *Fig.* 1., mais sans Chiffre, va se ramifier dans le dessus de B, près de son

</td></tr>
<tr><td>

Troisième
Branche.
**Fig.* 2 N. 3.
Quatrième
Branche.
**Fig.* 4. N. 1.
† N. 2.

</td><td>

attache antérieure ; la *troisième* *, dans son dessous ; & la *quatrième*, passant sur E, finit par *deux rameaux*, qui s'introduisent sous C, où l'*un* * se plonge dans la graisse & dans la peau ; l'*autre* †, après avoir laissé deux filets à un nerf voisin, & avoir inséré une ramification dans le dessous de C, va, sous C & H, se terminer pareillement dans la peau & dans la graisse. On a coupé la Tige Υ, *Fig.* 4, à quelque distance de la Trachée, pour mettre cette branche à decouvert.

</td></tr>
<tr><td>

Quatrième
Anneau. Seconde Dorsale.   Ψ.
**Fig.* 1, 2,
3, 4.
Première
Branche.
**Fig.* 2. N. 1.

</td><td>

La Tige Ψ *, qui est l'intermédiaire & la plus grande des trois tiges dorsales, après avoir produit, de part & d'autre, une branche, passe avec elles sous B.

L'*antérieure* de ces deux branches se divise en deux, près de la Tige. Le *postérieur de ses rameaux*, qui est le plus * fort, donne sa *première ramification* sous B, au nerf, qui se coulant

</td></tr>
</table>

entre

entre cette tige & la fuivante, pourvoit à B, & cette ramification envoye un filet à D. Plus avant, fous B, le même rameau pouffe une *feconde ramification*, qui jette un filet dans le
deffus de D, & va finir dans le deffous d'A; Après quoi le
rameau, fortant d'entre B & A, s'élève * fur le deffus de ce
dernier mufcle, & s'y repand du côté de la 4.e Divifion.

 * Voyez
Fig. 1. N. 1.

  L E *rameau antérieur* de cette branche fe fourche, paffe fous
D, & s'y engage par l'une * de fes ramifications: Par l'autre †
il fe porte vers la 4.e Divifion, donne entre l'attache antérieure de C, & du plus latéral des deux G, dans la graiffe & dans
la peau, & lâche un filet à ce dernier mufcle.

 Fig. 3. N. 1.
† *Fig.* 3. N. 2.

  A l'oppofite de cette première branche, la Tige Ψ en porte, fur E, *une feconde* *, un peu plus groffe, qui, entre F &
D, s'introduit fous le G voifin, paffe fur H & C, & produit,
à l'autre côté de C, un paquet * de trois ou quatre rameaux,
qui fe partagent à la graiffe fous C & fous G; Après quoi
elle va fe ramifier dans le deffus du G fupérieur, après avoir
livré un rameau à la graiffe qui eft fous ce mufcle, & un autre à la peau fous R.

Seconde
Branche.
* *Fig.* 4.
N. 2, 2.

Fig. 4. N. 1.

  D E l'autre côté, cette tige envoye, dans la région antérieure de l'Anneau, une *troifième branche* *, encore plus groffe que la précèdente. Cette branche fe coule auffi entre F &
D, fous le G le plus proche, après avoir jetté, de fon côté
antérieur, un *premier rameau* *, affez petit, dans le deffous de
ce dernier mufcle. Sous G, elle plonge, de l'oppofite, un *fecond
rameau* *, un peu plus fort, dans la graiffe.

Troifième
Branche.
* *Fig.* 4. N. 3.

Fig. 4. N. 1.

Fig. 4. N. 2.

Un peu plus avant, du même côté, elle en pousse un *troisié-*
me *, qui, après s'être partagé en deux, sous l'autre G, va se
repandre dans la graisse : A l'opposite, un *quatrième* * plus
petit, qui s'y ramifie aussi : Ensuite un *cinquième* * pareil, qui
s'insère dans le dessous du G le plus latéral : Et cette branche,
ayant aussi passé sous ce G, remonte, après cela, sur l'autre G *,
y donne, par un *sixième rameau* †, dans le dessous de D, & entre, enfin, près de la quatrième Division, dans l'aile du cœur.

Après avoir produit ces trois branches, la Tige Ψ s'introduit elle même entre F & D, sous le G le plus latéral, & s'y
partage en deux grosses branches, dont la *postérieure* * pousse, sous le supérieur des deux G, un *premier rameau*, qui disparoit *Fig.* 4, sous L, & qu'on voit tout entier *Fig.* 5. N. 1.
Il se perd sous ce muscle, & sous I, dans la graisse & dans la
peau. Un peu plus avant, & à l'opposite, elle envoye un *se-*
cond rameau assez petit, & un *troisième* * plus grand, dans le
dessous du G supérieur, &, enfin, se fourchant elle même, son
rameau postérieur *, après avoir donné une ramification au G
supérieur, m'a paru, à l'autre côté de ce muscle, entrer dans
l'aile du cœur, & donner dans le dessous d'A. Son *rameau*
antérieur * va se ramifier & se terminer dans le canal du
cœur.

L'*autre branche* * des deux par où Ψ finit, sans produire aucun rameau latéral, se porte toute entière vers le cœur, dans
le côté duquel elle rampe, de même que dans la graisse & dans
la peau qui est aux environs.

Ω

Ω, la *dernière des Tiges dorfales* du fecond ftigmate, en paf-
fant fur E, pouffe, de fon côté poftérieur, une *première branche* *, laquelle fe courbant vers la Tige qui l'a produit, va
fe repandre dans le deffus de B.

Au même endroit, il fort, de fon deffous, une *feconde branche*, laquelle fe ramifie dans le deffus d'E, F & C, & n'a pu
être repréfentée ; mais on en voit quelques bouts de rameau
fur E. *Fig.* 2 *, entre cette tige & la tige Ψ.

A l'autre côté d'E, elle envoye, vers la Divifion poftérieure de l'Anneau, une *troifième branche* *, qui donne d'abord
un rameau à F, en infère trois dans le deffous de B, & parvenue au-delà d'F, près de fon attache poftérieure, elle va fe
diftribuer dans celle du fupérieur des deux G.

Sous B, elle a, du même côté, une *quatrième branche* *,
qui introduit un *premier rameau* † entre les deux G, lequel,
après avoir porté une ramification dans le deffous du G fupérieur, va fe perdre dans le deffous de l'autre G. Tout près
de-là, cette branche jette un *fecond rameau* * plus petit dans
le deffous de D, après quoi elle va s'y livrer elle même.

Un péu plus avant, la tige Ω fe partage en deux branches,
dont la *poftérieure* *, ayant laiffé un très petit rameau dans le
deffous d'A, monte, entre B & A, fur le deffus de ce dernier
mufcle, & s'y repand.

L'*antérieure* va fe ramifier dans le deffus & le deffous de ce
même mufcle.

Le fecond ftigmate produit, à l'oppofite des bronches dorfales

O o 3

Quatrième
Anneau.
Troifième
Dorfale. Ω.
Première
Branche.
* *Fig.* 1. N. 1.

Seconde
Branche.

* *Fig.* 2. N 2.

Troifième
Branche.
* *Fig.* 2, 3.
N. 3.

Quatrième
Branche.
* *Fig.* 2, 3.
N. 4.
† *Fig* 3. N. 1.

* *Fig.* 3. N. 2.

Cinquième
Branche.
* *Fig.* 1 & 2.
N. 5.

Sixième
Branche.
* *Fig.* 1, 2.
N. 6.
Quatrième
Anneau. Gaf-
trique. Δ.

ſales, que l'on vient de ſuivre, une groſſe tige Δ, qui diſparoit ſous (d), & qui eſt la ſeule *gaſtrique* qui ne fournit qu'au quatrième Anneau.

DÈs ſon origine elle pouſſe, de ſon côté poſtérieur, une *première branche* *, dont le *premier rameau* †, après avoir jetté deux ramifications dans (ff), va ſe terminer dans le deſ ſous de (d). Le *ſecond* * ſe diviſe en trois ramifications, qui donnent, par deux filets, dans le deſſous de (d), par deux, dans ſe deſſous de (b), & par un, dans le deſſous d'(e). Le *troiſième rameau* * engage deux ramifications dans le deſſous de (b), & deux dans le deſſus d'(e). Le *quatrième rameau*†, placé à l'oppoſite des précèdens, paſſant par deſſus la branche qui le produit, ſe plonge dans le deſſus de (d). Le *cinquiè- me* *, placé au même côté, entre, par une ramification, dans le deſſous de (d), & par une autre, dans le deſſus d'(ff), & après avoir envoyé plus avant, & du même côté, un *ſixième rameau*, peu conſidérable dans le deſſous de (b), elle va finir * dans le deſſous de ce même muſcle.

A l'oppoſite, à même hauteur, cette tige pouſſe une *ſeconde branche* * plus petite, laquelle ſe fourche d'abord après, & le *rameau antérieur* de cette fourche, ayant jetté une 1ᵉ ramifi- cation dans le deſſus d'(ff), & une ſeconde dans le deſſus d'(h), va ſe repandre dans le côté antérieur de (d).

LE *rameau poſtérieur* de cette même fourche, après s'être partagé en deux, s'attache contre le côté d'(h), & ſe livre tout entier à ce muſcle.

QUAND

QUAND on a coupé la seconde branche, on en voit paroître, sous elle, une *troisième* *, qui passe sous (h, e,) & (f), s'insère dans leur dessous, près de leur attache antérieure, & y pourvoit en même tems à la graisse qu' (h) couvre.

Troisième Branche. *Fig.* 4. N. 3.

TANT soit peu plus avant, & du même côté, Δ produit une *quatrième branche* *, qui va se repandre sous le dessous antérieur d' (h).

Quatrième Branche. *Fig.* 4. N. 4.

A la même hauteur, il sort, de son dessous, une *cinquième* * assez forte, qui s'enfonce entre β & δ, & va se perdre dans la graisse & dans la peau; elle est naturellement couverte par la tige, & on ne l'aperçoit que difficilement.

Cinquième Branche. *Fig.* 4, 5. N. 5.

PRÈS de la quatrième branche, on en voit paroître, du même côté, une *sixième* *, qui après avoir envoyé un rameau dans le dessous d' (f), disparoit sous (h) & (f), & se partage, sous ce dernier muscle, en plusieurs rameaux qui se repandent dans le dessous d' (f) & (g), & dont il y en a, qui sortant d'entre ces muscles, vont se ramifier contre le dessous de (c). Ce sont ceux qu'on voit paroitre *Fig.* 3. N. 6.

Sixième Branche. *Fig.* 4. N. 6.

A côté de cette branche, il s'en trouve une *septième* *, qui se separant en deux, près de son origine, se coule sous (h) & (f). Son *rameau antérieur* †, passant encore sous (g) & (i), va s'aboucher, à la Ligne inférieure, avec le rameau pareil du stigmate opposé, sans avoir produit, dans tout ce long intervale, aucune ramification. Son *rameau postérieur* en porte *une* dans le dessous de (g), une *autre* *, sortant d'entre (f) & (g), va s'insèrer dans le dessous d' (a), une *troisième* se donne

Septième Branche, **Fig.* 3, 4, 5. N. 7. †*Fig.* 4, 5. N. 7.

**Fig.* 3. N. 7.

ne

ne à (i), & ce rameau, après avoir encore fourni à un nerf de cet endroit, va s'éparpiller dans la graiffe.

La tige même fe divife, après cela, en *deux groffes branches*, dont la *poftérieure* fe fourche en deux rameaux, & paffe fur l'antérieure. Le *poftérieur de ces deux rameaux* *, fe fléchiffant près d'(f), vers la 5e. Divifion, donne d'abord, par une *première ramification*, dans le deffous d'(h), par *deux autres* *, qui fortent d'entre (h) & (f), dans le deffous de (c), par une *quatrième*, dans le deffous d'(f), & il finit par *deux ramifications*, dont *l'une* fous (k) s'y diftribue, & à la peau entre (t) & (x), lâchant un filet à ce dernier mufcle; *l'autre* fous (k) & (p), s'infère dans la partie poftérieure de (p), & dans (x).

L'antérieur des deux rameaux de cette même branche, s'introduifant fous (f), produit trois fortes ramifications, qui fourniffent à (f), à (g), & à (i), & qui, fortant d'entre (f) & (g), vont fe repandre, par les bronches marquées 9. *Fig.* 3 & 4, dans le deffous d'(a).

L'antérieure des deux branches, par où △ finit, pouffe en avant un *premier rameau* * avec lequel elle paffe fous (k), & qui donne à (k), à (n) & à la graiffe jaune, tenace & grenée, qui eft à cet endroit. De l'autre côté fous (k), elle envoye, à ce mufcle, près de fon attache poftérieure, un *fecond rameau* *. A l'oppofite, & plus avant, elle en plonge un *troifième* † très petit, dans la graiffe. Enfuite cette branche paffe fous (p), &, de fon côté antérieur, elle lui fournit un *quatriè-*

me

Huitième
Branche.

*Fig. 4. N. 8.

*Fig. 3. N. 8.

Neuvième
Bronche.
*Fig. 5. N. 1.

*Fig. 5 N. 2.

†Fig. 5. N. 3.

me rameau *, un peu moins petit, qui ſe ramifie encore dans la graiſſe & dans la peau. A même hauteur elle produit, de l'oppoſite, un *cinquième* *, & un *ſixième rameau* †, preſque contigus, dont l'antérieur ſert à la graiſſe, & le poſtérieur à (x). Ce dernier eſt ſuivi, à l'autre côté, d'un *ſeptième* *, qui ſe repand auſſi dans (p); après quoi, parvenue près de l'inférieure, elle s'y partage, d'*un côté* * dans la graiſſe, & de l'*autre* †, ſe pliant en avant, elle finit dans le deſſoûs de (g) & d'(a). *Fig 5. N 4.*

Fig 5. N. 5.
†*Fig. 5. N. 6.*

Fig. 5. N. 7.

**Fig. 5. N. 8.*
†*Fig. 5. N. 9.*

Bronches detachées du quatrième Anneau.

La *première bronche detachée*, qui ſe trouve entre la quatrième & la cinquième Diviſion, n'eſt ni gaſtrique, ni dorſale. Elle avance du ſecond ſtigmate directement vers la Diviſion antérieure de l'Anneau, & ſe ramifiant à une petite diſtance de ſon origine, elle paſſe ſous les α, leur diſtribue quelques petites branches, & va enſuite ſe livrer à la peau & à la graiſſe aux environs de ces muſcles. Elle eſt naturellement cachée ſous la tige Π. Il n'y a pas eu moyen de la repréſenter.

Première Bronche detachée.

De deſſous l'endroit où les tiges Ξ & ☉ ſe rencontrent, le deuxième ſtigmate pouſſe une *ſeconde bronche detachée* *, qui eſt *dorſale*. Elle donne à F près de ſon attache antérieure, & s'y perd dans la graiſſe.

Seconde Bronche detachée. *Fig. 5.* ✝

Tout joignant cette dernière, le même ſtigmate a une *troiſième bronche detachée* *, qui eſt auſſi *dorſale*. Elle entre dans le côté & le deſſous d'H, de même que dans la graiſſe ſous ce muſcle.

Troiſième Bronche detachée. *Fig. 6.* ✝✝

Sous Σ, ce ſtigmate produit une *quatrième bronche detachée*,

Quatrième Bronche detachée.

P p

chée, qui eſt *gaſtrique*. Se réuniſſant à un nerf voiſin, elle va s'éparpiller avec lui dans le deſſous du θ de la quatrième Diviſion. Elle n'a pu être repréſentée.

Cinquième Bronche detachée.
* *Fig.* 6. +

A côté de celle-ci il pouſſe encore une *bronche gaſtrique detachée* *, qui ſe diviſant en quatre *rameaux*, en jette *deux* dans les *α*, *un* dans le deſſous des deux (x) de l'Anneau précèdent, & le *quatrième*, ſe dirigeant vers le côté poſtérieur de l'Anneau, paſſe ſous la tige Γ, & finit par deux *ramifications*, dont l'*une* s'inſère dans (1), & l'*autre* dans les T du quatrième Anneau.

Sixième Bronche detachée.
* *Fig.* 6. X

TOUT près de cette dernière bronche, on en voit paroître une *gaſtrique* *, aſſez conſidèrable, qui ſe partage d'abord en deux branches, dont la *poſtérieure* s'introduit près de la Trachée-Artère, ſous (m), & y repand *un premier rameau* dans la graiſſe; de-là elle paſſe ſous ε, & lui laiſſe un filet, puis ſous ζ, auquel elle fournit auſſi *un rameau*; après quoi, ſe coulant ſous les (y), elle ſe diſtribue à ces muſcles & à la graiſſe & la peau qu'ils couvrent. Sa branche *antérieure*, ſe portant obliquement vers la quatrième Diviſion, diſparoit ſous l'extrêmité poſtérieure de T, lui donne *un rameau*, en repand *trois* dans (n), & va finir dans la graiſſe qui eſt entre ce muſcle & T.

Septième Bronche detachée.
* *Fig.* 5. X

UN peu au-deſſous du ſtigmate, la Trachée-Artère paſſe une petite *bronche dorſale detachée* *, par deſſus β. Elle ſe fourche, s'introduit derrière ce muſcle, & s'y inſère.

Huitième Bronche detachée.

TOUT joignant la bronche gaſtrique X, *Fig.* 6., cette

Artère

Artère paſſe, du même côté, derrière le ſtigmate, une *bronche dorſale* *, qui donne, ſous la Trachée, *deux petites branches* à M, une *troiſième* à β, près de ſon attache ſupérieure, & va ſe terminer dans la peau vers l'extrêmité ſupérieure d'ε.

    QUAND on a coupé l'Artère au deſſous du ſtigmate, à la hauteur environ de β, on voit qu'elle y pouſſe, de ſon deſ- ſous, *une bronche gaſtrique detachée* *, vers la partie poſtérieure de l'Anneau. Cette bronche, après avoir envoyé, dès ſon origine, une *première branche* à ε, une *ſeconde* à δ, & plus avant une *troiſième* à ce même muſcle, ſe partage en *deux branches*, dont l'*une*, ſe dirigeant vers l'inférieure, paſſe ſur ζ, fournit *un rameau* à (u), & va enſuite, derrière ζ, ſe repandre dans les (y). L'*autre* branche, ſe portant vers la cinquième Diviſion, envoye *deux rameaux* ſucceſſifs dans le deſſus de ζ, un *troiſième* à α, ſous les diviſeurs θ, & s'étant coulée elle même ſous ces muſcles, elle ſe partage en *deux rameaux*, dont l'*un* ſe réunit au nerf qui donne à θ, & ſe plonge dans le deſſous de θ, avec lui. L'*autre* va s'inſérer dans le poſtérieur des α.

    PRÈS de la cinquième Diviſion, la Trachée-Artère repand, de ſon deſſous, une *dernière bronche detachée gaſtrique* dans le quatrième Anneau. Elle * ſe fourche peu après, & ſa branche la plus latérale ſe partageant d'abord en deux, va s'introduire ſous δ, & y ſervir à ζ & à la graiſſe. L'autre branche jette un rameau dans le deſſus de ζ, paſſe entre les ſeparations de ce muſcle, & va ſe ramifier dans les (y) & dans la graiſſe.

* *Fig.* 6. ‡

Neuvième Bronche detachée.

* *Fig.* 3. ┼

Dixième Bronche detachée.

* *Fig.* 4, 5. ‡

Pp 2   A

Onzième Bronche detachée.
Fig. 3 , 4, 5. ‡‡

A même hauteur que la bronche, dont il vient d'être parlé, la Trachée produit fa *dernière bronche dorſale* * au quatrième Anneau. Cette bronche envoye, de ſon côté poſtérieur, une première branche dans le deſſous d'E, & y inſère deux filets; de ſon autre côté, elle repand trois branches dans le deſſous d'H, & après avoir encore laiſſé, de ſon côté poſtérieur, une cinquième branche fort petite, à l'attache poſtérieure de C, elle diſparoit ſous ce muſcle, fournit une ſixième branche aſſez petite à H, s'introduit ſous ♂, lui donne trois petites branches, & finit dans la graiſſe.

Bronches que la Trachée - Artère produit entre la cinquième & la ſixième Diviſion.

Entre la cinquième & la ſixième Diviſion, la Trachée-Artère produit 9 Tiges; ſavoir cinq Viſcèrales א, ב, ג, ד, ה, deux Gaſtriques Γ, Δ, trois Dorſales Υ, Ψ, Ω, & 12 Bronches detachées.

Cinquième Anneau. Première Gaſtrique. Γ.

La première des tiges, placées entre la 5ᵉ. & la 6ᵉ Diviſion, eſt la *Tige gaſtrique* Γ, qui occupant à-peu-près le même endroit que les Γ des deux Anneaux précèdens, eſt ſans comparaiſon plus petite, & ſes fonctions plus bornées.

Le troiſième ſtigmate l'envoye, de ſon côté antérieur, avec quelque obliquité, vers la 5ᵉ Diviſion; y étant parvenue, elle ſe flèchit vers l'inférieure, s'attache à la Bride épinière, & rampe avec elle le long de la Diviſion juſqu'à C du quatrième Anneau, dans le deſſus duquel elle ſe termine par quelques petites bronches.

PRÉS

Près de son origine elle lâche d'abord un ou deux filets à la graisse, & pousse une *première branche* *, laquelle se divisant d'abord après en deux rameaux, fournit, par les trois ramifications de l'un, au postérieur des 2 θ, & par les deux de l'autre, à ce même muscle près de son attache inférieure.

De son côté postérieur, elle envoye une *seconde branche* *, assez petite, dans le dessus de (d) du 5e Anneau.

Plus avant, à l'opposite, une *troisième* *, se fourchant, donne ses deux rameaux à (d) du 4e Anneau.

Sur le (b) du 5e Anneau elle lui porte une *quatrième petite branche* *.

Ensuite une *cinquième très petite* *, à celui de l'Anneau précèdent.

Puis une *sixième plus grande* *, encore à (b) du 5e Anneau.

Et enfin une *septième assez petite* *, à (b) de l'Anneau qui précède.

Après quoi, comme il a été dit, elle se ramifie, par son extrêmité, dans C du 4e Anneau.

La Tige Γ est suivie du Tronc des bronches viscèrales, placé directement au-dessus du troisième stigmate, contre le postérieur des θ.

Ce Tronc se partage en cinq Tiges, marquées א, ב, ג, ד, ה, *Fig.* 1.

Les *Tiges* א & ב * se repandent dans le corps graisseux, qui envelope les viscères, après s'être divisées en quelques branches & rameaux, dont j'ai négligé d'observer le détail.

Première Branche.
* *Fig.* 2. N. 1.

Seconde Branche.
* *Fig.* 1. N. 1.

Troisième Branche.
* *Fig.* 1. N. 2.

Quatrième Branche.
* *Fig.* 1. N. 3.

Cinquième Branche.
* *Fig.* 1. N. 4.

Sixième Branche.
* *Fig.* 1. N. 5.

Septième Branche.
* *Fig.* 1. N. 6.

Cinquième Anneau. Première & seconde Tiges Viscérales.
א & ב.
* *Fig.* 1.

<table>
<tr><td valign="top" width="25%">

Troifième
Tige Viſcèra-
le. ד.
Première
Branche.
Seconde
Branche.

</td><td valign="top">

La *Tige* ד fe fourche d'abord, & l'*une* de ſes deux *branches*, fans fe ramifier auparavant, va fe diftribuer à la partie intermédiaire du Vaiſſeau foyeux ; & l'*autre*, après s'être partagée en trois rameaux.

</td></tr>
<tr><td valign="top">

Quatrième
Tige Viſcèra-
le. ז.
Première
Branche.

</td><td valign="top">

Les *deux Tiges* ז & ה, s'éparpillent fur le ventricule ; mais, avant d'y atteindre, ז fe fepare en *trois branches*, dont la *première* fe ſubdiviſe en *deux rameaux*, & l'*un* de ces rameaux en *deux ramifications*, qui s'attachent, par les diviſions de leurs filets, contre le deſſous du ventricule, vers ſa Ligne inférieure ; l'*autre* rameau s'y inſère par *trois ramifications*, à même diſtance de l'œfophage, mais plus latéralement.

</td></tr>
<tr><td valign="top">

Seconde
Branche.

</td><td valign="top">

La *ſeconde branche* de cette tige pouſſe d'abord *un rameau*, qui fournit, par *trois ramifications*, au ventricule, près de ſa latérale, enſuite un *ſecond*, qui s'y repand fans fe partager ; puis, fans fe ramifier davantage, elle va elle-même fe plonger dans le côté de ce viſcère.

</td></tr>
<tr><td valign="top">

Troifième
Branche.

</td><td valign="top">

La *troifième branche* de ז fe diviſe en *trois rameaux*, dont le *premier* rampe, par les filets de *trois ramifications*, contre le deſſous du ventricule, un peu plus loin de l'œfophage que l'endroit, où la première & la feconde branche s'y inſèrent. Le *ſecond* rameau s'y partage, par *deux ramifications*, à la même diſtance de l'œfophage, mais plus latéralement, & le *troifième* rameau le fait par les filets de *trois ramifications*, auſſi latéralement que le fecond, mais derrière lui.

</td></tr>
<tr><td valign="top">

Cinquième
Tige Viſcèra-
le. ה.
Première
Branche.

</td><td valign="top">

La *Tige* ה fe fourche, & l'*antérieure* de ſes *deux branches* envoye d'abord, dans le côté du ventricule, un *premier rameau*,

</td></tr>
</table>

meau, qui s’y livre, par *trois ramifications*, à même distance de l’œfophage que le 3.ᵉ rameau de la 3.ᵉ branche de ר. Enfuite elle fournit un *fecond rameau*, qui, après s’être divifé en *trois ramifications*, en répand les filets contre le ventricule, entre fa latérale & fon intermédiaire fupérieure, à même diftance de l’œfophage que le précèdent. Puis un *troifième*, qui s’attache, par *trois ramifications*, contre le même vifcère, plus près de l’intermédiaire fupérieure, & enfuite la branche qui les a produit va s’inférer dans ce vifcère vers la même Ligne.

LA poftérieure des deux branches de la tige ה, jette d’abord *un rameau*, par quatre ramifications, dans le côté de l’œfophage, derrière toutes les bronches de ר & de ה; enfuite un *fecond*, peu confidèrable, par 3 ou 4 ramifications, prefque au même endroit; & enfin elle fe fepare en *deux* rameaux, qui vont chacun, par trois ramifications, s’étendre près des autres rameaux de la même branche, fur le ventricule, à fon intermédiaire fupérieure.

LE troifième ftigmate & les quatre fuivans pouffent chacun trois tiges dorfales ϒ, Ψ, Ω, contigues à leur origine, & de direction femblable à celles de l’Anneau précèdent.

L’ANTÉRIEURE ϒ *, un peu moins groffe que l’intermédiaire Ψ, paffe obliquement fur les θ, & fe porte tout à la fois vers la fupérieure & vers la cinquième Divifion. En montant fur ces mufcles, elle envoye, de fon côté poftérieur, une *première branche* *, dans le deffous de B. On l’a flèchie en avant, *Fig.* 2., par deffus fa tige, pour ne pas la mêler avec les branches de la tige fuivante.

SUR

Seconde Branche.

Cinquième Anneau. Première Tige Dorfale.
ϒ.
* *Fig.* 1. 2.
Première Branche.
* *Fig.* 1, 2.
N. 1.

Seconde Branche.
*Fig. 2. N. 2.

SUR les θ elle lâche, de son autre côté, une *seconde bran-che* * sous B, qui en même tems lui donne d'abord, près de son attache antérieure, deux petits rameaux, dont le postérieur va de plus se plonger dans la graisse qui couvre l'extrêmité supérieure des θ; plus avant, cette branche en laisse un troisième, encore plus petit, à l'aile du cœur; après quoi, passant entre B & A, elle monte sur A, & va finir à la cinquième Division,

*Fig. 1. N. 2.

dans l'aile du cœur *.

Troisième Branche.

APRÈS avoir produit ces deux branches, la tige même se coule sous B, & y pousse, de son côté antérieur, une *troisiè-*

*Fig. 2. N. 3.

me branche *, qui, après s'être partagée en deux, entre, par *l'un de ses rameaux*, dans le dessous antérieur d'A, & son *au-*

*Fig. 1. N. 3.

tre rameau *, montant d'entre A & B, sur A, va s'y terminer dans l'aile du cœur.

Quatrième Branche.

DE l'opposite, on en voit sortir une *quatrième branche* *;

*Fig. 2. N. 4.

qui jette, de son côté postérieur, un 1.er *rameau* dans le dessous de D, près de son bord inférieur, & un *second* très petit dans le dessous d'A. De son autre côté, un *troisième* dans le dessous du même muscle, & finit en se ramifiant sur le dessus

*Fig. 1. N. 4.

d'A *.

Cinquième & sixième Branches.
* Fig. 2. N. 5, 6.
Septième & huitième Branches.
* †Fig. 1, 2. N. 7.

CETTE tige s'élève, après cela, d'entre B & A, sur A, s'engage dans l'aile du cœur, fournit une *cinquième* * & une *sixiè-me branches*, assez petites, à cette aile, se separe en deux, & va s'introduire, par *l'une* * & *l'autre* † de ses *branches*, dans le côté du cœur.

Cinquième Anneau. Seconde Tige Dorsale. Ψ.
*Fig. 1, 2, 3, 4, 5.

LA *Tige dorsale intermédiaire* Ψ *, après avoir passé sur E, fe partage à l'autre côté de ce mufcle, en quatre branches, dont on n'en voit d'abord que trois *, parceque la quatrième eft cachée par la feconde. Toutes quatre difparoiffent fous B.

*_Fig._ 2.

La *première* ou *l'antérieure de ces branches* *, fe divife fous B en *trois rameaux*, dont les deux poftérieurs fe gliffent fous G, à l'endroit où D & G fe croifent. L'*autre* † n'entre que fous D, & va fe repandre dans le devant de ce mufcle, après avoir donné deux ou trois petites ramifications à la graiffe voifine. L'*intermédiaire* *, qui eft le plus gros des trois, en-voye d'abord, de fon côté poftérieur, *une ramification* à la graif-fe; Puis, de l'autre côté, une *feconde* *, dans le deffous de G. A l'oppofite, il en jette fucceffivement une *troifième* *, une *qua-trième*, & une *cinquième*, au travers de la graiffe dans la peau; après quoi il va fe perdre dans la graiffe & dans le deffous de l'attache antérieure de G. Le *troifième* * ou poftérieur de ces rameaux, après avoir plongé une ramification dans la graiffe, s'infère dans le deffous de G.

Première Branche.
*_Fig._ 2, 3, 4. N. 1.
† _Fig._ 3. N. 1†.

*_Fig._ 4. N. 2†.

*_Fig._ 4. N. 2.

*_Fig._ 4. N. 3.

Fig. 4. N. 3 ✕

La *feconde des branches* * de la Tige Ψ, parvenue près de G, introduit fon *premier rameau* dans le deffous de D. A l'oppofite fon *fecond*, qui eft peu confidérable, dans le deffous de G, & fon *troifième* dans le deffous de la partie antérieure de D; après quoi elle va s'inférer dans le côté inférieur d'A.

Seconde Branche.
*_Fig._ 2. N. 2.

La *troifième branche* *, plus groffe que les deux précèden-tes, après avoir pouffé *deux forts rameaux*, paffe avec eux fous G. Le *premier de ces rameaux* * fort du côté antérieur ; il pourvoit d'abord, par deux ramifications, à la graiffe & à la

Troifième Branche.
*_Fig._ 2. N. 3†.

Fig. 3. N. 1‡.

Q q

peau,

peau, & va enfuite fe livrer à l'une & à l'autre. On l'entrevoit *Fig.* 3., au travers de G. Le *fecond de ces rameaux* *
fort du côté poftérieur de la branche ; il eft panché vers la
fixième Divifion, porte, fous G, de fon côté poftérieur, une
1e *ramification* * à la graiffe entre I & L. A l'oppofite il en
laiffe une *feconde*, & une *troifième*, très petites, à la peau.
Plus avant, il en paffe, du même côté, une *quatrième* plus groffe, fous I, qui s'y diftribue à la graiffe & donne à R ; Puis fe
flèchiffant vers la fixième Divifion, il en fournit une *cinquième* * dans le deffous de G, près de fon attache poftérieure ;
enfin, difparoiffant fous I, il va fe terminer dans le deffus d'R *.
Après avoir produit ces deux rameaux, la 3e branche s'avance
vers la fupérieure, &, entre cette Ligne & fon intermédiaire,
elle finit par *quatre rameaux*, dont *l'antérieur* *, à l'autre
côté de G, s'engage dans le deffous de D, & fert aux nerfs
fur lesquels il paffe.

Le *fecond* * s'introduit entre les féparations d'I, & pénètre dans le deffous de ce mufcle, & le deffus de Q.

Le *troifième* *, après avoir paffé fous G, va, à l'autre côté
de ce mufcle, fe repandre dans le deffous d'A.

Le *quatrième & poftérieur* * fort de deffous celui qui précède, fe fourche peu après, gliffe fous I, & fa *ramification la
plus latérale* * donne, d'un côté, dans le deffous de ce mufcle,
dans la graiffe & dans la peau de cet endroit, &, de l'autre,
entre Q & R, dans la graiffe. L'autre *ramification* * fe partage en deux à la rencontre de Q, & l'une de fes divifions
s'épar-

Fig. 3 N. 2‡.

Fig. 4, 5. N. 1‡.

Fig. 4. N. 5.

Fig. 5. N. 6.

Fig. 3, 4. N. 3.

Fig. 5. N. 4.

Fig. 3, 4. N. 5†.

Fig. 4. N. 6.

Fig. 5. N. 1‡.

Fig. 5. N. 2†.

s'éparpille fur le deffus de Q; l'autre paffe deffous, & s'y ramifie dans la graiffe & dans la peau.

La *quatrième branche* de Ψ *, à quelque diftance de fon o-
rigine, fe fepare en *deux grands rameaux*, qui, paffant fous
G, s'avancent, fans fe ramifier, jufques près du bord fupérieur
d'A, fi ce n'eft que *l'antérieur* * livre, chemin faifant, un filet à un petit nerf qui s'introduit dans le cœur. Ce rameau,
au refte, fe fourche près du bord fupérieur de G, en *trois ramifications*, dont *l'antérieure* * jette un filet dans le deffous
de D, un autre dans le bord fupérieur de G, un troifième
dans la graiffe, & le refte dans le cœur.

Les *deux autres* ramifications fe repandent pareillement dans
le cœur & dans la graiffe qui eft fous ce vifcère. Le *fecond
grand rameau* * de cette 4.e branche, après avoir paffé fous G,
fe partage, à l'autre côté de ce mufcle, en *trois ramifications*,
dont *l'antérieure* s'introduit dans le deffous de D, fert à un
nerf qui entre dans le cœur, & s'y termine enfin elle même.
La *fuivante* rampe fous le cœur dans la peau; & la *poftérieure* fe ramifie toute entière dans le cœur.

La *troifième & dernière Tige dorfale* Ω * de cet Anneau,
tout près de la Trachée-Artère, pouffe, de fon côté poftérieur, une *première branche* †, qui s'étend dans le deffus & le
deffous d'E, & communique, par un rameau, avec le Nerf qui
paffe entre ces bronches.

Un peu plus avant, & du même côté, elle produit une *feconde
branche* *, qui, dès fon origine, donne, par un *premier rameau*,

Qq 2   dans

Quatrième
Branche.
* *Fig.* 4. N. 4.

* *Fig.* 3, 4.
N. 1 —.

* *Fig.* 3, 4.
N. 1.

* *Fig.* 3, 4.
N. 2.

Cinquième
Anneau.
Troifième
Tige Dorfale.
Ω
* *Fig.* 1, 2,
3, 4.
Première
Branche.
† *Fig.* 2. N. 1.

Seconde
Branche.
* *Fig.* 2. N. 2.

dans le deſſus d'F, & fournit aux nerfs qui ſe trouvent à cet endroit. Ce rameau eſt ſuivi, du côté de la ſixième Diviſion, d'un *ſecond*, qui ſe repand ſur E; après quoi la branche même va finir dans le deſſus d'F, près de ſon attache poſtérieure.

Troiſième Branche.   S u r F, la Tige envoye, de ſon côté antérieur, une *troiſième branche* peu conſidèrable, aux mêmes nerfs & dans le deſſous de B.

Quatrième Branche.   D u même côté, & tant ſoit peu plus avant, elle en plonge une *quatrième* encore plus petite, dans le deſſous de B. Cette branche & la précèdente ſont repréſentées comme flottantes ſur Ψ *Fig.* 2, & ne ſont marquées d'aucun Chiffre.

Cinquième Branche.   A l'autre côté d'F, la tige ſe partage en *trois branches*, *Fig.* 2. N. 5. dont l'*antérieure* ſe ramifie contre le deſſous de B, & jette *un rameau* dans le deſſus de G.

Sixième Branche.   L'*intermédiaire* s'introduit ſous G, s'y diviſe d'abord en *deux rameaux*, dont on ne voit que l'un *Fig.* 4. N. 6, parce qu'il couvre l'autre. Celui qui paroit *Fig.* 4., inſère, de ſon côté *Fig* 4. N. 1. poſtérieur, une *première ramification* dans le deſſous de G; à l'oppoſite une *ſeconde* dans le deſſus d'L; une *troiſième* dans la graiſſe, & dans le deſſus du même muſcle; une *quatrième* *Fig.* 4. N. 5. encore dans le deſſus d'L, & à l'oppoſite une *cinquième* & une *ſixième* dans le deſſous de G; après quoi ce rameau, paſſant entre I & L, donne *deux petites ramifications* à R, & va ſe terminer à la peau près de l'attache poſtérieure de ce muſcle.

Fig. 5. N. 6.   L'*autre rameau* de la même branche ſe porte perpendiculairement vers la ſixième Diviſion, &, parvenu à l'attache ſupérieure

périeure de ♂, il se separe en deux ramifications, dont l'*une* * se repand dans la graisse, & l'*autre* † sur ♂, vers son extrêmité supérieure. *Fig. 5. N. 1.* †*Fig. 5. N. 2.*

LA *postérieure* * des trois branches, par où la tige Ω finit, repand trois rameaux dans le dessous de B, deux autres dans le dessous d'F, & se termine dans le dessous d'F, dans le dessus de G, & dans l'aile du cœur, près de la sixième Division. Septième Branche. **Fig. 2. N. 7.*

LA *Tige gastrique* △ *, du troisième stigmate, & celles des cinq suivans, ont celà de remarquable, qu'après être parvenues à la Ligne latérale, elles s'abbouchent chacune avec la tige pareille △ du stigmate opposé, & ne forment ainsi, en quelque sorte, qu'un canal continu, qui va d'un stigmate à l'autre, mais où l'on distingue pourtant, à l'endroit de leur rencontre, une manière de cercle, qui y retrecit un peu le canal, sans en boucher l'ouverture, comme je m'en suis assuré en y introduisant un poil souple & très fin. Cinquième Anneau. Tige Gastrique. △. **Fig. 3, 4, 5.*

CETTE Tige, placée, comme toutes les autres, à l'opposite des dorsales, produit, dans cet Anneau, *onze branches*, avant de s'abboucher avec sa pareille.

LA *première* *, qui est assez considérable, sort de son côté postérieur près de la Trachée-Artère. Elle se glisse sous (b), & envoye, près de son origine, de son côté postérieur, un *premier rameau* * à la graisse qui est entre (d) & la Trachée-Artère: De son opposite elle pousse un *second rameau* †, qui entre, par trois ramifications, dans le dessous de (d). Tout **Fig. 2. N. 1.* Première Branche. * *Fig. 2. N. 1*†. †*Fig. 2. N. 2.*

Qq 3

près

*Fig. 2. N. 3.

près de-là un *troisième* ✳ fournit sous (b) & (d) à ces muscles, à un Nerf, & donne dans le dessus d'(ff). Ensuite cette branche, après s'être flèchie du côté de la sixième Division,

*Fig. 2. N. 4. se partage sur (ff) en *deux rameaux*, dont l'*antérieur* ✳ se repand contre le dessous de (b), & s'engage, par une ramification, dans le dessus d'(e). L'*autre rameau* †, après avoir

†Fig. 2. N. 5. jetté une ramification dans le dessus postérieur d'(ff), s'étend dans le dessous postérieur de (b).

Seconde Branche. ✳Fig. 3. N. 2. †Fig. 3. N. 1.

Sous cette première branche la Tige en a une *seconde* ✳, qui, dès son origine, envoye, de son côté postérieur, *un rameau* † peu considerable, à un nerf, & à la graisse tout près de-là, & m'a paru repandre deux petites ramifications dans le

✳Fig. 4. N. 2. dessus de β; un peu plus avant, elle en livre *un plus grand* ✳ à la graisse. Puis passant sous (h), elle se colle à la graisse jaune & grenée de cet endroit, s'enfonce entre β & δ ✳, laisse

✳ Fig. 4. N. 2†. un rameau à (u), se flèchit du côté de l'inférieure, passe sous la même graisse jaune, se recourbe du côté de la 6ᵉ Division, & va se terminer dans (u), dans (y), & dans la graisse qui est sous ces muscles. On a représenté δ & (k), *Fig.* 4., comme transparens, pour faire entrevoir la branche sous ces muscles.

Troisième Branche. ✳ Fig. 3 ; 4. N. 3. †Fig. 5. N. 1.

A l'opposite, la même tige pousse encore, tout près de son commencement, une *troisième branche* ✳, qui s'introduit sous (h), & fournit d'abord, de son dessous, un *premier rameau* †, qu'on n'aperçoit qu'après avoir tronqué la branche, & qui donne, par une ramification, à (l), par trois autres aux T, &

par

par une dernière à (n). Plus avant, cette branche insère un *second rameau* * dans le dessous d'(h) & d'(f). *Fig. 4. N. 2.

PARVENUE tout près d'(h), son côté antérieur produit un *troisième rameau* *, qui se partage, à la rencontre d'(f), en trois ramifications, dont l'*intermédiaire* †, montant sur (h), se repand dans le dessous d'(ff), & les *deux autres* se ramifient contre le dessous d'(f). Ensuite la branche livre un petit rameau à la graisse, & va finir, par deux rameaux, dans le dessous d'(f). * Fig. 4. N. 3†. † Fig. 5. N. 3†.

APRÈS avoir passé sous (h), la Tige porte, du même côté, une *quatrième branche* fort mince *, qui se fourche, dès son origine, en *trois rameaux*, dont l'un entre dans le dessus d'(h), & les deux autres dans le dessous d'(f). Ces trois rameaux sont tronqués *Fig. 5*. Quatrième Branche. *Fig. 4. N. 4. *Fig. 5. N. 4.

A l'opposite, Δ fournit, sous (h), une *cinquième branche* très considérable, laquelle pousse d'abord, de son dessous, *un rameau* * assez grand, qu'on n'aperçoit qu'après avoir coupé la branche. Ce rameau † produit, de son côté postérieur, une 1e *ramification* §, qui s'attache à la masse de graisse jaune, la perce, & va se jetter dans (u); Après cela il se partage lui même en *deux ramifications*, dont l'*antérieure* * se repand dans la graisse & dans la peau entre (u) & (n); & la *postérieure* †, après avoir introduit un filet dans le dessous de (k) §, s'attache fortement à la même graisse jaune, & va enfin se terminer dans le dessous de (k). Cinquième Branche. *Fig. 5. N. 5. † Fig. 6. N. 1†. § Fig. 6. N. 1. *Fig. 6. N. 2. † Fig. 6. N. 3. § Fig. 6. N. 4.

PLUS avant, cette branche se divise en *deux rameaux*, dont

le

Fig. 4, 5.
N. 2.

Fig. 4, 5.
N. 3.
†*Fig.* 4, 5.
N. 4.

Fig. 5. N. 3.

Fig. 4. N. 1.

†*Fig.* 3. N. 5.

Sixième
Branche.
* *Fig.* 3, 4.
N. 6.

Septième
Branche.
* *Fig.* 3., 4.
N. 7.

Huitième
Branche.
Fig. 5. N. 8.

† *Fig.* 5. N. 1.

le *poſtérieur* * envoye, de ſon côté antérieur, dans le deſſous d'(e) & de (c), *deux ramifications*, qui n'ont pu être repréſentées que tronquées *Fig.* 4. & 5., & qu'on voit flotter ſur (f) *Fig.* 3. N. 1. Enſuite ce rameau ſe flèchit vers la 6e Diviſion, ſe ſepare en deux, donne, par l'*une* de ſes *ramifications* *, dans le deſſous d'(h), & le deſſus de (t), & paſſe l'*autre* † ſous (f) entre (k) & (p), où elle va ſe diſtribuer en deſſous à (p), & en deſſus à (t).

L'*autre* * des deux rameaux, par où la 5e branche ſe termine, entre ſous (f), & s'y partage en *deux ramifications*, dont l'*antérieure*, à la rencontre de (g), ſe diviſe en quatre bronches, *une* * deſquelles s'inſere dans le deſſous d'(f), une *ſeconde* ſe coule ſous (g), & va ſe repandre dans le deſſus d'(i), & les *deux autres* †, ſortant d'entre (f) & (g), paſſent ſur ce dernier muſcle, & entrent dans le deſſous d'(a). L'*autre ramification* penètre dans le deſſous d'(f), après avoir envoyé, de ſon devant, une bronche dans le deſſous d'(i).

S o u s (f) il ſort, du côté antérieur de cette tige, une *ſixième branche*, qui, ſe fourchant en *trois* ou *quatre rameaux* *, ſort de deſſous (f), & va s'étendre dans le deſſous de (c), & ſur le nerf de la 1e paire du ſeptième ganglion.

A l'oppoſite, Δ porte, à même hauteur, une *ſeptième* * aſſez mince, qui, paſſant ſur (g), donne dans le deſſous d'(a).

C e t t e branche eſt ſuivie, à l'autre côté, d'une *huitième* *, qui s'attache à la maſſe de graiſſe jaune & grenée de cet Anneau, & ſe partage en *trois rameaux*, dont l'*antérieur* †, après

près avoir pourvu à la graisse, près de la cinquième Division, va s'y ramifier dans la peau. *L'intermédiaire*, se separant en deux, insère l'une de ses ramifications dans le dessous de (g), & l'autre dans la graisse. Et le *postérieur* s'introduit sous (i), y fournit une ramification à la graisse, & m'a paru du reste se repandre dans la peau.

LA Tige, après celà, se glisse sous (i), & y pousse, de son côté antérieur, une *neuvième branche* ＊ assez grosse, qui se ramifie près de la Ligne inférieure, & m'a paru repandre ses rameaux dans (a).

Neuvième Branche.
＊ *Fig.* 3, 5. N. 9.

A l'opposite, à même hauteur, elle en introduit une *dixième* ＊, entre (k) & (p), qui envoye *deux premiers rameaux* à la graisse, *deux autres* dans le dessous de (p), un *cinquième* à la peau, & va ensuite se terminer dans le dessus de (t).

Dixième Branche.
＊ *Fig.* 5. N. 10.

TOUT près de la Ligne inférieure elle produit, du même côté, une *onzième & dernière branche* ＊, qui tenoit par quelques filets à la graisse, & qui, du reste, s'est trouvé separée de ses attaches, par le petit derangement que les ciseaux ont causé, à cet endroit, en ouvrant la Chenille. Après avoir fourni ces onze branches, Δ va s'abboucher à la Ligne inférieure, avec la tige pareille du stigmate opposé.

Onzième Branche.
＊ *Fig.* 5. N. 11.

Bronches detachées du cinquième Anneau.

LA *première Bronche detachée*, que la Trachée-Artère fournit entre la 5ᵉ & la 6ᵉ Division, sort de son dessus tout près de la 5ᵉ Division ＊. Elle n'est ni dorsale ni gastrique. Elle est très courte, & se partage en quatre branches, dont une donne

Première Bronche detachée.
＊ *Fig.* 3. X.

R r

au

au poſtérieur des deux θ, les trois autres ſe repandent dans l'antérieur de ces muſcles, & la plus grande des quatre, ſortant enſuite d'entre les deux θ, va ſe joindre à la bride épinière qui paſſe à cet endroit, & entre avec elle dans la ſeconde paire des ailes du cœur.

Un peu devant le 3ᵉ ſtigmate, le côté ſupérieur de l'Artère produit une *ſeconde Bronche* *, qui eſt *dorſale*, petite, & qui s'introduit par deux branches, à cet endroit, dans le poſtérieur des θ.

Tout joignant celle-ci elle pouſſe une *troiſième dorſale* *, un peu plus groſſe, qui, après avoir envoyé, de ſon origine, une petite branche dans le côté d'E, paſſe ſous les diviſeurs θ, à l'antérieur desquels elle jette une ſeconde petite branche; enſuite de quoi elle va s'inſérer dans le deſſous d'F de l'Anneau précèdent, près de ſon attache poſtérieure.

Cette bronche eſt de près ſuivie d'une *quatrième* *, très petite & *dorſale*, qui ſort du deſſous de la Trachée-Artère. D'abord elle penètre, par une branche, dans le deſſous du poſtérieur des deux θ, puis elle ſe fourche, & ſes deux branches vont, en s'écartant, ſe perdre, l'antérieure dans le même θ, & l'autre dans le deſſus d'E.

Cet endroit fournit encore une 5ᵉ *& 6ᵉ Bronches dorſales detachées*, dont *l'une* * ſe plonge dans la graiſſe près d'α, & *l'autre* †, ſe partageant en deux, porte l'antérieure de ſes branches dans le deſſous d'F, & la poſtérieure dans le deſſous d'E.

Seconde Bronche detachée.
* *Fig.* 3. ⊙.

Troiſième Bronche detachée.
* *Fig.* 3. +.

Quatrième Bronche detachée.
* *Fig* 3. ‡.

Cinquième & ſixième Bronches detachées.
* *Fig.* 4. ‡.
† *Fig.* 4. +.

Sous

Sous la Tige Ψ, la Trachée-Artère produit une *septième Bronche detachée* *, qui eſt *dorſale*, inclinée vers la ſixième Diviſion, & aſſez groſſe. Elle repand, de ſon devant, une *première branche* † dans la graiſſe, une *ſeconde* § dans le deſſous d'H, & une *troiſième* encore dans la graiſſe *. A l'oppoſite elle en pouſſe une *quatrième* †, qui s'eſt trouvé rompue; puis ſon côté antérieur en inſere une *cinquième* § dans le deſſous d'H; après quoi, ſe flèchiſſant davantage, du côté de la ſixième Diviſion, elle va ſe ramifier dans β, & dans la graiſſe entre β & δ.

Quand on a coupé la Tige Δ, on voit que le 3e ſtigmate a, ſous elle, une 8e *Bronche detachée* *; cette bronche, qui eſt *gaſtrique* & aſſez grande, ſe ſepare d'abord en deux branches, dont *l'antérieure* † paſſant ſous (1), laiſſe un 1r rameau, ſous T, à ces muſcles & à la graiſſe. Plus avant, elle en diſtribue un ſecond à (m) & à (n), enſuite elle en donne un troiſième & un quatrième à (m), & puis elle va s'éparpiller dans la graiſſe, qui eſt ſous ce muſcle & ſous T.

Sa *branche poſtérieure* * ſe porte directement vers la ſixième Diviſion, paſſe ſous (m) & β, pouſſe, ſous β, deux petits rameaux, dont l'un s'eſt trouvé rompu, & l'autre entre dans la graiſſe qui remplit le pli de la peau à cet endroit, s'introduit ſous ε, & ζ, & ſe termine dans ces muſcles, du côté de leur attache ſupérieure, de même que dans la graiſſe & dans la peau.

Sous la bronche, que l'on vient de ſuivre, le 3e ſtigmate en

R r 2

* *Fig. 6.* ‡.

en fournit une *neuvième* *, qui eſt plus *dorſale* que *gaſtrique.* Elle paſſe, en ſe flèchiſſant vers la ſupérieure, ſous la Trachée-Artère, communique, de ſon côté antérieur, deux petites branches à M, & deux, de ſon côté poſtérieur, à la graiſſe; après quoi elle va finir dans le côté ſupérieur de β.

Dixième Bronche detachée. *Fig. 1, 2, 3. ‡.*

IMMÉDIATEMENT au-deſſous du cordon charnu de la Trachée-Artère, elle produit une *dixième Bronche detachée* *, qui eſt *gaſtrique*, & aſſez conſidèrable.

* *Fig 2. N. 1.*

TOUT près de ſon origine, cette bronche pouſſe, vers la ſixième Diviſion, une *première branche* *, qui s'attache à la cinquième branche du nerf de la 1ᵉ paire du 8ᵉ Ganglion, & diſparoit dans le deſſus des ζ.

A l'oppoſite, à même hauteur, ſa *ſeconde*, reçoit un rameau de la même branche du nerf de la 1ᵉ paire du 8ᵉ Ganglion, avec lequel elle ſe coule ſous β, donne, chemin faiſant, une ramification à δ, & va ſe repandre dans le deſſus d'ε.

* *Fig. 2. N 2.*

UN peu plus avant, elle jette une *troiſième branche* *, dans le deſſous de (d), près de ſon attache poſtérieure, & cette branche envoye un rameau dans le deſſus de ζ. Après cela la bronche même paſſe ſous (ff), & laiſſe auparavant un filet, de ſon côté poſtérieur, au nerf qui la joint près d'(h); elle porte, de ſon autre côté, une *quatrième branche* dans le deſſus du premier des (y), & cette branche eſt encore accompagnée d'un rameau de la même 5ᵉ branche du nerf du 8ᵉ Ganglion. A la rencontre d'(h), elle ſe diviſe en *deux autres branches*, dont

* *Fig 3 N. 4.*

l'*une* (*), ſe flèchiſſant vers l'extrêmité poſtérieure de ce muſ-

cle,

cle, paffe, fous (t), un 1ᵉ *rameau*, qui va aboutir à l'extrêmité inférieure du dernier des (y), en infère un *fecond* dans
le deffous de (k), un *troifième* dans la peau, tout près de-là,
& va finir dans l'attache poftérieure d'(ff). L'*autre branche* *   * *Fig.* 3. N. 5.
fe gliffe fous (h), repréfenté *Fig.* 3., comme tranfparent, pour   +.
la faire entrevoir; elle y donne fon *premier* & fon *fecond ra-*
meau au deuxième des (y); dans lequel elle va enfuite fe terminer fous (t).

  P R È S des deux θ de la fixième Divifion, la Trachée-Artè-   Onzième
re pouffe, de fon côté fupérieur, une 11ᵉ *Bronche detachée* *,   Bronche de-
qui eft *dorfale*. Cette bronche, en paffant fur E, fournit une   tachée.
1ᵉ *branche* † à la graiffe qui eft fur ce mufcle, une *feconde* à   * *Fig.* 1. ++.
l'antérieur des θ, & une *troifième* dans le deffus d'F, vers fon   † *Fig.* 1. N. L.
attache poftérieure; après quoi, elle m'a paru s'arrêter dans le
deffous de B.

  Q U A N D on a coupé la Trachée-Artère, un peu devant la   Douzième
6ᵉ Divifion, on voit que ce vaiffeau y envoye, de fon def-   Bronche de-
fous, vers le côté antérieur de l'Anneau, une *douzième Bron-*   tachée.
che detachée *; qui n'eft ni dorfale ni gaftrique.

  C E T T E bronche, à fon origine, pouffe, vers l'intermédiaire fu-   * *Fig.* 4, 5,
périeure, une 1ᵉ *branche* *, laquelle fe fourche d'abord après,   6 X.
& l'un de fes deux rameaux fe repand d'un côté fur E, & de   * *Fig.* 2. N. 1.
l'autre dans la graiffe fous ce mufcle; l'autre rameau s'eft trouvé feparé de fes attaches. Un peu plus avant, elle jette, de
fon autre côté, une *feconde branche* * dans le deffus de ζ, &   * *Fig.* 4, 6.
peu après elle fe partage en *trois branches*, qui s'introdui-   N. 2 X.

Rr 3   fent

† *Fig.* 6.
N. 3 ✕.

fent fous ♂, & dont la *fupérieure* † donne, par un 1ᵉ. rameau, dans le deffous de ♂, par un fecond & un troifième, dans la graiffe, & finit dans le deffous de ♂. La *branche intermédiai-*

✳ *Fig.* 6.
N. 4 ✕.
† *Fig.* 6. N. 5.

re ✳ entre pareillement dans le deffous de ce mufcle, & *l'in-férieure* † s'infère dans le deffus d'ε.

*Bronches que la Trachée-Artère produit entre la
fixième & la feptième Divifion.*

ENTRE la fixième & la feptième Divifion, la Trachée-Artère produit 11 Tiges; favoir 6 Vifcérales א, ב, ג, ר, ה & ו, deux Gaftriques Γ & Δ, trois Dorfales Υ, Ψ, Ω, & 16 Bronches detachées.

Sixième
Anneau. Pre-
mière Gaftri-
que. Γ.

L'ANTÉRIEURE des tiges, qui fe trouvent entre la 6ᵉ. & la 7ᵉ. Divifion, eft la Tige Γ. Près du ftigmate, cette tige, de même que les tiges pareilles des trois Anneaux fuivans, s'attachent à la bride épinière, & l'accompagnent jufques vers leur

Première &
feconde
Branches.

extrêmité. Près de fon origine, Γ introduit, fous le θ poftérieur, *deux petites branches* fucceffives, lefquelles s'y diftribuent. On n'en voit prefque rien dans la *Fig.*

Troifième &
quatrième
Branches.
✳ *Fig.* 2.
N. 3, 4.

CES deux branches font fuivies, du même côté, de *deux autres* ✳, qui fe répandent dans le deffus de (d) de cet Anneau.

Cinquième
Branche.

A l'oppofite, une *cinquième* s'attache aux nerfs, fe partage en deux, & fon rameau poftérieur s'infère dans (m); l'antérieur laiffe une ramification à (l), & va enfuite s'introduire dans (r).

Sixième,
feptième &
huitième
Branches.
✳ *Fig.* 2. N. 6.

CETTE branche eft, au même côté, fuivie d'une *fixième* ✳, d'une

d'une *septième* †, & d'une *huitième* §, dont la 1ᵉ fournit à †*Fig.* 2. N. 7.
(d), les deux autres à (b). §*Fig.* 2. N. 8.

A l'opposite, d'une *neuvième* *, qui pourvoit à (c), &, après
avoir encore porté quelques petites branches au même mufcle, elle se termine sur (a), au nerf par où la bride épinière communique avec le nerf de la 1ᵉ paire du ganglion voisin.

    Neuvième Branche. **Fig.* 2 N. 9.

APRÈS Γ, suivent les six Tiges viscérales. Elles partent d'un
Tronc commun, qui s'ouvre vis-à-vis du stigmate.

LA première des Tiges de ce tronc est la Tige א *. Sa
1ᵉ *branche* se plonge dans l'Etui graisseux.

    Sixième Anneau. Première Tige Viscérale. א Première Branche. *.*Fig.* 1. N. 1.

La *seconde* † se divise en deux rameaux, dont le postérieur
entre, par deux ramifications, dans le même Etui, & l'antérieur, par deux autres, dans la partie intermédiaire du Vaif-
seau soyeux.

    Seconde Branche. †*Fig.* 1. N. 2.

PLUS avant, la tige se fourche, & sa *branche antérieure* *
fournit encore, par les quatre ramifications de deux rameaux,
dans lesquels elle se divise, à la partie intermédiaire du même
vaisseau.

    Troisième Branche. **Fig.* 1. N. 3.

ET sa *branche postérieure* *, après s'être partagée en trois rameaux, en repand les ramifications dans l'Etui graisseux.

    Quatrième Branche. **Fig.* 1. N. 4.

CETTE Tige est suivie, à l'opposite, d'une seconde ב, qui
se separe en deux branches, dont la plus *courte* † s'introduit,
par deux rameaux, dans l'Etui graisseux au 6ᵉ Anneau, & la
plus *longue* * par un rameau. Par un autre, cette dernière fournit au même Etui, dans l'Anneau suivant.

    Seconde Tige Viscérale. ב Première Branche. †*Fig.* 1. N. 1. Seconde Branche. **Fig.* 1. N. 2.

PLUS avant, le Tronc se termine par quatre tiges, qui tou-

tes

Troifiéme Tige Vifcèrale. ♌

3 Branches.

Quatrième Tige Vifcè-rale. ☋

4 Branches.

Cinquième Tige Vifcè-rale. ♍

3 Branches.

Sixième Tige Vifcèrale. ☊

2 Branches.

Sixième Anneau. PremièreTige Dorfale. ♈

* *Fig.* 2.

Première Branche. † *Fig.* 2. N. 1.

Seconde Branche. § *Fig.* 2. N. 2.

Troifiéme Branche. * *Fig.* 2. N 3.

Quatrième Branche. * *Fig.* 2. N. 4.

Cinquième Branche. * *Fig.* 2. N. 5.

Sixième Anneau. Se-cond. Tige Dorfale. ♉

tes s’éparpillent fur le ventricule ; l’une ♌, entre l’inférieure & l’intermédiaire inférieure de ce vifcère, par les rameaux de trois branches.

U N E autre ☋, à même hauteur, entre fa latérale & fa fupérieure, par les rameaux de quatre branches.

U N E troifième ♍, plus du côté de la 7e. Divifion, entre fa latérale & fon inférieure, par les rameaux de trois branches; & enfin une dernière ☊, à même hauteur, entre fa latérale & fa fupérieure, par les rameaux de deux branches.

L A Tige ♈ *, qui eft la moins grande des trois dorfales de cet Anneau, tient, avec la fuivante, à un Tronc commun.

P R È S de fon origine, une *branche* † *affez forte*, va, de fon côté poftérieur, s’inférer dans le deffous de C.

U N peu plus avant, une *feconde* §, plus mince, fort de l’op-pofite, & après avoir donné un rameau aux θ, s’introduit fous C, & s’y ramifie pareillement.

U N E *troifième* *, qui fuit celle-ci, s’attache à la bride épi-nière, & s’engage avec elle dans la pointe de l’aile du cœur.

L A Tige, après cela, fe partage en deux branches, dont *l’antérieure* * fe repand auffi dans cette aile, & s’attache en même tems à la peau, à l’endroit où A y a fon infertion an-térieure.

L’*autre* branche * fe fourche, & entre, par fon rameau pof-térieur, dans l’aile du cœur, & par l’autre, dans le côté & dans le deffous d’A.

L’I N T E R M É D I A I R E, & en même tems la plus groffe des

trois

trois Tiges dorfales, Ψ *, produit quatre branches, & fe ter- *Fig. 2, 3, 4.
mine par deux autres.

LA *première* de fes *branches* *, & en même tems la plus   Première
forte, fort vers l'origine de la tige; de fon côté poftérieur   Branche.
                                                               *Fig. 3, 4.
elle pouffe, vers l'oppofite, un *premier rameau* fous G, qui s'y   N. 1.
ramifie dans la graiffe & dans la peau.

PLUS avant, cette branche fournit, par l'autre côté, un
fecond & un *troifième* rameau *, dont le premier paffe fous I,   *Fig. 5. N. 2†.
& fe repand dans le deffous d'R, dans la graiffe, & dans la
peau. L'*autre* † donne une 1ᵉ ramification à I & à Q, u-   †Fig. 5. N. 3.
ne feconde à I, à la graiffe & à la peau, entre I & L; puis
ce rameau va lui même fe diftribuer à Q, à la graiffe, à la
peau, & aux nerfs qu'il rencontre à cet endroit.

ENSUITE la branche finit par deux autres rameaux, qui
s'étendent fur le deffous de D & de G, & pourvoient aux
nerfs à cet endroit.

La *feconde branche* *, plus mince que la première, fort au-   Seconde
delà d'E, du même côté de la Tige. Elle fe fourche fous B,   Branche.
                                                               *Fig. 2. N. 2†.
& jette fes deux rameaux dans le deffous & le deffus d'A, donnant, en même tems, par une ramification de fon rameau poſtérieur, dans le deffous de D.

LA *troifième branche*, d'épaiffeur pareille à la feconde, part   Troifième
du côté antérieur de la tige. Elle fe fourche à peu de diftan-   Branche.
ce de fon origine, & fe ramifie dans le deffous de D. Son rameau poftérieur eft marqué N. 3†. dans la *Fig.* 2.

CETTE branche eft fuivie, du même côté, par une *qua-*   Quatrième
                                                         Branche.
S s

triè-

*Fig. 4 N. 4. *trième* * plus épaisse, qui fournit, de son côté antérieur, un rameau, & un autre, de son dessous, à la graisse: puis se termine par trois rameaux, dont l'antérieur & le postérieur se repandent dans le dessous de G, & l'intermédiaire se plonge dans la graisse qui occupe cette région.

Cinquième & sixième Branches.
* *Fig.* 3, 4. N. 5, 6.

LES *deux branches* *, par où cette Tige finit, se perdent l'une & l'autre dans le canal du cœur, & dans la graisse qui l'environne.

Sixième Anneau. Troisième Tige Dorsale. Ω.
* *Fig.* 1, 2, 3, 4.

LA *Tige* Ω *, la dernière des Dorsales, produit huit branches, & se termine par trois autres.

Première Branche
† *Fig.* 2. N. 1.

LA *première branche* † fort de son côté postérieur, près de la Trachée. En passant sur E, elle lui laisse un petit rameau, & un second à un nerf & à la graisse sous Ψ. Ensuite elle va, sous C, se repandre dans le dessus postérieur d'F.

Seconde Branche.
* *Fig.* 2. N. 2.

SA *seconde* * part de l'opposite, près de B, dans le dessous duquel elle porte trois rameaux, qui fournissent en même tems au Nerf qui passe sous B; après quoi elle va plus avant se ramifier aussi dans le dessous de ce muscle.

Troisième Branche.
* *Fig.* 2. N. 3.

A même hauteur, la *troisième branche* * fort du côté postérieur d'Ω; Elle jette deux petits rameaux dans le dessous de B, se fourche, & son rameau antérieur s'est trouvé flottant aux deux côtés de la Chenille. L'autre rameau disparoit dans le dessous postérieur de B, & donne une ramification à l'extrêmité d'F.

Quatrième Branche.
* *Fig.* 4. N. 4.

AU même endroit, une *quatrième branche* *, peu forte, sortant du dessous de la tige, se repand dans le dessus d'L.

LA

La Tige enſuite s’introduit ſous **G**, à l’endroit où **F** le croiſe, & là elle gliſſe une *cinquième branche* *, peu conſidèrable, dans le deſſous de **G**. Cinquième. Branche. **Fig.* 4. N. 5.

Tout joignant cette branche, Ω en produit une *ſixième* *, beaucoup plus forte, qui, après s’être partagée en deux, ſe coule entre **I** & **L**, & diſtribue ſon *rameau poſtérieur* * à la peau, à **R**, & à l’attache ſupérieure du γ poſtérieur. Son *autre rameau* † ſe livre à **R**. Sixième Branche. * *Fig.* 4, 5. N. 6. **Fig.* 5. N. 1. †*Fig.* 5. N. 2.

Cette branche eſt ſuivie, à l’oppoſite, d’une *ſeptième* *, aſſez petite, qui, ſe flèchiſſant vers la partie poſtérieure de l’Anneau, s’engage dans le deſſous poſtérieur de **G**. Septième Branche. * *Fig.* 4 N. 7.

Parvenue à l’autre côté d’**L**, la Tige paſſe une *huitième branche* * ſous **I**, laquelle s’inſère dans le deſſous d’**I**, & le deſſus d’**R**. Huitième Branche. * *Fig.* 4, 5. N. 8.

L’*antérieure* * des trois branches, par où cette tige finit, ſe repand dans le deſſous de **D**, & les *deux autres* †, ſortant d’entre **D** & **G**, ſe ramifient dans le deſſous poſtérieur d’**A**. Neuvième, dixième & onzième Branches. * *Fig.* 4. N. 9. †*Fig.* 4. N. 10, 11.

La *Tige gaſtrique* Δ *, qui part du ſtigmate, à l’oppoſite des dorſales, fournit treize branches. Sixième Anneau. Seconde Tige Gaſtrique. Δ * *Fig.* 1, 2, 3, 4, 5.

La *première* *, qui eſt petite, ſort près de l’origine de la Tige, de ſon côté poſtérieur, paſſe ſur la tige, & va ſe repandre dans le côté & dans le deſſous de (d). Première Branche. * *Fig.* 2 N. 1.

De deſſous cette branche, qui ne s’eſt point trouvée à l’autre côté de l’Anneau, ni aux Anneaux ſuivans, il en nait une *ſeconde*, plus groſſe *, qui donne d’abord, de ſon côté antérieur, un 1ʳ rameau à (e), & un 2ᵈ à (d) & à (e); à l’oppoſite, Seconde Branche. * *Fig.* 2 N. 2.

Ss 2   elle

Fig.2.N.3.

Troifième
Branche.
* *Fig.* 2. N. 3.

Quatrième
Branche.
* *Fig.* 4. N. 4.

† *Fig.* 4. N. 1.

§ *Fig.* 4. N. 2.

* *Fig.* 4. N. 3.

† *Fig.* 3. N. 1.

* *Fig.* 3. N. 2.

elle en envoye un *troifième* *, par deux ramifications, dans le deffous de (d), un *quatrième*, plus petit, dans le deffous poftérieur d'(ff); puis la branche s'introduifant fous (d), va, à l'autre côté de ce mufcle, fe jetter dans le deffous de (b), par les ramifications marquées 2+, *Fig.* 2.

La *troifième branche* * part de l'oppofite; fon deffous porte un rameau à celui d'(ff), puis elle fe partage en deux autres rameaux, dont l'antérieur donne, par fa 1ᵉ ramification, dans le deffous de (d) & d'(e), par fa feconde, dans le deffus & le deffous d'(e), par fa 3ᵉ & 4ᵉ, qui font très petites, dans un nerf qui fe mêle à cet endroit avec les bronches, & par fa dernière ramification, dans le deffous antérieur d'(l); après quoi ce rameau va fe terminer dans le deffous d'(e).

Le poftérieur des deux rameaux, après avoir paffé fous (d), va, de l'autre côté de ce mufcle, fe repandre dans le deffous de (b).

De deffous la 3ᵉ branche, il fort de Δ une *quatrième* *, qui fe fourche près d'(f) en deux rameaux, dont l'antérieur envoye, de fon origine, une *ramification* † dans le deffous antérieur d'(h), une *autre* § dans celui d'(f), plus avant une *troifième* * dans le deffous de ce dernier mufcle, & quelques unes plus petites dans la graiffe; après quoi il fort d'entre (f) & (g) †, & va s'introduire dans le deffous antérieur d'(e).

L'autre rameau, ayant laiffé fous (f) quelques ramifications à la graiffe, fort pareillement d'entre (f) & (g) *, & s'étend dans le deffous d'(e).

Sous

Sous (h), la Tige Δ produit, de son côté postérieur, u-
ne *cinquième branche* *, qui se partage en deux, & dont le rameau postérieur fournit une 1ᵉ *ramification* †, qui, divisée en
trois, insère deux de ses divisions dans le dessous d'(h). La *troisième* § sort d'entre (h) & (f), & va finir dans le dessous de (c).

Tout joignant cette ramification, le rameau en a une *seconde* *, laquelle passe dans le dessous d'(f), après s'être en-
gagée, par deux divisions, qui sortent d'entre (h) & (f) †,
dans le dessous de (c).

Le rameau ensuite descendant dans la région postérieure de
l'Anneau, pousse une *troisième ramification* *, partagée en deux,
dont l'une des divisions entre dans le côté d'(f), & l'autre,
après être sortie d'entre (h) & (f) †, s'engage dans le dessous
postérieur d'(a).

Ensuite ce rameau s'introduit entre (k) & (p), communique deux ramifications à (p), une à (k), quatre ou cinq
aux (t), & se plonge du reste dans la graisse & la peau devant ces derniers muscles.

L'autre rameau de cette cinquième branche passe une ramification, de son côté antérieur, dans le dessous d'(f), ensuite il se fourche, & l'une de ses *ramifications* *, partagée en
deux, sort d'entre (f) & (g), & se repand dans le dessous
d'(a), donnant, par un filet de sa division postérieure, dans le
dessous d'(f). L'autre *ramification* † s'insère dans le dessous
postérieur d'(f).

La *sixième branche* * nait sous (f), du côté antérieur de
la

Ss 3

la Tige. Peu après elle fournit un court *rameau* *, divisé en trois ramifications, dont une disparoit dans le deſſous d'(f), une *autre* †, dans une branche du nerf de la 1e paire du ganglion de cet Anneau, & une troiſième dans le côté de (g).

A l'oppoſite, elle produit un *ſecond rameau* *, peu conſidérable, qui ſort d'entre (f) & (g) †, & ſe repand dans le deſſous de (c). Puis ſortant elle même d'entre (f) & (g), & s'attachant au nerf de la 1e paire du ganglion de cet Anneau, elle ſe coule le long de ce nerf juſqu'au ganglion, & s'y ramifie.

Sous cette branche, la tige en pouſſe une *ſeptième* *, dont un 1^r rameau, du côté poſtérieur, va, ſous la tige, ſe plonger, à ce qui m'a paru, dans la graiſſe. A ſon côté antérieur, on lui voit un *ſecond rameau* †, qui après s'être attaché à la graiſſe jaune grenée, s'inſinue dans le deſſous de (g). Enſuite elle ſe termine par trois rameaux, qui m'ont paru être ceux qui ſortent d'entre (g) & (i), & s'inſerent dans le deſſous antérieur d'(a).

Cette Tige, ſous (i), fournit, de ſon côté poſtérieur, une *huitième branche* *, aſſez médiocre, qui s'enfonce entre (k) & (p), & ſe donne, ſous ces muſcles, à la graiſſe & à la peau.

A l'oppoſite, & guères plus avant, la *neuvième branche* *, près de ſon origine, paſſe, ſous la tige, *un rameau* †, lequel y envoye, au travers de la graiſſe grenée, une ramification dans (n), puis s'introduiſant vers l'attache antérieure de (k), entre ce muſcle & (p), va finir dans leur deſſous & dans la peau.

Plus

Plus avant, cette branche, vers l'inférieure, s'eft trouvé en partie repandue dans la graiffe, & en partie flottante, par le derangement que les cifeaux ont caufé à cet endroit en ouvrant la Chenille.

Tout joignant cette branche, on voit paroitre la *dixième*, qui eft très petite, & s'eft trouvé feparée de fes attaches par la même raifon.

A l'inférieure, il fort, du côté poftérieur de la Tige, une *onzième branche*, qui fe partage en trois rameaux, dont l'antérieur fe diftribue à (g, i) & (t). Les deux autres m'ont paru fe livrer à la graiffe voifine.

Outre ces onze branches, Δ en a encore deux autres, qu'on n'aperçoit qu'après avoir coupé les précédentes, parceque la tige les fournit de fon deffous.

La *première* eft placée entre la feconde & la cinquième branche. Près de fon origine elle pouffe, vers la Trachée-Artère, un *premier rameau* †, & à l'oppofite, un peu plus avant, un *fecond* §, avec lefquels elle paffe fous les γ. Le premier de ces rameaux porte deux ramifications à la graiffe grenée, & fe termine dans le γ antérieur. Le fecond rameau s'eft touvé feparé de fes attaches. La branche enfuite traverfe la graiffe grenée, envoye un *troifième rameau* * à (u), & va fe ramifier dans un floccon de graiffe, qui garnit la jambe à cet endroit, fous lequel elle fournit encore à la peau.

L'*autre branche* * fort de Δ, à la hauteur du bord fupérieur de la jambe. Elle fe partage en deux rameaux, dont le

plus

plus latéral s'eſt trouvé detaché, & l'autre s'engage dans la peau de la jambe.

Bronches detachées du ſixième Anneau.

Première Bronche detachée. *Fig.* 3 ✕ .

L'*antérieure* *, & la ſeule Bronche detachée, que la Trachée-Artère produit, de ſon deſſus, au 6ᵉ Anneau, eſt placée entre la 6ᵉ Diviſion & le ſtigmate ; elle ſe diſtribue toute entière aux θ.

Seconde Bronche detachée. * *Fig.* 3. ✛ .

ENTRE la Tige ♈ & la Trachée-Artère, on voit partir, du ſtigmate, une *ſeconde Bronche detachée* *. Cette bronche, ſe diviſant en deux, repand l'une de ſes branches dans le θ poſtérieur. L'autre branche ne lui donne qu'un petit rameau, & s'attachant, dès ſon origine, à un nerf, qui paſſe derrière les bronches viſcèrales & s'introduit dans la pointe de l'aile du cœur, elle y entre avec lui.

Troiſième Bronche detachée. * *Fig.* 4. ✛ .

SOUS la Tige ♈, le ſtigmate en a une *troiſième* *, qui ſe partage d'abord en deux branches, dont la plus latérale s'infère dans la graiſſe, & dans le deſſous d'α. L'autre ſe ramifie dans le deſſous antérieur d'E, jette un rameau dans le deſſus antérieur d'F, & finit dans la graiſſe ſous ce dernier muſcle.

Quatrième Bronche detachée. * *Fig.* 5. ✛ .

SOUS cette troiſième bronche, il en ſort une *quatrième* plus grande *. Elle ſe fourche vers ſon origine, & ſa branche antérieure jette, de ſon côté poſtérieur, un 1ᵉʳ rameau dans le deſſous d'F, trois ou quatre dans le deſſous d'H, deux autres dans le deſſous antérieur d'E, & ſe termine dans la graiſſe qui eſt ſous θ, entre la latérale & l'intermédiaire ſupérieure.

Son

Son autre branche fe tourne vers la 7e. Divifion, paffe fous E, F, H, & fe partage en deux rameaux, dont le fupérieur fournit 2 ou 3 ramifications à la graiffe, une à β, & aboutit, par les divifions de deux autres ramifications, dans le γ antérieur. L'autre rameau difparoit fous M, où il s'eft trouvé rompu.

Sous la Trachée-Artère le ftigmate pouffe, de fon côté antérieur, une *cinquième Bronche* *, peu confidèrable; qui d'un côté fe perd dans la graiffe fous θ, & de l'autre fe flèchit autour du bord fupérieur du ftigmate, & s'y arrête dans la peau.

A côté de cette bronche, il en a une *fixième* *, un peu plus grande, qui jette fa 1e. & fa 2de branche dans les (r), paffe fous *ε*, leur donne une 3e. branche, & s'éparpille dans la graiffe & dans la peau fous ces mufcles.

Sous cette bronche, il en fort une *feptième* *, affez petite, qui fe repand fur les (r), & dans la graiffe & la peau.

Cette dernière eft fuivie d'une *fort grande* *, qui fe partage d'abord en deux branches, dont *l'antérieure* tend vers l'inférieure & la 6e. Divifion. Chemin faifant, elle infère un petit rameau dans le deffous d'(m). Plus avant, un fecond dans le deffous d'(n), puis elle va fe diftribuer à (m), à (n), & à la graiffe & la peau, vers l'attache inférieure de ces mufcles.

La *branche poftérieure* produit, à fon origine, un paquet de 5. rameaux, dont deux s'infinuent dans le deffous d'(n), & trois dans la graiffe & la peau; puis s'avançant du côté de la 7e. Divifion, elle plonge un petit rameau dans la peau & dans la

T t

graiſ-

Cinquième Bronche detachée.
* *Fig. 6.* +

Sixième Bronche detachée.
* *Fig. 6.* X

Septième Bronche detachée.
* *Fig. 6.* X

Huitième Bronche detachée.
* *Fig. 6.* ‡

graiffe, paffe fous **ε**, & va fe difperfer dans le deffous des (ÿ), & dans la graiffe & la peau fous ces mufcles.

ENTRE cette bronche & la latérale, le ftigmate pouffe une *neuvième Bronche* * detachée, qui, paffant fous la Trachée-Artère, fe partage en trois branches, dont l'inférieure va s'introduire fous **ε**, dans la graiffe & dans la peau, l'intermédiaire, qui eft la plus deliée, dans **β**, & la fupérieure dans **ε**.

DE fon côté fupérieur, il fort, du ftigmate, une *dixième Bronche* *, laquelle fe portant obliquement vers la région poftérieure de l'Anneau, donne une 1e branche à la 1e & à la 2e des têtes du **γ** antérieur; une feconde branche à M, à l'endroit de fa communication avec **β**, & à **β** même à cet endroit; à l'oppofite une troifième fort petite à la graiffe; une quatrième au **γ** antérieur, près de fon attache fupérieure; puis elle finit elle même dans ce mufcle.

PLUS bas que le ftigmate, & un peu au-deffous du Cordon charnu, la Trachée-Artère produit une *Bronche gaftrique* affez confidèrable *, dont on en voit de pareilles aux quatre Anneaux fuivans, & une, mais plus petite, à l'Anneau qui précède.

CETTE bronche envoye d'abord, de fon côté antérieur, tout joignant la Trachée-Artère, *une branche* * fous le **γ** poftérieur, laquelle fe fepare en deux rameaux, qui fe repandent dans le deffus d'**ε**.

A l'oppofite, elle en a une *feconde* †, qui, comme à l'Anneau précèdent, s'attache à la 5e branche du nerf de la 1e paire

re du ganglion de l'Anneau qui fuit, & fe termine, par deux rameaux, dans le deffus des ζ.

DE fon côté antérieur, une *troifième* *, qui fe fourche en deux rameaux, dont l'un paffe fous la Trachée-Artère, & s'y va repandre dans le poftérieur des deux γ. L'autre, prenant une direction contraire, reçoit auffi le même nerf, paffe avec lui fous (ff), & va, fous (h), fe diftribuer aux γ, en donnant à 5 ou 6 des queues de l'antérieur, & à une des trois du poftérieur.

* *Fig. 3. N. 3.*

DE deffous cette branche, il en part une *quatrième* *, qui fe dirigeant vers l'inférieure, difparoit fous (h), & fe repand fur ζ.

* *Fig. 3. N. 4.*

UN peu plus avant, le côté poftérieur de cette Bronche fournit une *cinquième branche* †, qui entre par un rameau dans le deffous de (d), & par deux autres dans celui d'(e).

† *Fig. 3. N. 5.*

DE l'oppofite, il en fort une *fixième* §, fort petite, qui s'eft trouvée rompue.

§ *Fig. 3. N. 6.*

ENFIN, cette onzième Bronche fe fourche, & fes deux branches fe terminent dans les (y), mais la poftérieure feulement après avoir donné un rameau au (t) le plus latéral.

TANT foit peu plus bas que la 11ᵉ Bronche, la Trachée-Artère en jette, de fon deffous, vers l'inférieure, une *douzième* *, & à côté de celle-là une *treizième* †, plus latérale, dans δ.

Douzième & treizième Bronches detachées
* *Fig. 5. ☉.*
† *Fig. 5. ☩.*

A la hauteur de l'attache poftérieure de ζ, il nait, du deffous de la Trachée-Artère, un faifceau de trois Bronches detachées, qui font les dernières de cet Anneau, & dont l'*infé-*

Quatorzième
Bronche de-
tachée.
* *Fig. 6.* ☉.

Quinzième
Bronche de-
tachée.
* *Fig. 6.* ✛.

Seizième
Bronche dé-
tachée.
* *Fig. 6.* ✝.

Septième
Anneau. Pre-
mière Gaſtri-
que. Γ.
Première
Branche.
* *Fig. 2.* N. 1.
Seconde
Branche.
† *Fig. 2.* N. 2.
Troiſième
Branche.
§ *Fig. 5.* N. 3.
Quatrième
Branche.
* *Fig. 5.* N. 4.

Cinquième
Branche.
‡ *Fig. 3.* N. 5.
Sixième
Branche.
§ *Fig. 2.* N. 6.
Septième
Branche.
* *Fig. 2.* N. 7.
Huitième &
neuvième
Branches.
† *Fig. 2.* N. 8.
§ *Fig. 2.* N 9.

rieure * ſe partage à ζ, à la graiſſe, & à un muſcle particulier qui s’inſère dans le côté du γ poſtérieur.

L’*intermédiaire* *, qui eſt la plus groſſe, plonge d’abord u-
ne branche dans la graiſſe & la peau, une ſeconde & troiſième dans δ, & paſſant entre les deux ſeparations de ce muſcle,
elle va ſe jetter, par deux rameaux, dans le γ poſtérieur.

LA *ſupérieure* * ſe repand, par trois branches, dans E, &
par une quatrième, elle finit dans la peau.

Bronches que la Trachée - Artère produit entre la
ſeptième & la huitième Diviſion.

ENTRE la 7e. & la 8e. Diviſion, on compte 11 Tiges, ſix
Viſcèrales א, ב, א, ד, ה, ו, trois Dorſales Υ, Ψ, Ω, deux
Gaſtriques Γ, Δ, & 16 Bronches detachées.

LA *Tige gaſtrique* Γ, qui eſt l’antérieure de toutes celles de
cet Anneau, porte une *première branche* * aux θ de la 7e. Diviſion; En paſſe une *ſeconde* † ſous (d), qui ſe repand dans la
graiſſe & dans (l) & (r); Produit, ſous la 1e. branche, une
troiſième §, qui, ſous θ, va gagner les muſcles α & la graiſſe; Entre cette dernière & la ſeconde, une *quatrième* *, qui fournit
aux nerfs de cet endroit, & ſe termine à (r) & à (m).
Puis elle en jette, du même côté, une *cinquième* † dans le deſſus de (d). A l’oppoſite une *ſixième* § dans l’attache poſtérieure de (d), de l’Anneau précèdent, ſuivie, à l’autre côté,
d’une *ſeptième* *, très petite, qui entre dans le deſſus de (d)
de cet Anneau; puis de deux autres pareilles, qui s’engagent l’*une* † dans (b) du 6e. Anneau, & l’*autre* § dans (b)

du

du septième; après quoi, remontant le long de la bride épinière, elle va aboutir sur (a) au Nerf, par où cette bride communique avec le nerf de la 1e paire du ganglion voisin.

Le Tronc des Tiges viscèrales se partage en six tiges, dont la *première* N donne *une branche* * au Vaisseau soyeux, & *deux autres* † à l'Etui graisseux, dans lequel elle va ensuite s'insérer.

Première Tige Viscérale. N.
* *Fig.* I. N. I.
† *Fig.* I.
N. 2, 3.
Trois Branches.

La *seconde* ꓱ forme, près de son origine, deux branches, dont l'*une* *, se fourchant, plonge un de ses rameaux dans l'Etui graisseux. L'autre rameau, après lui avoir fourni une 1e ramification, va finir par une 2e & une 3e dans le Vaisseau soyeux.

Seconde Tige Viscérale. ꓱ.
Première Branche.
* *Fig.* I. N. I.

L'*autre branche* * envoye un rameau, dans le 7e Anneau, à l'Etui graisseux, & s'y ramifie ensuite dans le huitième.

Seconde Branche.
* *Fig.* I. N. 2.

La *troisième Tige* ꓱ sort du côté antérieur du Tronc, &, à peu de distance de-là, elle se divise en deux branches, dont la *première* * se livre, par deux rameaux, à l'Etui graisseux.

Troisième Tige Viscérale. ꓱ.
Première Branche.
* *Fig.* I. N. I.

La *seconde branche* † laisse, à même hauteur, un rameau à cet Etui, & un autre au Vaisseau soyeux, & finissant, plus avant, par deux rameaux, elle repand les ramifications de l'antérieur dans ce Vaisseau, & celles du postérieur dans la même graisse.

Seconde Branche.
† *Fig.* I. N. 2.

Ensuite le Tronc se termine par trois tiges, qui se dispersent sur le Ventricule, l'*antérieure* ꓶ, entre la latérale & la supérieure de ce Viscère, par les ramifications des rameaux de deux branches.

Quatrième Tige Viscérale. ꓶ.
Deux Branches.

L'*in-*

Cinquième Tige Viſcèrale. П.
Trois Branches.
Sixième Tige Viſcèrale. ꜱ.
Deux Branches.

Septième Anneau. Première Tige Dorſale. Υ.
Première Branche.
*Fig. 2. N. 1.

Seconde Branche.
† Fig. 2. N. 2.

§ Fig. 1. N. 3.

Troiſième Branche.
* Fig. 2. N. 3.

Quatrième Branche.

*Fig. 1. N. 4.
Septième Anneau. Seconde Tige Dorſale. Ψ.
Première Branche.
* Fig. 2. N. 1.
† Fig. 2. N. 1. ✕.

L'*intermédiaire* П, entre ſa latérale & ſon inférieure, par les ramifications des rameaux de trois branches.

Lᴀ *poſtérieure* ꜱ, entre ſa latérale & ſa ſupérieure, après y avoir introduit les rameaux de deux branches.

Eᴛ toutes ces trois tiges diſtribuent en même tems quelques petites bronches aux inteſtins grêles, qui rampent le long du Ventricule, à cet endroit.

Lᴀ *Tige Dorſale* Υ, de cet Anneau, produit ſix branches. Elle envoye d'abord, de ſon côté poſté rieur, une *premire branche* * dans le deſſous de C, & entre, par deux rameaux, dans le côté de B.

Dᴇ l'oppoſite, & plus avant, une *ſeconde* †, qui donne, par un 1ʳ. *rameau*, dans le deſſous de C; par un *ſecond*, dans le côté & le deſſous de B; par un *troiſième*, dans le deſſous de ce dernier muſcle; ſort d'entre B & C §, & s'arrête dans le deſſus de B.

Pᴜɪs, du même côté, une *troiſième* *, qui ſe partage à la graiſſe & à l'attache ſupérieure du θ poſtérieur.

Aᴘʀᴇ̀s quoi, paſſant ſous B, elle y inſere une *petite branche* dans la graiſſe, *deux pareilles* dans le côté poſtérieur de la pointe de l'aile du cœur, & enfin, pénètrant elle même, ſous cette pointe, dans l'aile, elle s'y repand, de même que dans le deſſus d'A *, à ſon attache antérieure.

Lᴀ *ſeconde Tige Dorſale* Ψ, plus grande que la première, fournit, de ſon côté antérieur, ſous C, *une branche aſſez forte* *, qui pouſſe, de ſon côté poſtérieur, *un rameau* †, partagé

en

en deux ramifications, dont l'une fort d'entre B & A, & s'introduit § dans le deffus d'A; l'autre s'infère dans le côté de D.

§ *Fig.* 1.
N. 1. X.

La branche * enfuite fe divife en deux rameaux, dont le *poftérieur* †, s'élevant d'entre B & A, gliffe deux ramifications dans le deffus d'A †, & fe termine dans l'aile du cœur.

* *Fig.* 2.
N. 2. X.
† *Fig.* 1.
N. 2. X.

L'antérieur § paffe fous D, s'y repand vers fon attache, & fournit en même tems une ramification, fous l'extrêmité antérieure de G, à la graiffe & à la peau.

§ *Fig.* 2.
N. 3. X.

Sous le même C, la tige fe partage en deux branches très confidèrables, qui difparoiffent fous G.

La *première* de ces branches envoye, de fon devant, un *rameau* *, fous G, dans la peau & dans la graiffe, & à l'oppofite un *autre* †.

Seconde Branche.
* *Fig.* 4. N. 1.

† *Fig.* 4. N. 2.

Plus avant, cette branche fe divife en deux grands rameaux, dont l'*antérieur* *, après avoir donné trois ramifications à la graiffe, s'engage dans le canal du cœur.

* *Fig.* 4. N. 3.

L'*autre rameau* † porte, fous D, de fon côté poftérieur, une ramification à la graiffe & à la peau, en jette deux dans le deffous d'A, & fe plonge, du refte, dans le canal du cœur, & dans la graiffe qui l'environne.

† *Fig.*, 3, 4.
N. 4.

La *poftérieure* des deux branches de cette Tige produit, par devant, *un rameau* *, qui, entrant fous la branche, s'introduit dans la graiffe. Puis elle envoye, de l'autre côté, un *grand rameau* † vers I, qui infère, de fon devant, deux ramifications dans le deffous de G, en paffe trois autres entre L & I, qui

Troifième Branche.
* *Fig.* 4. N 1.

† *Fig.* 4. N. 2.

pénè-

§ *Fig.* 2, 3, 4. N. 7†. pénètrent dans R, en repand une *sixième* sur I, & *sortant* § d'entre G & D, va aboutir dans le deſſous d'A.

Fig. 4. N. 3. PLUS avant, ſon côté antérieur livre un *troiſième rameau* *, beaucoup moins grand, à la graiſſe & à la peau. A l'oppoſite, à même hauteur, un *quatrième* à I & aux nerfs qui paſſent ſur ce muſcle. Sous ce dernier rameau un *cinquième* à la graiſſe & à la peau ſous I. Sur I un *ſixième* *, & un *ſeptième* †

*† *Fig.* 3, 4. N. 6, 7. à D; après quoi cette branche va finir dans le canal du cœur, vers l'extrêmité antérieure du corps réniforme.

Septième Anneau. Troiſième Tige Dorſale. Ω. Première Branche. *Fig.* 2. N. 1. LA *Tige Dorſale* Ω produit ſept branches, & ſe termine par deux autres. D'abord elle pouſſe, à ſon origine, de ſon côté poſtérieur, une *première branche* *, dont un rameau ſe repand dans le deſſus d'E, & un autre dans le nerf qui paſſe ſous la tige. Après quoi elle va aboutir, par deux branches, ſous C, dans le deſſous d'F.

Seconde Branche. *Fig.* 2. N. 2. PLUS avant, & du même côté, elle laiſſe une *ſeconde branche* * à C.

Troiſième Branche. *Fig.* 4. N. 3. † *Fig.* 5. N. 1. § *Fig.* 5. N. 2. * *Fig.* 4, 5. N. 3, 4, 5. DE ſon oppoſite, elle en introduit une *troiſième* * ſous G, à l'endroit où F le croiſe, & cette branche, dès ſon origine, communique un *petit rameau* † à C; ſur L, elle en porte un *ſecond* § pareil dans le deſſous de G; vers l'autre côté d'L, elle ſe partage en *trois rameaux* *, plus grands, qui diſparoiſſent entre L & I, & ſe diſtribuent à Q, à R, & à la graiſſe & la peau ſous ces muſcles.

Quatrième Branche. *Fig.* 4. N. 4†. CETTE branche eſt ſuivie, au même côté, d'une *quatrième* *, qui paſſe auſſi ſous G, dans le deſſous poſtérieur duquel elle ſe perd, & entre, par un rameau, dans le deſſus d'L.   AU

Au même endroit, la tige en produit, de son dessous, une *cinquième**, qui, se separant en deux, se plonge, par son rameau le plus latéral, dans la graisse qui est entre L & R. Son autre rameau m'a semblé se repandre sur L.

Cinquième Branche. **Fig.* 4. N. 5ᵗ.

A la rencontre de G, elle jette *deux petites branches**, de son côté postérieur, dans le dessous de C.

Sixième & septième Branches. * *Fig.* 2. N. 5.

Enfin, elle se fourche sur F, & sa *branche antérieure* † se ramifie dans le dessous de B.

Huitième Branche † *Fig.* 2. N. 8.

L'autre § se flèchit vers la 8ᵉ. Division, donne, par deux petits rameaux, dans le dessous postérieur de C; par deux autres dans celui de B; envoye un cinquième rameau, fort petit, à F, & finit dans le dessus & le dessous postérieur de G.

Neuvième Branche. § *Fig.* 2. N. 9.

La *Tige* Δ de cet Anneau a treize branches *.

Septième Anneau. Tige Gastrique. Δ. * *Fig.* 1, 2, 3. 4, 5.

La *première* † part de son côté antérieur. Elle pousse, de son devant, un premier rameau, qui se repand, par trois ramifications, dans le dessous de (d); mais ne fournit point à (e), comme le pareil de l'Anneau précèdent.

Première Branche. † *Fig.* 2. N. 1.

De l'opposite, un second, qui s'introduit sous (e), & entre dans le dessus d'(ff); donne, par un troisième, dans le dessous de (d); s'insère, par un quatrième, dans le dessus d'(e), &, après avoir encore pourvu aux nerfs à cet endroit, & s'être coulé sous (d), elle va s'engager, de l'autre côté de ce muscle, dans le dessous de (b).

La *seconde branche* * part du côté postérieur de la tige. Elle envoye un premier rameau dans le dessous de (d), deux autres fournissent, l'un à (e), l'autre à (e) & à (d). A l'op-

Seconde Branche. **Fig.* 2. N. 2.

V v

posite

*Fig.2.N.4. posite, un *quatrième* * descend vers la 8e Division, se fléchit derrière (e), & entre dans le dessus d'(ff). Et cette branche, après avoir passé sous (d), va se terminer, à l'autre côté de ce muscle, dans le dessous de (b).

Troisième
Branche.
*Fig.4.N.3.
†Fig.4.N.1.
§Fig.4.N.2.
　　D E dessous la 1e branche, il en sort une *troisième* *, qui se glisse sous (h), & y laisse, de son côté postérieur, un *premier rameau* † à ce muscle & à (f); de l'opposite un *second* à (f) & à (l); du côté postérieur un 3e., qui s'est trouvé rompu, & un quatrième, qui se repand dans le dessous d'(f); du côté antérieur un *cinquième* *, qui s'insère dans l'antérieur des

*Fig.4. N. 5.
†Fig.4. N.6.
(r), & un *sixième*. † dans le dessous d'(f). Puis elle finit par deux rameaux, qui, après avoir jetté chacun une ramification dans le dessous d'(f), & le postérieur des deux une autre dans la graisse & dans la peau, sous l'attache antérieure

§ Fig. 3.
N. 1, 2.
de (g), sortent tous deux d'entre (f) & (g) §, & vont se terminer dans le dessous d'(e).

Quatrième
Branche.
*Fig. 4. N.4.
†Fig.3.N.3.
　　P L U S avant, △ pousse, de son côté antérieur, une *quatrième branche* *, qui, après avoir donné, sous (f), deux rameaux à ce muscle, s'élève d'entre (f) & (g) †, & va gagner le dessous de (c).

Cinquième
Branche.
*Fig. 4, 5.
N. 5.
　　C E T T E branche est suivie, à l'opposite, d'une *cinquième* *, fort épaisse, qui se partage en deux rameaux, dont le plus latéral se divise en trois fortes ramifications.

†Fig. 5. N. 1.
　　Celle de ces ramifications †, qui est la moins écartée de la Trachée-Artère, fait sortir, d'entre (h) & (f), deux divisions,

§Fig.4.N.1.
dont l'*antérieure* § se subdivise en trois, & s'insère, par la *pre-*
miè-

mière * de ces subdivisions, dans le dessous d'(e), & par *les deux autres* † dans le dessous de (c):

   L'autre § des deux divisions entre dans le dessous d'(a).

   CETTE *ramification* * ensuite s'introduit entre (k) & (p), & finit dans le dessous de (k) & d'(h), à leurs attaches postérieures, & dans le dessus de (t).

   LA *seconde* † des trois ramifications, après s'être fourchée en deux, se repand dans le dessous postérieur d'(f).

   LA *troisième* § passe entre (k) & (p), & pénètre dans le dessus postérieur de (p), dans le dessus & le dessous de (t), dans l'extrêmité d'(u), & dans la graisse à cet endroit.

   L'AUTRE rameau de la même branche a une *première ramification* * du côté de l'inférieure, qui s'insère dans les nerfs voisins, & dans le dessous de (g). Il en envoye une *seconde* †, & une *troisième* †, dans le dessous d'(f). Il en produit une *quatrième* *, qui, se fourchant à son origine, gagne, par l'antérieure de ses divisions, le dessous d'(i), & sortant, par l'autre, d'entre (f) & (g) †, va se repandre dans le dessous d'(a).

   PLUS avant, une *cinquième ramification* *, du même rameau, sort pareillement d'entre (f) & (g), & pénètre dans le dessous d'(a).

   Il donne ensuite, par une *sixième ramification* †, dans le côté de (g). Après quoi, traversant la 8ᵉ Division, il va, à l'Anneau suivant, se terminer dans le dessous du même (a), près de son attache postérieure.

V v 2   TANT

Marginal notes:

* *Fig.* 3. N. 10.

† *Fig.* 3. N. 11.

§ *Fig.* 3. N. 12.
Fig. 4. N. 2†.
* *Fig.* 5. N. 1†.

† *Fig.* 4. N. 3.

§ *Fig.* 5. N. 3.

* *Fig.* 4. N. 1.

† *Fig.* 4.
N. 2, 3.
* *Fig.* 3. N. 8.
&
† *Fig.* 4. N. 4,

* *Fig.* 3. N. 9.
&
Fig. 4. N. 5.

† *Fig.* 4. N. 6†.

TANT foit peu plus avant que la 5.e branche, Δ en pouffe, de fon côté antérieur, une *fixième*, & fucceffivement trois
autres. La fixième fait fortir, d'entre (f) & (g), *deux rameaux* *,
qui vont dans le deffous de (c). Là elle fe partage enfuite en
deux autres rameaux, dont l'un fe porte dans le deffous de
(g), & l'autre, paffant fur ce mufcle, s'attache au Nerf de la
1.e paire du ganglion de cet Anneau, & fe coule le long de
ce nerf, jufqu'au ganglion même, dans lequel il fe ramifie ‡.

CETTE branche eft de près fuivie de la *feptième*, qui fe
plonge dans la graiffe grenée, & dans celle qui eft deffous. On
en voit des rameaux *Fig.* 5. N. 7.

UN peu plus avant, la *huitième branche* *, après avoir communiqué un rameau à la graiffe, fort d'entre la fourche que
fait le mufcle (i), & fe repand dans le deffous antérieur de
(c), d'(a), & d'(e).

UNE partie des rameaux de la *neuvième branche* * fe perd
dans la graiffe, & une autre partie a été arrachée de fes attaches par la diffection.

A l'oppofite, & à même hauteur, une *dixième branche* * fe
dirige vers la Divifion poftérieure de l'Anneau. Elle donne
deux rameaux à la graiffe, & finit dans les queues des deux
γ, à l'endroit de leurs infertions.

LA *onzième branche* * eft de même direction. Elle part de
la Tige, tout près de l'inférieure, fe divife en deux, & fon
rameau inférieur fe ramifie dans le côté & le deffous d'(a);
l'autre rameau, s'introduifant entre les divifions de (t), va s'y
difperfer dans la graiffe & dans la peau.

QUAND

QUAND on retranche les branches, qui viennent d'être sui-
vies, on en decouvre encore deux autres, qui ne paroiſſoient
pas auparavant, parceque la Tige les fournit de ſon deſſous.

LA *première* * eſt placée à même hauteur que la ſeconde
de celles qui ont été décrites. Elle eſt très conſidèrable. Du
côté de la latérale elle diſtribue un *premier rameau* † à β,
& au γ antérieur. Près de ce rameau, elle en envoye un *ſecond* §, ſous γ, à la graiſſe grenée, &, au travers de cette
graiſſe, à la graiſſe commune. Cette branche enſuite paſſe
ſous la graiſſe grenée, & ſe partage en deux rameaux, dont
l'*un* *, ſe dirigeant vers la plante du pied, s'y éparpille ça &
là dans la graiſſe & la peau, & lâche une ramification à l'attache inférieure dés (y).

L'*autre* rameau † ſe termine par trois ramifications, dont
l'inférieure fournit à la graiſſe, à la peau, & à l'attache inférieure de β; l'oppoſée ſe livre toute à (u), à la reſerve
d'un ou deux filets, qu'elle jette dans la graiſſe, & l'intermédiaire ſe repand uniquement dans le même muſcle.

L'*autre des deux branches* * ſort, à la hauteur de la cinquième, du deſſous de la Tige. Elle traverſe la graiſſe grenée, s'y attache par quelques petits rameaux, & va enſuite diſparoitre dans la peau de la jambe, & dans la graiſſe qui en
occupe le creux.

Bronches detachées du ſeptième Anneau.

ENTRE la ſeptième Diviſion, & le ſtigmate, la Trachée-
Artère produit, de ſon deſſus, ſucceſſivement deux bronches,

Douzième
Branche.
*Fig. 6. N. 12.

†Fig. 6. N. 1.

§Fig. 6. N. 2.

*Fig. 6. N. 3.

†Fig. 6. N. 4.

Treizième
Branche.
*Fig. 6. N. 13.

Première &
ſeconde
Bronches dé-
tachées.

V v 3   dont

dont la *première* * s'infère dans le deſſous de l'antérieur des deux θ, & *l'autre* † dans le deſſous du poſtérieur de ces muſcles.

Sur la tige Υ, le ſtigmate en pouſſe une *troiſième* *, très menue, qui s'attache à la bride épinière, & entre avec elle dans la pointe de l'aile du cœur.

Sous la même tige, une *quatrième* * plus grande, après avoir donné, par une branche, dans le côté d'E, & par une autre, dans la graiſſe, forme un jet, qui s'eſt trouvé ſeparé de ſon attache.

Au même endroit, une *cinquième* * s'introduit dans le deſſous d'α, dans la graiſſe, & dans le deſſous d'E & d'F.

Sous la tige Ψ, une *ſixième* * envoye, de ſon côté antérieur, une branche dans le deſſous antérieur d'F, ſuivie de 3 ou 4 autres, qui aboutiſſent à la graiſſe, à la peau, & à H. Après quoi, elle ſe flèchit vers le côté poſtérieur de l'Anneau, laiſſe une petite branche à B, & ſe termine dans le deſſous du γ antérieur.

De ſon devant, une *ſeptième* *, fort petite, ſe repand dans la graiſſe & dans la peau, ſous la Trachée-Artère.

A côté de cette dernière, une *huitième* †, un peu plus forte, après avoir jetté deux foibles branches à (r), s'engage, ſous α, dans la graiſſe & dans la peau.

Elle eſt ſuivie d'une *neuvième* *, beaucoup plus grande, qui ſe partage, près du ſtigmate, en deux branches, dont l'antérieure ſe dirige vers l'inférieure; en approchant de la 7ᵉ Diviſion, & l'autre deſcend en droiture dans la partie poſtérieure de l'Anneau. LA

* Fig. 3. X.
† Fig. 3. +.
Troiſième Bronche détachée. * Fig. 2. +.
Quatrième Bronche détachée. * Fig. 3. ⊤.
Cinquième Bronche détachée. * Fig. 4. +.
Sixième Bronche détachée. * Fig. 5. +.
Septième Bronche détachée. * Fig. 6. +.
Huitième Bronche détachée. † Fig. 6. X.
Neuvième Bronche détachée. * Fig. 6. ‡.

La première de ces deux branches porte, dès son origine, un 1ʳ. rameau à (m). A quelque distance de-là, son côté antérieur en fournit un second, qui se fléchissant par dessus la branche, va pénètrer dans le dessous d'(m). De l'opposite, à même hauteur, elle en envoye un troisième, suivi d'un quatrième, dans la graisse & la peau; & après avoir communiqué un cinquième à (n), & à la graisse, elle se ramifie dans le même muscle, vers son attache inférieure.

L'autre branche, qui se fléchit vers la 8ᵉ. Division, donne, de son côté inférieur, un 1ʳ. rameau à la graisse : passant sous ε, elle lui en laisse un second: après quoi, elle va se disperser dans les ζ & les (y), & dans la graisse & la peau sous ces muscles.

Tout près de cette bronche *, le stigmate en produit une plus latérale, qui, tournée vers la partie postérieure de l'Anneau, passe sous la Trachée-Artère, y partage une branche à β, & à la 1ᵉ des têtes du γ antérieur, puis elle finit par trois branches, dont l'une entre dans le dessous du même γ, près de sa seconde tête, l'autre dans le dessus d'ε, & la troisième dans ε, & dans la graisse & la peau.

*Dixième Bronche detachée. * Fig. 6. ++,*

Sous la neuvième bronche, le stigmate en pousse une dernière peu considérable, qui n'a pu être représentée. Elle se ramifie dans la graisse & dans la peau sous (r).

Onzième Bronche detachée.

Au dessous du cordon charnu, dans la région postérieure de l'Anneau, la Trachée-Artère envoye, de son côté inférieur, une grande *bronche detachée* * sous (ff). Cette bronche don-

*Douzième Bronche detachée. * Fig. 3. ⊥,*

donne, tout joignant la Trachée-Artère, de son devant, une
première branche * à δ, qui s'y repand par une bifurcation.

A l'opposite, une seconde *, qui, comme la pareille des deux
Anneaux précèdens, s'attache à la 5e. branche du nerf de la 1e.
paire du ganglion de l'Anneau qui suit, & se termine dans
le dessus des ζ.

Du côté antérieur, une troisième *, qui se fourchant, passe
l'un de ses rameaux sous la Trachée-Artère, & y va pénètrer
dans le γ postérieur. L'autre rameau, prenant une route opposée, reçoit la branche du nerf, dont il vient d'être parlé, s'introduit avec lui sous (ff), & va s'insèrer sous (h), dans le γ
antérieur.

A même hauteur, de l'opposite, une quatrième *, qui se fourche, & jette l'un de ses deux rameaux dans le dessous postérieur d'(e), & l'autre, sous (ff), dans la graisse, & dans le
dessus de ζ.

Du côté antérieur, une cinquième *, qui va se glisser près
du milieu de l'Anneau, dans le dessous d'(e).

De son dessus, à même distance de la latérale, une sixième *, qui engage un rameau dans le dessous d'(ff), & entre,
moins avant que la précèdente, dans le même (e).

Et, enfin, la bronche plonge, de son côté antérieur, une
dernière branche dans le dessous de (d).

Après quoi, elle passe sous (h), & s'y partage en deux
branches, qui vont se disperser dans les (y).

Un peu plus bas que cette bronche, la Trachée-Artère

pro-

* Fig. 3 N. I.
* Fig. 3. N. 2.
* Fig. 3. N. 3.
* Fig. 3. N. 4.
* Fig. 3. N. 5.
* Fig. 3. N. 6.

Treizième
Bronche de-
tachée.

produit, de fon deffous, du côté de l'inférieure, une *petite bron-che* *, qui fe repand dans δ.

A côté de celle-là, & fur la latérale, une *autre* *, un peu plus grande, qui fe fourche près de fon origine, & dont chacune de fes deux branches fe diftribue, par deux rameaux, dans le mufcle δ.

A la hauteur de l'attache poftérieure de ζ, l'Artère pouffe, du milieu de fon deffous, une *bronche plus forte* *, qui repand, de fon côté inférieur, une branche fur δ, dont quelques rameaux, difparoiffant entre les divifions de ζ, y vont donner à la graiffe & à la peau; de fon oppofite, une feconde, dans le même δ; de l'autre côté, une troifième, dans la plus latérale des trois têtes du γ poftérieur, & une quatrième petite, dans l'attache fupérieure de δ, &, paffant fur ce mufcle, elle s'y partage & au γ poftérieur du côté de fes têtes.

ENFIN, du même côté, & à même hauteur, elle fournit, dans cet Anneau, une *dernière bronche* *, qui entre, par deux branches, dans le deffus poftérieur d'E, & par une troifième dans celui d'H.

Bronches que la Trachée-Artère produit entre la huitième & la neuvième Divifion.

ENTRE la 8ᵉ. & la 9ᵉ Divifion on compte 9 Tiges; 4 Vifcèrales א, ב, ג, ד, 3 Dorfales Υ, Ψ, Ω, 2 Gaftriques Γ, Δ, & 14 Bronches detachées.

L'ANTÉRIEURE de ces Tiges eft la tige Γ. Elle envoye une *première branche* *, du côté de la latérale, au poftérieur des deux θ.

* *Fig.* 6. ⊙

Quatorzième
Bronche de-
tachée.
* *Fig.* 6. ✛

Quinzième
Bronche de-
tachée.
* *Fig.* 5. ✛

Seizième
Bronche de-
tachée.
* *Fig.* 6. ✗

Huitième
Anneau. Pre-
mière Tige
Gaftrique. Γ.
Première
Branche.
* *Fig.* 2. N. I.

X x   A

Seconde
Branche.
* *Fig.* 5. N. 2.

A même hauteur, il fort, de fon deffous, une *feconde* *, une *troifième* , & une *quatrième branche* , dont la *première* paffe fous les θ, s'attache à la 5ᵉ. branche du nerf de la 1ᵉ. paire, qui, à cet endroit, entre dans l'Anneau précèdent, & fe repand dans les α, & dans la graiffe.

Troifième
Branche.
Fig. 5. N. 3.

Une *autre* * donne, par un 1ᵉ. rameau, dans le θ poftérieur, par un fecond, à l'attache antérieure d'(h), & par un dernier, à la graiffe voifine.

Quatrième
Branche
Fig. 5. N. 4.

Et la *dernière* * de ces branches envoye un rameau dans le deffous d'(1), un fecond à l'antérieur des (r), &, fe partageant en deux, fous (1), fon rameau le plus latéral, après avoir jetté une ramification dans le deffous d'(m), va, fous Δ, fe perdre dans la graiffe. L'autre fe diftribue aux (r).

Cinquième
Branche.
* *Fig.* 2. N. 5.
Sixième
Branche.
* *Fig.* 2. N. 6.
Septième
Branche.
Fig. 2. N. 7.
Huitième
Branche.
Fig. 2. N. 8.
Neuvième
Branche.
† *Fig.* 2. N. 9.
Dixième
Branche.
Fig. 2. N. 10.
Onzième,
douzième,
treizième,
quatorzième
& quinzième
Branches.
Huitième
Anneau. Première Tige
Vifcèrale. ℵ

De fon côté poftérieur, Γ en fournit une *cinquième* * petite à un nerf, avec lequel elle paffe fous (d), & une *fixième* *, qui s'engage dans le deffous de ce mufcle ; de fon côté antérieur, elle en porte une *feptième* * au θ poftérieur, une *huitième* * à l'attache antérieure de (d), & une *neuvième* † à (b), de l'Anneau précèdent.

De l'oppofite, elle en livre une *dixième* * à (b), & après avoir encore communiqué deux petites branches à (b), de l'Anneau qui précède, une à (b) de cet Anneau - ci, & deux à fon mufcle (c), elle fe termine fur (a), comme au feptième Anneau, en s'attachant au nerf, par où la bride épinière communique avec le nerf de la 1ᵉ. paire du ganglion voifin.

Le Tronc des Tiges Vifcèrales produit d'abord une très groffe

Ti-

Tige א, dont la *première branche* * se divise en deux rameaux, qui fournissent, l'un à l'Etui graisseux, & l'autre au Vaisseau soyeux.

La *seconde branche* * se disperse dans le même Etui.

La *troisième* *, à l'opposite, donne au Vaisseau soyeux.

La *quatrième* * & la *cinquième* * ne servent qu'à l'Etui graisseux, & les deux suivantes, par où א finit, s'introduisent, l'*une* † dans cet Etui, & l'*autre* § dans le Vaisseau soyeux.

Ce Tronc, ensuite, se partage en trois autres Tiges, qui toutes se repandent dans l'extrêmité du ventricule; l'antérieure ב, entre sa latérale & sa supérieure, par les ramifications des rameaux de trois branches.

La suivante ג, entre sa latérale & son inférieure.

Et la postérieure ד, entre sa latérale & sa supérieure, l'une & l'autre par les ramifications des rameaux de deux branches.

La première des trois Tiges dorsales Y est réunie en un tronc commun avec les deux autres, près du stigmate. Dès son origine elle glisse, de son côté postérieur, *une branche* * dans le dessous de C.

De l'opposite, entre E & la Trachée-Artère, elle en insère une *seconde* * dans le dessus du θ postérieur.

Sur E, son côté antérieur produit une *troisième branche* *, qui, après avoir jetté un rameau dans le dessous de C, se partage en deux autres, dont l'antérieur entre dans le dessous de

Xx 2

ce

Marginal references:

Première Branche. * *Fig.* 1. N. 1.

Seconde Branche. * *Fig.* 1. N. 2.
Troisième Branche. * *Fig.* 1. N 3.
Quatrième & cinquième Branches. * *Fig.* 1. N. 4, 5.
Sixième & septième Branches. † *Fig.* 1. N. 6. § *Fig.* 1. N. 7.
Seconde Tige Viscérale. ב

3 Branches.

Troisième Tige Viscérale. ג
2 Branches.
Quatrième Tige Viscérale. ד
2 Branches.

Huitième Anneau. PremièreTige Dorsale. Y.
Première Branche. * *Fig.* 2. N. 1.

Seconde Branche. * *Fig.* 1. N. 2.

Troisième Branche. * *Fig.* 2. N. 3.

ce même mufcle. Le poftérieur dans celui de B , & dans la graiffe, près de l'attache fupérieure de θ.

Quatrième
Branche.
*Fig. 1, 2.
N. 4.

A même hauteur, elle envoye, fous C, une *quatrième branche* *, qui, fortant d'entre C & B, va fe ramifier dans le deffus de B.

Cinquième
Branche.
*Fig. 2. N. 5.

E T, de l'oppofite, une *cinquième* *, qui s'engage dans le deffous de B.

A la rencontre de B, cette Tige fe fourche, & l'une & l'autre de fes branches, fortant d'entre B & A, paffent fur A, &

Sixième
Branche.
*Fig. 1, 2.
N. 6.

fous l'aile du cœur. Sous B, la *branche antérieure* *, qui eft la plus groffe, donne deux petits rameaux, de fon devant, à la graiffe, & deux à l'aile du cœur : Enfuite de quoi elle fe divife, fur A, en trois rameaux, dont l'antérieur fe repand dans le deffus antérieur du corps reniforme ; le poftérieur dans le deffous ; & l'intermédiaire dans l'aile du cœur.

Septième
Branche.
*Fig. 1, 2.
N. 7.

L A *branche poftérieure* * fournit, fur A, un petit rameau à l'aile du cœur, & va, après cela, s'éparpiller dans le deffus & le deffous moyen & poftérieur du corps reniforme.

Huitième
Anneau. Se-
conde Tige
Dorfale. Ψ.
*Fig. 2, 3, 4.

L A *Tige intermédiaire* Ψ *, la plus groffe des trois dorfales, fe partage, fur E, en trois branches, qui s'introduifent fous G; mais l'intermédiaire, avant d'y paffer, & dès fon origine, jette, de fon deffus, par deffus G, deux grands rameaux, placés l'un à coté de l'autre, dont le premier fe fourche à la rencontre de

†Fig. 2. N. 1.

ce mufcle, & fa *ramification antérieure* † entre dans le deffous

§Fig. 2. N. 2.

d'A ; la *poftérieure* §, paffant fur A, fe diftribue à l'aile du cœur.

L'AU-

L'autre grand rameau * envoye, de fon devant, une 1e ra-   **Fig.* 2. N 3.
mification dans le deffous d'A, de l'oppofite, une feconde dans
le deffus de G, puis encore, de fon côté antérieur, une troifième dans le deffous d'A ; après quoi il va finir dans le deffous
de ce mufcle & de D, & dans le deffus de G.

L'*antérieure* * des trois branches de Ψ porte, de fon devant,   Première Branche.
un rameau † dans le deffous de G.   De l'oppofite, un *autre*   **Fig.* 3. N. 1.
rameau §, &, de fon deffous, deux filets s'enfoncent dans la   † *Fig.* 4. N. 1.
graiffe, & s'y difperfent.   § *Fig.* 4. N. 2.

ENSUITE elle fe termine par deux rameaux, dont l'*anté-*
rieur *, après avoir laiffé deux petites ramifications à la graif-   * *Fig.* 3, 4. N. 3.
fe, fort d'entre une divifion de G, & fe repand, par une ra-
mification, dans le deffous d'A, & par deux autres, dans le
deffous de D.

L'autre rameau †, après avoir fourni, à la graiffe, deux ramifica-   † *Fig.* 3, 4. N. 4.
tions, dont la poftérieure pénètre auffi dans le deffous de G,
fort, de deffous G, par une divifion plus avancée de ce mufcle, jette une troifième ramification dans fon deffus, & m'a
paru s'inférer dans l'aile du cœur, près de fon canal.

LA branche *intermédiaire* * de Ψ fe partage en deux grands   Seconde Branche.
rameaux, dont l'*antérieur* † fe ramifie tout entier dans le cô-   **Fig.* 3 N. 2*.
té du cœur.   † *Fig.* 4. N. 1*.

LE *poftérieur* § donne d'abord, de fon deffous, *deux ramifi-*   § *Fig.* 4. N. 2*.
cations * à la graiffe, fous I, en envoye, plus avant, une *troi-*   * *Fig.* 4. N. 1, 2.
fième † dans le deffous de ce mufcle.   Enfuite il en paffe   † *Fig.* 4. N. 3.
deux autres §, de fon côté poftérieur, & *une* *, de fon côté   § *Fig.* 4. N. 4, 5.
Xx 3   an-   * *Fig.* 4. N 6.

antérieur, dans le deſſous de D , après quoi il va ſe terminer auſſi ſur le canal du cœur.

Troiſième
Branche.
*Fig. 3, 4, 5.
N. 3†.

La branche *poſtérieure* * de Ψ, ſe porte pareillement du mê-me côté, mais en s'inclinant vers la 9ᵉ Diviſion. D'abord elle ſe coule ſous G, & y produit, de ſon côté antérieur, *un*

†Fig. 5. N. 1.

rameau †, qui, après avoir lâché deux ou trois ramifications à la graiſſe, va s'engager dans la peau entre I & L, & y pour-voit à un nerf. Ce rameau eſt ſuivi, du même côté, d'un *ſe-*

§ Fig. 5. N. 2.

cond §, qui ſe plonge, ſous I, dans la graiſſe & dans la peau. En-viron à même hauteur, elle introduit, de ſon oppoſite, entre les

* Fig. 5. N. 3.

diviſions d'L, un *troiſième rameau* *, qui inſère quelques ramifications dans le deſſous de ce muſcle, & ſe diſtribue du reſte à la graiſſe & à la peau, vers l'attache antérieure d'R,

†Fig. 5. N. 4.

puis elle pouſſe, de ſon deſſous, un *quatrième rameau* †, qui diſ-paroit ſous I & Q, & ſe jette dans le deſſous du dernier de ces muſcles, & dans la graiſſe & la peau qu'il couvre.

Ensuite la branche ſe partage en deux rameaux, &, du milieu de leur bifurcation, il ſort un rameau peu conſidèrable *Fig.* 4. N. 1., qui entre dans le deſſous de G.

§ Fig. 4. N 4†.

L'*antérieur* § des deux rameaux de la bifurcation ſe repand, par deux ramifications, dans le deſſus de D, en introduit une troiſième, plus groſſe, derrière I, dans Q, & va enſuite s'épar-piller, à cet endroit, dans l'aile du cœur & dans ſon canal.

* Fig. 2, 3, 4.
N. 5†.
† Fig. 4. N. 1.
§ Fig. 2.
N. 2, 3, 4.

L'*autre rameau* * envoye d'abord, de ſon côté inférieur, *une* *ramification* † dans le deſſous d'I, puis, ſortant, à l'autre côté de G, de deſſous ce muſcle, il donne, par *trois ramifications* §,

dans

dans le deſſous d'A, &, paſſant ſous D, il ſe termine dans ſon deſſous vers la 9ᵉ Diviſion.

La poſtérieure des Tiges dorſales Ω pouſſe, avant d'atteindre à E, une *première branche* *, &, ſur ce muſcle, une *ſeconde* †, aſſez petites, qui, ſe fourchant toutes deux, portent l'un de leurs rameaux dans le deſſous de C, & l'autre dans le plexus du nerf de la 1ᵉ paire qui paſſe ſous la Tige; & ce dernier rameau de la ſeconde branche ſe repand de plus dans le deſſous de B.

*Huitième Anneau. Troiſième Tige Dorſale. Ω. Première & ſeconde Branches. *Fig. 2. N. 1. † N. 2.*

Ensuite Ω ſe partage en deux, & ſa branche *poſtérieure* *, qui paroit la première, ſe fléchit vers le côté poſtérieur de l'Anneau en paſſant ſur G. D'abord elle introduit, de ſon devant, un 1ʳ *rameau* † dans le deſſous de G, à l'endroit où F le croiſe. Après quoi elle envoye ſucceſſivement, de ſon côté poſtérieur, dans le deſſous de C, un *ſecond* § & un *troiſième* § rameau, &, de l'oppoſite, un *quatrième* * & un *cinquième* *; puis cette branche finit par trois autres rameaux, dont le *plus latéral* † pénètre dans le deſſous poſtérieur de C; dont *l'intermédiaire* § va, derrière F, lui donner, en deſſous, une ramification, & s'inſinuer, au travers d'une diviſion de G, dans la peau ſous ce muſcle, & dont le rameau *ſupérieur* * ſe termine dans le deſſous poſtérieur de B, & dans l'aile du cœur à cet endroit.

*Troiſième Branche. *Fig. 2. N. 3. † Fig. 2. N. 1. § Fig. 2. N. 2, 3. * Fig. 2. N. 4, 5. † Fig. 2. N. 6. § Fig. 2. N. 7. * Fig. 2. N. 8.*

La *branche antérieure* * de cette Tige ſe gliſſe ſous G. Près de ſon origine elle repand, du côté de la 8ᵉ Diviſion, *un rameau* † ſur L. Plus avant, elle ſe fourche, & du milieu de

*Quatrième Branche. *Fig. 3, 4, 5. N. 4. † Fig. 4, 5. N. 1.*

cet-

* *Fig.* 4, 5.
N. 3.

* *Fig.* 5.
N. 1 —.

**Fig.* 4. N. 2*.

Huitième
Anneau. Ti-
ge Gaſtrique.
Δ.
Première
Branche.
* *Fig* 2 N. 1.
† *Fig.* 1, 2, 3,
4, 5.

Seconde
Branche.
* *Fig.* 2. N. 2.

cette bifurcation part un *petit rameau* *, qui s'inſere dans le deſſous de **G**.

L'*antérieur* * des deux rameaux, ſe coulant entre I & L, ſous I, s'y partage en trois ramifications, dont la plus latérale donne dans le deſſus d'R, & les deux autres ſe plongent dans la graiſſe & dans la peau ſous Q & R.

LE rameau *poſtérieur* * de la fourche m'a paru entrer dans le deſſous de **G**.

LA *première branche* * de Δ † ſort de ſon côté antérieur près de l'Artère. Elle ſe diviſe en quatre rameaux, dont trois ſont placés l'un à côté de l'autre, & le quatrième ſous ces trois. L'antérieur s'engage, vers le devant de l'Anneau, dans le deſſous de (d). L'intermédiaire fournit une ramification aux nerfs qui ſe mêlent, à cet endroit, avec les bronches, & finit dans le deſſous de (b) & d'(e). Le poſtérieur, après avoir jetté une 1e ramification dans le deſſous de (d), une 2e dans le deſſus d'(e), va, à l'autre côté de (d), ſe perdre dans le deſſous de (b). Et le quatrième, celui qui eſt placé ſous les précèdens, ſe diſperſe dans le côté antérieur d'(h).

A l'oppoſite, cette tige pouſſe une *ſeconde branche* *, dont le côté antérieur a un premier rameau, qui pénètre, par une ramification, dans le deſſus d'(e), par une autre, ſous (e), dans (ff), & par une troiſième, dans les nerfs qui ſe mêlent avec les bronches. Son côté poſtérieur envoye un ſecond rameau dans le deſſous de (d), &, de ſon deſſous, à même hauteur, un troiſième dans le deſſus d'(ff). Après quoi, elle paſſe ſous (d),

in-

introduit un ou deux petits rameaux, dans le deſſus d'(e),
& ſe termine, à l'autre côté de (d), dans le deſſous de (b).

DE deſſous la 1ᵉ branche, il en ſort une *troiſième* *, qui [Troiſième Branche. *Fig. 4. N. 3.] diſparoit ſous (h) & (f), ſe fourche près d'(f), & ſon rameau antérieur repand une *première ramification* †, dans le [†Fig. 4. N. 1.] deſſous d'(h), une *ſeconde* §, dans le deſſous d'(f), vers leurs [§Fig. 4. N. 2.] attaches antérieures, & finit dans (f). L'autre rameau, après avoir jetté deux ramifications dans le deſſous d'(f), & deux dans la graiſſe, ſort d'*entre* (f) & (g) *, & va ſe diſperſer [*Fig. 3. N. 1.] dans le deſſus d'(e).

PLUS avant, & à l'oppoſite, Δ produit une *quatrième bran-* [Quatrième Branche. *Fig. 4. N. 4.] *che* *, fort épaiſſe, qui, ſous (f), ſe partage en *trois rameaux*, dont le *plus latéral* pouſſe d'abord *deux ramifications* ſucceſſi- ves *, qui, ſe fléchiſſant du côté de l'inférieure, ſortent d'en- [*Fig. 4. N. 1†, 2†.] tre (h) & (f), & la *première* † pénètre, par une fourche, [†Fig. 3. N. 10.] dans le deſſous d'(e), la *ſeconde* § s'inſère dans le deſſous de [§Fig. 3. N. 11.] (c). Enſuite ce rameau va aboutir, par deux ramifications, dans le deſſous poſtérieur d'(h), par une, dans celui d'(e), par une, dans celui d'(ff), & par une dernière, dans le deſſous de (p).

LE *rameau intermédiaire* fournit, de ſon côté qui fait fa- ce à la latérale, une première ramification, à ce qu'il m'a pa- ru, dans le deſſous d'(h); après quoi il ſe ſepare en trois au- tres *ramifications*, dont la *plus latérale* *, ſortant d'*entre* (f) [*Fig. 4. N. †3.] & (h) †, donne dans le deſſous poſtérieur d'(f), & va enſui- [†Fig. 3. N. 12.] te ſe repandre, au-delà de la neuvième Diviſion, dans le deſ-

Y y

ſous

fous de la partie d'(a), qui enjambe fur l'Anneau fuivant. La

Fig. 4, 5. N. 4+. *ramification intermédiaire* * s'introduit entre (k) & (p), où elle fert aux (t) par l'une de fes divifions, entrant, par l'autre, dans le deffous de (k), dans les deux faces de (p) & de (t),

Fig. 5. N. 1+. & dans la peau. La *troifième ramification* * fe jette dans le deffous de (k), dans les deux faces de (p), & dans le deffus de (t), pourvoyant en même tems aux nerfs qui s'inferent dans ces mufcles.

† *Fig. 4. N. 3++.* LE *rameau inférieur* † fe divife en deux ramifications, qui, après avoir inferé chacune un filet dans le deffous d'(f), for-

§ *Fig. 3. N. 8, 9 & Fig. 4. N. 5, 6+.* tent d'entre (f) & (g) §, & s'éparpillent dans le deffous d'(a).

Cinquième Branche.

Fig. 4 N. 5+. ENTRE la quatrième branche & (i), Δ en pouffé, de fon côté antérieur, une *cinquième* *, qui, après avoir envoyé, vers

†*Fig. 4. N. 1.* la Tige, *un rameau* † dans le deffous d'(f), fe fourche en

§ *Fig. 4. N. 2. ‡.* deux rameaux, dont l'antérieur produit *une ramification* §, laquelle, après avoir donné, par une divifion, dans le deffous

Fig. 3. N. 3. d'(f), fort d'entre (f) & (g) *, & fe plonge dans le deffous d'(e).

UN peu plus avant, ce rameau fait fortir une *feconde ramifi-*

†*Fig. 3. N. 5. & Fig. 4. N. 3‡.* *fication* † d'entre (f) & (g), qui fe gliffe dans le deffous de (c). Après quoi, fortant *lui même* § d'entre ces deux mufcles,

§ *Fig. 3, 4. N. 6.* & s'attachant au nerf de la première paire du ganglion de cet Anneau, il va fe repandre dans ce ganglion.

Fig. 4. N. 4. L'AUTRE rameau porté une *première ramification* * dans

†*Fig. 4. N. 5.* le deffous d'(f), une *feconde* †, dans le deffus de (g), & fe termine enfuite dans le deffous de ce mufcle.

Du

Du même côté, cette branche eſt ſuivie d'une *ſixième* *, qui, après avoir partagé *un rameau* † à la peau, vers l'attache inférieure d'(m), & à la graiſſe grenée, ſe diviſe en deux autres rameaux, dont *l'antérieur* § s'engage, dès ſon origine, dans le deſſous d'(i), par une ramification, laquelle fournit encore à la graiſſe & à la peau, par une autre, dans l'attache poſtérieure d'(f) de l'Anneau précèdent, & va finir dans le deſſous antérieur d'(i), &, à ce qu'il m'a ſemblé, dans la graiſſe. *L'autre rameau* * ſort *d'entre* (g) & (i) †, & s'introduit dans le deſſous antérieur d'(a).

Tout joignant cette dernière branche, la Tige en a encore, du même côté, une *ſeptième* *, qui partage d'abord *un rameau* † à l'attache antérieure de (k), à la graiſſe & à la peau; après quoi, elle va ſe ramifier dans la peau & dans la graiſſe de la région antérieure de l'Anneau, près de l'inférieure.

De l'oppoſite, la Tige repand une *huitième branche* *, d'un côté, dans le deſſous de (k), &, de l'autre, dans la graiſſe & dans l'attache antérieure de (p).

Cette branche eſt ſuivie, du même côté, près de l'inférieure, d'une *neuvième* *, laquelle s'eſt trouvé ſeparée de ſes attaches par la diſſection. Elle a aparamment ſervi, comme la onzième de Δ, de l'Anneau précèdent, à qui elle eſt pareille, à ſe repandre dans (a), & dans la graiſſe & la peau ſous (t).

Lorsque l'on coupe toutes ces branches, l'on decouvre que Δ en produit, de ſon deſſous, encore deux autres;

Yy 2   DONT

Sixième Branche.
* *Fig.* 5. N 6.
† *Fig.* 5. N. 1.

§ *Fig.* 5. N. 2++.

* *Fig.* 5. N. 3++.
† *Fig.* 3. N. 4.

Septième Branche.
* *Fig.* 5. N 7.
† *Fig.* 5. N. 1++.

Huitième Branche.
* *Fig.* 5. N. 8.

Neuvième Branche.
* *Fig.* 5. N. 9.

Dixième
Branche.
*Fig. 6. N. 10.
† Fig. 6. N. 1.
§ Fig. 6. N. 2.

*Fig. 6. N. 3†.

Dont la *première* *, pareille à la douzième des deux Anneaux précèdens, donne *un rameau* † à β, un *fecond* § à la graiffe grenée, puis fe fourche en deux autres rameaux, dont *l'antérieur* *, fe portant obliquement vers l'inférieure, jette une ramification dans l'attache inférieure de β, & dans la graiffe, & une feconde, à l'oppofite, dans la graiffe grenée; après quoi, il pénètre lui même dans la graiffe & la peau de la jambe.

† Fig. 6. N. 4†.

L'autre rameau † attache, du côté de l'inférieure, une ramification à la graiffe grenée, la traverfe, & fe perd dans (π); puis il fe porte vers la Divifion poftérieure de l'Anneau, fe partage en deux, s'introduit fous les (y), & s'y diftribue, de même qu'à la graiffe & la peau qui eft fous ces mufcles.

Onzième
Branche.
*Fig. 6. N. 11.

La *dernière* * de ces deux branches pouffe, du côté de la latérale, un *premier rameau*, dont une ramification affez petite entre, par une fourche, dans la queue antérieure du premier des deux γ, & une feconde pareille fournit à la deuxième de fes queues; puis ce rameau paffe fous le même γ, & va fe repandre dans le deffous des queues de l'autre, où il fert à la graiffe. Plus avant, elle plonge un *fecond rameau* dans la graiffe, enfuite un *troifième* & un *quatrième* dans les queues du γ antérieur, après quoi cette branche finit dans la graiffe de la jambe.

Bronches detachées du huitième Anneau.

Première
& feconde
Bronches detachées.

* Fig. 3. X.

Entre la 8ᵉ Divifion & le ftigmate, la Trachée-Artère produit, de fon deffus, fous les θ, *deux bronches fucceffives*, dont la *première* * fe repand, par une fourche, dans le deffous

ſous de l'antérieur de ces muſcles , & *l'autre* *, dans le deſſous du poſtérieur, laiſſant en même tems une branche à l'antérieur des deux θ.

SUR la Tige ϒ, le ſtigmate pouſſe une *troiſième bronche* *,
qui ſe ramifie dans le deſſus du θ poſtérieur, & ſe réunit, par
une branche, à la bride épinière, avec laquelle elle entre dans
la pointe de l'aile du cœur.

A côté de cette bronche, une *quatrième* * ſe donne an
nerf de la 1ᵉ paire, qui paſſe ſur la Trachée.

SOUS ϒ, le ſtigmate pouſſe une *cinquième bronche* *, qui
ſe fourche d'abord après, & ſa première branche ſe diſtribue
à l'extrêmité antérieure d'(f), à la graiſſe, & à la peau ſous
ce muſcle. Son autre branche ſe partage à E, & à F.

SOUS cette cinquième bronche, on en voit ſortir une *ſixième* *, plus grande, qui lâche, de ſon côté poſtérieur, une première branche à E, de l'oppoſite, une ſeconde à la graiſſe
& à la peau, de l'autre côté, une troiſième à F, ſuivie d'une
quatrième plus groſſe, qui fournit à H & à la graiſſe. Le
reſte de la bronche s'eſt trouvé rompu.

SOUS Ψ, il en paroit *une* *, encore plus forte, qui, après
avoir envoyé, de ſon côté antérieur, *une branche* † à la graiſſe, ſe fourche en deux autres branches, dont *l'antérieure* ‡
s'eſt trouvée rompue. *L'autre* § ſe flèchit vers la région poſtérieure de l'Anneau, & plonge un premier rameau dans la
graiſſe & la peau, un ſecond & un troiſième dans β, un quatrième dans H, & finit dans le deſſous poſtérieur d'E.

Yy 3

UNE

* *Fig.* 3. ✛.

Troiſième
Bronche de-
tachée.
* *Fig.* 2. ✛.

Quatrième
Bronche de-
tachée.
* *Fig.* 2. ✕.
Cinquième
Bronche de-
tachée.
* *Fig.* 3. T.

Sixième
Bronche de-
tachée.
* *Fig.* 4. ✛.

Septième
Bronche de-
tachée.
* *Fig.* 5. ✛.
† N. 1.
‡ N. 2.
§ N. 3.

Huitième
Bronche de-
tachée.
* *Fig.* 6. +.

UNE *huitième bronche* *, fortant du devant du ftigmate, fous la Trachée-Artère, fe partage en trois branches, dont la fupérieure, fe flèchiffant autour du côté fupérieur du ftigmate, va fe diftribuer à M & à la peau. L'intermédiaire s'engage dans la peau, & dans l'attache latérale de l'antérieur des (r); & la troifième dans ce même mufcle, dans la graiffe, & dans la peau de cet endroit.

Neuvième
Bronche de-
tachée.
* *Fig.* 6. ×.

CETTE bronche eft fuivie, du côté de l'inférieure, d'une *neuvième* *, un peu plus groffe, qui fe difperfe, fous (a), dans la graiffe & dans la peau.

Dixième.
Bronche de-
tachée.

PUIS d'une *dixième*, encore beaucoup plus grande, qui fe fepare d'abord en deux, & fa branche antérieure, fe dirigeant vers la Ligne inférieure, fournit les rameaux fuivans.

* *Fig.* 6. N. 1.

DE fon devant, un *premier rameau* *, qui va, dans le pli que fait la peau fous *a* & (r), fe repandre fur cette peau, & dans fa graiffe.

* *Fig.* 6. N. 2.

DU même côté, un *fecond* *, qui partage une ramification à la graiffe & aux (r), s'introduit fous ces mufcles, leur donne, & aux nerfs qui s'y repandent, de même qu'à la graiffe & la peau qu'ils couvrent.

* *Fig.* 6. N. 3.

A l'oppofite, un *troifième* *, qui jette deux ramifications dans la graiffe, paffe fous (n) & β, leur laiffe une ramification à chacun, & fe termine dans la graiffe & dans la peau d'alentour.

* *Fig.* 6. N. 4.

SUIT un *quatrième* *, qui s'éparpille dans le deffus d'(n).

APRÈS quoi, cette branche va plus loin aboutir, par une fourche, à ce même mufcle.   L'AU-

L'AUTRE branche fe flèchit vers la région poftérieure de l'Anneau, lâche, près de fon origine, de fon côté inférieur, *un rameau* * à (m), &, tout près de-là, un fecond à la graif-fe & à la peau; enfuite elle fe coule fous ɛ, y porte un 3e & 4e rameau à la graiffe, & va, après cela, fe livrer à ζ, à (y), & à la graiffe & la peau de cet endroit.

**Fig.* 6. N. 1⁺.

ENTRE la latérale & cette bronche, le ftigmate en produit une *onzième* *, qui paffe fous la Trachée-Artère, & pouffe, de fon origine, une 1e branche dans la graiffe & dans la peau, & fucceffivement une feconde dans le deffous de β, une troi-fième dans la 1e des têtes du y antérieur: enfuite elle fe divi-fe en trois branches, dont deux entrent dans la feconde des têtes de ce mufcle, & l'une infère en même tems un rameau dans M. La troifième branche fe ramifie dans le deffus d'ɛ.

Onzième
Bronche de-
tachée.
* *Fig.* 6. ++.

AU deffous du Cordon charnu, il fort, du côté inférieur de la Trachée-Artère, une *grande bronche* * gaftrique, qui en-voye, vers la partie antérieure de fon Anneau, une *première branche* †, affez groffe, laquelle fe fourche peu après, s'intro-duit fous le poftérieur des deux y, & fon rameau inférieur, en entrant fous ce mufcle, gliffe une 1e ramification dans le def-fous du y poftérieur: Enfuite il fe réunit au nerf qui fournit à l'antérieur des deux y à cet endroit, & il fe termine, par deux ramifications, dans le deffous de ce dernier mufcle.

Douzième
Bronche de-
tachée.
* *Fig.* 3. ⊥.

† *Fig.* 3. N. 1.

SON autre rameau, fe divifant fous les y en trois ramifica-tions, les répand dans le deffus d'ɛ.

A l'oppofite, prefque à même hauteur, elle pouffe une *fecon-*

de

Fig.3. N.2.   *de branche* * fourchue, dont le rameau le plus latéral fe réunit à la 5ᵉ. branche du nerf de la 1ᵉ paire du ganglion de l'Annéau fuivant, & fe ramifie fur les ζ. L'autre rameau paffe fous (ff), s'attache à un nerf, qui eft à cet endroit, & fe difperfe auffi fur les ζ.

UN peu plus avant, elle fournit, de fon côté antérieur, une
Fig.3. N.3.   *troifième branche* *, qui fe partage d'abord après en trois rameaux, dont l'antérieur & l'intermédiaire vont s'infèrer dans le deffus d'(e), le premier vers le milieu de l'Anneau, & l'autre moins avant.

LE poftérieur, fe feparant en quatre ramifications, en jette une dans le deffous de (d), & trois dans celui d'(e).

ENSUITE cette bronche s'introduit fous (h), & y pouffe, de fon côté antérieur, une quatrième branche, qui fe réunit à une divifion du nerf, dont il a été fait mention un peu plus haut, & va fe perdre dans (u).

APRÈS quoi elle finit, par trois autres branches, dans (y).

Douzième & treizième Bronches detachées. * *Fig.5.* X.   A la hauteur environ du milieu de ζ, la Trachée-Artère envoye, de fon deffous, *deux bronches* * inclinées vers l'inférieure, dans ♂.

Quatorzième Bronche detachée. * *Fig.5,6.* X. † *Fig.5,6.* N. I.   ET, de l'autre côté, elle produit, de fon deffous, *une bronche plus épaiffe* *, qui, dès fon origine, a une *branche* †, laquelle fe repand, dans le deffous d'E, par deux rameaux, dont l'un gliffe de plus une ramification dans le deffous poftérieur d'E, & l'autre dans le deffus poftérieur d'F. Cette bran-
Fig.6. N.2.   che eft fuivie, du même côté, d'une *feconde* *, qui pénètre dans

ζ,

ζ, & dans la graiſſe ſur ce muſcle. Enſuite la bronche paſſe ſous δ, & y donne, de ſon oppoſite, une *troiſième branche* † †*Fig. 6. N. 3.* à la graiſſe & à la peau; après quoi, elle va ſe diſtribuer, en deſſous, à δ & au γ poſtérieur, à ſa tête latérale, & à la graiſſe ſous ce muſcle.

Bronches que la Trachée-Artère produit entre
la neuvième & dixième Diviſion.

ENTRE la 9ᵉ & la 10ᵉ Diviſion, on compte 15 Tiges, 10 Viſcèrales, א, ב, ג, ד, ה, ו, ז, ט, י, כ; 3 Dorſales, Υ, Ψ, Ω; 2 Gaſtriques, Γ, Δ; & 12 Bronches détachées.

L'ANTÉRIEURE de ces Tiges Γ, placée comme celle des Anneaux précèdens, porte, de ſon devant, une *première bran*-*che* * au θ poſtérieur. [Neuvième Anneau. Première Tige Gaſtrique. Γ. Première Branche. *Fig. 2. N. 1.*]

UNE *ſeconde* *, après avoir fourni à la graiſſe, paſſe ſous (d), & entre dans le deſſus du même θ. [Seconde Branche. *Fig. 2. N. 2.*]

A l'oppoſite, une *troiſième* * s'attache au nerf par où celui de la 1ᵉ paire communique avec la Bride épinière, & ſe repand du reſte dans (1). [Troiſième Branche. *Fig. 2. N. 3.*]

DE ſon deſſous, à même hauteur, une *quatrième* paſſe ſous θ, pourvoit à α, ſe coule ſous ζ de l'Anneau précèdent, & y finit dans les deux poſtérieurs des (y), près de leurs attaches latérales. [Quatrième Branche.]

DE ſon côté poſtérieur, une *cinquième* * s'inſère dans le deſſus de (d). [Cinquième Branche. *Fig. 2. N. 5.*]

DE l'autre côté, l'attache antérieure de (d) reçoit une *ſixième* *, [Sixième Branche. *Fig. 2. N. 6.*]

Z z　　　　　SUIVIE,

Suivie, à l'opposite, de *deux branches* *, très petites, qui tiennent à (b);

Et après avoir lâché encore quelques branches extrêmement petites à (b), & à (c), la tige même se termine comme celle de l'Anneau précèdent.

La première Tige א, que le Tronc des viscèrales de cet Anneau produit, se divise, près de son origine, en deux branches, qui toutes deux se perdent dans l'Etui graisseux. Ensuite ce Tronc se partage en deux, & l'une de ses Divisions envoye successivement d'abord une petite Tige ב, au Vaisseau soyeux, vers son extrêmité postérieure, puis trois autres tiges ג, ד, & ה, à l'Etui graisseux, lesquelles s'y introduisent après y avoir jetté chacune un rameau. Et, enfin, ce bout de tronc finit par deux autres Tiges, dont l'une ו s'éparpille dans le même Etui; l'autre ז donne *une branche* *, à la partie postérieure du Vaisseau soyeux, & une *autre* †, au même Corps graisseux dans l'Anneau suivant.

L'autre division de ce Tronc se sepate en trois tiges ט, י, כ. L'antérieure ט a *une branche* *, qui se fourche en deux rameaux, dont les ramifications se repandent sur le premier gros intestin, entre sa latérale & sa supérieure. Ensuite, elle se divise en trois autres branches, qui par leurs ramifications s'inferent dans le même intestin, entre ses Lignes intermédiaire, supérieure & inférieure, & servent aux intestins grêles.

La Tige י a trois branches, dont elle porte les rameaux dans le côté postérieur du premier gros intestin, entre sa la-
téra-

térale & fon inférieure, fourniffant en même tems aux inteftins grêles.

Et la Tige Ɔ plonge, dans la même partie du 1ᵉ. gros inteftin, entre fa fupérieure & fa latérale, les rameaux de deux branches, par lesquelles elle fe termine, qui donnent auffi aux inteftins grêles. *Dixième Tige Vifcèrale. Ɔ. 2 Branches.*

La Tige ϒ part d'un tronc commun avec Ψ & Ω.

Avant d'entrer fous C, elle fe partage en *deux branches*, dont l'*antérieure* * envoye d'abord, de fon côté poftérieur, un *premier rameau* † dans le deffous de ce mufcle, plus avant, elle en produit, à l'oppofite, un *fecond* § plus grand, qui, après avoir lâché une ramification à l'attache de l'aile du cœur fous C, fort d'*entre* C &ᵖ B *, pour fe ramifier, d'un côté fur C, & de l'autre fur B, dans la pointe de l'aile du cœur. Après s'être coulée fous B, cette branche s'élève d'*entre* B &ᵖ A †, paffe fur ce dernier mufcle, s'introduit dans le côté poftérieur de la partie de l'aile du cœur, qui en forme la pointe, & s'y difperfe jufqu'au canal du cœur même. *Neuvième-Anneau. Première Tige Dorfale. ϒ. Première Branche. *Fig. 2. N. 1†. † Fig. 2. N. 1. § Fig. 2. N. 2. *Fig. 1. N. 2. †Fig. 1. N. 3.*

L'autre branche jette, près de fa Tige, *un petit rameau* * à C. Sous B, elle fe fourche en deux rameaux plus grands, dont l'antérieur, qui eft le plus confidèrable des deux, envoye, de fon côté poftérieur, *une ramification* † dans le deffous de G, & dans la peau; de fon côté antérieur, une *autre* §, fous G, dans la graiffe; puis il pouffe une *troifième ramification* *, qui fort d'entre B & A, & fe repand dans l'aile du cœur jufqu'à fon canal. Après quoi, ce rameau difparoit fous *Seconde Branche. *Fig. 2. N. 3. †Fig. 3. N. 1. §Fig. 3. N. 2. *Fig. 1, 2. N. 4.*

A, lui donne, de son côté postérieur, deux ramifications, se glisse sous D, & s'y termine par deux autres ramifications, dont *l'antérieure* * se plonge dans la graisse, près de l'attache de G, & *l'autre* † se ramifie dans le dessous de D. Le postérieur de ces deux rameaux porte, de son côté postérieur, *une ramification* * dans le dessus de G, & près de cette ramification une *seconde* †, un peu plus grosse, dans le côté d'A; après quoi, il passe sur A, & pénètre dans l'aile du cœur jusqu'à son *canal* §.

La Tige Ψ * se partage, sur E, en *deux grosses branches*, qui s'introduisent l'une & l'autre sous G, la postérieure avant d'avoir poussé aucun rameau.

L'antérieure *, après y avoir laissé un rameau, de son côté postérieur.

Ce *premier rameau* † envoye une ramification dans le dessous de G, une autre dans la graisse, sous I, une troisième dans le dessous antérieur de ce dernier muscle, &, enfin, il se termine dans le dessous de D.

Du même côté suit un *second rameau* §, un peu plus épais, qui, après avoir donné quelques ramifications très menues à la graisse, va se repandre dans le côté du cœur, & dans la graisse qui l'environne.

Plus avant, & à l'opposite, cette branche fournit, de son dessous, un *troisième rameau* * à la graisse & à la peau.

Ensuite la branche finit par *deux autres rameaux* †, qui se distribuent au canal du cœur, & à la graisse qui l'accompagne.

L'au-

* *Fig.* 3. N. 3.

† *Fig.* 3. N. 4.

* *Fig.* 2. N. 5.

† *Fig.* 2. N. 6.

§ *Fig.* 1, 2. N. 7.

Neuvième Anneau. Seconde Tige Dorsale. Ψ. * *Fig.* 2, 3, 4.

Première Branche. * *Fig.* 4. N. 1. ‡.

† *Fig.* 4. N. 1.

§ *Fig.* 3, 4. N. 2.

* *Fig.* 4. N. 3.

† *Fig.* 3, 4. N. 4, 5.

L'*autre branche* * est panchée vers le côté postérieur de l'Anneau. A la hauteur de l'espace qui est entre I & L, elle se separe en *deux rameaux*, dont l'antérieur pousse, de son devant, une *ramification* † assez grande, dans le dessous de D & d'A, & le dessus d'I, qui lâche un filet au canal du cœur, & un autre à quelques unes des fibres musculeuses, qui en forment l'aile.

Après quoi, le rameau passe sous I, jette, de son devant, *une petite ramification* § à ce muscle, laquelle est suivie, à l'opposite, de *deux plus grandes*, dont la *première* *, se fourchant en deux, entre, par l'une de ses divisions, dans le dessous d'I, &, par l'autre, dans la graisse, & dans la peau, sous Q & R. La *seconde* †, disparoissant entre les divisions de Q, s'insère dans le dessous de ce muscle, &, sous lui, dans la graisse & la peau. Puis ce rameau va *se perdre* § dans le côté du cœur, & dans la graisse qui l'environne.

L'autre des deux rameaux pousse d'abord, de son dessous, *une ramification* *, qui, se partageant en deux, envoye sa division la moins latérale dans le dessous d'I, & le dessus d'R, & son autre division dans le dessous d'R, & dans la graisse & la peau sous ce muscle. Ensuite ce rameau, passant sur I, produit, de son côté postérieur, une ramification partagée en deux, qui va, d'*un côté* † dans le dessous d'A, &, de l'*autre*, dans le *dessus* § d'I. A l'opposite, deux autres de ses ramifications donnent à un Nerf, & dans le dessous d'A. Et, enfin, le rameau *se termine* * dans le dessous de D.

Zz 3   LA

La *Tige* Ω * fournit six branches. Elle repand, de son côté postérieur, une *première branche* † sur E, & sur F.

A l'autre côté d'E, elle se divise en *cinq autres branches*, dont deux s'enfoncent sous G, & trois passent sur ce muscle.

L'*antérieure* * de ces trois, peu considèrable, pourvoit à G, & au nerf de la 1e. paire, placé sous Ω.

La *branche intermédiaire* *, qui est la plus forte, porte, de son côté postérieur, trois rameaux successifs dans le dessous de B, & *son extrémité* †, sortant d'entre B & A, se perd dans l'aile du cœur.

La *postérieure* * se partage en autant de rameaux, qui s'insèrent tous trois dans le dessous de C.

Des deux autres branches, la *postérieure* * se fléchit derrière L, lâche, de son bord latéral, deux rameaux successifs à la graisse, puis se coule sous R, laisse, sous ce muscle, encore deux rameaux à la graisse, un troisième à ♂, près de son attache supérieure, &, enfin, elle passe sous ♂, & sous le γ postérieur, dans le dessous supérieur desquels elle pénètre par une fourche.

L'*autre* * de ces deux branches entre, par deux rameaux, de son bord antérieur, &, par un, de l'opposite, dans le dessous de G, où elle m'a paru se terminer ; ce qu'un petit derangement, arrivé à cet endroit, m'a empêché de bien voir.

La *seconde Tige gastrique* Δ * a 13 branches.

De son côté antérieur, elle en envoye, sous (h), *une première* *, qui, avant d'y entrer, passe, sous (d), *un rameau* †, lequel

quel

quel donne, de fon côté antérieur, par *une ramification*, dans le deffous de ce mufcle, affez près de fon attache antérieure: à l'oppofite, par une *feconde*, dans le deffus d'(ff); par une *troifième*, dans celui d'(e), &, après avoir fourni aux nerfs qui fe mêlent avec les bronches de Δ, il va aboutir, à l'autre côté de (d), dans le deffous de (b).

Sous (h), cette première branche fe fourche, & fon rameau *antérieur* * engage une 1ᵉ ramification dans le deffous d'(f), une feconde dans la graiffe, une troifième dans le côté de (g), près de fon attache; puis, paffant fous (g), il lui laiffe une quatrième ramification; après quoi, il va fe plonger dans la graiffe & dans la peau fous ce mufcle.

Le rameau poftérieur jette une 1ᵉ ramification dans le deffous d'(f); une 2ᵉ, dans le deffous d'(h), & d'(f); une 3ᵉ, 4ᵉ, 5ᵉ & 6ᵉ encore dans le deffous d'(f); après quoi, fortant d'entre (f) & (g), il *finit* * dans (e).

A l'oppofite, cette Tige produit une *feconde branche* *, affez confidérable, qui pouffe fucceffivement, de fon côté poftérieur, deux rameaux, dont le premier entre dans le deffous de (d): & le fecond, qui eft le plus grand des deux, fe fourche, & repand fa ramification poftérieure auffi dans le deffous du même mufcle; l'antérieure, paffant fous les autres rameaux de la branche qui l'a produit, va s'inférer dans le deffus d'(ff), vers le milieu de l'Anneau.

De fon côté antérieur, il fort, à-peu-près à même hauteur, un troifième rameau, qui, fe feparant en trois, donne, par

la

* *Fig.* 4. N. 2.

† *Fig.* 3. N. 1, 2. Seconde Branche.
* *Fig.* 2. N. 2.

la première de fes ramifications, dans le deffus d'(ff); par la fuivante, aux nerfs qui fe mêlent avec les bronches de cet endroit; &, par la dernière, dans le deffous de (b).

Tout joignant ce troifième rameau, elle en envoye un quatrième, peu confidèrable, dans le deffous de (d).

Ensuite elle fe termine par deux rameaux, dont l'antérieur eft reçu dans le deffus d'(e), & dans les nerfs. L'autre, après avoir gliffé une première ramification dans le deffous d'(e), & une feconde, dans le deffous de (d), va s'introduire, à l'autre côté de (d), dans le deffous de (b).

Troifième Branche.
*Fig. 3. N. 3.

Sous la feconde branche, Δ en a une *troifième* *, affez foible, qui fe repand fur β, par trois rameaux, dont l'intermédiaire fournit en même tems à un nerf attaché à ce mufcle.

Quatrième Branche.
*§Fig. 4, 5. N. 4.
†Fig. 4. N. 1.

Du même côté, cette branche eft fuivie, plus avant, d'une *quatrième* *, très épaiffe.

§Fig. 4.
N. 1†, 2†.
*Fig 3. N. 10.
†Fig. 3. N. 11.

Elle envoye, vers la 10ᵉ Divifion, un *premier rameau* †, dont deux *ramifications* §, du côté de la latérale, fortent d'entre (h) & (f), & entrent, la *première* * dans (e), & l'*autre* † dans (c). A l'oppofite, ce rameau jette deux autres ramifications dans le deffous poftérieur de (c). Après quoi, fe fourchant, il finit, d'un côté, dans le deffous du même mufcle, &, de l'autre, dans celui d'(h), près de leurs attaches poftérieures.

§Fig. 4. N. 2.
*Fig. 4.
N. 1. ++.

Cette branche, plus bas, pouffe, à l'oppofite, un *fecond rameau* §, divifé en 4 ramifications, dont l'*antérieure* * fe partage à (g) & à (i), les deux fuivantes fe font trouvées rompues, & la *poftérieure* †, fortant d'*entre* (f) & (g) §, va

†Fig. 4.
N. 4. ++.
§Fig. 3. N. 12.

dans l'Anneau fuivant, fervir au mufcle (a). En-

Ensuite la branche se termine par trois rameaux, dont le plus latéral donne, par *une ramification**, tournée vers la même Ligne, dans l'attache postérieure de (c), en produit, de l'autre côté, une *seconde* †, avec laquelle il disparoit sous (p), & qui va pourvoir à (p) & à (k). A l'opposite, une *troisième* §, qui s'insère dans le dessous de (p) & de (t). Après quoi, ce rameau va se distribuer aux (t), & aux nerfs qui s'y introduisent.

**Fig. 4. N. 3.*

†*Fig. 5. N. 2.*

§*Fig. 5. N. 3.*

Le *rameau intermédiaire* * m'a paru se repandre dans le dessous d'(a), ce que quelque dérangement, arrivé à cet endroit, m'a empêché de bien voir.

**Fig. 4. N. 4.*

Le *rameau tourne* † vers l'inférieure, partage *une ramification* §, du même côté, dans le dessus de (k), & le dessous de (p), &, s'enfonçant sous (p), il se livre tout entier à ce muscle, & au nerf qui s'y attache.

†*Fig. 4. N. 5.*

§*Fig. 5. N. 4.*

A l'opposite, Δ pousse une *cinquième branche* *, qui fournit, de son côté postérieur, deux rameaux, dont le premier entre, d'une part, dans le dessous de (g), &, de l'autre, sortant d'*entre* (f) & (g) †, se plonge dans le dessous de (c). Le *second* § se ramifie dans le dessous de (g). Un *troisième* *, à l'opposite, sort d'entre (f) & (g), & s'insère dans le dessous de (c). Cette branche ensuite s'attache au nerf de la 1ᵉ paire du ganglion de l'Anneau, se coule le long de ce nerf, & va s'introduire dans le *ganglion même* †.

Cinquième Branche.

**Fig. 4. N. 5.*

†*Fig. 3, 4. N. 7.*

§*Fig. 4. N. 2.*

**Fig. 3, 4. N. 3.*

†*Fig. 3, 4. N. 6.*

Une *sixième branche* *, partant du même côté de la Tige, porte, vers l'inférieure, un rameau, qui s'elève d'*entre* (g)

Sixième Branche.

**Fig. 5. N. 6.*

A a a

*Fig. 3, 5.
N. 4.
†Fig. 3. N 4†. & (i) *, & pénètre dans le deſſous d'(a), puis elle ſort elle même d'entre les *deux têtes d'*(i) †, lâche un ſecond rameau dàns le deſſus de (g), & va enfin ſe perdre dans le
deſſous de (c), près de ſon attache antérieure.

Septième
Branche.
*Fig. 5. N. 7. C E T T E branche eſt encore ſuivie, du même côté, de deux
autres, dont la *première* tient à la peau de l'inférieure, à la
graiſſe qui la couvre, & à l'extrêmité poſtérieure du muſcle (a)
de l'Anneau précèdent.

Huitième
Branche.
*Fig. 5. N. 8. L'*autre branche* a été ſeparée de ſes attaches, en ouvrant la
Chenille.

Neuvième
Branche.
*Fig. 5. N. 9. D E l'oppoſite, près de l'inférieure, une *neuvième branche**
donne, par un 1ᵉ rameau, dans (p), dans la graiſſe, & dans
la peau; par un ſecond, encore dans (p); puis elle ſe termine
par deux autres rameaux, dont le plus latéral ſe diſperſe dans
(a), & l'autre dans (p), dans (x), & dans la peau.

Q U A N D on a depouillé cette tige des branches, qui viennent d'être décrites, on voit qu'elle en produit, de ſon deſſous, encore quatre autres,

Dixième
Branche.
*Fig. 6. N. 10.
†Fig. 6. N. 1†.
§Fig. 6. N. 2†.
 D O N T la *première**, qui eſt la plus groſſe, partage, de
ſon côté ſupérieur, *un rameau* †, &, de l'oppoſite, un *autre* § à la graiſſe. Ce rameau eſt ſuivi, du même côté, d'un
*Fig. 6. N. 3†. *troiſième**, qui, après avoir plongé deux ramifications dans
la graiſſe, va finir dans (u). Après quoi, la branche paſ-
ſe ſous (y), leur laiſſe quelques petits rameaux, & ſe repand, du reſte, dans la peau & dans la graiſſe ſous ces muſcles.

L A

La *seconde* * jette d'abord un petit rameau dans la graiſſe grenée, puis ſe termine, par une fourche, dans le deſſus du y antérieur.

*Onzième Branche. *Fig. 5. N. 11.*

La *troiſième* s'enfonce dans la graiſſe grenée, s'y ramifie, & tient à l'attache antérieure de (k).

*Douzième Branche. *Fig. 5. N. 12.*

Et la *dernière* * s'éparpille dans la graiſſe & dans la peau.

*Treizième Branche. *Fig. 5. N. 13.*

Bronches detachées du neuvième Anneau.

Entre la neuvième Diviſion & le ſtigmate, la Trachée-Artère pouſſe, de ſon deſſus, deux bronches ſucceſſives, dont l'*antérieure* * s'inſere, par trois courtes branches, dans le deſſous du premier des deux θ.

*Première Bronche detachée. *Fig. 3. X.*

L'*autre* *, un peu plus forte, s'engage, par deux branches, dans le deſſous du θ poſtérieur, & fournit deux rameaux à l'antérieur de ces muſcles.

*Seconde Bronche detachée. *Fig. 3. ✝.*

Derrière le tronc des bronches viſcèrales, le ſtigmate a *une bronche* *, dont une branche accompagne la bride épinière dans la pointe de l'aile du cœur ; & cette bronche, paſſant enſuite par deſſus les tiges dorſales, s'introduit dans le ſecond des θ.

*Troiſième Bronche detachée. *Fig. 2. ✝.*

Tout joignant le tronc des Tiges dorſales, le ſtigmate produit, de ſon côté antérieur, *un paquet* * de cinq branches réunies à leur origine, dont l'antérieure, paſſant ſous les *a*, leur livre un petit rameau, & s'y étend, du reſte, dans la graiſſe & dans la peau ; la ſuivante s'enfonce dans la graiſſe ſous la Trachée-Artère ; la troiſième ſert à E ; la quatrième & la cinquième à E & à F ; & cette dernière, qui eſt cachée ſous les

*Quatrième Bronche detachée. *Fig. 3. T.*

précèdentes, entre, du reste, dans la graisse sous ces muscles.

Cinquième Bronche detachée.
*Fig. 5. ┼.

Au côté postérieur de ce paquet, on voit sortir, du stigmate, une *cinquième bronche* *, assez forte, qui jette d'abord, de part & d'autre, une branche, &, se coulant sous H, une troisième dans la graisse. Puis se separant en deux branches, elle en partage l'antérieure à la graisse, & à l'attache supérieure du second des θ, & l'autre à la graisse & à la peau.

Sixième Bronche detachée.
*Fig. 6. ✕.

Du dessous antérieur du stigmate une *sixième bronche* * va, sous α, pourvoir à ces muscles, & à la graisse.

Septième Bronche detachée.
*Fig. 6. ┼.

Et à côté de cette dernière, une *septième* *, fort petite, à la graisse & à l'attache latérale d'(r).

Huitième Bronche detachée.
*Fig. 6. N. 1.

Sous Γ, le stigmate pousse une grande Bronche, qui se porte en droiture vers l'inférieure. Dès son origine, elle envoye, de son côté postérieur, une *première branche* *, très forte, vers la partie postérieure de l'Anneau. Cette branche donne, de son dessous, un fort petit rameau à la peau ; de son côté inférieur, un second à la graisse ; en glisse, du même côté, sous ε, un troisième, qui s'engage dans la 1ᵉ tête du γ postérieur, & se termine dans le dessous de ζ, vers leurs attaches antérieures ; puis elle se divise en deux rameaux, dont l'inférieur se repand, par deux ramifications, dans β, par une troisième, dans la 1ᵉ tête du γ antérieur, par une quatrième, qui passe sous ce γ, à l'autre côté dans ce muscle. Le supérieur de ces deux rameaux pénètre dans la peau & dans la graisse, sous la 1ᵉ tête du γ antérieur.

Près

Près de-là, & du même côté, elle porte quatre branches contigues, dont la *première* *, qui eſt la plus groſſe, diſparoit ſous (m), lâche un rameau à la peau, un autre à ζ, s'introduit ſous ϵ, & va ſe diſtribuer dans les (y), & dans la peau & la graiſſe du pli qui eſt ſous ϵ. La *ſeconde* † ſe plonge toute dans le côté d'(m). On l'a renverſé, dans la Figure, ſur la bronche, pour faire mieux paroitre la branche qui la précède, & celle qui la ſuit. Une *troiſième* § entre dans le pli que fait la peau ſous ϵ, & s'y perd dans la peau & dans la graiſſe. Et la *quatrième* * de ces branches contigues, paſſant ſous (m), s'y inſère, & fournit un rameau à la graiſſe.

Ces branches ſont ſuivies, plus avant, & du même côté, de quatre autres, dont la *première* †, paſſant ſous (n), jette deux rameaux dans ce muſcle, & le réſte dans la graiſſe. La ſeconde s'enfonce, d'un côté, dans la graiſſe ſous (m), &, ſe flêchiſſant, de l'*autre* §, vers lés (r), ſe ramifie dans leur deſſus, dans leur deſſous, & dans la graiſſe qu'ils couvrent. Les deux qui reſtent ſont très petites; elles aboutiſſent à (m), & n'ont point de Numero dans la Figure. Enſuite la bronche ſe fourche, & ſa *branche antérieure* * ſe partage à (m), à la graiſſe, & à la peau.

Son *autre branche* † ſe flêchit vers (n), & s'y livre, de même qu'à la graiſſe & la peau ſous ce muſcle.

Sous la Bronche, qui vient d'être décrite, le ſtigmate en produit une neuvième, peu conſidèrable, qui n'a pû être repré-

Aaa 3   ſen

* *Fig.* 6. N. 3.

† *Fig.* 6. N. 2.

§ *Fig.* 6. N. 4.

* *Fig.* 6. N. 5.

† *Fig.* 6 N. 6.

§ *Fig.* 6. N. 7.

* *Fig.* 6. N. 8.

† *Fig.* 6. N. 9.

Neuvième Bronche détachée.

fentée. Après avoir envoyé une petite branche à (r), elle va, fous ces mufcles, fe difperfer dans la graiffe.

Un peu plus bas que l'Anneau charnu, la Trachée-Artère pouffe, de fon côté inférieur, une *groffe Bronche* *, dont le côté antérieur a, tout joignant l'Artère, une *première branche* †, qui s'enfonce fous le γ poftérieur, & fe fepare d'abord en deux rameaux, dont le plus latéral va fe repandre, par trois ramifications, dans ε, & donne en même tems à la 1e des têtes du γ poftérieur. L'autre rameau, fe portant obliquement du côté de l'inférieure, va fe terminer dans l'extrêmité inférieure de δ.

A l'oppofite, il en fort une *feconde* §, qui fe réunit à la cinquième branche du nerf de la 1e paire du ganglion de l'Anneau fuivant, & s'éparpille fur les ζ.

Un peu plus avant, du même côté, une *troifième* *, fe fourchant, entre, par une ramification de fon rameau antérieur, dans le deffus d'(e), & fe gliffe, du refte, dans le deffous de (d), à la région poftérieure de l'Anneau.

Sous (d), on lui voit, à-peu-près à même hauteur, trois autres branches, dont l'*une* † part de fon côté poftérieur, & s'engage, par trois rameaux, dans le deffous poftérieur d'(e); une *autre* §, de fon deffus, fe portant en avant, va s'inférer dans le côté d'(e), vers fon milieu, & la *troifième* * s'attache au nerf mentionné quelques lignes plus haut, & finit dans le deffous du γ poftérieur.

Après avoir eu ces fix branches, la bronche paffe fous (h), & va pourvoir aux (y).

A

A la hauteur du milieu des ζ, la Trachée-Artère envoye une *onzième bronche* *, peu confidèrable, par deux branches, dans le mufcle δ. ^{Onzième Bronche detachée. *Fig. 5. X.}

ET, vers l'attache poftérieure de ces ζ, elle en produit *une* * beaucoup plus forte, qui donne d'abord, de fon côté fupérieur, *une branche* †; dont le 1^r. rameau fe repand dans le deffus poftérieur d'E, après quoi, elle va, fous ce mufcle, fe diftribuer aux extrêmités poftérieures d'F, de G, d'H, &, fous H, à la peau. ^{Douzième Bronche detachée. * Fig. 6. X. †Fig. 6. N. 1.}

DE l'oppofite, une *feconde branche* § s'étend dans le deffus de ζ, & dans la graiffe fous ce mufcle. ^{§ Fig. 6. N. 2.}

DU même côté, une troifième, très petite, ne fert qu'à la graiffe.

DE l'autre côté, une *quatrième* * fe jette dans la graiffe & dans δ. ^{*Fig. 6. N. 4.}

VERS l'inférieure, une *cinquième* † fe plonge dans ε, & dans la graiffe; après quoi, cette *bronche va fe terminer* § dans le deffous de δ. ^{†Fig. 6. N. 5. §Fig. 6. N. 6.}

Bronches que la Trachée-Artère produit entre la dixième & onzième Divifion.

ON compte, depuis la 10e. jufqu'à la 11e. Divifion, 13 Tiges; 6 Vifcèrales, א, ב, ג, ד, ה, ו; 5 Dorfales, Σ, Λ, Ξ, Π, Ψ; 2 Gaftriques, Γ, Δ; & 14 Bronches detachées.

LA première de ces Tiges eft la tige Γ, placée comme celles des Anneaux précèdens. Elle porte, de fon devant, une *première branche* * au θ poftérieur; tout joignant cette branche, ^{Dixième Anneau. Tige Gaftrique. Γ. Première Branche. *Fig. 2. N. 1.}

Seconde Branche.

Troifième Branche.
*Fig. 2. N. 3.

che, une feconde, cachée fous ce mufcle, lui fournit un rameau, puis pénètre dans *α*; & une *troifième* * fe repand dans le *θ* antérieur, après avoir laiffé un rameau à l'attache inférieure du *θ* poftérieur, & à (d) de l'Anneau précèdent.

Quatrième Branche.
* Fig. 2. N. 4.

A l'oppofite, fa *quatrième branche* * fe divife d'abord en trois rameaux, qui tous trois tiennent au nerf, par où celui de la 1e paire communique avec la bride épinière, & au nerf de la 1e paire même; l'intermédiaire de ces rameaux entre de plus dans (I), & l'antérieur, qui eft le plus grand, fe diftribue à (r).

Cinquième Branche.
* Fig. 2. N. 5.
Sixième Branche.
† Fig. 2. N. 6.
Septième Branche.
§ Fig. 2. N. 7.
Huitième & neuvième Branche.
* Fig. 2. N. 8, 9.
Dixième Branche.

S A *cinquième branche* * donne dans le deffus de (d).

D E l'autre côté, la *fixième* † aboutit à l'attache commune des deux (d).

E T une *feptième* § à l'attache commune des deux (b).

D E fon côté poftérieur, une *huitième* * & *neuvième* * s'engagent dans (b).

E T, après avoir encore laiffé, du même côté, une branche très petite à (b), &, de part & d'autre, une à (c), elle finit comme les précèdentes.

L E Tronc des tiges vifcèrales fe partage d'abord en deux, & l'une de fes Divifions produit quatre tiges.

Dixième Anneau. Première Tige Vifcèrale. ℵ
2 Branches.
Seconde & troifième Tiges Vifcèrales. ב, ג.

L A première ℵ, fe plonge, par les rameaux & les ramifications de deux branches, dans l'Etui graiffeux.

L A feconde ב, & la troifième ג, après avoir lâché quelques petites branches aux menus inteftins, vont fe livrer au troifième gros inteftin.

L A

La quatrième ⌐, partage sa *première branche* * aux intes- tins grêles, & à l'extrêmité antérieure du troisième gros intes- tin : sa *seconde* †, aux intestins grêles & à l'Anneau charnu : & sa *troisième* §, aux mêmes intestins grêles & au bord antérieur de l'Anneau charnu, vers sa Ligne supérieure.

Quatrième Tige Viscé- rale. ⌐. *Première Branche.* * *Fig.* I. N. I. *Seconde Branche.* † *Fig.* I. N. 2. *Troisième Branche.* § *Fig.* I. N. 3.

L'autre division de ce Tronc se separe en deux tiges, dont l'une ⌐, envoye à l'Etui graisseux deux branches, des trois dans lesquelles elle se fourche, & donne sa troisième branche à cet Etui & à l'Anneau charnu, vers sa Ligne infé- rieure.

Cinquième Tige Viscé- rale. ⌐. *2 Branches.* *Troisième Branche.*

L'autre tige), se divise en trois branches, dont la *posté- rieure* * se ramifie dans la graisse, la *seconde* † va s'inserer dans la partie postérieure du deuxième gros intestin, près de son in- termédiaire supérieure, & *l'antérieure* § dans l'Etui graisseux, entre le commencement du 3e. gros intestin & la supérieure.

Sixième Tige Viscèrale. ⌐. *Première Branche.* * *Fig.* I. N. I. *Seconde Branche.* † *Fig.* I. N. 2. *Troisième Branche.* § *Fig.* I. N. 3.

Comme, à cet Anneau & au suivant, les mouvemens du cœur sont plus sensibles que par-tout ailleurs, & que ses ailes y sont plus grandes, plus fortes, & différemment construites, les bronches dorsales, destinées à y fournir, sont aussi plus nom- breuses que celles des Anneaux précèdens, & leur distribution est toute différente.

La première des bronches dorsales de cet Anneau est la Ti- ge Σ. Elle entre dans l'aile du cœur, & se perd dans son canal.

Dixième Anneau. *Première Tige Dorsale.* Σ.

D'abord elle passe, de son devant, *une fort petite bran- che* * dans l'extrêmité de cette aile.

Première Branche. * *Fig.* 2. N. 1+.

B b b

Seconde Branche.

ENVIRON à même hauteur, elle en produit, de l'opposite, *Fig. 2. N. 2†. une *seconde* *, un peu plus grande, qui y jette deux rameaux, & en insère un troisième dans le dessus de C.

Troisième Branche.

A même hauteur, il sort, de son dessous, une troisième branche, fort grosse, qui se coule sous C, introduit un *premier* *Fig. 2. N. 1. *rameau* *, de son côté postérieur, dans le dessous de C; un *se-* †Fig. 2. N. 2. *cond* †, dans le dessous de G; tout joignant ce dernier, un *troi-* §Fig. 2. N. 4. *sième*, fort petit, dans la graisse; un *quatrième* §, dans le *Fig. 2. N. 5. côté d'A; à l'opposite, près de G, un *cinquième* *, dans la †Fig. 2. N. 6. graisse & à l'attache antérieure de G; un *sixième* †, de son côté postérieur, dans G; &, passant sur G, elle plonge, dans §Fig. 2. N. 7. le dessous de D, un *septième rameau* §, qui se repand sur G; *Fig. 2. N. 8. après quoi, elle va, sous D, *s'enfoncer* * dans la graisse qui environne le cœur, & finir dans son canal.

Quatrième Branche.

DE son dessous, la tige Σ pousse, à même hauteur, une quatrième branche, assez grosse, qui, après avoir glissé *un ra-* * Fig. 2. *meau* * dans le dessus du θ postérieur, se partage, sous C, en N. 1 —. deux rameaux, dont *l'antérieur* † enfonce une ramification † Fig. 2. dans le dessous de C, une autre, fort petite, dans la graisse, N. 2 —. une troisième, dans le dessous antérieur de B, & se termine, sous A, dans ce muscle & dans la peau. Le *rameau posté-* § Fig. 2. *rieur* † envoye, de chacun de ses côtés, une ramification à la N. 3 —. graisse, & fournit, par deux autres ramifications, sous G, à la graisse & à la peau.

Cinquième Branche.

PUIS cette Tige se fourche à la rencontre de C, & sa branche antérieure, qui est la plus grosse, separe, de son devant,

un

un *premier rameau* * en deux, qui fournit, d'un côté, à la graiſſe de l'aîle du cœur, &, de l'autre, à la graiſſe & à la peau ſous C. Ce rameau eſt ſuivi, au même côté, d'un *ſecond* †, qui ſe partage en deux, & donne, par un côté, dans la graiſſe qui eſt ſous l'aîle du cœur, &, par un autre, dans le deſſus poſtérieur d'F & de G. De l'oppoſite, elle en envoye un *troiſième* § dans l'aîle du cœur, ſuivi, de l'autre côté, d'un *quatrième* *, qui ſe repand dans le deſſus poſtérieur d'A de l'Anneau précèdent; enſuite de quoi elle va ſe ramifier, au-delà de la 10e. Diviſion, dans l'aîle du cœur & dans la graiſſe, juſqu'au canal de ce Viſcère.

La branche poſtérieure de cette fourche, après avoir donné, de ſon côté poſtérieur, par un petit rameau, dans le deſſus de C, ſe diviſe en *deux autres rameaux* *, qui ne portent que dans la graiſſe & dans l'aîle du cœur juſqu'à ſon canal.

Cette Tige eſt ſuivie d'une ſeconde Λ, qui ſe réunit avec elle, près du ſtigmate, en un tronc commun.

L'office de Λ ne s'étend qu'à fournir aux ailes du cœur, à la graiſſe, ſur laquelle elles repoſent, & au cœur même, par les ſix branches & les rameaux, qu'on y voit repréſentés *Fig.* 1.

Après le tronc des deux tiges Ƶ & Λ, le 8e. ſtigmate produit un autre tronc, qui ſe partage auſſi en deux tiges, dont l'antérieure Ƶ, tant ſoit peu inclinée vers la 11e. Diviſion, ſe fourche, & puis ſe ramifie, comme la précédente, dans l'aîle du cœur, dans la graiſſe, ſur laquelle elle eſt étendue, & dans

**Fig.* 1. N. 1.

† *Fig.* 1. N. 2.

§ *Fig.* 1. N. 3.
* *Fig.* 1. N. 4.

Sixième Branche.

* *Fig.* 1. N. 5, 6.

Dixième Anneau. Seconde Tige Dorſale. Λ.

6 Branches.

Dixième Anneau. Troiſième Tige Dorſale. Ƶ.

2 Branches.

le côté même du cœur, par les branches & les rameaux repréſentés *Fig.* I. Mais, outre celà, quand on a coupé une grande
partie de cette tige, on voit qu'elle pouſſe, de ſon deſſous,
une branche *, qui, après avoir laiſſé un rameau, de ſon côté
antérieur, aux nerfs qui paſſent ſur les tiges dorſales, entre,
par deux autres rameaux, dans le deſſous de B. Et après a-
voir enlevé cette branche, on trouve de plus que la même tige diſtribue encore, de ſon deſſous, plus près de la Trachée-
Artère, une autre branche moins groſſe, qui donne à H, à
L, & aux nerfs qui s'inſèrent dans ces muſcles.

L'AUTRE Tige Π, de ce ſecond Tronc, après avoir repandu, dans le deſſus d'E & d'F, de ſon côté poſtérieur, *une
branche* *, &, de ſon deſſous, une autre peu conſidèrable, qui
n'a pu être repréſentée, ſe partage, ſur C, en trois branches,
qui toutes trois paſſent ſur les muſcles droits du dos, & ſe dif-
perſent dans l'aile du cœur & dans la graiſſe; la première juſqu'au canal du cœur, où elle ſe termine, l'intermédiaire pas ſi
avant, & la poſtérieure encore moins.

QUAND on a retranché une partie de la tige Π, on voit
qu'il ſort, de ſon deſſous, deux branches, dont l'antérieure,
après avoir lâché un petit rameau aux nerfs qui repoſent ſur
les bronches dorſales, s'introduit ſous G, lui donne quatre rameaux très petits, & un de ſon deſſous à L, puis ſe ſepare en
deux rameaux, dont l'*un* *, paſſant ſur I, porte deux ramifications dans le deſſous de G, & va ſe terminer, à l'autre côté
de ce muſcle, dans le deſſous d'A. *L'autre* † jette une ramification,

fication dans le deſſus d'R, & trois dans le deſſous poſtérieur de G, puis ſe coule ſous R; livre deux petites ramifications à ce muſcle, & y finit dans la graiſſe.

La *poſtérieure* * des deux branches, que le deſſous de Π produit, ſe diviſe en deux rameaux, dont l'antérieur s'introduit auſſi ſous G, & lui laiſſe *deux rameaux* †, & *un* § à I; enſuite de quoi elle s'enfonce entre I & L, tout près de leurs attaches poſtérieures, & s'y plonge dans la graiſſe & dans la peau. *L'autre rameau* * de cette branche inſere, de part & d'autre, *une ramification* † dans le deſſous de C, paſſe ſous C, lui lâche quelques petites ramifications, ſe flèchit vers l'extrêmité poſtérieure d'F, & aboutit dans le deſſus de G, près de la 11ᵉ Diviſion.

Sous la Tige Λ, le ſtigmate en pouſſe une plus groſſe Ψ, qui a d'abord, à ſon côté poſtérieur, *une branche très épaiſſe* *, d'où ſort, près de ſon origine, de ſon côté antérieur, un rameau, qui, après avoir fourni *une ramification* †, de ſon devant, à ce qu'il m'a paru, à B, paſſe ſous G, dans le deſſous duquel il jette une ſeconde ramification: puis, ſe terminant en fourche, il en introduit l'une des ramifications dans le deſſus d'I, & l'autre dans la peau & dans la graiſſe ſous ce muſcle.

Ensuite la branche même ſe gliſſe entre G & L, ſous I, & s'y partage en deux rameaux, dont *l'antérieur* §, paſſant ſur Q, repand une petite ramification dans le deſſous d'I, & va ſe perdre dans la graiſſe ſous le cœur. Le *rameau poſtérieur* * de cette branche ſe coule ſous Q, & y plonge une ra-

Bbb 3

mifica-

mification, de son devant, dans la graiſſe, & une petite, de ſon autre côté, dans la graiſſe & dans la peau; puis il va, dans le pli de la peau, ſous Q & R, s'y enfoncer lui même par une fourche.

Seconde Branche.
*Fig. 2. N. 2.

DE l'oppoſite de cette tige, une *ſeconde branche* *, moins conſidèrable, jette un rameau dans le deſſous d'A, & s'engage dans le deſſus de G.

Troiſième Branche.

APRÈS quoi, diſparoiſſant ſous G, la tige ſe fourche en trois branches, dont l'antérieure va au cœur, par une direction inclinée vers le devant de l'Anneau. Sous G, cette bran-

*Fig. 4. N. 1†.

che fournit, de ſon côté antérieur, *un rameau* * à la graiſſe.

†Fig. 4. N. 2†.

Sous D, elle en porte un *ſecond* † dans le deſſous de ce muſcle, & enſuite elle ſe ramifie dans le côté du cœur, & dans la graiſſe qui l'accompagne.

Quatrième Branche.

L'INTERMÉDIAIRE, ſans produire aucun rameau ſenſible, paſſe ſous D, & s'y partage en deux rameaux, qui ſe repandent dans le canal du cœur, & dans la graiſſe qui l'environne.

Cinquième Branche.

LA poſtérieure tend au cœur, par une direction un peu inclinée vers la 11e. Diviſion. Sous G, elle envoye, de ſon de-

*Fig. 4. N. 1.

vant, *un rameau* * à la peau & à la graiſſe. Tant ſoit peu

†Fig. 4. N. 2.

plus loin, un *ſecond* †, de ſon deſſous, ſe fourche, & porte l'une de ſes ramifications dans le deſſus d'L, & l'autre dans la graiſſe & dans la peau entre I & L, puis elle en jette *trois*

§ Fig. 3, 4.
N. 3, 4, 5.

autres § dans le deſſous de D, après quoi elle ſe termine dans le deſſus d'L, dans le côté du cœur, & dans la graiſſe qui y eſt attachée.

LA

La *seconde Tige gastrique* Δ *, pousse, de son dessus, une *première branche* †, laquelle se partage, près de son origine, en trois rameaux, dont l'antérieur se fourche, & glisse l'une de ses deux ramifications dans le dessous de (d), & l'autre dans le côté d'(e). Le suivant entre dans le dessous de (d), & le dessus d'(e); & le postérieur donne dans le dessous de (d), de (b) & d'(e), & aux nerfs de cet endroit.

De son côté antérieur, environ à même hauteur, elle envoye, vers le devant de l'Anneau, une *seconde branche* *, qui, se separant en deux, introduit l'un de ses rameaux sous (h), où il se partage en deux ramifications, dont l'antérieure insere une division dans le dessous d'(f), en fait sortir une autre † d'entre (h) & (f), qui pénètre dans le dessous d'(ff) & le dessus d'(f), en répand 3 ou 4 dans le dessous d'(f), en fournit une dernière à la graisse; puis cette ramification, sortant d'entre (f) & (g) §, va se terminer dans le dessous d'(e). La postérieure des deux ramifications partage une division à (h) & à (f), en jette une autre dans le dessus d'(m), & finit dans le dessous d'(f).

L'*autre rameau* * de cette seconde branche se porte, par une ramification, dans le dessous de (b), par une autre, dans le dessous d'(e), & dans les nerfs à cet endroit, & entre, par une troisième, dans le côté antérieur d'(h).

A l'opposite, Δ produit une *troisième branche* *, qui pousse d'abord, du côté de la Trachée-Artère, deux rameaux, dont le *premier* †, qui envoye une ramification à la graisse, & une

autre

Dixième Anneau. Seconde Tige Gastrique. Δ.
*Fig. 1, 2, 3, 4, 5.
Première Branche.
*Fig. 2. N. 1.

Seconde Branche.
*Fig. 3, 4.
N. 2.

†Fig. 3, 4.
N. 1.

§ Fig. 3, 4.
N. 1†.

*Fig. 2. N. 2.

Troisième Branche.
*Fig. 2, 3, 4, 5. N. 3.
†Fig. 2.
N. 1. X.

autre aux nerfs, m'a paru fe terminer dans le deffous de (d). Le fecond rameau s'infère dans le côté d'(e).

PASSANT enfuite fous ce mufcle & fous (ff), fon deffous fournit *deux autres rameaux* *, qui fe flèchiffent vers l'inférieure, & dont l'antérieur fe repand dans le deffus de β, & l'autre fe donne à ce mufcle & à la graiffe grenéé. Puis cette branche finit par deux rameaux, dont l'*un* † fe plonge dans la graiffe grenée & commune, & dans le deffous de ∂; l'autre *rameau* §, après avoir contribué pareillement à la graiffe grenée & commune, paffe fous les (y), jette une ramification à l'un de ces mufcles, & s'y ramifie, du refte, dans la graiffe & dans la peau.

Du même côté, cette tige introduit une *quatrième branche* * plus groffe fous (ff), laquelle paffe fur la précèdente, fe partage en deux à quelque diftance de fon origine, & fon rameau le plus latéral, qui defcend vers l'extrêmité poftérieure de l'Anneau, en panchant un peu vers l'inférieure, envoye d'abord, de fon côté inférieur, une *première ramification* † dans le deffous d'(ff), laquelle entre par la Divifion *Fig.* 3. N. 2, dans le deffous de (b). Plus avant, il en porte, du même côté, une *feconde* §, & plus bas une *troifième* * dans le deffous poftérieur de (b); puis ce rameau fe fourche, & fa *ramification inférieure* † fort de deffous (e), fournit au deffous poftérieur de (d) & d'(e), &, fortant enfuite d'entre ces deux mufcles, elle va fe terminer, vers la 11e Divifion, à l'attache poftérieure de (b) & de (c).

L'AU-

Marginal notes (left margin), in order:

* *Fig.* 5. N. 2.

† *Fig.* 5. N. 5.

§ *Fig.* 5. N. 6.

Quatrième Branche.
* *Fig.* 3, 4. N. 4†.

† *Fig.* 4. N. 1.

§ *Fig.* 2, 4. N. 2.
* *Fig.* 2, 3, 4. N. 3.
† *Fig.* 2, 3, 4. N. 4††.

L'AUTRE de ces deux ramifications lâche une divifion dans le deffous poftérieur d'(ff), une feconde dans le deffus poftérieur de (k), une troifième dans le deffous poftérieur de ce même mufcle, & finit enfin dans le deffous de ζ.

LE rameau inférieur de cette même branche fe partage, près de fon origine, en deux ramifications, dont la plus latérale jette une 1e. divifion, de fon côté poftérieur, dans le deffous d'(h); une feconde, de l'oppofite, dans le deffous d'(h) & d'(f); une *troifième* *, qui fort d'entre (h) & (f), dans le deffous poftérieur de (b); puis elle s'enfonce entre (k) & (p), en fe fourchant, & fa *divifion inférieure* * s'engage dans le deffous de (p) & de (t), & dans le nerf de la feconde paire du penultième ganglion. Son *autre divifion* † fe repand dans le deffous de (p), vers fon attache poftérieure, dans le deffus de (t), & dans la peau.

L'autre ramification § du même rameau envoye d'abord, de fon côté poftérieur, fous (k), une divifion, qui m'eft échapée, puis, de fon côté antérieur, une autre dans le deffous d'(f), après quoi, fe flèchiffant vers la 11e Divifion, elle fe partage en deux, & pénètre dans le deffous poftérieur d'(f).

DE fon côté antérieur, Δ produit une *cinquième branche* *, laquelle, après avoir introduit un rameau dans le deffous d'(f), *fort* † d'entre (f) & (g), & s'infère dans le deffous d'(e).

A l'oppofite, à même hauteur, Δ pouffe une *fixième branche* *, qui plonge d'abord trois rameaux dans la graiffe, un qua-

C c c

trième

---

*Fig. 2, 3, 4. N. 5.

*Fig. 5. N. 1.

†Fig. 5. N. 2.

§ Fig. 4. N. 2. X.

Cinquième Branche. *Fig. 4. N. 2†.

†Fig. 3. N. 2†.

Sixième Branche. *Fig. 4. N. 6.

trième dans la peau, &, se fléchissant vers (n), finit dans le dessus de ce muscle.

Septième Branche.
* *Fig*. 3, 4.
N. 3†.

CETTE Branche est suivie, à l'autre côté, d'une septième, qui, après avoir fourni, de son devant, *un rameau* *, lequel, sortant d'entre (f) & (g), se disperse dans le dessous d'(e) & le dessus de (g), se fléchit par dessus sa tige vers la région postérieure de l'Anneau, fait-encore sortir, d'entre (f) & (g), un second, un troisième, & un quatrième rameau, dont le *premier* † s'éparpille dans le dessous de (c), & donne, par une ramification, dans le dessus d'(f), le *suivant* § se jette dans le dessus de (g), & m'a paru servir aux nerfs à cet endroit, & le *dernier* * va se repandre dans le dessous d'(a) & dans le côté de (c). Après quoi, cette branche se distribue, d'un côté, sous (f) & (g), à ces muscles, &, de l'autre, sous (g), à ce muscle & aux nerfs.

† *Fig*. 3, 4.
N. 4†.
§ *Fig*. 3, 4.
N. 5†.

* *Fig*. 3, 4.
N. 6†.

Huitième Branche.
* *Fig*, 5. N. 8.

SOUS (g), la même tige fournit, de son devant, une *huitième branche* *, laquelle pousse, dès son origine, un premier rameau vers l'inférieure; ce rameau, après avoir passé sous (i), se fourche à l'autre côté de ce muscle, & sa *ramification antérieure* † va, vers le devant de l'Anneau, se perdre, près de l'inférieure, dans la graisse & dans la peau. Son *autre ramification* § s'insère dans le dessous d'(a).

† *Fig*. 3, 5.
N. 2. ††.

§ *Fig*. 3, 5.
N. 1. ✕.

ENSUITE cette branche glisse, du même côté, un second, &, de l'opposite, un troisième rameau dans le dessous de (g), puis elle va aboutir à l'attache postérieure d'(i) de l'Anneau précèdent.

Neuvième Branche.
* *Fig*. 2, 5.
N. 9.

DE son devant, △ pousse une *neuvième branche* *, qui lâche,

che, de fon côté fupérieur, un *premier rameau* † dans le bord   † *Fig.* 2. N. 1.
inférieur d'(a); produit, à l'oppofite, un *fecond* §, qui s'atta-   § *Fig.* 2, 5.
che au nerf de la feconde paire du penultième ganglion, &   N. 2.
va fournir à ce ganglion même; jette deux ou trois rameaux
très petits dans la peau; & fe termine, à la partie antérieure
de l'Anneau, dans la graiffe qui couvre l'inférieure.

PRÈS de l'endroit où cette tige s'abouche avec la pareille   Dixième
du côté oppofé, elle envoye, vers la région poftérieure de   Branche.
l'Anneau, une *dixième branche* *, qui donne d'abord deux ra-   * *Fig.* 2, 5.
meaux très petits à la graiffe, en repand un *troifième* † plus   N. 10.
grand fur le deffus d'(a), & finit dans la graiffe qui couvre   † *Fig.* 2, 5.
l'inférieure vers la 11e. Divifion.   N. 3.

ENFIN, foulevant cette Tige, on decouvre, qu'immédiate-   Onzième
ment âprès la fixième branche, elle porte, de fon deffous, une   Branche.
branche peu confidérable à la graiffe grenée & à la graiffe commune qui l'environne.

Bronches détachées du dixième Anneau.

ENTRE la 10e. Divifion & le ftigmate, la Trachée-Artère   Première
pouffe, de fon deffus, deux bronches pareilles à celles des   & feconde
3 Anneaux précédens. La *première* * entre dans le deffous   Bronches de-
                                                                     tachées.
du θ antérieur; l'*autre* † dans le deffous du θ poftérieur, & dans   * *Fig.* 3. X.
la graiffe à cet endroit.   † *Fig.* 3. ✛.

LE ftigmate en produit une *troifième* * fous le bord anté-   Troifième
rieur de la tige dorfale Σ. Elle infère une branche dans le def-   Bronche de-
                                                                     tachée.
fous du θ poftérieur, une autre dans le deffus d'E, & une troi-   * *Fig.* 3. T.
fième dans la graiffe fous la Trachée-Artère.

Ccc 2   SOUS

Quatrième
Bronche dé-
tachée.
*Fig. 4. +.

Cinquième
Bronche dé-
tachée.
* Fig. 4. X.

Sixième
Bronche dé-
tachée.
*Fig. 5. +.

Septième
Bronche dé-
tachée.
* Fig. 6. +.

Huitième
Bronche dé-
tachée.

†Fig. 6. N. 1.

§Fig. 6. N. 1†.

*Fig. 6. N. 2†.

‡Fig. 6. N. 3†.

Sous cette bronche, il en a une *quatrième* *, dont la première branche donne dans la graisse, la seconde dans le dessous d'F, & la troisième, passant sous E, fournit à ce muscle, & va, sous l'extrêmité antérieure d'F, se plonger dans la graisse & dans la peau.

A côté de cette bronche, une *cinquième* * se ramifie dans le dessous du θ postérieur, près de son attache supérieure, & dans la graisse.

Celle-ci est suivie d'une *sixième* *, qui se fourche peu après. Sa branche antérieure, s'introduisant sous H, livre un 1.^r rameau à F, un second & un troisième à H, & se termine à l'attache supérieure du θ postérieur & dans la graisse. L'autre branche se fléchit vers β, repand, chemin faisant, quatre rameaux dans la graisse, & finit dans ce dernier muscle.

Sous la Trachée-Artère, le stigmate envoye, de son devant, *une petite bronche* * à la graisse voisine.

Sous la Tige Γ, il pousse, vers l'inférieure, une fort grande *bronche*, qui produit successivement, de son côté postérieur, cinq branches, dont la *première* †, qui en sort, tout près du stigmate, porte, de son bord inférieur, sous ε, *un rameau* §, qui donne à ce muscle, & s'enfonce entre les ζ dans la graisse. Cette branche ensuite passe sous la Trachée-Artère, s'y partage en deux autres rameaux, dont l'*inférieur* *, après avoir laissé une ramification à la graisse, se repand dans le dessus d'ε. Le *supérieur* † fournit à la graisse deux ou trois ramifications, & se termine dans le dessous de β.

LA

La *seconde branche* §, plus grande encore que la première, pouffe, de fon côté inférieur, deux rameaux, dont le premier entre dans le deffous d'(m), & le fecond s'enfonce dans le pli que fait la peau à cet endroit, & s'y ramifie dans la graif-fe & dans la peau. Enfuite elle s'introduit fous ε, &, après a-voir lâché un rameau à ζ, elle va, dans le même pli, fe dif-tribuer à la graiffe & à la peau. §*Fig.* 6. N. 2.

La troifième branche eft très petite; elle ne m'a paru don-ner que dans la graiffe.

La *quatrième branche* *, affez forte, s'infère dans le def-fus & le deffous d'(n), & dans la graiffe & la peau fous ce mufcle. **Fig.* 6. N. 4.

La *cinquième* †, plus deliée, après avoir perdu un ou deux rameaux dans la graiffe, fe flèchit vers les (r), & s'infinue dans le deffous de ces mufcles. †*Fig.* 6. N. 5.

Cette bronche enfuite finit par deux autres branches, dont *l'antérieure* § fe gliffe dans le deffous de (g), vers fa premiè-re attache, & dans la graiffe & la peau à cet endroit. L'*au-tre branche* * fert à (m), & à la peau & la graiffe fous ce mufcle. §*Fig.* 6. N. 6. **Fig.* 6. N. 7.

Quand on a coupé la huitième bronche, près du ftigmate, on voit qu'elle y produit, de fon deffous, une branche affez forte, qui n'a pû être repréfentée, laquelle, fe portant vers la 10ᵉ. Divifion, s'engage dans le pli que fait la peau fous les α, où elle s'infère dans la graiffe, dans la peau, & dans le def-fous de ces mufcles.

Ccc 3

De-

Neuvième
Bronche de-
tachée.
*Fig. 6. X.

Dixième
Bronche de-
tachée.
* Fig. 6. X.

Onzième
Bronche de-
tachée.
* Fig. 5. X.

Douzième
Bronche de-
tachée.
* Fig. 3. ⊥.
† Fig. 3. N. 1.
§ Fig. 3. N. 2.

* Fig. 2, 3.
N. 3.

† Fig. 2, 3.
N. 4.

§ Fig. 3. N. 5.

Treizième
Bronche de-
tachée.

* Fig. 6. ⊤.

† Fig. 6 N. 1.

DEVANT cette bronche, le stigmate en pousse *une petite* *, qui va se repandre dans le postérieur des (r).

A côté de la neuvième bronche, le stigmate en porte une *dixième* *, assez petite, à la graisse & la peau près des attaches latérales d'(r).

A la hauteur de β, la Trachée-Artère envoye, de son dessous, du côté de l'inférieure, *une petite bronche* * dans β.

UN peu au-dessous de l'Anneau charnu, il en sort, du côté de l'inférieure, *une fort grande* *, qui, tout près de la Trachée-Artère, jette d'abord *une petite branche* † dans le dessous de δ, &, un peu plus avant, une *seconde* §.

DE son opposite, elle fournit une *troisième branche* *, laquelle se réunit avec la cinquième branche du nerf de la première paire du ganglion de l'Anneau suivant, & va ensuite se disperser dans le dessus de ζ, par les ramifications de deux rameaux, dans lesquels elle se partage. De son dessus, une *quatrième branche* † entre dans le dessous de (d). Ensuite cette bronche passe sous (ff), envoye, de son côté postérieur, une *cinquième branche* § dans le dessous postérieur d'(e), & se termine par une bifurcation, dont les deux branches vont se ramifier dans les (y).

UN peu devant les θ de la 11ᵉ Division, la Trachée-Artère pousse, de son dessous, une bronche assez grosse, qui produit, près de son origine, *une branche* *, divisée en quatre rameaux, dont les deux postérieurs se repandent dans l'aile du cœur, & les deux autres m'ont semblé fournir à E; puis s'a-

van-

vançant vers la 10ᵉ. Diviſion , cette bronche envoye , du côté de l'inférieure, une *ſeconde branche* § dans la graiſſe & dans le deſſus de ζ; après quoi, elle ſe *fourche* *, & finit, par l'une & l'autre de ſes branches, dans la graiſſe, dans la peau, & dans le deſſous ſupérieur de δ.

§ N. 2.

* *Fig.* 6.
N. 2. X.

A même hauteur, la Trachée-Artère pouſſe , de ſon deſſous, vers l'inférieure, une *quatorzième & dernière bronche* *, qui va, ſous ζ, s'introduire dans le deſſous de ce muſcle, dans la graiſſe, & dans la peau.

Quatorzième Bronche detachée.
* *Fig.* 6. ⊥.

Bronches que la Trachée - Artère produit entre la onzième & la douzième Diviſion.

ON trouve , entre la 11ᵉ & la 12ᵉ Diviſion, 15 Tiges; 4 Viſcèrales, א, ב, ג, ד; 7 Dorſales, Θ, Λ, Π, Σ, Υ, Φ, Ψ; 2 Gaſtriques, Γ, Δ; 12 Bronches detachées, & deux Tiges ה & Ω, que je nommerai finales, parceque c'eſt par elles que la Trachée-Artère ſe termine. Ces Tiges & Bronches ſont les dernières de celles qui reſtent à examiner au Corps de la Chenille.

LA Tige gaſtrique Γ, qui eſt l'antérieure de toutes celles du 11ᵉ Anneau, donne d'abord, de ſon devant, *deux branches* * au poſtérieur des θ.

Onzième Anneau. Tige Gaſtrique. Γ.
Première & ſeconde Branches.
* *Fig.* 2.
N. 1, 2.

DEUX autres partent de ſon oppoſite , dont l'*antérieure* * fournit au nerf par où la bride épinière communique à cet endroit avec le nerf de la première paire , & *l'autre* † ſe livre à (d).

Troiſième & quatrième Branches.
* *Fig.* 2. N. 3.
† *Fig.* 2. N. 4.

DE

Cinquième
Branche.
*Fig. 3. N. 5.

Sixième
Branche.
*Fig. 3. N. 6.

Septième
& huitième
Branches.
*Fig. 2.
N. 7, 8.

Neuvième,
dixième &
onzième
Branches.

Onzième
Anneau.
Première
Tige Viscè-
rale. א.
Première
Branche.
*Fig. 1.

Seconde
Branche.

Troisième
Branche.
*Fig. 1.

De son dessous, Γ envoye, sous θ, une *cinquième branche**, qui passe sur les α, leur laisse deux rameaux, &, s'introduisant sous ζ de l'Anneau précèdent, s'insère dans le postérieur des (y).

A côté de celle-là, il en sort une *sixième* *, qui se repand dans (r), dans la graisse voisine, & porte, sur le dessus de l'attache antérieure d'(h), un rameau qui se distribue à ce muscle & à (ff).

Ensuite la même tige lâche, de son côté antérieur, une *septième* * & une *huitième branche* * à l'attache commune de (d) de cet Anneau & du précèdent.

De l'opposite, une très petite branche à (b), &, de son côté antérieur, deux autres extrêmement petites, à l'attache commune où le (b) de cet Anneau, & celui de l'Anneau précèdent, se rencontrent; puis quittant les muscles vers (c); elle se réunit à la bride épinière, remonte le long de cette bride, & on l'y perd de vuë.

Le Tronc des Bronches viscèrales du dernier stigmate se partage en quatre tiges.

L'une de ces Tiges א se divise en trois branches, dont celle N. 1. * se plonge dans l'Etui graisseux par deux rameaux. Celle N. 2. pourvoit au troisième gros intestin, vers son extrêmité postérieure, & aux muscles obliques par où il tient au dernier Anneau. Celle N. 3. * se ramifie sur ce même intestin, un peu devant la seconde branche, & ces trois branches donnent en même tems aux intestins grêles.

La

LA *Tige* ב * fe partage auffi en trois branches, dont l'an-térieure m'a paru fe perdre dans l'Etui graiffeux, & les deux autres entrent dans la partie poftérieure du troifième gros in-teftin.

ג * produit cinq branches, dont les *deux premières* * fe dif-tribuent au troifième gros inteftin, entre fa latérale & fon infé-rieure, & aux inteftins grêles. La *troifième* † fe livre toute entière à l'Etui graiffeux. La *quatrième* §, fe fourchant, fert, par l'un de fes rameaux, au troifième gros inteftin, &, par l'au-tre, aux inteftins grêles. La *cinquième* * s'éparpille fur les mêmes inteftins.

LA Tige ד fe divife en trois branches, qui, toutes trois, à diverfes diftances, s'inferent dans la partie moyenne du troifiè-me gros inteftin, du côté de fa Ligne fupérieure, & fournif-fent en même tems aux inteftins grêles, & aux nerfs à cet en-droit.

QUAND on a enlèvé l'aile du cœur, on met à decouvert cinq Tiges, qui fe font repandues, par nombre de branches, dans cette aile. On les voit repréfentées *Fig.* I., quoiqu'un peu confufement, à caufe de leur quantité.

LA *première de ces Tiges* ⊙ * eft la moins grande. Elle paffe fur les deux θ, & fe dirige vers l'attache antérieure de C. Près de fon origine, elle donne *une branche* * à la bride épinière, qui entre à cet endroit dans l'aile du cœur, en in-troduit plus avant une autre dans le deffus de C. Le refte de cette Tige s'engage dans l'aile & dans fa graiffe.

LA

Seconde Tige Dorſale. **A.**
Fig. 1.

La *ſeconde Tige* A *, tant ſoit peu plus grande que la première, ſe réunit avec elle en un tronc commun ; elle jette le
rameau d'une de ſes branches dans le côté d'A ; paſſe une autre branche ſous A, qui pénètre, par quelques petits rameaux,
dans le deſſous de ce muſcle , & ſe ramifie enſuite dans le
deſſous antérieur de D, & dans la graiſſe qui eſt ſous D. Le
reſte de la Tige ſe diſperſe dans l'aile du cœur , & dans ſa
graiſſe.

Première
Branche.
Seconde
Branche.

Troiſième
Tige Dorſale.
П.
Fig. 1.
Première
Branche.

La *troiſième Tige* П *, qui eſt ſeule du moins auſſi grande
que les deux précèdentes enſemble, lâche, près de ſon origine,
de ſon côté poſtérieur, une branche dans le deſſus moyen de
C, dans le côté de B, & dans le deſſus & le deſſous d'A, inſère trois ou quatre autres branches dans l'aile du cœur, &, ſe
portant vers le cœur même, elle ſe partage en deux à la rencontre de D, & chacune de ſes branches donne , par un rameau, dans le deſſous de D, &, par un autre, dans le deſſous
de G , après quoi , l'une & l'autre de ces branches entrent
dans la tunique du cœur même , & dans la graiſſe qui l'enveloppe.

2 . . . 5.
Branches.

Sixième &
ſeptième
Branches.

Quatrième
Tige Dorſale.
Σ.
Fig. 1.

La *quatrième Tige* Σ *, encore plus groſſe que la précèdente, ſe réunit en un tronc commun avec la cinquième, d'où
elle ſe porte en droiture vers la ſupérieure , & s'y abouche a-
vec ſa pareille, qui part du ſtigmate oppoſé.

3 Branches.

De ſon côté poſtérieur elle repand deux ou trois branches,
aſſez menues, dans l'aile du cœur. De l'oppoſite, elle partage
une petite branche à C & à B, en fournit une autre pareille

Quatrième &
cinquième
Branches.

à

à A, &, fur A, elle en envoye *une* *, derrière D, dans le deſ- | Sixième Branche. *Fig. 1. N. 1.
fous de D & de G, & dans le nerf de ce dernier muſcle, in-
troduit un rameau dans I, fous lequel elle ſe termine dans la
graiſſe & dans la peau.

SUR D, cette tige pouſſe encore, de ſon côté poſtérieur, une | Septième Branche.
branche, qui s'enfonce derrière ce muſcle, & va, dans la ré-
gion poſtérieure de l'Anneau, pourvoir à Q, & à la graiſſe
& la peau.

ENSUITE cette Tige diſparoit ſous le cœur, & y livre, de | Huitième Branche.
ſon côté antérieur, une dernière branche dans la peau & dans
la graiſſe, vers la région moyenne de l'Anneau, & cette branche ſert encore à I; après quoi, la Tige s'abouche, ſous le
cœur, avec la pareille du ſtigmate oppoſé, & l'endroit de leur
rencontre eſt marqué d'un cercle jaunâtre, que l'on emporte
aiſément, quand on fait paſſer un poil très fin d'une tige dans
l'autre.

LA *cinquième Tige* Υ *, qui eſt la plus grande de toutes ces | Cinquième Tige Dorſale. Υ. *Fig. 1, 2.
dorſales, deſcend obliquement dans l'Anneau ſuivant.

A la rencontre de C du 11ᵉ. Anneau, il ſort, de ſon devant, | Première Branche. *Fig. 1. N. 11.
une *première branche* *, qui jette, de ſon côté antérieur, un ra-
meau dans le deſſous de B, un ſecond dans le deſſus d'A,
de ſon deſſous, un troiſième dans le deſſous du même muſcle,
& le reſte de cette branche, ainſi que les deux branches ſuivan- | Seconde & troiſième Branches.
tes, que cette tige porte du même côté, s'engagent dans la
dernière aile du cœur.

A la 12ᵉ. Diviſion, cette Tige ſe partage, ſur C, en deux bran-

Ddd 2

ches,

Quatrième
Branche.
* *Fig.* 1, 2.
N. 1.

ches, dont l'antérieure passe, de son devant, entre B & A de la partie antérieure du 12ᵉ Anneau, un *premier rameau**, qui se distribue tout entier à cette partie, y donnant d'abord, par une ramification, dans la graisse, par une seconde dans le dessous de D, par une troisième encore dans la graisse, par une quatrième dans le dessous d'A, & puis finissant, sous D, dans la graisse & dans la peau.

* *Fig.* 1.
N. 2, 3, 4.

CE rameau est suivi, du même côté, d'un paquet de *trois autres* *, qui s'insinuent dans la dernière aile du cœur, dans son canal, & dans sa graisse.

* *Fig.* 2. N. 5.

SOUS ces rameaux il s'en trouve un *cinquième* *, plus épais, qui s'enfonce entre B & A de la partie antérieure du dernier Anneau, à laquelle il se livre tout entier, jettant d'abord, de son dessus, une 1ᵉ & 2ᵉ ramification dans le dessous d'A, puis s'introduisant entre F & D, où il se fourche, & sa ramification antérieure entre, par une division, dans le dessous d'A, par une seconde dans le dessous postérieur de D, par une troisième dans le dessus antérieur de G, par une quatrième dans le dessous du même muscle, sous lequel elle va enfin se terminer dans la graisse & dans la peau. Son autre ramification se distribue à la graisse & à la peau sous H.

A l'opposite, à même hauteur, cette branche repand un

* *Fig.* 1. N. 6.

sixième rameau * sur le sac fœcal. De son devant un *septiè-*

† *Fig.* 1. N. 7.

me † dans le bord postérieur de la dernière aile du cœur.

* *Fig.* 1. N. 8.

DE l'opposite un *huitième* * sur le sac fœcal. Et, enfin, se

† *Fig.* 1. N. 9.

flêchissant † vers l'inférieure, elle y finit en se ramifiant sur le même sac.

L'AU-

L'autre des deux branches, dans lesquelles cette cinquiè- Cinquième
Branche.
me tige se partage, est plus grande que l'antérieure. Elle pousse d'abord, de son côté postérieur, un *premier rameau* *, qui, **Fig.* 1. N. 1f.
passant par dessus cette branche, se fléchit vers le sac fœcal,
& s'insère dans son côté.

A même hauteur, de son dessous, un *second* *, qui, après avoir **Fig.* 2. N. 2.
répandu une ramification sur le dessus de B & de C de la
partie antérieure du dernier Anneau, s'enfonce entre ces deux
muscles, & va, sous C, s'engager dans un plexus de nerfs, qui
se trouve à cet endroit, & communiquer quelques ramifications
à la graisse.

Ensuite cette branche se porte, par un mouvement circonflexe, vers la subdivision du dernier Anneau, &, près de
l'attache postérieure de C, elle disparoit sous la partie de la tunique du sac fœcal, qui couvre les jambes postérieures.

Avant d'y parvenir, elle produit, de son côté supérieur, un
troisième rameau *, qui glisse d'abord, de son devant, une pre- **Fig.* 2. N. 3.
mière ramification dans le dessus de C, passe entre B & C,
porte deux autres ramifications dans le dessous de B, & va
s'introduire dans les nerfs de cet endroit, & dans H.

A l'opposite, à même hauteur, elle partage un *quatrième rameau* * à E & à C. **Fig.* 2. N. 4.

Un peu plus avant, elle laisse, de son côté supérieur, un *cinquième rameau* *, fort petit, au nerf qui passe à cet endroit. **Fig.* 2. N. 5.

Puis elle en fournit un *sixième* *, assez fort, qui se fléchit **Fig.* 2. N. 6.
vers le côté opposé, passe sur la branche qui l'a produit, &,

Ddd 3   s'ens'enfonçant entre C & E, ne m'a paru se ramifier que dans la peau, à la subdivision du dernier Anneau.

Fig. 2. N. 7.   CE rameau est suivi, du même côté, d'un *septième* *, assez petit, qui s'étend sur le sac fœcal.

APRÈS avoir poussé ces sept rameaux, la branche se coule, comme il a été dit, sous la tunique du sac fœcal, y produit un

Fig. 2. N. 8.   *huitième rameau* *, qui, paffant fur les *α* de la partie postérieure du dernier Anneau, près de leurs attaches antérieures, s'y repand fur C.

UN peu plus bas, & à l'oppofite, elle a un *neuvième ra-*

Fig. 2, 3.   *meau* *, qui donne aux *α*, derrière C, & au nerf qui s'intro-
N. 9.   duit fous *ε*.

APRÈS celà, la branche se coule fous *α*, & s'y fepare en

Fig 3. N. 10.   deux rameaux, dont le *plus latéral* * fe termine par deux ramifications, desquelles l'inférieure entre dans la peau qui borde le côté antérieur de la jambe, & fournit en même tems à *γ* & à *ε*. La fupérieure va fe difperfer dans la face intérieure de l'onglet qui couvre l'anus, & dans le *γ*, qui y a fon attache.

Fig. 3. N. 11.   L'*autre rameau* *, le plus grand des deux par où cette branche finit, envoye d'abord, de fon devant, dans le deffous des *α*, du côté de leurs attaches antérieures, *deux ramifications* †, qui fe repandent en même tems dans la peau à cet endroit, &

† *Fig. 3.*   dont la poftérieure fert encore à E. Il en jette, de l'oppofi-
N. 1†, 2†.   te, une troisième & une quatrième fur les *ε*; enfuite il fe fourche, & fa *ramification poftérieure* § paffe, d'un côté, dans le

§*Fig. 3. N. 5†.*

defdeſſous d'A & de B, &, de l'autre, dans la face intérieure de l'onglet qui couvre l'anus, & dans γ. L'*autre ramification* * remonte juſqu'au point où la ſubdiviſion de l'Anneau & la ſupérieure s'entrecoupent, & donne, chemin faiſant, par une diviſion, dans le deſſous de B, par une autre, dans le deſſous antérieur d'α, par une troiſième, dans le deſſous d'A & de B, vers leurs attaches antérieures; après quoi, elle ſe termine à la peau, près de l'endroit où la ſupérieure croiſe la ſubdiviſion du dernier Anneau.

**Fig. 3. N. 6*.*

Sous la ſeconde tige dorſale A, le ſtigmate en produit une *ſixième* Φ *, qui tend vers la ſupérieure, en s'approchant un peu de la 11e Diviſion. D'abord elle ſe coule ſous C; mais, avant d'y paſſer, elle lâche, de ſon côté antérieur, une *première branche* † dans le deſſous de ce muſcle. Sous C, cette tige ſe partage en trois autres branches, dont l'*intermédiaire* § paſſe ſur celle qui précède, ſe porte vers la Diviſion antérieure de l'Anneau, & envoye un premier rameau dans le deſſous de B, puis, diſparoiſſant entre A & G, elle en introduit deux autres dans le deſſous d'A, & va enſuite s'inſérer dans D. Les *deux autres branches* * paſſent ſous G, & l'antérieure ſe ramifie dans le deſſous de ce muſcle, dans la graiſſe, & dans la peau. La *poſtérieure* † ſe plonge preſque toute dans le deſſous moyen de G, & y fournit quelques petits rameaux à la graiſſe.

Sixième Tige Dorſale. Φ.
** Fig. 2, 3, 4.*

Première Branche.
† *Fig. 2. N. 1.*

Seconde Branche.
§ *Fig. 2. N. 2.*

Troiſième Branche.
** Fig. 2, 3, 4. N. 3, 4.*
Quatrième Branche.
† *Fig. 2, 3, 4. N. 4.*

A l'endroit où les Tiges Σ & Υ ſe réuniſſent, leur tronc commun diſtribue, de ſon côté antérieur, au penultième Anneau, une ſeptième Tige Ψ, aſſez petite.

Septième Tige Dorſale. Υ.

PRÈS

Première
Branche.
*_Fig._ 2.
N. 1. ⟙.

Seconde
Branche.
*_Fig._ 2.
N. 2. ⟙.

Troisième
Branche.
*_Fig._ 3, 4.
N. 3. ⟙.
Quatrième
Branche.
†_Fig._ 3, 4.
N. 4. ⟙.
Cinquième
Branche.
§_Fig._ 4. N. 5.
Sixième
Branche.
*_Fig._ 4, 5.
N. 6.
Septième
Branche.
†_Fig._ 5. N. 7.
Huitième
Branche.
§_Fig._ 4, 5.
N. 8.
Onzième
Anneau. Se-
conde Tige
Gaſtrique. Δ.
Première
Branche.
*_Fig._ 2. N. 1.

Pʀᴇ́s de ſon origine elle produit, de ſon côté poſtérieur, une _première branche_ *, qui entre ſous C, lui donne un rameau, en repand un ſecond dans le deſſus de G, un troiſième dans le deſſous de C & le deſſus d'F, vers leur extrêmité, & finit dans l'attache poſtérieure d'I.

A l'oppoſite, à même hauteur, Ψ pouſſe une _ſeconde branche_ *, qui, après avoir pourvu aux nerfs, ſe termine, par un rameau, dans le deſſus d'L, &, par un autre, dans le deſſus d'E.

Dᴇ ſon autre côté, il en ſort une _troiſième_ *, qui, paſſant entre F & G, s'introduit dans le deſſous de G.

Dᴇ ſon devant, cette tige donne, par une _quatrième branche_ †, dans le deſſus d'L, & une _cinquième_ § dans le deſſous de G, dans le deſſus d'L, & dans la graiſſe.

Dᴇ l'oppoſite, elle envoye une _ſixième branche_ * à la graiſſe ſous R, une _ſeptième_ † dans le deſſous de ce muſcle, &, enfin, elle _finit_ § dans le deſſous de G.

Lᴀ Tige gaſtrique Δ, de cet Anneau, pouſſe d'abord, vers la dernière Diviſion, _une branche_ *, qui entre, par un premier rameau, dans le deſſous de (d) & dans le côté d'(ff); par un ſecond, dans le deſſous de (d) & de (b); par un troiſième, dans un nerf qui ſe trouve à la 12ᵉ Diviſion; puis elle ſe termine par deux autres rameaux, dont l'antérieur, après avoir fourni une ramification à (d), ſe gliſſe dans le deſſus de (b). Le poſtérieur ſe fourche, & l'une de ſes ramifications jette un filet dans le deſſus de (d), & va ſe repandre ſur

l'enl'endroit où (e) du 11ᵉ Anneau , & (c) du 12ᵉ se rencontrent.

L'AUTRE ramification s'insère dans les ζ.

DE son dessus, Δ produit une *seconde branche* *, qui se partage, peu après, en deux rameaux, dont le premier, se fourchant, introduit sa ramification antérieure dans le dessous de (d). Son autre ramification, après s'être divisée en deux, entre, par l'une de ses divisions, dans le dessous de (d), & dans le côté d'(e), &, par l'autre, dans le dessus d'(ff) & d'(e). *[Seconde Branche. *Fig. 2 N. 2.]*

LE dernier des deux rameaux finit par trois ramifications, lesquelles servent aux nerfs qui se mêlent avec elles, & l'antérieure s'engage de plus dans le dessus d'(e), l'intermédiaire dans le dessous de (b), & la postérieure dans le dessous d'(e).

ASSEZ près du stigmate, la Tige fournit, de son devant, une *troisième branche* *, qui passe sous (ff), envoye, de son côté postérieur, un filet à la graisse grenée, & partage, de son opposite, *un rameau* † à (h) & à (f); se separe ensuite en deux, & son rameau *antérieur* § envoye une première ramification dans le dessous d'(f), en donne une seconde à (f), à (1), à la peau, &, sortant d'*entre* (f) & (g) *, il va se repandre dans le dessous antérieur d'(e) & de (c). Le *rameau postérieur* †, après avoir inséré une ramification dans le dessous d'(f), se fourche, & sa ramification antérieure introduit une division dans le dessous d'(f), puis, sortant d'*entre* (f) & (g) §, va se plonger dans le dessous de (b); l'autre rami- *[Troisième Branche. *Fig. 4. N. 3. † Fig. 4. N. 1. § Fig. 4. N. 2. *Fig. 3. N. 2. †Fig. 4. N. 3. §Fig. 3. N. 3.]*

E e e

ramification, se fléchissant vers la tige, passe sous la septième branche, se coule sous (g) & (i), & s'y mêle avec la graisse.

U n peu plus avant, elle produit, à l'opposite, une *quatrième branche* *, &, tout joignant celle-là, une *cinquième* †, qui disparoissent avec la tige même sous (h) & (f).

L a première de ces deux branches, descendant obliquement vers la partie postérieure de l'Anneau, pousse, de son côté supérieur, *un rameau* §, qui, descendant vers la dernière Ligne, sort *d'entre* (h) *&* (f) * par trois ramifications, dont il repand la postérieure dans le dessous d'(e), & les deux autres dans le muscle (c); puis la branche se fléchit vers l'inférieure, fournit, de son opposite, un second rameau, qui donne, par un filet, dans le dessus d'(h), & entre, du reste, dans celui d'(f), &, plus avant, elle se termine par deux rameaux, dont le postérieur se jette dans le dessous d'(f). L'autre, passant sur (p), se distribue à (p) & à (i).

L a *seconde* * de ces deux branches, plus inclinée vers l'inférieure que la précèdente, a successivement, de ce même côté, trois rameaux, dont le premier, par dessus la tige △, s'infère dans le dessous moyen d'(h) & d'(f).

L e second se fléchit vers le devant de l'Anneau, & s'engage, par une fourche, dans (n); le troisième se ramifie dans la graisse & dans la peau.

D e son dessous, elle en porte un quatrième à la peau vers la 12ᵉ Division; après quoi, elle va elle même finir, vers cette Division, dans la peau & dans (p).

A

Quatrième Branche.
* *Fig. 4. N. 4.*
† *Fig. 4. N. 5.*

§ *Fig. 4. N. 1.*
* *Fig. 3. N. 5* †.

Cinquième Branche.
* *Fig. 4. N. 5.*

A l'oppofite, il fort, de △, une *fixième branche* *, peu con-fidèrable, qui s'introduit dans le deffous d'(f).

Sixième Branche. * *Fig.* 4, 5. N. 6.

CETTE branche eft de près fuivie d'*une plus grande* *, qui, après avoir envoyé un premier rameau dans le deffous de (g), fe termine, vers la 11ᵉ Divifion, dans le deffous de ce mufcle & à la peau.

Septième Branche. * *Fig.* 4, 5. N. 7.

A l'oppofite, à même hauteur, cette Tige envoye deux ra-meaux d'une *huitième branche* * dans le deffous de (g); puis cette branche fort d'*entre* (g) & (f) †, & va pénetrer dans le deffous de (c).

Huitième Branche. **Fig.* 4. N. 8. †*Fig.* 3. N. 4.

SOUS cette branche on en voit une *neuvième* *, qui lâche, du côté de la latérale, un premier rameau, fous (i), dans la graiffe. De l'oppofite, elle en produit un fecond, qui s'eft trouvé rompu; plus avant, elle communique avec la branche inférieure du nerf de la 1ᵉ paire du dernier ganglion, & en-fuite elle fe perd, dans la graiffe & dans la peau, entre (i) & la latérale.

Neuvième Branche. **Fig.* 5. N. 9.

SOUS (i), △ pouffe, de fon devant, une *dixième branche* *, qui fe fourche, & fon rameau le plus latéral fe repand dans la graiffe & dans la peau, aux environs de l'attache antérieu-re d'(i); fon autre rameau donne dans la graiffe & dans le côté inférieur d'(a).

Dixième Branche. **Fig.* 5. N. 10.

ENSUITE cette Tige, différente en celà des Tiges △ des fix Anneaux précèdens, ne s'abouche point avec la tige pareil-le du ftigmate oppofé; mais finit par une bifurcation, dont la *branche antérieure* * s'attache à l'inférieure des deux dans lef-

Onzième Branche. **Fig.* 1, 2, 3, 4, 5. N. 11.

E e e 2

quel-

quelles le nerf de la 1ᵉ paire du dernier ganglion se partage à son origine, & sans se ramifier cette branche monte le long de ce nerf jusqu'au ganglion, & s'y introduit.

L'*autre branche* * se distribue à la graisse & à la peau vers la Ligne inférieure.

Douzième
Branche.
* *Fig.* 2, 3,
4, 5. N. 12.
Treizième
Branche.

En coupant cette tige près du stigmate, j'ai vu qu'à la hauteur de la quatrième branche, elle en pouffoit, de son deffous, une peu confidèrable, qui, se gliffant fous (n) & β, y fourniffoit, par quelques rameaux, à la peau & à la graiffe; mais son extrêmité s'étant trouvé rompue, je n'ai point vû où elle aboutiffoit.

Bronches detachées du onzième Anneau.

Première
& feconde
Bronches de-
tachées.
* *Fig.* 3. X.
†*Fig.* 3. +.

Les deux premières bronches, que la Trachée-Artère produit, de son deffus, entre le stigmate & la 11ᵉ Divifion, font pareilles à celles de l'Anneau précèdent; l'*antérieure* * s'engage dans le deffous du premier des mufcles θ, & l'*autre* † dans celui du fecond.

Troifième
Bronche de-
tachée.
* *Fig.* 3. T.

Entre la Trachée-Artère & la 1ᵉ Tige dorfale ☉, le stigmate pouffe une *troifième bronche* *, qui jette une branche dans le deffous du θ poftérieur, une autre dans le deffous d'E, & finit, par une troifième, dans la graiffe fous la Trachée-Artère.

Quatrième
& cinquième
Bronches de-
tachées.
* *Fig.* 4. +.
† X.

Sous cette bronche une *quatrième* *, &, à côté de celle-là, une *cinquième* † font le même office que celles, qui, à l'Anneau précèdent, *Fig.* 4., ont les mêmes marques + & X.

Sixième
Bronche de-
tachée.
* *Fig.* 5. +.

Près de la cinquième bronche, le stigmate en a une *fixième* *, qui fe fourche dès son origine. Sa branche antérieure
re

re se portant en avant, va, après avoir donné à F & à H, se terminer dans l'attache supérieure du θ postérieur, & dans la graisse. L'autre branche se fléchit vers β, fournit à la graisse, à H, & à β, &, passant sur ce muscle, va se repandre dans la peau près de l'attache supérieure de β.

Sous la Trachée-Artère, il envoye, de son côté antérieur, une *septième bronche* *, peu considèrable, à la graisse.

Sous Γ, une *huitième* * se partage à (1), à (r), & à la graisse voisine.

Tout près de cette bronche, une *neuvième* *, assez petite, s'insère dans (r).

Sous Δ, le stigmate en produit une grosse, qui se divise d'abord après en deux branches, dont l'antérieure, se portant vers l'inférieure, passe sous (m), & introduit un *premier rameau* * dans le dessus d'(n), & un *second* †, plus grand, sous (m), dans la peau & dans la graisse, puis, *se recourbant* § vers les (r), elle se ramifie dans leur dessous.

L'*autre branche* * va sous (m), lui fournir un premier rameau, & un second à la graisse, plus loin un troisième à la graisse sous (y), &, se coulant sous ζ, (m) & (y), elle pénètre dans leur dessous.

De dessous cette bronche, le stigmate en jette, sous les (r), une *onzième* *, qui distribue quelques petites branches à ces muscles, sous lesquels elle s'éparpille, du reste, dans la graisse & dans la peau.

Entre la dixième bronche & la latérale, il en descend une

Septième
Bronche dé-
tachée.
**Fig.* 6. +
Huitième
Bronche de-
tachée.
**Fig.* 5. X
Neuvième
Bronche de-
tachée.
* *Fig.* 6. X
Dixième
Bronche de-
tachée.

**Fig.* 6. N. 1.
†*Fig.* 6. N. 2.
§*Fig.* 6. N. 3.

**Fig.* 6. N. 4.

Onzième
Bronche de-
tachée.
* *Fig.* 6. ++

Douzième
Bronche de-
tachée.

* *Fig. 6.* T .
ne *dernière bronche* * vers la partie poſtérieure de l'Anneau.
Près de ſon origine, elle ſe partage en deux branches, dont

† *Fig. 6.*
N. 1 —.

la plus latérale † donne un premier rameau à M, en lâche un
ſecond, un troiſième, & un quatrième dans le deſſous de β,
& ſe termine enſuite dans la graiſſe & dans la peau, près de
l'attache ſupérieure de ce muſcle.

§ *Fig. 6.*
N. 2 —.

Son *autre branche* § paſſe entre les muſcles ζ & (y), s'y
diſtribüe, & y fournit à la graiſſe.

Tiges finales de la Trachée - Artère.

Douzième
Anneau. Pre-
mière Tige
Finale. ה.

Un peu au - deſſous du dernier ſtigmate, la Trachée - Artère
finit, en ſe partageant en deux Tiges, dont l'une couvre
l'autre.

* *Fig. 1.*

Première
Branche.

Celle qui s'offre la première à la vûe, & que j'ai deſigné
par une *Lettre Hebraïque* ה *, parcequ'elle eſt en partie viſcèrale, pouſſe d'abord, de ſon deſſus, une branche aſſez forte, qui
en cache le commencement.

* *Fig. 1.*
N. 1. X .

Cette branche produit, de ſon bord ſupérieur une *premier
rameau viſcèral* *, qui, ſe diviſant en deux ramifications, en repand les diviſions dans le côté du ſac fœcal.

† *Fig. 1. N.*
2 X , 3 X .

De l'oppoſite, elle envoye *deux rameaux viſcèraux* †, peu
épais, à l'Etui graiſſeux.

Puis elle ſe termine par deux rameaux, l'un viſcèral, l'autre gaſtrique.

§ *Fig. 1. N. 1.*

Le viſcèral, à quelque diſtance de ſon origine, ſe fourche
en trois ramifications, dont l'*intermédiaire* §, plus avant, ſe ſepare en deux, & donne, par l'une de ſes diviſions, dans l'inteſ-

tin

tin grêle voisin, &, par l'autre, à cet endroit, dans la branche du nerf de la seconde paire du dernier ganglion, qui se plonge dans le côté du sac fœcal.

LES *deux autres ramifications* * s'insèrent chacune, par une fourche dans l'Etui graisseux.   *Fig.* 1. N. 2, 3.

LE rameau gastrique tend, par sa direction, vers l'inférieure & vers la 12ᵉ Division. Sur (b), il se partage en deux ramifications, dont *l'antérieure* † jette une division dans le dessus de (c), & finit, par une autre, dans le dessus d'(a) du penultième Anneau. *L'autre ramification* § porte, vers la 12ᵉ Division, une division à (c), & une autre à (a) du même Anneau, aboutissant, à ce dernier muscle, par une troisième.   † *Fig.* 1. N. 4. ✝✝.   § *Fig.* 1. N. 5. ✝✝.

PLUS avant, la Tige ⊓ fournit, de son côté inférieur, une *seconde branche* *, dirigée vers le dernier Anneau, & vers la Ligne inférieure. En rencontrant (b) au dernier Anneau, elle se divise en deux rameaux, dont l'antérieur se subdivise sur (b) en deux ramifications. La *première* †, après avoir donné dans le côté de (b), passe entre (b) & (d), & se repand dans le dessous de (c), & sur la peau. *L'autre ramification* § entre, par une division, dans le dessus de (b), par une autre, dans le dessus d'(e), &, se coulant par une troisième, sous (b), elle m'a paru se livrer à ce muscle.   Seconde Branche. * *Fig.* 1. N. 2. ✝.   † *Fig.* 1, 2. N. 1.   § *Fig.* 1, 2. N. 2.

LE *postérieur* * des deux rameaux de cette branche passe sur les (b) & (a); introduit d'abord une ramification dans le côté d'(a), une ou deux dans les muscles déliés, qui tiennent d'une part au sac fœcal, & de l'autre à la peau, entre la latérale   * *Fig.* 1. N. 4.

rale

rale & l'inférieure, &, après avoir lâché encore deux ramifications à (a), il va fe perdre dans la peau, à l'autre côté de
ce mufcle.

Troifième
Branche.
*Fig. 1. N. 3†.

ENCORE plus avant, la même tige envoye, de fon côté
inférieur, une *troifième branche* *, qui eft vifcèrale, à l'Etui
graiffeux.

Quatrième
Branche.
*Fig. 1. N. 4†.

PLUS bas, & près de la fubdivifion du dernier Anneau, elle pouffe, de l'oppofite, une *quatrième branche* *, encore vifcèrale, qui fe ramifie dans la région fupérieure du fac fœcal.

Cinquième
Branche.
*Fig. 1. N. 5.

PARVENUE à la partie poftérieure du dernier Anneau, elle infere, de fon côté inférieur, une *cinquième branche* * dans
le deffus des (a) de cette partie, & leur laiffe, de fon deffous,

Sixième
Branche.
*Fig. 1. N. 6.

une *fixième branche* *.

Septième
Branche.
*Fig. 1, 2.
N. 7.

ENSUITE elle paffe, entre les feparations des (a), une *feptième branche* *, qui va fe repandre fur les (d) de la partie
poftérieure du dernier Anneau.

APRÈS quoi cette Tige fe coule elle même entre les (a),

Huitième
Branche.
*Fig. 3. N. 8.

& produit, un peu au-delà de la feptième branche, une *huitième* *, qui paffe fous les (d), & va fe plonger dans la peau
du creux de la jambe.

Neuvième
Branche.
*Fig. 3. N. 9.

A l'oppofite, elle y introduit une *neuvième branche* *, puis
elle fe flèchit vers la fupérieure, & y finit par deux branches,

Dixième
Branche.
*Fig. 2. N. 10.

dont *celle* * qui eft la plus écartée de la fupérieure, après s'ê-
tre fourchée, fe ramifie, de part & d'autre, contre la tunique
I, qui eft abatue dans la Figure; mais qui couvre naturellement les mufcles moteurs de la partie poftérieure du dernier
Anneau, & fait partie du fac fœcal.　　　　　　　　　*L'au-*

L'autre branche *, fe dirigeant vers la fupérieure, paffe d'abord un *rameau* † fous les mufcles moteurs de la jambe. Il fe repand au long & au large dans la peau de la cavité de la jambe, & fournit en deffous aux α, après quoi, la branche même va fe diftribuer aux mufcles α, β, & γ.

La *Tige* Ω *, qui eft l'autre des deux par où la Trachée-Artère finit, fe donne toute à la partie antérieure du dernier Anneau. Elle produit, du côté de la fupérieure, tout près de fon origine, un paquet de branches, dont trois, qu'on voit *Fig.* 1., fans être marquées de Chiffres, fe perdent dans la graiffe ; une *quatrième* *, plus longue & vifcèrale, va fe ramifier dans le côté fupérieur du fac fœcal, & quand on a coupé ces quatre branches, comme on l'a fait *Fig.* 2., on voit qu'elle en pouffe encore deux autres, qui fe réuniffent à leur origine, & paffent derrière la tige. *Celle* * de ces deux branches, qui eft la plus tournée vers la Ligne fupérieure, *fe fourche* † & infère une ramification de fon *rameau fupérieur* § dans le côté antérieur d'α, une *autre* dans un nerf de cet endroit; ce rameau enfuite s'introduit entre les divifions de β, & fe termine dans ce mufcle.

L'inférieur * de ces deux rameaux fe livre pareillement à β, & aux nerfs qui font à cet endroit.

L'autre branche *, qui eft la fixième du même paquet, donne d'abord, par un rameau, dans un nerf qui paffe fous les ζ, par un fecond, dans le deffous de ces mufcles, puis elle fe partage en deux rameaux, dont elle en repand l'un dans γ, & l'autre dans la graiffe & la peau fous ce mufcle.

F f f

Après

Onzième Branche. **Fig.* 2. N. 11. †*Fig.* 3. N. 1.

Douzième Anneau. Seconde Tige Finale. Ω. * *Fig.* 2, 3, 4.

Première, feconde, troifième & quatrième Branches. * *Fig.* 1. N. 4. —.

Cinquième Branche. **Fig.* 2, 3, 4, 5. N. 1. —. †*Fig.* 5. N. 1. —. § *Fig.* 5. N. 3.

**Fig.* 5. N. 4.

Sixième Branche. **Fig.* 5. N. 2.

A près avoir produit ces six branches, la tige Ω se separe, plus avant, en *deux autres branches* *, dont la plus *latérale* † se fourche & disparoit sous (d), où son rameau inférieur jette *une ramification* § à ce muscle, se coule sous (e), s'y *partage en deux* *, & se repand dans le dessous d'(e), & sur-tout dans la graisse & dans la peau de la partie antérieure du dernier Anneau.

S on *rameau supérieur* †, plus court que le précèdent, finit par trois ramifications, dont l'*inférieure* § s'est trouvé séparée de son attache, l'*intermédiaire* * s'est plongée dans les β, & la *supérieure* † est entrée dans le dessous d'α, dans la graisse, & dans la peau.

L' *autre* * des deux branches, par où la tige Ω finit, envoye d'abord un *rameau* †, assez considèrable, dans le dessus de (d). Il fournit au nerf qui passe sur ce muscle, de même qu'à α.

E nsuite la branche se partage, près d'α, en trois rameaux, qui se coulent sous α, & donnent chacun à la graisse & à la peau. Le *plus latéral* § de ces rameaux se repand, outre celà, dans le dessous postérieur d'α, dans β, & dans δ; Le *rameau intermédiaire* * dans le dessous de δ & d'I; Et le *troisième finit* † dans I.

T els ont été l'arrangement & la distribution des Bronches dans la Chenille, d'après laquelle on les a représenté dans les *Planches X. & XI.* de cet Ouvrage. Si l'on en veut faire la supputation, on trouvera qu'à un seul des côtés de cet Insecte la Trachée-Artère a fourni;　　A u

	Tiges	Branches	Bronches detachées.
Au 1. Anneau	14 Tiges, qui ont produit 127 Branches.		O
2.^d	5	36	4
3.^e	5	33	5
4.^e	11	63	11
5.^e	9	44	12
6.^e	11	62	16
7.^e	11	52	16
8.^e	9	54	14
9.^e	15	44	12
10.^e	13	60	14
11.^e	15	93	12

Tiges 118.   Branches 668. Bronches det. 116.

CE qui fait cent dix-huit Tiges, dont on a fuivi à-peu-près fix cens foixante-huit Branches, dans leurs rameaux & leurs ramifications : fans compter encore cent feize Bronches detachées, dont les branches, les rameaux, & les ramifications ont été pareillement detaillées.

OR comme il doit y avoir eu environ le même nombre de Tiges, de Branches, & de Bronches detachées à l'autre côté de la Chenille, en doublant ces nombres, on trouvera que les Tiges feules de cet Infecte font montées, ou peu s'en faut, à 236, qui ont fourni autour de 1336 Branches, & qu'il a de plus eu encore 232 Bronches detachées.

                CHA-

❋•❨❀❩•❋•❨❀❩•❋•❨❀❩•❋•❨❀❩•❀•❨❀❩•❋•❨❀❩•❋•❨❀❩•❋•❨❀❩•❋

CHAPITRE XI.

Du Cœur.

Voyez *Pl.*
XII. Fig. 1. L A partie, que les Naturalistes ont nommé le *Cœur de la Chenille*, à cause, comme il a été dit au Chap. IX., de la liqueur qu'elle contient, & des battemens alternatifs, continuels, & reguliers qu'on y observe, est un long canal, de peu de consistance, qui a son origine assez près de la bouche, & qui s'étend de-là le long de la Ligne supérieure jusqu'à l'extrêmité du 11e Anneau.

Dans la tête. DANS la tête ce canal est ridé & purement membraneux. Quand on le deride, il semble n'avoir guères moins de capacité qu'en a l'œsophage à l'endroit le plus étroit de sa partie antérieure. De-là le canal du Cœur s'élargit insensiblement à mesure qu'il avance vers l'opposite, & à son autre extrêmité, qui est aveugle, il a environ une ligne de largeur. Son bout antérieur (g) est ouvert & un peu évasé. Il tient, par son bord inférieur, à l'œsophage; le reste de ce bord, se renversant, va s'attacher aux Ecailles bisangulaires, le long desquelles il m'a paru s'étendre jusqu'à leur angle G, *Pl. II. Fig.* 13. Je n'ai pas trouvé qu'il s'ouvrit dans l'œsophage, comme je l'avois d'abord presumé, mais j'ai vu qu'il s'ouvre dans la cavité qu'il y a entre les deux Ecailles bisangulaires;

cavité

cavité qui eft fermée, en deffus, par l'Ecaille frontale, en deffous, par la membrane prolongée du canal du Cœur, & par le bout de l'œfophage, &, latéralement, par une membrane qui defcend des côtés de l'Ecaille frontale jufqu'aux Ecailles bifangulaires.

OUTRE quelques mufcles, trois petits ganglions, que je nommerai les *Ganglions frontaux*, fe trouvent placés dans cette cavité. Ces ganglions communiquent, ainfi qu'on le verra dans la fuite, avec les deux premiers des 13 gros ganglions de la Chenille. Et comme tous communiquent les uns avec les autres, au moyen du conduit de la moëlle épinière, fi ces petits ganglions attirent le fuc, dont le Cœur les abreuve fans ceffe, on ne fauroit prefque douter que ce fuc ne fe diftribue, par leur entremife, aux autres ganglions, & alors il fera probablement ce qui nourrit les nerfs. Mais, fans pouffer ces conjectures; du poftérieur des trois petits ganglions defcend un gros nerf, qui entre dans le canal du Cœur, le perce en (h), pour en fortir, & devient un nerf recurrent, que j'ai nommé,

LA *Bride de l'Oefophage*. Elle eft ici marquée (aa). Elle fournit au canal du Cœur, de diftance en diftance, jufqu'à la feconde Divifion, des filets, qui fe ramifient fur fon deffus, de même qu'elle en donne auffi à l'œfophage.

PRÈS du Cou, le canal du Cœur reçoit à chaque côté un nerf*. Ils derivent de deux autres petits ganglions (ff), produits par celui de la tête.

VERS cet endroit, nombre de fibrilles, qui fortent de l'extrêmité poftérieure de ce dernier ganglion, fe repandent fur le

                même

même canal, ce qui femble encore favorifer la conjecture que c'eft le Cœur, qui fournit la fubftance néceffaire aux nerfs.

Dans le Corps.
* *Fig.* I.
b, b, b.

DEPUIS la tête jufqu'à la 2ᵉ Divifion, le Cœur tient à l'œfophage par quelques filets deliés, mais forts *, qui partent des mufcles de ce dernier.

ENTRE la tête & la 3ᵉ Divifion, le Cœur eft entièrement libre du côté du dos, & n'y tient par aucun endroit; mais, depuis la 3ᵉ Divifion jufqu'à la 12ᵉ, il eft affujetti aux muf-cles dorfaux. Au troifième Anneau, il y tient par divers li-

* c, c, c.

Neuf paires d'Ailes.
* d, d, d.....

gamens peu forts *, qui l'attachent au côté fupérieur des deux A; & enfuite par neuf paires d'apendices *, dont chaque pai-re forme une façon de lozange peu regulière, que le canal du Cœur coupe par le milieu, & que j'ai nommé les *Ailes du Cœur*.

Leur ftructu-re.

CES Ailes, dont chacune empiète, par fon extrêmité poftérieure, fur celle qui fuit, font principalement compofées de cordons mufculeux, attachés, à petites diftances les uns des autres, aux deux côtés du canal du Cœur, depuis la 4ᵉ Divifion jufqu'à fon extrêmité, par les endroits qu'indiquent leurs directions, d'où fe portant, ceux de chaque aile, vers la latérale, & en même tems vers la Divifion voifine, ils fe raprochent les uns des autres par leur autre extrêmité, & y forment ainfi l'angle ai-gu de ces manières de lozanges, dont on vient de parler.

EN fe raprochant, plufieurs de ces cordons fe réuniffent à diverfes diftances, & compofent, avant leur infertion latérale, de petits faifceaux de deux, de trois, & quelquefois de quatre

cor-

cordons. Ces cordons font garnis, aux fix premières paires d'ailes, & fur-tout à la première paire, d'un grand nombre de molecules qui paroiffent graiffeufes. On ne les diftingue qu'à la
Loupe. Elles rendent ces cordons tout grenus & difficiles à bien
connoitre. Aux trois dernières paires d'ailes les grains font plus
rares, & la ftructure des cordons en eft plus vifible. Les ailes
ne paroiffent compofées que de ces cordons, de bronches, &
de quelques nerfs. Celles des fix premières paires ne repofent
fur aucune graiffe; celles des trois autres font étendues fur un
lit de graiffe affez épais, placé entre elles & les mufcles droits
du dos.

La 1e paire d'Ailes eft très petite. Elle fe termine en pointe fur le deffus des A, auxquels elle tient; Elle eft prefque toute membraneufe, & compofée de ces petits grains.
Première pai-
re d'Ailes.

Les cinq paires d'Ailes fuivantes font beaucoup plus grandes; elle paffent fur les A, fans y tenir par aucun endroit, &
s'introduifent fous les B, au travers defquels on les a fait entrevoir dans la *Fig.*, afin d'en faire connoitre la forme & l'é-
tendue.
Cinq fuivan-
tes.

Avant de s'introduire fous ces mufcles, une partie des cordons mufculeux, affez confidèrable, aux ailes de la 5e & de la
6e paire, fe fepare du refte de l'aile, paffe fur les B à la
5e & 6e. Divifion, fur les C à la 7e., 8e., & 9e., s'y attache, & y finit par une pointe *, que je nommerai la *pointe de
l'Aile*. A la 9e. Divifion, elle eft différente de celles qui précèdent, en ce qu'une partie s'en fepare encore du refte pour
aller, fous C, s'attacher à la peau.　　　　　　　Ces
Leurs poin-
tes.

* *Fig.* 1.
e, e, e..

Ces pointes font formées, à la 5ᵉ Divifion, des cordons muf-culeux du bord antérieur de l'aile, &, aux quatre fuivantes, de cordons, qui aprochent plus de fon milieu.

La partie des Ailes, qui paffe fous les B, eft peu grenée, ce qui permet aux cordons mufculeux de s'y raprocher davanta-ge, & donne en même tems moyen, en examinant cette partie au Microfcope, de s'affurer qu'elle ne renferme aucun vaiffeau fenfible, qui fe ramifie en s'écartant du Cœur, & qu'on puiffe ainfi foupçonner de faire l'office d'Artère.

Leurs atta-ches latérales.

Le Bout de l'aile, qui s'introduit fous B, à la 5ᵉ Divifion, y a fon attache à ce mufcle, à l'antérieur des deux θ, à l'ex-trêmité poftérieure d'F, & à la peau le long de cette Divi-fion.

Celui qui paffe à la 6ᵉ Divifion, fous B, y tient à la peau, à l'antérieur des deux θ, à l'extrêmité poftérieure d'F, & de plus à celle de G.

A la 7ᵉ Divifion, le bout de l'aile, qui, devant fa pointe, s'introduit fous B, s'y attache fous une figure angulaire, & tient en même tems aux extrêmités poftérieures de G, d'F, & à la peau.

Aux deux Divifions fuivantes, je n'ai trouvé ce bout adhè-rent qu'à la peau.

L'autre bout des trois mêmes ailes, celui qui, derrière leur pointe, paffe fous B, y tient à ce mufcle & à la peau tout près de l'antérieur des θ.

La cinquième paire d'ailes & les deux fuivantes fervent de

lits

lits aux deux *Corps reniformes* R R, & à leurs *Queues*. Il en fera parlé dans le Chapitre X I I.

LES trois dernières paires d'Ailes font plus longues, & d'u-
ne figure différente. Le lit de graiffe, mêlé de quantité de bronches, fur lequel il a été dit qu'elles repofent, les rend plus re-
bondies; leur pointe, fi l'on peut dire qu'elles en ont, eft très
émouffée. Elles paffent fur les mufcles A, B & C, fans s'introduire fous aucun d'eux. Comme leurs cordons mufculeux
font moins grênés, leur direction, & la manière dont plufieurs
fe raffemblent par faifceaux, s'y diftingue mieux. Ils ont été
repréfentés avec foin *Fig.* 1.; d'après un fujet où ces parties
paroiffoient avec plus de netteté que d'ordinaire.

LA première de ces trois paires d'ailes, celle qui eft placée
à la 10e Divifion, s'étend, par fon bord antérieur, jufques
devant les θ du même endroit. Une partie de ce bord s'infère, entre C & E, dans la peau, l'autre fe fourche fur E, & va,
par fes deux bouts, qui s'écartent un peu l'un de l'autre, s'engager fous la Trachée-Artère dans l'attache fupérieure d'α.

UNE autre partie de cette aile paffe entre les féparations des
deux θ, & s'y joint à la peau.

LE refte de l'aile tient à la queue du Corps reniforme, laquelle
paffe à cet endroit, & s'y attache aux θ.

LA paire d'ailes qui fuit, eft la plus grande de toutes. On
peut y diftinguer trois parties; une antérieure, qui occupe environ le quart de l'aile; une intermédiaire, qui a du moins une
fois plus d'étendue, & une poftérieure, qui en comprend le refte.

G g g

LES

Les deux premières de ces parties ont leur attache inférieure devant les θ de la 11e Division, l'autre l'a entre ces deux
muscles. L'antérieure s'introduit sous E, & y tient à la peau;
les deux suivantes passent sur ce muscle, & s'insèrent, dans la
peau, sous la Trachée-Artère.

La dernière paire d'ailes est bien de moitié moins large
que la précédente. Sa figure tient plus d'une demi lozange
que d'une lozange entière. Ses cordons musculeux, qui sont
plus distincts & moins grênés que ceux d'aucune autre paire
d'ailes, se portant du Cœur vers la latérale, passent par dessus
les E & la Tige Υ du dernier stigmate, s'y introduisent sous la
Tige Ω, & vont s'insèrer à la peau près des ζ.

De l'extrêmité postérieure du canal du Cœur, part, le long
de la Ligne supérieure, un faisceau de fibrilles très deliées, mais
fortes *, dont les unes vont, près de la même Ligne, s'attacher
aux muscles qui y couvrent le sac fœcal, & les autres à la tunique extérieure de ce sac, sans pénétrer jusqu'à sa seconde
tunique. Quand on enlève ces fibrilles, on voit qu'elles couvrent des parties membraneuses fort delicates, qui aboutissent
d'un côté au sac fœcal, & de l'autre à l'extrêmité du Cœur;
mais elles ne m'ont point paru former de canal, encore moins
être une continuation de celui du Cœur, qui est fermé, à cet
endroit, par une tunique très épaisse.

Enfin, il part, des deux côtés de l'extrêmité du canal
du Cœur, un faisceau de cordons musculeux *. Assujettis par
quelques branches, ils se dirigent d'abord vers la latérale, ensuite,

La neuvième
Paire.

* Pl. XII.
Fig. 1. ff.

* Fig. 1. g, g.

fuite, fe flèchiffant vers la fubdivifion du dernier Anneau, ils vont s'y fixer, à l'endroit où E & (d), de cet Anneau, ont leur attache poftérieure.

LE canal du Cœur, qui, jufqu'à l'extrêmité de la 7e paire d'ailes, ne paroiffoit être qu'une fimple membrane très fragile, eft, aux deux dernières paires d'ailes, fortifié par une grande quantité de fibres mufculeufes circulaires, qui l'entourent fi près les unes des autres, qu'elles laiffent moins d'intervalle entre elles, qu'elles n'ont de largeur.

POUR ce qui eft des nerfs, qui fourniffent au Cœur, outre ceux, dont il a été fait mention, il en reçoit encore neuf paires *; favoir une paire à chaque Divifion, depuis la troifième jufqu'à la onzième. Ces nerfs font des extrêmités de la Bride épinière de chacun de ces endroits.

A la 3e Divifion, le canal du Cœur en eft pourvu immédiatement, de part & d'autre, par une des deux branches dans lesquelles on a vu, Chap. VII., que la 2e Bride épinière, celle qui paffe devant le 5e ganglion, fe termine.

AUX cinq Divifions fuivantes, ce font les pointes des ailes du Cœur qui reçoivent, de part & d'autre, la Bride épinière, d'où elle fe repand dans ces ailes, & atteint probablement au canal du Cœur, jufqu'où pourtant il n'y a guères moyen de la fuivre.

AU 10e Anneau, la Bride épinière s'attache à la queue des Corps reniformes, &, après avoir remonté avec elle vers la Divifion antérieure de cet Anneau, elle fe perd dans la 7e paire d'ailes du Cœur.

Nerfs.

* *Fig. i.*
c, c, c..;

Au

Au 11ᵉ Anneau, la dernière des Brides ſe plonge dans le côté poſtérieur de l'aile de la penultième paire.

Je n'ai point remarqué de nerf particulier à la dernière paire d'ailes, quoiqu'on ne puiſſe douter qu'elle n'aît auſſi ſes nerfs.

Bronches.

Quant aux Bronches, qui ſe repandent ſur le Cœur & dans ſes ailes; d'abord les extrêmités des Brides épinières s'y introduiſent chacune avec une Bronche, qui y eſt adhérente.

Celles qui accompagnent la Bride épinière.

A la 3ᵉ Diviſion, elles y ſont accompagnées de la 6ᵉ branche * de la Tige Λ, que la Trachée-Artère pouſſe un peu devant cette Diviſion.

PI. X. Fig. 1. N. 6.

†*Fig. 1. N. 1†.* A la 4ᵉ Diviſion, elles le ſont de l'antérieure † des quatre branches, dans lesquelles la Tige dorſale Υ ſe partage, entre le ſtigmate & B†.

A la 5ᵉ Diviſion, c'eſt la plus grande des quatre branches, dans lesquelles la première bronche § detachée du 5ᵉ Anneau ſe diviſe, qui y ſuit la Bride épinière.

§ *PI. XI. Fig. 3. ✕.*

PI. X. Fig. 2. N. 3. A la 6ᵉ Diviſion, c'eſt la 3ᵉ branche * que la Tige Υ du 6ᵉ Anneau fournit.

†*Fig. 2.* ✚. A la 7ᵉ Diviſion, c'eſt la 3ᵉ bronche detachée † du 7ᵉ Anneau.

A la 8ᵉ Diviſion, c'eſt une branche de la 3ᵉ bronche detachée du 8ᵉ Anneau §.

§ *Fig. 2.* ✚.

A la 9ᵉ Diviſion, la Bride y eſt pareillement ſuivie par une branche de la 3ᵉ bronche detachée du 9ᵉ Anneau *.

Fig. 2. ✚.

†*Fig. 2, N. 1†.* A la 10ᵉ Diviſion, il m'a paru que c'eſt la 1ᵉ branche † de la Tige Σ.

En-

ENFIN, à la 11ᵉ Divifion, la dernière bride eft accompa- gnée, dans l'aile, par la 1ᵉ branche § de la Tige ☉.

§*Fig.2.N.1*.

JE n'ai pas trouvé que le Cœur reçut aucune autre bronche aux deux premiers Anneaux, & s'il en reçoit depuis la troifiè- me Divifion jufqu'à la 1ᵉ aile, elles ne peuvent venir que de la branche de la Tige ☉, qu'on a dit * finir en flottant fur A.

Autres bron- ches qui four- niffent au cœur.

* *Pag.* 282.

ENTRE la 4ᵉ & la 5ᵉ Divifion, la 1ᵉ paire d'ailes du Cœur reçoit les extrêmités de la 3ᵉ branche * de la Tige Ψ.

Quatrième Anneau.
* *Pl. XI.*
Fig. 3. N. 3.
†*Fig.* 4. N. 5.

LE Cœur même y eft pourvu par l'antérieure † des deux dernières branches de cette tige.

ET le rameau antérieur § des deux, par lesquels la quatrième branche de cette même tige finit, s'y repand dans la feconde paire d'ailes, qui m'ont encore paru recevoir les extrêmités de fon rameau poftérieur *.

§*Fig.* 4.N.5*.

**Fig.* 4.N.4*.

ENTRE la 5ᵉ & la 6ᵉ Divifion, la Tige Υ fournit, au cô- té poftérieur de la même paire d'ailes, le 3ᵉ rameau, & les ex- trêmités * de fa feconde branche; de plus un † des deux der- niers rameaux de fa 3ᵉ, & fa 5ᵉ, & 6ᵉ branche §, &, après celà, cette tige va s'inférer au canal du Cœur par les deux bran- ches qui la terminent *.

Cinquième Anneau.

* *Pl. X.*
Fig. 2. N. 2.
† *Fig.* 1. N. 3.
§ *Fig.* 2.
N. 5, 6.

**Fig.* 1, 2.
N. 7.

LA Tige Ψ lui donne une partie des trois ramifications du rameau antérieur † des deux, dans lesquels fa 4ᵉ branche § fe partage, & toute la ramification poftérieure des trois de l'au- tre rameau *.

† *Pl. XI.*
Fig. 3, 4 N. 1.
§*Fig.* 4. N. 4.

* *Fig.* 3, 4.
N. 2.

ET la Tige Ω envoye, au côté antérieur de la 3ᵉ paire d'ailes, une partie de la poftérieure † des trois branches, par où elle finit.

† *Pl. X.*
Fig. 2. N 7.

G g g 3

E N-

ENTRE la fixième & la feptième Divifion, le côté poftérieur de la 3ᵉ aile du Cœur reçoit une partie des deux dernières branches * de la Tige ϒ.

LE Cœur même eft pourvu par les deux branches finales † de la Tige ϒ.

JE n'ai point vu que quelque bronche du fixième Anneau fourniffoit au côté antérieur de la 4ᵉ aile; s'il y en a eu une, ce ne peut avoir été que le rameau antérieur de la 3ᵉ branche § de la Tige Ω. Il s'eft trouvé flottant dans la Chenille, d'après laquelle j'ai decrit les bronches.

ENTRE la 7ᵉ & la 8ᵉ Divifion, la Tige ϒ va fe repandre dans le côté poftérieur de la 4ᵉ paire d'ailes, après avoir donné 4 branches à d'autres parties, & deux petites à fa pointe.

LA Tige Ψ jette auffi, dans le même côté, les extrêmités du rameau poftérieur * des deux par où fa 1ᵉ branche finit; elle introduit, dans le canal du Cœur, une partie des deux grands rameaux † de la branche antérieure des deux, dans lesquelles elle fe partage fous le mufcle C, & les extrêmités de fon autre branche.

ENTRE la 8ᵉ & la 9ᵉ Divifion, la Tige ϒ envoye, au côté poftérieur de la 5ᵉ paire d'ailes, deux petits rameaux de fa fixième branche *, l'intermédiaire des trois rameaux par où cette branche fe termine, & un petit rameau de la 7ᵉ branche †.

LA Tige Ψ m'a paru lui donner les extrémités du rameau § poftérieur des deux, par où l'antérieure * de fes trois branches finit. Elle lui diftribue encore la ramification poftérieure †

du

Sixième
Anneau.

* *Pl. XI.*
Fig. 2. N. 4, 5.

† *Fig.* 3, 4.
N. 5, 6.

§ *Pl. X.*
Fig. 2. N. 3.

Septième
Anneau.

* *Fig.* 2. N. 1⁴.

† *Pl. XI.*
Fig. 4. N. 3, 4.

Huitième
Anneau.

* *Pl. X.*
Fig. 1, 2. N. 6.

† *Fig.* 1, 2.
N. 7.

§ *Pl. XI.*
Fig. 3, 4. N. 4.

* *Fig.* 3. N. 1.

† *Pl. X.*
Fig. 2. N. 2.

du 1ᵉʳ. rameau de fa branche intermédiaire. Puis elle fournit,
au canal du Cœur, l'antérieur §, & une partie du poſtérieur † *(§ † Pl. XI. Fig. 4. N. 1†, 2†.)*
des deux grands rameaux, dans lesquels cette branche ſe diviſe.

La même Tige partage encore, au canal du Cœur, & au
côté antérieur des ailes de la 6ᵉ paire, les extrêmités de l'antérieur * des deux rameaux de la bifurcation, qui termine ſa *(* Fig. 4. N. 4.)*
branche poſtérieure.

La Tige Ω donne auſſi, au même côté antérieur, une partie des trois rameaux, qui terminent la poſtérieure des deux
branches † par où elle finit.

Entre la 9ᵉ & la 10ᵉ Diviſion, la Tige Υ introduit d'abord, *(† Pl. X. Fig. 2. N. †3. Neuvième Anneau.)*
dans l'attache de la 6ᵉ paire d'ailes, ſous C, une ramification
du ſecond rameau * de l'antérieure † des deux branches de ſa *(* Fig. 2. N. 2. † Fig. 2. N. 1†.)*
bifurcation ; & enſuite ce rameau va lui même s'engager dans
la pointe de cette aile.

Elle repand la troiſième ramification § de l'antérieur des *(§ Fig. 2. N. 4.)*
deux rameaux de l'autre de ces deux branches, dans la même
aile, juſqu'au canal du Cœur, & le rameau poſtérieur, après
en avoir jetté deux ramifications à deux muſcles.

La Tige Ψ envoye, au canal du Cœur, le ſecond rameau * *(* Pl. XI. Fig. 4. N. 2.)*
de la branche antérieure des deux, dans lesquelles elle ſe fourche ; & enſuite cette branche y entre par les deux rameaux qui
la terminent.

Sa branche poſtérieure, après s'être partagée en deux, attache un filet de la première ramification de ſon rameau anté-

rieur

rieur au canal du Cœur , & un autre du côté antérieur de fa feptième paire d'ailes ; ce rameau enfuite finit dans le Cœur, & dans la graiffe qui l'environne.

LA Tige Ω fournit au côté antérieur de la 7ᵉ. paire d'ailes , par l'extrêmité † de la branche intermédiaire des trois de cette tige qui paffent fur G.

† *Pl. X.*
Fig. 2. N. 3.

Dixième
Anneau.

ENTRE la 10ᵉ. & la 11ᵉ. Divifion, la première Tige dorfale Σ introduit, dans l'extrêmité du côté poftérieur de la 7ᵉ. paire d'ailes , fa première branche *.

**Fig.*2.N.1†.

DEUX des trois rameaux de fa feconde †.

†*Fig.*2.N.2†.

SA troifième branche § fe termine dans le canal du Cœur.

§ *Fig.*2. N. 8.

SA cinquième branche donne le 3ᵉ. rameau à la même aile, & y finit enfuite.

ET fa fixième & dernière branche s'y repand prefque toute entière , & dans fa graiffe.

* *Fig.* 1.

LA feconde dorfale Λ * fe partage toute au Cœur, aux ailes de la 7ᵉ. & 8ᵉ. paire , & à la graiffe fur laquelle elles repofent.

† *Fig.* 1.

LA troifième Ξ † fe ramifie dans le côté antérieur de la 8ᵉ. paire d'ailes, dans fa graiffe, & fur le canal du Cœur ; ne donnant que deux branches, de fon deffous, à d'autres parties.

§ *Fig.* 1.

LA quatrième Tige Π § fournit aux ailes de la 8ᵉ. paire, & à leur graiffe, les trois branches qu'on en voit *Pl. X. Fig.* 1., dont l'antérieure atteint feule à fon canal.

* *Fig.* 1.

LA cinquième Tige Ψ * livre toute fa quatrième branche, prefque toute fa troifième , & les extrêmités de fa cinquième branche

branche, au canal du Cœur, & à la graiſſe qui l'accompagne.

Entre la 11ᵉ & la 12ᵉ Diviſion, la Tige dorſale ☉ *, a-
près avoir envoyé une petite branche † à la Bride épinière,
& une autre à un muſcle, ſe repand toute dans le côté poſtérieur de la 8ᵉ paire d'ailes du Cœur, & dans leur graiſſe.

La ſeconde Tige Λ § en fait de même, ne donnant, à
d'autres parties, qu'une branche & un rameau.

La troiſième Tige Π * pourvoit, par trois ou quatre branches, à la même paire d'ailes, & s'étend, du reſte, ſur le canal du Cœur & dans ſa graiſſe, après avoir fourni une branche
& quatre rameaux à des muſcles.

La quatrième Tige Σ † ne munit le Cœur que de 2 ou 3 petites branches, qui ſe repandent dans le côté antérieur de ſa
dernière paire d'ailes.

Et la cinquième Tige ϒ § envoye, à cette aile, une partie
de ſa 1ᵉ branche; toute ſa ſeconde & ſa troiſième branche;
elle donne trois rameaux, de ſa 4ᵉ branche, au Cœur, à ſa dernière paire d'ailes, & à leur graiſſe, &, enfin, ſa ſeptième
branche au bord poſtérieur de ces ailes.

Telle étant la ſtructure des Ailes du Cœur, on conçoit
que leur grand uſage doit être de former, par leurs contractions & leurs relâchemens alternatifs, ces battemens réguliers
& continuels qu'on obſerve aux Chenilles, tout le tems qu'elles vivent, & qui ſont plus ou moins fréquens ou lents, à proportion qu'il fait plus ou moins chaud.

H h h

Com-

Onzième
Anneau.
* *Fig.* 1.
†*Fig.* 1. N. 1†.

§ *Fig.* 1.

* *Fig.* 1.

†*Fig.* 1.

§ *Fig.* 1, 2.

Uſage des
Ailes.

COMME les battemens du Cœur font les plus fenfibles vers fa partie poftérieure , il n'eft pas furprenant d'y trouver auffi les ailes beaucoup plus grandes, leurs bronches plus nombreufes , & une couche de graiffe pour diminuer le frottement à ces endroits.

QUAND on ouvre le canal de ce Vifcère, on trouve qu'il contient une grande abondance de liqueur. J'en ai vu fortir, en le perçant du côté du dos, après y avoir fait une ouverture à la peau, une quantité qui, réunie, me parut excéder la capacité d'un Anneau du même Infecte.

CETTE liqueur, que l'on croit faire l'office de fang, ne femble avoir aucune couleur quand elle eft étendue ; On la prendroit pour de l'eau ; Raffemblée en goutes, on la trouve couleur d'orange.

EXAMINÉE au Microfcope , on la voit remplie d'un nombre prodigieux de globules tranfparens, un peu différens en groffeur ; mais au-delà de trois millions de fois plus petits qu'un grain de fable ; parmi ces globules j'en ai trouvé pourtant quelques uns , qui me paroiffoient bien dix fois plus gros que les autres, & également tranfparens ; ils étoient les feuls qui nageoient fur l'eau, & ils pourroient bien n'avoir été que des petites goutes de graiffe extravafées par la diffection.

CETTE liqueur, mêlée avec un peu d'eau, s'altère ; fes petits globules perdent tout à coup leur tranfparence; plufieurs fe coagulent enfemble, & ils ne paroiffent plus que comme de petites maffes pâteufes ; mais les gros globules demeurent toûjours les mêmes. L'EAU,

L'EAU, du reste, fe mêle affez facilement avec ce fuc, qui ne paroît pas gras, & qui, comme plus pefant, y va naturellement à fond, de même que fes globules, à la referve des gros.

QUAND on en laiffe fècher quelque goute fur un morceau de verre, ce qui refte, après l'évaporation, fe durcit, & reffemble à de la gomme tirant fur l'orange. Au Microfcope, les bords en paroiffent alors tout crevaffés de mille manières diffèrentes, ainfi qu'il arrive à nôtre fang en cas pareil.

CETTE fubftance gommeufe eft fi abondante, dans le fuc que renferme le Cœur, qu'après l'évaporation une feule Chenille m'en a fourni une maffe de la groffeur d'un pois gris.

COMME on ne trouve, dans la Chenille, aucun autre Vifcère, que celui qui vient d'être decrit, que l'on puiffe foupçonner y faire l'office de Cœur, on n'a pas hezité de lui en attribuer les fonctions, & ce Vifcère a toûjours porté, chez les Naturaliftes, le nom de Cœur de la Chenille; nom que je n'ai pas crû devoir lui ôter, quoiqu'il me femble fort douteux qu'il lui convienne en effet.

DU moins paroitra-il bien étrange, à ceux qui auront vu combien de centaines de Nerfs & de Bronches j'ai fuivi, dans cet Ouvrage, que je n'aye pas été en état d'y faire connoître aucune Veine ni Artère, moins encore aucune qui s'ouvrît dans le Cœur, bien que, dans les grands Animaux, ces Vaiffeaux foient beaucoup plus grands & plus aifés à demêler que les Nerfs, & que la grandeur énorme de ce qu'on appelle le Cœur de la Chenille, fembloit devoir faire efpèrer que du moins fes princi

pales Veines & Artères ne pourroient qu'être très fenfibles. Cependant, je dois l'avouer, j'ai cherché inutilement,
jufqu'ici, de pareilles Veines & Artères au canal du Cœur, &
ailleurs dans la Chenille ; je n'en ai decouvert aucune, quoique, pour cet effet, j'aye même effayé d'y injecter de l'encre
& des liqueurs colorées ; ce qui me paroit rendre fort douteux
que cet Infecte ait des Vaiffeaux fanguins, & me feroit foupçonner que la nutrition s'y fait par une autre voye que par la
liqueur renfermée dans ce Vifcère ; & comme il n'y a peut-être aucune partie intérieure, dans nôtre Infecte, qui ne communique, par des fibrilles, avec le Corps graiffeux, qui y eft
repandu par-tout, je ne ferois pas éloigné de croire, que ce
Corps n'y fit des fonctions analogues à celles de la Terre, &
que comme les Plantes tirent leur nourriture de la Terre par
leurs racines, les parties de la Chenille ne la tirent de même
de la graiffe par ces fibrilles, &, en ce cas, il faudroit chercher, au Cœur de cet Animal, d'autres ufages, parmi lesquels
celui, dont il a été fait mention ci-deffus, pourroit bien n'ê-
tre pas un des moins effentiels.

CHA-

CHAPITRE XII.

Des Corps Reniformes, & des Vaiſſeaux Grenus.

A la 8ᵉ Diviſion, tout joignant le canal du Cœur, on voit repoſer, ſur chacune des ailes de la 5ᵉ paire, une maſſe oblongue, opaque, très blanche *, quelquefois fort rebondie, d'autres fois fort affaiſſée, tantôt large, tantôt étroite, en un mot de figure aſſez différente en différens ſujets, ſuivant que le tems de leur transformation en Chriſalides eſt plus ou moins éloigné, & peut-être auſſi ſuivant que la Chenille doit produire une Phalène Mâle ou Femelle. Ces maſſes, que j'ai nommé *Corps Reniformes*, à cauſe que leur ſituation relative, & leur figure, rapellent aſſez naturellement l'idée d'un roignon, ont environ deux tiers d'Anneau de longueur. Elles ſe terminent, en devant, par un petit prolongement tortueux, opaque, & de même blancheur *, qui a l'apparence d'un Vaiſſeau.

Il tient, comme ces corps, par pluſieurs filets très blancs, à l'aile du cœur, & ſon extrêmité eſt attachée au canal de ce Viſcère, dans lequel pourtant je n'ai pu m'aſſurer s'il s'ouvroit.

Je n'ai pas vu non plus ſi le Corps reniforme recevoit quelques nerfs, comme il y a apparence; en ce cas il eſt probable

que

Hhh 3

que c'eſt la 7.e Bride épinière qui lui en fournit, de même que la 9.e Bride en donne à ſa queue.

Bronches.
* Fig. 2.

A la Loupe on s'apperçoit que quantité de bronches rampent ſur ce corps *. C'eſt la Tige dorſale Y, du 8.e Anneau, qui les lui diſtribue en différentes manières dans les différens ſujets; mais, pourtant, de façon, qu'il y en a toûjours plus du côté de la Ligne inférieure qu'à l'oppoſite.

* Pl. X.
Fig.1,2.N.6.

DANS le ſujet d'après lequel on a, Chap. X., detaillé les bronches de la Chenille, la Tige Y repandoit, ſur le devant de la face du Corps reniforme tournée vers l'inférieure, le rameau antérieur des trois par lesquels ſa 6.e branche * finiſſoit, & elle donnoit, à l'oppoſite, le poſtérieur de ces rameaux, tandis qu'elle diſtribuoit, ſur le milieu, & ſur l'autre bout de ces deux faces, toute ſa 7.e branche, après n'en avoir donné qu'un petit rameau à l'aile du Cœur.

* Pl. XII.
Fig. 2.

DANS la Chenille d'après laquelle on a repréſenté ici ſeparément, & en grand, le Corps reniforme & ſa queue *, les bronches étoient un peu autrement conſtituées, comme il paroit en G & H par la *Figure*.

Sa queue.

CE Corps finit par une longue queue ondoyante C, D, E, F, dont la partie antérieure C, D, paroit rabotteuſe & plus épaiſſe que le reſte. La queue deſcend juſques vers la 7.e, & quelquefois juſqu'à la 8.e paire d'ailes du Cœur, ſans s'écarter beaucoup de la Ligne ſupérieure; parvenue à l'une ou l'autre de ces paires d'ailes, elle change de direction, ſe porte, ou vers le 8.e ſtigmate, dans le premier cas, ou vers le 9.e, dans

le

le fecond, paffe derrière le tronc des Bronches vifcèrales fur la
Trachée-Artère; s'introduit fous les mufcles du Ventre, & va
s'attacher, près de la Ligne inférieure, à la tunique qui y tapiffe la peau de la Chenille.

CETTE queue eft plus ou moins épaiffe & apparente, fuivant que le Corps reniforme eft plus ou moins formé; quelquefois on ne l'apperçoit qu'à la Loupe, d'autres fois on la
voit aifément fans aucun Verre.

EN l'examinant avec une forte Loupe, on trouve que fa par-
tie antérieure *, qui a environ deux lignes de longueur, eft   *Fig. 2. C, D.
comme enchaffée dans un fourreau blanc, gras, variqueux, un
peu opaque, qui finit en s'élargiffant & s'applatiffant tant foit
peu. L'opacité de ce fourreau, ni celle du Corps reniforme,
n'empêchent pourtant pas qu'on n'y entrevoye cette queue, &
qu'on ne la puiffe fuivre, à la faveur d'un grand jour, jufqu'en
l, où elle commence.

D'UN bout à l'autre elle paroit très unie & tranfparente. A
fon origine elle eft fort deliée; mais elle s'élargit en fortant
du Corps reniforme, & conferve la même largeur jufqu'au-delà de l'extrêmité de fon fourreau, après quoi, elle diminue infenfiblement jufques tout près de fon autre extrêmité F, où
elle s'évafe un peu avant de s'attacher à la tunique intérieure
du Ventre. En E, elle tient, par un ligament affez large,
au tronc des bronches vifcèrales du 8e., & quelquefois du 9e. ftigmate. Elle eft encore arrêtée, par nombre de filamens très deliés, aux parties par deffus lefquelles elle paffe. On lui entrevoit,

voit, d'un bout à l'autre, quantité de traits opaques irréguliers, très blancs, de différente grandeur & figure, qui, depuis son commencement jusques bien avant dans son fourreau, sont courts & placés comme en échelons; ensuite, devenant plus longs & plus rares, leur direction, différemment oblique, les fait serpentiller en tout sens jusqu'à son autre extrêmité.

Structure intérieure.

QUAND on ouvre les Corps reniformes, on trouve qu'ils sont pourvus d'une double tunique peu forte. L'extérieure en est la plus mince; l'intérieure, qui est celle qui paroit en vûe *Fig.* 3., où l'on a représenté ce corps ouvert, est épaisse & très molasse.

Vaisseaux qu'ils renferment.

* *Fig.* 3.
K, L, M, N.

DANS un corps, qui a acquis toute sa grandeur, la tunique intérieure forme, en dedans, par des duplicatures, quatre cellules, qui renferment quatre vaisseaux * blancs, opaques, très réguliers, & lisses, dont la figure approche de celle d'une poire, lesquels, avec les duplicatures, remplissent toute la capacité de cette partie.

CES quatre vaisseaux sont semblables entre eux, & à ceux du côté opposé. Ils ont chacun, tout au plus, la grosseur d'un grain de millet; leur arrangement est naturellement tel qu'on le voit représenté *Fig.* 3. Ils se terminent chacun par une courte queue; ces queues, se réunissent toutes quatre en O, où commence la queue du Corps reniforme, dans laquelle elles s'ouvrent; du reste ces vaisseaux paroissent entièrement detachés de la tunique qui les renferme. Ils sont formés par une membrane assez forte, mais d'une transparence & d'une tenui-

té

té extrêmes, laquelle ne contient qu'une matière blanche pâteufe, conglomerée en petits grains, qu'on n'apperçoit qu'à
l'aide d'une forte Loupe.

CES quatre Vaiffeaux, au refte, ne font pas toujours ainfi
façonnés dans tous les fujets.

DANS une Chenille déja grande, mais encore éloignée de
quelques mois de fon changement en Chryfalide, ils font plus
petits que n'étoient ceux qui ont été repréfentés *Fig.* 3. Je
leur ai trouvé la figure d'un fpheroïde oblong, & les pedicules, par où ils communiquoient avec la queue du Corps reniforme, étoient moins courts & plus gros.

DANS une autre Chenille, affez grande, mais encore plus
éloignée du tems de fa transformation, j'ai trouvé ces vaiffeaux raffemblés en une feule maffe blanche *, qui fe terminoit
en fraife d'un côté, & de l'autre par quatre pedicules réunis à
la queue du Corps reniforme, près du bout antérieur de cette
queue.

    * *Pl. XII,*
Fig. 4.

DANS des fujets plus jeunes, il eft bien difficile d'y demêler quoique ce foit.

QUAND on examine, avec un bon Microfcope, les traits
blancs, irréguliers, & opaques, que la Loupe fait decouvrir en
grand nombre à la queue du Corps reniforme, on les trouve
compofés chacun d'une touffe de filets crêpés, d'extrème fineffe, qui ferpentillent, en fe mêlant les uns dans les autres, de
la manière qu'on en voit deux touffes repréfentées *Figures*
5 & 6.

                      LES

Les Corps reniformes font quelquefois fujets à des irrégularités. J'ai vu, par exemple, une Chenille, dont l'un de ces
corps ne contenoit que trois vaiffeaux, de ceux que j'ai dit a-
voir la figure d'une poire, pendant que l'autre en contenoit le
nombre ordinaire de quatre, qui n'étoient pas moins grands
que les premiers.

Une autre fois j'ai trouvé l'un des Corps reniformes tout
défiguré. Son bout antérieur étoit fort allongé, ce qui joint
à ce qu'il étoit plus long que naturel, le faifoit defcendre un
demi Anneau plus bas que fon pareil; il avoit auffi moins de
groffeur, ce qui provenoit de ce que les quatre vaiffeaux, qu'il
renfermoit, étoient deplaçés, & que les deux antérieurs, feparés des deux autres, étoient tournés du côté de la tête de
l'Animal, pendant que les poftérieurs avoient une direction oppofée.

Je ne puis encore rien déterminer fur l'ufage des Corps reniformes; on les trouve conftamment dans toutes les Chenilles
de cette efpèce. Renfermeroient-ils, dans les femelles, les
principes de l'Ovaire, &, dans les mâles, ceux des Vaiffeaux
fpermatiques? Le raport qu'il y a entre les huit vaiffeaux, qui
fe trouvent dans les deux Corps reniformes, & les huit refervoirs, par où fe terminent, dans la Phalène de cette Chenille, les huit branches de l'ovaire, rend la chofe probable pour
le premier cas; &, quant au fecond, on trouve attachées, au
cœur de la Phalène mâle, deux maffes réunies, qui ont, pour
l'extérieur, quelque raport avec les Corps reniformes, & d'où
par-

partent deux longs vaisseaux, qui se réunissent dans un canal qui s'ouvre dans le penis. Si cette conjecture se vérifie, il pourroit fort bien être arrivé, que, parmi les Chenilles, aux Corps reniformes desquelles je n'ai rien pu demêler, il s'en fut trouvé qui devoient produire des mâles, & que leur petitesse me les eut fait prendre alors pour trop jeunes, pendant qu'elle n'étoit que l'effet de leur sexe, qui est naturellement plus petit.

Des Vaisseaux Grenus.

AVANT de passer à l'examen de l'Etui graisseux & des parties qu'il enveloppe, il reste à faire connoitre deux vaisseaux singuliers, dont, à cause de leur petitesse, on n'a point crû devoir faire mention dans l'idée générale que l'on a donné, au Chap. VI., des parties intérieures de la Chenille.

CES Vaisseaux, que je nommerai les *Vaisseaux Grenus*, à cause de leur forme, sont placés * sur les Trachée-Artères, vers le côté postérieur du premier stigmate, où ils embrassent, presque par un demi tour, la Tige Δ; &, passant du côté de la Ligne supérieure sur les Tiges dorsales Λ & ☉ †, du même stigmate, sur le muscle α, & sur la troisième & la seconde Cephaliques ﬡ & ב, chacun va finir, de son côté, entre cette cephalique ב, & la premiere א.

ILS se sont trouvés constamment à toutes les Chenilles de cette espèce, que j'ai examinées. Leur * petitesse fait qu'on ne les distingue pas aisément sans Loupe, & qu'on ne les prendroit d'abord que pour une parcelle de graisse. Au Microscope ils paroissent tels qu'on en voit un représenté *Pl. XII. Fig.*

Situation.

* *Pl. IV.*
Fig. 4. Premier Anneau.
Ligne latérale.

† *Pl. X.*
Fig. 1, 2.

Forme.

* *Pl. XII.*
Fig. 7.

8., c'eſt-à-dire, comme un amas long, étroit, irrégulier, & recourbé, de grains longuets de diffèrente grandeur, réunis les uns aux autres, gènèralement plus petits du côté de la Ligne ſupérieure, que du côté oppoſé, & où ſe mêlent des nerfs & des bronches.

QUAND on depèce cet amas de grains, on trouve qu'il eſt formé par un long ſac membraneux, tout chargé de petites veſſies, qui s'y ouvrent, & qui ſont remplies, comme l'eſt ce ſac, d'une matière blanche, qui n'offre rien de diſtinct.

Nerfs.

DANS le ſujet d'après lequel la *Fig.* 8. a été repréſentée, les Nerfs A, A, A, A, que reçoivent les Vaiſſeaux Grenus, m'ont paru venir de la troiſième & de la quatrième branche, & du ſecond rameau de la ſeconde branche du nerf de la dernière paire du ſecond ganglion : ceux marqués B, B, du nerf de la ſeconde paire du troiſième ganglion, & ceux marqués C, C, C . . ., de la première bride épinière.

Bronches.

LES Bronches, qui s'y repandent, m'ont paru venir de la première & de la ſeconde Cephaliques; mais j'ai négligé d'examiner, comme il faut, les bronches & les nerfs de cette petite partie.

Uſage.

POUR ce qui eſt de l'uſage des Vaiſſeaux Grenus, je n'en ai rien pû decouvrir. Le raport qu'ils ont avec les ovaires de quelques Inſectes, pourroit les faire prendre pour des ovaires effectifs; mais leur ſituation & leur forme, très diffèrentes de celle de l'ovaire de la Phalène de cette Chenille, demontrent ſuffiſamment le contraire. On ſoupçonneroit peut-être auſſi

que

que ce font les principes des ailes de cet Animal. L'idée
m'en étoit d'abord venue; mais je fus bientôt detrompé, lorsqu'ouvrant une Chenille fur le point de changer en Chryfalide,
j'y reconnus diftinctement les quatre ailes de la Phalène, & ne
laiffai pas que d'y trouver auffi les Vaiffeaux Grenus, qui n'a-
voient point changé de figure. Ce n'eft donc que par l'Anatomie de la Chryfalide, ou de la Phalène, qu'on peut efpèrer de
decouvrir quelque chofe fur ce point.

 CHA-

C H A P I T R E   X I I I.

Du Corps Graisseux & de quelques parties qu'on y trouve.

Volume.

DE toutes les parties de la Chenille, le Corps Graisseux est celle qui a le moins de confiftance & le plus de volume. Si l'on en réuniffoit toutes les maffes, repandues en différens endroits de cet Infecte, on trouveroit peut-être qu'elles compofent un tout auffi grand que toutes les autres parties intérieures de la Chenille prifes enfemble.

C'est, comme il a déja été remarqué, le premier, & prefque le feul objet qui frappe, quand on ouvre une Chenille. On diroit qu'il en remplit toute la capacité depuis la tête jufqu'à

L'Etui graiffeux.

l'extrêmité oppofée. Ce qu'on voit alors, de cette fubftance, en eft auffi la partie la plus confidèrable. Elle eft façonnée de manière, qu'elle forme, à droite & à gauche, dans toute la longueur de la Chenille, une fuite de lobes de graiffe, qui, pliée à l'entour de plufieurs vifcères, les enveloppe & les renferme comme dans un étui: ce qui pourroit donner moyen, fi on le trouvoit à propos, de divifer les parties intérieures du Corps de la Chenille, en celles qui font placées dans cet Etui,

Parties placées hors de l'Etui.

que j'ai nommé l'*Etui graiffeux*, & celles qui font placées hors de l'Etui. Les dernières font celles qui ont déja été décrites,

favoir

favoir les Mufcles, qui fervent aux mouvemens volontaires; la Moëlle épinière, les Ganglions, & leurs principaux Nerfs, le Cœur, les deux Trachée-Artères, & toutes leurs Bronches, à la referve des Vifcérales, les Corps reniformes, & les Vaiffeaux grenus. Les autres font celles qu'il nous refte encore à décrire, favoir l'Oefophage, le Ventricule, les Inteftins, les Vaiffeaux foyeux, & les Vaiffeaux diffolvans, dont pourtant l'extrêmité du refervoir, avec le bout antérieur de la queue qui le termine, fortent quelquefois tant foit peu hors de l'Etui; le refte de cette queue, n'étant proprement ni dans la cavité de l'Etui, ni dehors, comme on le verra dans la fuite.

Parties placées dans l'Etui.

La Graiffe de l'Etui, & celle du refte du Corps graiffeux, eft prefque par-tout d'un blanc de lait très pur. On en a examiné la fubftance Chap. VI. Chacune des deux parties, qui compofent l'Etui, eft un affemblage de différens lobes anfractueux, preffés les uns contre les autres, dont la figure & la difpofition ont été repréfentées avec foin, *Pl. V.*, *Fig. 5.*; où l'on en voit le côté qui fait face à la Ligne fupérieure. Seulement faut-il obferver, par raport à cette figure, que les lobes des deux côtés y font un peu moins raprochés à l'endroit de leur rencontre le long de la Ligne fupérieure, que dans le naturel, où on ne leur voit prefque aucun vuide, au-lieu qu'il en paroit ici d'affez fenfibles. On y a écarté ces lobes un peu plus que nature; d'un côté, parcequ'ils s'éloignent ainfi, & même davantage, lorfqu'on couche de niveau le Corps de la Chenille, pour en voir l'intérieur, &, de l'autre, pour faire pa-

Forme de l'Etui.

roitre

roitre les lobes plus diſtinctement, qu'ils ne paroitroient ſans ces petits vuides.

De ſes Lobes. LES Lobes de l'Etui graiſſeux ſont chacun un compoſé de pluſieurs anfractuoſités, très variées & profondes, qui, à bien des endroits, paroiſſent comme des circonvolutions d'inteſtins, &, à d'autres, comme des amas de petites molecules réunies. Les anfractuoſités, qui forment l'extérieur & l'intérieur de l'E-tui, ſont aſſez uniment applatties les unes contre les autres, excepté celles des deux premiers lobes, qui ont, en dedans, plus de ſaillie & d'inégalités, & celle de la dernière paire, qui eſt aſſez rabotteuſe.

Leur nombre. LE nombre des lobes de l'Etui graiſſeux eſt difficile à deter-miner, à cauſe de leurs différentes inflexions peu uniformes. J'en ai compté douze, de chaque côté, à des ſujets, &, à d'au-tres, je n'en ai crû trouver que neuf.

LES deux premières paires forment une ſuite continue de ſubſtance graiſſeuſe, ſeparée des autres Lobes. Leur figure eſt irrégulière. Ils communiquent, à la ſeconde Diviſion, avec la graiſſe, qui, près de la Ligne ſupérieure, ſort d'entre les muſ-cles C+, communs aux deux premiers Anneaux.

Première paire.
* *Pl. V.*
Fig. 5. AA. CEUX de la 1e paire * ſe réuniſſent ſur l'Oeſophage, par leur côté antérieur, au moyen d'un toupillon de graiſſe (a a a), qui en eſt une continuation, & qui entre dans la tête. Je n'ai pas trouvé qu'ils fuſſent réunis pareillement ſous l'Oeſo-phage.

Seconde paire. LA ſeconde paire BB, qui n'eſt qu'une continuation de la

pre-

première, dont elle eft fimplement diftinguée par un petit re-trecifſement, eft beaucoup plus grande; fes deux lobes s'en-tre-communiquent fous l'Eftomac, tantôt par un prolongement peu épais, qui paſſe fur les refervoirs des Vaiſſeaux diſſolvans, & forment ainfi, avec les deux lobes précèdens, une façon de couronne de graiſſe, qui embraſſe, d'un côté, la partie inter-médiaire de l'Oefophage, &, de l'autre, fa partie poftérieure. Tantôt ce prolongement touche fimplement, fous l'eftomac, celui du lobe pareil, qui eft à l'autre côté, & alors la com-munication ne fe fait que par quelques fibrilles.

CES deux paires de lobes reçoivent, dans leurs circonvolu-tions, & dans celles de leur toupillon (aaa), la queue des Vaiſſeaux diſſolvans. Elle y fait quantité de zic-zac & de detours, & y eft attachée par grand nombre de fibrilles.

LES Bronches vifcèrales du fecond ftigmate, qui fe repan-dent fur le ventricule, près de l'eftomac, & de-là fur l'œſo-phage, paſſent entre les lobes de la feconde & de la troifième paire pour y parvenir.

LES lobes de la troifième paire CC commencent au 4e An-neau, un peu au-deſſous du fecond ftigmate. Ils font aſſez pe-tits, & ne font point une continuation de ceux qui précèdent; mais chacun de fon côté tire fon origine de deſſous le mufcle gaftrique (d), par une maſſe continue de graiſſe, qui, fe di-rigeant tout à la fois vers l'Anneau fuivant, & vers la Ligne fupérieure, fe replie, à cette Ligne, fur elle même, rebrouſſe pendant un certain efpace, & forme, par ce zic-zac, la troi-

Troifième paire.

K k k

fième

fième paire de lobes. Les Bronches viſcèrales du 3ᵉ ſtigmate, qui ſe repandent ſur le ventricule, & ſur le vaiſſeau ſoyeux, paſſent, pour y parvenir, entre le pli qui ſepare ce lobe du ſuivant.

Quatrième paire.   LA quatrième paire DD eſt à-peu-près faite comme la troifième; mais elle eſt plus grande. La maſſe de graiſſe, ſe repliant de nouveau en ſens contraire, ſe porte une ſeconde fois
vers l'Anneau qui ſuit, remonte en même tems vers la Ligne
ſupérieure, où parvenue, elle ſe plie encore en double, reprend
une route oppoſée, & achève ainſi ce lobe, qui reçoit, dans
ſon inflexion inférieure, la tige muſculeuſe gaſtrique ç 1, laquelle s'y repand par pluſieurs branches. Les Bronches viſcèrales du 4ᵉ ſtigmate, qui ſe diſtribuent au ventricule & au vaiſſeau ſoyeux, paſſent entre le zic-zac qui ſepare ce lobe du cinquième.

Et ſuivantes.   C'EST ainſi, en gros, que cette maſſe, ſans rompre ſa continuité, forme ſucceſſivement les lobes ſuivans juſqu'au dernier:
recevant, d'Anneau en Anneau, des tiges muſculeuſes gaſtriques, & des bronches, & donnant paſſage aux bronches vifcèrales, & aux branches des tiges muſculeuſes qui fourniſſent
aux viſcères placés dans la cavité de l'Etui, deſorte que tous
les lobes, qui ſe trouvent entre la ſeconde & la dernière paires, ne ſont qu'autant de duplicatures de cette maſſe pliée en
zic-zac.

AUX 5, 6, 7, & 8 Anneaux, cette maſſe m'a paru quelquefois avoir communication, par intervalles, avec de la
graiſſe

graiffe, qui y fort de deffous les mufcles gaftriques (d): d'autres fois je n'y ai trouvé abfolument aucune communication.

PARVENUE au dernier lobe, elle femble changer de direction & de forme; les circonvolutions y font beaucoup plus petites, & au lieu de fe replier fur elle même, elle paffe, du côté de la Ligne inférieure, près du fac fœcal, fous le dernier gros inteftin, avec lequel cette paire de lobes communique par quantité de fibrilles, de même qu'avec le fac fœcal,
& les parties circonvoifines, & elle s'y termine quelquefois;
d'autres fois elle y fait une même continuité avec le lobe pareil du côté oppofé, tellement qu'alors la double file de lobes
de l'Etui graiffeux eft toute formée par une longue maffe continue de graiffe, qui fort, de part & d'autre, du deffous des
mufcles (d) du 4ᵉ Anneau, & il eft affez probable qu'au moyen de cette communication fous (d), & de celle de l'autre
partie de l'Etui graiffeux fous les C, communs aux deux premiers Anneaux, toute la graiffe, repandue dans le Corps de la
Chenille, ne compofe, avec celle de l'Etui graiffeux, qu'une
feule & même maffe continue.

LORSQUE le dernier lobe de l'Etui ne communique point
avec fon pareil, fous le 3ᵉ gros inteftin, on trouve, à cet endroit, une maffe de graiffe féparée, fur laquelle cet inteftin re-
pofe, qui communique avec lui par nombre de fibrilles, & tient,
près de la Ligne inférieure, à la graiffe fur laquelle la bride
épinière paffe à la 11ᵉ Divifion.

LA *Fig. 9.* de la *XII. Pl.* repréfente très exactement, &

de grandeur naturelle, la face intérieure d'une de ces maffes qui compofent le 3e lobe & les fuivans d'un des côtés de l'E-tui, tirée d'une grande Chenille, dans laquelle cette maffe ne communiquoit point, fous le 3e gros inteftin , avec fa pareille placée à l'autre côté.   On y a un peu écarté les plis les uns des autres, pour en faire voir les zic-zac , qui n'ont rien de régulier ; A, eft l'endroit coupé, par où cette maffe fe réunif-foit avec la graiffe fous le mufcle (d) du 4e Anneau.

Tiges mufcu-leufes qui y fourniffent.
Pl. VI.
Fig. 1. V. 1,
2, 3.

LES trois Tiges mufculeufes dorfales * s'infèrent, par diverfes branches, dans les lobes des deux premières paires; & les Ti-ges gaftriques , à la referve de la dernière ç 7, en diftribuent aux autres lobes.

Point de nerfs.

JE n'ai point trouvé qu'aucun nerf fe repandit directement dans la fubftance de l'Etui graiffeux.

Bronches.

QUANT aux Bronches, il en eft abondamment pourvu par les Vifcèrales des neuf ftigmates.

LE premier ftigmate fournit, à fon premier lobe, deux ra-mifications vifcèrales de la 5e branche gaftrique * de la Tige

Pl. X.
Fig. 1. N. 7.
† N. 8.
§ N. 10.

Δ ; fa feptième † & fa huitième § branches vifcèrales; & un des deux rameaux dans lesquels la branche mixte , qui fuit la 7e vifcèrale, fe divife.

LE 2^d ftigmate envoye , au deuxième lobe de l'Etui graiff-

Fig. 1. N. 5.

feux, un * des deux rameaux de la feconde branche de fa Ti-ge א , & la première branche de la Tige ב.

LE 3e ftigmate diftribue, à cet Etui, toutes les branches & tous les rameaux de fes deux vifcèrales א & ב.

LE

Le 4ᵉ lui donne la 1ᵉ branche † de sa tige א, le rameau † *Fig.* 1. N. 1.
postérieur des deux qui terminent sa seconde branche, & la
branche postérieure § des deux par lesquelles elle finit. Il lui § N. 4.
partage toute la tige ב, dont la plus courte des deux branches,
qui la divisent, entre dans le lobe qui est au 6ᵉ Anneau, & la
plus longue, dans celui de l'Anneau suivant.

Le 5ᵉ stigmate repand, dans l'Etui graisseux, au 7ᵉ Anneau, les deux branches N. 2. & 3. * de sa Tige א; un des * *Fig.* 1.
deux rameaux de la branche N. 1. de la Tige ב, & la 1ᵉ ramification de son autre rameau : & il envoye, de sa branche
N. 2. un rameau au 7ᵉ Anneau, & le reste de cette branche
au 8ᵉ. La Tige ב fournit, à cet Etui, sa branche N. 1. Sa
branche N. 2. lui donne son premier rameau, & un des deux
rameaux qui la terminent.

La Tige א du 6ᵉ stigmate y distribue un des deux rameaux † *Fig.* 1. N. 1.
de sa première branche †, toute sa seconde §, sa quatrième *, § N. 2.
sa cinquième †, & sa sixième § branches. * N. 4.
Le 7ᵉ stigmate donne toutes ses tiges א, ב, ד, ו, à l'Etui † N. 5.
graisseux, vers la hauteur du 9ᵉ Anneau, & une des deux bran- § N. 6.
ches de la tige ו, vers celle de l'Anneau suivant.

Le 8ᵉ stigmate repand toute sa tige א dans cet Etui, de même que deux des branches de la tige ה, & une partie de la
troisième. Il lui fournit encore l'antérieure *, & la postérieu- * *Fig.* 1. N. 3.
re † des trois branches de la tige ו. † *Fig.* 1. N. 1.

Le dernier stigmate insère, dans l'Etui graisseux, la branche N. 1. des trois dans laquelle la tige א se partage. Il m'a

K k k 3

paru

paru encore y insérer l'antérieure des trois branches de la tige
ב, & il fournit enfin, à cet Etui, la 3ᵉ branche § de sa tige **ג**.

§ *Fig.* 1. N. 3.

La tige finale **א** de la Trachée-Artère donne deux rameaux * de sa 1ᵉ branche, & deux ramifications † du viscéral
des deux rameaux par où cette branche finit, à l'extrêmité de
l'Etui graisseux; elle lui envoye encore sa troisième branche §,
qui est la dernière qui fournit à cette partie.

* *Fig.* 1.
N. 2 ✕.
3 ✕.
† *Fig.* 1.
N. 2, 3.
§ *Fig.* 1. N. 3†.

Quoique la graisse, repandue dans le reste du corps, soit
si considèrable qu'elle égale, peut-être, en quantité, celle de l'E-
tui graisseux, il n'en paroit pourtant que peu, dans une Chenille, dont on a simplement vuidé les entrailles, parceque la graisse y est presque toute couverte par les muscles du corps; elle
ne se montre guères alors qu'à la Ligne inférieure, où elle forme une espèce de lit, sur lequel les ganglions, avec les conduits de la moëlle épinière, sont mollement couchés; & vers
les latérales, où l'on en voit sortir quelque partie à droite &
à gauche des Trachée-Artères, sur-tout du côté de l'intermédiaire inférieure. Quand on enlève les ailes du cœur, on
trouve, sous celles des trois dernières paires, une couche de
graisse, qui leur a servi de lit, & qui est une continuation de
celle qui sort, en ces endroits, des environs de la Trachée;
mais ce n'est qu'après avoir enlevé les nerfs, les bronches, &
les muscles jusqu'à la *Fig.* 4. des *Planches VI.* & *VIII.*, qu'on
voit que cette graisse est abondante, & après avoir retranché
tous les muscles, on trouve que la peau en est presque entièrement

rement tapiffée, à la referve qu'il n'y en a point au côté antérieur du 2ᵈ Anneau, ni vers les Divifions des autres, fi ce
n'eft à la Ligne inférieure, où la continuité de la graiffe fub-
fifte par le lit de graiffe fur lequel on a déja dit que les ganglions repofent.

CETTE graiffe, ainfi que celle de l'Etui, eft toute anfrac-
tueufe, & divifée par lobes, qui n'ont rien de régulier ni d'u-
niforme. Elle reçoit quantité de bronches & de nerfs, comme on l'a pu voir dans les Chap. IX. & X. Elle eft attachée
à la peau par mille endroits. Les nerfs, repandus fur la peau,
y tiennent par quantité de filets. Du côté du dos elle eft
par-tout homogène, & femblable à celle de l'Etui graiffeux,
mais, du côté du ventre, on croit y voir des différences, en
ce qu'au quatrième Anneau, & aux fix fuivans, elle y a, de   Maffe gre-
nées.
chaque côté, deux maffes oblongues grenées, d'une fubftance
plus compacte & plus ferme. L'une de ces maffes eft blanche.
Elle eft placée obliquement fous les Bronches gaftriques, de manière que fon extrêmité inférieure fe trouve fous le mufcle
(h.), près de fon attache antérieure, d'où fe portant vers la
latérale, fon autre extrêmité fe termine à cette latérale fous le
mufcle β.

L'AUTRE maffe, placée pareillement fous les Bronches gaftriques, eft jaunâtre, & à-peu-près parallèle aux Divifions qui
terminent fon Anneau. L'une de fes extrêmités fe trouve à
l'endroit où (k) & (n) fe rencontrent, d'où elle s'étend environ jufqu'à la moitié de la diftance qu'il y a de-là à la latérale.

N ı

Ni l'une ni l'autre de ces maffes n'ont de figure conftante & uniforme. Cependant, pour en donner quelque idée, j'en ai repréfenté une de chaque forte, groffie environ 125 fois. L'oblique & blanche fe voit *Pl. V. Fig.* 9. Elle reçoit une ou deux petites bronches * du ftigmate voifin. Elle a cela de fingulier, qu'une bride nervéufe †, de même direction, paffe deffus, & tient à fon bout antérieur par quelques filets. Cette bride eft celle que l'on a vu, dans le Chapitre des Nerfs, être placée à cet endroit, & recevoir la branche §, du nerf de la 1ᵉ paire * du ganglion voifin, laquélle précède celle † par où ce nerf communique avec la bride épinière, en deçà de la Trachée.

L'autre maffe, qui eft la jaunâtre, eft repréfentée *Fig.* 10. Ses grains font un peu plus gros que ceux de *Fig.* 9. Elle eft adhérente à la graiffe qui l'environne, & reçoit quelques filets des bronches de la Tige Δ, fous laquelle elle eft placée.

L'usage de ces maffes, qui font au nombre de vingt-huit, à la Chenille, m'eft entièrement inconnu. Les ayant examiné avec attention, j'ai trouvé qu'elles ne font point une graiffe particulière, comme elles le paroiffent-être au premier coup d'œuil; elles font plus pefantes que la graiffe, & quand on les de-pèce on n'en fait fortir aucune huile; mais fimplement une ma-tière pâteufe affez tenace, où l'on ne diftingue rien. Les grains qui les compofent, quoique fort près les uns des autres, font tous feparés, & ne communiquent enfemble que par une mem-brane très tranfparente, garnie de filets qui m'ont paru ner-veux.

On

* A.

† BB.

§ C.

* D.
† E.

ON a vu, au Chapitre qui traite des Bronches, qu'au second & au troisième Anneau la Chenille a, du côté de l'intermédiaire inférieure, tout près de la latérale, de part & d'autre, une masse placée dans la graisse sans y tenir, & attachée à la peau dans un profond pli qu'elle y fait. Ces quatre masses, au premier coup d'œuil, pourroient aisément être prises pour quelque graisse particulière; mais, les ayant examiné, j'ai trouvé qu'elles avoient toute l'apparence de Corps singuliers, différens des autres parties de l'Animal.

ELLES sont composées de deux substances. L'une, qui est d'un blanc satiné très parfait, n'a rien de fort régulier pour la forme. Quand on la depèce elle se divise longitudinalement par lambeaux, dont les fibres paroissent couchées en même sens, & sont entrelacées de fibrilles, qui semblent être des Nerfs. Celles du 2ᵈ Anneau reçoivent, d'un côté, l'une des deux ramifications par où se termine le rameau antérieur de la 4ᵉ branche de la Tige gastrique Ω du 1ᵉʳ stigmate; &, de l'autre, les branches 4ᵉ & 5ᵉ de la dorsale Ƶ du second Anneau. Celles du 3ᵉ Anneau sont pourvues, à leur côté antérieur, par le postérieur des deux rameaux dans lesquels la 4ᵉ branche de la gastrique Ω du 3ᵉ Anneau se partage. Et, à l'opposite, par le rameau supérieur des deux qui terminent la 2ᵉ branche de la dorsale Π du 4ᵉ Anneau.

CES bronches ne se ramifient pas, dans les masses satinées, de la manière qu'elles le font dans d'autres parties de l'Animal; mais elles s'y plongent, & y font, ainsi qu'il a été dit,

L l l

com-

comme implantées par nombre de fibrilles qui rapellent l'idée de racines.

LES maſſes ſont enchaſſées chacune dans un corps oblong, d'un blanc tout différent, & de couleur pareille à celle de la graiſſe. Ces corps ſont unis, & plus fermes que les maſſes ſatinées; leur forme n'eſt pas conſtante; mais elle tient, le plus ſouvent, d'un ſpheroïde oblong & applatti, ou d'une fève. Leur longueur eſt d'environ la moitié d'un Anneau. Ils ſont attachés, par un endroit *, à la tunique intérieure du pli dans lequel ils ſont couchés, & communiquent avec des nerfs voiſins †.

Pl. XI.
Fig. 7. B.
† C.

JE n'ai encore aucune lumière ſur ce que peuvent être ces quatre maſſes, & les corps dans lesquels elles ſont enchaſſées. Leur nombre, & la place qu'elles occupent, donnent lieu de ſoupçonner qu'elles pourroient bien être les principes des ailes de la Phalène.

Six autres maſſes plus petites.

ON trouve, enfin, dans chacune des jambes antérieures de cette Chenille, une petite maſſe iſolée, d'un blanc nacré très vif, qui ne tient à la jambe que par des fibrilles. On pourroit auſſi la prendre pour une maſſe de graiſſe particulière; mais la tenacité de ſes parties, qui ſurpaſſe de beaucoup celle de la graiſſe, s'oppoſe à cette idée, & feroit plutôt préſumer que ce ſont les principes des jambes de la Phalène.

CHA-

❀❀❀❀❀❀❀❀❀❀❀❀❀❀❀❀❀

C H A P I T R E XIV.

De l'Oefophage, du Ventricule, des Inteftins & du Sac fœcal.

P R É P A R A T I O N

DANS les *Fig.* 1. & 2. de la *Pl. XIII.*, ces Vifcères ont été repréfentés feparés du Corps, & plus en grand que *Pl. V. Fig.* 1., afin de pouvoir mieux fervir à l'explication de ce Chapitre. On y a enlevé, en général, toutes les Bronches, dont on en voit tant *Pl. V. Fig.* 1., ce qu'on a fait parceque leur quantité auroit ici donné trop de confufion, fi on les y avoit laiffées, & l'on s'eft contenté de marquer, par des lignes pointées, le milieu des endroits où les Bronches vifcèrales des 9 ftigmates rencontrent ces vifcères.

On a laiffé tous les mufcles. On a de plus laiffé, à la *Fig.* 1., un bout de toutes les Tiges mufculeufes qui en fournif-fent, à la referve de celles de la première & de la dernière paire, qui y ont été ôtées; mais qu'on a laiffé à la *Fig.* 2., où l'on a feulement retranché les Tiges qui fe trouvent entre cel-le-ci & les trois premières.

On a laiffé quelques uns des principaux nerfs.

On a laiffé un bout des mufcles, par où l'œfophage tient à

diverſes parties dans la tête ; & l'œſophage y a été repréſenté juſqu'à l'endroit où il s'ouvre dans le fonds de la bouche.

La *Fig.* 1. repréſente la face de ces parties, qui eſt tournée vers le dos de la Chenille , & la *Fig.* 2. en repréſente l'oppoſite.

* *Pl. XVI.*   Les *Fig.* 9, 10, 11, & 12. de la *Pl. XVI.* ſerviront à donner une idée plus nette des parties de l'œſophage placées dans la tête. Ces Figures repréſentent plus en grand deux têtes de Chenille renverſées, dont on a enlèvé le côté inférieur juſqu'aux parties qui apartiennent à ce viſcère , lequel y occupe l'endroit de la réunion de la *Fig.* 9ᵉ. avec la 10ᵉ. , & de la *Fig.* 11ᵉ avec la 12ᵉ .

Dans les *Fig.* 9. & 10. , (m m) ſont les montans de la Traverſe, & la branche , à laquelle leur extrêmité poſtérieure aboutit, eſt la Traverſe même. (n, u , n), ſont des muſcles moteurs de l'œſophage, qui le couvrent à cet endroit.

Dans les *Fig.* 11. & 12. , ces muſcles , la Traverſe, & ſes montans, ont été enlèvés. , & le bout antérieur η , ε , λ , de l'œſophage, y paroit à decouvert juſqu'à l'endroit λ, où il s'ouvre dans la bouche.

Les quatre premières *Figures* de la *Pl. XVI.*, dont il ſera auſſi fait mention en parlant de l'œſophage , ſont encore celles de deux têtes dans la même poſition, dont on a retranché un beaucoup plus grand nombre de parties.

Expli·

E X P L I C A T I O N.

L'OESOPHAGE, le Ventricule & les gros Inteſtins, forment ensemble, comme il a déja été remarqué, un canal continu, qui deſcend en droite ligne de la bouche juſques près de l'anus.

IL n'eſt pas bien poſſible de déterminer la longueur précise de chacun de ces Viſcères en particulier; non ſeulement parce qu'ils s'allongent & ſe raccourciſſent à proportion que la Chenille s'étend ou ſe contracte; mais encore parceque chacun de ces Viſcères pouvant s'étendre ou ſe contracter ſeparément, l'un ne paroit guères pouvoir ſe raccourcir, que les autres, ou quelqu'un d'entre eux, ne s'allongent. Et comment s'aſſurer que celà ne ſoit point arrivé aux Chenilles mortes qu'on anatomiſe? Tout ce que l'on peut donc déterminer, à cet égard, eſt ſeulement, que ces Viſcères, dans leur état naturel, ont, enſemble, la longueur de la Chenille, depuis la bouche juſqu'au ſac fœcal.

Longueur de
ces Viſcères.

AYANT examiné leur longueur relative, dans deux Chenilles mortes, j'ai trouvé que l'œſophage deſcendoit juſqu'à la 4ᵉ Diviſion, ou un peu au-delà : que le ventricule occupoit environ l'eſpace qu'il y a entre l'extrèmité de l'œſophage & le milieu du 9ᵉ Anneau, & que les trois gros inteſtins s'étendoient depuis là juſqu'au ſac fœcal, de façon que le 1ʳ. gros inteſtin finiſſoit un peu devant la 10ᵉ Diviſion; que le ſecond deſcendoit juſqu'à la hauteur du ſtigmate qui le ſuit, & que le troiſième avançoit de-là juſques près de la ſubdiviſion du dernier Anneau.

L l l 3

De

 C H A P I T R E XIV.

De l'Oesophage.

L'Oesophage.

POUR commencer par l'Oesophage, on peut y distinguer trois parties, l'antérieure AB *; l'intermédiaire BC *; & la postérieure CD *.

* *Pl. XIII.*
Fig. 1, 2.

SA partie antérieure AB est renfermée dans la tête, & s'étend depuis la bouche jusqu'à la traverse. Elle est la plus étroite, & la plus composée des trois. Elle paroit plus en grand *Pl. XVI. Fig.* 11, 12, où elle se montre du côté de la Ligne inférieure. On peut la subdiviser en cinq pièces contigues, qui ont chacune des caractères distinctifs.

Sa partie antérieure.

D'ABORD l'œsophage commence dans la tête par un cercle large charnu *, qui est sa première pièce, & dont le bord antérieur s'ouvre dans la bouche. Ce cercle, qui probablement est un sphincter, est uni, & un peu incliné vers la Ligne inférieure, où, conjointement avec la pièce qui suit, il forme un angle obtus avec le reste de l'œsophage.

Première Pièce.

* *Pl. XIII.*
Fig. 2. u. &
Pl. XVI.
Fig. 11, 12. λ.

A droite & à gauche de la Ligne inférieure, le bord postérieur de ce cercle reçoit l'attache de deux muscles, qui y tiennent chacun par une double queue, & ont leur autre attache à la traverse. Les extrêmités de ces quatre queues se voyent le long du bord d'(u), *Pl. XIII. Fig.* 2., & les muscles mêmes sont représentés dans leur situation naturelle, *Pl. XVI. Fig.* 9. 10. (u, y).

Premier & second muscles.

A l'opposite, ce même cercle reçoit, vers l'intermédiaire inférieure, à chaque côté, l'attache des deux muscles postérieurs * des trois marqués D, *Pl. XVII. Fig.* 21., où l'on voit le côté intérieur

3...6. muscles.
* *Pl. XIII.*
Fig. 1. ꙗ.

térieur de l'Ecaille frontale avec les parties y attenantes. L'antérieur de ces deux mufcles y tient vers le milieu du cercle, & l'autre, à fon bord poftérieur. Ils ont leur autre attache à l'Ecaille frontale, tout près de l'Ecaille bifangulaire.

Le premier reçoit un nerf de l'antérieur des trois petits ganglions frontaux, dont il fera parlé dans la fuite, & que, *Pl. XIII. Fig.* 1., on voit repréfentés, à la Ligne fupérieure, dans leur fituation naturelle. L'autre reçoit un nerf de l'intermédiaire de ces ganglions.

La feconde des cinq pièces de la partie antérieure de l'œfophage, environ de même longueur que la première, fe diftingue, du côté de l'inférieure, par deux maffes, & un filet charnus, qui fe rencontrent à cette Ligne *. Ces maffes, qui font les extrêmités d'une feule & même pièce continue, laquelle environne l'autre côté de l'œfophage, laiffent un efpace, du côté de l'inférieure, entre elles & la première pièce, & lui permettent ainfi de pouvoir s'y incliner fur la feconde.

Celle-ci reçoit, de ce côté, à droite & à gauche, par trois queues, l'infertion d'une autre paire de mufcles (n, n), qui, tout joignant les mufcles (u, y) *, tiennent à la traverfe. L'une de ces trois queues s'attache, vers l'intermédiaire inférieure, par une bifurcation, au milieu des maffes, dont il vient d'être parlé, & les deux autres queues tiennent au bord poftérieur de la feconde pièce. Elles font marquées (y), *Planche XIII. Fig.* 2.

La feconde pièce reçoit, à l'oppofite, près de la fupérieure,

---

Marginal notes:

Seconde Pièce.

* Voyez *Pl. XIII. Fig.* 2. & *Pl. XVI. Fig.* 11, 12,

Septième & huitième Mufcles.

* *Pl. XVI. Fig.* 9, 10.

Neuvième & dixième Mufcles.

re, l'attache flottante de la paire de petits muſcles, qui, *Plan-che XVII. Fig.* 17, 18, & 19 & 20., ſe croiſent à cette Ligne, & y ont été racourcis. Ils ſont marqués δ, *Planche XIII. Fig.* 1.

PLUS latéralement, & tout joignant ces derniers, elle reçoit encore l'attache de l'antérieur des deux muſcles E *, *Planche XVII. Fig.* 1, 2., & à côté de cette attache, mais plus vers la ſupérieure, celle de l'autre * de ces muſcles. Ils tiennent, par leur extrêmité oppoſée, à la membrane qui va de l'Ecaille bis-angulaire à la frontale; le dernier y eſt attaché près de la pointe de l'Ecaille frontale, & l'autre près du milieu de ſon côté.

ENVIRON à l'intermédiaire ſupérieure, & un peu plus du côté de l'extrêmité poſtérieure de cette pièce, elle reçoit l'at-tache de l'antérieur * des deux muſcles, les ſeuls qu'on voit tenir à l'Ecaille pariétale, *Planche XVII. Fig.* 20. Et l'au-tre * de ces deux muſcles s'y inſère un peu plus du côté de la ſupérieure.

LA ſeconde pièce eſt ſuivie d'un Anneau charnu, qui paroit être un ſphincter *. Il eſt de moitié plus court que la pièce précèdente. C'eſt la troiſième de la partie antérieure de l'Oe-ſophage. Elle eſt remarquable, en ce que le bord inférieur de l'extrêmité du canal du cœur, après s'être évaſé, en embraſſe une bonne partie, s'y attache, & y finit, ſans que ce Viſcère s'ouvre dans l'œſophage.

LA quatrième pièce *, un peu plus étroite que celle qui la

pré-

précède, eſt tant ſoit peu plus longue que la première. Elle eſt environnée de muſcles circulaires. Ils ſont de moitié plus étroits que l'Anneau charnu. J'en ai compté, d'un côté, cinq extrêmités, &, de l'autre, quatre. Ces muſcles ſe terminent chacun par deux pointes, qui avancent l'une au-delà de l'autre à la Ligne inférieure, & y forment ainſi une manière de ſuture. Quand on les enlève on trouve qu'ils ſont latéralement réunis enſemble, & qu'ils ne font qu'un ſeul & même cercle, ou bout de tube, qui eſt en dedans tout uni, & où l'on n'aperçoit aucune trace des muſcles qui paroiſſent diſtinctement à l'oppoſite.

CETTE pièce reçoit, de part & d'autre, le long de ſon dernier muſcle circulaire, les quatre queues * d'un large muſcle qui y tient à la tunique même de l'œſophage, depuis une petite diſtance de l'inférieure juſqu'un peu au-delà de la latérale.

SON autre attache eſt à l'Ecaille zygomatique, près de ſon apophyſe. Trois de ces queues ſe voyent aſſez diſtinctement à chaque côté, *Planche XVI. Fig.* 11 & 12.; mais on n'a pu les deſigner par une Lettre, & la quatrième y eſt reſté cachée. Il eſt probable que leur action fréquente contribue, en ſoulèvant la 4ᵉ pièce, à la faire deborder & paroître plus groſſe que la cinquième.

LA cinquième pièce, ſeule preſque auſſi longue que la 2ᵉ, 3ᵉ, & 4ᵉ, priſes enſemble, eſt la plus étroite de toutes. Elle étoit environnée, dans ce ſujet, de neuf muſcles circulaires,

M m m

pa-

pareils à ceux de la 4e pièce *; mais qui compofoient enfemble un tube, qui m'a paru un peu moins épais que le précèdent, & où l'on entrevoyoit, en dedans, après l'avoir ouvert, les traces des mufcles qui concourroient à le former.

Ce tube, pièce, conjointement avec l'endroit par où la partie intermédiaire de l'œfophage commence, reçoit, de part & d'autre, deux grands mufcles. L'antérieur * de ces mufcles tient

à l'Ecaille zygomatique, tout joignant fes apophyfes, d'où s'élargiffant en éventail, il fe partage en plufieurs queues, qui s'attachent le long de l'intermédiaire inférieure, depuis le troifième mufcle circulaire de la 5e pièce, jufqu'affez avant fur la partie intermédiaire de l'œfophage.

L'Autre de ces deux mufcles * part du bord poftérieur de la partie fupérieure de l'Ecaille pariétale, & fe dirige vers le dernier mufcle circulaire de la 4e pièce, auquel il fe termine, vers l'intermédiaire fupérieure, fe repandant, chemin faifant, fur l'œfophage, par nombre de branches le long de cette Ligne.

Quand on a enlevé les mufcles, les nerfs, & ce qui refte de la membrane du cœur aux trois premières pièces, on voit qu'elles font formées, du côté de la Ligne fupérieure, de la manière qu'elles ont été repréfentées feparément, *Pl. XIII. Fig.* 8., mais un peu plus groffies que *Fig.* 1. & 2. Les parties, qui y font blanchâtres, font charnues, & les marques plus foncées, font des enfoncemens dans lesquels les mufcles de ces parties ont été attachés.

On

On enlève facilement le cercle charnu † de la première pièce, sans le rompre, & alors on voit qu'il a beaucoup d'épaisseur & de consistance, sur-tout du côté de la supérieure; & on
l'y trouve percé de deux ouvertures § à chaque côté.

On parvient aussi, mais avec un peu plus de peine, à détacher, de la seconde pièce, les parties charnues qui l'environnent, & qui forment, du côté de l'inférieure, les deux masses
dont il a été parlé, & de l'autre, la partie blanche marquée
2 *Pl. XIII. Fig.* 8., lesquelles, réunies par les côtés, composent ensemble un tout continu. Ces parties m'ont paru, pour
la substance & l'épaisseur, être semblables à l'Anneau charnu,
& elles sont aussi trouées, du côté de la supérieure, de la manière qu'on le voit *Fig.* 8. N. 2.

L'Anneau charnu *, qui environne la 3ᵉ pièce, peut encore en être separé sans beaucoup de peine. Sa substance est
fibreuse comme celle des parties charnues précedentes.

Sous les deux premières pièces on trouve une partie noire
écailleuse flexible, représentée *Pl. XVI. Fig.* 1. du côté de la
Ligne supérieure; *Fig.* 2. du côté de l'inférieure; *Fig.* 3. du
côté de la latérale; *Fig.* 4. par sa coupe transversale antérieure un peu ouverte; & *Fig.* 5. par son bout opposé fermé.
Cette partie, qui est creusé, &, à ce qui m'a paru, tout d'une
pièce, pliée en divers zic-zac, forme l'extrêmité antérieure &
intérieure de l'œsophage, laquelle s'ouvre dans la bouche. Sa
figure est des plus singulières, & assez difficile à suivre. Vers
la supérieure *, elle est creusée en goutière. Ce creux est oc-

Mmm 2

cupé

cupé par deux mufcles longitudinaux, qui partent de la quatrième pièce de la partie antérieure de l'œfophage, s'avancent
vers la première, & fe partagent chacun en trois queues, dont
les deux latérales s'attachent au bord relevé de ce creux, l'u-
ne à fon extrêmité antérieure, l'autre à quelque diftance de
cette extrêmité, & la troifième à la tunique du fond de la
bouche, à la hauteur de la première des trois queues. Chaque
côté de cette partie écailleufe eft muni d'une crête oblique
(bb) *, qui commence au bord antérieur du côté de l'inférieure, & finit du côté de la fupérieure au bord oppofé.

C'est entre cette crête, & ce qui refte *Fig.* 3. de l'Ecaille,
du côté de la fupérieure, que les mufcles γ, δ, ζ, η, ϑ, ι, *Pl.*
XIII. Fig. 1., ont leur attache, & j'ai vu, en particulier, que
les deux γ y tenoient à l'apophyfe antérieure (c) de fon bord
fupérieur, que δ, ζ, & η, y tenoient à l'apophyfe fuivante,
(d), de ce bord ; & ϑ, ι, m'ont paru tenir à la crête (bb)
même.

Du côté de l'inférieure †, cette partie a une figure toute
différente de celle qui eft à l'oppofite. Vers fon devant elle
fe termine par trois éminences (g e g), dont celle du milieu
(e) eft convexe en dehors, & concave en dedans. Environ
vers le milieu de la longueur de cette partie, elle commence à

rentrer, & à l'oppofite (f) § elle eft concave.

Les deux autres éminences, entre lesquelles celle-ci eft placée, ne tiennent point par le bout antérieur à l'enveloppe qui
forme la cavité de la pièce, dont elles font partie, & elles
                                                              ne

ne paroiſſent ſervir qu'à la tenir plus fortement fermée lorsque
le cercle charnu, par ſa contraction, les comprime.

Il n'en eſt pas de même de leur extrêmité poſtérieure. Devenues plus grandes, elles y entrent dans la compoſition de
cette enveloppe, ce qui eſt la cauſe de la différence que l'on
peut remarquer, à cet égard, dans les coupes * transverſales des   * *Fig.* 4, 5.
extrêmités oppoſées de la partie dont il s'agit. Sa ſituation
naturelle ſemble être celle d'être toûjours fermée. Detachée
de tout ce qui l'environne, elle ſe ferme par ſon propre ref-
ſort, & les différentes paires de muſcles, qui s'y attachent,
n'ont probablement que l'office de l'ouvrir de différente façon,
ſelon que la néceſſité le requiert, pour faciliter l'action d'a-
valer.

On conçoit, en jettant les yeux ſur les *Fig.* 4. & 5., que quoique cette ouverture écailleuſe ſoit naturellement reſſerrée en un
petit volume, elle peut, au beſoin, s'élargir beaucoup en ſe
depliant, ſans ſouffrir aucune tenſion.

Son bord poſtérieur tient par-tout à l'extrêmité antérieure
de la tunique de l'œſophage, avec laquelle elle ne forme qu'un
canal continu.

Cette tunique fait, depuis-là, juſqu'au bout de la cinquième pièce, longitudinalement ſix plis, dont les deux les plus
profonds & les plus apparens ſont l'un à la Ligne inférieure, & l'autre à l'oppoſite. Pliſſée comme elle l'eſt, elle ne paroit avoir qu'un bon tiers de ligne de largeur; mais quand on
la deplie on trouve qu'elle eſt large de près d'une ligne. El-
M m m 3 le

le a de l'épaiſſeur & de la conſiſtance ; elle eſt compoſée de deux tegumens, dont l'extérieur eſt opaque & pulpeux, l'intérieur eſt membraneux & tranſparent.

Sa partie intermédiaire.
* Pl. XIII.
Fig. 1, 2. B, C.

LA partie intermédiaire de l'Oeſophage, * commence à la traverſe, & occupe plus des deux tiers de l'eſpace qu'il y a de là juſqu'au ventricule. Elle eſt compoſée des mêmes tuniques que la précèdente ; mais elles ſont quelquefois tellement collées enſemble, qu'elles n'en paroiſſent former qu'une ſimple, & qu'on a de la peine à les ſéparer.

J'AI trouvé cette partie tantôt flaſque, affaiſſée & ridée en tout ſens, tantôt toute gonflée, & remplie d'une liqueur, qui étoit d'abord jaunâtre, & qui devint brune un ou deux jours après. Lorſqu'elle eſt gonflée, comme elle a été repréſentée ici, elle forme une ſorte de jabot ; & après que la Chenille a trempé quelques jours dans du vin de grain, l'on y decouvre aiſément, avec une Loupe, dans certains ſujets, & difficilement dans d'autres, qu'elle eſt obliquement & irrégulièrement traverſée en large par nombre de muſcles étroits, qui ſerpentent ſur ſon deſſus, en communiquant les uns avec les autres par quantité de fibres, & qui s'entre-croiſent du côté de la Ligne inférieure. Les plus apparens & les plus gros de ces muſcles ſont environ au nombre d'une douzaine du côté de la ſupérieure, où ils ſe rencontrent aſſez génèralement à angles aigus, &, ſe dirigeant de-là obliquement vers le côté antérieur, ils forment, à l'oppoſite, le lacis que l'on voit *Fig.* 2. ; mais qui varie dans tous les ſujets, & qui eſt ordinairement plus delicat qu'il ne m'a été

poſ-

poſſible de le repréſenter. Au travers de ſes interſtices on entrevoit de tous côtés la tunique extérieure de l'Oeſophage.

PRÈS de la première Diviſion, cette partie de l'Oeſophage reçoit les bronches de la 5ᵉ & 6ᵉ branches viſcérales de la Tige ∆ du 1ᵉ ſtigmate, de la manière qu'il a été expliqué Chap. XIII., pag. 444.

Bronches.

LES deux dernières parties de l'Oeſophage communiquent, par bon nombre de filets très delicats, repréſentés *Fig.* 1., avec l'Etui graiſſeux, & l'intermédiaire reçoit de plus quantité de filets *, qui partent des deux Tiges muſculeuſes V1. de la première paire du dos.

Communication avec la graiſſe & la première Tige muſculeuſe Dorſale.

** Fig. 2. V1.*

LA partie poſtérieure de l'Oeſophage paroit avoir moins de capacité que l'intermédiaire. Elle tient de la forme d'un entonnoir; ce qui ne provient que de ce qu'elle eſt extérieurement environnée d'une couche de muſcles circulaires plats, qui, au nombre d'environ 25, placés les uns à côté des autres, & réunis par leurs bords, la ſerrent en diminuant de contour à méſure qu'ils aprochent du ventricule. Cet endroit de l'œſophage n'eſt pas affaiſſé & ridé en dehors, comme l'eſt ſouvent l'intermédiaire. Il eſt aſſez uni & arrondi. Seulement lui voiton quelquefois, en deſſus, un pli longitudinal *, qui diſparoit avant de parvenir à l'eſtomac.

Sa partie poſtérieure.

Vingt-cinq Muſcles circulaires.

** Voyez Fig. 1.*

COMME les muſcles circulaires, dont il vient d'être parlé, qui font aparemment l'office de ſphincter pour fermer l'eſtomac, ont peu d'épaiſſeur; ils permettent d'entrevoir, ſans aucune diſſection, que les muſcles, que l'on a dit qui ſe repandent,

Seiz Muſcles droits.

dent,

dent, en divers fens, fur la partie intermédiaire de l'œfophage, fe réuniffent, en deffus & en deffous, vers fa partie poftérieure, & compofent, de chacun de ces côtés, huit mufcles
droits, moins larges, mais plus épais que les mufcles circulaires, & que, paffant fous ces derniers mufcles, ceux qui font
du côté de la Ligne fupérieure, feparés, ceux qui font du côté de la Ligne inférieure réunis en un faifceau *, ils defcendent en droiture vers l'eftomac, pour concourrir à former les
mufcles droits qui fe repandent fur le ventricule.

ON voit ramper, le long de la Ligne fupérieure de l'œfophage *, une bride flottante très blanche & très forte. C'eft
la bride de l'œfophage. On a déja remarqué, en parlant du
cœur, qu'elle derive du poftérieur des trois petits ganglions
frontaux, lequel paroit ici fur l'œfophage, entre les deux paires
de mufcles δ & ζ †, d'où, après avoir percé le canal du cœur,
elle paffe entre ce canal & l'œfophage, & communique, de
diftance en diftance, avec l'un & avec l'autre par de courts filets, fi forts, qu'ils dechirent ces vifcères quand on les en veut
arracher.

AU commencement de la partie poftérieure de l'œfophage
cette bride fe partage en trois branches, dont celle du milieu,
qui eft la plus deliée, fe repand fur cette partie, & difparoît
avant de parvenir à l'eftomac: Les deux autres branches, après
avoir communiqué, par quelques petits filets, avec les mufcles circulaires de l'œfophage, s'en detachent, fe fourchent, s'attachent
à la partie antérieure du ventricule, & s'y ramifient.

EN

* Voyez
Fig. 2. C, D.
Ligne infé-
rieure.

Bride de l'œ-
fophage.
* Voyez *Fig.*
1. A, B, C.

† *Fig.* 1.

En enlèvant les mufcles circulaires, & les mufcles droits, qui Tuniques. font deffous, on met à decouvert une membrane, qui eft la continuation de la tunique fupérieure de la partie intermédiaire de l'œfophage, à laquelle la tunique inférieure continue d'être adhérente jufqu'au Ventricule. Grand nombre de fibres longitudinales très deliées m'ont paru ramper fur le deffus de cette première tunique. Elle n'étoit pas irrégulièrement froncée à cet endroit, comme à la partie intermédiaire; mais pliffée, fuivant fa longueur, de manière que les plis étoient peu fenfibles du côté de la partie intermédiaire de l'œfophage, & qu'ils devenoient plus profonds, à mefure qu'ils aprochoient du ventricule.

Quand on ouvre l'endroit de la communication de l'œfo- L'Eftomac. phage avec le ventricule, on voit que cette double tunique defcend, dans la cavité même de ce vifcère, de la profondeur à-peu-près d'une ligne; que dans cette cavité fes plis longitudinaux s'éfacent pour en former de moins réguliers & de plus amples; qu'enfuite, fe repliant en dehors fur elle même, elle monte autant qu'elle étoit defcendue, après quoi, faifant un pli contraire, elle paroit en dehors, & devient le commencement du ventricule, comme il eft aifé de s'en affurer, en detachant les petits mufcles droits qui paffent de l'œfophage fur ce vifcère, & tiennent la partie poftérieure de l'œfophage affujettie à cette fituation; car alors, pour peu qu'on tire ce dernier Vaiffeau, on voit que ce qui en a pénètré dans la cavité du ventricule, fe dedouble, qu'il en fort, & que fes extrêmités continuées font les tuniques du ventricule.   N n n   L'u-

L'usage de cette duplicature de l'extrêmité de l'œfophage eft vraifemblablement de faire l'office de valvule, pour empêcher que les alimens n'y remontent du ventricule.

Lorsqu'on examine, au Microfcope, la tunique intérieure de la partie de l'œfophage qui compofe l'eftomac, on la trouve garnie de capfules, dont quelques unes font vuides, & ne paroiffent que comme de petits fachets membraneux affaiffés, & dont les autres font plus ou moins remplis d'une matière opaque blanchâtre. Ces fachets fourniffent probablement un mucus propre à faire gliffer les alimens par l'eftomac dans le ventricule, & peut-être encore un fuc qui concourt à la digeftion.

Du Ventricule.

Pour ce qui eft du Ventricule D E *, il eft capable de s'étendre & de fe racourcir confidèrablement. On le trouve quelquefois tout étendu. Alors il eft uni d'un bout à l'autre; mais ordinairement il n'eft pas fi étendu, & alors fa partie antérieure eft pliffée en courcaillet, de façon, que les plis en diminuent à mefure qu'ils s'éloignent de l'œfophage, & fe trouvent déja effacés, ou à-peu-près, vers le milieu du Ventricule. Il eft d'un tiers plus large, pour le moins, vers l'œfophage qu'à fon autre extrêmité, vers laquelle il diminue infenfiblement de volume. Sa partie antérieure eft blanchâtre, & quelquefois tout le ventricule l'eft d'un bout à l'autre; d'autres fois fa blancheur diminue & devient d'un bleu noirâtre à mefure qu'il approche des inteftins, ce qui pourroit bien n'être que l'effet des alimens qu'il renferme.   La

LA plus grande partie des bronches viſcèrales de la 2ᵉ., 3ᵉ., 4ᵉ., 5ᵉ., 6ᵉ., & 7ᵉ. paires de ſtigmates ſe repand en abondance ſur ſon deſſus. Celles qui rampent ſur ſa ſurface inférieure, offrent, par leurs diverſes inflexions ondoyantes & circulaires, jointes à leur couleur argentée, un ſpeĉtacle tout-à-fait beau à voir à la Loupe. Je l'ai repréſenté, mais très imparfaitement *Pl. V. Fig.* 1. Les bronches, qui font à l'oppoſite, plus petites & plus nombreuſes, n'y font pas un ſi bel effet. Ce n'eſt qu'après avoir ôté toutes ces differentes bronches, qu'on parvient à obſerver l'arrangement des muſcles du Ventricule.

CES muſcles font de deux ordres. Il y en a de droits. Il y en a d'obliques.

LES droits font au nombre de 28 ; ils font tous écartés à quelque diſtance les uns des autres. Ils parcourrent en droite ligne toute la longueur du Ventricule. Vers ſon côté antérieur, je les ai trouvé plus gros que vers l'extrêmité oppoſée ; ce qui peut entr'autres être venu de ce que vers la partie antérieure, ils étoient apparemment contraĉtés, vu que cette partie l'eſt ordinairement, comme il a été dit.

ILS m'ont paru tirer leur origine tant des muſcles droits du bout poſtérieur de l'œſophage, formés par la réunion des fibres muſculeuſes de ſa partie intermédiaire, que des deux tiges muſculeuſes de la feconde paire V 2 *.

CES Tiges defcendent obliquement vers l'endroit, où l'œſophage eſt joint au ventricule, & s'y réuniſſent l'une à droite, l'autre à gauche, après s'être épanouïes & s'être partagées cha

cune

N n n 2

Ses Bronches.

Ses Muſcles.

28 droits.

* *Pl. VII. Fig.* 1. *& Pl. XIII. Fig.* 1. 2.

cune en huit branches musculeufes, qui m'ont paru former huit mufcles droits fur chaque côté de ce Vifcère, comme les huit mufcles droits qui occupent le deffus de l'œfophage, & les huit autres qui en occupent le deffous m'ont femblé être l'origine d'un pareil nombre de mufcles droits du deffus & du deffous du Ventricule; &, ce qui eft à remarquer ici, c'eft que quoique tous les mufcles droits du Ventricule foient, ou du moins paroiffent être, une continuation des 16 mufcles droits de l'œfo-phage, & des 16 branches musculeufes de la feconde paire de Tiges dorfales, on ne compte pourtant pas 32 mufcles droits au ventricule, mais feulement 28: la raifon en eft, que les quatre mufcles droits de ce vifcère, qui terminent, en deffus & en deffous, les deux fuites de mufcles que l'œfophage lui fournit, fe réuniffent aux quatre branches musculeufes qui, à droite & à gauche, terminent les deux fuites de branches qui m'ont paru former les mufcles droits de fes côtés, & qu'ainfi ces quatre mufcles droits, & ces quatre branches musculeufes ne forment enfemble que quatre mufcles fur le ventricule, compofés chacun d'un mufcle droit de l'œfophage & de la branche musculeufe, qui en eft la plus voifine.

CES mufcles droits font, au refte, très deliés à proportion de leur longueur; ce n'eft qu'après que le fujet a trempé quelques jours dans du vin de grain, qu'on les aperçoit diftinctement. Ils reçoivent, par-ci par-là, des filets, qui partent des tiges musculeufes gaftriques (ç) de la 2e., 3e., 4e. & 5e. paire *. On en voit les extrêmités repréfentées avec leurs différens filets, *Pl. XIII. Fig. 1., ç 2, 3, 4, 5.*

* Pl. VI. &
VII. Fig. 1.

LES

Les Mufcles droits ne tiennent, au Ventricule, que par des filets très courts, placés à petites diftances les uns des autres, & entre ces diftances le mufcle eft flottant de manière qu'il eft aifé de paffer une aiguille entre le mufcle & le ventricule, fans rien rompre ni deranger.

On conçoit que ces mufcles, étant ainfi attachés par intervalles, ils ne fauroient fe contracter, à quelque endroit, fans que le ventricule ne s'y contracte en même tems; & qu'il ne s'y forme des plis entre chaque intervalle, où le mufcle n'y eft pas attaché, & c'eft ce qui rend vraifemblablement le ventricule pliffé en courcaillet *, aux endroits où les mufcles droits   * *Pl. XIII.*
Fig. I & 2. fe font contractés. Auffi voit-on qu'à ces endroits les mufcles n'ont leurs attaches qu'aux fommités de chaque pli, & qu'ils ne s'infinuent nullement dans les plis mêmes, comme il leur arriveroit fouvent, fi ces plis n'étoient pas l'effet naturel de la contraction des mufcles droits. On comprend encore, que la manière, dont ces mufcles tiennent au ventricule, leur fournit le moyen d'y exciter un mouvement vermiculaire ou periftaltique, & que, par une contraction fucceffive, en commençant de la partie antérieure du ventricule, & continuant vers fon extrêmité poftérieure, les alimens doivent naturellement être pouffés vers les Inteftins.

Ces mufcles ne font pourtant pas les feuls qui font mouvoir   Mufcles obli-
ques. le ventricule. La 3ᵉ paire de Tiges mufculeufes dorfales V 3 *,   * *Pl. XIII.*
Fig. I, 2. beaucoup plus confidérable que les deux précèdentes, fe diri-   & *Pl. VI.*
Fig. I. geant obliquement vers le ventricule, s'y attache à la hauteur

Nnn 3   du

du 3ᵉ ſtigmate; Ces Tiges, arrivées près du ventricule, s’épa-
nouïſſent & ſe diviſent ſur le ventricule chacune en deux ſuites de muſcles obliques, qui dirigées l’une du côté de la ſupérieure †, & l’autre du côté de l’inférieure §, s’écartent & ſe
partagent encore chacune en deux autres ſuites, qui s’écartent
pareillement, & compoſent ainſi, à chaque côté, quatre ſuites,
chacune de trois ou quatre muſcles, qui, en deſcendant avec
obliquité, tournent autour du ventricule, & y font, par leur
rencontre, des manières de lozanges depuis la hauteur du 4ᵉ ſtigmate juſqu’à celle du 7ᵉ, comme on le voit dans les *Fig.* 1 & 2.
Pl. XIII.

QUOIQUE ces Muſcles obliques tirent principalement leur
origine de la 3ᵉ paire de Tiges muſculeuſes, ils ne la tirent
pourtant pas uniquement de-là. J’ai vu pluſieurs muſcles droits
du ventricule ſe partager, & les renforcer de leurs fibres; ce
qui concourt aparemment auſſi à rendre les muſcles droits plus
deliés, depuis l’endroit où commencent les muſcles obliques, &
plus bas, qu’ils ne font vers la partie antérieure de ce Viſcère.

Au Microſcope, on trouve que ces muſcles obliques ne tiennent, au Ventricule, comme les droits, que par de courts filets
écartés à petites diſtances les uns des autres. On ne ſauroit
determiner le nombre des muſcles obliques, parce que ceux d’u-
ne même ſuite ſe réuniſſent les uns avec les autres, & ſe ſéparent alternativement d’une manière où il n’y a rien d’uniforme
& de conſtant: Cela n’a pu être repréſenté dans les *Fig.* 1 &
2. *, parce qu’elles ne ſont pas aſſez groſſies; mais on peut

le

† Pl. XIII.
Fig. 1.
§ Fig. 2.

* Pl. XIII.

le remarquer diſtinctement dans la *Fig.* 3., où un morceau quarré
& étendu du Ventricule a été repréſenté environ 8 fois plus
long & plus large que nature.

Un fort Microſcope fait voir que chacun de ces Muſcles obliques ſont comme de petits rubans compoſés de quelques fibres
preſſées les unes contre les autres; mais je n'ai pu decouvrir,
par ſon moyen, que ces fibres fuſſent torſes comme le ſont celles des muſcles qui ſervent aux mouvemens volontaires.

Après avoir enlevé les bronches & les muſcles droits & obliques, qui rampent ſur le ventricule, on met à decouvert ſa Tunique extérieure, qui n'eſt, comme il a été dit, qu'une continuation de celle de l'Oeſophage. Elle couvre une ſeconde Tunique, quelquefois très difficile à en ſeparer, & qui, d'autres
fois, s'en ſepare d'elle même. Cette ſeconde tunique, qui n'eſt
pareillement qu'une continuation de la tunique intérieure de
l'Oeſophage, eſt très mince & tranſparente.

Ayant, au commencement de May, noyé, dans de l'eau,
une grande Chenille, qui paroiſſoit parfaitement ſaine, je ne
trouvai aucun aliment dans ſon ventricule, ni dans ſes gros inteſtins; mais, ce qui me parut remarquable, je trouvai toute la
cavité intérieure du ventricule, d'un bout à l'autre, tapiſſée d'u-
ne couche blanchâtre, qui ſe terminoit préciſément aux deux
extrêmités du viſcère, ſans qu'on en vit aucune trace, ni dans
l'œſophage, ni dans les inteſtins. Cette couche étoit très adhérente au tegument intérieur du ventricule; elle avoit environ trois fois plus d'épaiſſeur que n'en ont les deux tegumens

de

de ce viſcère pris enſemble. Elle avoit beaucoup moins de conſiſtance que les muſcles, & en avoit beaucoup davantage que le corps graiſſeux. Vue avec une Loupe, elle paroiſſoit crevaſſée en tout ſens; mais ſur-tout longitudinalement, d'une infinité de fentes toutes perpendiculaires aux endroits du Viſcère ſur leſquels elles ſe trouvoient. On n'y decouvroit, au Microſcope, aucun vaiſſeau ni fibre, ni rien qui pût faire croire que c'étoit une partie organiſée. Elle avoit plutôt l'apparence d'une matière figée, mais figée avec régularité, & qui avoit été fournie par les pores du tegument intérieur du Ventricule; car cette matière étoit un compoſé de petites maſſes longuettes, preſſées les unes contre les autres, poſées chacune perpendiculairement ſur l'endroit du tegument auquel elles tenoient, & toutes d'égale longueur. La *Fig.* 4., où l'on en a repréſenté, fort en grand, un certain nombre, pourra en donner une idée. Dans cette Chenille, les deux tuniques du Ventricule, ſi l'on peut dire qu'il y en avoit deux, étoient ſi adhérentes, qu'elles n'en formoient qu'une ſeule.

Des Inteſtins.

Diviſion des Inteſtins en gros & en grêles.

POUR ce qui eſt des Inteſtins, ils ont très peu de raport avec ceux des grands Animaux. On peut les diſtinguer cependant, comme ceux de ces derniers, en gros & en grêles.

* *Pl. XIII.*
Fig. 1, 2.
E, F, G, H.

LES Gros Inteſtins * forment un canal continu, très large, qui deſcend en droite ligne du ventricule jusqu'au ſac fœcal.

LEUR nombre ſe reduit à trois, reconnoiſſables chacun à des marques particulières. On commencera par en examiner la ſtructure extérieure.

LE

Le *premier* E, F, eſt le plus court & le plus gros. Il n'a environ qu'un tiers d'Anneau de longueur, & ſon extrêmité antérieure, par où il tient au ventricule, n'eſt guères moins large que le bas du ventricule même; ſon extrêmité poſtérieure a un peu moins de capacité. On le diſtingue, du ventricule, entr'autres par ſa couleur, qui eſt blanchâtre, pendant que celle de l'extrêmité du ventricule eſt ſouvent très foncée: Et du ſecond gros Inteſtin, par un ſphincter de muſcles circulaires, qui paroiſſent en dehors *. Sa couleur blanchâtre n'eſt due qu'aux muſcles, dont il eſt environné & couvert.

Ces muſcles ſont de deux ſortes; il y en a de droits; il y en a de circulaires.

Les muſcles droits ſont une continuation des muſcles droits du Ventricule. Ces derniers ſe partagent chacun en deux à l'extrêmité de ce viſcère, excepté trois ou quatre, qui ſe diviſent en trois. Ils forment ainſi tous enſemble environ ſoixante muſcles droits, qui parcourent la longueur de cet Inteſtin, ſans y être attachés que par intervalles. Ils m'ont paru avoir leur inſertion, & finir à la tunique extérieure de l'Inteſtin, ſous le ſphincter F *, qui le termine.

Ce ſphincter eſt compoſé de 7. ou 8. muſcles circulaires, qui ſont viſibles ſans aucune diſſection, quoique trois ou quatre en ſoyent en partie couverts par les muſcles droits qui paſſent par deſſus, avant de s'inſérer au tegument de l'Inteſtin.

Après avoir enlevé les muſcles droits, j'ai vu que la tunique extérieure étoit encore environnée, tout près du ventricule,

O o o

cule, de 3. ou 4. autres mufcles circulaires, affez larges, mais très minces. Enfuite il y avoit un intervalle où la tunique paroiffoit entièrement à découvert, &, un peu avant l'endroit où commence le fphinéter, on voyoit 7. ou 8. mufcles circulaires très fins & deliés, qui faifoient partie d'une couche d'envi-

20. Mufcles. ron 20. mufcles de cet ordre, dont la plûpart étoient placés fous le fphinéter, & qui concourroient aparemment à fortifier fon aétion.

Second Gros Inteſtin; ſtruéture extérieure.
*** Pl. XIII.**
Fig. 1, 2.
LE *fecond gros Inteſtin* eſt cette continuation du premier, qui va, depuis le fphinéter F *, jufqu'au bas d'une partie charnue, affez large & épaiffe I, G *, qui, vis-à-vis du 8ᵉ ſtigmate, entourre l'inteſtin, & que je nommerai fon *Anneau charnu.*

Ce fecond Inteſtin eſt de la même couleur que le premier. Il eſt un peu moins gros; mais bien de la moitié plus long, & pareillement muni & environné, en dehors, de mufcles droits, qui ne m'ont pas paru être une continuation de ceux du 1ʳ. gros Inteſtin, comme ceux de ce 1ʳ. Inteſtin le font de ceux du ventricule. Je les ai trouvé attachés à la Tunique extérieure fous le fphinéter, & je n'en ai point decouvert qui allaffent au-delà, deforte que je crois devoir les confidèrer comme des mufcles entièrement nouveaux, & ces mufcles m'ont même paru avoir une double origine; car il y en a qui, defcendant de deffous le fphinéter, fe divifent, & dont des branches s'attachent & fe terminent, à diftances inégales, entre le *Sphinéter* & l'*Anneau charnu*, tandis que d'autres defcendent jufqu'à l'Anneau mê-

même; & il y en a d'autres qui, de l'Anneau charnu, s'élèvent & fe partagent, & dont des branches, à diftances inégales, ont leur infertion entre ce fphinéter & l'Anneau charnu,
tandis que d'autres branches montent jufqu'au fphinéter même.
Ces directions oppofées, & ces différences de longueur, joint
aux divifions, qui fe rencontrent dans plufieurs, m'ont empêché d'en pouvoir compter & determiner précifement le nombre; mais il y en a bien cinquante pour le moins. Ils m'ont
paru attachés auffi par intervalles à l'Inteftin.

    50. Mufcles
droits.

Au milieu de cet Inteftin, du côté de la Ligne inférieure,
s'élève une petite éminence *, qui fe fait jour au travers des
mufcles droits, & les écarte. Cette éminence n'eft qu'un fachet
membraneux & pliffé, dont l'ouverture eft dans la cavité de
l'Inteftin. Son ufage m'eft inconnu. Peut-être fait-il l'office
de cœcum.

    Son fachet
membraneux.
    * Voyez *Fig.*
2. entre F & I.

La feparation *, caufée entre les mufcles droits, par ce fachet, fait entrevoir, fous ces mufcles, des mufcles circulaires *;
&, en effet, quand on a enlèvé les mufcles droits, on met à
decouvert une couche de mufcles circulaires, qui, au nombre
environ d'une douzaine, entourrent le fecond gros inteftin, &
au deffous defquels la tunique extérieure de l'inteftin fe trouve immédiatement placée.

    * *Pl. XIII.*
Fig. 2. entre
F & I.

    12. Mufcles
circulaires.

Cette tunique ne paffe pas fous l'Anneau charnu; mais
elle s'y termine & y eft adhérente. Les mufcles, qui, de deffous
l'Anneau charnu, s'élèvent, comme il a été dit, fur le fecond
gros inteftin, y percent la tunique en fix endroits, & paffent
ainfi deffus.   Ooo 2   Pour

Son Anneau charnu.

Pour ce qui eſt de l'*Anneau charnu*, qui termine la partie poſtérieure de cet inteſtin, il eſt difficile à developper; Je n'y ai pu réuſſir qu'en commençant ſon anatomie par le dedans de l'inteſtin même, & en enlèvant la tunique intérieure ſur laquelle il repoſe immédiatement; encore l'ai - je rarement pu faire ſans y cauſer quelque deſordre.

Cet Anneau eſt, comme je l'ai dit, large & épais; ſa couleur tire ſur le jaune; ſa forme extérieure eſt irrégulière, & difficile à décrire; on s'en fera une idée en jettant les yeux ſur les *Fig.* 1 & 2. en I, G *. Il a pluſieurs éminences. A la Loupe, il paroit ridé, & ſes rides, quoique variées, ſont toutes plus ou moins longitudinales.

* Pl. XIII.

Extérieurement il eſt compoſé d'une membrane, qui, en dedans, eſt toute garnie de muſcles transverſaux, c'eſt-à-dire, de muſcles, dont la direction eſt perpendiculaire à la longueur des gros inteſtins. Ces muſcles ſont tous d'une figure fort différente des autres *. Ils ſont gros, courts, de forme très variée & irrégulière; mais qui aproche pourtant toûjours plus ou moins d'un Rhomboïde. Ils tiennent ſi fort à la membrane, ſur laquelle ils ſont placés, qu'on ne peut les en ſeparer ſans la rompre, & ils ſont arrangés de manière, que, formant ſix ſuites, chacune de 9. ou 10. muſcles, leurs angles aigus avancent reciproquement, en dents de ſcie, les uns au-delà des autres, & ne laiſſent que peu ou point de vuide entre eux. Les rides, qui paroiſſent, comme il vient d'être dit, ſur la membrane de l'Anneau, ſont aparemment cauſées par la con-

* Voyez Pl. XIII. Fig. 5. a, b.

60. Muſcles transverſaux.

tra&ction

traction de ces mufcles, &, à en juger par leur épaiffeur & leur nombre, l’Anneau charnu paroit devoir être capable de fe refferrer avec beaucoup de force.

Au deffous de ces mufcles on voit fix fuites de mufcles droits (c d) *; qui n’y font point attachés. Ils font partagés en fix faifceaux, qui, à diftances égales, croifent les mufcles transverfaux aux endroits où leurs fix fuites enjambent les unes fur les autres. Ces faifceaux m’ont paru chacun compofés de 5 ou 6 mufcles: ce font ceux qui, vers le bord antérieur du fphincter, percent, comme il a été dit, la membrane extérieure du fecond gros Inteftin; vers l’autre bord ils m’ont paru compofer fix mufcles longitudinaux auxquels on va voir bientôt que fix fuites de mufcles transverfaux du 3e gros Inteftin font attachés.

* *Pl. XIII.*
Fig. 5.

Le fecond gros Inteftin eft remarquable par deux vaiffeaux très longs, qui s’y ouvrent, l’un à droite, l’autre à gauche, & qui n’ont pas la cinquième partie du diamètre du premier gros Inteftin. Comme ils apartiennent affez vraifemblablement à cet ordre de vifcères, je les ai nommé les *Inteftins grêles*, fans pourtant vouloir décider abfolument qu’ils le foyent; car il ne feroit pas impoffible que ces vaiffeaux n’euffent quelque autre ufage, tel que pourroit être, par exemple, celui de preparer, & de repandre enfuite, dans le fecond gros inteftin, un fuc équivalent à celui que la Veficule du Fiel & le Pancreas repandent dans nôtre Duodenum, par le conduit Biliaire; mais comme la ftructure du fecond gros inteftin, muni de mufcles

Les Inteftins
grêles.

capables de le contracter , & bordé de sphincters pour le fermer par les deux bouts, semble indiquer une organisation destinée à pousser les alimens dans ce que j'ai nommé les Intestins
grêles, qui sont les seules issues ouvertes pendant l'action de
ces muscles, & que, d'autre côté, ces vaisseaux n'offrent aucune organisation propre à en exprimer la substance dans le second gros intestin, l'idée de prendre ces vaisseaux pour des Intestins grêles me semble préferable à l'autre, d'autant plus qu'ils
paroissent avoir leur issue, comme on le verra, dans le sac fœcal, de même que le troisième gros intestin, ce qui probablement ne feroit pas, si ces viscères faisoient l'office de la Vesi-
cule du Fiel ou du Pancreas.

Quoiqu'il en soit, ces vaisseaux sont blancs; ils ont leur
origine sur les côtés du bord antérieur de l'Anneau charnu *,
plus près de l'inférieure que de la supérieure; de-là ils montent latéralement le long du second gros intestin sans y être
attachés †; mais ils tiennent au haut du sphincter §, qui termine le premier de ces Intestins, & y forment un petit zic-
zac en avant §, ensuite de quoi ils s'écartent un peu, & montent encore latéralement jusques vers l'extrêmité antérieure du
premier gros intestin. Là ils se partagent chacun en deux branches *, dont la plus voisine de la Ligne supérieure se subdivise tantôt une & demie ligne, tantôt 2, tantôt 3 lignes plus
haut †, en deux autres branches. Celle de ces deux §, qui est
la plus près du dos, continue à monter le long du ventricule
jusqu'à environ un tiers d'Anneau au-dessous du 5e stigmate §,

l'au-

* Voyez Fig.
2. Pl XIII.
L.

† I. F.
§ F.

* Voyez Fig.
1. E.

† m m.
§ a.

l'autre * jufqu'à un tiers d'Anneau, ou environ, au deffus de
ce ftigmate, & la troifième †, qui ne s'eft pas fubdivifée, &
qui eft la moins écartée de la Ligne inférieure, jufqu'à la hauteur de ce même ftigmate, après quoi, ces fix branches fe re-
courbent, & defcendent, trois d'un côté du ventricule, & trois
de l'autre, fans beaucoup ferpenter, jufqu'au premier gros inteftin. Là elles s'en écartent, & forment, de part & d'autre
des gros inteftins, jufqu'à leur extrêmité poftérieure, un lacis
très impliqué §, & d'autant plus difficile à demèler, qu'elles
font affujetties, dans cette fituation, par quantité de bronches,
de nerfs, & de filamens très forts & élaftiques, qui les tiennent attachées entr'elles, au ventricule, & aux gros inteftins,
fur-tout au deuxième, par des liens, dont bon nombre font plus
forts que les Inteftins grêles ne le font eux-mêmes; ce qui fait
qu'il n'eft pas aifé de les en debarraffer fans les rompre à plufieurs endroits, comme il m'eft arrivé prefque toûjours, quand
je les ai voulu mefurer.

CET inconvénient m'ayant d'abord empêché de decouvrir la
longueur précife de chacun de ces fix inteftins, j'en ai mefuré, dans un fujet, tous les bouts rompus, & j'ai trouvé qu'ils
faifoient enfemble une longueur de 16. pouces, ce qui feroit
deux pouces & 8 lignes pour chacun, s'ils étoient tous fix é-
galement longs; mais c'eft ce qu'ils ne font pas tout-à-fait;
car étant enfin parvenu à mefurer feparément les trois inteftins
de part & d'autre d'un même fujet, j'ai trouvé que leur tronc
commun avoit environ deux & demie lignes de longueur du

côté

* b.
‡ Fig. 2. c.

§ Fig. 1, 2.
d d d.

Leur lon-
gueur.

côté droit, & trois lignes du côté gauche; que la branche, ou
l'inteftin qui fort du tronc à cet endroit, & qui ne fe fourche
point, avoit la longueur de trois pouces du côté droit, & deux
pouces, onze & demie lignes du côté gauche; que l'autre
branche, après avoir parcouru la longueur de trois lignes du
côté droit, & de deux & demie lignes du côté gauche, &
s'y être partagée en deux, l'un de ces deux inteftins, celui qui
étoit le plus tourné vers le ventre, étoit long de trois pouces
deux lignes du côté droit, & trois pouces une & demie lignes du côté gauche, & que l'autre avoit, du côté droit, deux
pouces onze lignes de longueur, & du côté gauche, deux pouces fept lignes; ce qui monte en tout, dans ce fujet, à dix-
huit pouces fept & trois-quarts de lignes d'inteftins grêles, dont
il y en avoit neuf pouces fix & demie lignes du côté droit,
& neuf pouces une & un quart de ligne de l'autre côté. D'où il
paroit que non feulement les inteftins pareils d'une même Chenille ne font pas précifement d'égale longueur; mais encore
qu'il y a de la diverfité, à cet égard, dans les fujets différens;
puifque cette dernière Chenille avoit au-delà de deux pouces
& demi d'inteftins grêles de plus que la précèdente.

<table><tr><td>Leur forme.</td><td>DEPUIS l'origine de ces Inteftins jufqu'à la longueur de plus</td></tr></table>

d'un bon pouce, ils font prefque cylindriques, & leur contour
n'eft que peu ondoyant, comme on le peut voir par la *Fig. 6.
Pl. XIII.*, où j'ai repréfenté fort en grand un bout de cet inteftin, à l'endroit où il fe fourche en E, *Fig.* 1. Enfuite il commence à devenir de plus en plus celluleux, & rempli de quantité

tité de fachets ou de groffes boffes, qui ont quelque raport a-
vec les cellules du colon; mais qui font à proportion beaucoup
plus irrégulières & plus renflées.   On en voit un morceau, long
environ d'une ligne, copié d'après nature & groffi au Microfcope, *Pl. XIV. Fig.* 1.

Je n'ai trouvé aucune différence notable, ni dans la configuration, ni dans la groffeur de ces fix branches.

Après avoir ferpenté & fait grand nombre de zic-zac à
droite & à gauche des gros inteftins, leurs boffes deviennent
fucceffivement moins apparentes & plus rares, & enfin leur extrêmité *, devenue très mince & prefque cylindrique, s'élargit †, & tient à la tunique extérieure du fac fœcal, deux des
trois branches de chaque côté, l'une joignant l'autre en (i, i,)
Pl. XIII. Fig. 2., près de l'intermédiaire inférieure de ce fac,
& la troifième en (k, k,) §, près de fon intermédiaire fupérieure.

Ces Inteftins diminuent en groffeur depuis leur origine jufqu'à leur extrêmité.   Leur bout antérieur eft bien du double
plus épais que l'autre.   Je les ai toûjours trouvé farcis d'une
fubftance blanche & pateufe; mais un peu moins dans des Chenilles toutes grandes, qui avoient paffé l'hyver, que dans celles
qui avoient été ouvertes dans l'arrière faifon.   A la partie antérieure de ces Inteftins, les boffes ne font que peu apparentes.   La fubftance pateufe n'y eft difperfée que par grumeaux
feparés, comme on le voit *Pl. XIII. Fig.* 6. Plus avant, cette
matière occupe la cavité des differentes boffes dont ils font

** Pl. XIV.*
Fig. 2. A B.
† B C.

§ *Pl. XIII.*
Fig. 1.

P p p

gar-

garnis, & à leur autre extrêmité il n'en paroit que très peu.

Si ces vaiſſeaux ſont de vrais inteſtins, il y a lieu de préſumer que la ſubſtance pâteuſe qui s'y trouve eſt l'extrait d'un aliment, qui ayant déja été digèré dans le ventricule, & dans les premier & ſecond gros inteſtins, a paſſé dans les inteſtins grêles pour y ſubir une autre preparation, & y être converti en bon ſuc nourricier, & qu'après cette digeſtion, ce qui reſte de groſſier eſt vuidé dans le ſac fœcal par les ſix iſſues que les inteſtins grêles paroiſſent avoir dans ce ſac, & qu'enſuite il eſt expulſé par les voyes ordinaires.

Il ſemble même, comme il a déja été inſinué, que le grand uſage du ſphinĉter & de l'Anneau charnu, qui ſe trouvent aux deux extrêmités du ſecond gros inteſtin, joint aux muſcles droits & circulaires, dont cet inteſtin eſt pourvu, eſt de concourrir enſemble à exprimer le ſuc des alimens renfermés dans cet inteſtin, & de le faire monter dans les inteſtins grêles. Car on conçoit, que ſi les alimens renfermés dans le ſecond gros inteſtin, au moyen du ſphinĉter & de l'Anneau charnu, ſont enſuite preſſés par la contraĉtion des muſcles droits & circulaires de cet Inteſtin, le ſuc exprimé des alimens, par l'aĉtion des differens muſcles, ne pouvant ni monter ni deſcendre, doit naturellement s'introduire dans les deux troncs des Inteſtins grêles, qui ſont les ſeules iſſues, qui lui ſont alors laiſſées ouvertes.

Tout ceci n'eſt pourtant pas ſans difficulté, & l'on diroit d'abord que ſi la matière renfermée dans les inteſtins grêles é

toient

toient des alimens, on devroit trouver ces vaiffeaux tantôt
plus, tantôt moins remplis; & qu'après un jeune de plufieurs
mois, que ces Chenilles font pendant l'hyver , ils devroient fe
trouver entièrement vuides, ce qui n'arrive pourtant pas; car
non-feulement après la fin de l'hyver ces vaiffeaux font encore paffablement remplis; mais ils le font même auffi, après que
l'Infecte eft devenu Phalène , quoiqu'elle foit du nombre de
celles qui ne mangent point.

CETTE difficulté paroit forte, & il n'y auroit rien de fatis-
faifant à y repondre, fi les vaiffeaux, que j'ai nommé les Inteftins grêles, avoient un mouvement periftaltique, vû qu'en ce
cas il n'y auroit aucune raifon à alleguer pourquoi la matière
fœcale y croupiroit fi longtems; mais fi d'autre côté ces vaiffeaux, comme il eft vraifemblable, n'ont point de mouvement
pareil, la difficulté difparoit, & il s'enfuit néceffairement, qu'a-
près avoir été une fois remplis, ils ne fauroient fe vuider, &
qu'il n'en peut fortir, par derrière, qu'autant que l'action du fecond gros Inteftin en fait entrer par devant: deforte que fi ces
vaiffeaux fe trouvent un peu diminués après le jeune de l'hyver, cela ne proviendra que de ce qu'une partie de la fubftance qu'ils contenoient, en aura été feparée pour la nutrition du
corps, pendant cette longue abftinence; mais d'expliquer, avec
quelque certitude, comment & par quels conduits la matière
digèrée fe fepare de ces vaiffeaux pour la nutrition, c'eft ce
qui n'eft guères poffible. Tout ce qu'on peut préfumer, eft,
que comme ces vaiffeaux communiquent avec l'étui graiffeux,

par quantité de fibrilles, elles font peut-être des conduits
par où le fuc nourricier eft depofé dans cet étui, fous la forme d'une graiffe, qui, repandue dans tout le corps, fert enfuite
d'aliment à fes differentes parties, avec lesquelles elle communique, à fon tour, par d'autres fibrilles, comme il a déja été remarqué.

APRÈS le fecond gros Inteftin F G *, dans les côtés duquel
les inteftins grêles s'ouvrent, fuit le 3e & dernier gros Inteftin
G H. Il eft bien de moitié plus long que les deux autres enfemble, & s'étend depuis l'Anneau charnu I G, jufqu'au fac
fœcal, dans lequel il s'ouvre d'un côté, comme l'Anus s'y ouvre
de l'autre.

CE troifième gros inteftin eft plus mince que le fecond, mais
il a, ou peu s'en faut, quatre fois plus de diamètre que les inteftins grêles. Son épaiffeur eft prefque par-tout la même, &
fa figure extérieure eft Exaèdre comme celle des Alveoles des
Abeilles. De fes fix pans, deux font face l'un à la Ligne inférieure, & l'autre à la fupérieure.

LES angles de ces pans paroiffent munis chacun d'un mufcle
longitudinal, formé par la continuation des fix faifceaux de petits mufcles *, que l'on a vu qui traverfent le côté intérieur de
l'Anneau charnu. Ces pans font garnis, d'un bout à l'autre, de
mufcles transverfaux, qui fe terminent aux bords des pans
fur lesquels ils fe trouvent. Ils font fi deliés, qu'on ne fauroit
bien les diftinguer qu'au moyen d'une Loupe. Par fon moyen
on decouvre qu'ils font rangés à diftances égales les uns des
au-

Troifième
gros Inteftin;
ftructure ex-
térieure.
* Pl. XIII.
Fig. 1, 2.

Six Mufcles
longitudi-
naux.

* Pl. XIII.
Fig. 5. c, d.

autres avec beaucoup d'ordre & de régularité, & que du côté
de l'Anus ils augmentent en largeur. Je n'en ai pas trouvé le
même nombre à quatre Chenilles auxquelles je les ai comptés.
L'une n'en avoit que 90 à un pan, l'autre en avoit au même
92, la troisième y en avoit 106, & la quatrième 110. Chacun de ces muscles transversaux reçoit, de part & d'autre, à
fort peu de distance de son extrêmité, un très petit muscle,
qui monte obliquement du bord de chaque pan, de la manière
qu'on le voit en grand dans la *Fig.* 3. *Pl. XIV.*, où j'ai représenté un morceau de trois pans de la couche des muscles du
3ᵉ gros Intestin, avec les muscles obliques qui y aboutissent.
Ces muscles obliques sont courts, & peu sensibles à la partie
antérieure de l'Intestin; mais ils s'allongent & grossissent à mesure qu'ils aprochent de sa partie postérieure.

Muscles transversaux autour de 600.

Muscles obliques autour de 1200.

Au moyen du Microscope, on aperçoit de plus, que les muscles transversaux communiquent chacun avec celui qui le précède & celui qui le suit immédiatement, par quantité d'attaches très courtes & très deliées, de la manière que l'exprime
la *Fig.* 4. *Pl. XIV.*, où trois muscles transversaux, avec deux
bouts de muscles droits auxquels ils tiennent, & les petits muscles obliques qui les assujettissent, se voyent encore plus en grand
que *Fig.* 3.

Un peu plus bas que le dernier stigmate on decouvre les Tiges musculeuses de la 7ᵉ paire du ventre, *Pl. XIII. Fig.* 2. ç 7.
Elles tiennent chacune, par 4 ou 5 branches, aux muscles
droits gastriques (c) de la 11ᵉ Division, & se partageant à leur

Deux Tiges musculeuses ç 7.

autre extrêmité en 4 ou 5 branches pareilles, les branches de chacune de ces tiges se dirigent vers le pan inférieur du 3ᵉ gros intestin, sous lequel elles se croisent comme les doigts de deux mains jointes *, & les branches de la tige droite s'attachent à gauche au bord de ce pan, pendant que celles de la tige gauche vont s'y attacher à droite.

DE la façon singulière dont ces deux tiges musculeuses tiennent aux deux bords du pan inférieur de l'intestin, on conçoit que lors qu'elles se contractent, elles doivent nécessairement raprocher ces bords, & resserrer l'intestin, à cet endroit, beaucoup davantage qu'il ne pourroit l'être par l'action seule des muscles transversaux.

C'EST, au-reste, un peu au dessous de l'endroit où ces tiges musculeuses sont attachées à l'intestin, que ses muscles transversaux commencent à s'élargir jusqu'à devenir de la moitié plus larges qu'ils ne le sont plus haut.

UN peu au-delà des Tiges ç 7, on trouve quelques paires de petits muscles separés *, qui sont du genre des Tiges musculeuses, & qui, de part & d'autre, tiennent, par l'une de leurs extrêmités, à l'attache antérieure des muscles droits (a) du dernier Anneau, &, par l'autre, au bord du même pan de l'intestin; mais sans se croiser, & chacun au bord le plus voisin. Je dis quelques paires de muscles, sans en determiner le nombre, parce qu'il n'est pas fixe. Je n'en ai trouvé que 4 paires à des sujets, à d'autres 6, & à d'autres j'en ai trouvé jusqu'à 10 paires.

L'AC-

L'ACTION de ces mufcles paroit devoir être d'élargir davantage, par leur contraction, l'inteftin à cet endroit qu'il ne l'eft lors que les mufcles transverfaux font relâchés.

ENVIRON vers la hauteur de ces dernières paires de mufcles commence, de part & d'autre, une double fuite, tantôt de 7, & tantôt de 8 paires de mufcles obliques chacune *, lefquels, à quelque diftance les uns des autres, tiennent dans l'efpace qu'il y a entre les mufcles (e, e,) & l'extrêmité poftérieure du 3ᵉ gros inteftin, ceux de deux de ces fuites aux deux côtés du fupérieur de fes fix pans, & ceux des deux autres, aux deux côtés du pan oppofé. De-là ils s'écartent de l'inteftin, en defcendant obliquement vers l'extrêmité du corps, où ils tiennent, le long du bord du fac fœcal, à la fubdivifion du dernier Anneau, les fupérieurs entre la latérale & la Ligne fupérieure, & les inférieurs à l'oppofite.

LA partie antérieure de ces quatre fuites de mufcles, celle qui tient à l'inteftin, eft plus groffe que l'autre, & en s'attachant à l'inteftin ils s'épanouiffent.

L'ACTION de ces mufcles eft vraifemblablement d'élargir & d'abaiffer en même tems cet inteftin, de même que d'aprocher le fac fœcal, pour faciliter ainfi encore davantage l'expulfion des excremens.

ENFIN, il part, de la fubdivifion du dernier Anneau, entre la Ligne fupérieure & fon intermédiaire, de part & d'autre, 4 ou 5 mufcles très deliés *, qui tiennent, par leur autre extrêmité, à l'endroit où le troifième gros inteftin s'ouvre dans le fac fœcal.

POUR

Double fuite de mufcles obliques.

* Pl. XIII. Fig. 1. 2. ff, gg.

Quatre ou cinq paires d'autres mufcles.

* Pl. XIII. Fig. 1. hh.

Pour finir la defcription des parties extérieures du dernier des gros inteftins, il ne refte plus qu'à remarquer que les nerfs, qui lui fourniffent, derivent principalement, à chaque côté, d'un plexus, dont il a été parlé dans le Chapitre des Nerfs, qui tire fon origine par deux branches de la feconde paire de nerfs du dernier ganglion de la Chenille. Ces plexus * pouffent chacun trois rameaux, dont deux † fe ramifient fur l'extrêmité poftérieure de cet inteftin, & le troifième § remonte le long du bord de fon pan inférieur; fourniffant, chemin faifant, des petites ramifications à fes mufcles, jufqu'à ce que, parvenu un peu au-delà du fphincter qui termine le premier gros inteftin, il fe ramifie fur cet inteftin, & y difparoit.

Lorsqu'on a enlèvé, du troifième gros inteftin, toutes les parties qui viennent d'être décrites, on decouvre fa tunique extérieure, que l'on trouve longitudinalement toute pliffée de grands plis.

La ftructure intérieure des gros Inteftins merite, pour fa fingularité, qu'on y faffe quelque attention. Quand on les a ouvert longitudinalement d'un bout à l'autre, & étendu de niveau, on eft furpris de voir l'arrangement fingulier des divers ordres de plis, dont ils font pourvus.

La *Fig. 5. Pl. XIV.*, les repréfente ainfi fort en grand. A B eft une portion du Ventricule, tant foit peu pliffée, à cet endroit, par la contraction des tuniques du premier gros Inteftin. B I eft cet Inteftin. K I eft l'endroit de fon fphincter. I D eft le fecond gros inteftin. H D eft l'endroit de fon An-

neau

neau charnu. D G eſt le troiſième gros inteſtin. Le premier
& le ſecond gros inteſtins paroiſſent en dedans plus blancs que
le bas du ventricule & que le troiſième inteſtin. On voit, en
B, que le premier gros inteſtin ſe diſtingue encore du ventricule, en ce que ſa tunique forme intérieurement un bord relèvé, & qu'il ſe diſtingue du ſecond inteſtin I D, en ce que ſes
pliſſures ſont bien plus ſerrées & compactes. On voit ici, en
I, que non ſeulement le ſecond inteſtin a les pliſſures moins
ſerrées que ne le ſont celles du premier; mais qu'elles changent
outre celà d'ordre & de configuration; ce qui leur arrive encore une ſeconde fois en C, qui eſt la hauteur où ſe trouve le
ſachet membraneux.

DANS d'autres ſujets pourtant j'ai vu que les pliſſures du
premier gros inteſtin continuoient, ſans changer d'ordre, depuis B juſques à C, & ce n'étoit alors qu'en C qu'ils commençoient à changer de figure.

L'OUVERTURE qu'on aperçoit en L, eſt l'anaſtomoſe des
inteſtins grêles d'un des deux côtés; celle de l'autre eſt cachée
dans un pli. Je me ſuis aſſuré que cette anaſtomoſe étoit réel-
le, en y introduiſant un cheveu, qui l'a d'abord enfilé.

ON a vu que les Troncs des Inteſtins grêles tiennent encore au ſphincter du premier gros inteſtin. J'ai cherché s'ils ne
s'abouchoient pas auſſi avec cet inteſtin en cet endroit; mais
je n'y ai trouvé aucune ouverture de communication.

IL paroit, par la *Figure*, que les pliſſures D G * du troi- * Pl. XIV. Fig. 5.
ſième gros inteſtin ſont une continuation de celles C D du ſe-

Q q q cond;

cond; mais qu’elles font plus minces vers le milieu, & plus é-
paiſſes à leur extrêmité E G. En G elles ſe terminent, & ce
qui eſt au-deſſous eſt un morceau du ſac fœcal.

L’ARRANGEMENT varié de ces divers rangs de pliſſures,
placées à la file les unes des autres, fait bien voir qu’elles ſont
naturelles à la Chenille, & non le ſeul effet de la contraction
des muſcles, qui couvrent en dehors les Inteſtins.

QUAND on a coupé un de ces trois Inteſtins en travers, on
trouve qu’une bonne partie de leur cavité eſt remplie par ces
pliſſures. Celà peut faire conjecturer qu’elles ſervent à compri-
mer les alimens pour en exprimer le ſuc, lorsque les muſcles
des inteſtins ſe contractent à cet effet ; & il y a quelque aparence que ces pliſſures, en changeant d’ordre à trois repriſes,
ne forment les rebords, qu’on leur voit en G, en C, en I, &
ſur-tout en B, que pour y ſervir de valvules, & concourir à
arrêter au beſoin le paſſage des alimens d’un inteſtin à l’autre.

Leur tunique intérieure. LORSQU’ON examine la tunique intérieure des gros inteſtins,
après l’en avoir ſeparée, on trouve qu’elle n’eſt qu’une fine
membrane, ſi tranſparente, qu’elle paroit telle, même quand
on la regarde avec les meilleurs Microſcopes; & qu’elle ſemble
pourvue d’un bon nombre de vaiſſeaux également tranſparens.

AU premier gros inteſtin B I, elle eſt traverſée d’une aparence de fibres interrompues & ondoyantes. Un bon Microſcope fait voir que ces fibres aparentes ne ſont qu’un compoſé de corpuſcules longuets, opaques, placés les uns à côté des

autres,

autres, de manière qu'ils femblent former de courtes lignes ondoyantes. L'opacité de ces corpufcules donne lieu de croire qu'ils font durs & folides. Ils m'ont femblé pointus; mais leur extrême petiteffe m'a empêché de pouvoir m'en affurer. Si c'étoient, en effet, des pointes folides, on pourroit préfumer que leur ufage feroit de menuifer une feconde fois les alimens.

La *Fig. 6. Pl. XIV.* repréfente un morceau de cette tunique, groffie environ 64000 fois; on y voit l'allignement irrégulier de ces petits corpufcules.

En C, *Fig. 5* *, qui eft l'endroit où les pliffures des gros   * *Pl. XIV.* inteftins changent pour la feconde fois de forme, j'ai trouvé la tunique intérieure marquée d'un cercle compofé de petites caroncules placées les unes à côté des autres; on ne les aperçoit qu'au moyen du Microfcope, & il faut de bons yeux pour remarquer à la vue fimple le cercle qu'elles forment. C'eft par le moyen de ces caroncules, que la tunique intérieure tient à l'extérieure, de manière que l'ordre des plis change, & qu'on voit une feparation diftincte entre ceux qui font au-deffus, & ceux qui font au-deffous de ce cercle.

A l'endroit D *, où le fecond gros inteftin finit, & où le   * *Pl. XIV.* troifième commence, la tunique intérieure eft garnie d'une ap-   *Fig. 5.* parence de fibres interrompues & ondoyantes, qui ont du raport avec celles, dont il a été fait mention un peu plus haut; mais elles font plus fenfibles, comme on peut le remarquer dans la repréfentation qui en a été faite, *Fig. 7.* *, qui eft pareille-   * *Pl. XIV.*

Q q q 2

ment

ment groffie environ 64000 fois, & où les corpufcules opaques, dont les allignemens forment ces apparences de fibres,
font plus faciles à diftinguer.

La tunique extérieure des gros inteftins eft plus épaiffe que
l'intérieure, & elle n'en a pas la tranfparence; ce qui provient
fur-tout de ce qu'elle eft toute femée de caroncules ou d'éminences glanduleufes irrégulières très blanches, très petites, &
placées fort près les unes des autres. Sous l'Anneau charnu,
& à l'extrêmité poftérieure du dernier gros inteftin E G, *Fig.*
5. *Pl. XIV.*, ces éminences paroiffent être d'un autre genre
que le refte; elles font d'une forme plus régulière, & elles font
plus diftantes les unes des autres. Examinées au Microfcope,
on aperçoit diftinctement que ce font autant de petits fachets
membraneux. J'en ai trouvé quelques uns vuides, & plufieurs
pleins; mais le plus grand nombre n'étoit qu'en partie rempli
d'une matière nebuleufe. Ils étoient placés fur le dehors de la
tunique extérieure. On les voit repréfentés, groffis environ
216000 fois, dans la *Fig.* 8. *Pl. XIV.*

Comme ces éminences des gros inteftins font de deux fortes, il y a lieu de croire qu'elles ont auffi deux ufages différens; mais il ne nous apartient pas de les déterminer, d'autant
que fe trouvant à la tunique extérieure, il fembleroit peut-être
un peu hazardé de prétendre que ce fuffent des refervoirs de
mucus, ou de fynovie, deftinés, en fe filtrant au travers de l'autre tunique, à faire des fonctions pareilles à celle que fait le
mucus dans nos inteftins.

Du

Du Sac fœcal.

Pour ce qui eſt du Sac fœcal, dans lequel l'extrêmité du troiſième gros inteſtin, d'un côté, & l'Anus de l'autre, ont leur orifice, il eſt très ſpacieux, il borde la ſubdiviſion du dernier Anneau, & il eſt compoſé d'une triple tunique. Sa Tunique extérieure eſt tranſparente, lâche, & facile à rompre. Elle communique avec l'extrêmité poſtérieure du cœur, par quantité de vaiſſeaux, dont la plûpart ſont des bronches, & parmi lesquelles on decouvre des muſcles & des nerfs. *Première Tunique.*

Sa ſeconde Tunique, plus forte que la première, eſt charnue, blanche, & opaque. *Seconde Tunique.*

Et ſa troiſième, qui double la ſeconde, eſt membraneuſe, mince, tranſparente, & encore plus forte que la ſeconde. *Troiſième Tunique.*

Entre la première & la ſeconde Tunique, on entrevoit confuſément * des vaiſſeaux, qui y ſerpentent en tout ſens. Il eſt facile de les mettre à decouvert, ſans les deranger, en enlèvant la tunique extérieure, qui a peu de conſiſtance. On voit alors diſtinctement tous les detours & les circonvolutions que forment ces vaiſſeaux ; mais il eſt bien difficile de les y ſuivre, & d'autant plus difficile qu'il n'eſt pas aiſé de les ſeparer de la ſeconde tunique, ſans les rompre en pluſieurs endroits, parcequ'ils y tiennent fortement par grand nombre d'attaches, dont la plûpart ſont des bronches de la dernière paire de ſtigmates. Quoique ces vaiſſeaux ſoient plus minces que les inteſtins grêles, & n'ayent pas, comme eux, de groſſes boſſes ou ſachets ; mais qu'ils ſoient ſimplement ondoyans, &, à bien *Vaiſſeaux torſes. * Voyez Pl. XIII Fig. 1, 2. H L L.*

des

des endroits , irrégulièrement contournés en helice , dans le goût des colomnes torfes , comme on le voit *Pl. XIV. Fig. 9.*, où l'on en a repréfenté un bout groffi au Microfcope , ils ne m'ont paru être qu'une continuation des inteftins grêles. Car en enlèvant un morceau de la tunique extérieure du fac fœcal , auquel tenoit , par un élargiffement *, l'extrêmité des deux paires de ces inteftins , qui aboutiffent , à droite & à gauche , tout près l'un de l'autre , à ce fac , vers l'intermédiaire inférieure , j'ai trouvé que les extrêmités * de deux paires de vaiffeaux , qui me paroiffoient femblables à ceux qui rampent fous cette tunique , s'uniffoient aux extrêmités de ces 4 inteftins, dont ils fembloient être une continuation.

LEURS autres extrêmités ne font pas faciles à démêler. A deux reprifes j'en ai trouvé, ou du moins cru en trouver deux, l'une près de l'autre , vis-à-vis du troifième gros inteftin, vers le bord du côté fupérieur de la tunique, fur laquelle ils rampoient, & j'ai vu qu'à cet endroit, ils étoient plus deliés, & n'étoient pas contournés comme ailleurs.

DEUX autres de leurs extrêmités m'ont paru avoir leur infertion, l'une à droite, l'autre à gauche, dans le bas de la tunique intérieure, près des Lignes latérales; mais fi ces vaiffeaux font au nombre de fix , comme il y a apparence , l'extrêmité poftérieure de deux m'eft entièrement échappée.

AYANT mefuré tous leurs bouts, j'ai trouvé qu'ils avoient enfemble quatre pouces , quatre lignes de longueur, ce qui feroit huit lignes & deux tiers pour chacun, s'ils étoient

fix,

fix, comme il y a apparence, & qu'ils fuffent d'égale longueur.

QUAND on a enlèvé les trois tuniques du fac fœcal, on voit
qu'elles couvroient une cavîté affez fpacieufe, qui occupe la
fubdivifion du dernier Anneau, & au bas de laquelle fe trouve
l'Anus. Elle eft repréfentée ouverte, & en grand, *Pl. XIII.
Fig. 7.* A, eft l'orifice poftérieur du 3ᵉ gros inteftin. B, eft
l'ouverture de l'Anus, qui eft ici prefque fermé, & qui ne paroit qu'en partie. CC, font deux maffes membraneufes, de
forme fingulière; leur membrane eft très forte; elle couvre les
mufcles moteurs des jambes poftérieures.

VOILA, à-peu-près, tout ce que j'ai pu découvrir de la
ftructure de l'Oefophage, du Ventricule, des Inteftins, & du
Sac fœcal, qui, toute fimple qu'elle paroiffe d'abord, ne laiffe
pas, comme on voit, d'être très compofée, & certainement elle nous le paroitroit bien davantage, fi l'on pouvoit penètrer
les fecrets refforts qui mettent tant de parties en état d'exécu-
ter leurs différentes fonctions.

QU'ON fe rappelle feulement le nombre des mufcles, que nous
avons trouvé à ce canal continu, qui va, en droite ligne, de
la bouche à la partie poftérieure, & l'on fera furpris de voir
qu'il y en a plus de quatre fois autant que l'on en compte au
Corps humain. Les voici;

Mufcles

LA partie de l'œfophage, qui eft dans la tête, en a - 41
SA partie intermédiaire eft couverte d'un lacis de cor-

dons

dons mufculeux, qui ne fauroient être comptés; mais
qui paroiffent deriver d'une douzaine de mufcles plus
épais, qu'on voit du côté de la Ligne fupérieure. -　12

Les mufcles circulaires de fa partie poftérieure font au
nombre de　-　-　-　-　-　-　-　-　25

Les mufcles droits du ventricule au nombre de　-　-　28

Les mufcles obliques du ventricule, fournis principalement par la 3ᵉ paire de tiges mufculeufes, en ne prenant chaque fuite de fibres mufculeufes que pour un
fimple mufcle, montent à　-　-　-　-　-　8

Les mufcles droits de la partie antérieure du 1ʳ gros inteftin　-　-　-　-　-　-　-　-　-　60

Ses mufcles circulaires　-　-　-　-　-　-　4

Ceux de fon fphincter　-　-　-　-　-　-　8

Les mufcles circulaires que couvre ce fphincter, & ceux
qui font un peu au-deffus & au-deffous　-　-　-　20

Les mufcles droits du fecond gros inteftin font, pour le
moins, au nombre de　-　-　-　-　-　-　50

Ses mufcles circulaires -　-　-　-　-　-　-　12

Les mufcles transverfaux de l'Anneau charnu　-　-　60

Les mufcles longitudinaux du 3ᵉ gros inteftin　-　-　6

Les mufcles transverfaux du 3ᵉ gros inteftin, en prenant
le nombre moyen, montant à 100 pour chaque pan,
ce qui fait, pour les fix pans　-　-　-　-　-　600

Chacun de ces mufcles reçoit deux petits mufcles obliques -　1200

Les

Mufcles.

Les deux tiges mufculeufes ç 7.   -   -   -   -   2

Le nombre moyen des mufcles qui, partant de l'attache antérieure des mufcles droits (a) du dernier Anneau, vont s'attacher à cet inteftin   -   -   -   -   -   14

Les deux fuites de 7 ou 8 paires de mufcles obliques, qui partent de la même hauteur pour s'attacher au bord du fac fœcal, en prenant le moindre nombre   -   -   28

Enfin, les 4 ou 5 paires de mufcles, qui, de la fubdivifion du dernier Anneau, s'attachent à l'endroit où le 3e gros inteftin s'ouvre dans le fac fœcal ; en prenant encore le moindre nombre   -   -   -   -   8

2186

Ce qui fait, en tout, pour l'Oefophage, le Ventricule & les gros Inteftins, le nombre de deux mille cent quatre-vingt-fix mufcles.

❀◖❀◗❀◖❀◗❀◖❀◗❀◖❀◗❀ſ❀ſ◖❀◗❀◖❀◗❀◖❀◗❀◖❀◗❀

C H A P I T R E XV.

Des Vaisseaux soyeux.

DANs l'idée génèrale qu'on a donné, Chap. VI., des deux Vaiſſeaux ſoyeux, on y a diſtingué trois parties : une *antérieure* *, qu'on a dit n'avoir environ qu'un crin d'épaiſ-ſeur, & 8 à 10 lignes de longueur. Une *intermédiaire* †, qu'on a dit être bien ſept ou huit fois plus épaiſſe vers ſon origine, & diminuer inſenſiblement. Et une *poſtérieure* §, qui, environ de moitié plus mince, à ſon origine, que ne l'eſt celle de l'intermédiaire, diminuoit pareillement juſqu'à ſon autre bout.

LA partie *antérieure* * eſt blanche ; elle a quelque foible tranſparence juſqu'aſſez près de ſon extrêmité poſtérieure B, où elle devient opaque. Elle commence, dans la tête, à la fi-lière, où, réunie avec ſa pareille, du côté oppoſé, en un ſeul canal très court (a) *Pl. XIV. Fig.* 10., elle s'ouvre dans une eſpèce de pompe, ou de machine écailleuſe, dont il ſera parlé au Chapitre dernier. A cet endroit, elle eſt la plus mince ; De-là, en augmentant inſenſiblement d'épaiſſeur, elle ſe porte vers le cou de l'Inſecte, entre dans le corps, &, après quel-ques inflexions, elle s'ouvre dans la partie *intermédiaire* * du même vaiſſeau, ordinairement entre la 4ᵉ & la 5ᵉ Diviſion.

A la diſtance de leur commencement, d'environ la longueur de la filière, les parties antérieures des deux Vaiſſeaux ſoyeux

ſe

* Pl. XIV.
Fig. 10. A B.
† B C.

§ C D.

Partie anté-
rieure.
* A B.

* B C.

fe joignent *, & font comme foudées l'une contre l'autre par　* e. *Fig.* 10.
un corps oblong, blanc & bulbeux, dans lequel elles font tant　Corps bul-
beux.
foit peu engagées.

La *Fig.* 29. *Pl. XVII.*, repréfente en grand ce corps, vu
du côté de l'inférieure, avec les bouts des vaiffeaux qu'il affujettit. La *Fig.* 30. * le fait voir tel à l'oppofite; & il fe mon-　* *Pl. XVII.*
tre, par le côté, dans la *Fig.* 23. * H. L'ufage de ce corps
m'eft inconnu. Les vaiffeaux n'y fouffrent aucune interruption.
Au-delà du corps bulbeux, ils fe feparent l'un de l'autre fans
plus fe rejoindre.

Je n'ai point trouvé de bronches à la partie antérieure du
Vaiffeau foyeux; mais elle reçoit, dans la tête, quelques petits nerfs, fournis par celui de la 3e paire du 1r. ganglion du
cou. A la Loupe on remarque qu'elle eft creufe, & que fon
enveloppe a beaucoup d'épaiffeur. Au Microfcope on croit voir
ramper, fur fon deffus, quantité de filets blancs, qui n'ont point
de relief, & dont les plus apparens y forment un lacis de lozanges & d'hexagonés irrégulières, telles qu'on les voit repréfentées *Pl. XIV. Fig.* 11. en (a b) & (c d).

Quand, avec un inftrument délicat, on racle legèrement
cette partie, on s'apperçoit qu'elle eft compofée de plus d'une
tunique. D'abord on en enlève l'extérieure *, que l'on trou-　* *Pl. XIV.*
Fig. 11. a b,
c d.
ve, en dedans, couverte d'une fubftance charnue, qui la fait
paroitre plus épaiffe qu'elle n'eft réellement, & qui diminue fa
tranfparence, & l'on remarque alors, quand on couche à plat
cette tunique, que les traits, qui rampent fur fon deffus, & qui

paroiffent blancs, ne font que l'effet de quantité de petits compartimens dans lesquels fa fubftance charnue eft divifée, & dont
les feparations, degarnies de cette fubftance, forment, par leur
tranfparence, cette apparence de traits blancs.

* e, e, e.　　Sous cette tunique on en voit une feconde *, affez tranfparente, unie, dure, roide, couleur de gomme commune, &
fi élaftique qu'on peut l'allonger de moitié fans la rompre, &
fans lui faire perdre fon reffort. Quand on l'étend davanta-
* g, g.　　ge, elle fe fepare, & defile en reffort à boudin *, comme les
bronches; mais le filet en eft beaucoup plus gros. Cette tunique embraffe une circonférence, dont le diamètre eft d'environ
deux cinquièmes plus court que celui de la tunique extérieure.

　　A u premier coup d'œuil, la feconde tunique paroit fimple;
mais, quand on la rompt, elle femble, dans quelques fujets, en
* f.　　renfermer une troifième *, autour de laquelle on peut alors
re defiler la feconde.

　　Près de l'extrêmité de la partie antérieure de la filière, on
trouve quelquefois, dans fa cavité, des filets, dont on en voit
un marqué (h) *Fig.* 11. Ils font longs, minces, roides, d'inégale groffeur, extrêmement tranfparens, & fouvent adhérens
à la tunique intérieure. Comme ces filets ne s'y trouvent pas
toûjours, & n'ont rien d'uniforme ni de régulier, il y a de
l'apparence qu'ils ne font que de la matière foyeufe figée. Ils
font très fouples dans l'eau; on les y courbe comme on veut;
on peut les y allonger de moitié, fans les rompre, & auffi-
tôt qu'on les lâche, ils retournent à leur premier état. Hors
de

de l'eau, il n'en eſt pas de même; ſans rien perdre, en ſe ſé-
chant, de leur grandeur ni de leur forme, ils deviennent très
durs, & ſe rompent dès qu'on eſſaye de les flèchir ou de les
étendre.

La partie *intermédiaire* *, plus opaque que l'antérieure, eſt, Partie inter-
médiaire.
dans un ſujet frais, d'un blanc de lait très pur, comme eſt * *Pl. XIV.*
Fig. 10. B C.
tout le reſte; mais, après avoir trempé trois ou quatre ſemai-
nes dans du vin de grain, elle devient ſeule d'un brun cendré, qui la rend facile à diſtinguer de la poſtérieure, quoiqu'elle s'éclairciſſe un peu, à meſure qu'elle en approche. A la
Loupe on apperçoit, ſur ſa ſurface, qu'elle eſt intérieurement
couverte de petites molecules, dont la figure, quoiqu'irrégulière, tient ordinairement plus ou moins de l'hexagone, & que
ces molecules ſont tellement arrangées les unes à côté des autres, qu'elles ne laiſſent, entre elles, qu'un eſpace très étroit,
& par-tout égal; ce qui les fait paroitre toutes comme entour-
rées chacune d'un trait, & donne, à la tunique extérieure de
cette partie, quelque air de peau de ſerpent *. Vers l'extrê- * Voyez B C.
mité de la partie intermédiaire, les molecules ſont ſenſiblement
plus petites qu'ailleurs.

Quand on l'ouvre, on trouve qu'elle a deux tuniques dif- En dedans.
ficiles à ſeparer, & que les molecules, dont il vient d'être parlé, ne rempliſſent pas toute la capacité du vaiſſeau; mais que,
placées entre ſes deux tuniques, elles ſe trouvent toutes fortement attachées à la ſurface intérieure de la première. Ce ſont
ces molecules, devenues d'un brun cendré dans une Chenille

Rrr 3

qui

qui a longtems trempé dans du vin de grain, qui donnent la couleur qu'on a dit que prend alors cette partie.

Chaque molecule paroit être renfermée dans une membrane particulière : car bien qu'elles foient affez molles, on ne les detache qu'avec peine de la tunique à laquelle elles tiennent. L'eau, ni le vin de grain, ne les detrempe pas, & elles refistent quand on les veut mettre en pièces.

La *Fig.* 2. *Pl. XVIII.* repréfente fort en grand un morceau de la tunique extérieure, vu en dedans, avec les molecules qui y font attachées.

La tunique intérieure a, dans cette partie, beaucoup moins de confiftance que l'extérieure. Je n'ai point trouvé qu'elle fût double, & je ne l'ai pu faire defiler. Dans un fujet, de deux, dont j'ai examiné le dedans des Vaiffeaux foyeux, cette tunique renfermoit quatre ou cinq filets, tels que ceux que j'ai dit qui fe trouvoient dans la partie qui précède. Ils commençoient à fon extrêmité antérieure *. Ils étoient de différente longueur, de forme irrégulière, & placés bout à bout les uns des autres. Ils occupoient enfemble une longueur de 15 lignes. On en a repréfenté deux, *Fig.* 12., dont le plus court avoit à peine une ligne & demie. Après ces 15 lignes de diftance de B, *Fig.* 10., je n'ai plus trouvé, dans ce fujet, aucun filet pareil jusqu'à l'autre extrêmité de fes Vaiffeaux foyeux.

* *Pl. XIV.*
Fig. 10. B.

Dans l'autre fujet, qui n'avoit aucun de ces filets, je trouvai la partie intermédiaire de l'un de fes vaiffeaux remplie, d'un bout à l'autre, d'une fubftance très blanche, opaque, tenace,

nace, à laquelle paroiſſoient, à divers endroits, des marques circulaires tranſparentes. Dans la même partie de l'autre vaiſſeau, on trouvoit cette ſubſtance blanche par intervalles, tranſparente, couleur de gomme commune, élaſtique, forte, & en tout ſemblable à ces filets; mais cylindrique, & beaucoup plus épaiſſe, quoique de moitié moins qu'aux endroits où la ſubſtance étoit encore blanche & opaque; ce qui rend très probable que cette ſubſtance, tranſparente ou autre, & les filets, ne ſont que de la matière ſoyeuſe, plus ou moins préparée & figée.

La partie *poſtérieure* * des Vaiſſeaux ſoyeux eſt parfaitement opaque; les molecules, qu'on entrevoit diſtinctement à l'intermédiaire, ne ſe decouvrent ici qu'avec peine, & ſouvent point du tout; ils ſont plus gros, & de forme plus irréguliere que ceux des deux extrêmités de la partie intermédiaire. Cette partie poſtérieure finit à la hauteur environ du commencement du premier gros Inteſtin. Je ne ſaurois bien décider ſi elle eſt aveugle ou non par le bout. On diroit d'abord qu'il ne tient à rien; mais, pour peu qu'on l'examiné, on en voit ſortir un filet, par où il communique avec le rameau d'une branche de la tige muſculeuſe gaſtrique ç 5 *.

La manière, dont ſe fait cette communication, a été repréſentée fort en grand, *Pl. XVIII. Fig.* 3. A, eſt l'extrêmité poſtérieure du Vaiſſeau ſoyeux. A B, eſt le filet par où il communique avec le rameau B des deux dans leſquels la branche G

de

Partie poſtérieure.
* C D.

* *Pl. VII.*
Fig. 1. Neuvième Diviſion, près de l'inférieure.

de la tige musculeuse ç 5 se fourche. I, I, I, I, sont des branches & des ramifications de la Tige, qui se repandent dans l'étui graisseux. En H, on voit diverses ramifications des deux rameaux de la branche G, dont quelques unes s'attachent aux muscles droits D D du premier gros Intestin, & d'autres à des fibres, qui tiennent, d'un côté, à ces muscles, &, de l'autre, à la partie des Intestins grêles qui précède leur première fourche. E & F sont deux morceaux de cette partie; L est la fourche. Le morceau de l'intestin grêle, entre E & F, a été coupé, pour faire voir les attaches de ces diverses ramifications de la Tige musculeuse.

* *Pl. XVIII.*

Au Microscope, le filet de communication A B paroit tel qu'on en voit un bout représenté *Fig.* 4. *. C'est-à-dire que, semblable à plusieurs des branches des Tiges musculeuses, il est plat, & transversalement sillonné de quantité de sillons très raprochés les uns des autres, qui donnent lieu de présumer que cette partie est, ou toute plissée en courcaillet, ou bien composée d'une fibre tournée en ressort à boudin applatti; mais il n'y a guères moyen de s'assurer de la véritable structure de ce filet, tant à cause de sa delicatesse, que de plusieurs fibres lon-

* *Pl. XVIII.*
Fig. 4.

gitudinales (a b *), qui l'assujettissent de manière à n'en pas permettre l'allongement ni l'éfilement, sans rupture.

En dedans.

En ouvrant la partie postérieure des Vaisseaux soyeux du sujet où ils renfermoient la substance blanche, dont il a été parlé, j'ai trouvé que cette substance continuoit dans toute la longueur de la partie postérieure; mais avec quelques interrup-

tions;

tions; qu’elle devenoit fucceffivement moins opaque, moins blanche, plus facile à rompre, & qu’elle y paroiffoit, au bout d’un certain efpace, comme torfe, au-lieu qu’elle n’avoit pas eu ces petites inflexions auparavant. Son defaut de tenacité, dans la partie poftérieure, femble indiquer que cette fubftance n’y avoit pas encore reçu les aprêts néceffaires pour être filée; aprêts qu’elle reçoit apparemment dans la partie intermédiaire, au moyen des molecules, dont cette partie eft pourvue, & qui font probablement autant de glandes, qui fourniffent, à cette fubftance, un fuc propre à la rendre tenace & ductile.

QUOI-QUE l’extrêmité poftérieure du Vaiffeau foyeux ne def- cende, dans la Chenille, qu’à la hauteur environ du commen- cement du premier gros Inteftin, ce n’eft pas que ce vaiffeau ne puiffe defcendre beaucoup davantage, vu que fa longueur fur- paffe ordinairement celle de l’Infecte même; mais c’eft que la par- tie poftérieure fait plufieurs zic-zac, & l’intermédiaire diverfes flexions tortueufes, d’autant plus grandes & plus impliquées, que ces parties ont plus de longueur. Celles de la Chenille, d’après laquelle la *Fig.* 10. * a été tirée, & dont les vaiffeaux foyeux n’étoient nullement des plus longs, étoient precifément contournées comme le marque la Figure.

Longueur du Vaiffeau.

* Pl. XIV.

CES Vaiffeaux avoient, depuis la tête jufqu’à la partie intermé- diaire, fept lignes & demie. Leur partie intermédiaire étoit d’un pouces quatre lignes & demie, & la poftérieure d’un pouce onze lignes. Ainfi toute leur longueur, depuis la tête, étoit de trois pouces trois lignes.

S s s

DANS

DANS une autre Chenille, qui étoit une des plus grandes de l'espèce, ces mêmes parties avoient, la première, neuf lignes, la seconde, deux pouces quatre lignes, & la dernière, deux pouces sept lignes; ce qui fait, en tout, cinq pouces huit lignes, & diffère, de la précèdente, de deux pouces cinq lignes.

DANS une troisième, aussi fort grande, ces mêmes parties avoient, la première, neuf lignes, la seconde, deux pouces dix lignes, & la troisième, deux pouces trois lignes; en tout, cinq pouces dix lignes; ce qui fait encore une différence de deux lignes de plus.

Bronches.

POUR ce qui est des bronches, j'ai déja dit que je n'en ai point remarqué à la partie antérieure du Vaisseau soyeux. Ses parties intermédiaire & postérieure en reçoivent plusieurs, qui les tiennent assujetties dans leurs differentes inflexions, de manière qu'on ne peut les étendre sans rompre ces bronches.

ELLES derivent des 3, 4, 5, 6 & 7e stigmates.

* Voyez Pl. X. Fig. 1. & Pl. XIV. Fig. 10. E.

AU 5e Anneau, la Tige ⱥ * du 3e stigmate fournit, à la partie intermédiaire du Vaisseau soyeux, les deux branches dans lesquelles elle se partage; l'une, sans se ramifier auparavant; l'autre, après s'être partagée en trois rameaux.

† F.

§ G.

AU 6e Anneau, la Tige ⱥ du 4e stigmate y repand le rameau antérieur † de sa seconde branche, & les quatre ramifications des deux rameaux dans lesquels l'antérieure § de ses deux branches finales se divise.

* Pl. X. Fig. 1. N. 1. & Pl. XIV. Fig. 10. H.
† I.

AU 7e Anneau, la Tige ⱥ du 5e stigmate lui donne sa première branche *. La Tige ⱥ lui fournit un † des deux rameaux

de

de fa branche N. 1., à la referve d'une ramification qui s'en infère dans l'Etui graiffeux. Et la Tige ∂ y repand le fecond rameau ◊ de la branche marquée N. 2. *Fig.* 1. *Pl. X.*, & l'un des deux rameaux, par où cette branche finit. ◊ K.

A u 8ᵉ Anneau, la Tige ℵ du 6ᵉ ftigmate introduit, dans la partie poftérieure du Vaiffeau foyeux, l'un * des deux rameaux dans lefquels fa 1ᵉ branche fe partage, & toute fa 3ᵉ † & fa 7ᵉ † branche.

ENFIN, au 9ᵉ Anneau, la Tige ı repand, fur cette partie, l'une ◊ de fes deux branches, & la petite Tige ב * s'y ramifie près de fon extrêmité poftérieure.

QUANT aux Nerfs, on a vu plus haut, dans ce Chapitre, ceux que la partie antérieure des Vaiffeaux foyeux recevoit; mais je n'en ai pu trouver aucun aux deux autres parties; ainfi il eft probable qu'ils ne reçoivent que ceux que les Tiges mufculeufes gaftriques peuvent leur fournir. Ces Tiges, au nombre de cinq paires, y repandent des branches.

DANS le fujet, que j'ai examiné pour les reconnoître, j'ai trouvé;

QUE la Tige ç 1 * partageoit 3 ou 4 de fes branches à la partie intermédiaire du Vaiffeau foyeux, à fix lignes environ de diftance de fon extrêmité antérieure.

QUE la Tige ç 2 † donnoit quelques branches à la partie poftérieure de ce Vaiffeau, à cinq ou fix lignes de diftance de fa partie intermédiaire.

QUE la Tige ç 3 ◊ diftribuoit une de fes deux branches à la partie poftérieure, fept ou huit lignes plus bas.

* *Pl. X. Fig.* 1. N. 1. & *Pl. XIV. Fig.* 10. L.

† *Pl. X. Fig.* 1. N. 3. 7. & *Pl. XIV. Fig.* 10. M N.

◊ *Pl. X. Fig.* 1. N. 1. & *Pl. XIV. Fig.* 10. O.

* P. Nerfs.

Tiges mufculeufes.

* *Pl. VII. Fig.* 1. Divifion 5. entre b & c.

† Sixième Divifion entre a & c.

◊ Septième Divifion entre a & c.

QUE la Tige ç 4 * introduisoit une branche d'un des côtés de son épanouïssement, dans la même partie, à la distance environ de 5 lignes de son bout postérieur, & une branche de l'autre côté de cet épanouïssement, dans l'extrêmité de cette même partie.

ET que la Tige ç 5 † communiquoit avec le filet qui termine l'extrêmité du Vaisseau foyeux, de la manière qu'on l'a expliqué ci-dessus dans ce Chapitre.

JE n'ai point trouvé que les Vaisseaux foyeux eussent d'autre communication avec le Ventricule, les Intestins grêles & l'Etui graisseux, qui font les trois parties qui les accompagnent jusqu'à leur extrêmité, que celle qui peut leur être fournie au moyen des cinq paires de Tiges musculeuses, lesquelles donnent plusieurs branches à chacun de ces Viscères, comme on l'a fait voir en son lieu. Car quoique j'aye bien trouvé, dans quelques sujets, la partie intermédiaire du Vaisseau foyeux, par-ci par-là, adhèrente à l'Etui graisseux, celà ne m'a paru qu'accidentel, de même que le font diverses attaches, par où nos poumons tiennent quelquefois à la Plevre.

* (❀) * (❀) * (❀) * (❀) ** (❀) * (❀) * (❀) * (❀) *

C H A P I T R E   X V I.

Des deux Vaiſſeaux diſſolvans.

Dans l'idée générale, qui a été donnée, Chap. VI., des Vaiſſeaux diſſolvans, on y a diſtingué trois parties, ſavoir *le Cou*, que l'on a dit être un canal aſſez large, qui, par l'une de ſes extrémités, s'ouvre dans la bouche de la Chenille, &, par l'autre, un peu au-delà de la première Diviſion, dans un vaiſſeaux ſpacieux, qui ſe termine ordinairement à la cinquième Diviſion, on un peu plus bas, & que l'on a nommé *le Reſervoir du Vaiſſeau diſſolvant*. L'on a ajouté, que ce reſervoir finiſſoit par un vaiſſeau très long & delié, qui ſerpentoit, en tout ſens, entre les lobes de l'Etui graiſſeux, & ſe terminoit, tantôt par une, tantôt par deux extrêmités aveugles. Et l'on a nommé ce long vaiſſeau, *la Queue du Vaiſſeau diſſolvant*.

Il reſte à préſent à developper chacune de ces trois parties.

Le Cou du Vaiſſeau diſſolvant commence dans la bouche, à l'extrêmité antérieure du bord large * de la grande lame adductrice de la Machoire. Il deſcend le long de ce bord, qui, creuſé en goutière, y forme une des faces de la cavité de ce Cou, pendant qu'une membrane, aſſez mince, attachée latéralement aux deux côtés de ce bord, en fait l'autre face. Parvenu à l'extrêmité poſtérieure du bord de la lame adductrice,

Vaiſſeau diſ-
ſolvant.

Son Cou.
* Pl. II. Fig.
3. HM.

S ſs 3

le

le Cou du Vaiſſeau diſſolvant s'en detache, & prend, dans la tête, la forme d'un vaiſſeau cylindrique, compoſé d'une tunique aſſez épaiſſe, qui ne tenant à aucune partie ſolide, mais ſimplement à l'œſophage, par deux filets, qui paroiſſent être des nerfs, deſcend dans le Corps, où, au premier Anneau, il aboutit au reſervoir. Pour m'aſſurer que ce Cou étoit ouvert, d'un bout à l'autre, j'y ai diverſes fois introduit un crin, dont l'extrêmité étoit arrondie & peu roide; je l'ai fait, après avoir mis en vue, dans la tête, le bord large de la grande lame adductrice, couvert de ſa membrane; & j'ai alors obſervé, que le crin gliſſoit, ſans reſiſtance, dans la cavité, formée par ce bord large & la membrane, & qu'il ſortoit, de l'autre côté, par la bouche. Ayant enſuite regardé dans la bouche, dont j'avois enlèvé la lèvre inférieure, j'ai vu que le crin y étoit entré par une ouverture qui ſe trouvoit près de l'endroit où le bord large de la lame adductrice aboutit à la machoire.

Le Cou du Vaiſſeau diſſolvant étant ainſi attaché à la lame adductrice, on conçoit que les machoires ne ſauroient agir, ſans que le Cou de chacun des Vaiſſeaux ne ſubiſſe des tiraillemens proportionnés à l'action de ces machoires, & qu'ainſi, quand la Chenille ronge ou mâche le bois, ces parties ne ſoient dans un mouvement continuel, qui donne tout lieu de préſumer qu'il ſert alors à pomper, hors du reſervoir, le ſuc qu'il contient, pour le repandre dans la bouche.

Depuis la lame adductrice juſqu'à ce reſervoir, on aperçoit, à la Loupe, que le Cou eſt garni d'un lacis de traits, qui pa-

roiſ-

roiſſent blancs, & tiennent plus ou moins de la lozange ou de l'hexagone, comme ceux qu'on voit à la partie antérieure du vaiſſeau ſoyeux; &, au moyen de la diſſeƈtion, on trouve que ces traits ne ſont auſſi que l'effet des petits compartimens, dans lesquels la ſubſtance charnue, qui garnit le côté intérieur de la tunique du Cou, eſt diviſée. Cette ſubſtance charnue tient fortement à la tunique, & la rend épaiſſe & opaque; quand on l'ôte, on rend la tunique transparente & beaucoup plus mince.

Le Reſervoir du Vaiſſeau diſſolvant * a la figure d'un boudin. Son côté antérieur eſt ſouvent un peu plus renflé que l'autre. Il varie en grandeur dans les différens ſujets, & peut-être dans le même, ſelon qu'il eſt plus ou moins gonflé par la liqueur qu'il renferme. Sa longueur eſt depuis huit jusqu'à douze lignes, & il eſt ordinairement cinq ou ſix fois plus long qu'il n'eſt large. Un peu courbé en dehors, il commence au 1ʳ. Anneau, plus ou moins avant dans un ſujet que dans l'autre, ſuivant que le cou en eſt plus ou moins allongé. Ces Reſervoirs ſe touchent pendant plus de la moitié de leur longueur, deſcendant dans une direƈtion preſque parallèle à l'œſophage, auquel ils ſervent comme de lit: enſuite ils s'écartent, & leur extrêmité poſtérieure ſe relève de manière, que le ventricule ſe trouve placé entre l'un & l'autre, & que leur bout ſort, avec une partie de leur queue, hors de l'Etui graiſſeux.

Ce Reſervoir eſt compoſé d'une double Tunique, dont l'extérieure, qui paroit ſeule recevoir les bronches, eſt la moins forte, la plus épaiſſe, & la moins transparente. Elle eſt toute

com-

Son Reſervoir.
* *Pl. XVIII. Fig.* 5. A C.

compofée de fibres parallèles qui fe touchent, & dont la direction eft transverfale à la longueur du vaiffeau. Cès fibres m'ont paru différer de celles des mufcles. Je n'ai pas remarqué qu'elles fuffent torfes; mais elles m'ont femblé toutes grenées de grains exceffivement petits.

La Tunique intérieure eft une membrane tranfparente affez forte; au premier coup d'œuil elle paroit garnie de fibres longitudinales; mais ces aparences de fibres ne font que l'effet d'un très grand nombre de fort petits plis, que forme cette tunique, & que l'on fait difparoitre auffi-tôt qu'on l'étend par les côtés. Ils permettent, à la tunique, de prêter facilement, lorsque l'abondance de la liqueur du referyoir le demande.

Cette liqueur eft graffe, tranfparente, d'une odeur pareille à celle de la Chenille; mais beaucoup plus forte. Elle eft plus legère que l'eau & le vin de grain, & ne fe mêle ni avec l'une ni avec l'autre. Outre la liqueur tranfparente, on fait encore fortir, des refervoirs, une matière nebuleufe & blanchâtre, qui ne femble être que l'amas d'une infinité de goutes du même fluide, fi petites, qu'un grand nombre en échappe au Microfcope. Celles qui, étant moins petites, peuvent être diftinguées, par ce moyen, font toutes tranfparentes; de-forte que l'opacité, caufée par leur amas, ne paroit être que l'effet de leur extrême petiteffe, & des interftices d'air, ou d'autres fluides, qui les feparent.

Je me fuis determiné à nommer *Vaiffeaux diffolvans*, les vaiffeaux dont il s'agit, parceque plufieurs circonftances concourcourent à faire croire que la liqueur qu'ils renferment eft un fuc corrofif, qui fert, ou à ramollir le bois que cette Chenille creufe, ou à le digèrer, en s'y mêlant quand elle l'avale. D'abord l'odeur très forte de cette liqueur graffe donne lieu de préfumer que c'eft une efpèce de menftrue huileux. On ne fauroit d'ailleurs douter qu'elle ne s'épanche dans la bouche, puis que c'eft le feul endroit dans lequel le cou des vaiffeaux diffolvans s'ouvre; & les mouvemens que ce cou eft obligé de faire, quand la Chenille remue fes machoires, rend plus que probable que c'eft alors que l'épanchement de la liqueur s'y fait. Joignez à celà que cette Chenille ne perce pas feulement les faules; mais des arbres fans comparaifon plus durs, comme font les Chênes. Or il eft difficile à comprendre, que fes dents, qui ne font guères tranchantes ni pointues, quoique capables, comme on a vu, de faire de très grands efforts, en peuffent venir à bout, fi elles n'avoient pas quelque autre fecours. Auffi le bois, où elles travaillent, paroit-il fouvent pénètré de cette liqueur, dont l'odeur fe fait connoitre. Et, ce qui ajoute encore un nouveau degré de vraifemblance à cette conjecture, c'eft que les vaiffeaux diffolvans femblent être particuliers à la Chenille du Bois de Saule. Du moins je ne me rapelle pas que ceux qui nous ont donné des ébauches Anatomiques d'autres fortes de Chenilles, ayent parlé de Vaiffeaux analogues à ceux-ci.

Des conjectures, qui ont tant de vraifemblance ont naturellement du m'inviter à faire l'effai de cette liqueur. J'ai pris,

Ttt

pour

pour cet effet, du bois verd & du bois fec de Saule, qui eft l'Arbre, dont cette Chenille fe nourrit le plus ordinairement. J'ai fait tomber une goute de liqueur fur ce bois. Elle pénétra d'abord dans le bois fec; mais elle eut plus de peine à entrer dans le bois verd; enfuite je raclai l'un & l'autre de ces morceaux de bois, avec le bout d'une aiguille, dont la pointe étoit aiguifée en couteau, je le fis d'abord aux endroits trempés de cette liqueur, & puis à ceux où elle n'avoit pas touché; mais cet effai ne répondit point à mon attente, je ne trouvai pas que la liqueur eut aucunement ramolli le bois verd, & le ramolliffement, arrivé au bois fec, étoit fi peu fenfible, qu'il me fembla que l'eau pure en eut pu faire autant. Si donc cette liqueur ramollit le bois, comme je fuis encore porté à le croire, il faut, ou qu'elle fubiffe d'autres préparations que celle qu'elle avoit reçue, dans le refervoir, lors que je l'ai employée; ou que la Chenille y mêle d'autres fucs de fa bouche, qui la rendent propre à cet effet, ou bien qu'il arrive, à cette liqueur, lorsqu'on noye la Chenille, comme j'ai toûjours fait avant de les anatomifer, une alteration, qui lui fait perdre fa qualité diffolvante.

La Queue. La Queue de ce Vaiffeau, après s'être pliée & repliée diverfes fois fur elle même, d'une façon qui n'eft rien moins qu'uniforme dans toutes les Chenilles de l'efpèce, & après avoir fait enfuite quelques lacis, s'introduit entre les anfractuofités de la partie antérieure de l'Etui graiffeux, où elle ferpentille de cent façons différentes, & y finit, comme il a été marqué, tantôt par une extrêmité, tantôt par deux. Dans

Dans la Chenille, d'après laquelle la *Fig.* 5. *Pl. XVIII.*, qui repréfente fort en grand le vaiffeau dont il s'agit, a été exactement tirée, cette queue étoit fimple depuis C jufqu'en F. Depuis F jufqu'en G, elle faifoit, fur elle même, un pli & un repli, qui la rendoit triple. Depuis G jufqu'en H, elle formoit, fur elle même, à deux reprifes fucceffives, un double repli, ce qui, dans cet efpace, la rendoit quintuple. Jufqu'à cet endroit ces plis & replis étoient appliqués & affujettis les uns contre les autres dans toute leur longueur; non feulement par nombre de bronches; mais encore par plufieurs ligamens particuliers. Depuis H jufqu'en E, la queue faifoit diverfes circonvolutions affez rapprochées; mais fans application immédiate, & les bronches feules fembloient les fixer dans cette affiète. Enfuite la queue formoit, en ferpentant, un jet fimple EL, &, après être ainfi montée jufqu'au niveau environ de l'extrêmité antérieure du refervoir, elle s'infinuoit entre les anfractuofités de l'Etui graiffeux, avec lequel elle communiquoit par un très grand nombre de fibrilles, le parcourrant, en tout fens, par quantité de zic-zac très variés LM, jufqu'à ce qu'enfin, après s'être partagée en deux, elle y finiffoit par deux bouts fermés O & P.

Les queues des Vaiffeaux diffolvans font fort longues. Le grand nombre de tours, de retours, de plis, de replis, qu'elles font, les ligamens & les filets qui les lient, & l'Etui graiffeux, dans lequel elles s'enfoncent, font autant d'empêchemens, qui les rendent difficiles à fuivre & à étendre pour les

Longueur de la queue.

Ttt 2

mé-

mefurer. Y ayant réuffi quelquefois, j'ai trouvé des differen-
ces notables dans leur longueur.

LA queue, qui vient d'être fuivie, étoit depuis C jufqu'en H,
longue de deux pouces quatre lignes; depuis H jufqu'en E,
d'un pouce trois lignes; d'E jufqu'à l'endroit où elle fe fourchoit, de trois pouces fix lignes; & depuis là jufqu'à la plus
longue de fes extrêmités, d'un demi pouce; deforte qu'en tout
elle avoit au moins huit pouces & demi de longueur.

DANS une autre Chenille, j'ai trouvé cette queue longue de
treize pouces. Elle fe fourchoit après la longueur de trois pouces, mais l'une de fes branches n'avoit qu'une ligne de long;
pendant que l'autre avoit dix pouces.

DANS la Chenille, d'après laquelle j'ai repréfenté en grand
l'œfophage, le ventricule, & les inteftins *Pl. XIII.*, les queues
des Vaiffeaux diffolvans étoient encore plus longues. L'une a-
voit quatorze pouces & demie, & ne fe fourchoit point. L'autre, après un jet de quatorze pouces & une ligne, fe partageoit en deux branches, qui, chacune, étoient encore longues
de fept lignes.

CES queues, dont le bout antérieur eft un peu plus mince
& plus uni que le refte, font compofées de deux tuyaux membraneux tranfparens, renfermés l'un dans l'autre, dont l'intérieur n'a environ que le tiers du diamètre de celui qui le contient. L'efpace entre ces deux tuyaux eft rempli d'une fubftance blanche, opaque, grenée, que l'on trouve attachée tantôt à l'un des tuyaux, tantôt à l'autre, & qui fait paroître

ce-

celui auquel elle tient comme opaque. Il y a aparence que c'est dans ces vaisseaux que se filtre & se prepare la liqueur dissolvante; qu'ils la tirent de l'Etui graisseux, au moyen de la quantité de filets par où ils y tiennent, & qu'après l'avoir preparée, ils la déposent dans le reservoir, pour pouvoir servir aux usages auxquels elle est destinée.

CE sont les 1.re & 2^d stigmates qui fournissent de bronches le vaisseau dissolvant, l'un au moyen de la Tige Δ, dont plusieurs branches sont viscèrales; & l'autre au moyen de la Tige 𐊱; mais d'une façon qui n'est pas uniforme dans les différens sujets.

DANS celui d'après lequel on a detaillé le système des bronches, qui étoit une autre Chenille que celle d'après laquelle le vaisseau dissolvant a été représenté *Pl. XVIII. Fig. 5.*, la 1e branche Viscèrale * de la Tige Δ se repandoit, par 5 ou 6 rameaux, à diverses distances, sur le reservoir du vaisseau dissolvant, & le premir de ces rameaux fournissoit une ramification au Cou de ce Vaisseau. Cette branche est ici marquée B; mais elle s'y distribue tout autrement.

LA seconde de ses branches viscèrales, moins grande que la première, laissoit deux ou trois rameaux à la partie antérieure du reservoir, & un à l'extrêmité postérieure de son Cou, & cette même tige donnoit encore deux branches fort petites, l'une à ce Cou, & l'autre au Reservoir. Ces trois dernières branches ne paroissoient point dans les *Fig.* 1. & 2. *Pl.. X.*

ET la Tige 𐊱 se divisoit, comme ici, en deux branches,

T t t 3

dont

dont l'une marquée D, après s'être partagée en deux rameaux,
en repandoit l'un tout entier ſur la queue du vaiſſeau; l'autre,
diviſé en deux ramifications, donnoit encore l'une à la même
queue, & l'autre à la partie poſtérieure du reſervoir. La ſeconde branche, marquée I, avoit deux rameaux, dont elle diſtribuoit l'un à la queue du Vaiſſeau diſſolvant, & plongeoit l'autre, qui eſt ici tronqué, dans l'Etui graiſſeux.

✿✿✿✿✿✿✿✿✿✿✿✿✿✿✿✿ §. ✿✿✿✿✿✿✿✿✿✿✿✿✿✿✿✿

C H A P I T R E XVII.

Des parties intérieures de la Tête.

IL ne reſte plus à examiner, dans la Chenille, que les parties intérieures de la Tête. Cet Article eſt celui, de tout
ce Traité, que j'ai trouvé le plus difficile à ſuivre & à deve-
loper, tant à cauſe de la multitude des objets que la Tête
contient, qu'à cauſe de l'aſſemblage écailleux qui les renferme,
& qu'il eſt mal-aiſé d'en emporter ſans qu'il arrive du derangement dans l'intérieur. Pour réuſſir dans l'Anatomie de cette
partie, il faut l'entamer par ſon côté inférieur, & ce n'eſt qu'en
ſuivant pas à pas les operations ainſi commencées, & continuées juſqu'à l'oppoſite, qu'on peut eſpèrer de parvenir à prendre une idée nette de l'arrangement naturel de toutes les pièces principales qui entrent dans ſa compoſition. Determiné,
par cette raiſon, à y proceder en ce ſens, j'ai donné, dans les
Planches XV, XVI & *XVII.*, une attitude renverſée à toutes
les figures de tête, c'eſt-à-dire qu'elles y paroiſſent dans le
ſens où on les voit quand les Chenilles ſont couchées ſur le
dos, tel que la *Fig.* 1. *Pl. II.*, repréſente une tête fort en
grand. Et pour ne pas multiplier inutilement les objets & éviter toute prolixité, j'ai diviſé chaque tête en deux Figures, con-
formément à la methode que j'ai deja ſuivie, par raport aux
muſcles, aux nerfs, & aux bronches; & je me contenterai d'ex-
pli-

pliquer fimplement ces Figures, après en avoir indiqué les préparations: renvoyant le Lecteur à ce qui a été dit, au Chap. 3.,
des parties extérieures de la tête & des parties écailleufes intérieures qu'elle renferme, & qu'il fera bon d'avoir ici préfentes
à l'efprit, avec leurs noms, parce pu'il en fera fouvent parlé.

Explication des Figures 1e. & 2e. *de la Tête, Pl. XV.*

PREPARATION.

On a enlèvé, le plus delicatement qu'il a été poffible, les
tegumens de la lèvre inférieure jufqu'aux gros barbillons & jufqu'à la filière.

On a encore retranché *Fig.* 2. la baze de la même levre,
dont on a laiffé une partie à *Fig.* 1.

On a emporté les tegumens, & tous les mufcles, par où la
tête tenoit au Cou & au premier Anneau.

On a enlevé toute la graiffe.

Et l'on a tronqué, à quelque diftance de la tête, les vaiffeaux du corps qui s'y introduifent.

EXPLICATION.

Après ces préparations on voit d'abord, à la Ligne inférieure, partir, de la Filière, immediatement au-deffous de fes
tegumens, un prolongement mufculeux fort large A, partagé,
de part & d'autre, en deux longs mufcles A B, qui s'écartant
de plus en plus, vont s'attacher aux *apophyfes zygomatiques*
près de B. L'un de ces deux mufcles, celui qui eft le plus

près

près de la Ligne inférieure, devient plus large que l'autre, en aprochant de cette apophyſe.

A la hauteur de l'endroit où le prolongement muſculeux A ſe fourche, & un peu plus bas, il eſt flanqué, de part & d'autre, de deux muſcles tronqués. Leur extrêmité flottante a tenu à l'*écaille crêtée* *. Leur autre extrêmité tient, près de la lèvre ſupérieure, à l'*écaille biſangulaire*.

* *Pl. II. Fig.* I. g.

IMMÉDIATEMENT derrière ces muſcles s'offre, de part & d'autre, un muſcle, dont l'extrêmité antérieure eſt fourchue CED. Il eſt très large; mais il ne le paroit pas dans la Figure, parce qu'il s'y préſente par le côté. L'une de ſes branches E, tient à l'origine du gros Barbillon H, & l'autre branche C, au côté de la baze de la filière. Il paſſe à l'oppoſite, près de D, ſous les muſcles A B, & ſon extrêmité poſtérieure tient au *montant* * *de la porte*, tout près de l'*apophyſe zygomatique*.

* *Pl. II. Fig.* 13. GLI, HMK.

APRÈS ce muſcle, immédiatement au-deſſous d'F, on voit, de part & d'autre, encore deux muſcles flottans, dont l'extrêmité coupée a tenu, à cet endroit, au côté intérieur de la crête de l'*écaille crêtée*; leur autre extrêmité s'attache aux *montans de la porte*.

DERRIÈRE ces muſcles paroit un autre muſcle conſidèrable G, *Fig.* 1. & 2. Son côté antérieur ſe réunit ſouvent, comme ici, à un muſcle plus court & flottant FG, dont l'extrêmité détachée a tenu, en cet endroit, au côté extérieur de la crête de l'*écaille crêtée* *. Ces deux muſcles, tantôt réunis, & tantôt ſeparés, penètrent dans la première articulation du

* *Pl. II. Fig.* I. g.

V v v

gros

gros barbillon, & y tiennent au bord postérieur & latéral de l'écaille qui termine son premier tuyau.

L'AUTRE extrêmité du plus grand de ces muscles a son insertion dans le dessous de la baze B de l'apophyse zygomatique, & il s'élargit très sensiblement vers sa partie postérieure; comme on le voit *Fig.* 2., S.

ON aperçoit, près de D, un peu au-dessus de la baze de la lèvre inférieure, de part & d'autre, un cinquième muscle, ou double muscle flottant; sa partie détachée & fourchue a tenu à l'*apendice* * *de l'écaille crétée.* Il est, à cet endroit, assez étroit; mais il s'élargit considèrablement du côté de son extrêmité opposée, qui s'attache au *montant de la porte*, dont elle occupe une grande partie, à commencer tout près de la traverse. ✱

** Pl. II, Fig. 1. h.*

** Pl. II, Fig. 13. I K.*

ET, enfin, on voit sortir, du gros barbillon H, trois petits muscles moteurs de cette partie, qui ont tenu, par leur extrêmité coupée, à la baze de ce barbillon.

VOILA les muscles qui paroissent immédiatement au-dessous des tegumens de la lèvre inférieure.

POUR ce qui est des bronches, on n'y en aperçoit alors qu'une seule, assez deliée H + H +, mais remarquable, en ce que, passant, dans cette position, par dessus tous les muscles, elle s'abouche avec sa bronche pareille du côté opposé. Elle pousse diverses petites ramifications, que l'on n'a point représenté, pour éviter la confusion; & qui se repandent sur les muscles, par dessus lesquels elles passent, & fournissent au muscle flottant G F.

ON

O N voit encore, fous la lèvre, tout près de la Ligne inférieure, deux longs vaiffeaux A I, dont le devant eft couvert
par le prolongement mufculeux A de la filière.   Ce font les
parties antérieures des vaiffeaux foyeux.

QUANT aux parties, qui paroiffent au-deffous de la région
occipitale de la tête, celle qui, à la Ligne inférieure, eft marquée K, & dont on voit partir, en devant, diverfes branches,
& une en arrière, eft le premier ganglion du cou, auquel le
fecond eft adhérent.

LE vaiffeau large & coupé en L, qui eft placé immédiatement au-deffous de ces ganglions, eft la partie antérieure de
l'œfophage.

LES deux gros vaiffeaux, élargis à leur extrêmité coupée M,
M, qui fe montrent à droite & à gauche de l'œfophage, &
difparoiffent fous les *bazes des apophyfes zygomatiques*, font les
cous des *vaiffeaux diffolvans*, avec le commencement M de leurs
refervoirs.

ON voit fortir, de la tête, tout joignant le cou de ces
vaiffeaux, & le deffous de la baze des apophyfes zygomatiques, trois bronches, & quelquefois feulement deux, qui fe réuniffent en une Tige *, coupée tout près de-là; cette Tige eft * א.
la première cephalique, marquée א *Pl. X. Fig.* 1.

IMMÉDIATEMENT au-deffous de cette Tige, il en paroit une
autre *, qui fait diverfes fourches avant d'entrer dans la tête; * ב.
c'eft la feconde cephalique ב *Pl. X. Fig.* 1.

LA grande Tige *, qui, le long de l'extrêmité poftérieure * ג.

de la tête, rencontre, fous l'œfophage, la tige pareille du côté oppofé, & dont fortent trois branches confidèrables, qui entrent dans la tête; mais qu'on n'aperçoit ici que difficilement,
à caufe des parties qui les couvrent, eft la troifième cephalique
à *Pl. X. Fig.* 1.

* ꓶ. La quatrième Tige coupée *, qui introduit fes branches,
de part & d'autre, dans la partie latérale de l'occiput, eft la
quatrième cephalique ꓶ *Pl. X. Fig.* 2. Elle difparoit derrière les
mufcles occipitaux R R. Ces mufcles font larges; ils tiennent,
en R, fous les tegumens du cou, au bord poftérieur de la
partie inférieure de l'écaille pariétale, d'où, paffant par deffus
l'écaille zygomatique, ils fe flèchiffent vers le bord poftérieur
& fupérieur de la même écaille pariétale, & y ont leur infertion. Je n'ai pas toûjours trouvé ces deux mufcles, foit qu'on
ne les voye pas à tous les fujets, foit que je les aye quelquefois coupé avec la peau fans m'en apercevoir.

Figure 3.

P R E P A R A T I O N.

ON a enlevé, fous la lèvre inférieure, les deux mufcles A B,
le mufcle C E D, les deux mufcles G F, G S, la bronche H+ H+,
& les trois petits mufcles du gros barbillon.

ON a coupé, le plus délicatement qu'il a été poffible, la
partie inférieure de l'écaille pariétale jufqu'à l'écaille zygomatique, qu'on a laiffé pour faire voir les mufcles qui y tiennent.

ET à la partie occipitale on a retranché les deux mufcles R R.

E x-

E X P L I C A T I O N.

ON voit que la pièce enlèvée de *l'écaille pariétale* couvroit douze mufcles, dont les fix SS, TTT & Z, qui font flottans par leur extrêmité poftérieure, ont tenu, par les mêmes endroits, au morceau de l'écaille pariétale, qui a été retranché. Leur autre extrêmité tient à la *lame abductrice de la ma-choire* *.

* *Pl. II. Fig.* 3. AK.

L'EXTRÊMITÉ poftérieure des quatre mufcles V, V, V, V, qui paroit ici, s'infère au bord antérieur de l'*écaille zygomatique*; leur autre attache eft cachée fous les trois T.

L'ATTACHE poftérieure des deux mufcles WX, tient auffi au bord antérieur de la même écaille; mais plus près de fon apophyfe. Ces deux mufcles tournént un peu en dehors, en s'enfonçant dans la tête, où ils aboutiffent, par leur autre extrêmité, à un tegument, qui, formant trois arcades, partage, comme on le verra dans la fuite, le côté fupérieur de la tête en trois cavités.

ON decouvre ici, à côté des vaiffeaux foyeux AI, le nerf AK, qui eft celui de la 3e paire du 1^r ganglion du cou. Il fe repand dans la filière. Le nerf (b), qui fe dirige vers la machoire, en eft une branche. Elle fournit, comme on le verra, à plufieurs mufcles de la tête. Le nerf (aK, qui entre dans le gros barbillon H, eft celui de la 2e paire du 1^r ganglion du cou.

(d) eft une de deux branches confidèrables par lesquelles la 1e Cephalique N * fe termine. Elle pouffe deux rameaux, dont l'un s'introduit fous les mufcles T, & l'autre, après avoir pro-

* *Pl. X. Fig.* 1. N.

                          duit

duit une ramification, qui m'a paru fournir aux mufcles F G H, *Fig.* 1 & 2., difparoit fous les mufcles abducteurs S, S.

C es bronches & ces nerfs étoient couverts, en tout ou en partie, dans les deux *Figures* précèdentes, & n'y ont point été repréfentés, de peur d'y repandre de la confufion.

A u deffous des mufcles R R, *Fig.* 1 & 2., qui font très minces, fe trouvent les deux mufcles épais (e, e). Ils ont l'une de leurs attaches au bord poftérieur de l'écaille zygomatique, & l'autre, au bord poftérieur de la partie fupérieure de *l'écaille pariétale.*

Figure 4.

P R E P A R A T I O N.

O n a fait difparoitre les fept mufcles S, S, T, T, T, e, e), & la branche (d) de la 1ᵉ Cephalique אָ.

E X P L I C A T I O N.

C e qu'on voit ici marqué Y, eft la lame abductrice de la machoire *, à laquelle les mufcles enlèvés S, S, T, T, T, a-voient tenus. Les 4 mufcles V, V, V, V, qui paroiffent ici entièrement à decouvert, y ont encore leur infertion.

L e mufcle Z fe montre ici beaucoup davantage que *Fig.* précèdente; & l'on voit mieux le tegument auquel les mufcles W & X font attachés.

A la région occipitale, l'enlèvement des mufcles (e, e), a mis à decouvert deux autres mufcles (f, f), de direction un peu différente. Ils tiennent, par l'une de leurs extrêmités, à l'é-

caille

* *Pl. II.*
Fig. 3. A K.

caille pariétale, près du bord poſtérieur de ſa partie ſupérieure, un peu plus latéralement que les muſcles (e, e). Leur autre extrêmité s'introduit ſous l'*écaille zygomatique*, & y a ſon attache.

Figure 5.

P R E P A R A T I O N.

ON a enlèvé les quatre muſcles V, les deux (f), le nerf A K de la 3ᵉ. paire du 1ʳ. ganglion du cou, & le vaiſſeau ſoyeux A I.

E X P L I C A T I O N.

PAR l'enlèvement de ce vaiſſeau on decouvre plus diſtinĉtement le nerf (aK de la ſeconde paire du 1ʳ. ganglion du cou.

ON voit à préſent en entier le muſcle Z, qui eſt très grand & large. Il tient au bord latéral de la lame abduĉtrice Y. (g̃) eſt auſſi un large muſcle, qui, *Fig.* précèdente, avoit été caché par les muſcles V. Il s'inſère, d'un côté, dans le deſſous de l'écaille zygomatique, près du bord poſtérieur de cette écaille. De l'autre, il embraſſe, en deſſus & en deſſous, les barbes écailleuſes de l'extrêmité poſtérieure de la lame Y. Quand on en detache encore ces deux muſcles, on rend cette lame entièrement flottante, & l'on trouve qu'elle ne tient plus à rien qu'à la machoire ; car à l'oppoſite elle ne reçoit aucun muſcle; deſorte que tous les muſcles abduĉteurs de la machoire ne ſont qu'au nombre de onze ; ſavoir les deux S, les trois T, les quatre V, le muſcle Z, & le muſcle (g).

Onze muſcles abducteurs.

Fi-

Figure 6.

PRÉPARATION.

ON a retranché les muscles X, W, Z, g); la lame abductrice Y; l'écaille zygomatique, dont on n'a laissé que la
moitié du rebord postérieur; & on a remis en place la branche (d) de la 1e cephalique א.

EXPLICATION.

CES preparations decouvrent les trois muscles (h, h, h,)
dont l'antérieur tient, par son extrêmité postérieure, au côté de
l'écaille pariétale; l'autre extrêmité disparoit sous un tegument,
qui forme ce que je nommerai les *arcades de la tête.*

L'INTERMÉDIAIRE des (h) infère son attache postérieure
en partie dans le côté de l'écaille pariétale, & en partie dans
le bord postérieur de l'écaille zygomatique. Son autre attache
est au tegument qui forme les arcades.

LE postérieur tient, d'un côté, au même tegument, &, de
l'autre, au bord postérieur de l'écaille zygomatique.

ON aperçoit, à l'occiput, l'attache postérieure de deux ou
trois muscles (f), qui, passant sous l'écaille zygomatique, vont
se réunir au tegument qui forme les arcades; mais les bronches
qui les couvrent en rendent la vue peu distincte.

LES principales de ces bronches font six branches de la première cephalique א, lesquelles étoient couvertes, *Fig.* 5., par
l'écaille zygomatique, & dont les trois, qui font ici flottan-
* *Fig.* 4 & 5. tes, se font ramifiées dans les muscles V, W, X, g)*. Les

trois

trois autres paffent derrière le dernier des mufcles (h), auquel l'antérieur des trois va fournir, de même qu'à celui qui le précède, & à quelques autres mufcles, qui en font couverts.

IMMÉDIATEMENT au-delà de la traverfe, la Cephalique א pouffe, vers l'oppofite, une branche courte & groffe, qui fe flèchit contre la traverfe, & s'y abouche avec la branche pareille de la Tige א oppofée. Cette branche produit, tout près de fon origine, un petit rameau, qui fe dirige vers le 1ᵉ. ganglion du cou, dans lequel il va s'inférer, entre les nerfs de la 3ᵉ. & de la dernière paire.

ON voit que la Tige א fe partage, plus avant, en deux branches confidèrables (d) & (k), dont (k), après avoir fourni, chemin faifant, par des petits rameaux, au nerf de la 2ᵉ. paire (a K du 1ᵉ. ganglion du cou, aux mufcles C E D, *Fig.* 1. 2., & aux deux mufcles flottans F, fe ramifie tout près de la filière, y introduit deux rameaux, & un autre dans le gros Barbillon.

ON voit de plus, que la 4ᵉ. Cephalique ㄱ pouffe trois petites branches en (e), dont la poftérieure s'eft inférée dans des mufcles du cou, & m'a paru encore fournir aux mufcles (e, e), *Fig.* 3. La branche qui la fuit, s'eft principalement repandue fur le côté oppofé de ces mufcles (e, e), & l'antérieure s'introduit dans l'autre côté du mufcle poftérieur (h), & du mufcle W *; enfin, l'on voit que la Tige ㄱ même difparoit fous les mufcles (f) qui l'environnent.

* Fig. 5.

X x x

Fi-

Figure 7.

P R E P A R A T I O N.

ON a enlèvé les deux muscles postérieurs (h, h), & le muscle flottant D.

ON a ôté le reste de l'écaille zygomatique, à la reserve de ses apophyses que l'on a laissé attachées à la traverse.

ON a tronqué, de la 4.e Cephalique 7, les deux premières bronches qui fourniffent à la tête ; de la 1e Cephalique N, la grande branche (k), qui est l'une des deux, par où N se termine, & les trois branches flottantes, qui, *Fig.* 6., font du côté de l'écaille zygomatique.

ON a enfin retranché le nerf de la seconde paire du 1^r. ganglion du cou, marqué K a) *Fig.* précèdente.

E X P L I C A T I O N.

CE qu'on voit en (d l d) *Fig.* 7 & 8., est un tégument très épais, qui forme differens plis visibles dans la *Figure*. Il tapiffe toute la partie antérieure de la tête , & defcend environ jufqu'en (d), où il est adhérent aux parties qui concourrent avec lui à former les trois arcades, que l'on a dit qui divifent le côté fupérieur de la tête en trois cavités. Ce tégument est un peu rebondi en (1).

ON remarque que les deux muscles postérieurs (h, h), couvroient, *Fig.* précèdente, le muscle (i), & le premier des muscles (f), que les deux antérieurs des (f) fe feparent, pour donner paffage à la 4e Cephalique 7.

A la Ligne inférieure, entre la traverse & la filière, paroit un
muscle

mufcle long & mince, tout joignant celui du côté oppofé; leur extrêmité poftérieure tient à la traverfe ; leur autre extrêmité paffe en (l), fous le tégument (d l d), *Fig.* 7 & 8., & s'attache au bord poftérieur de la langue.

On voit, immédiatement au-deffous de la Filière en (n), de part & d'autre de l'inférieure, un corps affez court; c'eft le côté poftérieur d'un mufcle de la filière, dont il y en a deux. Il fera nommé, dans la fuite, le *mufcle piramidal.*

Ce mufcle eft flanqué par un petit mufcle (a), qui a fon attache antérieure à côté de la filière, à l'écaille qui borde le palais, & fon attache poftérieure au-deffus d' (l), au tégument (d l d) *, qui, à cet endroit, paroit charnu, & s'étend juf- *Fig.* 7 & 8.
qu'aux gros barbillons.

A côté du mufcle, qui va d'(l) à la traverfe, paroit un Nerf delié (m l), qui paffe, avec lui, fous le tégument (d l d). C'eft une branche du nerf de la 1e. paire K m) du 1r. ganglion du cou. En (m), ce nerf s'enfonce dans la tête.

Quant aux bronches, la branche 3 de la Cephalique ꓶ, qui fuit les deux qu'on a tronqué dans cette *Figure*, après avoir paffé derrière les deux derniers mufcles (h) *Fig.* 6., fe diftribue à ces mufcles, d'entre lefquels elle fait fortir un ou deux rameaux *Fig.* 6. N. 3., qui s'infèrent dans le mufcle (g) *Fig.* 5. Cetté branche de ꓶ eft fuivie d'une autre, qui eft flottante dans la *Figure*, & qui s'eft repandue dans les mufcles qui la couvroient.

Les trois branches non coupées de la 1e. Cephalique ℵ, fe réu-

Xxx 2

niffent

niſſent en un tronc commun, ſous cette tige, avant de s’y ouvrir. Elles s’introduiſent dans la ſeparation qu’il y a entre les
deux muſcles (f) antérieurs, dans laquelle la Tige ٦ entre pareillement.

Figure 8.

P R E P A R A T I O N.

On n’a rien fait diſparoitre ici, ſinon la 1ᵉ Cephalique ℵ, a-
vec ſes branches, à la reſerve d’un morceau fort court de la
branche (k) Fig. 5 & 6., placé immédiatement devant la traverſe.

E X P L I C A T I O N.

Ce morceau n’a été laiſſé que pour faire voir comment la
Tige ℵ pouſſe, vers le côté oppoſé, une branche, qui s’abouche à
l’inférieure avec ſa pareille produite par l’autre Tige ℵ, & envoye un petit rameau au 1ᵉʳ ganglion du cou.

On s’aperçoit ici, beaucoup mieux que Fig. précèdente, que la
bronche marquée 2, eſt la première branche de la 2ᵉ Cephalique ℶ. Cette branche, après avoir pouſſé un long jet ſans ſe
ramifier, repand un ou deux rameaux dans l’autre côté du ſecond muſcle (h) Fig. 6., après quoi, elle s’introduit dans une
fente du muſcle (i) Fig. 7, 8., où elle diſparoit.

On voit ici comment le cou du vaiſſeau diſſolvant M s’ap-
plattit tout près de l’apophyſe zygomatique, & s’attache en
(b) aux parties qui forment les arcades (b d 1), (b d e g).

Fi-

Figure 9.

P R E P A R A T I O N.

DANS cette *Figure* & les fuivantes on a raproché les machoires jufqu'à fe toucher.

ON a enlèvé le mufcle qui d'(1) va à la traverfe.

ON a emporté le tégument (b d e l).

ON a coupé le cou du vaiffeau diffolvant M, jufques tout près de la traverfe.

ON a retranché les ganglions K du cou, avec leurs nerfs.

LE morceau reftant de la branche (k) de la 1ᵉ Cephalique ℵ, & la branche, qui s'abouche avec fa pareille, tout joignant la traverfe, de même que le petit rameau que cette branche envoye au 1ʳ. ganglion du cou.

ON a un peu racourci les mufcles flottans C.

ON a remis en place les bronches marquées 2 de la 1ᵉ Cephalique ℵ, & l'on a coupé, de ⅂, la troifième branche flottante N. 4. *Fig.* 8.

E X P L I C A T I O N.

CE qu'on voit au-deffous du tégument enlèvé (e d l d) des deux *Fig.* précèdentes, eft la peau extérieure de la baze du gros barbillon, qui, avec celle de la baze de la filière, eft libre jufqu'en (f q r), & peut être renverfée de manière, qu'elle permet de voir le dedans de la bouche. Le tégument enlèvé fert de tunique intérieure au côté antérieur de cette baze. En (f), la peau fait un pli, ou une duplicature vifible dans la *Fig.* 9. La partie blanchâtre (t c r), eft un tégument charnu, attaché

Xxx 3   par

par un prolongement (r q) à la voute de l'arcade du milieu. Il laiſſe entrevoir, au deſſus d'(r), deux nerfs & deux muſcles qu'il couvre, & qui ne ſont que des continuations des nerfs (ml) & des muſcles K l) *Fig.* 7 & 8., qui ſont ici coupés un peu au-deſſous d'(r), où l'on en voit les bouts.

Les deux muſcles (n) & (u) tiennent en (n, u), à la traverſe; par leur autre extrêmité, (u) s'inſère dans la 1ᵉ pièce de la partie antérieure de l'œſophage, & (n), partagé en trois queues, dans la 2ᵉ pièce.

Le cercle qui, près d'(u), embraſſe ces muſcles, embraſſe en même tems l'œſophage qui eſt deſſous; c'eſt un nerf du ganglion de la tête, que je nommerai l'*Anneau nerveux.*

Anneau nerveux.

Ce qui, à droit & à gauche de cet Anneau, eſt marqué (m), & qui aboutit aux apophyſes zygomatiques, d'où il deſcend vers le fond & le devant de la tête, & diſparoit ſous l'arcade du milieu, ſont les montans de la porte. Les deux muſcles flottans F y ont leur attache tant ſoit peu en dehors.

Ici paroit à decouvert, vers l'occiput juſqu'à la traverſe, la partie de l'œſophage L, que les ganglions du cou avoient couvert auparavant. On n'a pas cru néceſſaire de repréſenter ici, ni dans les *Fig.* précèdentes, les muſcles qui rampent ſur cette partie; on les a vu *Pl. XIII. Fig.* 2. B C.

α eſt un muſcle, qui, par ſon extrêmité detachée, a tenu à l'écaille zygomatique, derrière, & tout joignant ſes apophiſes. Près de ſon origine il ſe partage en 5 ou 6 queues, qui s'éparpillent & s'inſèrent à l'œſophage, de la manière qu'on le voit dans cette *Fig.* & la ſuivante.   Les

Les Bronches marquées 2 de la 1ᵉ Cephalique א, n'ont été remises en place que pour montrer comment elles s'introduisent avec la 4ᵉ Cephalique ד, dans la feparation qu'il y a entre les deux premiers mufcles (f).

Les trois branches, que pouffe la 2ᵉ Cephalique ב, paroiffent plus diftinctement; on voit que la 1ᵉ, marquée 1., eft mince, très longue, & que, fans diminuer beaucoup d'épaiffeur, elle avance jufqu'au mufcle (i), dans une fente duquel elle s'introduit. La feconde branche eft plus groffe & plus courte; elle fe partage d'abord en 4 ou 5 rameaux, dont un, N. 3., s'infère dans le deffus du 4ᵉ mufcle (f) *Fig.* fuivante, & le poftérieur des autres rameaux, qui páffent entre ce mufcle & le 3ᵉ (f), fe repand dans l'oppofite du 3ᵉ (f).

La dernière de ces branches, prefque auffi groffe que la feconde, fe partage en deux rameaux, qui difparoiffent derrière le 5ᵉ (f).

La branche marquée 3 de la Tige ד, paffant derrière le mufcle (h), fe ramifie dans l'autre côté de ce mufcle.

Figure 10.

P R E P A R A T I O N.

On a enlèvé les deux mufcles flottans F. L'on a fupprimé les deux Tiges Cephaliques ב & ד, & les bronches marquées 2 de la 1ᵉ Cephalique retranchée א.

Ex

E X P L I C A T I O N.

CETTE preparation fait connoître diſtinctement les muſcles (f), qui ſont au nombre de ſept, & dont on n'en remarquoit bien que trois, *Fig.* précèdente.

L'ATTACHE poſtérieure des muſcles (h, i), & des trois premiers (f), eſt aux endroits de la partie latérale de l'écaille pariétale qu'indique leur direction, & l'autre eſt à divers endroits de l'écaille adductrice de la machoire.

ON voit, à l'œſophage L, pluſieurs filets éparpillés en éventail, qui s'étendent le long de ſon côté, depuis l'extrêmité poſtérieure de l'écaille pariétale juſqu'à la traverſe ; ce ſont des queues d'un muſcle ſingulier β, qui s'élargit un peu vers ſon autre extrêmité, & tient par elle à l'attache poſtérieure du 5e muſcle (f), tout joignant l'écaille pariétale.

Figure 11.

P R E P A R A T I O N.

ON a retranché les deux muſcles (h) & (i) ; les trois premiers muſcles (f) ; & les deux muſcles (n) & (u).

ON a ôté tout le tégument épais & charnu (ſq c t t c q ſ) *Fig.* 9 & 10.

APRÈS avoir introduit un crin dans ce qui reſtoit du cou du vaiſſeau diſſolvant, on l'a ouvert juſqu'à la bouche.

ON a enlèvé l'Anneau nerveux.

ON a coupé les deux montans (m, m) de la porte, juſqu'aſſez près de leur origine, & on les a emporté avec la traverſe & les deux apophyſes zygomatiques, qui y tenoient encore.

Ex-

Ces preparations font paroître à découvert les cinq pièces de la partie antérieure de l'œſophage *, dont λ eſt la premiè- re, & la dernière finit en ε.　* λ, ι, η.

On voit, au bord poſtérieur de la 4.ᵉ de ces pièces, les reſtes de quatre branches muſculeuſes. Ce font quatre queues d'un muſcle, qui a eu ſon autre attache aux montans de la porte, & qu'il n'y a pas eu occaſion de faire paroître.

Le muſcle qui tient au côté de l'œſophage, depuis le milieu de ſa 5.ᵉ pièce juſqu'à η, par pluſieurs queues, eſt le côté anté- rieur du muſcle α *Fig.* précèdente.

On aperçoit, à côté de l'œſophage, à la hauteur d'η, un petit corps, qui reſſemble à une glande; c'eſt un des deux *pe- tits ganglions de la téte*; on verra bientôt qu'il communique avec le grand, qui eſt caché ſous l'œſophage.

Ce dernier viſcère, tronqué en η, permet de remarquer, in- médiatement après η, un petit canal coupé. C'eſt un morceau du canal du cœur. Les deux filets, qui ſe dirigent, de ce canal, vers les petits ganglions, font deux nerfs que ces ganglions lui fourniſſent.

On voit deſcendre des bouts, qui reſtent des montans de la porte, un muſcle étroit, qui paſſe entre deux filets peu diſtinɕts. Ces filets font des nerfs du ganglion de la tête. Le muſcle tient, d'un côté, au montant, &, de l'autre, il s'inſère à l'écaille biſan- gulaire, près de l'angle qu'elle forme en D, *Pl. II. Fig.* 13.

Ayant ouvert le cou du Vaiſſeau diſſolvant, de la manière

Y y y

qu'il

qu'il a été dit, afin de n'y rien déranger, j'ai trouvé qu'en dedans c'étoit un canal liffe, dont le deffous étoit écailleux, & le deffus membraneux, & qu'il s'ouvroit en ϑ dans la bouche; j'ai vu de plus que c'étoit le bord * de la lame adductrice de la machoire, qui, creufé en goutière, comme il a été remarqué, Chap. III., formoit le deffous écailleux de ce canal.

* Pl. II. Fig. 3. H M.

APRÈS l'enlèvement du tégument charnu (f q c t t c q f), il ne refte ici que la membrane toute nue, qui forme le côté inférieur du dedans de la bouche. On n'a laiffé les gros barbillons & la filière, à cette membrane, que parce qu'ils y tiennent naturellement, & que leur tégument extérieur en eft une continuation. Elle fe termine le long du bord du côté intérieur de la baze des machoires, auquel bord elle tient par toute fon extrêmité poftérieure, à la referve des endroits où elle eft percée par l'œfophage, & par les conduits des vaiffeaux diffolvans; deforte que quand la Chenille écarte ou raproche les machoires, il faut que cette membrane obéïffe à tous leurs mouvemens. On a repréfenté, *Pl. II. Fig.* 11., la forme que cette membrane a dans la bouche.

* Fig. 10.

ENFIN, par l'enlèvement des mufcles (h, i), & des trois premiers (f) *, on a mis en vue le mufcle γ, qui a beaucoup de raport avec le mufcle (h), & les fix mufcles δ. Les quatre autres (f) font les mêmes que *Fig.* précèdente, feulement paroiffent-ils davantage. Tous ces mufcles ont leur attache antérieure à la lame adductrice de la machoire, & leur autre attache à l'écaille pariétale, aux endroits que marquent leurs directions dans la *Figure.*

Fi-

Fig. 12.

P R E P A R A T I O N.

ON a remis en place les Tiges ב & ר de la *Fig.* 9., avec leurs bronches, & la branche marquée 2., qui reſtoit *Fig.* 9., de la Tige א, dont on n'a retranché qu'un rameau, qui s'é-toit répandu ſur le ſecond muſcle (f).

L'ON a tronqué les rameaux 2 & 3 de la ſeconde branche de la Tige ב.

L'ON a tronqué, de la Tige ר, la branche marquée 3., *Fig.* 9. Et l'on a emporté ce qui reſtoit du cou du vaiſſeau diſſol-vant, de même que le bord de la lame adductrice DG, au-quel le muſcle (h), le muſcle (i), & les trois premiers (f), a-voient tenus par leur extrêmité antérieure.

E X P L I C A T I O N.

L'ENLÈVEMENT du muſcle (i) a mis à decouvert une bran-che conſidèrable marquée 4., de la Tige ר. Un rameau de cet-te branche ſe repand ſur le muſcle γ, & l'autre paſſe, par une fente de ce muſcle, à ſon autre côté.

ON voit un peu davantage les rameaux de la branche marquée 2., qui reſte de la 1ᵉ Cephalique retranchée א.

LA première des branches * de la Tige ב, qui, *Fig.* 9., *Fig.* 9. & 12. N. 1. paſſoit, par une fente, ſous les muſcles (i) & (h), ſe voit ici juſques près de l'antenne, où elle ſe ramifie.

LA ſeconde de ſes branches *, qui eſt ici coupée *, eſt cel-* N. 2. le qui s'eſt repandue dans l'oppoſite du 3ᵉ muſcle (f).

ET l'autre coupée, eſt celle qui a fourni au 5ᵉ de ces muſcles.

Yyy 2

LES

Les branches qui fuivent, après cette dernière, difparoiffent derrière le 5ᵉ des (f).

On voit, enfin, que la 3ᵉ Cephalique ﬡ, envoye, de chaque côté, dans la tête, trois branches confidèrables, qui paroitront davantage dans les *Figures* fuivantes.

Fig. 13.

PREPARATION.

On a enlèvé la peau qui forme le dedans du côté inférieur de la bouche, avec les barbillons & la filière, qui y tenoient.

On a coupé tout ce qui reftoit de l'œfophage.

On a ôté le mufcle γ, & le quatrième des mufcles (f), qui avoit peu d'épaiffeur.

On a tronqué, à la Tige ﬦ, le rameau de la branche marquée, 4., qui fe repandoit dans le côté vifible du mufcle γ, *Fig.* précèdente.

On a coupé, de la Cephalique ﬥ, la première branche marquée 1., *Fig.* précèdente, n'y ayant ici laiffé que le bout anté-rieur, marqué 1., près de l'antenne.

On a fait difparoître ce qui reftoit des montans de la porte.

EXPLICATION.

Par l'enlèvement de la peau de la bouche, on a mis à dé-couvert les machoires MM. On voit que quand elles font ra-prochées, elles forment, par leur rencontre, une cavité. Cet-te cavité reçoit la langue de la Chenille, qui y eft affez au lar-ge pour pouvoir y agir librement. La

La peau CAC, qui occupe l'efpace qu'il y a entre les deux machoires, eft celle du côté intérieur de la lèvre fupérieure, qu'on ne voit qu'en partie, parce que les machoires en cachent le refte.

En faifant difparoître l'œfophage, on a mis à decouvert le gros ganglion (a) de la tête, à laquelle il tient lieu de cerveau. On voit que les deux petits ganglions, dont il a été dit un mot, en expliquant la *Fig.* 11., & que j'ai nommé les *petits ganglions de la tête,* y tiennent, de part & d'autre, chacun par deux nerfs.

Petits ganglions de la tête.

On aperçoit, au-deffous du côté poftérieur du gros ganglion, un nerf. Ce nerf, accompagné d'une bronche, qui y eft adhèrente, tire fon origine du milieu de l'autre face du ganglion, d'où, defcendant vers la 3e & dernière branche cephalique de la Tige *a*, elle s'y attache, à l'endroit marqué (b).

Les nerfs, que le ganglion (a) repand dans la tête, commencent à fe montrer.

Les deux corps flottans, qui, *Fig.* 13 & 14., fortent d'entre ces nerfs, font les deux mufcles, qui, *Fig.* précèdente, tenoient, en cet endroit, aux montans de la porte, & qui tiennent encore à l'écaille bifangulaire.

Ce que j'ai trouvé ici de remarquable au ganglion (a), c'eft que, du milieu de fon extrêmité poftérieure *, fortoit un vaiffeau, qui s'élargiffoit en entonnoir, & dont le bout élargi ne tenoit à rien, peut-être parce que je l'aurai coupé par mégarde. Je ne l'ai point vu à d'autres fujets.

* Voyez *Fig.* 13 & 14.

L'ENLÈVEMENT du muscle γ fait paroître ici le muscle ϰ, & à plein le premier muscle δ, dont le côté antérieur étoit, *Fig.* précèdente, en partie couvert par γ. La queue la plus étroite de δ est adhèrente, par le côté, au muscle ϰ.

L'ENLÈVEMENT du 4.ᵉ muscle (f), fait mieux paroître le muscle δ, qui le précède, & le 5ᵉ (f) qui le suit. Ce 4ᵉ mus. cle cachoit une partie des deux autres.

A la branche marquée 4., de la Tige ר, le rameau restant, qui s'introduisoit, *Fig.* 12., dans la fente du muscle γ, passe sur le muscle ϰ, & s'y ramifie. L'autre branche de ר, marquée 5., qui passe sur le premier δ, s'introduit sous ϰ.

LA branche marquée 4., de ב, laquelle disparoit derrière le 5ᵉ muscle (f), s'est repandue dans le dessous du quatrième de ces muscles, par les deux rameaux qu'on voit flotter. Plus près de la tige, cette branche envoye, derrière le dernier des muscles δ, un rameau, qui donne, chemin faisant, dans le dessous du 4ᵉ & le dessus du 5ᵉ muscle (f). Le reste s'en introduit derrière ce muscle, & se repand dans le dessus du muscle μ, *Fig.* 14.

LA branche marquée 2., la seule qui reste de la 1ᵉ Cephalique א, est encore couverte ici des mêmes muscles que dans la *Fig.* précèdente.

Figure 14.

P R E P A R A T I O N.

ON a ôté le 1ʳ. & le 3ᵉ. muscle δ, de même que le 5ᵉ. muscle (f).

ON

On a fupprimé la feconde Cephalique ב, & la 1ᵉ. des branches de la troifième Cephalique א, pour faire mieux paroître les
mufcles, qui en étoient offufqués.

On a coupé, de la Tige ר, la branche marquée 4., *Fig.* 13.,
& l'on a fupprimé le bout marqué 1., de la longue branche
que la Tige ב envoye vers l'antenne.

E X P L I C A T I O N.

Ces preparations decouvrent entièrement le mufcle κ. Il
eft fendu, & tient, par fon bord poftérieur, à l'écaille pariétale.
Son autre attache eft aux deux petites lames adductrices de la
machoire.

On voit les mufcles θ, ϛ, & μ, qui étoient cachés, *Fig.* précèdente, le 1ᵉ. par le premier mufcle δ, le 2ᵈ par le troifième
δ, & le dernier par le cinquième mufcle (f). Ces mufcles,
comme tous les δ, ont leur attache antérieure à la grande lame adductrice, & l'autre à l'écaille pariétale.

La branche marquée 2⁺, de la 1ᵉ. Cephalique א, fe montre
ici davantage. Son rameau antérieur N. 1., eft flottant. Il s'eft
repandu dans le deffous du 1ᵉ. mufcle δ. Son fecond rameau ＊ ＊ N. 2.
paffe fous θ. Son troifième † s'introduit dans la fente κ, a- † N. 3.
près avoir repandu quelques ramifications dans le deffous du
1ᵉ. δ, & fon rameau poftérieur § s'infère dans le deffus du muf- § N. 4.
cle ϛ.

On remarque, à la Tige ר, qu'outre les deux branches N. 4.
& 5. *Fig.* 13., il y en a une confidèrable N. 6., qui, paffant

fur

fur le fecond mufcle *δ*, & entre le 1.^r *δ* & le mufcle *θ*, difparoit derrière *κ*.　Une autre branche N. 7., paffe fur le 2^d *δ*, difparoit fous *θ*, & fe ramifie dans ce mufcle. Celle-ci eft fuivie de la branche N. 8., laquelle fe repand fur le mufcle *θ*, & une dernière très petite N. 9., fe termine dans le deffus du fecond mufcle *δ*.

Figure 15.

P R E P A R A T I O N.

On a enlèvé les quatre mufcles *κ*, *θ*, *ς*, *μ*, les quatre mufcles *δ*, qui reftoient, & le premier des deux (f) qu'on avoit laiffé; deforte que toute cette couche de mufcles, au nombre de neuf, a été ôtée à la referve du dernier (f).

On a coupé, de la branche 2⁺, de la Cephalique א, les rameaux marqués 1. & 4., &, de la Cephalique ר, les branches marquées 8. & 9., *Fig.* précèdente.

On a fait reparoitre la 2e Cephalique ב, mais on en a coupé deux ou trois petits rameaux, qui fe repandoient dans les trois derniers *δ*, & le long rameau, qui fourniffoit au 5e mufcle (f).

On a auffi remis en place la première des branches de la 3e Cephalique ג.

E X P L I C A T I O N.

Quatorze nouveaux mufcles paroiffent ici, favoir *ν*, les 3 *ξ*, les 3 (ο), les 5 *π*, & les 2 *ς*.

ν tient, par fon extrêmité poftérieure, à la partie latérale de l'écaille pariétale, &, par l'autre, au bord poftérieur de la feconde

conde articulation de l'antenne, qu'il peut fervir à faire rentrer dans la première articulation.

LES trois ξ tiennent, par l'une de leurs extrêmités, à la partie latérale de l'écaille pariétale, fous *v*, &, par l'autre, qui eft ici detachée, ils ont tenu fous le mufcle *x*, *Fig.* 14., à la feconde lame adductrice LH, *Pl. II. Fig.* 3.

LE premier *o* eft étroit; il ne paroit d'abord qu'une branche du fecond; mais il en eft réellement feparé.

LE fecond, plus grand que le premier, a une direction un peu plus oblique.

LE troifième, moins grand que le fecond, lui eft parallèle.

TOUS trois ont leur attache antérieure à la grande lame adductrice G, & la poftérieure aux endroits de l'écaille pariétale, qu'indiquent leurs directions dans la *Figure*.

LES cinq π, qui fuivent, font les uns plus minces & plus courts que les autres. Ils ont leur infertion antérieure à des productions de la grande lame adductrice, & leur autre infertion à la partie occipitale de l'écaille pariétale.

LES deux ζ font deux petits mufcles, attachés, par un bout, à l'extrêmité de la feconde lame adductrice *, d'où partant, dans une direction prefque parallèle à celle de cette lame, ils s'infèrent, par leur autre bord, à l'écaille pariétale.

IL ne refte ici, de la 1e Cephalique $\aleph$, que les rameaux 2, & 3, marqués des mêmes chiffres, *Fig.* précèdente. Le rameau 2, s'introduit entre le fecond & le troifième mufcle *o* ainfi que, *Fig.* 14., il s'introduifoit entre les mufcles θ & δ. Il

* LH *Pl. II.*
Fig. 3.

Z z z

fe

ſe repand dans l'autre côté du 3.ᵉ *o*. Le rameau 3 ſe partage en deux, & l'une de ſes ramifications diſparoit entre le 1.ᵉ & le 2.ᵈ muſcle *o*; l'autre entre le troiſième muſcle ξ & le muſcle *o* qui le précède.

ב On voit qu'une branche conſidérable N. 5., de la 2.ᵉ Cephalique ב, diſparoit entre le 3.ᵉ & le 4.ᵉ π, où un de ſes rameaux ſe repand dans le deſſous du 3.ᵉ de ces muſcles. Une autre branche paſſe ſur le dernier muſcle π, & introduit les ramifications d'un rameau entre ce muſcle & le précèdent.

ג La première branche 1., de la 3.ᵉ Cephalique ג, ſe partage en trois rameaux ici detachés, qui ſe font ramifiés dans la face

Fig. 14. oppoſée du muſcle μ & du dernier δ*, & les deux poſtérieurs de ces rameaux envoyent chacun une ramification très mince entre les deux derniers π, dans leſquels elles ſe terminent.

La ſeconde branche 2., après s'être avancée juſqu'à la hauteur des petits ganglions de la tête, ſans ſe ramifier, ſe partage en trois ou quatre rameaux, qui ſe plongent dans l'oppoſite de l'avant-dernier des muſcles (f), & ces rameaux fourniſſent, au dernier (f), par deux ramifications, qui, paſſant entre ce muſcle & le dernier π, fourniſſent encore à celui-ci.

Sa troiſième branche 3. ne paroit guères davantage que dans la *Fig.* précèdente.

Pour éviter la confuſion, on n'a encore rien repréſenté de la quatrième branche, que l'on fera connoître dans la ſuite.

ד On voit à ד, que la groſſe branche N 6., qui, *Fig.* 14., paſſoit deſſus δ, après avoir auſſi paſſé ſur ς, & s'être partagée en

deux

deux rameaux, diſparoit ſous d'autres muſcles. Que la branche 7., qui, dans la *Fig.* précèdente, paſſoit ſur 𝛿, & s'intro-
duiſoit entre ce muſcle & le ſuivant θ, s'introduit pareillement
entre le 2ᵈ & le 3ᵉ o.

Que ꓶ pouſſe une groſſe branche, cachée ſous d'autres, *Fig.*
14., qui, après avoir introduit deux rameaux entre le premier
& le ſecond π, & en avoir pourvu en deſſous ce dernier, &
après avoir encore pouſſé un autre rameau ſur le 1ʳ de ces muſcles, qui a fourni à ϛ, qui le couvroit, s'enfonce entre le 3ᵉ muſcle ο & le 1ʳ muſcle π.

Figure 16.

P R É P A R A T I O N.

On a enlèvé le muſcle ν, les trois ξ, les trois ο, les cinq π,
& le dernier (f).

On a retranché, de la grande lame adductrice G, une pièce en long au moins de la largeur du dernier muſcle π, à laquelle pièce les muſcles (f, h, i, ϛ, γ, 𝛿, θ, ο, π, des *Figures* précèdentes, avoient tenus.

On a coupé la Tige ꓱ, dont on n'a laiſſé que les deux branches, desquelles il a été parlé dans l'explication de la *Fig.* précèdente, & qui ſe réuniſſent ici en O.

Et, de la Tige ꓱ, les branches marquées 1. & 2., *Fig.* 15.

E X P L I C A T I O N.

Ces préparations font decouvrir le bord de la ſeconde lame

Zzz 2

ad-

adductrice, marquée L H, *Pl. II. Fig.* 3. Trois muscles σ, σ, σ, tiennent à son côté extérieur; deux autres τ, τ, à l'opposite; & les deux ς à son extrêmité poltérieure. On voit que la direction des 3 σ & des 2 τ eſt très oblique, & que leur autre attache eſt à la région ſupérieure de l'écaille pariétale.

LES 10 muſcles ʋ, qui paroiſſent ici, ont leur attache, d'un côté, à la grande lame adductrice, de l'autre, à l'écaille pariétale, aux endroits que marquent leurs directions.

QUANT aux bronches, le rameau marqué 2., de la branche qui reſte de la 1ᵉ Cephalique ℵ, s'eſt repandu dans l'autre côté du ſecond muſcle o, *Fig.* 15. On l'y voit diſparoître entre le 2. & le 3. muſcle o.

L'AUTRE de ſes rameaux, marqué 3., a fourni, par deux ramifications, au 1ʳ. muſcle o, & il donne lui même dans les muſcles τ, & dans le côté oppoſé du 1ʳ. muſcle ʋ.

LA Cephalique ב, dont il ne reſte que les deux dernières branches (o), inſère les rameaux flottans de la plus groſſe dans le côté oppoſé du 2ᵈ & du 3ᵉ muſcle π *. Le reſte s'en introduit entre le 5ᵉ & le 6ᵉ muſcle ʋ. Par les rameaux, qu'on voit à l'autre branche, elle s'eſt repandue dans le deſſous du penultième muſcle π, *Fig.* 15., & ſur les 7ᵉ & 8ᵉ muſcles ʋ.

LA première & la ſeconde branches coupées de la Tige ג, permettent de voir, que de derrière la 3ᵉ branche, il en ſort une quatrième, marquée 4., laquelle ſe fléchit un peu vers le côté de la tête, & ſe partage enſuite en trois rameaux, dont celui qui eſt le plus tourné vers l'occiput s'eſt repandu dans l'opposite

poſite du 5ᵉ muſcle 𝜋; les deux autres rameaux diſparoiſſent entre le 9ᵉ & le 10ᵉ muſcle *v*. La troiſième branche de ɜ, N. 3., produit quelques rameaux, que l'on a ſupprimé ici, pour ne pas embarraſſer trop la *Figure*, mais que l'on fera paroître dans la *Fig*. ſuivante.

Les quatre ou cinq petites bronches flottantes de la Cephaliique ٦, ſe ſont repandues dans le côté oppoſé des muſcles qui les couvroient. On voit deux nouvelles branches de cette tige, dont l'une, marquée 9., s'introduit entre le 3ᵉ & le 4ᵉ muſcle *v*, & l'autre, marquée 10., entre le 4ᵉ & le 5ᵉ Elles étoient couvertes, *Fig*. 15., par le 1ʳ muſcle 𝜋. La branche 6., qui ſe fourche, paſſe derrière les muſcles ɡ, & ſe ramifie dans l'autre côté des muſcles 𝜎.

La partie concave & unie, marquée B, qui, à la Ligne ſupérieure, s'étend ici, & *Fig*. 13 & 14., depuis la lèvre de deſſus CC, juſques ſous le gros ganglion de la tête, eſt un tégument, qui couvre les parties qui ſervent à cette lèvre.

Le tiſſu reticulaire, qui eſt ſous l'antenne, n'eſt compoſé que de petits nerfs & de bronches entre-mêlées.

Figure 17.

PREPARATION.

On a encore coupé un morceau en long de la grande lame adductrice.

On a enlèvé les trois muſcles 𝜎, & les ſept premiers *v*.

On a ôté le ganglion de la tête avec ſes nerfs, & le tégument B. Zzz 3 On

On a de plus enlevé ce qui reſtoit de la Cephalique א.

On n'a laiſſé que la branche la plus latérale de la 2ᵉ. Cephalique ב.

Et l'on a retranché la 4ᵉ. Cephalique ד, de même que le tiſſu reticulaire de bronches & de petits nerfs, placé près de la racine des antennes.

E x p l i c a t i o n.

On voit d'abord paroître ici quatre muſcles, moteurs des antennes. Ils font de longueur différente, & ont leur attache poſtérieure aux différens endroits de l'écaille pariétale que demontre la *Figure*.

On voit encore, tout près de là, trois grands nerfs, dont celui qui flotte eſt le nerf T de la *Fig*. * qui repréſente ſeparement les nerfs de la tête, dont le ſuivant eſt le nerf optique †, & l'antérieur eſt le nerf de l'antenne §.

Les deux muſcles τ paroiſſent ici en entier ; on voit qu'ils tiennent, d'un côté, à la ſeconde lame adductrice, &, de l'autre, à la partie ſupérieure de l'écaille pariétale.

Les cinq muſcles φ, qui étoient cachés, *Fig*. précèdente, par les ſept premiers υ, ont l'une de leurs attaches à la grande lame adductrice, & l'autre à l'écaille pariétale, aux endroits qu'indiquent leurs directions. On ne voioit, dans la *Fig*. précèdente, qu'une partie du 8ᵉ υ, le reſte y ayant été caché par le 7ᵉ. Ici il ſe montre en entier, & l'on remarque qu'il ſe fourche comme le dernier φ, pour donner paſſage à des bronches.

Le muſcle flottant, ſans lettre, dont l'extrêmité viſible *pa-*

roit

* *Pl. XVIII.*
Fig. I.
† *Ibid.* a t.
§ *Ibid.* a п.

roit fur le dernier mufcle *v*, eft celui que l'on voit tenir; *Fig.*
11 & 12., aux reftes des montans de la porte.

χ χ font deux mufcles moteurs de la lèvre fupérieure. Leurs
aboutiffans paroîtront dans la fuite. Ces mufcles étoient cachés, *Fig.* précèdente, par le tégument B, de même que deux
autres petits mufcles plus enfoncés & plus près de la Ligne fupérieure, qui leur font parallèles.

Le nœud, qui paroit à la Ligne fupérieure, entre ces deux
derniers mufcles, eft le 3ᵉ *ganglion frontal* *, qui tient à fon
nerf coupé.

Les deux filets, qui fe croifent fur ces mufcles, font deux
mufcles très petits.

Les trois filets réunis & coupés, qui difparoiffent derrière le
dernier mufcle *v*, & le 4ᵉ filet, qui paffe fur le mufcle χ, font
des bouts de nerfs du gros ganglion de la tête.

La branche 5, eft celle de la 2ᵉ Cephalique ᴐ, marquée du
même chiffre *Fig.* précèdente. Après avoir repandu quelques
rameaux dans le deffous du 8ᵉ *v*, elle s'introduit dans une bifurcation de ce mufcle.

On voit ici que la 3ᵉ branche de la Cephalique ᴣ, pouffe
d'abord trois rameaux, qui paffent fous la 4ᵉ branche N. 4.,
& dont les deux premiers difparoiffent entre le dernier & le penultième *v*. Le premier de ces rameaux fournit, chemin faifant, à ce penultième mufcle, & le troifième fe plonge dans
fon deffus. Cette branche enfuite repand deux autres rameaux
dans le deffus & le deffous du dernier *v*, & fon extrêmité, tout

près

* Pl. XVIII.
Fig. 1. fl.

près de l'endroit dont on voit fortir le mufcle flottant qui a tenu au montant de la porte, difparoit derrière le mufcle χ.

LA 4ᵉ branche N. 4., introduit les deux rameaux, qui lui reftent, entre les deux derniers υ, après avoir donné une ramification du fecond rameau au penultième de ces mufcles.

LES trois bronches detachées 9, 10, 11, font des reftes de la 4ᵉ Cephalique ⅂. L'antérieure 11., eft une branche, qui n'a point paru dans les Figures précèdentes, parcequ'elle eft refté cachée fous fa Tige. Elle s'introduit entre le 3ᵉ & le 4ᵉ mufcle φ. Les deux autres 9 & 10., font deux branches qui, dans la *Fig.* précèdente, font marquées des mêmes nombres. Celle N. 9. introduit fes rameaux entre le 4ᵉ & le 5ᵉ φ, & dans la bifurcation de ce 5ᵉ mufcle. L'autre marquée 10, s'eft repandue dans l'oppofite des 4 & 5 mufcles υ. Elle eft ici flottante.

Figure 18.

P R E P A R A T I O N.

ON a ôté les deux mufcles τ de la feconde lame adductrice, les cinq mufcles φ, & les trois mufcles υ de la grande lame.

ET l'on a enlèvé les quatre bronches marquées 5, 9, 10, 11. *Fig.* précèdente.

E X P L I C A T I O N.

L'ENLÈVEMENT des deux τ, qui embraffoient la feconde lame adductrice, a mis cette lame entièrement à découvert. Elle eft mince & tranfparente. Elle ne tient plus ici qu'à la

ma-

machoire, & deux muſcles parallèles des 5 moteurs des antennes paſſent deſſous, de même que le nerf optique, le nerf de
l'antenne, & un troiſième nerf flottant.

ON voit que les muſcles φ & υ couvroient, *Fig.* précèdente,
les 8 muſcles ψ qui paroiſſent ici. Ils tiennent, par l'une de
leurs attaches, de part & d'autre, à la grande lame adduċtrice,
&, par l'autre attache, aux endroits de la région ſupérieure de
l'écaille pariétale, que marquent leurs différentes direċtions.

LE ſecond rameau N. 2. de la 4e branche de la Tige ϩ,
paſſe entre le 5e & le 6e ψ, & le ſecond rameau N. 3. de
la troiſième branche, entre le 6e & le 7e de ces muſcles.

Figure 19.

PREPARATION.

ON a enlèvé la machoire; mais on a laiſſé en place ce qui
reſtoit encore de la grande lame adduċtrice.

ON a emporté la ſeconde lame.

ON a coupé, vers χ, un peu de la peau de la lèvre ſupérieure pour faire paroître les trois ganglions frontaux dont
elle en couvroit deux *Fig.* précèdente.

ON a ôté les huit muſcles ψ.

ET l'on a renverſé vers l'occiput la quatrième branche N. 4.
de la Cephalique ϩ, pour montrer les deux rameaux qui s'étoient
introduits, *Fig.* précèdente, derrière les muſcles ψ.

A a a a

Ex-

CES rameaux ont fourni au 3ᵉ., au 4ᵉ., & au 5ᵉ. de ces mufcles.

LES mufcles ψ enlèvés permettent de remarquer les 5 muf-cles ω qu'ils couvroient, & qui font les derniers qui tiennent à la grande lame adductrice; L'endroit de leurs attaches à cet-te lame, & à l'écaille pariétale, fe reconnoît dans la *Figure*.

LE mufcle χ paroit davantage. Les deux mufcles flottans (c) s'enfoncent entre ce mufcle & la lame adductrice; Ils ont leur attache tout près de-là à l'écaille bifangulaire vers fon ex-trêmité antérieure.

LA partie blanche χ A B A χ, eft la peau de la lèvre fu-périeure du côté de la bouche; elle étoit en grande partie ca-chée, dans les fix *Figures* précèdentes, par les machoires, & l'on n'en voioit alors que la portion triangulaire C A C.

LE 1ᵉʳ. rameau, celui qui eft ici coupé de la troifième bran-che N. 3. de la Cephalique ג, a fourni au 6ᵉ. & au 7ᵉ. muf-cle ψ. Une ramification du fecond de fes rameaux s'eft repan-due dans le 8ᵉ. de ces mufcles. Le fecond rameau même fe dis-tribue aux quatre premiers mufcles ω. Le dernier ω eft pour-vu par le troifième rameau. Puis cette branche, paffant derriè-re le mufcle χ, fe flèchit vers l'antenne, & fe ramifie dans les parties qui en font voifines.

Figure 20.

ON a enlèvé le refte de la grande lame adductrice avec les
cinq

cinq muſcles *ω* qui y tenoient, de même que les quatre muſcles moteurs de l'antenne.

ON a retranché la 4.ᵉ branche de la Cephalique ɔ, & l'on
n'a laiſſé que les rameaux de l'extrêmité de la 3.ᵉ branche.

L'ON a mis en place, le long du muſcle χ, le nerf qui communique avec les ganglions frontaux.

E X P L I C A T I O N.

. LES *Figures* 19 & 20., réunies, font connoître la forme ſymmetrique qu'a la lèvre ſupérieure χ A B A χ, du côté de la
bouche; elle tient à la baze des machoires avec beaucoup de force depuis χ juſqu'à A. De ce côté elle eſt compoſée d'un double tégument, dont l'extérieur eſt façonné comme le demontre
la *Figure*. Les deux traits noirs obliques & recourbés qu'on y
remarque, viennent de deux pièces écailleuſes qui tiennent au
côté extérieur de la lèvre. Elles font marquées A C, *Pl. II.
Fig.* 7. On les entrevoit ici au travers de la peau. Les poils
ou pointes, dont la lèvre paroit ici pourvue, viennent de ſon
côté oppoſé, à la reſerve de ſix poils très courts, dont l'implan-
tation ſe voit ici.

APRÈS l'enlèvement des machoires, on découvre, entre χ &
l'antenne, des molecules d'une ſubſtance aſſez ferme, compoſées
chacune de quelques pièces longuettes, ſeparées par devant, &
réunies par derrière, d'une blancheur extrème, & de forme telle qu'on les voit repréſentées. Elles reçoivent des petites bronches de la 3.ᵉ Cephalique ɔ. Leur uſage m'eſt entièrement inconnu.

A a a a 2

LE

* *Pl. XVIII.*
Fig. 1. a ſſ.

Lᴇ nerf coupé, qui par pluſieurs branches ſe dirige vers l'antenne, eſt le nerf de l'antenne même * à laquelle il fournit, de même qu'à ſes muſcles. Il ne paroit que très imparfaitement *Fig.* précèdente, parce que le nerf optique & un autre, qui ſont ici tous deux retranchés, le cachoient en partie.

Lᴇ plexus, qui eſt immédiatement au deſſous de χ, eſt celui qu'on voit entre T & Z, *Pl. XVIII. Fig.* 1. Le premier de ſes bouts courts & coupés, celui qui eſt le plus courbé à la renverſe, eſt le nerf T R A †, de la 1ᵉ paire § du 1ʳ. ganglion

† *Pl. XVIII.*
Fig. 1.
§ *Pl. XVIII.*
Fig. 1. T R A.

du cou. Son ſecond bout court & coupé eſt la branche T. Ses troiſième & quatrième bouts ſont les nerfs W, X, & le dernier bout en eſt le nerf Z. Le nerf, qui produit ce plexus, & qui communique, par une branche, avec le premier ganglion frontal, qui eſt le poſtérieur, & par une autre avec le ſecond, eſt celui de la 1ᵉ paire du ganglion de la tête.

Oɴ voit ici près de χ deux petits muſcles de part & d'autre ; ils ont leur inſertion d'un côté à l'écaille frontale tout près de l'écaille biſangulaire, & de l'autre au cercle charnu par où l'œſophage ſe termine à la bouche. Ils reçoivent chacun un petit nerf du 2ᵉ & du 3ᵉ ganglion frontal, & ſont marqués γ, *Pl. XIII. Fig.* 1.

Lᴇs deux petits muſcles flottans, qui ſe croiſent au deſſous du premier ganglion frontal, tiennent à l'écaille frontale tout joignant l'écaille biſangulaire ; leur autre extrêmité s'eſt inſerée dans la ſeconde pièce de la partie antérieure de l'œſophage ; ce ſont les muſcles δ, *Pl. XIII. Fig.* 1.

Lᴇs

LES deux mufcles flottans, attachés à quelque diftance l'un de l'autre, à la partie fupérieure de l'écaille pariétale, ont eu leur attache à la même feconde pièce. L'anterieur eft le muf-cle ϑ, & le poftérieur le mufcle i, *Pl. XIII. Fig.* 1.

ON verra mieux, à l'explication de la *Pl. XVIII. Fig.* 1., comment les trois petits ganglions frontaux, placés ici à la Ligne fupérieure, communiquent non feulement entre eux, mais avec le ganglion de la tête, & le premier du cou.

Figure 21.

P R É P A R A T I O N.

ON a ici repréfenté feparément l'écaille frontale avec la lè-vre fupérieure, qui y eft adhèrente; mais on a enlèvé, de cette lèvre, le double tégument qui en compofoit le côté de la bou-che.

ON a fait difparoître l'un des deux mufcles χ, les ganglions frontaux, & les nerfs.

ON a encore ôté à l'un des côtés les trois mufcles flottans qu'on voit à l'autre en D, & dont on a vu que les deux pof-térieurs ont tenu au cercle charnu par où commence l'œfo-phage.

E X P L I C A T I O N.

EN ôtant le double tégument, dont la lèvre fupérieure eft compofée du côté de la bouche, on a mis en vue le côté in-térieur des deux parties qui compofent l'autre côté de cette lè-

A a a a 3.

vre

vre, & dont l'antérieure A B, qui eſt ſeule écailleuſe, eſt repréſentée plus en grand & à l'oppoſite, *Pl. II. Fig.* 7.

On s'aperçoit ici de l'uſage des deux apophyſes ou crochets
écailleux & noirâtres (o), dont le bord poſtérieur de cette partie eſt pourvu: Le muſcle χ y a ſon attache. Il tient par ſon
autre extrêmité près de la Ligne ſupérieure en G, à la pointe
de l'occiput, & reçoit une bronche de la troiſième branche de
la Cephalique ι.

On conçoit que quand l'un des muſcles χ ſe contracte, la
partie antérieure de la lèvre ſe flèchit & rentre de ce côté,
& que quand les deux ſe contractent enſemble, la partie antérieure de la lèvre rentre & ſe cache ſous ſa partie poſtérieure,
qui eſt compoſée de deux tégumens, l'extérieur flexible & coriace, l'intérieur, qu'on voit ici en (o), épais, charnu, facile à
ſe rompre, & pourvu de quelques nerfs & bronches.

Le muſcle à peu près parallèle à χ, & detaché C, a tenu
en cet endroit au double tégument, qu'on a enlèvé de la lèvre.

En D, on voit d'un côté trois petits muſcles flottans les
uns près des autres. L'antérieur n'a pas paru dans la *Fig.*
précèdente, parcequ'il étoit caché ſous le tégument inférieur de
la lèvre auquel il m'a paru tenir. On a déja fait connoître les
deux autres.

En E, paroiſſent les extrêmités flottantes de quatre muſcles,
dont deux ne ſe remarquent pas diſtinctement *Fig.* précèdente. Ces extrêmités ont tenu l'une tout près de l'autre au côté

té supérieur de la seconde des 5 pièces de la partie antérieure de l'œsophage. Ce sont les muscles δ & ζ de *Pl. XIII.*, *Fig.* 1. Leur autre extrêmité est cachée, celle de la paire antérieure par la suivante, & celle de l'autre paire par un reste de membrane ici représenté, qui se termine à la pointe G, où concourrent les deux pièces de l'écaille bifangulaire.

LES muscles I paroiffent encore dans les 8 *Figures* précedentes; ce sont ceux dont il a été dit, dans l'explication des *Fig.* 11 & 12, que l'extrêmité détachée tenoit aux montans de la porte; On remarque ici, au côté où le muscle χ a été enlèvé, que, passant derrière χ, ils ont leur insertion postérieure à l'écaille bifangulaire, près de l'angle que ses deux pièces forment en G.

H est une bronche de la 3e branche de la Cephalique a. Sa division L communique avec le second ganglion frontal; l'autre, qui passe derrière les trois petits muscles placés en D, se partage à ces muscles.

CE qui, de part & d'autre, a été tronqué en F, sont les extrêmités des montans de la porte, qui ont été coupés tout près de leur coarticulation avec l'écaille bifangulaire.

D L E sont placés sur un tégument, qui garnit, le long de la Ligne supérieure, l'écaille frontale.

Figure 22.

PREPARATION.

ON a fait disparoître le muscle χ, les trois muscles D, l'un des muscles E de la seconde paire, & les muscles I.

L'ON

On a enlèvé le tégument molaſſe, qui tapiſſoit en dedans la partie poſtérieure de la lèvre ſupérieure.

On a ôté le bout de tégument qui ſe termine en G, & le tégument D L E G, qui couvroit le côté intérieur de l'écaille frontale.

E X P L I C A T I O N.

Lors qu'après les preparations on ſuit le muſcle C & les deux E, on trouve que près des endroits où on les voit ici finir, ils ſe terminent à une forte membrane, qui va de l'écaille bis-angulaire, à l'écaille pariétale, & occupe l'intervale qu'il y a entre deux.

On découvre ici la ramification par où la bronche H de la Cephalique a, finit. Après avoir fourni aux muſcles C D & E, *Fig.* précèdente, & aux ganglions frontaux, elle ſe termine à la lèvre dans le tégument charnu, qui tapiſſe ſa partie poſté-rieure; la peau coriace, qui en compoſe le déhors, paroit ici en M; elle tient au bord antérieur de l'écaille frontale d'un côté, & à la pièce antérieure de la lèvre de l'autre.

Ces parties ſont les dernières de celles qui communiquent avec l'écaille frontale. Après qu'on les a enlèvées, cette écail-le reſte entièrement à nud, & c'eſt ſon côté intérieur qui pa-roit ici en N G N.

Pour finir l'explication anatomique de la tête, il ne reſte plus qu'à parler de trois articles, que la petiteſſe des *Figures*, dont on s'eſt ſervi juſqu'ici, pour la tête, & qui n'ont été groſſies qu'environ 343 fois, n'a pas permis de developper

con-

convenablement. Le premier eft la filière, le second font les yeux, & le troifième les nerfs. On groffira la filière & les nerfs environ 1000 fois, & les yeux encore davantage; ce qui pourra fuffire pour les détailler. Je commence par

L A   F I L I E R E.

Figure 23.

P R E P A R A T I O N.

CETTE *Figure* eft celle d'une Filière détachée de la tête, féparée de fa bafe, & vue de côté.

ON y a laiffé en deça l'extrêmité antérieure des principales parties qui y aboutiffent, ou qui s'y introduifent; mais on n'a point repréfenté les parties pareilles qui fe trouvent à l'autre côté, pour ne pas trop embarraffer la *Figure*.

E X P L I C A T I O N.

A, eft le prolongement mufculeux marqué de la même let-tre *Fig.* 1. & 2. Il fe fépare en quatre mufcles, deux d'un côté I, & deux de l'autre. Il y a des fujets où ce prolongement ne fe trouve point, & où les quatre mufcles reftent féparés jufqu'à la filière.   * *Pl. XV.*

B, eft un des deux mufcles repréfentés *Fig.* 5, 6, 7, 8., que l'on a dit être attachés, par leur extrêmité poftérieure, à la traverfe, paffer fous (1), & tenir, par leur autre extrêmité, à la langue, marquée ici L.

C, eft le bout d'une branche de la 1e Cephalique א, marquée (k) *Fig.* 5. & 6. Elle fe partage, près de la filière, en trois rameaux, dont le premier N. 1. reçoit une branche du nerf D,

B b b b

&

& fe fubdivife en trois ramifications qui fe répandent dans les mufcles de la filière. Le fecond paffe fur le mufcle E, & traverfe une grande partie de la filière fans fe ramifier. Et le troifième ici coupé, N. 3, entre dans le côté du gros barbillon.

D, eft le nerf de la 3ᵉ paire du 1ʳ ganglion du cou. Un peu avant d'entrer dans la filière, il fe partage en quatre branches, dont l'une s'attache, comme il vient d'être dit, à un rameau de C; les autres fourniffent aux mufcles de la filière.

E, eft un mufcle de la filière, qui paroîtra mieux dans les *Fig.* 24 & 25.

F, eft une branche du nerf de la 1ᵉ paire du 1ʳ ganglion du cou. Elle fe réunit avec fa branche oppofée, de la manière qu'on le voit en S, *Pl. XVIII. Fig.* 1., & enfuite elle s'introduit dans la langue, où elle fe ramifie.

G, eft le bout de la partie antérieure du vaiffeau foyeux. On voit en G qu'il eft compofé de deux tuniques.

H, eft le corps bulbeux, qu'on a dit, Chapitre précèdent, qui raproche les deux vaiffeaux foyeux, & les affujettit l'un contre l'autre à cet endroit.

Figure 24.

P R E P A R A T I O N.

On a retranché de *Fig.* 23., les mufcles A, les Nerfs D & F, & la Bronche C.

On a de plus enlèvé, du côté de la langue & de la filière, une pièce fuffifante de leur tunique latérale pour mettre à

décou-

découvert les muscles E & I, qu'elle couvre, & les faire voir dans leur situation naturelle.

Et l'on a raccourci davantage les vaisseaux soyeux G, & le muscle B.

E X P L I C A T I O N.

E & I, sont deux muscles piramidaux, dont il y en a deux pareils à l'autre côté. E, est partagé en deux lobes; I, l'est en trois.

Ils tiennent d'un côté à la partie antérieure de la filière; mais leur attache est ici cachée par les masses charnues qu'on voit dans la *Fig.*, & qui renferment aparemment les muscles moteurs du tuyau soyeux & des barbillons de la filière, trop petits pour pouvoir être bien developpés.

Ces muscles E & I, se retrecissent à mesure qu'ils aprochent d'L, qui marque le bas de la langue. Ils concourrent à y former un ligament, auquel le muscle B se termine, & auquel la langue est attachée; ce qui fait que ce ligament peut en quelque sorte servir de point fixe aux muscles piramidaux, & resister à leur action, lors que le muscle B, par sa contraction, l'assiste.

Par cette disposition des muscles de la filière & de ceux qui y aboutissent, on conçoit comment la filière, & en même tems la langue, exécutent, avec une agilité admirable, tous les mouvemens qu'on leur voit faire quand la Chenille file. Par exemple, si les deux paires de muscles A, *Fig.* 23., se contractent seuls, ils font rentrer l'extrêmité de la filière dans sa base, & renversent en même tems la langue en dehors. Si l'une de ces deux paires

Bbbb 2

se

fe contraête, la filière & la languë fe flèchiffent en même tems un peu de côté, & beaucoup davantage fi les mufcles pirami-daux E, I, de ce même côté, fe raccourciffent.

Si les deux mufcles B fe retirent, ils flèchiffent la langue en dedans, & redreffent la filière.

* Fig. 23.

Si les mufcles A & B * agiffent de concert, ils font rentrer la filière avec la langue dans la bafe de la filière.

Si le lobe antérieur de la 1ᵉ paire de mufcles piramidaux I agit tout feul, il renverfe la filière; fi leurs deux premiers lobes agiffent, ils la renverfent, & l'applattiffent un peu en même tems. Si toute la première paire de mufcles I agit, ils la ren-verfent moins, & l'applattiffent davantage.

Si la feconde paire de mufcles piramidaux agit fimplement, elle courbe la filière en avant.

Si tous les mufcles piramidaux agiffent enfemble, ils applat-tiffent toute la filière.

Si les mufcles piramidaux d'un feul côté agiffent feulement, ils flèchiffent la filière du côté de leur action, & à proportion que tous les mufcles de la filière, ou feulement une partie de ces mufcles, agiffent enfemble, avec des efforts plus ou moins variés, on conçoit que la filière exécutera des mouvemens com-pofés de tous ceux dont on vient de faire mention.

Figures 25, 26, 27 & 28.

P R E P A R A T I O N S.

Dans la *Fig.* 25., on a retranché, de la *Fig.* 24., ce qui ref-

reſtoit de la langue, des tégumens de la filière, & du muſcle B.

On a ôté, de la filière, les parties charnues qui couvroient
les attaches antérieures des muſcles piramidaux; deſorte qu'il n'y
reſte, à cet endroit, que la pièce K avec ſes aboutiſſans.

Dans la *Fig.* 26.; on a repréſenté cette pièce horizontale-
ment, plus en grand, & vue du même côté que *Fig.* 25. On
a dépouillé les vaiſſeaux ſoyeux M de leur tunique extérieure,
& l'on a retranché le tuyau ſoyeux S.

Dans la *Fig.* 27., la même pièce eſt repréſentée verticale-
ment du côté de la Ligne inférieure, & l'on y a remis le tuyau
ſoyeux.

La *Fig.* 28. en fait voir la coupe transverſale; mais beaucoup plus en grand.

EXPLICATION.

La preparation de *Fig.* 25. a mis à découvert les attaches
antérieures des muſcles piramidaux E, I.   On voit qu'ils tiennent à une pièce K.   Elle eſt écailleuſe; les vaiſſeaux ſoyeux
G s'y ouvrent d'un côté, & elle ſe termine de l'autre par un
petit canal écailleux L, qui entre dans le tuyau ſoyeux S.

On voit en M, *Fig.* 26, 27., que les vaiſſeaux ſoyeux ſont
de moitié plus deliés quand on les a depouillés de leur tunique
extérieure.   Après cette operation, ils ſont tranſparens, on
leur trouve de la conſiſtance, & une dureté aprochante de l'é-
caille; leur diamètre eſt environ deux fois moins petit que n'eſt

Bbbb 3

ce-

celui de leur cavité. On remarque, *Fig.* 27., la façon dont ils
fe réuniffent en un canal, un peu avant de joindre la pièce K.

Cette pièce eft plus large de côté que par devant; elle a auffi quelque tranfparence, ce qui permet d'y entrevoir, au
Microfcope, trois traits longitudinaux parallèles *, qui paffent
par fon milieu, & qui femblent indiquer un canal, auquel a-
boutiffent d'un côté les vaiffeaux foyeux réunis M, & de l'autre le canal écailleux L. La pièce K eft arrondie du côté de
la Ligne inférieure †. A l'oppofite on y voit une féparation,
aux deux bords de laquelle les mufcles piramidaux ont leurs attaches *Fig.* 25., & dont les fibrilles rompues tiennent encore
à ces bords *Fig.* 26. Toute la pièce même eft un peu arquée,
& fa convexité eft du côté des mufcles piramidaux.

Il eft affez difficile de découvrir la véritable forme de cette pièce. J'eus beau la tourner mille fois de toutes les façons,
cela ne fervit de rien, ce qui me fit refoudre à la couper trans-
verfalement par tranches; & alors je vis que fon contour extérieur tenoit, en ce fens, de la forme d'un fer de cheval, comme
le montre la *Fig.* 28., où N & O, font les endroits où les mufcles piramidaux de part & d'autre ont été attachés. P, font des
parties charnues déchirées, qui tenoient à la pièce K dans toute fa longueur. Q, m'a paru être l'endroit qui, au dehors, a l'apparence d'un canal; mais, dans quelque coupe tranfverfale de
cette pièce & d'une autre pareille que j'aye examiné cet endroit,
je l'ai trouvé tout rempli, & ce qui le rempliffoit fembloit être
de la même fubftance que le refte, & y étoit par tout fi adhè-
rent,

rent, que je ne puis dire fi c'étoit un canal réël rempli de matière foyeufe figée, ou une fauffe aparence de canal. Ce qu'il y
a de certain , c'eft qu'il faut qu'il y ait, dans cette pièce K,
pour la matière foyeufe, un paffage, des vaiffeaux foyeux, au petit canal L, & que fi ce n'eft pas par l'endroit Q, *Fig.* 28., il
faut qu'elle coule par la fente & la féparation réële qu'il y a
dans cette pièce, depuis N.& O jufqu'un peu au-deffous de Q;
fente, qui permet d'écarter les deux bords N O, davantage qu'ils
ne le font ici; mais ils retournent, par leur reffort naturel, à leur
première fituation, auffi-tôt qu'on les laiffe libres.

Il eft affez probable que cette pièce écailleufe, qui doit avoir
fon ufage, fert, au moyen des mufcles piramidaux, de pompe
pour attirer la matière foyeufe qui eft dans les vaiffeaux foyeux,
& de feringue pour la faire fortir au dehors, ce qui en ce cas
pourroit s'expliquer, en fuppofant au vaiffeau foyeux M & au
petit canal L *, à chacun une valvule, dont celle d'M fe ferme, * *Fig.* 25, 26, 27.
& l'autre s'ouvre, quand la pièce K raproche fes branches N,
O †, pour pouffer la matière foyeufe au dehors, & dont celle † *Fig.* 28.
du vaiffeau M s'ouvre, & l'autre fe ferme, quand cette pièce
écarte fes branches pour pomper.

Quoi qu'il en foit, la foye, que cette Chenille file, a, comme De la foye.
on l'a vu Chap. IV., une forme pour le moins auffi irrégulière que celle que le célèbre M. de Reaumur *, a trouvé aux fils * Tom. I.
du Ver à foye. Le même Animal en fournit fouvent tout de pag. 499.
fuite d'épais, de deliés, de cylindriques, de plats, de fembla-
blés à deux cylindres joints par le côté, de creufés en goutiè-

re,

re, & d'autre forme aprochante de celles qui viennent d'être defignées. Mais comme les deux vaiffeaux foyeux fe réuniffent en un feul canal avant de joindre la pièce K *, & que de cette pièce il ne fort auffi qu'un feul canal L †, qui entre dans le tuyau foyeux S §, lequel lui même n'eft pas double, & n'a qu'un orifice à fon extrêmité antérieure, il s'enfuit qu'on ne fauroit avoir ici recours à la fuppofition de deux canaux, pour rendre raifon de la variété des fils de nôtre Chenille, comme l'a fait ce grand Homme par raport aux fils du Ver à foye; & quand même le tuyau foyeux de nôtre Infecte fe termineroit par un double canal, on n'en feroit peut-être pas plus avancé, parce que fa matière foyeufe fort très liquide de ce tuyau, & ne fe fige qu'un moment après en fe féchant, ainfi que je m'en fuis affuré en examinant plufieurs fois, à la Loupe, cet Infecte, qui, filant contre un Verre, n'y touchoit pas de fon tuyau fans y laiffer une goute de matière foyeufe, beaucoup plus large que l'ouverture de l'inftrument qui la fourniffoit. Il faut donc que la différence des fils, dont il s'agit, provienne d'une autre caufe. Et probablement elle vient, d'un côté, de la façon de filer de la Chenille, &, de l'autre, de la ftructure du tuyau foyeux, qui, comme il a été remarqué Chap. IV., paroît être capable de s'élargir, & dont l'ouverture antérieure eft oblique, tournée vers la Ligne inférieure, & taillée en deux coupes d'une façon aprochante de celle d'une plume à écrire; mais fans fe terminer en pointe.

On conçoit que le tuyau, étant ainfi difpofé, quand la Chenille

* Pl. XVII.
Fig. 27.
† Fig. 25,
26, 27.
§ Fig. 25. 27.

nille tire lentement un fil, dans une direction parallèle à ce tuyau, le fil doit être cylindrique, affez gros, & d'autant plus épais, que la machine K * fournit de matière foyeufe en abondance.   * *Fig.* 24.

QUAND la Chenille tire un fil dans la même direction avec plus de viteffe, le fil doit être encore cylindrique, mais plus mince, & d'autant plus mince, que la machine K pouffe à la fois moins de matière au dehors.

QUAND l'Infecte tire un fil en inclinant fa tête vers le ventre, ce fil, preffé par l'extrêmité avancée du tuyau, en devient applatti, & cette extrêmité, qui eft arrondie, y imprime un fillon. Comme il y a par là moins de matière vers le milieu du fil qu'à fes bords, ce milieu eft plus tôt figé, & demeure mince, pendant que les bords plus épais ont le tems de prendre, en fe figeant, une forme cylindrique, par l'attraction mutuelle de leurs parties ; ce qui fait paroître alors le fil comme compofé de deux cylindres réunis.

QUAND la Chenille tire un fil de gauche à droit, ou de droit à gauche, de manière que le mouvement foit parallèle aux deux extrêmités des coupes de l'ouverture du tuyau, ce fil doit naturellement être plus large qu'épais, à caufe de l'obliquité de l'ouverture du tuyau qui la rend allongée ; & la double taille de cette ouverture peut encore alors y laiffer un fillon, au moyen du petit angle faillant, formé par la rencontre de ces deux tailles.

TOUTES ces différentes caufes, différemment combinées, femblent fuffire pour pouvoir rendre raifon de la variété que l'on obferve dans la forme des fils de nôtre Chenille.

C c c c

LES

 C H A P I T R E XVII.

LES YEUX.

Planche XVIII. Figure 6.

QUANT aux yeux, on a vu, dans le Chap. IV., qu'ils font au nombre de fix à chaque côté de la tête; qu'ils font placés près des antennes; & que leur cornée, qui eft tranfparente, eft enchaffée dans l'écaille pariétale.

LES parties intérieures ne s'en decouvrent pas facilement; on ne les reconnoit guères, à moins qu'après avoir enlèvé, de la tête, le morceau de l'écaille pariétale où ils tiennent, on ne les y cherche avec attention. Alors on trouve qu'à chaque cornée aboutit une figure d'œuil A A...., qui a la forme extérieure d'un vafe rouge & opaque. Sa face antérieure, celle qui eft appliquée contre la cornée, eft compofée d'un bord rouge large, qui environne un milieu poli & tranfparent, dans le fond duquel on entrevoit une façon de piftile opaque, arrondi par le bout.

L'EXTRÊMITÉ poftérieure de chaque œuil reçoit une branche des fix, par où le nerf optique (1) fe termine, de même que chaque œuil reçoit une bronche des fix, dans lefquelles la bronche C B, qui accompagne ce nerf, fe partage.

TOUS ces yeux font placés, à chaque côté, dans un cercle irrégulier rouge & épais D D D..., par où ils communiquent chacun avec fon voifin. De ce cercle part une membrane en forme d'entonnoir, à laquelle tiennent les fix branches du nerf optique, & cette membrane finit à l'endroit E, où le nerf même (1) fe partage en ces fix branches.

VOI-

VOILA à-peu-près tout ce que j'ai pu découvrir des yeux de la Chenille ; encore ne l'ai-je pas vu auffi diftinctement que je l'euffe fouhaitté ; &, pour ce qui eft de la ftructure intérieure de chaque œuil en particulier, je doute qu'on puiffe venir à bout de la bien developper, à caufe de l'opacité des parties qui le renferment.

LES NERFS DE LA TETE.

Planche XVIII. Figure 1.

P R E P A R A T I O N.

DANS cette *Figure*, deftinée à l'explication des Nerfs de la tête, les objets ont été groffis environ mille fois, comme il a déja été dit.

POUR donner une idée plus jufte de la difpofition de ces Nerfs, on les y a repréfenté dans un contour de tête. Ce contour eft vu ici du côté de la Ligne inférieure, de même que le font toutes les *Figures*, qui ont fervi à l'explication anatomique de la tête.

COMME prefque tous les nerfs font diftribués par paires femblables, on s'eft contenté de n'en repréfenter, de chaque paire, qu'un feul, pour ne pas trop charger la *Figure* ; deforte que les nerfs, qui fe voyent à l'un de fes côtés, font des nerfs d'autres paires, que de celles des nerfs qui fe voyent de l'autre, à la referve feulement de deux ou trois, reconnoiffables en ce qu'ils ont, de part & d'autre, les mêmes lettres.

ON a encore eu l'attention de diftinguer les nerfs du gan-

glion

glion de la tête, de ceux des petits ganglions, & de ceux du ganglion du cou, en defignant ces derniers par des lettres Capitales, les premiers par des lettres Romaines, & les autres par des lettres Grecques.

EXPLICATION.

Tous les Nerfs de la tête tirent leur origine du ganglion (a) de la tête, & du premier ganglion A du cou, qui, comme on a vu en fon lieu, tient immédiatement au fecond, & n'en eft diftingué que par un étranglement peu enfoncé.

Premier Ganglion du Cou.

Premier Ganglion du cou.

Le Ganglion A du cou, a quatre paires de nerfs, ou cinq paires, fi l'on veut y comprendre la paire, par où il communique avec le ganglion de la tête; mais cette dernière paire doit plutôt être confidèrée comme des conduits de la moëlle épinière que comme des nerfs particuliers.

Quatrième. paire de Nerfs. * A B.

La dernière paire * de nerfs de ce ganglion, a une origine & une direction oppofée aux autres. Son origine eft affez près de l'étranglement, par où le premier ganglion du cou communique avec le fecond. Ce nerf eft commun au 1.ᵉ Anneau & à la Tête; il fe dirige obliquement vers la première Divifion. A quelque diftance de fon origine, il pouffe, vers la tête, une 1.ᵉ branche D, qui fe fourche affez près du nerf qui l'a produit, & l'un de fes deux rameaux E, s'introduit fous le bord poftérieur de l'écaille pariétale, où il fe partage en trois ramifications, qui

fe

fe repandent dans le tégument qui tapiffe le côté intérieur de cette écaille. L'autre rameau F, fe dirige vers le fommet de l'écaille frontale, près duquel il fournit à la peau du cou.

A l'oppofite, & plus avant, ce nerf s'épanouit un peu en B, & fon épanouïffement fe partage en trois branches, dont une B C rebrouffe, & après s'être partagée en deux, s'introduit fous les mufcles occipitaux, auxquels je ne faurois dire s'il fournit ou non, parce qu'il s'eft trouvé rompu lors que j'ai voulu le fuivre.

Tout le refte de ce nerf fe repand dans le 1ᵉ. Anneau, & fournit au corps grenu par les trois rameaux des deux branches de fon épanouïffement, comme on le voit dans la *Figure*.

La troifième paire de nerfs A G, qui éft le nerf A K, *Pl.* *XV. Fig.* 3 & 4., tire fon origine du ganglion A, immédiatement au-deffus du petit rameau H, que fournit, à ce ganglion, comme on a vu, celle des branches de la Cephalique א, qui s'abouche, le long de la traverfe *, avec fa pareille du côté oppofé. Ce nerf fe dirige vers la Filière. Chemin faifant, il repand fes deux branches I, I, dans le mufcle poftérieur, & fes deux branches K, K, dans le mufcle antérieur des deux mufcles A B, *Pl. XV. Fig.* 1. 2. Il diftribue les rameaux de fa grande branche M †, aux mufcles G F, G S §, à la partie antérieure du mufcle E C D §, aux mufcles flottans F §, & au poftérieur des mufcles flottans C §. Il fournit quelques petits nerfs aux vaiffeaux foyeux. Et, enfin, ce Nerf, fe partageant en G *, près de la filière, en deux branches, il y entre, &,

Troifième
paire.

* Voyez *Pl.*
XV. Fig. 7, 8.

† *Pl. XV. Fig.*
3, 4. b.
§ *Pl. XV. Fig.*
1, 2.

* *Pl XVIII.*
Fig. 1.

Cccc 3

par

par les rameaux tournés vers la Ligne inférieure, il y fournit aux muscles piramidaux. Les autres rameaux se repandent dans le reste de la Filière.

Seconde pai- La seconde paire A L, semble, à son origine, être un pro-
re. longement du ganglion. Elle y couvre tout le commencement des conduits de la moëlle épinière, & en grande partie celui des nerfs de la 1e. paire.

La 1e. de ses branches N est considèrable. Elle passe par
* Pl. XV. dessus les muscles C, E, D *, se courbe, & pénètre, par l'un
Fig. 1. de ses rameaux, marqué 1., vers l'écaille bifangulaire, où il se
† Pl. XV. repand dans les muscles flottans F †, dans la graisse, & sur le tégument qui tapisse la partie supérieure de l'écaille pariétale. Son autre rameau, marqué 2, se réunit à un petit rameau de
§ Pl. XV. la branche (k) §, de la Cephalique ℵ, rebrousse, le long de ce
Fig. 5, 6. rameau, vers son origine, & communique, au-dessous du muscle
* Pl. XVI. branchu ɑ * de l'œsophage, avec le petit ganglion de la tête.
Fig. 9, 10. Les attaches de la seconde branche O, m'ont échappé.

† Pl. XV. Sa troisième branche P, fournit au muscle C D, E D †,
Fig. 2. En Q, ce Nerf s'épanouït, & y pousse une quatrième & une cinquième branches, dont les rameaux se repandent dans les
§ Fig. 1, 2. muscles F G §, dans les trois petits muscles du gros barbillon,
* Fig. 1, 2. qu'on en voit sortir près de G *, dans les parties circonvoisi-
nes, & sur une bronche, que la Cephalique ℵ envoye au gros barbillon.

Les branches & les rameaux, par où le nerf de la seconde paire finit en L, pourvoient au gros barbillon.

L A

LA première paire A R, se partage, près d'R, en deux branches, dont la moins considérable, qui est celle que l'on voit en
(m 1), *Pl. XV. Fig.* 7, 8., & qui est la plus proche de la Ligne inférieure, après s'être fourchée, se réünit, un peu au-dessus
& au-dessous d'S, avec les deux rameaux pareils du côté opposé, & le plus avancé de ces rameaux, avant & au point même de cette union, produit des ramifications N. 1, 2, 1., qui
se repandent dans la langue & dans l'œsophage; ce qui peut
faire présumer qu'elles contribuent à former l'organe du goût.

L'AUTRE branche R T, s'enfonce vers la partie supérieure
de l'écaille pariétale; elle passe sous la lame adductrice de la
machoire, & elle y pousse six rameaux. Le 1.^r de ces rameaux
V est petit; les aboutissans m'en sont échappés. Le 2.^d T est
le plus considérable; il se dirige vers l'antenne; mais sans y parvenir, &, à quelque distance de là, il se courbe, retourne en
serpentant vers l'occiput, & se repand sur les muscles adducteurs
de la machoire.

VERS le commencement de T, la branche R T s'élargit en
patte d'oye, & pousse les quatre autres rameaux, dont deux W,
W, s'introduisent dans la machoire. J'ai oublié de marquer où
le suivant X, qui n'est pas grand, aboutit. Le dernier Z, se
réunit, assez près de son origine en Z, avec une branche du
1.^r nerf du ganglion de la tête, & pousse ensuite trois rameaux,
dont deux se repandent dans le tégument intérieur & les muscles de la lèvre supérieure; le troisième fournit au tégument
qui tapisse l'écaille frontale aux environs de sa base, & communique avec le 2.^d ganglion frontal.   *Gan-*

Ganglion de la Tête.

Ganglion de
la-Tête.
* *Pl. XVIII.*
Fig. I.

LE ganglion (a) *, dont la forme a été décrite, Chap. IX., eſt placé preſque au milieu de la tête ; un peu du côté de ſa région occipitale. Sa ſituation a celà de ſingulier, que pendant que tous les autres ganglions, qui communiquent enſemble par les conduits de la moëlle épinière, ſont placés, quand la Chenille eſt ſur le dos comme ici, au-deſſus du canal continu que forment l'œſophage & le ventricule, le ganglion (a) ſe trouve alors ſous ce canal, deſorte qu'il eſt entièrement caché par

* *Pl. XVIII.*
Fig. I.

l'œſophage, qui paſſe au travers de l'anneau (h) *, entre le ganglion A du cou, & le ganglion (a) de la tête, & comme l'œſophage va en droite ligne, du cou à la bouche, on conçoit que par conſéquent le ganglion (a), dans ſa ſituation naturelle, doit être moins près de la Ligne inférieure que les autres gros ganglions.

CE ganglion a 8 paires de nerfs, & deux nerfs ſolitaires, outre les deux conduits de la moëlle épinière, par où il communique avec le 1ᵉ. ganglion du cou.

Premier
Nerf ſolitaire.

L'UN de ces nerfs ſolitaires (a A, part du milieu du côté convexe du ganglion, d'où ſe dirigeant vers les ganglions du cou, il paſſe derrière ces ganglions, & va s'attacher à la troiſième branche de la Cephalique a, tout près de ſa tige. Ce nerf paroit plus gros qu'il n'eſt. Au Microſcope, on aperçoit que celà ne provient que de ce qu'il eſt accompagné d'une bronche, avec laquelle il eſt étroitement uni.

Second Nerf
ſolitaire.

L'AUTRE des deux nerfs ſolitaires eſt *l'anneau nerveux* (h).

II

Il fort des deux côtés du ganglion (a), immédiatement devant les conduits (b) de la moëlle épinière. Il embraffe l'œfophage & fes mufcles (n y, u y) *. Il pouffe en (h) de petites branches, qui n'ont pas toûjours le même arrangement dans differens fujets. Elles fourniffent à ce vifcère & aux mufcles (l k) †.

La première paire * des nerfs de ce ganglion, celle qui, à fon côté antérieur, eft la plus près de la Ligne fupérieure, eft très remarquable. A quélque-diftance (ft) de fon origine, elle fe partage en trois branches. L'une de fes branches fe réunit en Z *, avec le nerf de la 1ᵉ paire du fecond ganglion. La deuxième, tronquée dans la *Figure*, s'infère au cercle charnu de la partie antérieure de l'œfophage; mais, avant d'y atteindre, elle repand un rameau dans la membrane évafée, qui tèrmine le canal du cœur, & un autre, dans le mufcle ζ, *Pl. XIII. Fig.* ɪ.

La troifième branche s'ouvre dans le ɪ. ganglion frontal (fl), qui fe trouve à la Ligne fupérieure, près de la peau qui couvre intérieurement la lèvre de deffus, où il eft placé fur la feconde pièce de la partie antérieure de l'œfophage, entre les mufcles δ, *Pl. XIII. Fig.* ɪ.

Ce ganglion frontal pouffe latéralement, de part & d'autre, un nerf, qui m'a paru fe repandre dans le mufcle ζ, *Pl. XIII. Fig.* ɪ.; après quoi il en fort tantôt deux nerfs, tantôt un, par où il communique avec le fecond ganglion frontal.

Mais ce qui rend ce ɪ. ganglion remarquable, c'eft qu'il pro-

D d d d

* *Pl. XVI.*
Fig. 9, 10.

† *Pl. XV.*
Fig. 7, 8.
Première paire.
* *Pl. XVIII.*
Fig. ɪ, a ft.

Côté gauche.

Premier ganglion frontal.

Produit la bride de l'œfophage.

produit, de fon côté poftérieur, un gros nerf recurrent (fl γ,) qui eft le plus long de tous ceux de la Chenille. Ce nerf, que l'on a ici coupé en γ, fe dirige vers le cou. Il a d'abord, près de fon origine, un petit renflement, qui pouffe, de part & d'autre, une branche, marquée 1., laquelle embraffe l'œfophage à cet endroit, lui donne quelques rameaux, fournit aux muf-cles de l'œfophage 1., 2., η, *Pl. XIII. Fig.* 1., & fe perd à l'autre côté de l'œfophage, dans les mufcles (u y.), *Pl. XVI. Fig. 9., 10.* Au-deffous de cette branche, le même renflement pouffe, de part & d'autre, une feconde branche très courte, mar-quée 2., qui s'attache à la feconde pièce de la partie antérieu-re de l'œfophage. Après ce renflement fuit un fecond moins fenfible, qui produit une troifième paire de branches, marquée 3., laquelle s'attache, par une bifurcation, au côté de la maffe charnue de la feconde pièce de la même partie de l'œfophage. Un peu au-deffous de cette paire de branches, il en fort, du même nerf, une quatrième, marquée 4., qui s'introduit, près de la Ligne fupérieure, dans la 3e pièce de la partie antérieure de l'œfophage, après quoi le nerf (fl γ) entre dans le canal du cœur, où l'ayant fuivi jufqu'au-delà de la 5e pièce de la par-tie antérieure de l'œfophage, j'ai trouvé qu'il y perçoit ce ca-nal, & que, paffant entre lui & l'œfophage, il tenoit à l'un & à l'autre de ces vifcères par nombre de petites branches qu'il pouf-foit par intervalles jufqu'à la feconde Divifion; que près du cou il communiquoit avec les nerfs β du petit ganglion de la tête; qu'enfuite il recevoit la 6e branche de la Tige ⊙ des bronches dor-

fales

fales du 1ʳ ſtigmate ; & qu'enfin, ſe partageant en trois branches, à quelque diſtance du ventricule, c'étoit le Nerf, dont il a
été fait mention ſous le nom de *bride de l'œſophage*, en traitant
de l'œſophage & du cœur.

Lᴇ ſecond ganglion frontal, marqué 5., plus plat & plus petit que le premier, communique avec lui, tantôt par un nerf, &
tantôt par deux comme ici. Il pouſſe lateralement deux paires de petits nerfs, dont l'une fournit au poſtérieur des trois
muſcles D, *Pl. XVII. Fig.* 21., qui eſt le γ poſtérieur de la
1ᵉ pièce de la partie antérieure de l'œſophage, *Pl. XIII. Fig.* 1.,
& l'autre, après s'être attaché, par une branche, au bord poſtérieur de la 1ᵉ pièce de l'œſophage, vers ſon intermédiaire inférieure, ſe termine au nerf formé par la réunion en Z* de deux
branches des deux nerfs de la première paire des ganglions
(a) & A. De ſon deſſous, ce ganglion produit un nerf, qui
s'inſère encore dans le bord poſtérieur de la 1ᵉ pièce de l'œſophage.

Dᴜ milieu de ſon côté antérieur il communique par un nerf
avec le troiſième ganglion frontal marqué 6. Ce ganglion
pouſſe auſſi, de part & d'autre, un nerf, qui ſe partage aux
deux antérieurs des trois muſcles placés en D, *Pl. XVII. Fig.*
21., dont le ſecond eſt le γ antérieur de *Pl. XIII. Fig.* 1. De
ſon devant il produit encore un nerf, que j'ai négligé de ſuivre,
& qui probablement fournit à la lèvre ſupérieure.

Lᴇ nerf de la ſeconde paire eſt le nerf (u)*. Il eſt delié,
& rampe ſur le tégument de la partie ſupérieure de l'écaille

Second gan-
glion frontal.

* *Pl. XVIII.*
Fig. 1.

Troiſième
ganglion
frontal.

Seconde pai-
re.
* Côté droit.

pariétale. Il jette en (u) une branche (ff), que j'ai trouvé
adhèrente à une membrane rompue. Un peu plus avant, il
pousse, vers le côté opposé, une seconde branche, qui se partage en deux rameaux près de là en (fi), & se répand, à cet endroit sur le tégument de l'écaille pariétale. Encore plus avant
en (&) il fournit, au même tégument, une troisième branche
qui rebrousse, & tout près de là une quatrième entre l'antenne & la machoire. Un peu plus avant, ce même nerf produit
une cinquième branche assez courte, qui se réunit au nerf de
l'antenne en (ç). Après quoi il se partage en quelques autres
branches, qui repandent leurs rameaux aux environs des yeux.

Troisième
paire.
* Côté gau-
che.

Le nerf de la troisième paire (a r) *, plus considérable que
celui de la seconde, est le nerf de l'antenne. D'abord il pousse
la branche (p), laquelle se ramifie sur la membrane, qui, près
de l'origine des montans, tapisse l'intervale qu'il y a de l'écaille bifangulaire à l'écaille frontale. A quelque distance de là il
fournit deux autres branches (q), qui se repandent, en cet endroit,
sur le tégument de la partie supérieure de l'écaille pariétale,
& sur les ramifications d'une bronche qui rampe sur ce tégument. En (r), ce nerf, après s'être épanouï, produit une branche qui s'est trouvé rompue. Une autre branche de cet épa-

* Pl. XVI.
Fig. 15. γ.

nouïssement m'a paru finir en (t) dans un * des muscles moteurs de l'antenne. Ce muscle reçoit aussi la branche (t ff)
du même nerf, laquelle tient à une membrane nerveuse. Enfin, après avoir encore répandu deux ou trois branches dans les
autres muscles moteurs de l'antenne, il entre dans cette partie,
& s'y distribue.   Le

Le nerf de l'antenne eſt ſuivi du nerf optique, qui eſt celui de la quatrième paire. Il a cela de particulier, qu'une des
deux bronches d'(n)* y eſt adhèrente, & l'accompagne depuis le ganglion (a) juſqu'aſſez près des yeux, où elle s'en ſépare pour ſe partager en ſix autres bronches, dont chacune s'inſère dans un œuil. L'autre de ces bronches, pour le dire en
paſſant, paroît entrer toute entière, & ſans ſe ramifier, dans
le ganglion (a); mais quand on ouvre & vuide le ganglion,
on voit que, ſans y pénètrer, elle eſt ſimplement très adhèrente à ſa membrane antérieure; dans laquelle même on ne s'a-
perçoit pas qu'elle s'ouvre en aucune façon.

Pour ce qui eſt du nerf, après s'être ſéparé de ſa bronche,
il s'élargit en entonnoir, & ſe partage auſſi en ſix branches,
qui reſtent appliquées contre cet élargiſſement, & ſe terminent
chacune au fond d'un œuil, de la manière qu'il a déja été expliqué en parlant des yeux. Je n'ai point trouvé que ce nerf
pouſſât d'autres branches que les ſix, dont il vient d'être parlé,
ſi ce n'eſt deux très deliées, près d'(l), par où il communique
avec une bronche (m), dont l'origine m'eſt échappée.

Ce nerf, au reſte, & le précèdent, ne ſe dirigent pas directement l'un vers l'antenne & l'autre vers les yeux, comme je
les ai repréſenté ici pour les rendre plus diſtincts; mais ils s'a-
vancent d'abord vers la racine de la grande lame adductrice de
la machoire, &, paſſant entre cette racine & l'écaille pariétale,
ils ſe flèchiſſent l'un vers les yeux, & l'autre vers les antennes,
de la manière qu'on le voit en (a,b) *Pl. XVII. Fig.* 17, 18.,

Quatrième
paire.

* *Pl XVIII.
Fig.* 1.
Côté gauche.

D d d d 3

où

où le ganglion a été retranché ; mais où l'on peut suivre ces deux nerfs, à peu près depuis leur origine jusqu'à leur autre extrêmité.

Cinquième paire.

Immédiatement après le nerf optique, paroit celui de la cinquième paire. Il se dirige obliquement vers l'occiput. A quelque distance de son origine, il se partage en deux branches (i) & (k), dont (i) se flèchit vers le rebord intérieur de la partie postérieure de l'écaille pariétale, où elle fournit à l'extrêmité du muscle χ, Pl. XVII. Fig. 21., & aux muscles adducteurs de la machoire, qui ont l'une de leurs attaches sous ce rebord à la partie E A, Pl. II. Fig. 13., & l'autre à la grande lame adductrice.

La branche (k) se flèchit dans un sens contraire, & se repand sur le tégument qui tapisse l'écaille pariétale près de l'écaille frontale.

Sixiéme & septième paires.
*Côté gauche.

De chacun des côtés du ganglion (a), derive un petit ganglion (f) *, que j'ai nommé le petit ganglion de la tête.

Il y tient par deux nerfs, qui font ceux de la sixiéme & de la septième paires ; ou si l'on veut le nerf de la 6e paire est un nerf extrêmement court, qui part du ganglion (a), tout joignant le nerf optique, & près de son origine se partage en deux branches μ & g), dont l'une μ se termine au ganglion (f), & l'autre (g), qui est la plus grande, se repand dans le corps graisseux, dans les muscles adducteurs, & dans le tégument qui tapisse la partie supérieure de l'écaille pariétale.

Le nerf de la septième paire est attaché à l'endroit du ganglion

glion (a), où le rameau poſtérieur de la bronche (n) ſemble s'y plonger

QUANT au petit ganglion (f) de la tête, il pouſſe ſix
nerfs, dont *un δ*, pourvoit le muſcle β de l'œſophage *Pl. XVI.
Fig.* 10., & le plus latéral des deux ε, *Pl. XIII. Fig.* 2. Un
autre β tient à la bride de l'œſophage, au cœur, & quelquefois encore au ventricule. Un *troiſième* ε communique, comme il a été dit, avec le rameau 2., de la branche AL du
1ᵉ ganglion du cou. Un *quatrième* ζ donne au muſcle α, *Pl.
XVI. Fig.* 9, 10. Un *cinquième* η, au moins latéral des deux
muſcles ε, *Pl. XIII. Fig.* 2. de l'œſophage, & le *ſixième* λ tient
à l'apophyſe latérale de la traverſe. Le ganglion même reçoit
une diviſion π de la bronche (n).

LA huitième & dernière paire (ad), du gros ganglion de
la tête, eſt peu conſidérable; elle part de l'extrêmité poſtérieure de ce ganglion, & ſe dirigeant avec quelque obliquité
vers l'occiput, elle ſe repand ſur la bronche (ee), qui m'a
paru être de la Tige à.

CE ganglion pouſſe de plus, vers l'occiput, bon nombre de
fibrilles très délicates, qui en ſortent comme de petites racines, & ſe repandent en partie ſur le canal du cœur, & en
partie dans la graiſſe. J'en ai compté juſqu'à trente dans un
ſujet. Peut-être eſt-ce encore par là que le ganglion (a)
tire ſa nourriture & la communique aux autres ganglions.

TELLE eſt la ſtructure intérieure de la Tête, qui étoit la
dernière partie de la Chenille qu'il reſtoit à décrire. Comme

on

on a fait en fon lieu le denombrement des Mufcles du Corps & des Vifcères, il ne manque, pour avoir la totalité des muf- cles de nôtre Infecte, que de favoir le nombre de ceux de la Tête.

S i, pour cet effet, on compte ceux qui ont été enlèvés fuc- ceffivement, en preparant les 21 premières Figures anatomiques de cette partie, & qu'on en ajoute le nombre à celui de ceux qui font reftés à l'un des côtés des deux Figures fuivantes, l'on trouvera que la tête a, de chaque côté, 114 mufcles, qui font 228 mufcles pour le tout, fans compter les mufcles très petits, qui font les moteurs des barbillons de la Filière, du Tuyau foyeux, & des parties antérieures des gros barbillons & des antennes, que l'on a négligé de fuivre, à caufe de leur petiteffe.

Or ce nombre de — — 228 mufcles pour la Tête, joint à celui de — — — 1647 pour le Corps, & de — — — — — 2186 pour l'Oefophage, le Ven- tricule & les Inteftins, fait — 4061, dont il ne faut rabattre qu'une vingtaine pour ceux qui affujettiffent la partie antérieu- re de l'œfophage à divers endroits de la tête, parceque ces mufcles, ayant été mis, d'un côté, au nombre de ceux de l'œfo- phage, &, de l'autre, au nombre de ceux de la tête, comme apartenant également à l'une & à l'autre de ces parties, *ils* ont été comptés deux fois; & cette deduction faite, on aura, pour la totalité des mufcles fuivis dans cette Chenille, le nom- bre de *quatre mille quarante-un*.

L A

LA quantité furprenante de parties, que l'on a eu occafion
de fuivre dans cet Ouvrage, aura, je m'affure, frappé d'étonnement les Lecteurs ; fur-tout ceux qui connoiffent la ftructure
intérieure du Corps humain, & qui ont pris la peine d'examiner ce qui a été publié jufqu'ici de celle des Chenilles, dans
les Traités qui en parlent : & celà d'autant plus, qu'à en juger par les Figures de ces Traités, la Chenille ne paroit être
qu'un Animal prefque informe, ou du moins d'une compofition beaucoup plus fimple & moins finie, que n'eft celle de
l'Homme. Cependant, quand on fait attention, que non-feulement ces Infectes ont des facultés corporelles, femblables aux
nôtres, & un plus grand nombre de membres; mais qu'encore leur forme extérieure fubit une double transformation, cette réflexion feule fuffiroit pour faire comprendre, que ces animaux doivent renfermer un mechanifme plus compofé que le
nôtre, & que, fi on le trouve repréfenté comme plus fimple,
dans les Ouvrages des Naturaliftes, ce n'eft que parcequ'ils
n'ont pas pris la peine d'en fuivre les détails, ou que leurs
Deffinateurs les ont mal fervis. Mais quel mechanifme furprenant ne doit pas renfermer un Animal, dont la ftructure intérieure ne change pas moins du tout au tout que l'extérieure?
C'eft encore le cas de nôtre Infecte. Devenu Phalène, on n'y
trouve prefque plus aucune trace de ce qu'il étoit dans fon é-
tat de Chenille. Ce nombre prodigieux de mufcles, repandus
dans tout fon corps, & arrangés avec tant d'ordre, a difparu
dans la Phalène, pour faire place à des mufcles d'une forme &

E e e e   d'une

d'une ſtructure entièrement différente. Il n'y reſte plus que quelques debris groſſiers de l'Oeſophage, du Ventricule, des Inteſtins, & des Vaiſſeaux ſoyeux & diſſolvans. L'Oeconomie du Cœur y eſt entièrement changée, de même que celle des Nerfs, dont neuf ganglions ont diſparu. Les Bronches n'ont plus qu'une ſeule tunique. La plûpart ont perdu leur uſage, & ne tiennent à rien. En la place de tout celà, l'on trouve une Tête entièrement nouvelle, à tous égards différente de celle de la Chenille, & pourvuë de plus de vingt & deux mille yeux, dont chaque œuil eſt probablement un Teleſcope à trois lentilles pour le moins. Un corcelet, dont la charpente écailleuſe, intérieure & extérieure, forme un aſſemblage très compoſé de pièces d'une ſtructure fort ſingulière, auquel tiennent des muſcles auſſi ſinguliers, qui font agir des jambes, bien différentes des premières, & des ailes d'une compoſition admirable. Un Corps, qui renferme, dans les Femelles, un uterus, un ovaire, rempli de quelques centaines d'œufs, des vaiſſeaux, dont le ſuc rend les œufs gluans, & un inſtrument artiſtement compoſé, & très agile pour pondre les œufs. Dans le Corps des Mâles, on ne voit rien de pareil; mais en la place on y trouve les parties propres à la génération, & à l'accouplement. Et qu'a-t-on vu dans cet Ouvrage, tout detaillé qu'il eſt, qui indique tant de nouvelles parties, après la diſſolution des premières? Preſque rien du tout. Un examen circonſtancié de ces nouvelles productions dans la Phalène, qui nait de nôtre Chenille, & du changement progreſſif qu'elle ſubit en paſſant

d'un

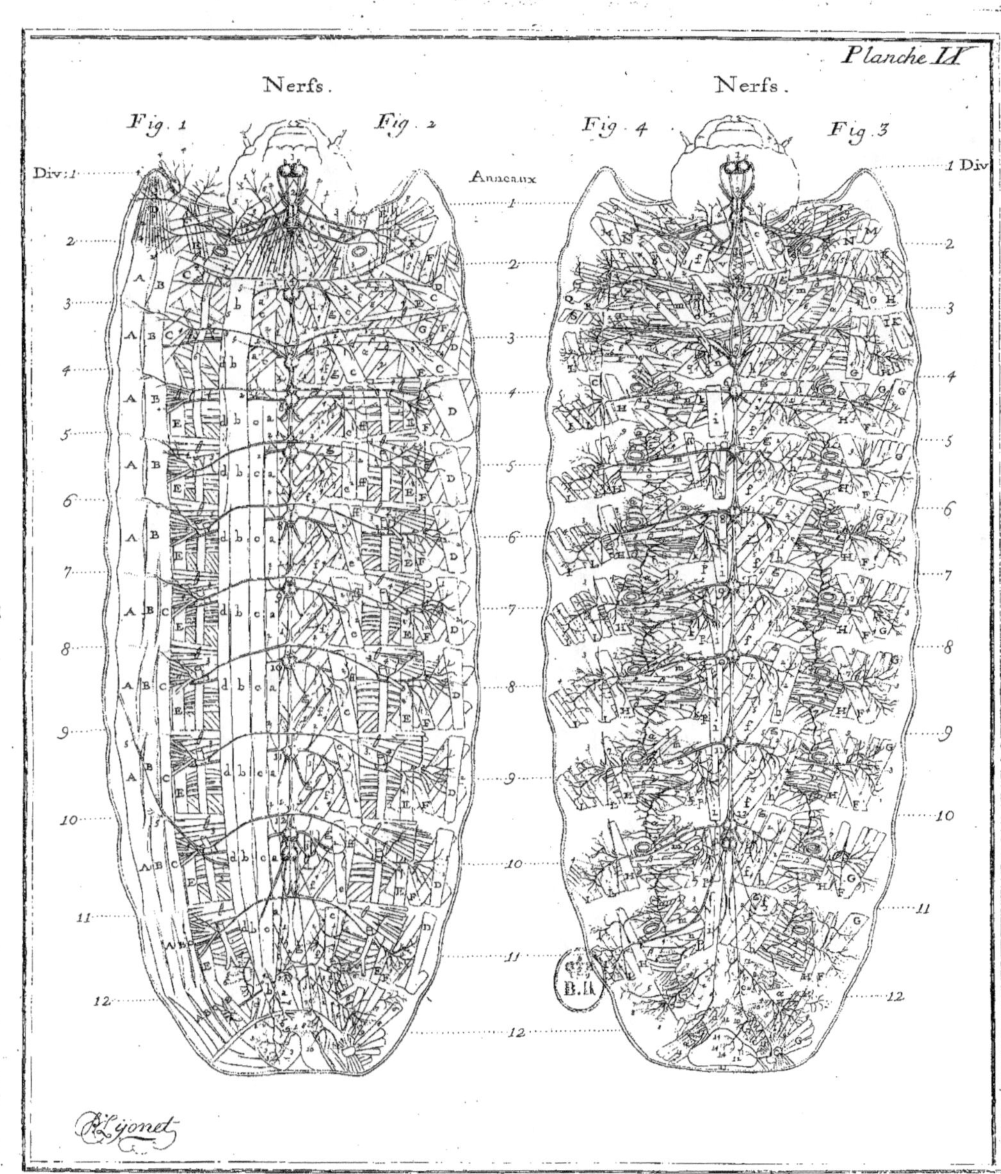
Planche II
Nerfs.
Nerfs.
Fig. 1
Fig. 2
Fig. 4
Fig. 3
Div:1
Anneaux
1 Div
R. Lyonet

Planche X 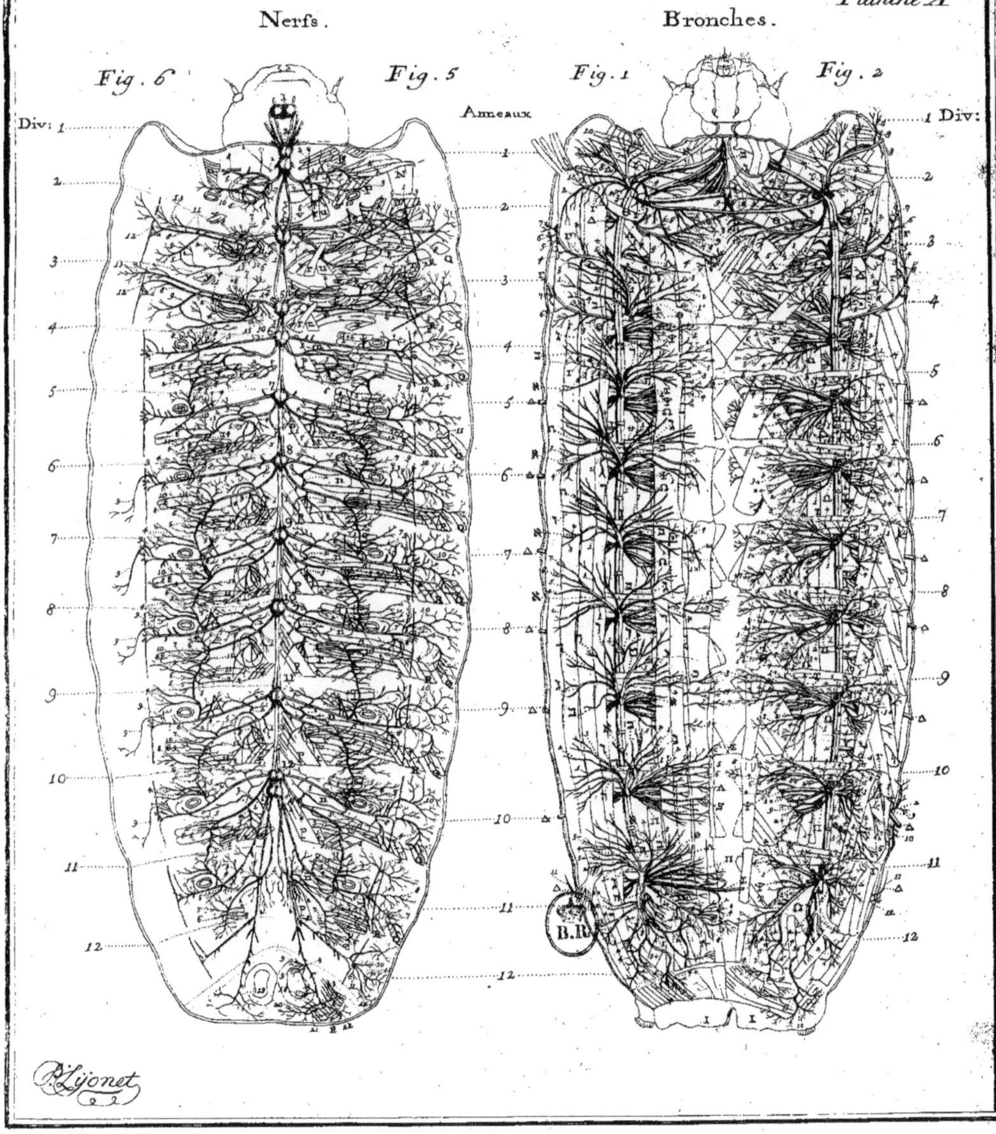
Nerfs.
Bronches.
Fig. 6
Fig. 5
Fig. 1
Fig. 2
Div: 1
Anneaux
1 Div:
P. Lyonet
B.R.

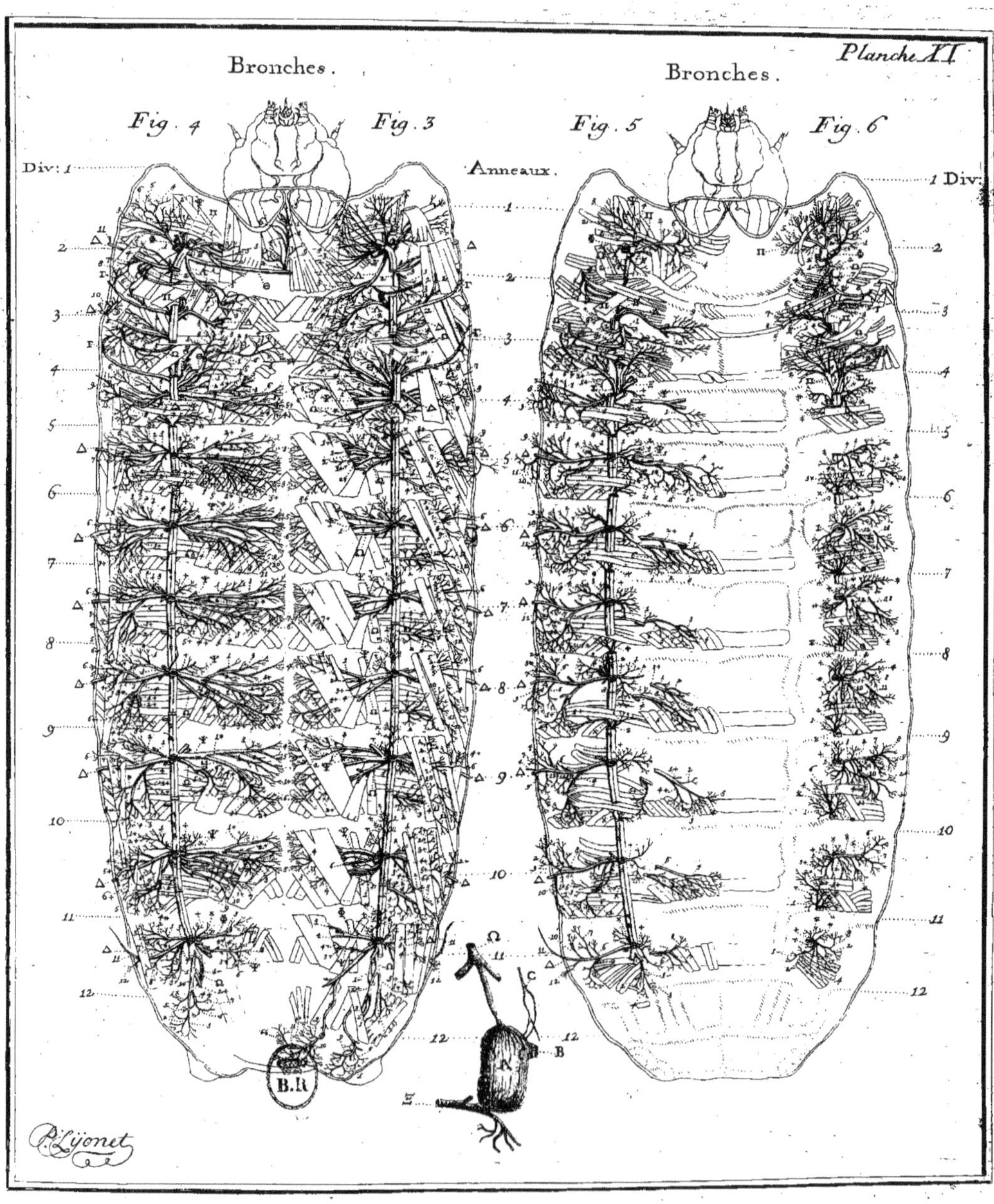

Planche XI.
Bronches.
Bronches.
Fig. 4
Fig. 3
Fig. 5
Fig. 6
Div: 1
Anneaux.
1 Div.
P. Lyonet
B.R

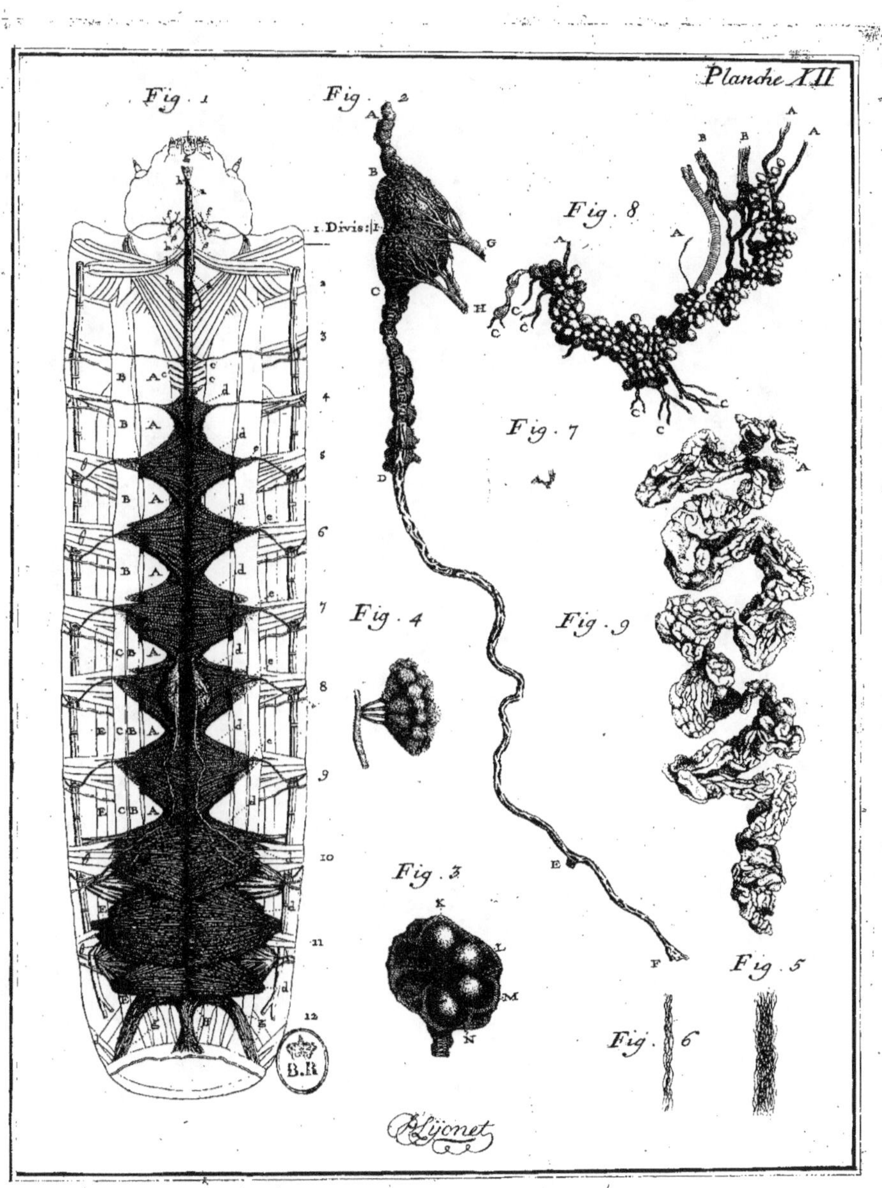

Planche XII
Fig. 1
Fig. 2
Fig. 3
Fig. 4
Fig. 5
Fig. 6
Fig. 7
Fig. 8
Fig. 9
P. Lyonet
B.R

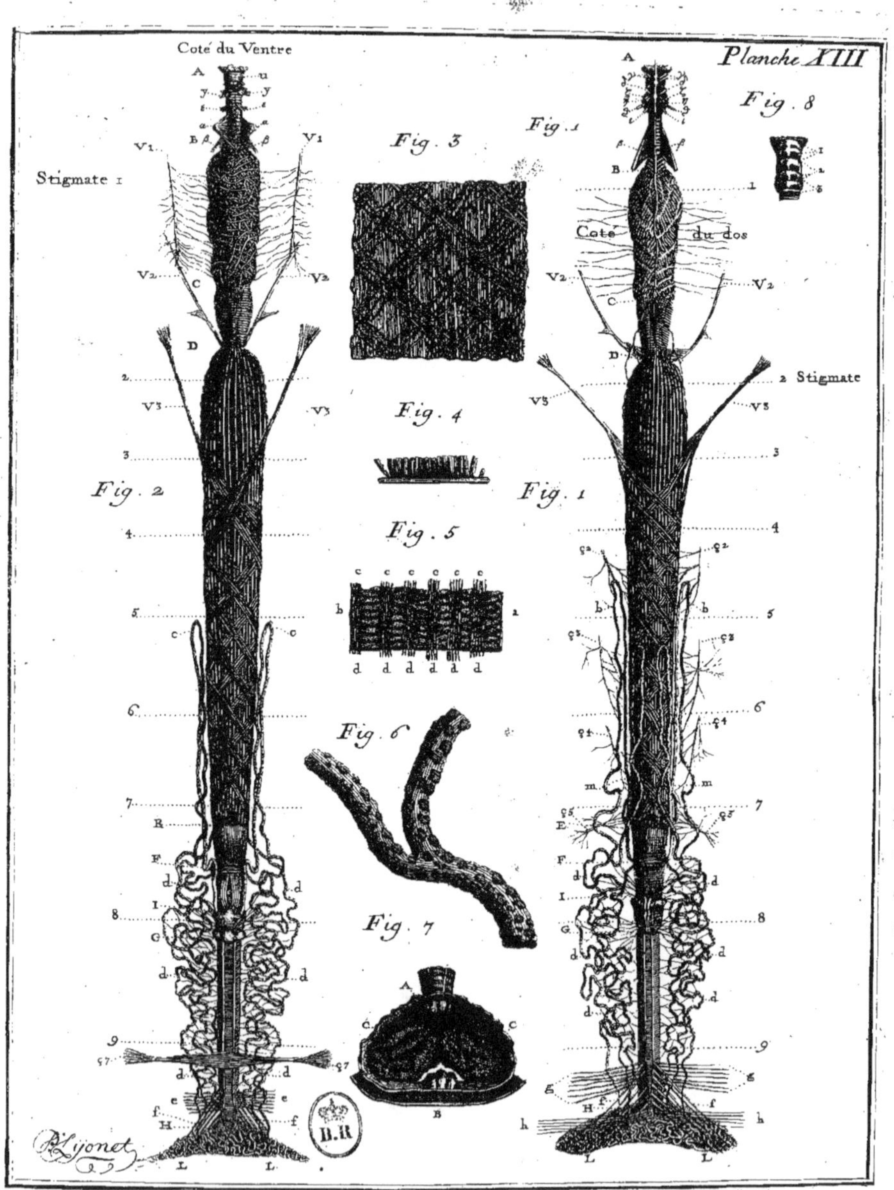

Coté du Ventre
Planche XIII
Fig. 8
Fig. 3
Fig. 1
Stigmate 1
Coté du dos
Fig. 2
Fig. 1
Fig. 4
Fig. 5
Fig. 6
Fig. 7
Stigmate 2
Lijonet

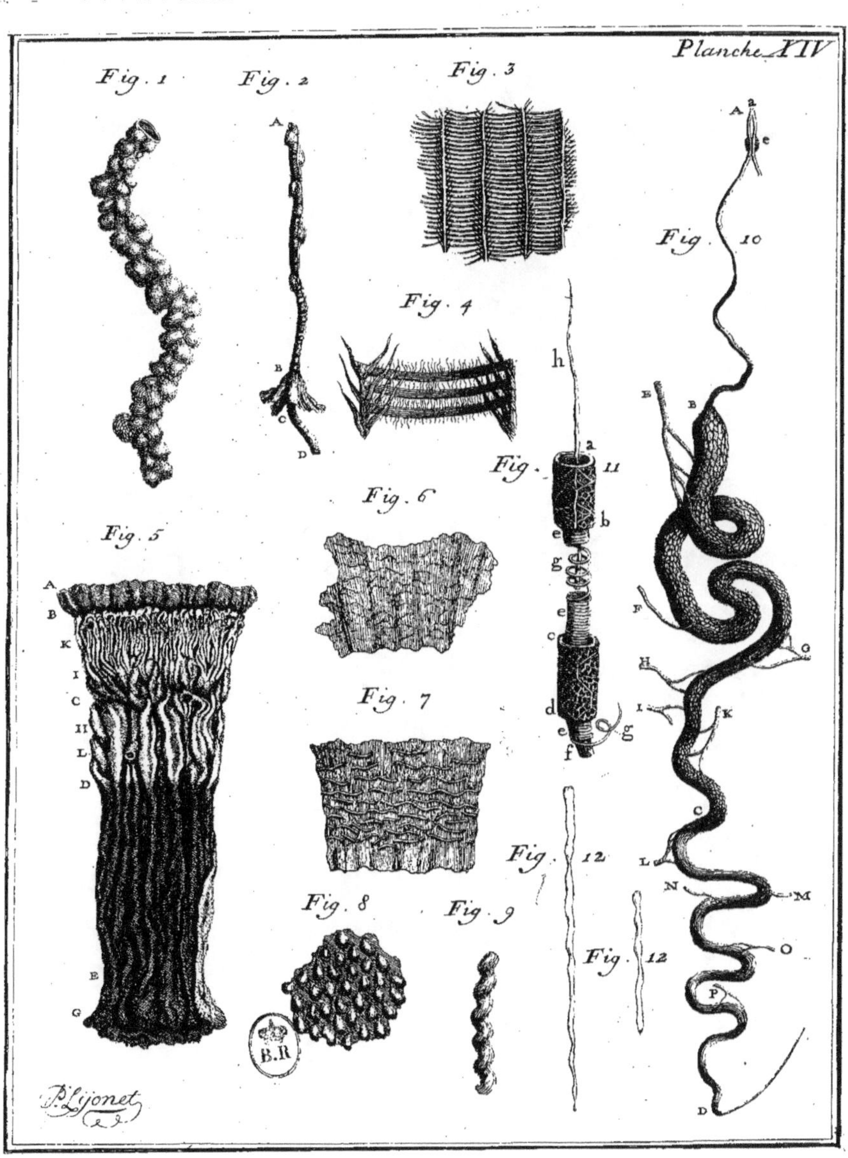

Fig. 1
Fig. 2
Fig. 3
Fig. 4
Fig. 5
Fig. 6
Fig. 7
Fig. 8
Fig. 9
Fig. 10
Fig. 11
Fig. 12
Fig. 12
P. Lijonet

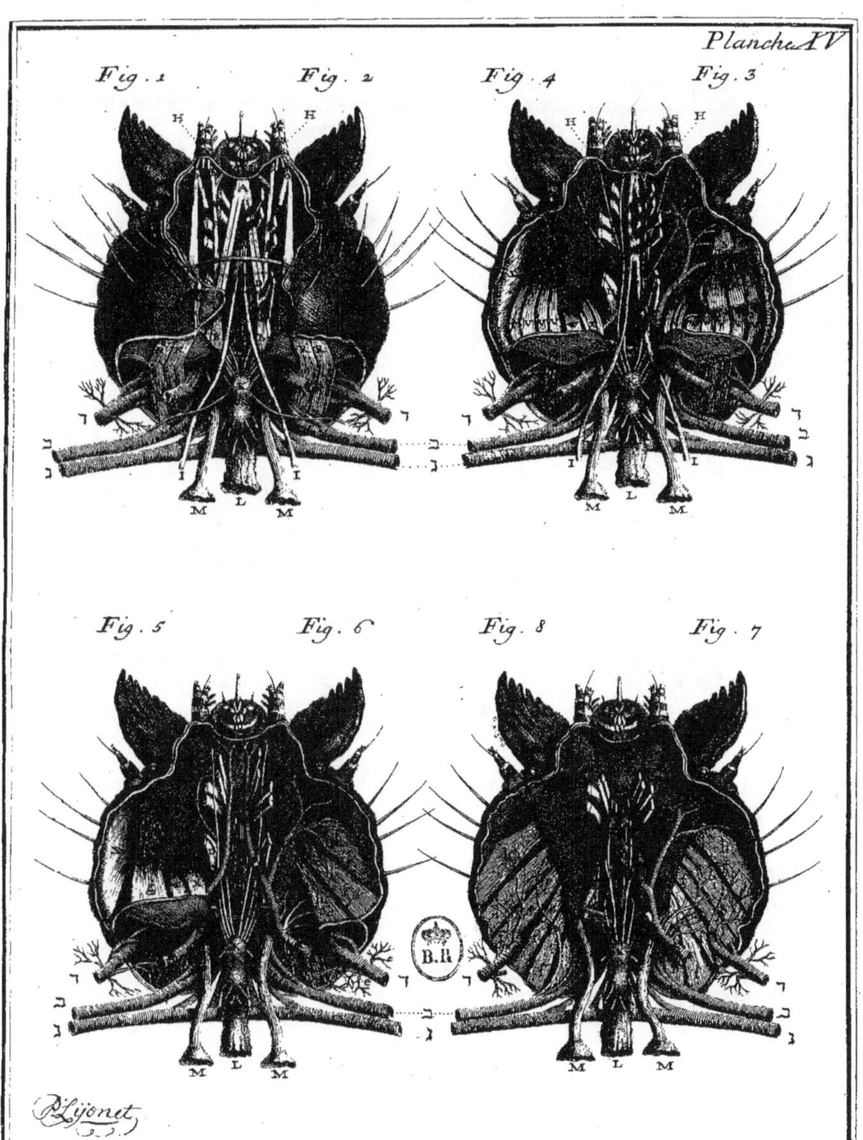

Planche IV
Fig. 1
Fig. 2
Fig. 4
Fig. 3
Fig. 5
Fig. 6
Fig. 8
Fig. 7
H
H
H
H
I
I
I
I
M
L
M
M
L
M
M
L
M
M
L
M
B.R
P. Lyonet

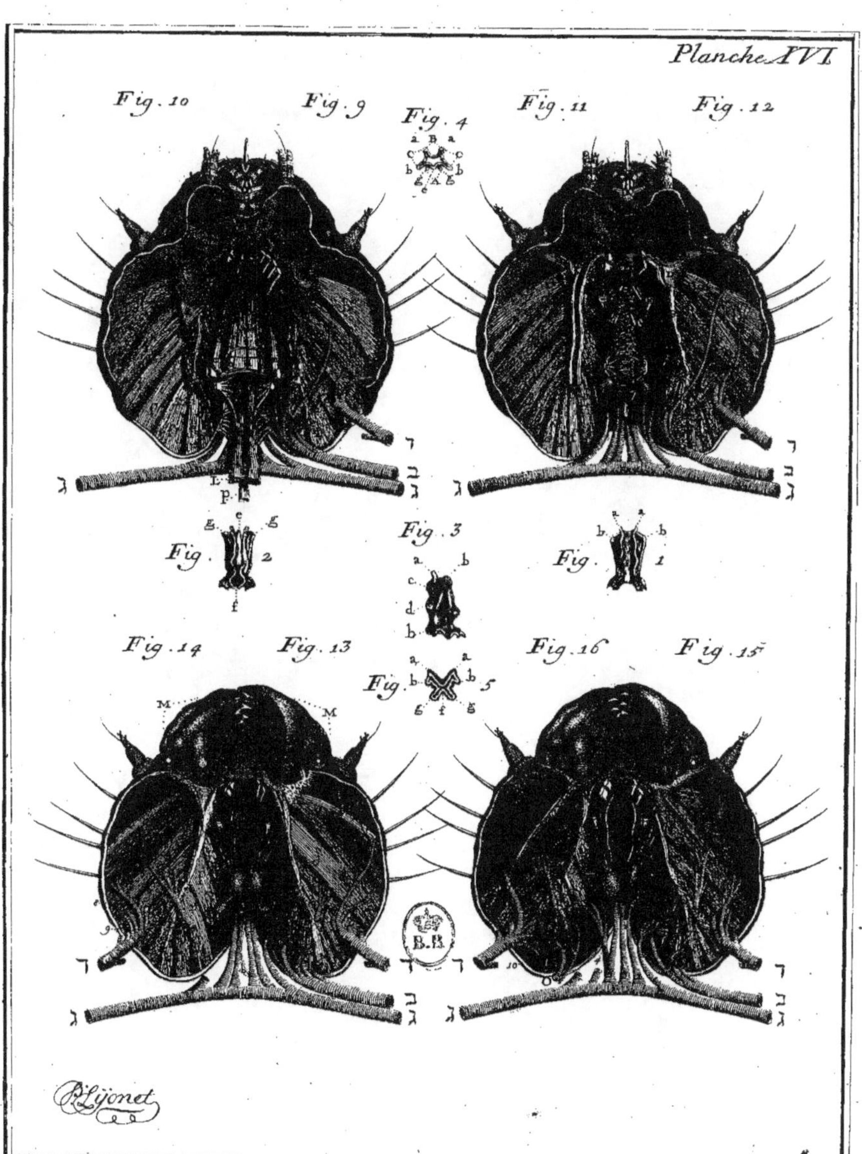

Planche XVI
Fig. 10
Fig. 9
Fig. 4
Fig. 11
Fig. 12
Fig. 2
Fig. 3
Fig. 1
Fig. 5
Fig. 14
Fig. 13
Fig. 16
Fig. 15
B.B.
P. Lyonet

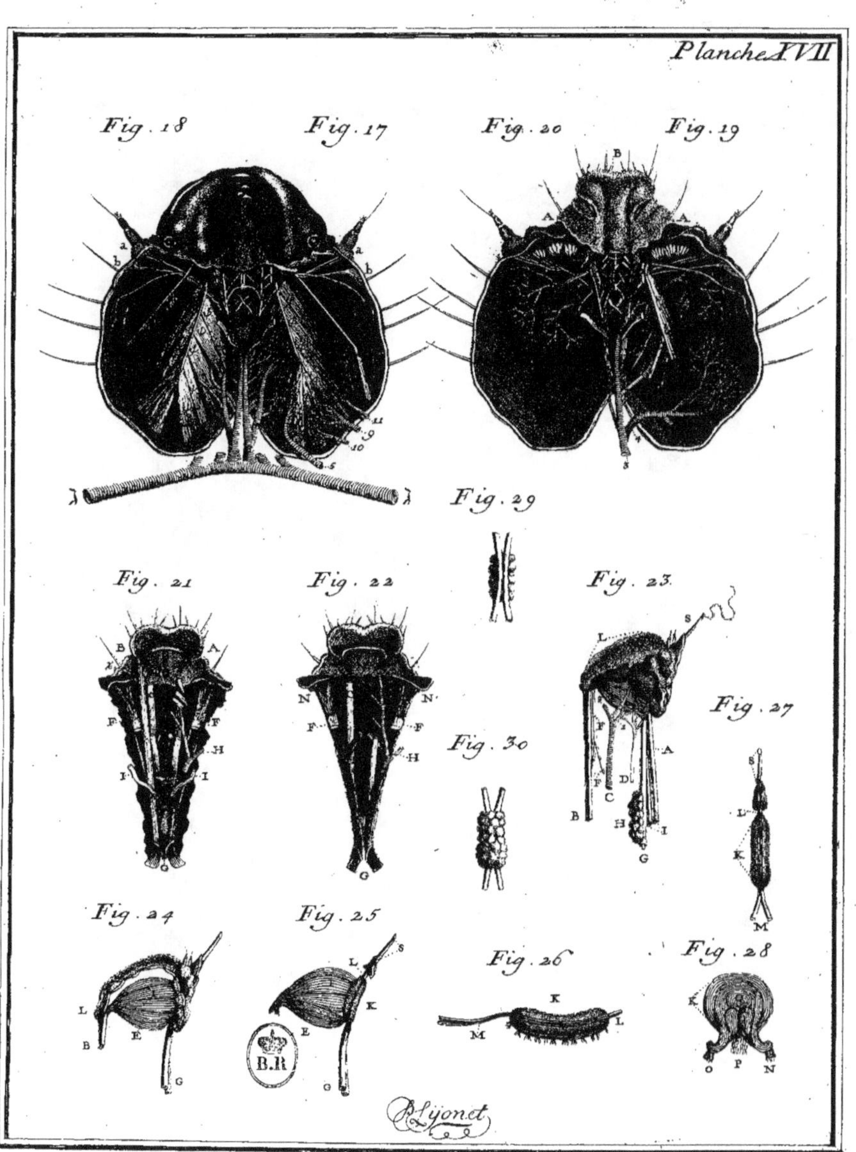
Fig. 18
Fig. 17
Fig. 20
Fig. 19
Fig. 21
Fig. 22
Fig. 29
Fig. 23
Fig. 30
Fig. 27
Fig. 24
Fig. 25
Fig. 26
Fig. 28
B.R
P. Lyonet

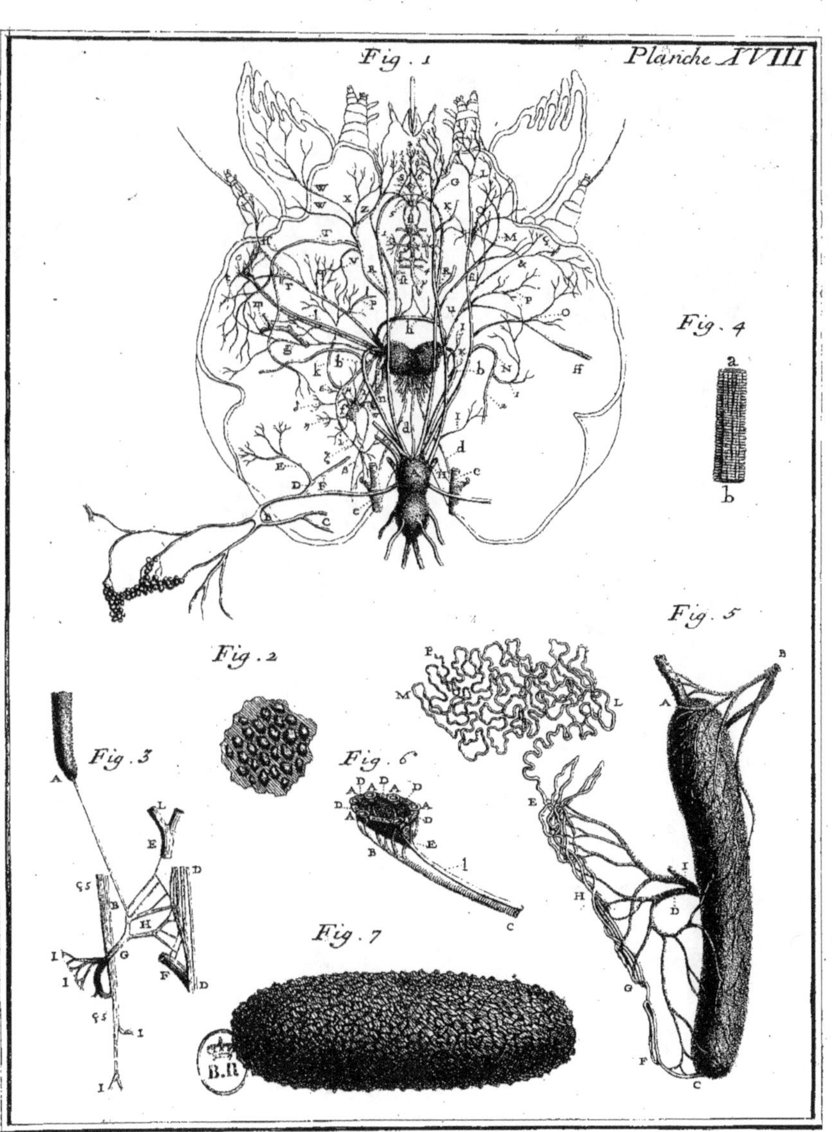

Fig. 1
Planche XVIII
Fig. 4
Fig. 5
Fig. 2
Fig. 3
Fig. 6
Fig. 7
P. Lyonet

d'un état à l'autre, eſt certainement digne de toute nôtre attention. J'ai déja fait nombre de recherches ſur cet article,
dont le détail comprend des Deſſeins pour bien encore dix-huit
Planches, auxquelles il n'y en aura plus peut-être que deux
ou trois à ajouter, pour le finir. J'eſpère, s'il plait à Dieu,
le publier un jour, comme une ſuite de ce Traité anatomique
de la Chenille, au cas que le Public reçoive favorablement ce
premier Ouvrage.

F I N.

  IN-

INDICE

Des endroits où l'on peut trouver l'explication des noms & des termes particuliers qui se rencontrent dans cet Ouvrage.

Etui

AVIS au RELIEUR.

Des 18 Planches de cet Ouvrage, qui s'ouvrent differem-
ment, les 8 premières doivent être placées à la Pag. 1.
& les 10 autres après la dernière Page.